U0342498

钢铁出口实务指南

耿 波 主编

北 京

冶 金 工 业 出 版 社

2025

内 容 提 要

　　本书全面系统地介绍了钢铁出口理论与实践，内容包括海外客户与海外代理、出口贸易、国际货物买卖合同的签订、出口单据及信用证操作指南、出口企业的财务和外汇管理、出口企业的融资管理、钢铁产品国内运输、国际货物运输、国际货物运输保险、出口报关、若干外贸问题的研究、典型案例分析、中国钢铁进出口情况、钢铁出口企业的管理研究与探讨等。

　　本书可供从事钢铁出口贸易工作的有关人员参考阅读。

图书在版编目 (CIP) 数据

　　钢铁出口实务指南 ／ 耿波主编 . -- 北京 ：冶金工业出版社，2025.1. -- ISBN 978-7-5240-0004-4

　　Ⅰ. F752.654.2-64

　　中国国家版本馆 CIP 数据核字第 2024LB8200 号

钢铁出口实务指南

出版发行 冶金工业出版社		**电　话** (010)64027926	
地　　址 北京市东城区嵩祝院北巷 39 号		**邮　编** 100009	
网　　址 www.mip1953.com		**电子信箱** service@ mip1953.com	

责任编辑　李培禄　王雨童　美术编辑　彭子赫　版式设计　郑小利
责任校对　郑　娟　责任印制　禹　蕊
三河市双峰印刷装订有限公司印刷
2025 年 1 月第 1 版，2025 年 1 月第 1 次印刷
787mm×1092mm　1/16；37.5 印张；907 千字；581 页
定价 260.00 元

投稿电话　(010)64027932　投稿信箱　tougao@cnmip.com.cn
营销中心电话　(010)64044283
冶金工业出版社天猫旗舰店　yjgycbs.tmall.com
(本书如有印装质量问题，本社营销中心负责退换)

《钢铁出口实务指南》
编 委 会

序　言

　　钢铁行业作为国民经济的关键基础产业，是建设现代化强国的有力支撑，亦是衡量国家综合实力与国际地位的重要标志。据世界钢铁协会统计数据显示，2023 年我国粗钢产量高达 10.1908 亿吨，钢材出口量达 9026.4 万吨，已连续多年成为世界第一产钢大国与世界第一钢材出口大国。中国钢铁为世界经济发展作出了积极贡献。

　　目前，中国钢铁行业已迈入高质量发展的关键时期。随着国家提出"一带一路"的倡议，我国钢铁行业也逐步参与到国际市场上的竞争。钢铁企业与贸易商在进出口业务中机遇与挑战并存，理应审时度势、谨慎抉择，积极探寻契合新型供求环境的钢材国际贸易新模式，塑造卓越品牌形象，持之以恒地精心开拓国外市场，从而在世界钢铁行业发展进程中更好地彰显中国力量。面对这一趋势，迫切需要对过往的出口经验进行总结和提炼，使我国钢铁产品能够更好地融入全球市场。

　　由中国金属学会与中国特钢企业协会牵头，集结一批钢铁产品外贸管理及出口领域的专家，精心编纂而成约 91 万字的《钢铁出口实务指南》。该书由冶金工业出版社出版发行，其宗旨在于为中国钢铁产品出口给予积极引导与有效支撑。

　　《钢铁出口实务指南》涵盖了钢铁出口业务的全过程，包括市场调研、客户开发、合同签订、合同履行、风险管理等方面的内容，汇聚了钢铁产品外贸一线的丰富实践经验，对 CFR、L/C、D/A、D/P、不可抗力等国际贸易术语予以详尽阐释，并收录了自改革开放以来众多钢铁出口典型案例。书中还深入研讨了如何开辟国际市场、拟定出口战略、规避风险、优化出口流程、管理国外客户、激励外贸人员以及培训外贸人才等核心内容，对于钢铁外贸政策制定者与从业者而言，具备极为重要的指导价值与参考意义。

　　《钢铁出口实务指南》的问世，对充分展现中国钢铁行业在国际上的影响力、规范钢铁出口秩序、提升我国钢铁产品的国际竞争力、促进钢铁行业的高质量发展具有重要意义。同时也衷心期望更多钢铁生产企业迈向国际化，成为具有全球竞争力的中国钢铁企业典范。

2024.11.20

前　　言

　　《钢铁出口实务指南》（以下简称《指南》）在大家的共同努力下终于与大家见面了。如何做好钢铁行业的出口工作，几十年来这一直是我国钢铁出口同行共同研究探索和要努力解决的课题。要做好钢铁出口这项工作主要应该从这几个方面入手：培养一个优秀的外贸团队；建立一个学习型的组织；制定卓越的钢铁外贸企业的管理制度；培育良好的企业文化；树立良好的出口企业品牌；做好钢铁出口的风险控制工作；在出口业务中树立安全第一的思想；注重创新，建立严格的出口业务管理流程；为客户提供最好的全方位的服务，诚信为本，牢固地树立质量第一意识等。《指南》将逐项分析研究探讨这些问题，为钢铁出口同行带来一些启发和新的思路，使钢铁出口工作更加顺畅，推动企业产品出口和产能输出业务的开展，促进我国钢铁出口企业更快更好地发展壮大和服务世界。

　　"一带一路"倡议为我国钢铁行业的发展指明了方向，各位同行的任务艰巨、责任重大。目前中国已经成为世界钢铁大国，但因为行业传统贸易以内销为主，钢铁出口工作实践经验相对较少。在质量、出口理念、优质服务、国际化的经营策略等方面，我们与世界发达国家还存在一定的差距。与此同时，国内主要的出口单位也需要在实践中不断成长。

　　目前钢铁出口方面的相关书籍还不太多，国内大部分的外贸书籍是理论工作者们编写的，这些书籍的结论和观点与外贸一线、外贸实践还有一些距离和差异。比如出口业务里国外买方信用证付款的，在单证相符交单议付的情况下，出口方收汇有没有风险，大部分学习外贸的大学生和研究生包括教外贸课的大学老师都回答是没有风险，其实还是有一些风险的。在30多年的外贸实践中我们就多次遇到单证相符交单客户也拒付的情况，L/C项下单证相符议付时有什么风险？风险在哪里？如何规避这些风险？目前国内的外贸书籍还基本没有什么研究。我们的《指南》将有专题研究与大家分享。

　　理论来源于实际，又回到实践中去，接受实践的检验，不断地形成正确的理论，最后用于指导实践。理论如果脱离实际将是无米之炊、无源之水、无根之木。

第十届全国政协副主席、中国工程院原院长徐匡迪院士为本书专门撰写序言，表达了他对中国钢铁行业的殷切希望。在此，我们编委会全体人员对徐匡迪院士表示由衷的感谢！

由于时间紧促，加之水平局限，书中的不妥之处敬请大家批评指正。

耿　波

2024 年 11 月 21 日

目　　录

1　海外客户与海外代理

1.1　海外客户和海外代理的区别

海外客户一般指的是出口合同中的实际买方，一般为海外的经销商、采购商、库存商或者终端客户（生产制造企业等），海外客户是需要承担合同的买方主体责任和购买义务的，并且对出口货物承担资金支付或者信用证的付款责任。

海外代理一般是指出口商（一般指专业钢铁出口企业或者是钢铁出口的生产企业以及专业做钢铁外贸的个人等）授权的在海外市场为出口商开展工作的代理人，出口商一般事前和海外代理经过沟通洽谈磋商达成共识后签署代理协议，海外代理可以是个人、海外公司、海外企业、海外组织等，海外代理一般不出现在具体的出口合同中、不是进口或者买方主体、不承担进口的责任和付款义务，海外代理只为出口商和海外购买者之间牵线搭桥，促进钢铁出口业务的顺利进行。出口合同顺利履行完毕以后出口商一般会给海外代理支付一定比例的佣金，有时进口商也会支付一些佣金给代理人，佣金一般在 1%~3% 不等，钢铁产品一般的佣金为 3~5 美元/t。在代理协议里一般都会明确约定佣金标准、计算办法、支付条件和双方的责任等。本章所述的海外代理专指在海外某指定地域的某一市场在一段时间内推销出口商某类产品的明确授权代理。

海外代理的作用就是在指定的海外目标区域里帮助出口商寻找客户、发现商机、拓展当地市场和维护好海外客户，向出口商提供当地真实的市场资讯和相关信息，并把中国市场资讯、产品情况、出口商情况等提供给当地客户，努力促使当地客户与出口商达成更多的签约和采购，帮助处理、解决、协调出口商和海外客户合作过程出现的各种问题，并以出口商代理人的角色协助出口商，促使当地客户按照合同约定顺利履行买方责任和确保出口商安全收汇。

海外代理非海外市场的实际买方，出口商的买方也非出口商的海外代理人，他们之间是有区别的，本质是不同的，出口商应该区别对待，不要混为一谈。一个海外客户如果既想当客户又想当代理，有一些弊端，对出口商海外市场的营销工作不太利，最好避免这种情况。如果海外目标市场有客人来洽谈，出口商最好先明确其是客户还是代理，若是客户，出口商只应该给其报净价；若是代理，就要先谈好佣金和代理的职责和义务，并签署代理协议为佳。

现今世界贸易环境中，由于大数据和电子商务的普及，海外代理的作用在逐渐减少和弱化，出口商可根据大数据有效地全方位开发海外客户，但是在目前和未来的一定时间内，海外代理还是不可或缺的，也是非常重要的。出口商和海外代理仍旧是相互依存、互惠双赢的关系，发现、发展和培育一大批优质的海外代理仍然是钢铁出口企业一项十分重要的工作，应该优先开展。一个目标市场最好有两个以上的代理，两个以上的代理协同作战，避免死角，优势互补。通过两个代理的工作全面了解目标市场的真实情况。当然出口企业应该规范地管理好自己的海外代理，避免代理之间的无序和恶意竞争。

日本的出口企业普遍实行的是海外代理制，海外代理一般是当地人，对当地的情况十分了解，对当地客户的情况非常熟悉，和当地的进口商基本都是好朋友，相互了解、关系良好，他们工作效率非常高，虽然出口企业要在每笔合同结束后支付一定的佣金给海外代理，但是比企业自己在当地开办办事处和自己跑当地市场成本还是低一些，效率比较高，这值得我们钢铁出口企业学习和借鉴。

1.2　出口商如何开发海外客户和海外代理

开发更多的海外客户和海外代理是所有出口商和钢铁外贸业务人员从事外贸工作的重要任务，没有一大批优质的海外客户或海外代理，是不可能真正做好出口工作的。

最近几年，中国逐渐失去了钢铁的比较成本优势，中国各大钢厂自主出口比例逐步提高，大的钢厂在传统海外目标市场纷纷新建钢厂、产业园、物流园、分公司等，中国钢铁外贸企业的出口业务越来越困难。在这种情况下，不断地开发优质的海外客户和海外代理显得尤为重要和紧迫。

如何持续地开发和维护好海外代理和海外客户将是外贸企业生存和可持续发展的主要工作和难题。一般情况下，出口商在寻找海外代理和海外客户的过程中会遇到如下困难：

（1）出口国的人和目的国的人在文化、习俗、法律系统、语言、对国际法的理解等方面存在着差异，沟通有时存在困难，很多国家母语非英语。

（2）彼此对于各自情况不太了解，缺乏100%的信任。

（3）很多海外代理和海外客户已经存在固有的采购渠道。想要获得海外代理和海外客户100%的认可需要一个漫长的过程。

（4）出口商与海外代理和海外客户之间建立相互信任、相互理解、相互认可、相互敬佩的关系以及达成合作、能够下单是一个长期的过程，前期需要做大量的工作。

为了克服这些困难，在实际的工作中，我们钢铁出口商们也总结了一套有效的方法以寻找海外代理和海外客户，具体如下：

（1）参加国外展会。参加目标市场的大型冶金类专业展会，主动把自己的企业和产品推荐出去，并利用国外展会的机会寻找合适的海外代理、开发优秀的海外客户。出口商最好提前对目标市场的代理和客户情况做好调查分析，做到有的放矢，参展之前的准备工作十分重要。出口商在展会中也会接触到一些优质的用户，这些用户可能因为各种原因以前没有直接进行采购，通过国外展会上的沟通，赢得海外用户的信任，海外用户也会把我们的出口商纳入现有的采购渠道，参加国外展会对于开发海外代理和海外客户往往十分有效。参会的人员素质要高，最好是企业优秀的海外市场营销人员，最好三人以上，"帅哥靓女"适当搭配为佳，参会人员事先经过适当培训为好。

（2）钢厂之间相互介绍也是钢铁国际贸易中广泛使用且最为有效的方法之一。鉴于钢厂的产品提供范围有限和付款方式等某些限制，出口商要和钢厂保持紧密联系，当钢厂有此类询盘（钢厂不能提供的询单）的时候，钢铁出口企业有可能接手业务。例如非洲市场，黑退需求数量巨大，但是非洲客户往往需要融资服务，付款方式有时也有特殊要求，大的钢厂往往不能满足客户付款方面的要求。钢厂为了不放弃该业务，会直接将客户信息和自己不能做的订单告知自己信任的钢铁出口贸易公司，外贸公司这样可以拿到稳定的海外订单和钢厂资源，可以获得良好的、基本没有风险的经济收益。

（3）通过物流公司、银行、咨询机构、行业组织等了解海外客户的信息。第三方服务商如物流公司、银行等都可以广泛地接触客户。物流企业基于其工作性质，掌握了最新运输资讯，手头往往有热门产品、热门港口的客户信息，往往可以为外贸业务带来意外的惊喜。当然他们提供的信息一般较为繁杂，需要进一步识别和筛选。

（4）客户介绍。出口商为现有客户提供了优质的产品和最好的服务，满足了客户需求，客户群体100%地满意了，形成在某一区域市场的品牌优势。在客户中形成良好的口碑十分重要，现有关系特别好的、特别认可你的客户有可能会在该区域主动自发地帮忙进行推荐，介绍给其他的当地进口商；同时，在出口商形成区域品牌优势后，同一市场的同类客户也会主动从卸货港、海关等渠道找到出口企业交流与合作，从而形成口碑放大效应，出口商的业务越好、口碑越好、客户的满意度越高、出口量越大，海外的客户群体便会越来越多。

（5）海关数据。海关数据是一个传统开发手段，同时也是一个非常有效的开发手段。

（6）其他新网络技术手段的应用。在移动互联网时代，可以借助各种电子商务平台进行网络搜索，推广公司，利用大数据进行筛选。作为出口商，关于钢铁产品的专项开发，可以使用一些大而全的平台如阿里巴巴，但效果不一定特别明显。如果能利用专业钢铁平台或目标地区的专项网络平台进行定向开发，有时收效更佳。但是网络开发方法的统一弊病是客户指向不明显，相比其他方式虽然所获得的信息量非常巨大，但是进行反复筛选过滤的工作量也比较大。

（7）官方渠道。从驻外领事馆的官方网站上获取国外客户信息或通过贸促会、当地钢铁的行业组织等有关人员了解。

当然无论使用哪一种方式，在寻找新客户和代理的过程中都需要辛勤、细致和进行大量的工作。不断开发优质的海外代理和海外客户是做好外贸工作的前提条件。

海外客户和海外代理是需要持续不断地开发拓展的，在复杂多变、竞争激烈的国际市场中，客户也会因为种种不同的原因而流失。据不完全统计，出口商每年的客户平均自然流失率一般在25%或以上，因此出口商更需要锲而不舍、持续不断地进行新代理和新客户的开发。

发现和找到了海外客户，出口企业一定要通过外贸业务里的两个100%（客户满意度100%和合同履约率100%）促使海外客户能够长期地从自己的企业采购，出口企业要努力把自己的出口工作做完美，以便与海外（老）客户达成长期稳定的合作关系。

1.3 如何让新客户成为成交客户

找到了潜在的海外客户，实现从新客户到成交客户的转变，也是出口工作中至关重要的一个环节，这是出口商实现生存和发展的必要条件。为了实现从新客户到成交客户的转变，一般需要做好以下几个方面：

（1）扩大新客户的基数。没有一个丰富且量大的新客户"库容"，难以实现从新客户到成交客户的飞跃。从大量的新代理和新客户中筛选和培育出优质的代理和客户，并努力地促进成交是做好出口工作的重要一环。

（2）极大地提高外贸一线人员的自身素质。这是最重要的要求。

1）外贸一线人员的道德和职业操守最为重要，实事求是、公平公正、不贪图便宜、诚实、不欺骗和伤害别人、忠诚于企业、爱岗敬业、有团队意识、不弄虚作假、品行端正、人品正派、心态阳光，外贸人员没有品德和忠诚一切为零。

2）良好的语言沟通能力，最好精通英文，能说一口流利的英语，精通冶金和外贸英语，知识渊博，说话要让客人感觉温馨和舒服，有良好的服务意识。

3）善于进行调查研究，全面地了解客户的背景和需求、当地市场特点，能和客户有共同语言，从而找出能打动客户的关键。对于寻求低价资源的客户，则采购价格尽量低作为第一要务。

4）学会沟通技巧，提高自身的综合素质。国际贸易对外贸业务人员要求极高，能聊天会聊天，能和客户建立友谊，是成为一个优秀外贸业务人员不可或缺的条件。同时，在接触客户的过程中，不断地给客户提供一些客户希望了解的信息，让客户依赖、信任、认可、敬佩，从而拉近和客户之间的距离，外贸人员能和客户建立深厚友谊是十分重要的。海外客户的供应商很多，如果不能得到海外客户的认可，客户一般只会询价，不会下订单。在价格差不多的情况下，客户的认可特别重要，客户更认可谁便会把订单给谁。

（3）良好的专业素质。从事钢铁出口贸易人员需要具备的专业素质包括：

1）精通外贸知识。外贸业务员首先要掌握专业的外贸知识体系，对于相关的国际贸易和国际金融知识要全面且熟练掌握。同时，一个优秀的外贸业务员还需要学习足够的外贸案例，并在足够的外贸实操中积累大量的实用经验（外贸专业处置方法和思路）。

2）精通自己的产品相关专业知识。一个优秀的外贸业务员对于各类钢铁产品的特性、生产工艺和流程、技术性能指标都要有比较全面的了解，尤其是从事某些项目订单时，需要针对客户的技术要求跟钢厂生产技术部门反复进行深入交流，更需要外贸业务员对产品知识和相关技术条件有更多的了解。外贸业务员如果比客户知道的多、了解的透，就更容易让客户信服，就会更容易拿到订单。

3）对钢厂和供应商的特点和优势了如指掌。中国大型钢厂数量众多，中小型或民营钢厂更是多如牛毛，从事某个产品出口的优秀业务员，应该对相关工厂的优势产品和工艺特点、每个工厂实际可供产品规格尺寸范围、哪些厂价格最低、哪些厂质量可靠、哪些钢厂信誉和经营作风良好并且交货快等都心中有数。

4）懂得如何与钢厂建立良好的关系，并能够随时掌握各工厂供求关系的最新状况。这样就能始终针对客户所需产品选择最合适的钢厂，从而得到相对较好的价格，按时交货，让客户100%地满意，从而不断地吸引客户下单。

外贸人员只有在和客户的接触中体现出非常高的专业素养，才能牢牢地吸引客户，让客户100%地认可，并让客户放心下单。

外贸一线人员岗前最好都要经过精心、系统且全面的培训，培训工作十分重要，培训时间一般为2~6个月。业务人员未经培训就上岗会给出口商带来一些损失甚至巨大损失，未经培训就上岗的外贸新人，有时会把非常优质的客户谈"跑了"。

当然良好的专业素质也体现为对国家政策的关注和把握，对钢铁行情趋势的准确把握。在目前不稳定的贸易环境下，每一次国家政策的变化，都有可能是实现贸易和利润最大化的绝好机会。例如在 2019 年 5 月 10 日，美国政府宣布对中国进口商品加征关税税率。受此影响，钢材价格走低。贸易公司若能够及时锁定外盘，则可以分享此次政策的红利，不会应对，则会带来损失。

各种变化（政策、环境、价格等）是机会、是商机，不能理解为完全是负面的。

（4）建立学习型的外贸出口团队是出口企业长盛不衰的保障。在高速变化的外贸环境中，出口企业一定要建立一个学习型的组织。通过不断学习，研究和创造出新的业务发展方向、营销模式和海外营销方法。强调个人学习和组织学习相结合，个人的学习经验体会和案例研究要在团队里及时分享。出口公司不应该鼓励业务员学习上的单打独斗，要强调团队学习的重要性，鼓励业务员多进行成功经验的分享、失败案例的分析和研究，总结成功经验，汲取失败教训，使整个外贸团队都不断学习和进步。

（5）外贸人员应该具备良好的服务意识。良好的服务意识的精髓是永远站在客户的角度思考分析和处理解决问题，让海外客户 100% 地满意是出口企业最重要的任务。为海外客户提供优质的服务是出口商生存的最基础的工作。没有良好的服务意识，任何企业都不可能长久生存和发展，出口商也不可能长期可持续地顺畅发展。在互联网时代，信息不对称的红利大为减少，稳定的佣金代理制由于其自身成本可控风险少、业务透明等优点，越来越多地成为一种广泛使用的方式。在此基础上，出口商应该要时刻站在用户的角度去思考问题，而且要拉近用户和钢厂之间的距离，有了问题及时解决，消除和化解矛盾，结成统一战线，实现双赢。主动为用户提供市场信息，分享冶金市场新闻和钢厂动态。这些细节的累积，无疑会增加用户的好感度，成为促使订单实现的催化剂。外贸人员应该热情、及时、周到、正确、实事求是、言而有信、尊重对方、彬彬有礼。

（6）与客户进行全面的沟通，在沟通中让海外客户全面地了解出口商、100% 地认可出口商、100% 地认可和信任外贸人员。如果客户认可了外贸一线人员和出口商，下单是顺理成章的事情。

（7）客户如果有很小的一笔试订单，一定要做完美，让客户 100% 地满意。客户第一次合作一般不会突然就给出口商一个特别大的订单。订单不管大小，出口商都要认真对待，让客户 100% 地满意是出口商的努力方向。

如果出口企业确实没有把握履行客户的订单（价格、交货期、产品的规格、有风险等），不要勉强，没有把握的订单，出口企业要懂得拒绝，特别是亏损合同。

每个合同结束，出口商应该认真地听取客户的意见和建议，客户的建议应该让出口企业所有人员都知道。以感恩的心态对待客户的意见和"牢骚"，有则改之无则加勉，客户的批评胜于客户的赞美。每个合同执行完，出口商应该坚持"复盘"，认真地总结，发现不足和瑕疵，及时改进工作。

1.4　海外客户和海外代理管理

在开发海外市场和发展海外客户的过程中，出口商会遇到形形色色的客户和代理，有品行端正的，也有品行恶劣的，有讲诚信的，也有不讲诚信的，需要出口商对其进行一定程度的甄选，并进行有效的管理和培育，从而最大程度地使更多的海外资源成为优质资源。出口商对待客户和代理应该做"加减"，优秀的客户和代理做"加法"（增加各种优惠政策和待遇），不好的做"减法"直至终止合作，并且应先让他们事前知道出口企业的规则。

1.4.1 海外客户和海外代理的登记分类

海外客户种类繁多，情况千差万别，出口商应该根据客户的情况（信誉、实力、规模、影响力、订单数量、关系程度等）对客户进行合理的分类管理。比如说可以将客户分为 H 级（黑名单客户）、E 级（新客户，达成 6 笔业务后，如果信誉良好，可以晋升为 1 星级客户）、1 星级到 7 星级等。客户如果表现好可以慢慢升级（每达成 12 笔业务，客户信誉良好的可以晋升一级），信誉不好的可以直接进入企业的黑名单系统。出口企业应该为每个客户都建立档案，对客户分级管理的权限应该在企业，不应该在一线人员。客户的分级管理应该制度化。针对标准化、规范化。针对客户的管理制度应该明确、长期稳定。对不同级别客户要用不同的方法来开展工作，工作重点是不断地培育更多信誉良好的客户。

1.4.2 海外客户管理

客户管理系统是维护和深化客户关系的关键，其中对已成交客户，特别是为企业带来更多利润更多订单的客户，需格外用心地进行维护，不断深化相互之间的关系，在业务合作的过程中加强彼此之间的了解和信任，同时要引导客户，使之向更优质的方向转变。

客户关系维护要以诚信为本。

维护客户关系有很多维度，但诚信为本是一切维度的基础，讲诚信、实事求是、互惠互利是双方合作的基础。客户大小不太重要，客户讲信用最重要。

想要在行业里长远走下去的外贸人员和外贸企业，必须把诚信作为最重要的事情，信誉是做外贸的基石，因为做外贸面对的是不同地域、不同种族、不同文化的客户，双方沟通和交流以至于成交都是基于对另一方 100% 的信任和认可。在成单后至成交很长的时间里双方都未见面也是很常见的事情，所以外贸沟通必须要做到诚信为本，不讲诚信、不实事求是、品行不端的出口商和外贸人员肯定要被淘汰出局。

有的出口商在对自己有利时就遵守合同，合同签约后发现对自己不利时，就偏离合同约定而额外提要求，或者随意撕毁合同。有的钢铁出口企业随意对外签订出口合同，国内钢铁价格下跌时就组货装船，如果国内钢铁价格持平或者上涨就单方面撕毁合同，客户的预付款也不退回。信誉受损对长期发展很是不利。

在外贸实践中，由于许多不确定因素，如质量和船期，出口商要严格履行出口合同的所有约定实际上是一件非常非常困难的事情，出口企业要有一套严谨的流程做保障。

在行情平稳或上涨的情况下，优质的客户对由于合理原因造成的供应方轻微违约如短暂延误交货期一般也会予以理解和接受。但行情下跌尤其是行情大幅下跌时，情况就会不一样。作为诚实守信的优秀出口商，需要做到的一是不能主动地、主观地故意违约，二是由于自己实在不能控制的第三方原因造成违约时，尽可能多考虑如何对客户予以解释或补偿。在合同明确约定的不可抗力的情况下未能按期履行，可以免责，无需赔付，双方可以协商书面约定终止或者部分终止合同或者合同顺延履行。

维系客户关系还要靠让客户持续地获得利益，不仅仅是维护相互之间的感情，长远且良好稳定的合作关系也需要在双方或多方利益共赢的基础下实现，这就需要在沟通交流中做到预留利益空间，争取在双方意向达成一致、在100%地满足客户需求的前提下做到利润最大化，让彼此都满意，同时在实现这个目标后也要做到诚信待人，答应客户的事情一定要努力做到，出口商要信守承诺，没有把握的事情不要轻易承诺、不要随意签约，合同的所有条款必须留有余地。客户100%地满意了，出口企业满足了客户的需求，客户才会不断地下订单给出口企业。

1.4.3 一个市场（区域）多个海外代理管理

出口商如果在同一地域开发出了多个海外代理，则需要对其进行有效管理。可基于每个代理的特点，按不同的终端用户、按不同的子地区、按其所代理的不同产品来分开管理海外代理，随时调整，以避免同一地区多个海外代理之间的无序竞争。在管理时要注重时效性，即在规定的时效内是否能成单。一般若某个代理对某一终端用户超过2～3个季度未有订单成交，则可考虑放开此终端用户给其他代理。

不断开发更多的海外客户和海外代理是出口商的重要工作。出口商应该组建专业的开发团队，负责开发海外新市场、新代理和新客户。

和其他资源的管理一样，海外客户和海外代理的管理工作不应该交给一线业务人员，应该由出口商负责。

2　出口贸易

2.1　出口业务管理

在出口贸易中，出口商要通过制定制度和完善流程努力做好出口业务的管理工作。

2.1.1　报价管理

对于客户的询单，第一时间给客户进行反馈和报价（尽量当天，2 h 之内为佳），快速报价表达了对客户的尊重。询单报价越快，拿下订单的可能性就更大一些。出口企业如果能及时报价，即使价格没压太低，拿下订单的概率也会很大。针对客户的需求特点（比如交货期、产品规格、材质和付款方式的特殊要求等），全面且合理地进行报价，是促成签约的关键。如果报价失败应该及时地总结，找出报价失败的原因和改进方法。

2.1.2　付款方式的选择

出口贸易中常用的付款方式有：

（1）电汇（T/T，telegraphic transfer）。一般情况下，国外客户采用 T/T 方式付款，2 个工作日之内出口方可以收到。

（2）信用证（L/C，letter of credit）。钢铁出口贸易中大量使用，占钢铁出口贸易的 90%以上。

（3）付款交单（D/P，documents against payment）。出口方通过往来银行把全套出口单据交给买方往来银行，让买方往来银行在进口方付款后拿走全套单据办理进口提货手续。

（4）承兑交单（D/A，documents against acceptance）。出口方通过托收行把全套出口单据交给代收行，让代收行在进口方承兑付款的情况下拿走单据办理进口提货手续，代收行对进口方今后是否付款不承担任何责任和义务。

出口方收到全款后再安排装运最为有利和安全，装船前全款 T/T 是出口商最优先选择的付款方式。同时对于不了解的客户应注意一下其资金来源的合法性，如果 T/T 收到的是"黑钱"，出口商也会遇到麻烦。如果是正常贸易，这种可能性几乎不存在。钢铁是大宗贸易，装船前全款 T/T 有时不太现实，钢铁的国际贸易大部分（90%以上）都是使用 L/C 付款。客户信誉良好的也可以选择预付款 20%~30%，然后装船后再让客户付清余款，出口商收到余款后再寄全套单据。

L/C 也是比较普遍的国际贸易付款方式，L/C 单证相符的情况下，出口商收汇一般问题不大，在一些特殊情况下（客户信誉不良、市场价格暴跌、银行信誉较差、国外社会秩序不稳定等），单证相符出口商也有可能收不到货款。在客户和银行信誉都不确定（不良）的情况下，出口商可以要求世界一流（500强）银行加保兑，保兑信用证在单证相符的情况比较安全，保兑行承担第一付款责任，出口商收汇基本可以得到保障。在不了解客户信誉的情况下，出口商也可以要求客户使用100%的保兑L/C或者30%预付款加70%的（保兑）L/C。如果海外客户说其往来银行不能加保兑，说明该银行信誉较差。

客户信誉不清、没有把握的尽量不要选择D/P、D/A，这两种付款方式对出口商没有任何的保障，风险很大。出口企业开展出口贸易的前提是安全第一，规避风险。

客户信誉非常良好的，付款方式可以不做严格限制。出口商选择何种付款方式是由客户的信誉和实力等来决定的。最好每个客户付款方式和其合同的数量都有"度"，控制好"度"非常重要，"度"最好由公司最高层来把握，不宜交给一线业务人员决定。

出口业务基本上主要使用离岸价（FOB, free on board）、成本加运费（CFR, cost and freight）、成本加运费和保险费（CIF）三种价格条款。

客户信誉良好的，这三种价格条款都可以。如果不清楚客户的信誉情况，尽量不要使用FOB条款。使用FOB条款有这样几个风险：一是价格下跌了客户有可能不派船来，等于单方面取消了合同，这种情况下出口商组的货要自行处理。二是如果将货物装船了，客户可以串通船公司无单提货（进口商不付款可以提货），这样出口商的货款就"打水漂"了，这种案例时常发生。三是即使进口商安排船来了，如果和出口商配合不好，船货衔接不好，也容易产生纠纷。建议出口商在不特别了解进口方的情况下，慎用FOB条款。

一般情况，国际贸易中使用CFR条款比较多，占钢铁出口贸易的90%以上。CIF使用的不多，主要是进口商向保险公司索赔不太方便。建议出口商在不特别了解客户信誉的情况下优先使用CFR条款。使用CFR条款也要注意客户的信誉问题，若客户的信誉不良，则也有一定的风险。

对于选择何种客户付款方式，还要考虑进口国家经济和政局的稳定性等因素，比如在南美国家、缅甸、朝鲜、叙利亚、古巴、斯里兰卡、伊朗、委内瑞拉、一些非洲等国家采用L/C是没有保障的。对于政局不稳定的国家，客户付款方式最好选择装船前全部T/T或者世界一流银行加保兑的L/C。

2.1.3　订单管理

成交一个订单并不能说明客户会选择继续合作，如何与客户达成长期稳定的合作关系？让客户100%地满意是最重要的。最直接能表现出口商信誉和实力的就是对每一订单都能按照合同约定按时按质按量交货，如果出现意外情况或者不可抗力因素未能按时交货也能及时和客户实事求是地解释沟通，及时提供解决和补救方案，努力得到客户的理解和支持。按时按质按量交货、严格认真地履行合同是维护客户利益的核心所在，也是维护客户关系的核心所在。

外贸业务环节多、流程长、不确定的因素比较多且国外客户的付款方式复杂，很多情况出口商比较难控制，签约后很容易出现风险或发生意外，尤其是海外市场中信誉不良的客户，其具有很大的不稳定性，所以在强调维护客户利益的同时，出口商和外贸业务员也要在订单管理的每一个节点上注意安全第一和加强风控管理，避免形成海外坏账和发运后出口企业收不到全部货款的局面。

2.1.4 生产控制

排产和货源组织：客户按照合同约定按时付预付款和开出信用证后，出口企业及时排产是确保货源的关键节点，工厂开始排产意味着海外客户情况有变时（进口商签约后取消订单时）出口商有可能发生损失。对于所有出口商来说，一般情况下都必须是收到了可安全收汇的信用证或足够的预付款之后才可以通知工厂安排生产，及时排产并确保工厂按时按质按量地生产和按时装运。

签订出口合同之前，出口商应该对钢厂的生产情况、生产能力、钢厂的信誉有全面的了解，对钢厂的生产有十分的把握再签订出口合同，这非常重要，如果对钢厂不太了解、没有把握，那签订出口合同就会有一定的不确定性。给工厂的生产时间应该留有一定的余地，尽量不要给一个工厂太满的订单、太紧张的时间要求。一个特别大的订单出口商可以分给多个工厂同时生产。对供应商也应该多设选择，出口商对外签约后，万一某个钢厂不能供货了，出口商还有其他供应商可选择。对于特别大的订单，应该允许分批交货，最好允许分批装船。同一种产品最好有三个以上供应商。如果只有一个供应商，出口商对外签约时要格外谨慎。

2.1.5 发货装运管理

对 T/T 付款的海外客户，一般可以要求客户签约后 3~5 个工作日之内支付 20%~30% 预付款，出口商收到客户的预付款后就可以安排生产了。余款在签约时应尽量要求客户在出口方货物生产完毕后（有了详细货物清单、装箱单和发票后）3~5 个工作日之内付清，出口企业收到全款后再安排装船；而不是见提单副本再全部付清余款。何时付清全款，这取决于客户的信誉，如果是新客户，不知其是否信誉不良，装船后付清全款风险较大，装船前付清全款最为安全可靠。

如果发现行情有可能大幅暴跌（这种情况不会经常出现），甚至有可能在短时间内将 20%~30% 的预付款都蒸发掉，此时应该要求提高客户预付款的比例。客户付款延迟，相应船期延迟。未收到全部货款，货权一定要控制在出口商手里。合同中还应该约定：如果客户拿到出口商的装箱单 3~5 个工作日内未能付清余款，将收客户每天 1% 的滞纳金，10 个工作日之后，出口商有权将货物自行处理，客户的预付款不予退还。出口企业对客户的情况不太了解的，合同的约定应该特别严谨且明确。

如果出口合同约定客户是 T/T 结算，而出口企业对供应商钢厂为信用证结算的，若尾款是基于提单副本支付时，出口商应催促客户在船离港后三日内付清，客户未按时支付尾款，出口商一定不能将正本单据寄出。

风险提示：付款方式为信用证情况下，如果对进口商的信誉不十分清楚，出口商还没收到 100% 符合要求的可安全收汇的信用证，或者要求客户改证但没有收到 L/C 的改证通知，千万不要订船，更不得装运，以将风险控制到最低。如果在没有把握的情况下订舱装运，发生风险就要出口商自己承担了。

出口企业没有收到 L/C、L/C 中有软条款、不能保证单证相符交单就盲目组货和盲目装船从而造成损失的案例每年都在发生，信用证付款条件下单证相符交单是钢铁出口企业必须要努力做到的事情，出口企业要有一个优秀且稳定的制单团队。

以上讲的是如何保障出口商自身的安全，在海外客户正常履行合同的情况下，在客户信誉良好的情况下，外贸人员必须全力以赴，确保按质按量以最快速度装船，在客户有特殊要求时也可以分批装船，签约之后，让进口商尽早收到满意的货物是出口商的努力方向。

2.1.6 确保安全收汇措施

对整个订单的一切工作和努力最终直接体现在是否能保证安全收汇、是否可以实现预期利润、合同是否可以顺畅执行上。对订单的安全收汇管理要基于非常专业的制单团队和风控能力上，在收到信用证后的审证和后期的单据制作、单据审核和议付等每一个环节都应该严格把关、都应该有人认真地复核，在信用证付款条件下，严格做到认真地审核信用证，保证单单相符、单证相符，尽量单货相符。出口商应该通过建立卓越的企业制度、流程、规范来确保安全收汇，安全收汇不要过分地依靠某个外贸一线人员控制。

这里要特别提醒的是，若国外客户为信用证付款而钢厂为 T/T 付款，一定要特别注意国外客户 L/C 中对单据的要求，提前安排和落实工厂的单据缮制，以保证单证相符、单单相符。

安全收汇和每个合同实现预期的利润是出口商第一位的事情，很多企业倒闭就是由于大宗货物出口了而货款没能收回来所致。安全收汇不仅是为了保障自己的利益安全，更是为了保障银行、工厂、船公司、股东、员工们、各方的利益安全。确保安全收汇是外贸工作最重要的事情。如果出口企业盲目地追求出口规模，每笔出口合同都亏损、都有风险，无疑出口企业即将倒闭。

2.1.7 数量和质量异议、纠纷处理

海外客户收到货物后如果对货物数量和质量不满意，需在合同规定的时间内（一般为货物到达目的港 30~45 天之内）凭双方认可的第三方检验机构的检验报告向出口商提出书面索赔，有的产品检验需要比较长的时间，也可以在货物到达目的港后 45 天内或者再适当延期提出，冶金设备有可能需要 1~2 年的质保期。一般是进口商凭出口合同中约定的第三方的检验报告向出口商提出索赔和异议，没有第三方证据，进口商提出的数量和质量异议一般无效。

出口商应该按照检验报告和客户进行沟通，实事求是、心平气和地协商是处理数量和质量异议的基本原则，通过沟通和协商使双方意见达成一致、达到双方均满意的结果是出口商的努力方向。针对数量和质量异议目前还没有什么标准的解决办法，出口商处理异议应该坚持的原则：以事实为依据，实事求是，讲道理，按照合同的约定，遵守国际商法。如果是装船前货物就已经损坏了（货物越过船舷落在甲板上之前出现的问题），出口商应该予以一定的（现金）赔付；如果是海运过程中（装船后）造成的货物损坏、丢失、破损、生锈等，应该让海外客户找海运公司或者保险公司索赔。异议的处理和解决最后一定要让客户 100% 地满意。如果货物装船前数量和质量确实没有问题，但是客户还是不太满意，以后的合作合同中可以给客户一定的价格折让，这种情况一般不要现金赔付。如果装船前确实货物有问题，出口商就应该赔付一些现金。发生异议有时客户会狮子大张口，出口商不要着急，耐心地和客户讲道理，适当合理地赔付一些。处理异议需要一段时间（有

时较长），当然出口商应该努力确保货物装船前是没有问题的，并保留相应的证据（照片或者录像等），也应该努力地使货物完好地送到客户手里。

出口商对于进口商异议的解决方式不能都是未来的价格折让，如果装船前货物确实有质量问题，出口商也应该说服工厂赔付一些。出口商努力促成客户和工厂的双向配合，顺利地解决索赔问题，能促进出口商和海外客户达成成熟的稳定的客户关系。

如果产品数量和质量是海运过程中出现的问题，出口企业也应该努力促使海运公司尽快解决客户的异议。如果海运公司不讲诚信、推卸责任、不积极地配合解决问题，出口企业应该暂时中止与该海运公司的合作，直到其合理地解决了客户的异议再考虑是否继续合作。

2.1.8　佣金的及时支付

订单安全收汇后，外贸业务员要主动并且及时地按照合同约定给海外代理结算佣金，不能以任何借口不付款、故意拖延、克扣佣金。

钢铁出口一般支付给海外代理的佣金标准是 3~5 美元/吨，佣金标准应该事前和代理谈清楚，最好在签订的代理协议中予以明确，不要有争议。

出口企业处理佣金需要注意：

（1）佣金一般都按海外代理行业大致水平支付，不应该与出口商的利润挂钩。

（2）代理不应该有意压低出口商的价格，然后吃差价。这样的海外代理显然没有道德底线，应该尽早淘汰。

（3）佣金不事前说清楚，事后再谈佣金大家都不高兴。

（4）刚签了合同，合同还没有结束、货款还没有收到，代理就要出口商支付自己的佣金，这是不对的。事前说了好佣金，出口企业事后以各种理由拒付是不对的。

（5）如果代理人代理的业务较多，经过协商达成一致后，才可以每月末支付一次。

2.1.9　客户关系的提升

如果说客户关系维护的目标是保证客户关系不变坏，那么客户关系提升的目标则是使出口商和客户关系越来越好。提升客户关系的方法很多，销售类教科书里有很多提升客户关系的案例和指南，大家都可以借鉴。提升客户关系万变不离其宗的核心是用心、用诚、用完美地履行合同、用优质的服务、用快速地交货、用感情对待每个客户，每笔业务都要努力让客户 100% 地满意，这里我们列举几个思路供大家参考。

2.1.9.1　感情投资

对海外客户投入感情，也许不一定能及时地收获同等回报，但一定是值得去做的，这是长期赢得客户的关键，投入感情的方法有很多，比如：

（1）客户生日的关心。在平日和客户沟通中，不刻意但是有意识地询问并记住客户生日、客户孩子生日，在特别的时刻送上生日祝福或寄送生日的小礼物，往往收效很好。礼品要精心挑选，不在贵而在有特色和用心。比如客户 A 特别喜欢国内某地的特产，每次来中国肯定去这个地方，都会带一些当地特产回去，那么在生日前提前备好这个特产，生日时送给客户并送上生日祝福，客户会感觉非常暖心和感动。再比如客户 B 的小孩快 2 岁了，平时喜欢拼图和搭建玩具，就可提前备好分阶的拼图和乐高玩具，在生日时送给客户

（孩子），孩子收到喜欢的礼物会开心，客户每次看到孩子玩这个礼物也会不自觉地想起你。

（2）突发事件的关心。如遇客户所在地区发生突发事件，应及时对客户发去问候和关心，若有需要帮忙的地方尽己所能地去帮助。突发事件一般指自然灾害（如台风、地震、山洪、海啸等）、社会动荡或者疫情等意外事件，此时若得到此类突发消息，第一时间问候客户，表示关心并及时表示提供帮助。

（3）获得客户高度认同。在和客户的交流和合作中，首先把客户的业务需求解决好，同时对重点客户还可以通过工作内容以外的广泛沟通加深感情，包括探讨共同情趣（比如足球、围棋、篮球、乒乓球、羽毛球、桥牌、宗教等）、找寻共同信念，取得客户对自己的能力认同、人品认同乃至价值观认同。

能力认同：首先要通过卓有成效的工作，使客户通过和你的沟通获得收获，从而让客户认可你的能力。

人品认同：通过深入交流，如能让客户进一步认可你的人品（诚实、可靠、实事求是、值得信赖、言而有信），则说明提升客户关系取得了进一步的突破。

价值观认同：能力认同和人品认同是逐步夯实客户对你的认同关系的基石，可以通过沟通和交流，让重点客户进一步实现对你的价值观认同，双方找到共同理想的共鸣，就达到了感情升华的较高境界。这时即使业务的合作遇到了这样那样的不太顺利，客户依然也会非常忠诚地支持我们出口商。

客户对外贸人员的认可和对外贸企业认可都十分重要，一线外贸人员最好也把自己的上级介绍给客户，重要的事情客户也可以直接联系上级，客户对外贸人员认可了、对其上级也认可了，今后的关系才可以比较稳定。

2.1.9.2　异议协商未果的处理解决

当合同执行时一方或者双方都有异议时，先协商解决，协商解决未果（不能达成一致意见的），就要考虑采取其他解决办法了，可以选择法院起诉或者到仲裁机构仲裁解决，外贸业务建议优先使用仲裁解决，如果使用仲裁方法要在出口合同中予以十分明确的约定，仲裁地点不明确的，将用法律诉讼来解决。在国际贸易中，出口商应该知道，法院起诉和仲裁一般只对大的企业和讲诚信的企业有用，对中小企业和不讲诚信的人基本没什么用。法院判决和仲裁结果出来了，国外的法院判决和仲裁执行也是难题。有了问题双方应该优先耐心地心平气和地协商解决，双方互让，避免诉讼仲裁是上策，出口商尽量不使用法律手段，诉讼一般是两败俱伤，对一个企业是应尽量避免的。有了争执双方互不相让，诉讼到底两败俱伤是下策。

和客户有了纠纷，应该及时停下来彻底地解决，通过友好协商双方都让一点利益，有过失的一方多让点利，最后达成共识，圆满地解决争议，双方都满意了，再开始洽谈新的业务；不要同时洽谈很多笔业务，所有的业务都有争议，这样就处于无解的状态，外贸业务最好一笔一清。每笔业务都结清了，双方都满意了，再开始新的业务。

出口企业还要不断地加强对企业所有工作、所有环节的全面管理，包括先内后外、人财物（优先团队建设）、产供销、各类资源、业务流程、风险控制等，优秀的出口企业应该用科学严谨的企业制度、优秀的企业文化、严格的流程和制度管理好企业，不能只注重海外营销工作，不能只注重招单。

2.2 客户风险管理

2.2.1 客户欺诈风险

世界上的客户总有信誉好的（一般是严格地按照合同的约定履行合同，出口商如果有点小瑕疵也能理解，不太纠缠，比较看重自己信誉）、一般的（出口商如果工作中有瑕疵，进口商也会有点瑕疵，有时付款会拖延几天，但是没有恶意）、信誉差的（遇到出口商的瑕疵就故意拖延付款、开证慢、订单量也不大、价格下跌就千方百计取消订单、信誉比较差），当然还有一些有欺骗性的（以欺骗出口商的大宗货款为目的）。出口商不要奢望所有的国外买家都是信誉良好的。信誉差的和诈骗分子占海外客户的20%以下，信誉良好的占大约20%，余下的60%为信誉一般的客户。

客户的欺诈风险指进口商在国际贸易过程中故意制造假象或者隐瞒事实真相使得出口商上当受骗，最终未能按约定履行付款义务而给出口商造成巨大的损失，其最主要的表现是客户收到货物后找各种理由和手段拖延付款或者拒绝付货款。

案例1：2017年6月26日，小陈的A公司收到了来自某网站的某国客户SOMEE关于钉子的询盘，几次沟通之后客户就先后下了6个小订单，这6笔订单的付款相当爽快。2018年7月客户继续下单，这次的采购量比以往都大，是两个20尺货柜，付款方式沿用原先的20%预付、80%见提单复印件付款。在收到预付款之后，小陈立刻安排生产发货，拿到提单后马上传真了提单的复印件，催客户支付尾款，以便款到放单。货物到目的港的前一周，客户终于把付款水单复印件传真给了小陈。小陈却诧异地发现收款账号和公司账号不是小陈的A公司，于是赶紧询问客户是否弄错了账户信息。但客户坚持说是小陈通知他把尾款打到这个账号上的，一口咬定尾款10多万美元都付到了那个账户。经调查，这个账号是广州的一个私人账号。9月初货物到了目的港。其间小陈与客户一直在努力协商，却没有任何进展。是运回来还是转卖其他客户？小陈思忖再三，赶紧找到了另一个买家，一切谈妥准备转卖货物。正要修改提单时，小陈却发现了一个大问题：该国政府要求进口商在进口前必须有一个FORMM，该FORMM的号在出口提单上有专门的显示，两份单据紧密关联。虽然提单正本在小陈手中，但对应的FORMM已在原来的客户手中，所以新买家根本无法申请到FORMM去提货。货物滞港时间越拖越久，小陈心急如焚。他了解到该国海关规定，货物到港后超过一定时间未办理进口清关将会被没收和拍卖。在实际操作中，一些不法商人就是抓住了这个空子，故意拖延时间不去清关，甚至利用勾结当地官商等办法，最终以非常低的价格拍得货物。A公司在得知此情况后怀疑是客户有意欺诈。10月21日，经公司指派小陈去当地警方报案，但被告知该案件属于经济纠纷，不具备立案条件，须经法院解决，同时警方没有权力调查相关银行账户的问题。11月，A公司联系了中国驻该国领事馆请他们帮忙与客户沟通，领事人员答应协调，但具体事宜还需要双方协商解决。在与客户协商未果的情况下，考虑到货物长期滞港带来的高额滞港费及可能的退运费，A公司最终不得不放弃了这批货物。

点评：尽管无法找到确凿的证据，这个案例中的买家确实存在很大的诈骗嫌疑。该案例中，对方买家很清楚货物滞港3个月以上就会被当地海关拍卖的规定，而中国的外贸企业如果没有类似经历则很难预想到。通常骗子第一笔或者头几笔订单都会很爽快地付钱以骗取出口企业的信任，之后就会慢慢实施自己的诈骗计划。对于客户信誉较差的国家以及某些高危国家，出口企业需要高度重视风险控制，应该提高预付款比例，客户的信誉不清楚、进口国家社会秩序不良等，装船前出口商一定要收到全部货款。装船后收全款的风险巨大。已经出口的货物从目的港再安排运回来是下策，基本不可行。客户如果最初付款顺利，出口商也不要大意，要详细全面地了解客户的真实情况，当全面了解客户情况后给客户的额度才可以逐渐增加。

风险防控要点：

（1）建立客户资信数据库。分别从客户背景、客户管理水平、客户经营状况、客户偿债能力、客户付款记录、客户行业状况6个方面加以分析，划分出不同的信用风险级别，以判断客户是不是真实的经营实体，还是只是一个可疑的诈骗分子。

（2）建立客户信用额度审核制度。公司应对授予信用额度的客户适时定期审核，一般情况下一年审核一次，对正在进行交易的客户和重要客户的信用额度最好能半年审核一次。每一次审核都要严格地按程序进行，信息收集工作尽量做到全面、及时、可靠，不能因为是老客户就放松警惕，或者习惯性地凭以往的认识分析其信用状况，出口企业的审核结果要及时通报给一线外贸业务人员。

（3）控制发货。在下列两种情况下应命令业务员停止发货：一是付款迟缓，超过规定的限期就应该停止发货；二是交易金额突破客户的信用限额。在由于客户延期支付或者突破了信用限额的情况下，控制发货措施就很有必要。

（4）贸易暂停：当发现客户有不良征兆时（无故延迟付款、恶意撕毁合同等），首先考虑的措施就是停止发货或者收回刚发出的货物，只有这样才能避免损失的进一步发生。

（5）增强企业内部风险防范意识，进行一定的培训，加强流程管理。

（6）对于高危国家或者被制裁国家的客户要提高预付款的比例。

（7）采取严格的风险控制措施，最好有专人把关，一旦发现问题，建立预警机制，提醒所有外贸业务员注意。

（8）不太了解的客户采购量突然增大要格外谨慎，应该更严格地控制好风险。比如采取加大预付款比例或者加保兑信用证等措施。

相关知识及工具：

（1）对客户进行信用调查。方法有以下5种：

1）通过金融机构或银行对客户进行信用调查。这种方式可信度高，所需费用少。不足之处是很难掌握客户全部资产情况和具体细节，因可能涉及多家银行，所以调查时间会较长。

2）利用专业资信调查机构进行信用调查。这种方法能够在短期内完成调查，费用支出较大，能满足公司的要求。同时调查人员的素质和能力对调查结果影响很大，所以应选择声誉高、能力强的资信调查机构。

3）通过行业组织进行调查。这种方式可以进行深入具体的调查，但往往受到区域限制，难以把握整体信息。

4）询问同行业内的同仁或委托同仁了解客户的信用状况，或从新闻报道中获取客户的有关信用情况。一般情况向我们的联盟成员咨询，基本都可以了解到客户的情况。

5）也可以让客户提供其在中国钢铁圈的朋友，这样比较简单。如果他在中国钢铁圈一个朋友也没有，说明他没有朋友或者信誉不太好。

（2）建立客户资信数据库。建立客户资信数据库是进行客户资信信息管理的一种十分有效的方式。通过这种方式，企业将搜集到的大量重要的客户信用信息加以整理、保存，以利于实际应用。目前很多企业都在应用电子信息技术整合自己的资源及信息管理系统。其中，客户资信数据的管理是一个重要的组成部分。

（3）客户信用额度管理。针对一些存在风险的客户应设有一定的信用额度，这个信用额度则取决于和客户在多年合作中数量、信用记录等。给予客户一定货物金额的信用支持，这样既能让客户满意也能给客户一定的限制。

2.2.2　客户的破产风险

客户破产风险指进口商全部资产无法清偿到期债务被当地法院宣布破产，最终未能按约定履行付款义务而给出口商造成损失，其最主要的表现是客户到期没有能力付款了。

案例2：小林有个A国客户，合作了一年多。该客户是一家私人公司，规模不大，支付方式是20%预付和80%见提单复印件付款，信用一直不错。2017年6月，该客户照常下了两个20尺柜的五金产品的订单，并支付了20%的预付款。6月底货物生产完毕，小林安排订舱发货。在拿到提单后，小林立刻传真提单复印件通知客户付款。由于船到港还要过一段时间，客户答应隔几天就安排付款，并表示近期资金紧张，正积极筹措资金以便安排付款。之后小林每次催款，客户都要求再给他们一点时间。就这样，30多天过去了，船已经抵达港口。小林屡次催款未见成效，顿时感到情况不妙，给客户下了最后通牒："如果再不付款，我们就将货物运回。"直到货物的免滞期已过，客户还迟迟没有回音。于是小林当机立断，运回货物。之后小林得知了客户已经破产的消息。幸亏小林及早采取措施把货物运回，才避免了更大的损失。

案例3：小王有个B国客户，联系时间很长了，下过几个小订单，付款方式是发货前付全款。客户的付款比较及时。2016年3月，客户下了几个20尺柜的订单，小王为客户的订单量增加感到高兴。但是这次客户要求付款方式采用30%预付、70%见提单复印件付款。想到客户平时比较守信，小王就答应了客户的付款要求。在收到预付款后，小王安排生产并组织发运，拿到提单后，传真复印件催促客户支付尾款，但客户却没有回复。小王知道在见提单复印件付款的情况下，客户一般要等到船快到港了才会付款，他也就没有太在意，把催款的事情先放到了一边。突然有一天，小王接到了一份来自B国某律师行的信函，通知小王该客户已经申请破产，不再具备付款能力了。小王得知此消息傻眼了，赶紧汇报给公司领导。公司领导给出两套方案，一是退运货物，二是在B国寻找其他客户，将货物低价卖掉。因考虑到来回的运输成本太高，公司决定采取第二种方案。公司动员所有员工立刻联系在B国的客户，看谁能购买这批货物。功夫不负有心人，同事小张的客户表示可以接收此批货物，最终公司以原价70%的价格销售给了新的客户。

点评：客户破产是很难预测的一个问题，客户破产最大的风险就是货款收不回。虽然这种情况不是屡屡发生，但是我们也应该格外小心警惕，因此特别关注客户的财务状况、调查资信还是有必要的。一般可以从银行、协会或是其他客户那里了解客户的状况。客户破产之前一定会有前兆的，外贸人员一定要细心观察。多次违约付款和多次延迟付款是客户资金状况不良的征兆，出口企业应该高度重视。

案例2中，小林最后关头还是做出了正确的选择，将货物运回。但值得注意的是不是每个国家都能轻易地将货物运回，有些国家是需要原客户确认后，海关才能放行的。

案例3中，由于小王一味地重视销售量的增加，对客户订单量的突然增加和付款方式的更改没有予以足够的警惕，最终导致了后面事情的发生。对于类似情况，需要我们提高警惕，事先权衡利弊，做好防范，不要轻易答应客户更改付款方式的要求。

2.2.3 客户人员变动风险

客户人事变动风险指进口商的采购人员突然离开该公司带走业务或是交接不清，从而给出口商造成业务的减少或流失。

案例4： Anny 是 A 国一家贸易公司的采购经理，与杨某所在的外贸公司合作两年了，业务是越做越多，从原来的单一品种采购扩展到三种产品。杨某很庆幸有这么一个好的合作伙伴。然而 2016 年 6 月，Anny 突然发来邮件说她要跳槽到另一家公司了，以后由 Lily 负责杨某的业务。没过几天，Lily 开始接手并联系杨某。但她对业务一点也不了解，所有的产品都要杨某重新报价，同时她还向其他中国供应商询价，对比之后还要求杨某降价和改变原先的付款方式，着实让杨某头疼。在谈的业务进展缓慢，近乎停滞，更严重的是很多业务似乎是被 Anny 带走了，杨某的业务量因此受到了不小的影响。

点评：国外客户确实常有人事变动。原联系人与中国的外贸公司业务很熟，有很多都是在谈的业务在等待推进，如果这个联系人一走，新的联系人需要花费一些时间来熟悉，如果新人素质不高或是做事不积极，势必会影响现有业务。原联系人也有可能会带走部分业务，导致业务的流失。

人事变动对于外贸公司来说是很难预见的，对于双方公司来说肯定都会有损失。因此，在平时外贸公司应该有一定的预备措施，要定期总结与国外客户的最新进展、开发情况，并复制一份给客户的采购经理或进口商的总经理、董事长等进口商的高层人员，以便他对该外贸公司与其公司的最新合作情况有所了解。这样如果发生了联系人变动，业务关系还能保持，并可将负面影响降到最低。

风险防控要点：

（1）定期总结与国外客户的合作情况、新产品开发的进展，要和国外公司的主要负责人或者高层人员也保持一定的联系，让其了解最新合作情况，加深对该外贸公司的印象。出口商不要永远只联系某一具体的一线采购人员，这样单线联系，有很大的不确定性。

（2）针对国外客户对单据、货物等提出的要求、所有的重要文件等都要有记录备案，以免对方人事变动交接不清。在人事变动之后要再次确认以免出现问题。

（3）对于洽谈中的项目要及时追踪，尽管人事发生了变动，但要积极与客户联系，给其良好印象，保持原有的良好合作关系。

客户的人事变动是中国的外贸公司很难预测与控制的，中方能做的就是维护好客户关系，与新的联系人建立良好的合作关系，要重新培养感情。维护好客户，继续良好的合作有以下几个工作：

（1）抓住关键人。像建立大客户资料一样，对新联系人的各方面资料作统计、研究，分析其喜好特点等。

（2）真诚待人。真诚才能将业务关系维持长久。同客户交往，要树立良好形象，以诚待人。业务的洽谈、制作、售后服务等也都应从客户利益出发，以客户满意度为重要的目标调整工作，广泛征求客户意见，考虑其经济利益，处理客户运作中的难点问题，取得客户的信任，从而产生更深层次的合作。

（3）以工作质量取胜。没有好的工作质量做保障是不能长久的。外贸人员过硬的工作质量是每项工作的前提。这要求充分理解客户需求，以良好的服务和工作质量、一流的业务水平满足客户，实现质量和数量的统一。

（4）研究客户经营业务的发展动向。精心了解客户的需求，才能找到客户发展的契合点，扩展业务。研究潜在客户的项目，寻求可合作内容和方向。

（5）加强业务以外的沟通。建立朋友关系，只有同客户建立良好的人际关系，才能博取信任，为业务良性发展奠定坚实的基础。

（6）做好售前、售中和售后服务工作。成功的营销，应做好相应的后续工作，比如每笔业务的跟踪和反馈、每个合同结束之后的客户调查问卷、客户满意度是否达到100%、每笔业务之后的及时总结与复盘。

（7）企业高层之间的互相走动和接触联系。

2.2.4　客户流失风险

客户流失风险指进口商由于各种原因如更换供应商、市场份额减少等而停止与出口商进行合作，其最主要的表现是由于种种原因停止业务合作。

通常有以下几种情况：

（1）出口商自身的原因。一是出口商的一线人员流动，一线的外贸人员天天联系客户，容易与海外客户建立起比较默契的关系，如果出口商一线人员突然离职，客户会感觉难以适应，且不愿再耗费时间重新磨合，因此出口商一线人员流动是外贸企业客户流失的一大原因；二是客户服务不到位，比如与客户的沟通不顺畅、对老客户缺乏维护、忽视服务细节、不重视诚信、轻视小客户等；三是客户满意度没有达到100%等；四是客户投诉无门。以上问题出口企业应该加以预防，比如一个客户使用外贸人员的 AB 角制度，A 员工不在时 B 员工自动跟进。外贸一线人员离职，后续人员自动跟进。

（2）行业内的激烈竞争。因为客户资源的稀缺性、行业内供大于求，业内竞争也成为日益重要的一个因素。出口商的员工跳到竞争对手那边去了，反过来和老东家竞争，挖老东家的客户等。

（3）市场变化。由于市场变化因素繁多，客户流动的不确定性也会增多。

（4）进口国进口政策和法律法规的变化等。

以上问题出口商都可以通过建立卓越的企业制度和严格的流程加以防范和解决。

案例5：某国客户 A 与我国 B 公司已经合作 6 年了。采购金额大、订单比较稳定，信誉良好，一直是公司的金牌客户。2017 年底，B 公司业务员小张在统计客户订单时，发现该客户的地面材料采购量较前几个月下降了70%，遂询问客户原因。A 表示最近他的买家不断抱怨他的价格高，无法承受，并向他透露其当地竞争对手 C 的价格比他的低15%，A

的买家已经有不少转向从 C 采购，而 C 也是从中国供应商购买。A 为了保住他的终端客户，屡次向小张提出降价的要求，但是都不能如愿拿到更好的价格。最后只能通过 B2B 网站，挖掘新的供应商，以低于 B 公司 20% 的价格采购此种产品。B 公司在了解情况后，为了保住客户 A，主动地采取了进一步降价措施以保住客户。但是客户 A 要求的价格实在是太低了，B 公司不可能在亏损的情况下接受客户的订单，不得不放弃了与客户 A 此种产品的合作。

点评：

（1）现在的网络极其发达，由于费用低、效果好，国内的工厂基本上都采用了网络推广的手段。比如，国内知名的阿里巴巴等网站，信息透明度高，工厂信息全。国外客户可以很容易找到价格更低的中国供应商。随着外贸行业竞争的日益加剧，价格作为一个很重要的指标，成为了留住还是失去客户的关键因素。

（2）同时国外当地市场竞争激烈，如果海外客户总进口高价格的产品，也可能使得当地客户失去价格的竞争优势，当地市场份额必定大幅度下降。这种情况下如果不能和客户配合默契适当地降低价格，那只能接受国外客户流失的事实。

风险防控要点：

（1）要关注客户在当地市场的销售情况，如果发现有订单减少的情况要及时做出决策和相应的调整，与客户共渡难关，而不要对客户需求的变化麻木不仁导致客户流失。

（2）要时常去工厂考察，了解情况，对于外贸做得不错的工厂可以了解一些目前国际市场状况，外贸企业与工厂既竞争又合作、合作大于竞争是目前大多数外贸公司的发展模式。

（3）不能局限于仅有的一两个工厂采购，要不断开发新的工厂资源，有实力的外贸公司甚至可以对工厂股权投资，以实现出口商有稳定可靠的货源。

（4）与客户沟通、宣传长期合作的好处，充分阐述自己企业的美好远景，使老客户认识到自己只有跟随出口商才能够获得长期的利益，这样才能使客户与企业同甘苦共患难，不被短期的高额利润所迷惑，而投奔其他竞争对手。

（5）优化客户关系，深入地与客户沟通，感情是维系客户关系的重要方式，日常的拜访、节日的真诚问候等都会使客户深为感动。交易的结束并不意味着客户关系的结束，合同结束了还须与客户保持定期的联系，让友谊长存。

（6）定期调查客户的满意度，请客户对以往的产品质量、服务质量甚至价格等做出评价，以便随时调整营销方案。

（7）要对市场、对产品进行预测，为客户提供有价值的信息，比如钢材等价格经常浮动的产品。信息就是财富，客户自然会感激不尽。

（8）树立良好的产品品牌，一旦客户认定了此品牌，客户就很难再更改合作的对象。

（9）与客户进行多方面的合作，不要只局限于一种产品，尽量开发客户的潜能。

相关知识及工具：出口企业要重视维护和客户的关系，并善于从客户的流失中反思自己管理上的不足和问题，不要总找外部的原因，什么事情自己内部完美了，就没什么问题了。客户流失必然会导致利润下降，即使是用新客户弥补，依然要投入不菲的人力物力，开发一个新的客户比维护一个老客户需要投入 10 倍以上的精力。出口商应该及时地多听取客户的意见或者牢骚，认真了解、反思和研究客户流失的真正原因是什么？是服务欠缺还是价格、质量等问题？此外还可以从流失客户身上学到很多东西，学到新的经营模式，采取及时有效的改进措施，从而保证后续工作的正常进行。

出口商的改进方法：

（1）走品牌路线。品牌就是功能价值、情感价值、自我表达型价值的综合体。品牌是价值载体，只有全方位地创新，才能塑造出强势品牌；好产品还需要好品牌，只有两者恰到好处地结合，外贸企业才能展翅飞翔。目标客户一旦认准此品牌，就很难再更改了。

（2）出口企业与钢厂建立战略合作关系，让钢厂相信、认可和支持出口企业，只有和钢厂建立联盟关系出口商才能做好做强做大。

2.3　采购合同

2.3.1　采购合同样本

工矿产品购销合同（合同样本）

合同编号：_____　签约日期：_____　签约地点：_____

供　　　方：_____

地　　　址：_____电话：_____

经 办 人：_____手机/ Email：_____

需　　　方：_____

地　　　址：_____电话：_____

经 办 人：_____手机/ Email：_____

第一条　合同标的：见合同附件。

第二条　结算方式：需方须于合同生效后的第二个工作日内支付供方定金×××万元，供方交货前，定金充当货款，需方支付除定金外的全部剩余货款。供方须于需方付清全部货款 30 日内发货，发货后 30 个工作日内按照约定的产品名称向需方开具增值税专用发票。

第三条　产品的运输：供方负责运输，运费由供方承担。

第四条　交货：

1. 交货时间：_____ 年 _____ 月 _____ 日前。

2. 交货地点：_____。

3. 交货方式：不允许分批交货。（1）如果由供方负责运输，交货至指定交货地点；（2）如果由需方负责运输，供方须向需方发送签字盖章的《货物备妥通知书》（包含货物明细、包装数量及存放地点），并将货物交付给需方指定承运人：联系人_____ 联系方式_____。供方未发送完整的《货物备妥通知书》或未交货给指定承运人，均视为交货失败。

第五条　产品检验与验收：合同中有特殊规定的项目按照规定验收，其他按照合同规定的执行标准验收。产品数量和尺寸公差的异议提出期限为交货后 5 个工作日；其他质量及技术要求凭供方出具的正本材质证明书进行验收，异议提出期限为收到材质证明书后 240 天，需方提出书面质量异议后，供方须于 3 个工作日内与需方共同取样并委托国家钢铁材料测试中心或 SGS 进行检验，如果供方没有按时配合取样，视为放弃质量辩护，产品按质量不合格处理。

第六条　供方违约责任：

1. 供方未按期交货：（1）于交货期届满日的次日退还需方定金，逾期退还，每日按照定金金额的万分之六支付利息；（2）于交货期届满日的 7 个工作日内按合同定金金额支付违约金。

2. 如供方所交货物质量与本合同第一条约定不符，需方有权要求退回不合格货物。供方须于确认货物不合格的次日：（1）退还需方不合格货物金额，逾期退还，每日按照万分之六支付利息；（2）按不合格货物金额的 20% 支付违约金。

3. 货物没有按合同规定包装，供方须重新包装或向需方偿付该部分货款的 5%。

第七条　需方违约责任：需方违反合同退货或拒收货物，须于退货或拒收货物的次日，以现金形式按照退货金额的 20% 赔付供方。

第八条　纠纷解决方式：因本合同引起的或与本合同有关的任何争议，双方协商解决，协商不成，均提请中国贸促会国际经济贸易仲裁委员会进行仲裁。仲裁裁决是终局的，对双方均有约束力。诉讼费用、律师费用、调查费用、差旅费用等因解决争议而产生的所有相关费用均由败诉方承担。

第九条　双方按照本合同中载明的地址邮寄相关文书，未能被对方实际接收的，文书退回之日视为送达之日。双方确认合同中载明的经办人为合法代表人，通过合同中载明的经办人任何联系方式发送的文件均视为发送方的真实意思表示，为争议解决的有效证据。

第十条　本合同一式二份，双方各执一份，自双方签字盖章之日起生效，传真件或影印件具有法律效力。

需　　　方：　　　　　　　　　　　供　　　方：

经 办 人：　　　　　　　　　　　　经 办 人：

合同附件（合同标的）

合同编号：

供　　　方：　　　　　　　　　　　签约日期：

需　　　方：

产品名称：冷轧卷

材质标准号：

尺寸偏差执行标准（以下有单独规定的除外）：

材质：_____；规格：_____；吨数：_____　价格：_____元/吨；

包装明细：_____；厚度验收标准：_____；件数：_____

金额合计（￥）：约_____元

备注：

1. 产品计量方法：_____计重（如采用过磅计重，交货数量的合理磅差应在 3‰ 之内）。

2. 每个规格的实际交货数量允许有（-10%，+10%）的溢短装，数量超出约定范围的，需方有权要求供方补货或退货以符合合同约定。

3. 包装方式：

4. 其他特殊技术要求或验收标准：

需　　方：   供　　方：

复核人：   经办人：

2.3.2 出口企业与钢厂签订采购合同的注意事项

出口商签约前应该对钢厂有全面的考察、了解和认证，包括钢厂的生产能力（每月的产量、生产安排的情况）、可以生产的产品规格型号、信誉是否良好、产品的质量控制和检验、交货期的可控性。

全面地了解认证了钢厂，对钢厂有 100% 的把握了再签订采购合同，与新的钢厂合作第一笔采购合同数量不宜过大，采购合同的条款应该严格地审核复核。

采购合同的产品质量要求应该等于或者严于出口合同。产品规格要严格地与出口合同一致。货物的数量上下限、包装条款要与出口合同相一致。

在出口合同开始履行、出口商能 100% 收款的情况下再签订采购合同。采购合同的交货地点最好与出运港口一致。采购合同的交货时间（到港时间）最好比装运时间提前 10~15 天。

如果有装运前的第三方检验，最好安排在钢厂进行。如果第三方的检验不合格应该视为不合格产品，不得发运到港口，可以协商钢厂重新生产。集装箱装运的优先在钢厂里装箱，没有把握的出口商应该派人监装。

对没有把握的钢厂（第一次合作），货物出厂前，出口商一定要派人认真检验。

出口企业如果是美元采购，一定要注意与出口合同（L/C 付款）的一致性。

很大的出口订单，为了确保装船期出口企业应该尽量多安排几个工厂同时生产。

如果合同执行期间遇到了不可抗力，能否根据与国外客户商谈的结果，和工厂商量部分取消合同、全部取消合同、降价、延期交货等，这要事前和工厂谈清楚，在采购合同里予以明确的约定。

2.4　出口合同

2.4.1　出口合同样本

BLVERSION：DN20240224   SALES CONTRACT

Original Contract No：   Date：24th，Feb.2024   Place：Beijing, China

The Seller：Doyen Global Metal Co. Limited

Add：Unit 805（Mf2084）8/f, Harbour Crystal Centre, 100 Granville Road, Tsimshatsui East, Kowloon, Hong Kong.

Tel：0086-10-64441373, 64442176   Fax：0086-10-64413738

The Buyer：

The seller agrees to sell and the buyer agrees to buy the undermentioned goods on the following terms and conditions stated below.

1. Description of Commodity.

Commodity	Commodity Name: Hot Rolled Checker Coils Executed Standard and Steel Grade: SGCC Measurement of Weight: Based on Actual Weight. Coil Weight: Below 4mts		
Item Size & Tolerance	Quantity (Mts)	Unit Price (Usd/Mt)	Total Amount (Usd)
1. 8mm×1250mm×C	50	630	31,500
2. 3mm×1250mm×C	30	630	18,900
5. 0mm×1250mm×C	40	595	23,800
Total	120	—	74,200

Price Term (as per incoterms 2010): Cfr Chittagong port, Bangladesh.

2. Quantity Moreor Less Clause. Ten percent more or less (+/−10%) in total quantity and total amount at seller's option.

3. Packing Term: seaworthy export packing by bulk vessel.

4. Shipping Mark: At Seller's option.

5. Portof Loading: China main port.

6. Portof Destination: CHITTAGONG port, Bangladesh.

7. Shipment Period: Within 30 days after receipt of T/T advance and establishment of L/C at sight.

8. Insurance: To be covered by the buyer.

9. Quality Inspection: Quality certificate on the seller's account. In case of any third party inspection, the third party should be accepted by both the buyer and the seller, and the inspection charge shall be for the buyer's account.

10. Payment Term: The buyer shall pay T/T deposit of amount USD 10600 to seller within 3 working days since sign this contract. The balance with unit price USD 530/MT shall be payable against a irrevocable non-transferable L/C at sight issued within 7 working days from the date of contract according to PI NO. DNSZWBDRE1023.

10. 1 If deposit delayed, the contract should become and maintain null and void only if the seller confirmed again within seven working days after received delayed deposit. In the case of contract cancellation:

10. 1. 1 The seller reserves all the rights for chasing compensation, the compensation amount shall include direct/indirect loss of the seller that may arise due to the buyer's failure in this respect, but not less than two percent (2%) of contract amount.

10. 1. 2 The deposit shall be reimbursed to the buyer after deducting compensation.

10. 2 The Issuing Bank of L/C should be accepted by the seller, otherwise, L/C should be confirmed by the world first-class bank which should also be accepted by the seller.

10. 3 The L/C must be established in favour of the sellerwithin 7 working days from the date

of contract according to PI NO. DNSZWBDRE1023, and shall remain valid in China until 21 days after the date of shipment. If the establishment is delayed, the contract should become and maintain null and void only if the seller confirmed again. In the case of contract cancellation:

10. 3. 1 The seller shall send out notification on cancellation of contract within five (5) working days after received copy of defaulted L/C.

10. 3. 2 The seller reserves all the rights for chasing compensation, the compensation amount shall include direct/indirect loss of the seller that may arise due to the buyer's failure in this respect, but not less than two percent (2%) of contract amount.

10. 4 The L/C shall be established by swift only and can be negotiated at any bank in China. The content of the Letter of Credit must be strictly in accordance with the terms of this contract.

10. 5 All banking charges outside issuing bank except reimbursing charges shall be for seller's account. In case of any variation therefore necessitating amendment of the L/C, the buyer shall bear the expenses for affecting the amendment other than where such amendment has been requested by the seller.

10. 6 The payment shall be paid by the issuing bank of Letter of Credit. All banking charges of the reimbursing bank if any to be for buyer's account.

10. 7 Any charge and/or fee happen in destination port due to the delayed payment from buyer and/or buy's bank will be borne by the buyer.

10. 8 The title of the commodity shall be transferred to the buyer after the seller receives the full payment of the contract value and charge and/or fee mentioned in term 10. 7 from the buyer.

10. 9 The seller's bank account information:

10. 9. 1 The T/T Receiving Bank:

USD Account:

Beneficiary Name: DOYEN GLOBAL METAL CO. , LIMITED

Bank Name: HSBC BANK (CHINA) COMPANY LIMITED, BEIJING BRANCH

Swift Code: HSBCCNSHBJG

USD Account Number: NRA006-067458-055

10. 9. 2 The L/C Advising Bank:

Beneficiary Name: DOYEN GLOBAL METAL CO. , LIMITED

Bank Name: HSBC BANK (CHINA) COMPANY LIMITED, BEIJING BRANCH

Swift Code: HSBCCNSHBJG

USD Account Number: NRA006-067458-055

11. Documents to be Present.

11. 1 Signed Commercial Invoice.

11. 2 Full set of 3/3 original clean on board ocean bills of lading (herein called "B/L"):

11. 2. 1 Charter party bills of lading should be deemed to be not correspondent with the requirement of the L/C.

11. 2. 2 Third party documents are acceptable.

11. 3 Packing List.

11. 4 Certificate of Chinese origin.

11. 5 Quality certificate by theseller.

12. Shipping Term.

12. 1 The term for limitation on the vessel age does not exceed 30 years old.

12. 2 Partial shipment is allowed.

12. 3 After loading is completed, the seller should notify the buyer of the contract number, description of commodity, quantity, name of the carrying vessel and the date of shipment by fax or email within 3 working days after shipment.

12. 4 As free demurrage, free detention, free storage in destination port, the seller can apply to the shipping company, but the buyer shall not claim from the seller on this if the shipping company does not confirm. However, If the detention is caused by the buyer's failure to handle cargo documents for customs clearance or port formalities on vessel's arrival at discharging port, the detention charges incurred therefrom shall be borne by the buyer, the detention rate shall be as per charter party.

12. 5 Discharging Terms: The seller shall take charge of discharging, but lighterage and lightening charges due to buyer's requirement shall be for Buyer's account.

13. Quality/Quantity/Weigh Discrepancy and Claim. In case the quality and/or quantity/weight are found by the buyer to be not in conformity with the contract after arrival of the goods at the port of destination.

13. 1 The claimed items will not be considered which are certificated qualified by third party inspection.

13. 2 The buyer may lodge claim against the seller supported by survey report issued by SGS or BV within 45 days after arrival of the goods at the port of destination. If no quality claim is lodged from the buyer within 45 days after arrival of the goods at the port of destination, the right of quality claim would be waived by the buyer:

13. 2. 1 The SGS or BV inspection proportion shall be 100%, also the exact reject quantity shall be confirmed by SGS or BV inspection. The inspection charges shall be shared by the seller and the buyer in proportion of quantity of defective product to quantity of eligible product.

13. 2. 2 The inspection report shall point out the defects happen when produced or cargos damaged before shipment, otherwise the seller shall be non-responsible to solve quality claim.

13. 3 If the price based on actual weight, at the port of destination, +/−0. 5% franchise based on bills of lading weight are acceptable. If the over-weight is in excess of 0. 5% franchise, the buyer shall agree to reimburse the value of the excess less 0. 5% franchise. On the other hand, the seller shall refund the value of shortfall less 0. 5% franchise if the short-weight is over 0. 5% franchise.

13. 4 The buyer shall bear all risks of loss or damage to the goods from the time they have been on board at the port of shipment:

13. 4. 1 Damaged packages in destination port, while packages in good condition in loading port which proved by pictures taken in loading time, the seller shall not take any responsibility.

13. 4. 2 Rust stain partly on the cargos is easily caused due to the steel's natural property, slight scratches on their surface and/or packing strap partly broken usually happens and are generally accepted by trade usages and standards, which do not affect normal usage of cargos, the buyer shall not reject the cargos or detain/arrest the ship or claim for compensation for this reason or due to clean on board B/L presented by theseller.

13. 4. 3 In the case of cargos stowed closed to fertilizers or chemicals when shipment, the seller shall not take any responsibility for rust material and the buyer shall claim to shipping company.

13. 5 Claimed cargo must be kept unused for inspection by all parties, otherwise no claim will be considered.

14. Force Majeure. The seller shall not be responsible for the delay of shipment or non-delivery of the goodsor failure of performance of the contract due to an Force Majeure Event (as defined below), which might occur during the process of manufacturing or in the course of loading or transit, but the seller shall notify the buyer immediately of the occurrence of event by telex or fax or email and within 15 days thereafter the seller shall deliver to the buyer by registered mail, if so requested by the buyer, a certificate issued by the China Council for the Promotion of International Trade or any competent authorities. For the purposes of this Contract, an "Force Majeure Event" shall mean any event that is unforeseeable, beyond the seller's reasonable control, and cannot be prevented with reasonable care, which includes but is not limited to the acts of God, fire, explosion, flood, typhoon, earthquake, war, prohibition or acts of government or public agency, mill accident or work stoppages, failure or interruption of transportation or other utilities, plague or other epidemics including but not limited to H1N1, SARS, Ebola, NCP, COVID-19 or similar events which become a public health emergency or any other unforeseeable, unavoidable and insurmountable events.

In case of an Force Majeure Event, both parties shall hold friendly discussions as soon as possible with regard to the further implementation of the contract and sign a complementary contract to clarify whether to continue to perform under terms and conditions of this contract, or to entirely or partially deliver the goods, or to delay in delivery, or to terminate the contract. In the case of termination of the contract, either Party shall not be liable for any direct or indirect losses or damages suffered by the other Party.

15. Penalty of Failed Delivery or Illegal Rejection.

15. 1 If the seller fails to make delivery, with exception of force majeure, the seller should pay a penalty as per one percent (1%) of the value of unshipped goods to the buyer involved in failed delivery, thus this contract become null and void.

15. 2 In case the goods rejected by the buyer without any cogent reason, or rejected for the result of unilateral inspection instead of third party inspection appointed by both parties, the seller has the right to dispose the goods, and the buyer should compensate the seller at least thirty percent (30%) of contract amount, including all the direct, indirect losses and expected benefits, within 120 days after the date of contract signed. In case the compensation delayed to pay, the

buyer shall pay a penalty mounting to 0.06% of the compensation amount for one day of delay.

16. Disputes and Arbitration. Any dispute, controversy or claim arising out of or in connection with this contract or the execution thereof shall be settled through friendly negotiations between two parties. If no settlement can be reached, the case in dispute shall be submitted to China International Economic and Trade Arbitration Commission in accordance with its arbitration regulations then in effect. The arbitration proceeding shall be held in Beijing, China. The arbitration award shall be taken as final and binding upon both parties. The arbitration expenses shall be borne by the losing party unless otherwise awarded by the arbitration tribunal.

17. Date of Effectiveness. This contract shall become effective as of the date it has been duly signed with seal and signature by authorized representatives of both parties. The clauses amended manually shall be deemed to be invalid.

18. The Conclusion. The signature of the contract by the party (the second party) signing this contract after the other party (the first party) shall be conducted within 48 hours after the signature of the first party, otherwise the conclusion of this contract shall be deemed to be invalid.

19. This contract is made in English into Two (2) originals/copies, One (1) for each party, signing by fax or email both have the same force and power. Once the contract is signed, any modifications of the contract must by the written consent of both parties, and neither party shall unilaterally modify it. Any changes related to the important information such as financial transactions between both parties and the bank account information must be confirmed through two or more than two contact methods such as email, WeChat, or video call. Any modifications can only be made with the consent of both parties.

20. The Application Scope of Contract Terms. This Contract shall be governed by and construed in accordance with the 1980 United Nations Convention on Contracts for the International Sale of Goods (the "CISG").

21. The Ownership of Bill of Lading. The seller will retain ownership of the bill of lading in case the seller not received all TT and L/C payment. After the seller have received all TT and L/C payments, the seller will arrange the buyer to pick up the goods in the port of destination within 2 working days from the date of receipt of all the money.

The Seller：   The Buyer：

Representative：   Representative：

2.4.2 签订出口合同的注意事项

（1）签约前出口企业应该进行全面的调查研究，全面了解情况非常重要，对海外客户、开证银行、供应商、海运等出口企业是否全面了解？出口企业是否能够100%地履行合同？要做到知己知彼百战不殆，心中有数。

（2）关键是要全面了解客户的信誉是否良好？是否能按时付款？

（3）这个出口合同是否有风险（国外客户能否按时付款、供应商能否按时按质交货）？如果有风险出口企业能否把控？

（4）出口合同最好是英文的，尽量不要中英文两用，以避免歧义。

（5）合同约定的是否明确、具体、没有歧义？出口合同不能含糊不清、模棱两可。特别是产品名称、规格、执行标准、材质、数量、目的港、付款方式、理论重量还是实际重量交货、如果一方违约如何处理，都应该有非常明确的约定。

（6）如果合同签约后遇到不可抗力，如何处理？

（7）质量和数量异议的处理办法。

（8）出口企业应该努力确保 100% 地履行合同，努力让客户 100% 地满意。

（9）一个新的客户，出口企业还不太了解其信誉，尽量从小单子做起，付款方式尽量是装船前收到全款或者是获取保兑信用证。

（10）一些高风险国家的社会经济秩序不太稳定，一定要装船前收到全款。

（11）有风险的业务、没有利润的业务、出口企业没有把握的业务都应尽量避免。

2.4.3   商品品名的注意点

国际货物买卖中，卖方卖什么？买方买什么？即商品的品名应该有十分明确的描述和约定。根据《联合国国际货物销售合同公约》（以下简称《公约》）的规定，若卖方交付的货物不符合合同约定的货物（品名、规格、质量、数量等），买方有权提出损害赔偿要求，直至拒收货物或撤销合同。

品名条款的规定方法：

（1）直接规定商品的品名，如热轧钢板、冷轧钢卷等。产品名称最好具体明确无歧义，方管应该写 square pipe，不能写成 pipe。

（2）为了明确起见，也可在商品品名前加具体的品种、等级或型号等概述性描述词，如 hot dip g. i. pipe、BS1387-1985、1/2 inch×2 mm×6 m、both end threaded、one end with coupler、the other end with plastic cap。

规定品名条款的注意事项：

（1）品名条款的内容必须明确、具体、细致，避免空泛、笼统、含糊不清、模棱两可、理解上有异议。如热镀锌钢管，不能简称为钢管，热轧钢板不能简称为钢板，热镀锌钢丝不能简称为钢丝。

（2）合同条款中规定的品名，必须是卖方力所能及而买方真正需要的商品，凡做不到或不必要的描述性词句，都不应加入。不能有矛盾的货物描述，货物描述不能有歧义，不能有错误，货物名称应该具体、明确、唯一，符合国际规范。

（3）尽可能使用国际通用的名称，若使用地方性的名称，交易双方应事先通过沟通达成共识。同一商品在一个国家的不同地区名称不同，对于凭文字说明交货的商品，使用名称要尽可能规范，符合英文的表示方法。

（4）钢铁产品尽量不要凭样品交货，否则在合同执行时容易引起争议。以前我们签约出口 3000 t 彩涂卷去中东，客户指定按照样品的颜色交货（蓝灰色），可是当工厂严格地按照合同约定按照样品生产完之后，客户来工厂检验，客户认为已经生产的 3000 t 产品与样品颜色不符。工厂却认为产品的颜色与样品一致，官司怎么打？如果出口商坚持发运，也会有客户拒收的风险。

（5）注意选用双方都同意的、一致的品名，以利于出口商和进口商办理相应的出口和进口手续。

（6）国际贸易中也有特殊情况，出口商需要一个品名，进口商需要另一个品名，两个品名也可能不一样，这种情况出口商和进口商要事前协商解决。出口报关是一个品名，议付单据要换另一个品名，这种情况还需要船公司的配合。

（7）在合同执行中的产品包装、飞子制作和单据制作也要事前与买方充分地沟通，互相理解与配合。出口商在签约时一定要让进口商十分明确地认可、同意所有合同条款的详细内容。签约时不要着急，进出口双方反复磋商、反复探讨，每个细节都要十分明确。

（8）出口合同要使用英文版本。尽量不要使用中英两种文字，如果合同规定中英文两种文字都有法律效力，非常容易产生争议。

（9）签约前对所有条款和文字双方应该认真讨论斟酌、反复沟通，不可以草率地签约，签约前双方有充足的时间共同研究探讨合同版本的所有内容和所有细节。

（10）出口商报价时最好将合同草本一起发给客户，客户对合同草本的所有条款都有详尽的了解和研究，客户都非常明确了，没有任何异议了，基本就可以很快地签订合同了。

案例6：我某食品进出口公司向 A 国某客商出口苹果酒一批，CIF 条件，不可撤销即期信用证付款。国外开来信用证上货名描述为"Apple Wine"，于是我方仅为单证一致起见，所有单据上均填写为"Apple Wine"。不料货到国外后遭 A 国海关扣留罚款，因为该批酒的内、外包装上均按照合同的约定写的是"CIDER"字样。外商因此要求我方赔偿其罚款损失。

问：我方对此有无责任？

分析：我方应负责赔偿。作为出口公司理应知道所售货物的英文名称，如来证的货名与合同不符的，一要求对方改证；二严格地按照信用证的规定，更改单据上货物的英文名称，并用括号标注上原名称（合同的约定），如只考虑单证相符而置货物的名称于不顾，势必给对方在办理进口报关时造成严重后果；三遇见信用证与合同有矛盾的（不一致的），应该先和客户沟通，考虑到客户进口的合法和便利，让客户明示如何处理为佳。本案中，由于我方以上的过错，致使买方遭海关扣货罚款，其责任应由我方承担。如果出现信用证和合同的约定不符，应该及时与进口商沟通在先，既要遵守合同又要保证单证相符。客户也会出现对合同、L/C、单据、货物真实情况等要求不完全一样的情况。出口合同尽量对所有细节进行明确的约定，如果合同签约后细节上还有异议，应该对每个细节双方都及时沟通，达成共识了再认真地履行合同。外贸是一个细致的工作，应该努力把所有的细节都做完美了。

2.4.4 商品品质要求

商品品质（Quality of Goods）是指商品的内在素质和外观形态的综合，前者包括商品的物理性能、力学性能、化学成分和生物特征等自然属性；后者包括商品的外形、色泽、款式和透明度等。根据《公约》的规定，若卖方的交货不符合约定的品质条件，买方有权要求赔偿损失，也可要求修改或交付替代货物，甚至拒收货物和撤销合同。

表示商品品质的方法：在国际贸易中，表示商品品质的方法主要是指该商品的性质、特点以及该商品品质在国际贸易中的习惯表示方法。总的来说，可以分为两大类。

2.4.4.1　以实物表示的品质

以实物表示商品品质就是通过买卖时展示的实际货物，直观地反映出货物的品质，一般可分为看货买卖和凭样品买卖两种。

（1）看货买卖。看货买卖（Sale by Spot）是指买方或者委派代表在货物现场验看货物，并以验看过的货物交货。由于该方式一般是在现场进行，因而多用于寄售、拍卖、展卖等贸易方式中，适用于新产品推广、珠宝字画等商品的买卖。

（2）凭样品买卖。根据提供样品者的不同，凭样品买卖可分为凭卖方样品买卖（Sale by Seller's Sample）、凭买方样品买卖（Sale by Buyer's Sample）、凭对等样品买卖（Sale by Counter Sample）。

1）凭卖方样品买卖是指凭卖方样品作为卖方日后交货的品质依据。如中国进出口商品交易会（广交会）外商凭我方提供的样品洽商并以该样品作为品质依据达成交易，这种买卖就是凭卖方样品买卖。凭卖方样品买卖合同条款常表示为"Quality as per seller's sample"（品质以卖方样品为准）。

2）凭买方样品买卖是指凭买方样品作为卖方日后交货的品质依据，如外商寄样品要求订制，并以该样品作为验收货物依据的买卖。凭买方样品买卖合同条款常表示为"Quality as per buyer's sample（品质以买方样品为准）。

3）对等样品又称"回样"，是指卖方根据买方提供的样品，加工复制出一个类似的样品交买方确认，这种经确认后的样品被称为"对等样品"，有时也称为"确认样品"（Confirmed Sample）。卖方为了避免因交货品质与买方样品不符而招致买方索赔甚至退货的风险，当买方提供样品订购时，一般使用对等样品回避风险。我们建议在钢铁出口中尽量避免使用凭样品成交。

案例7：我某出口公司凭买方样品成交出口一批真丝夹克衫，货值60500美元。合同规定5月份装船，但需买方认可回样后方能发运。4月20日买方开来的信用证上也有同样的文字描述。我方多次试制回样，均未得到买方认可，因此我方不能如期装运。时至6月份买方以我方迟交货为由向我方索赔。

问：我方应如何处理？在订立合同时，我方有无失误？

分析：合同与信用证上都明确规定须待买方认可回样后才能装运，所以尽管买方开来信用证，但是信用证上有此限制装运条款，我方无法按时装运，故延迟装运的责任非我方所致，对方以此为由要求赔偿，我方应予以拒绝。当初在订立合同时，如将条款改为"回样买方认可后买方应在3个工作日内开证"，则无懈可击了，如果对方故意拖延开证，我方还可向其索赔。

凭样品买卖时卖方应注意留存复样（Duplicate Sample）。所谓复样，是指交易一方向另一方寄送样品时，应留存一份或若干份相同的样品，以备日后交货或处理争议时核对。有时也可采用"封样"（Sealed Sample）的做法，所谓"封样"是指由公证机构在卖方交货的货物中抽取同样品质的样品若干份，在每份样品上加上铅封或烫上火漆，供交易双方使用。

钢材出口尽量避免凭样品交货，钢材有各国标准，凭各国标准的规定生产交货非常明确，一般没有争议。有一些五金制品，比如铁艺产品、粉末冶金产品、特殊形状的产品等，当没有标准规定时，可以按照样品或者图纸生产和加工，为了避免纠纷，出口业务建议从小订单做起，可以先做样品或者小的订单，客户满意了、认可了再逐渐扩大出口的规模和数量。没有把握的产品不要一开始就做很大的数量。

案例 8：我方 A 公司与某国 B 公司成交一笔童装的出口贸易，合同规定凭卖方样品交货，A 公司把样品寄送 B 公司，由于业务员粗心大意，留存的复样与寄送的样品有差异，且工厂已按照留存的复样生产。B 公司收货后，认为所交货物与样品不符，向我方提出索赔。

问：我方公司的失误在哪里？

分析：根据规定，凭样品交货，卖方所交货物必须保证与样品完全一致。我方最大的失误在于寄送的样品和自己的留存复样有差异、不一致，导致交货的产品与客户确认的样品不符。我方应了解样品的重要性，认真把好样品和复样的质量关。如对产品与样品的一致性没有完全的把握，不可采用凭样品交货，我方可向客户明确送的样品仅为参考样品，即使今后有差异也好交代。

2.4.4.2 文字说明表示的品质

除以实物表示商品的品质外，其他表示商品品质的方式，如以规格、等级、图样、文字、执行标准等方式来表示商品的品质，都应十分清楚地表示商品的品质。文字说明表示商品的品质一般可分为以下几种：凭规格买卖（Sale by Specification）、凭等级买卖（Sale by Grade）、凭标准买卖（Sale by Standard）、凭说明书和图样买卖（Sale by Description and Illustration）、凭商标或牌号买卖（Sale by Trade Mark or Brand）、凭产地名称买卖（Sale by Name of Origin）。

（1）凭规格买卖。商品规格（Specification of Goods）是指用以反映货物的成分、含量、纯度、容量、性能、大小、长短、粗细等质量的若干主要指标，如 4×8 feet×6 mm、ss400、hot rolled steel plate、400 mts。凭规格买卖能比较方便、准确地表示出商品的质量，在钢铁的国际贸易中应用最广。

案例 9：我某进出口公司受国内某工厂委托从某国进口特种钢板 50 公吨。合同规定 5 种尺码即 6 英尺、7 英尺、8 英尺、9 英尺、10 英尺，每种尺码平均搭配，每种尺寸为 10 公吨。但货到达目的港后，我公司发现 50 公吨钢板全为 6 英尺一种规格。

问：在此情况下，根据《公约》规定，我方应如何处理？

分析：卖方按照合同规定，应该严格地交付符合合同规定的货物，否则应承担违约责任。我方可以全部退货，也可只收下 10 公吨 6 英尺的钢板，其余规格退货，并可要求外商赔偿我方因此而造成的一切损失。

（2）凭等级买卖。商品等级（Grade of Goods）是指同一类货物，按其质地的差异或尺寸、形状、重量、成分、构造、效能等的不同用文字、数字或符号所作的分类。

（3）凭标准买卖。商品标准（Standard of Goods）是指货物规格的标准化，如国际标准化组织（ISO）标准、国际电工委员会（IE）标准、欧洲合格评定（CE）标准、英国标准学会（BSI）标准等。

（4）凭说明书和图样买卖。有的商品（如机电产品）除了规定其名称、商标牌号、型号外，还要采用说明书（Description）来介绍产品的构造、原材料、产品形状、性能、使用方法等，有时还附以图样、图片、设计图纸、性能分析表等来完整说明其具有的质量特征，如 Quality and technical data to be strictly in conformity with the description submitted by the seller（品质和技术数据必须与卖方所提供的产品说明书严格相符）。

（5）凭商标或牌号买卖。由于市场营销的结果，著名的商标（Trade Mark）或牌号（Brand）不仅代表一定的质量水平，而且代表消费者一定的品位，能够增强消费者的购买欲望，刺激需求。

（6）凭产地名称买卖。由于自然条件和传统生产技术的影响，某些产品因产地的不同，其产品的质量、信誉也不同。对于这类产品可采用凭产地名称、工厂名称来表示产品的品质，如宝钢产的镀锌卷、太钢产的不锈钢等。如果进口方对钢厂有明确的要求，钢厂的英文名称不要有歧义，如 BAOGANG（可能有包头钢铁公司、宝钢的不同理解）、TAIGANG（太钢、泰山钢铁公司）。

一般出口合同都有溢短装条款，出口方可以在总数量总金额的 10% 之内交付货物，如果出口合同的产品规格较多，进口方希望每种规格都控制在 10% 以内，合同中应该明确约定，否则出口方可以对每种规格不做严格的数量溢短装控制。

案例 10：某钢铁外贸公司向 B 国某公司出口一批太钢公司生产的不锈钢，合同的品名及规格条款写明太钢公司生产的不锈钢，由于太钢公司生产的不锈钢签约后价格涨了很多、交货要慢一些，出口商就从其他钢厂采购了一半数量的不锈钢出口。由于钢厂不同，质量包装等明显有差异，B 国进口公司经调查后得知部分产品不是太钢公司生产的，于是向我出口公司提出索赔。

问：B 国公司的要求是否有理？为什么？

分析：B 国公司的要求有理。本案属于太钢公司生产不锈钢凭工厂名称表示产品的质量，并且在合同中已明示"太钢公司生产的不锈钢"，我方未征得对方同意，擅自改变了部分产品的生产工厂。众所周知，太钢公司生产不锈钢在中国是质量一流的产品，与其他钢厂的不锈钢质量上有差异，在价格上也明显高一等，因此我方出口公司理应赔偿 B 国公司的损失。具体的赔付金额双方通过协商解决。

2.4.4.3　规定品质条款应注意的问题

A　凭样品买卖时卖方交货的品质应与样品完全一致

《公约》第 35 条规定："货物的质量与卖方向买方提供的货物样品或式样相同。"为了避免因所交货物与样品不符，对于交货质量与样品完全一致没有把握的产品，卖方可把样品列为参考样品（Sample for Reference）或规定一定的品质机动幅度。

所谓参考样品，是指卖方向买方提供的样品仅供参考，不作为日后交货的检验依据。所谓品质机动幅度，是指允许卖方所交货物的质量指标在一定的幅度内有灵活性。品质机动幅度可分为品质公差和品质机动幅度两种。品质公差（Quality Tolerance）是指国际上同行业公认的产品品质误差。凡在品质公差范围内的货物，买方不得拒收或要求调整价格。品质公差多用于工业制成品，而品质机动幅度多用于农副产品。品质机动幅度是指对特定质量指标在一定幅度内可以机动。具体的规定方法有：

（1）规定一定的范围。如钢管的长度 6 m，长度的公差范围规定是：0/+5 mm，实际的长度尺寸 6~6.005 m 之间买卖双方都应认为是合格的。

（2）规定一定的极限。如钢材中的含硫和含磷量最大不得高于 0.45%。

（3）规定一定上下差异的幅度。如 8 mm 的钢板厚度公差为 +/-0.3 mm。

B　正确选用表示品质的方法

在实际业务中，应视商品的特性选用表示商品品质的方法。有的商品适合采用凭规格表示品质，有的适合采用凭等级或标准表示品质，但一笔交易中不能同时采用两种或两种以上的方法、两种标准表述同一商品的品质，以避免出现混乱、误解、歧义、矛盾等。

案例 11：我某土产贸易公司以 CIF 条件向国外 B 公司出口一批杏仁，品质规定为：水分最高 15%、杂质不超过 3%。但在成交前我方公司曾向对方寄送样品，合同签订后又电告对方，确认成交货物与样品相似。货物装船前由中国商品检验检疫局检验签发了品质规格合格证书。货物运抵该国后，B 公司出具了所交货物平均品质比样品低 7% 的检验证明，并据此向我方公司提出索赔 60000 英镑，我方认为合同中并未规定凭样品交货，仅规定了凭规格交货，而所交货物符合合同规格，因而拒赔。B 公司遂请求中国国际贸易促进委员会协助解决此案。我方进一步陈述说，交货时商品是经过挑选的，因该商品系农产品，不可能做到与样品完全相符，但不至于低 7%。由于我方公司已将留存的样品遗失，对自己的陈述无法加以证明，我仲裁机构也难以判定，最后只好赔付一笔差价而结案。

试分析此案，找出本案中双方争执的主要焦点及我方应当吸取的教训。

分析：本案主要焦点在于：该交易究竟是凭规格买卖还是凭样品买卖，或是既凭规格又凭样品买卖。我方应当吸取的教训是：首先从合同规定来看并非凭样品买卖，但遗憾的是，我方订约前所寄样品未声明是参考样品，订约后又通知对方货物与样品相似，这就授人以柄，该交易变为既凭规格又凭样品的买卖，这样，卖方所交货物品质就既应符合合同中规定的规格，又应与样品一致，使自己多承担了责任。其次既留有复样，就应妥善保存。若我方能以留存的复样为根据，证明我方所交货物与样品并无不符，本案就另当别论了。

C　明确确定商品品质的标准及检验方法

采用文字说明表示商品的品质时，大多数是通过定量技术指标说明商品的品质，如果采用的检验方法不同、检验的条件不同、检验仪器和检验工具不同，其检验结果可能不同。如果贸易合同对商品品质的标准或方法没明确说明，就可能引起买卖双方的误解，有时给不法外商可乘之机。

案例 12：深圳某粮油进出口公司以 CIF 盐田从 C 国进口一批大豆产品 20000 公吨，合同中品质条款规定蛋白质含量不低于 34.5%，货到深圳盐田后，我出入境检验检疫局经抽样检验，发现该批大豆的蛋白质含量只有 33%，低于合同规定的 34.5%。经分析，C 国商人是基于大豆干态的状况下检验的蛋白质含量不低于 34.5%，而我出入境检验检疫局是在大豆湿态的状况下检验的，符合国际的检验惯例，由于合同没有说明采用干态还是湿态为检验基础，外商趁机以次充好，于是我方向外商提出索赔。

问：我方索赔是否有理？我方应吸取什么教训？

分析：我方索赔有理。合同没有说明检验的基础是在干态还是湿态，根据一般对大豆蛋白质的检验标准，国际上都是采用湿态的状态下检验，我方可以凭借出入境检验检疫局出示的检验报告向外商提出索赔。通过本案我方也应吸取教训，在订立商品品质条款时，应明确规定商品的检验标准和检验方法，避免引起不必要的争议。

2.5　产品质量管理

质量是企业的生命，出口商应该牢固地树立质量意识，确保合格的产品（与合同约定完全一致的产品或者高于合同要求的产品）装船发运，绝不能把不合格的产品、有瑕疵的产品、质量有问题的产品装船发运。货物出厂前就应该严格地检验、装船前还应该再严格地检验一次，如果出厂前、装船前货物有质量的瑕疵，应该及时把不合格的产品挑出来，不要怕麻烦，装船前有散捆的应该重新打包加固，尽早地把100%合格的产品完美地交给客户是出口商的首要职责。

2.5.1　出口产品不符合合同约定的风险

出口商出口的产品质量与合同约定不一致、产品质量有问题，有可能导致客户取消订单、退货、拒付货款、索赔、失去客户的风险，比如尺寸（长度、厚度、宽度）不对、公差控制有误（超标）、品种错误、颜色错误、包装不对等。确保出口合格的产品让客户100%地满意是出口商的根本任务，出口商应该从制度上、从流程上加以严格的预防、控制和管理。如果出口的产品质量控制不好，客户不满意对出口商十分不利。除了装船前确保货物完好外，出口商还应该努力使出口的货物完美地送到客户手里。钢铁产品装船前要消灭毛刺、散捆、弯曲等问题，包装要坚固牢固。

案例 13：8 月 10 日，客户 A 确认了小李寄的彩涂卷样品和价格准备下单，小李不由得松了一口气，这个单子跟了这么久，终于攻下了这个堡垒。生产工厂是小李公司一直合作的钢厂，无论是产品质量还是服务都没有出现过问题。20 天以后客户的订单生产完毕，鉴于以前该钢厂生产的货物从来没发生过质量问题，而且这次是按照样品生产，小李没有去工厂验货，而是直接租船订舱，发运货物。到了 10 月初，客户收到货物后发现与样品的颜色不一致，颜色是彩涂卷产品的一个重要指标，不一致意味着该产品无法正常使用。经过确认，确实是工厂生产中信息传递出现错误导致。经过小李对内、对外双方面协调，最终客户要求重新生产一批货物作为补偿，而已经收到的这批颜色错误的货物，客户可以帮小李处理或者小李自己处理。最终，这批颜色错误的货物以原价的 2/3 出售，考虑到与客户的长远合作，小李公司同意重新给客户生产一批货物。

点评：从案例中可以看出：

（1）虽然客户 A 帮小李公司处理掉了这批货，但是价格比原合同价格低了 1/3，同时为了与客户的长远合作，小李公司不得不重新给客户生产一批符合合同要求的货物。虽然客户保住了，但是弥补这种错误的成本太高。外贸是一个非常细致的工作，每个环节、每个细节都要认真对待、认真复核，粗枝大叶、马马虎虎的工作作风会带来不必要的损失。

（2）钢厂的销售部门和生产部门的脱节也是导致这种问题产生的原因之一。案例中小李与工厂销售部的业务员确认了所有的细节，但是在组织生产的时候却没有与生产部门对此订单进行详细沟通，导致生产环节出现问题，造成了日后的交货不符。

（3）业务员对产品质量的防范有所懈怠，小李没有在出厂前再次去认真地验货，而是凭借以往的经验，完全依赖工厂之前的交货情况做出判断，在货物出运前没有及时发现问题。

（4）生产之前、生产过程中、生产之后对产品的质量检验是非常重要的一个环节，出口企业应该高度重视。

案例 14：小姚经过两个多月的跟进，终于与 D 国的一个客户签订了一份 18 万美元的瓷砖出口合同，付款方式为即期信用证。在接到客户的信用证后，小姚安排工厂生产货物，但是却接到工厂的通知，表示现在他们无法生产此批货物，所以小姚就另外找了一家福州的工厂生产此批货物，但是当时客户确认的样品却是上家厂商的产品。更换厂家后，小姚也没有跟客户重新确认样品，就贸然发了一批货物，价值 3 万美元，客户接到货物以后，对小姚提出严重的抱怨，抱怨如下：

（1）提供的产品颜色与原先提供确认的样品颜色不一致。

（2）发运的产品数量不对，300×300 的瓷砖数量与 200×300 的瓷砖数量对调了。

（3）发运产品的质地不对，客户所要的是防滑的瓷砖，但是小姚给客户发运的是抛光的瓷砖，抛光瓷砖不防滑；客户提出高达 3 万美元的索赔，并表示后面的订单取消，而且客户把对小姚公司的严重抱怨提交给了中国驻 D 国的使馆。

点评：从案例中可以看出：

（1）小姚签约前应该和工厂反复确认，工厂可以生产了、可以满足要求了，再与国外客户签约。

（2）小姚明知道不同地区的土质不同会让生产出来的瓷砖颜色产生差别，且客户的订单中的产品是基于原来工厂提供的样品确认的，但是小姚在更换工厂后，却没有及时地通知客户并与客户详细沟通真实的情况，也没有要客户重新确认样品，就贸然生产了货物，最终导致客户对颜色的不满。

（3）小姚在制作国内采购合同时，没有对照给客户的外销合同，而是凭借自己跟客户交流过程中的印象做了国内采购合同，并且将国内合同下给了工厂，最终导致了产品数量及质地的错误。

（4）实事求是、遇见意外情况及时沟通真实情况，让客户理解你，总比一笔业务下来，客户永远不和你做生意了好。

（5）对外签约前一定要和钢厂沟通好，钢厂如果确实没有把握按时按质交货，就不要勉强地对外签约。如果一个新的供应商没有把握，出口商一定要事前找到替代的供应商，一个产品有 3~5 家供应商比较有利。

风险防控要点：在确认订单前必须把客户所需的产品规格、数量、颜色、标准等所有的相关指标和要求全面地了解清楚了，特别是客户十分关注的指标和要求，出口商应该与生产部门或者工厂详细地沟通确认是否可以达到客户的要求，签约后如果有特殊情况发生、有什么意外事情应该和客户如实地实事求是地沟通，说明事情的真实情况，不要隐瞒事实真相，不要怕麻烦，好的客户一般会理解的，欺骗客户隐瞒事实真相发的产品与合同不符，最终出口商会吃亏的。

出口商签订合同时应该注意出口商与钢厂的采购合同与出口商与国外客户的出口合同原则上应该 100%的一致，而且出口商和钢厂的采购合同中对产品的要求要严于出口合同，和钢厂的采购合同要十分明确具体，大型的钢厂一般情况下都会严格地按照合同内容规定去生产，如果合同内容规定的不明确、含糊不清可能导致最后的产品存在不符合出口合同的要求。钢厂的生产时间要提前于合同规定的装运时间，一般要提前 15~20 天。钢厂生产完毕后还要将货物运输到港口，再装船发运。

重要的订单最好在发货前委托出口商和进口商都同意的第三方检验机构在钢厂做检验，检验合格了再发运和装船。

产品的检验可以有：生产中的检验、出厂前的认真检验、装船前的检验，这3关出口商都应该高度重视、认真把控，如果都把不住，出口商会有一定风险和损失。

对新的钢厂和供应商不太了解、质量和生产时间都没有把握的，要从小单子做起，签订的采购合同要十分详细和明确，出厂前一定要严格地检验，不可以大意轻视。

相关知识及工具：

（1）合同主要条款的审查：一切合同都应当采取书面的形式订立，所有出口业务的重要事宜都以合同的书面约定为准。订立合同时，要力争做到用词准确、表达清楚、约定明确、避免产生歧义。对于重要的合同条款要仔细逐字逐句地斟酌，最好是参考一些标准文本并结合交易的实际情况进行约定，对于重要的合同应请专业律师严格审查，防患于未然。对合同条款的审查，不仅要审查文字的表述，还要审查条款的实质内容。出口商和进口商要反复研究、反复磋商、反复沟通最后达成高度的共识再签约。不要含糊不清、大大咧咧地草率地签订合同。

（2）规格条款：对于多规格产品尤其要注意，在与客户协商的时候，要对各型号产品的具体规格做出说明，同时详细了解客户的需要，避免供需之间出现差错。

（3）质量标准条款：合同中应该明确约定产品的质量标准（最好明确标准号和标准颁布的时间等），并约定质量异议提出的期限。同时买卖双方应认真审查合同中约定的标准和客户的需求是否一致、是否明确、是否无异议。

（4）包装条款：应该避免出口合同中含糊不清的包装约定，出口合同对产品的包装最好有十分明确的约定。签约后进口商如果突然提出了特殊的包装要求，出口商不能满足的应该及时通知客户；信用证里突然出现与合同严重不符导致出口商不能执行的包装条款，双方应该先认真地沟通协商解决。出口商如果确实不能满足客户的合同外的其他要求或者如果为了满足客户的额外要求导致成本太高，应该及时通知客户暂时中止合同的履行。双方协商达成一致了，再继续履行合同。

（5）付款条款：应明确约定付款的时间，如果进口商未能及时按照合同的约定时间付款如何处理合同里也应该有明确的规定。模棱两可、不具体不明确的付款时间约定，会给进口方找到拖延付款的理由。可参考以下付款时间的表述：

1）甲方收到货物后及时付款，应更正为"甲方收到货物后3个工作日之内付款"，3个工作日之内未付款的，甲方应该支付每天1%的滞纳金，从第四个工作日开始计算，滞纳金未付的，乙方有权终止合同并没收预付款。

2）检验合格后付款，应更正为"货物检验合格后，3个工作日之内付款"。

3）签约后进口商应该在3个工作日之内预付合同金额的20%货款，超过3个工作日未付款的，进口商应该支付每天1%的滞纳金，从第四个工作日开始计算滞纳金，10天内未付预付款的出口商有权终止合同并没收预付款。

4）进口方见出口方装箱单和发票后，3个工作日内付清全款，超过3个工作日未付的，每天加1%滞纳金。10个工作日内未付的，出口方有权取消合同，预付款不予退还。

（6）违约责任条款：出口合同一般由出口商草拟，发给进口商审议审核，如果出口合同由合作双方草拟，则应当注意审查有无不平等、有失公允的责任条款和加重出口商责任的条款。合同条款应该严谨可行、双方都能够履行并应该严格地遵守。违约责任应该十分明确：客户晚付款、晚开信用证等如何处理？

（7）争议处理条款：约定诉讼管辖地，争取在我方所在地法院起诉，诉讼管辖地的约定要明确。约定管辖的法院应依照《中华人民共和国民事诉讼法》第34条："合同或者其他财产权益纠纷的当事人可以书面协议选择被告住所地、合同履行地、合同签订地、原告住所地、标的物所在地等与争议有实际联系的地点的人民法院管辖，但不得违反本法对级别管辖和专属管辖的规定。"约定管辖常见的错误条款有：

1）合同中表述不清楚，容易产生歧义，如"如果发生争议，可由双方所在地法院管辖"。

2）约定由上述5个地方以外的不明确的法院管辖。

3）约定违反了级别管辖的规定，错误的约定如为普通案件约定由某地中级人民法院管辖。

4）约定违反了专属管辖的规定。

如果合同明确双方有争议协商未果采用仲裁的方式，仲裁条款要明确约定某一个具体的仲裁机构，而且该仲裁机构必须客观存在，否则将导致该仲裁条款无效，转为诉讼解决。

国际贸易纠纷最好通过仲裁来解决，当然没有纠纷是上策，有了纠纷协商解决是中策，法院起诉和仲裁是下策。我国仲裁机构设立的原则是：《仲裁法》第十条规定：仲裁委员会可以在直辖市和省、自治区人民政府所在地的市设立，也可以根据需要在其他设区的市设立，不按行政区划层层设立，由此可以看出，县一级人民政府所在地是不设立仲裁机构的。法律纠纷对企业来说是不希望发生的事情，应该尽量远离诉讼。建议国际纠纷一般是到中国贸促会中国国际经济贸易仲裁委员会仲裁。

（8）对于对方提供的格式合同应特别注意：要认真地研究，如果有不清楚的，应该认真地沟通协商，搞清楚了再签订，不可以不加审查地拍拍脑袋、没有把握就完全答应对方。

2.5.2 产品质量缺陷或瑕疵风险

产品质量缺陷或瑕疵是指产品在微小的方面不符合合同约定，在质量、性能、用途和有效期限等方面存在缺陷瑕疵等状况。比如：产品的毛边飞刺、包装散捆、包装不牢、个别产品尺寸公差超标、理论重量交货的包装支（根）数个别捆的缺支、实际重量交货亏磅的（有的总亏磅0.2%以内等）、出厂标记有误、质保书错误、飞子有误等。以上产品的缺陷或是产品瑕疵都会给出口商带来负面效应和消极影响，出口商应该加以改进，努力确保出口产品的完美性，努力把完美的产品交给客户。

案例15：业务员小赵正在为最近没订单一筹莫展的时候，一位国外客户找到小赵，打算下100个集装箱的板材订单。面对客户提出的偏离市场的超低价格，小赵紧急和工厂联系、压价，工厂为了能拿到订单，接受了客户的价格。很快第一批20个柜的货物顺利出运，但是客户在收到货物之后，发现产品出现不同程度的破损、开胶、掉漆等严重质量问题。客户非常生气，向小赵公司提出巨额赔偿的要求。同时客户要求未经他亲自检测，第二批 20 个柜的货物不能发运。这下小赵蒙了，因为第二批货物已经装船发运。为了避免第二批次品再遭受高额索赔，小赵公司支付了高额的海上紧急召回集装箱的费用，将第二批货物拖回。经过调查，工厂为降低成本，使用了当地廉价的胶水和原材料，而小赵又未在生产中和发货前安排检验，使得劣质产品销往海外。小赵的公司为此蒙受了上百万元的损失，小赵也被炒了鱿鱼。

案例 16：小魏曾经处理过一个国外新客户的订单，采购 10 个 40 尺高柜的陶瓷卫浴产品。客户对产品质量没有提出严格的等级要求，只要能用就行，价格压得很低。小魏在和客户签订外销合同的时候，在产品等级条款里标注的是"一等品"，但实际发运的产品有很大一部分表面有些磨损痕迹。客户收到货物后，对其质量提出疑问，他指出合同里面标注的产品等级为"一等品"，实际发货也必须是"一等品"的质量，于是客户以货品与合同规定不符为由，向小魏的公司提出索赔，要求赔偿瑕疵品部分货款。

点评：

（1）面对汇率波动大、原材料成本上涨的不利情况，出口企业在寻求更多利润空间时，纷纷降低产品质量，走低价低质先拿下订单的路线。同时，行业内部竞争激烈，很多出口企业都抱着先把订单拿下来的心理，在实际生产中刻意降低质量，以次充好。在案例 15 中，业务员小赵为争业绩保利润，忽视了质量的管理和控制，最后遭受了客户高额索赔。事实上这种风险是可以规避的，主要取决于出口商的严把质量关、精益求精、诚信度、良好的心态。出口商严格地履行合同的约定是最重要的原则。

（2）每种产品特性不一样，某些存在瑕疵的产品是可以进行销售的，但是必须以"处理品""次品""非一等品""等外品"等形式注明，并告诉客户哪些方面有瑕疵。如果将有瑕疵的产品冒充合格产品销售，则属于欺诈行为，要承担相应的法律责任和经济赔偿，最后还是要由出口方买单。

（3）目前我们有的钢铁出口商，合同签约的镀锌量为 120 g 镀锌卷，如果按照 120 g 组织生产就没有什么利润，可是组货时为了赢得更多的利润，就要求工厂按照 50 g 组货。货到客户手里后，客户提出索赔，出口商的这种做法应该摒弃。实事求是、严格地 100% 地履行合同、不能做到的事情坚决不做、让客户 100% 地满意、亏损业务坚决不做，这是一个优秀的外贸企业的底线。一个外贸企业，如果讲诚信、为客户提供优质的服务、所有业务都让客户 100% 地满意，订单也会越来越多的。

风险防控要点：

（1）在签订合同时，质量细节的约定不容忽视、不能含糊不清，一定要含有以下条款：

1）质量要求、技术标准、供方对质量负责的条件与期限；

2）验收标准、方法及提出异议期限；

3）违约责任；

4）解决合同纠纷的方式。

（2）国内外合同中关于质量的条款要严格一致。具体应注意以下几点：

1）微小的误差不影响产品质量、可以忽视的观点是完全错误的，出口商应对产品的质量严格把关；

2）在选择供应商方面，出口企业应选择有严格的质量控制体系和检验制度且履约能

力强和信誉良好的生产企业;

3)在大宗产品上可以制定严格的验收制度,即要严把进货质量关,防止不合格产品出口,必要时可委托权威检测机构进行验货服务,一旦发现问题要及时制止并要求供货方赔付相应的损失;

4)当客户提出产品质量有问题时,一定要有权威机构的检验质量问题的证书,并且对检验产品要封存留样,以便于日后向供应商提出索赔,不要偏听偏信客户的非科学非真实的检验方法和标准质量验收报告;

5)装船前出口商一定保留有产品合格的证据,如照片、录像、检验记录、检验报告等。

2.5.3 产品质量检测标准不一致风险

产品质量检测标准不一致的风险是指,由于进出口双方的质量检测标准、检测工具不同而导致产品检测的结果不同,进而造成出口企业失去订单或丢掉客户的情况。

案例17:李辉1月份签订了密度板订单,并按照约定安排生产、顺利发货。但是客户收到货物后却提出产品甲醛检测不达标,要求全部退货。但在发货前,李辉曾经亲自到工厂对产品进行抽检,也查看了工厂提供的检验报告,该批密度板产品完全符合国家标准。经过了解才发现原来李辉在甲醛释放量的标准方面没有和客户进行详细沟通,误认为我们国家标准和客户进口国的标准一致。客户在进行进口检测的时候,完全按照进口国规定的甲醛释放量来检测,所以双方对检测结果的评价差异较大。无奈之下,李辉只得接受客户退货的要求。

点评:不同的国家对不同产品的进口准入标准都有严格规定。质量认证标准已成为进口国家间接限制进口的手段之一,也就是非关税壁垒。不同国家不同的产品,认证标准种类繁多,如SAS、UPC、CE、SON-CAP、3C等,均会对产品的检测标准做出详细的规定。对那些实力雄厚的企业,品质优良的产品将起到保护作用。而对一些实力不济、侵犯知识产权,靠偷工减料、假冒伪劣来牟取利益的企业来说,带来的将是非常不利的结果。案例中李辉因为忽视了检测标准的统一性,导致产品质量不达标,给公司造成了经济损失。所以出口商在特殊产品订单的处理上,需要更加小心谨慎。前期沟通工作一定要做好,避免客户以进口国的质量检验标准不达标为由而提出退货。

检验方法、检验手段、检验工具等也最好有明确的约定。我们曾经出口一批无缝管,在管的厚度的测量上由于使用的检验工具不一样(我们使用卡尺测量钢管的端部厚度,客户使用电子测量仪随机在钢管所有的部位测量),导致检验数据不一样,我们检测是合格的,客户检测是不合格的,发生了质量异议。

检验标准和方法尽量在合同中予以明确,洽谈业务时应该双方细致地进行沟通,检验标准、检测方法、工具、手段等,最好能达成一致,发运时产品检验合格,进口方也能够顺利办理进口手续。

风险防控要点:产品质量标准等方面参数,在客户采购前期沟通必须详细到位,了解客户对产品的确切需求、进口国的准入标准。签订对外合同时,明确标注产品的详细质量标准。与供应商签订出口合同时,要确保供应商的产品能达到所要求的质量检测标准。确保签订的国内外合同,所标注的产品质量检测标准一致。

最近钢铁出口也出现双重标准的问题，如欧标工字钢，客户既要保尺寸公差，又要确保负差，结果工厂严格地保证了负差，但是尺寸公差差了一点点（大约 1 mm），由于国外市场价格下跌，客户认为尺寸公差差了一点，就取消了合同。合同里应该避免出现双重标准问题。

2.6　产品数量

2.6.1　《公约》对卖方交货数量的规定

在国际货物买卖合同中，商品的数量是合同的最主要条款之一，如果卖方在交货时违反合同数量条款的约定，多交或少交商品数量，《公约》对买方能主张的权利和卖方需承担的责任都作了明确的规定。出口商应该努力地确保严格按照合同约定的数量交货，如果不按照合同约定数量交货就会有一定的风险，对出口商不利，同时也会给国外客户带来一些损失。

《公约》第 52 条规定，如果卖方交货数量大于合同规定的数量，买方可以收取也可以拒收多交部分的货物。如果买方同意收取多交部分货物的全部或一部分，它必须按合同约定的价格付款。

《公约》第 51 条规定，如果卖方交货数量少于约定的数量或交货数量中只有一部分符合合同的规定，卖方应在规定的交货期前补交全部货物，但不得使买方遭受不合理的不便或承担不合理的开支，即使如此买方也有保留要求损害赔偿的权利。

案例 18：

我某出口商向国外某公司出口钢材 1000 t，单价为 USD860/tCFR 迪拜港，允许溢短装 10%。而卖方共装运了 1300 t。

问：按《公约》规定，我们比最高限 1100 t（1000 t 加溢短装 10%）给买方多交的 200 t 货，进口方可以如何处理？

分析：按《公约》规定，进口方可拒收多交的 200 t 钢材，因此发生的费用由卖方承担；也可以收取多交的 200 t 货，按合同价付款。收货或者拒收货物的权利在进口商，出口商这种情况下就比较被动了。出口商的装船数量一定要努力严格控制在 L/C 的溢短装条款之内，否则收汇有一定的风险。

2.6.2　常用的度量衡制度

各国使用的度量衡制度不同，计量单位也不相同。在国际贸易中通常采用的度量衡制度有公制（或米制）（Metric System）、英制（British System）、国际单位制（International System of Units）和美制（USA system）4 种。

公制是十进位制，法国在 18 世纪时最早开始使用。因公制长度的基本计量单位是"米（m）"，所以公制又称"米制"。

英制由于不是十进制，换算不方便，因而在世界上使用得越来越少，逐步被国际单位制及公制取代。钢材中有一些还是使用英制：如中板 5×20 feet、钢管 $\frac{1}{2}$ inch×3 mm×6 m 等。

国际单位制由国际计量委员会创立，其基本单位有米（m）、千克（kg）、秒（s）、安培（A）、开尔文（K）、坎德拉（cd）和摩尔（mol）7个，分别用来度量长度、质量、时间、电流、热力学温度、发光强度和物质的量。

我国现行的法定计量单位制是在国际单位制的基础上增加一些非国际单位制的单位。《中华人民共和国计量法》第3条规定："国家实行法定计量单位制度。国际单位制计量单位和国家选定的其他计量单位为国家法定计量单位。"

2.6.3 常用的计量单位

2.6.3.1 重量（Weight）单位

常用的重量单位有千克（kg）、吨（t）、磅（lb）、盎司（oz）、长吨（long ton）、短吨（short ton）等。这些单位常用于矿产品、钢铁及有色金属、农副产品、药品、化工产品等商品。钢铁一般使用吨（t）和千克（kg），其与磅（lb）的换算关系是：$1 t = 1000 kg \approx 2204.62 lb$。

钢材一般有两种重量计算方式：（1）按照实际重量交货，单位一般使用吨（t）；（2）按照理论重量交货（按照双方合同规定的单位理论重量 kg/m 或者 kg/m² 来计算重量），理论计重一般也使用吨（t）做单位。理论重量非实际重量，同一批货的理论重量和实际重量之间一般有一定的差异。签约时要明确使用实际重量还是使用理论重量，如果使用理论重量，一定要注明单位理论重量（具体数值）是多少？如果不明确约定单位理论重量，极易引发争议。单位理论重量可以执行相应的标准（国家标准、日本标准、英国标准、美国标准、ISO 等），这些标准的单重都不完全一样，如果该尺寸没有相应标准的，可以双方协商，合同中采用双方都认可的单位理论重量计算。如果钢材使用理论重量计重，出口商一定要注意规定好产品的尺寸公差范围。

如果使用实际重量计重，装运港和目的港之间（由于重量加速度不同的原因）可能有微小的重量差，一般出口合同中规定如果装运港和目的港的重量差在0.5%以内双方免责，超出了0.5%，进口商可以凭双方认可的第三方检验机构做检验报告，在规定的时间内向出口商提出重量异议索赔。

如果使用理论重量计算重量，出口合同中应该规定：进口商不得以理论重量与实际重量不符提出索赔，但是出口商应该确保出口商的产品严格地符合合同的其他规定（如产品的尺寸公差、负差数等要求）。

2.6.3.2 个数（Number）单位

常用的个数单位有根、个（piece）、套、台、架（set）、双（pair）、箱（case）、袋（bag）、包、捆（bundle）、罗（gross）、令（ream）等。这些单位常用于工业制成品、杂货、机器设备、玩具、成衣、活牲畜、交通运输工具等商品。

2.6.3.3 长度（Length）单位

常用的长度单位有米（m），英尺（ft），码（yd）等。这些单位常用于钢板等产品。米、英尺、码的换算关系是：$1 yd = 0.9144 m$，$1 yd = 3 ft$，$1 ft = 0.304 m$。

2.6.3.4 面积（Area）单位

常用的面积单位有平方米（m²）、平方码（yd²）等。这些单位常用于钢板等商品。

2.6.3.5　体积（Volume）单位

常用的体积单位有立方英尺（ft³）、立方码（yd³）等。这些单位常用于木材、化学气体等商品。

2.6.4　计算重量的方法

在国际贸易中，计算重量的主要方法有毛重、净重、公量、法定重量和理论重量5种。

2.6.4.1　毛重（Gross Weight）

毛重是指商品本身的重量加包装物的总重量。钢铁大部分都用毛重（以毛做净）计重。

2.6.4.2　净重（Net Weight）

净重是指产品本身的重量，即除去包装后的商品实际重量，净重也是国际贸易中比较常见的计重办法。实际中当没有特别说明时，按照国际惯例，计价的重量应理解为净重。由净重的定义可以知道，毛重就是净重加上皮重，皮重就是毛重减去净重，皮重的计方法有：

（1）实际皮重（Actual Tare），即将整批商品的包装逐一过秤所求得的重量。

（2）平均皮重（Average Tare），即在包装重量大体相同的情况下，以若干件包装的实际重量求出平均数，再以此平均数作为每件的包装重量，当以此平均数乘以总件数时就可以得出总的包装重量。

（3）习惯皮重（Customary Tare），有些比较规格化的包装，其包装重量在市场上已得到一致认可，这种被公认的包装重量称为习惯皮重。

（4）约定皮重（Computed Tare），即按买卖双方约定的包装重量为准，不必过秤。

以毛作净（Gross for Net）是指按毛重来计算商品的重量，以毛作净多用于价值较低的产品，钢材大部分是以毛做净计重。

如果是镀锌卷、彩涂卷、冷卷等，是以毛做净还是要扣除木芯（卷芯，每个 30～40 kg，可以用平均皮重计算）的重量后做净重，合同中应该予以明确约定，如果合同里扣除平均每卷 30～40 kg 的芯重，钢厂一般要每吨加 5 美元左右，最终实际的价格结果差不多。

案例 19：我某外贸公司与国外某客商达成一笔进口 1000 t 大豆的交易，合同规定：新麻袋包装（New Gunny Bag），每袋 25 kg，每吨 200 美元 FOB 悉尼，T/T 付款。货到后我方验货发现，货物实际每袋毛重 25 kg，净重 24 kg，马上去电外商提出问题，要求扣除短量部分的货款，并向外商寄送有关部门出具的检验证明。

问：我方的要求是否合理？为什么？

分析：我方的要求是合理的。卖方交货的数量应严格按照信用证的规定执行，由于合同中未注明以毛作净，按惯例，卖方应按商品的净重交货。本案外商用新麻袋包装货物，每袋 25 kg，但货物扣除皮重后每袋只有 24 kg，说明货物每袋短量 1 kg，我方有权要求扣除短量部分的货款。

2.6.4.3　公量（Conditioned Weight）

公量是以商品的干净重加上标准的回潮率与干净重的乘积所得出的重量。该计重方法常用于价值较高而水分含量受客观环境影响较大的商品，如生丝、羊毛、棉花等。国际上的通常做法是以该商品烘去水分后的重量（即干净重）加上标准的回潮率与干净重的乘积，其公式为：

$$公量 = 商品干净重 + 商品干净重 \times 标准回潮率$$
$$商品干净重 = 商品的实际重量 / (1 + 实际回潮率)$$

铁矿石、焦炭等大宗货物应该考虑干度和湿度的重量问题。

案例20：我方某公司与国外某公司达成了一笔10 t生丝的出口交易，合同中规定以公量来计算商品的重量，商品的标准回潮率确定为10%。当我方按合同规定的装运期限装运货物时，测得实际回潮率是21%。

问：我方应装运多少才能达到合同规定的公量数？

分析：因为

$$商品的实际重量 = 商品干净重 \times (1 + 实际回潮率)$$
$$商品干净重 = 公量 / (1 + 标准回潮率)$$

所以

$$商品的实际重量 = 公量 / (1 + 标准回潮率) \times (1 + 实际回潮率)$$
$$= 100 / (1 + 10\%) \times (1 + 21\%) = 110 \text{ t}$$

因此，我方应装运110 t才能达到合同规定的公量数。

2.6.4.4 法定重量（Legal Weight）

法定重量是商品重量加上直接接触商品的包装物料重量。法定重量是海关依法征收从量税时，作为征税基础的重量。除去直接接触商品的包装物料所表示出来的重量，称为实物净重（Net Weight）。

2.6.4.5 理论重量（Theoretical Weight）

理论重量适用于有固定规格和固定体积的货物如钢板、各类型钢、钢管、无缝管等，根据（包）件数或者根数即可计算出其理论总重量，理论重量往往与实际重量有差异。如果合同约定货物以理论重量交货的，货物到达目的港后，客户提出理论重量与实际重量不符，要求索赔是没有道理了。但是以理论重量交货的产品，产品的各种参数都要注意满足合同中其他的尺寸要求。如果钢铁产品的尺寸公差超过了合同的约定，客户有权就超差的问题提出索赔。

2.6.5 国际货物买卖合同中商品数量条款的内容

国际货物买卖合同中商品数量条款的内容主要包括成交商品的数量和计量单位，如6800 Pcs，with 10% more or less at seller's option（6800件，卖方可溢装或短装10%）。

6000 mts，with 10% more or less at seller's option，actual weight shipment（6000 t，卖方可溢装或短装10%，以实际重量交货）。

2.6.6 商品数量条款应注意的问题

2.6.6.1 度量衡制度不同而产生争议

如计算重量，实行英制的国家一般采用长吨（long ton），实行美制的国家一般采用短吨（short ton），它们的换算关系是：1 长吨 = 1016. 05 kg，1 短吨 = 907 kg。合同不能只规定 ton，ton 有长吨、短吨和公吨三种，出口合同里，钢铁产品应该明确地规定为：公吨（metric ton）。

案例 21：我方某外贸公司从某国进口钢材 500 t，外商报价为每吨 1300 美元 CIF 广州，不可撤销即期信用证付款。当我方凭单提货后发现，实际重量只有 453. 5 t，当我方向外商提出交涉时，外商拒不补交剩余的 47. 5 t。

问：外商的理由是什么？我方应吸取哪些教训？

分析：因外商对我报价为每吨 1300 美元 CIF 广州，并没有明确说明重量单位是公吨，由于美国采用美制短吨计重，1 短吨 = 907 kg，因而美商按 500 短吨向我方交货。我方应吸取的教训是：对于计重单位为吨的，应明确表明为公吨还是短吨，避免因吨（TON）在美制或英制国家中的不同理解而产生争议，造成我方的损失。

2.6.6.2　合理规定数量的机动幅度

数量的机动幅度条款也称为溢短装条款（More or Less Clause），是指允许卖方在交货时，可根据合同的规定多交或少交一定的百分比。如：6800 Pcs, with 10% more or less by seller's option，根据该条款，卖方交货数量可在 7480~6120 件之间机动。规定溢短装条款应考虑以下问题：

（1）机动幅度的大小要适当，外贸实务中一般规定为 10%，对出口商比较有利，如果规定 5% 的溢短装，有时出口商不太容易控制，组货时有一定的难度，不容易严格地遵守。

（2）如果合同约定总数量的溢短装为 10%，出口的产品有 20 种规格，出口商从进口商的角度、从情理的角度考虑，尽量每种规格都控制在 10% 左右。如果每种规格不能严格地控制在 ±10%，当市场不好时进口商也有可能认为是单证不符，同时对进口商实际的需要不利。出口商除了要努力满足每个规格的 10% 溢短装，总数量和总金额也都要严格地控制在 10% 以内。如果总量超过了 10%，容易造成单证不符，收汇有一定的潜在风险。

案例 22：我某公司与国外 B 公司达成一份贸易合同，出口水产品 10 t，合同规定为箱装，每箱净重为 40 lb，总数量可以有 5% 的机动幅度。

问：在信用证金额也有 5% 增减的情况下，该批货物最多能装多少箱？最少应装多少箱？

分析：最多能装 578 箱，最少应装 524 箱。计算如下：

1 lb = 0. 45359 kg，则 40 lb = 18. 144 kg

用 ［10×(1+5%)×1000］/18. 144 即可求得最多的装箱数为 578 箱（尾数应去掉）。

用 ［10×(1−5%)×1000］/18. 144 即可求得最少的装箱数为 524 箱（尾数应进位）。

机动幅度的确定由谁掌握？实务中有三种情况，即由买方、卖方或船公司确定，一般情况溢短装条款最终多由卖方确定，如由买方租船订舱，也可以由买方来确定。若合同或信用证没有说明由何方确定，按惯例一般由卖方确定。

案例 23：我方某公司与国外某客商达成一笔出口交易，合同中规定，数量为 10000 t，允许有 5% 的溢短装，溢短装部分按合同价格计价。该商品的合同价格为每公吨 2300 美元 FOB 广州。因该商品的市场行情上涨，货物装运前双方经过协商价格上调为每公吨 2400 美元。

问：（1）我方根据合同的规定最多和最少可交多少公吨货物？（2）此案例中，我方应多交还是少交？为什么？

分析：（1）我方根据合同的规定最多可交10500 t货物，最少可交9500 t货物；（2）此案中，我方应少交500 t的货物。因为当时该商品的市场行情上涨，每公吨差价为100美元，我方完全可以依合同的规定少交500 t的货物，以减少50000美元的贸易损失，将少交的500 t货物出售给出价较高的买主。

溢装或短装部分货物的价格如何确定？溢短装部分的价格有按市场价格计算和合同价格计算两种。若合同没有规定，对溢短装部分，依惯例应按合同价格计算。

2.6.6.3 注意UCP600有关交货数量增减的规定

（1）根据UCP600第30条a款规定："约"或"大约"用于信用证金额、数量或单价时，应解释为允许有关金额、数量或单价不超过10%的增减幅度。如："about1000M/T"（大约1000 t），则卖方实际交货最高可达1100 t，最低可达900 t。

（2）若合同和信用证中未明确规定可否溢短装，则对于散装货，可根据UCP600第30条b款的规定处理："只要信用证未注明货物以包装单位或个数计数，并且总支付金额不超过信用证金额，货物数量准许有5%的增减幅度。"

案例24：我某公司向国外出口钢材100 t，每公吨FOB上海700美元。合同中未规定数量可增减。国外按时开来信用证，证中规定总金额不超过70000美元。我方收到信用证后备货待运，在合同规定的装运期内我方按104 t发货装运，并按实际交货数量制作单据，但到银行办理议付时却遭到开证行的拒付。

问：银行拒付是否有理？为什么？

分析：银行拒付有理。根据UCP600的规定："只要信用证未注明货物以包装单位或个数计数，并且总支付金额不超过信用证金额，货物数量准许有5%的增减幅度。"本案中，卖方出口100 t钢材，信用证未表明可否溢短装，卖方本可多交或少交100 t的5%，即多交或少交5 t，但是，本信用证规定的总金额限定为70000美元，则卖方只可少交货，不可多交货，即最少交货95 t，最多交货100 t。本案中，卖方实际交货104 t，其单据必然与信用证规定不符，因而银行拒付有理，这样的客户也属于不太友好、不太善意的，但是客户和开证行都没有违背《公约》。

信用证是独立的合同，出口商收到信用证后，如果出口商同意和接受了信用证的所有条款，就应该严格地按照信用证规定去做，与信用证相违背的、单证不符的，出口商就会面临收汇的极大风险。出口商收到信用证后应该认真严格地审核信用证，如果信用证与合同完全相符、出口商能够确保单证相符交单，出口商才可以开始履行合同。否制应该及时书面通知客户改证，出口商只有收到改证后，再履行合同。当然如果信用证有点小的瑕疵，出口商能够保证单证相符交单、能够保证安全收汇，尽量不让客户改证是原则。

2.7 产品包装

2.7.1 《公约》对卖方商品包装违约的规定

《公约》第35条规定，卖方交付的货物必须与合同所规定的数量、质量和规格等完全相符，并应该严格地按照合同所规定的方式进行装箱或包装。除双方当事人另有书面协议外，货物除非符合以下规定，否则即为与合同不符：货物一般应该按照同类货物通用的方式装箱或包装，如果没有此种通用方式，则按照足以保全和保护货物的方式装箱或包装，出口货物应该适合海运的包装。

按照某些国家法律规定，如卖方交付的货物未按约定的要求包装，或者货物的包装与行业习惯不符，买方有权拒收货物。

案例 25：我出口公司向国外客户出口无缝钢管 100 t，合同规定每捆 19 根。交货时，由于业务人员一时大意工厂将包装的根数定位了 27 根，货到目的港后，对方以包装不符为由拒绝收货。我方则认为数量质量完全与合同相符，要求买方付款。

问：你认为责任在谁？应如何处理？

分析：责任在我方。《公约》中规定"卖方交付的货物必须与合同规定的数量、质量和规格相符，并须按照合同所规定的方式装箱或包装"。显然我方违反了合同中的包装条款，我方应立即主动向对方道歉，以求得买方的谅解，必要时，可能还要负担买方更换包装的费用。

2.7.2   商品包装的分类

除了散装货（如铁矿石、铁精粉、煤炭、生铁等）和裸装货（钢坯、板坯等）外，商品一般需要包装。按包装所起的作用分类，包装可分为销售包装和运输包装。

2.7.2.1   销售包装

销售包装又称为内包装，是直接接触商品并随商品进入售网点和消费者直接见面的包装。销售包装具有保护、美化、宣传、促销产品等作用。

2.7.2.2   运输包装

运输包装是指为了方便运输、保护商品而设计的包装，它具有保护产品安全，方便储存、运输、装卸等作用。钢材的包装基本上为运输包装。运输包装一般可根据包装方式、包装材料和包装层次分类。

（1）按包装方式分类，运输包装可分为单件运输包装和集合运输包装。单件运输包装主要有箱（木箱）、桶（木桶、铁桶）、袋（麻袋）包等，集合运输包装主要有托盘、集装袋、集装箱等

（2）按包装的材料分类，包装可分为纸制包装、金属包装、塑料包装、木制包装、玻璃包装、陶瓷包装、复合材料包装等。

（3）按包装层次分类，包装可分为外包装、中包装和小包装，如五金制品、铁钉、螺丝、螺母等。

2.7.3   运输包装标志

运输包装标志是指在运输包装上标出图形、代号、字母，以提醒操作人员该货物的特性及在装卸、运输和保管货物过程中应注意的问题。按用途划分，运输包装标志可以分为运输标志、指示性标志和警告性标志。

运输标志（Shipping Marks）又称唛头，俗称飞子，是指书写、压印或刷制在外包装

上的图形、文字和数字。运输标志通常由一个简单的几何图形和一些字母、数字及简单的文字组成，其主要内容包括：（1）收、发货人代号；（2）目的地；（3）件号、批号。如：ABC——收货人代号；NEWYORK——目的港；NO.1-400——件号。

如果合同或信用证没有规定，运输标志可以略去，一般由卖方自行确定。出口合同予以明确地约定为好，最好不要忽视遗漏。如果买方有特殊要求，最好在出口合同里予以明示。最好避免装船前买方突然提出飞子的特殊要求。

国际标准化组织制定了一项标准运输标志向各国推荐使用，该标准运输标志包括的内容有：（1）收货人或买方名称的英文缩写字母或简称；（2）参考号，如订单号、运单号或发票号；（3）目的地，如纽约、旧金山等最终目的港或目的地的名称；（4）件号，指本次交运货物运输包装的每件货物的顺序号和总件数，如 NO.1-400 指本次运输总数为400 件，此件为第 1 件。完整的标准运输标志举例如下：

ABC——收货人代号；

GD04-33445——参考号；

NEWYORK——目的港；

NO.1-400——件号。

如果装运一批货（产品相同、尺寸接近、外形相同、每票数量差不多的），有很多票、很多收货人的，在装船前每个提单号一定要用飞子和颜色加以区分，否则目的港卸货时极易混乱，造成有的客户短缺货物的现象。

案例 26：我公司向国外出口某商品，CIF 条件，即期信用证付款。在与外商签订合同时规定由我方制作唛头。因此我公司在备货时就将唛头刷好。但到装船前不久，国外开来的信用证上又指定了新的唛头。

问：这种情况下应如何处理？

分析：我方如果不同意、制作新的唛头有困难、成本太高，应按合同规定及时要求对方更改信用证。如对方坚持不改，我方应该重新换唛头，但所需费用或因刷唛而延误船期的责任，应明告对方由其承担。同时要客户书面明确合同中规定的飞子是否保存还是取消？不可以既不要求改证，又不重新刷唛，也不沟通而直接出运，其后果必然是单证不符，银行有可能拒付，影响及时安全收汇，也有可能影响进口商办理进口手续。在出口业务中与客户真诚地实事求是地及时沟通十分重要，重要的事情要有客户的书面确认。当然正常的情况下出口商可尽量、力所能及地按照客户的合理要求去重新制作唛头。如果需要增加费用，双方协商解决为佳。

客户的信用证与合同不符，出口企业一定要与客户进行及时沟通，达成共识再开始履行合同。客户也有可能开证有误，如果信用证有误应该及时通知客户修改。

对客户的信誉不太了解的，一定要严格地按照信用证的要求去做，不能以客户的口头约定、书面确认为准，等客户改好了信用证再做最佳。信用证与合同约定有矛盾的以信用证为准。

2.7.4　条形码、中性包装和定牌生产

2.7.4.1　条形码

条形码（Bar Code）由商品包装上一组带有数字的黑白及粗细间隔不等的平行条纹所

组成，它是利用光电扫描阅读设备为计算机输入数据的特殊的代码语言。条形码用以表示一定的信息，这些信息包括商品的品名、规格、价格、制造商等，由于采用光电扫描录入信息，操作简单、准确、快捷，许多国家在超市自动销售管理系统中普遍使用。有的国家规定，包装上没有条形码的商品不准进口。

国际上通用的条形码有两种：一种是 UPC 条形码，通用于北美地区，主要用于货物的包装、销售、记账和数据处理等方面。另一种是 EAN 条形码，由国际物品编码协会统一分配和管理。EAN 条码的标准版有 13 位标识数字，其缩短版只有 8 位标识数字。标准版的 13 位数字中，前几位是由前缀码和厂商代码组成，前缀码由国际物品编码协会统一管理和分配。1991 年 4 月我国正式加入该协会，分配给我国的国别号为"69"，包括"691"和"692"，中国香港为"489"，中国台湾为"471"，在我国设立的中外合资企业，其生产的产品代条码为"693"。

2.7.4.2 中性包装

中性包装（Neutral Packing）又称"白袋"，是指既不标明生产国别、地名、厂商名、出口商等，也不标明商标或牌号的包装。当货物或包装上使用买方指定的商标或牌号，但不注明生产国别和厂商名称时，称为定牌中性；当货物或包装上均不使用任何商标品牌，也不注明生产国别和厂商名称时，称为无牌中性。中性包装一般根据进口商的要求在产品包装上注明：产品名称、尺寸、规格、标准等。

采用中性包装，是出口方为了打破某些进口国家与地区的关税和非关税壁垒以及适应交易的特殊需要，它是出口国家厂商加强对外竞销和扩大出口的一种手段。有时也是进口商为了保护自己利益的需要所定。中性包装对出口商不太有利，出口商丧失了市场的品牌效应，大的钢厂、优秀的钢铁出口企业一般都不会同意。

2.7.4.3 定牌生产

定牌生产是指卖方按买方要求在其出售商品的包装上标明买方指定的商标或牌号，这种做法称为定牌（贴牌）生产。出口厂商采用定牌生产的目的是为了利用买方的经营能力及其商业信誉和品牌声誉，提高商品售价和扩大商品销路。但出口厂商应要求买方提供其得到合法授权或者是商标持有人的直接授权，以免发生侵权纠纷。

2.7.5 国际货物买卖合同中商品包装条款的内容

合同中商品包装条款的内容一般包括包装材料、包装方式、包装规格、包装标志等，如 In cartons of about 15 kg net，500 cartons transported in one 20 ft container（纸箱装，每箱净重约 15 kg，500 纸箱装 1 只 20 ft 集装箱运送）。In cloth bags lined with polythene bags of 25 kg net each（布袋装，内衬聚乙烯袋，每袋净重 25 kg）。In double bags with kraft paper，each containing 25 kg（双层牛皮纸袋，每袋 25 kg）。The packing is at buyers design with neutral packing，each，reinforces with iron straps，the charges of packing shall be borne by the buyer（包装依据买方的设计，中性包装，并用铁皮带加固，费用由买方负担）。

2.7.6 制定商品包装条款应注意的问题

（1）包装的要求要考虑货物的特点和运输方式。货物的包装必须考虑其特点和要求，如防压、抗冲击、防锈、防震、防摔等，根据这些要求做相应的防护处理。

有些国家对进口货物的包装有专门的规定。如美国、澳大利亚、新西兰、菲律宾等国家的进口商品不得用稻草、麦秆作包装材料或填充材料；新西兰严禁使用用过的旧麻袋作进口商品的包装；德国禁止以木板箱作进口商品的包装；美国、新加坡规定进口烟花爆竹必须装集装箱；沙特阿拉伯的进口建材如卫生浴具设备、瓷砖、浴室设备、木制家具等必须先组装托盘且每个托盘重量不得超过 2 t，然后再装入海运集装箱。

案例27：广东潮州某卫浴公司向 A 国出口一批陶瓷座厕。由于第一次向 A 国出口该类产品，包装时采用稻草作为衬垫物以保护陶瓷座厕，货物到达 A 国后，A 国海关发现该货物包装的衬垫物用稻草，当即责令提货商将包装所用稻草就地烧毁后重新包装。为此外商要求我方公司赔付烧草费和重新包装费。

问：外商的要求是否有理？

分析：外商的要求有道理。A 国规定，进口商品不得用稻草、麦秆作包装材料或填充材料，这项规定已实施了 20 多年，所有出口到 A 国的商品都不能采用稻草作包装材料。我方出口公司由于初次出口 A 国，未了解相关要求，违反了规定，责任在我方，因而外商要求我方公司赔付烧草费和重新包装费是合理的。

（2）包装的要求要明确具体。包装条款中经常出现诸如"习惯包装"（Customary Packing）、"适合海运包装"（sea worthy Packing）或"卖方惯用包装"（Seller's Usual Packing）之类的术语，为了避免引起争议，包装条款应明确规定具体的要求，交货时卖方不能随意更改包装方式、包装材料和每件包装所含商品的数量或重量。

2.7.7　包装的标准化问题

钢材的包装尽量标准化、规范化，比如 6 m 长的角钢，每捆多少根，打包几道，在哪个部位打包，用什么材料打包等，如果我们出口的产品包装都标准化了，可以大大提高工作效率，避免和减少差错，降低成本，提高客户的满意度。

案例28：我 A 公司向某国 B 公司出口小家用电器一批，合同的包装条款规定："Each piece in poly bag 1000 pcs in 200 cartons and then in container"，中文意思是"每件装在一个聚乙烯塑料袋内，1000 件装 200 箱，然后装在集装箱内"。由于纸箱准备不足，A 公司把其中的 500 件装在另一规格的纸箱，每箱 10 件。

问：A 公司的做法是否不妥？

分析：A 公司的做法不妥。合同对包装条款已有明确规定，我方 A 公司没有征得 B 公司的同意，擅自部分改用其他规格的包装箱，构成违约，B 公司有权提出索赔。我方应先征得 B 公司的同意后再装运，或推迟交货，或分批交货，以便有时间赶制符合规格的纸箱装运出口。

在出口合同里包装费用要明确由哪方负担。包装费用一般包括在货价之内，不另行计收，一般由卖方支付，若买方合同签约后对包装有新的特殊要求，出口商应该与买方协商，包装改变的费用原则上应该由买方负担。

2.7.8　产品包装风险

商标印刷侵权风险指进口商未经商标注册人的许可，指使出口商在同一种商品或者类似商品上使用与其注册商标相同或者近似的商标，导致商标注册人认定侵权，要求赔偿或需经法律手段解决，从而给出口商带来损失。

商标侵权行为的种类：

（1）未经商标注册人的许可，在同一种商品或者类似商品上使用与其注册商标相同或者近似的商标。可分成 4 种商标侵权的形式：1）被控侵权的商标与注册商标相同，被控侵权商标所使用的商品与该注册商标所核定使用的商品也属于同一种类；2）被控侵权的商标与注册商标相同，被控侵权商标所使用的商品与该注册商标所核定使用的商品类似；3）被控侵权的商标与注册商标近似，被控侵权商标所使用的商标与该注册商标所核定使用的商品属于同一种类；4）被控侵权的商标与注册商标近似，被控侵权商标所使用的商品与该注册商标所核定使用的商品类似。

（2）销售侵犯注册商标专用权的商品。

（3）伪造、擅自制造他人注册商标标志或者销售伪造、擅自制造的注册商标标志。

（4）未经商标注册人同意，更换其注册商标并将该更换商标的商品又投入市场。这种行为又称之为"反向假冒"。

（5）给他人的注册商标专用权造成其他损害。1）将与他人注册商标相同或者相近似的文字作为企业的字号在相同或者类似商品上突出使用，容易使相关公众产生误认；2）复制、模仿、翻译他人注册的驰名商标或其主要部分在不相同或者不相类似商品上作为商标使用，误导公众，致使该驰名商标注册人的利益可能受到损害；3）将与他人注册商标相同或者相近似的文字注册为域名，并且通过该域名进行相关商品交易的电子商务，容易使相关公众产生误认。

如果进口商坚持产品使用进口商提出的图案、标志、商标等，出口商一定要认真核实，在中国如果你不经过商标所有人同意使用了人家的商标要负法律责任，严重的要负刑事责任。如果某出口商实际从 A 钢厂采购钢材，装船前又贴上了 B 钢厂的商标，这就是不道德的违法行为，最起码要负民事责任，严重的要承担相应的刑事责任。

案例 29：A 国某公司 SAN 主要生产和经销照明系列产品，2017 年 8 月该公司与中国照明产品的生产商 A 公司开始业务往来，并于后期提出希望通过中国 A 工厂定牌加工产品，粘贴 YALU 的商标，其成品再返销 A 国市场。A 工厂没有认真考虑就接受了这种合作方式，并认为获得了一个稳定的订单源而高兴不已。过了不久，A 国 ACC 公司做市场调查时发现有人盗用其公司商标 YALU，经查明原因，ACC 公司将 SAN 以及 A 工厂以侵权为由告上法庭。因为 ACC 公司早在 2005 年就已经在当地办理了商标注册，无疑 SAN 负有严重侵权行为，而 A 工厂属于同案犯也为此付出代价。

案例 30：2004 年 10 月 22 日，B 国的 A 公司委托小张所在公司生产加工一批机动车用卤钨灯，要求产品上印刷商标"HENKEL"。小张公司要求 A 公司出示相关知识产权持有证明，A 公司出示了商标注册证明（注册国为 B 国），并出示了经 B 国外交部官员签名盖章证实以及经中华人民共和国驻 B 国总领事馆认证的商标证两张，该商标证说明"HENKEL"商标的持有人为 A 公司。在收到商标证明之后，小张公司依约履行了生产合同。2004 年 10 月 30 日，小张安排货物出运，向广州海关履行这批车用卤钨灯的报关手续。然而，广州海关发现该批货物标有"HENKEL"标志，涉嫌侵犯深圳 C 公司已经在同类产品注册并在海关总署进行知识产权海关保护备案的商标专用权。广州海关立即与 C 公司取得联系，C公司确认这些货物并未经该公司授权生产，而且也从产品本体和包装上指出了仿冒关系。两天后，C公司向广州海关提交了采取知识产权保护措施申请书，请求扣留侵权嫌疑货物。因此广州海关认定小张公司的货品侵权，并于2005年3月30日对该批货物作没收并处罚款人民币2万元的行政处罚。小张公司不服，将广州海关告上法庭。一审广州中院判广州海关胜诉。小张公司不服，官司继续打到广东省高院，广东省高院最终判决支持广州海关对小张公司贴牌生产货物的扣留处罚。小张公司在这场纠纷中共损失100余万元。

点评：从以上案例中可以看出主要涉及商标专用权的法律保护问题。

（1）商标专用权具有地域性，即商标权只在特定的国家或地区的地域范围内有效，不具有域外效力。在该案中，如果B国的A公司与深圳的C公司都没有加入马德里体系，那么其商标都只在本国受保护。B国A公司合法注册"HENKEL"商标，仅在B国国内有效，并不必然延伸到中国。如果A公司欲使"HENKEL"商标在中国受到保护，它还必须在中国注册，否则不受我国商标法的保护。在国内C公司是"HENKEL"商标的合法注册人，享有商标专用权，受到国内有关法律、法规的保护，在中国境内相同商品上使用"HENKEL"商标，应当获得C公司或其授权人的许可，否则即是侵权。

（2）根据我国《商标法》第52条第1款规定：未经商标注册人的许可，在同一种商品或者类似商品上使用与其注册商标相同或者近似商标的，即属于侵犯注册商标专用权。小张公司的产品虽然只是出口到B国，并不是在中国市场上销售和使用，但不管其商品是否国内销售，只要生产时印刷、使用了"HENKEL"商标，就可认定为构成了侵权。

（3）根据《中华人民共和国知识产权海关保护条例》规定，国家禁止侵犯知识产权的货物进出口，海关发现进出口货物有侵犯备案知识产权嫌疑，可以依知识产权权利人申请作出扣留决定并进行调查、认定。C公司已依法办理了"HENKEL"商标专用权在海关总署的备案手续。因此，按照《中华人民共和国知识产权海关保护条例》规定，在未取得C公司的许可下，小张公司在货物本体和外包装上使用了"HENKEL"标志，因此这些货物属于侵犯注册商标专用权货物。

（4）按照《中华人民共和国知识产权海关保护条例》，国家禁止侵犯知识产权的货物进出口，海关可以依照有关法律和条例对涉嫌侵权货物进行扣留调查。因此，法院判决支持广州海关对小张公司的货物扣留处罚的行为合情合理。

此外，我国《关于对外贸易中商标管理的规定》第10条明确规定："对外贸易经营者在从事进出口活动中，对他人指定或者提供使用的商标，应当要求对方出具真实有效的商标专用权证明文件或者被许可使用该商标且未超出许可范围的证明文件，并予以核查。该商标不得与已在我国相同或者类似的商品上注册的商标相同或者近似，其商品的包装、装潢也不得与他人已在我国使用的包装、装潢相同或者近似。"

可见，努力拿订单很重要，但还是要注意商标侵权的风险，特别是接受定牌生产的订单时更应重视商标侵权问题，应严格审查定牌的商标是否属于当事人合法所有。一般应让对方提交合法的证明文件，或提交许可使用证明的文件，否则应予以拒绝，以免卷入伪冒他人商标的案件中。另外不要轻易接受国外客户的要求印刷商标的订单，要核实国外客户是否有许可证，如果客户要求稍作更改也不要掉以轻心。

我们有的钢铁出口商，为了满足客户要求，明明是从A工厂采购的货，却贴B工厂的标签，属于商业欺诈。

2.7.9　包装错误、破损风险

包装错误主要表现为，在进出口贸易订单生产过程中，由于各种因素导致产品外包装印刷、所用材质错误等原因而产生的不良后果。包装破损则主要表现为，在生产、包装、运输和卸货过程中，由于各种因素造成产品包装破损、散捆等而导致客户抱怨、不满意的情况。我们钢铁出口商应该努力实现自己的产品送到客户手里依然是完美的，不要有散捆、破损、损坏等情况。

案例 31：接到客户 AAL 的订单，业务员小李很高兴，他浏览了一遍客户的 PO，发现跟第一个订单差不多，只是包装颜色由棕黄色改为了白色。于是他就直接复制上一个订单的合同内容做了相应修改来制作新合同。之后，客户预付款如期而至，小李安排了工厂生产，订舱发货，收尾款寄提单。就在小李以为一切顺利的时候，客户在收货后发来了措辞强烈的投诉信，指出包装颜色还是棕黄色的。小李心想，难道是工厂做错了？通过查找合同档案，他惊讶地发现竟然是由于自己的疏忽，没有在给国内工厂的采购合同上更改包装颜色，为此，小李只得赔偿给买方"外观损失费"10000 美元。

案例 32：业务员小王主要负责某国市场的吊顶天花产品的销售。其客户 GS 每次都抱怨产品包装不好，总有破损。他对客户的几次抱怨并没放在心上，只是通过邮件跟客户道个歉，然后跟工厂打个电话提醒一下，让他们包装时注意改进。某天的凌晨三点，他接到客户的电话，电话另一端，客户一直在咆哮，抱怨刚收到的货物破损严重，每次总说改进，但是总没有实际行动来证明。最后鉴于破损率高达 15%，又不想丢掉客户，只能同意赔偿给客户 8000 美元的损失。

点评：细节决定成败，产品包装是非常重要的因素，这在出口贸易中表现得尤其明显。以上两个案例虽然损失不是很大，但都是出口贸易活动中频繁发生的情况。仔细分析其发生的原因，其实很简单，一是不够细心，二是不够重视，三是重要的事情没人严格地审核，四是出口商的流程管理上不严谨、有漏洞。

如案例 31 中，业务员小李虽然发现了客户第二个订单与第一个订单的包装区别，却没有仔细检查第二单的合同内容，也没有提醒生产人员注意这一细微差别，或在发运前没有验货，导致了不必要的损失，甚至使客户产生了不良印象，遭受了不必要的麻烦。

而案例 32 中，如果业务员能够重视客户的每次抱怨，与生产人员有效地沟通，亲自确认包装改进效果，真正解决客户的抱怨，想必也不会发生严重的破损问题。

外贸工作需要我们努力使每个细节都完美、每个细节都严格地遵守合同的约定，马马虎虎、粗枝大叶、毛毛躁躁、大大咧咧是不适合做国际贸易的。

钢铁产品从生产完毕到用户手里，一般要经过 10 多次的装卸，有时还有可能会遇到个别港口野蛮装卸，包装是否良好、结实、牢固，保证运输和海运过程中不散捆，十分重要，产品到客户手里是完美的才是出口商和钢厂努力的方向。出口业务里重要的问题、重要环节，出口商一定要有复核、有监督、有控制，不能只凭一个业务人员把关。出口企业也要和船公司多沟通，钢铁产品尽量远离化学产品，委托船公司装运时与化学物品加苫布隔离，在海运过程中尽量避免海水侵蚀等。

风险防控要点：从确认出口订单到安排生产期间，应尽可能与客户把包装信息确认清楚，并向国内工厂准确传达下去，采购合同也尽量非常明确所有的细节，出厂前一定要认真验货，在做好发货前检验时，严格按照与客户签订的合同标准去检验包装，督促确保工厂改进生产质量，提高质量监控，重要的事情一定要有人复核。

相关知识及工具：

（1）签订包装条款时，应注意的问题。外贸合同的包装条款，一般包括两个方面的内容：一是包装材料和方式，如木箱装、纸箱装、铁桶装、盘条、钢丝、麻袋装等，并根据需要加注尺寸、每件重量或数量、加固条件等；二是运输标志，一般由卖方设计确定，当然也可以直接由买方签约时决定。但无论哪方决定，签约时应尽量要求买方（如果有）明确其具体要求，以防因多次的装卸、远洋运输过程中的破损导致日后双方产生争议。

具体而言要考虑商品特点和不同运输方式的要求。

对于某些比较模糊的包装术语，如"适合海运包装""习惯包装"等，因可以做不同理解而较易引起争议，除非买卖双方事先取得一致认识，应避免使用这类有歧义的约定。尤其对设备类产品的包装条件，应在合同中做出具体明确的约定，对特别精密的设备，除约定包装必须符合运输要求外，还应规定防震、防摔措施等内容。

包装费用一般都包括在货价内，合同条款不必单独列出。但若买方要求特殊包装，则可要求买方增加一些包装费用，如何计费以及何时收费也应在合同条款中列明。如果包装材料由买方供应，则条款中应明确包装材料到达的时间，以及逾期到达时买方应负的责任。

运输标志如果规定由买方决定，应规定标志到达时间（标志内容须经卖方同意）及逾期不到时买方应负的责任等。

（2）包装的种类。包装的分类方法很多。通常人们习惯把包装分为两大类，即运输包装和销售包装。

（3）包装标志的分类。包装标志是指为了便于货物的交接、识别、运输、仓储、收货人提取货物，以及便于海关等有关部门进行查验工作等而在进出口货物的外包装上标明的记号。运输标志，即唛头，Shipping Mark。这是贸易合同、发货单据中关于标志事项的基本内容。它一般由一个简单的几何图形以及字母、数字等组成。唛头的内容包括：目的地名称或代号、收货人或发货人的字母缩写或代号、件号（即每件标明该批货物的总件数）、体积（长×宽×高）、重量（毛重、净重、皮重）以及生产国家或地区等。

（4）对包装条款的说明。包装条款是国际贸易合同的重要组成部分，主要对"包装材料""包装方式""包装规格""包装的文字说明"和"包装费用的负担"等内容进行约定。包装条款中的任何一点都不能忽视。其中，尤其是"包装材料""包装方式""包装的文字说明"这三项，在国际贸易实践中最容易引起纷争、索赔，甚至取消合同或者拒付等。在实际履行合同的过程中，更应当注意所有的细节，严格执行包装条款的约定。只要很好地遵守合同条款和国际惯例，因包装问题引起的争议、不愉快和索赔都是可以完全避免的。

包装材料：包装材料是指产品包装所使用的原材料。它既包括运输包装材料，也包括销售包装材料。根据质地，又可进一步细分为纸制包装、金属包装、木制包装、玻璃制品包装和陶瓷包装等。不同的商品、不同的运输条件都要求不同的包装。在选择包装材料时，除了要满足货物的通常要求外，还应该考虑到进口国对包装材料的特殊要求外。例如，美国规定为防止植物病虫害的传播，禁止使用稻草做包装材料，如被海关发现，必须当场销毁，并支付由此产生的一切费用。因此，业务员在订立条款时就应该充分考虑到这些因素。

另外，如果合同中规定产品无须包装，我们也不能随意添加包装。例如，某出口商出口不需要包装的散装货，该出口商在实际交货时，将其产品用麻袋包装，净重相同，且不另外收费。然而，该出口商仍然遭到索赔，因为进口商在卸载货物时本来可以用吸管吸取，由于出口商改为麻袋包装，反而增加了卸货的费用，因而遭到对方索赔。这种情况在签约后，出口商应该和进口商坦诚地及时沟通。

钢坯、板坯、生铁等一般无需包装，除非进口方特殊要求，如果出口方自作多情包装，属于受累不讨好。

包装方式：包装方式是指一个计件单位，或若干单位组合成的一件大包装的规格。比如麻袋的大小，又如用盒装货物时，一盒应装几个或多重的货物等。包装的方式也应该满足商品运输及销售的要求。

钢厂对产品的包装应该标准化、规范化，用什么材料包、在哪个部位打包，都要有明确的规定，出口包装要比国内销售的包装严格很多，我们的产品到客户手里应该努力是完美的。

包装上的文字说明：通常，运输包装和销售包装上都会有文字说明。文字说明包括运输标志、其他文字内容和使用语种。在外包装上的运输标志只需依照合同约定使用指定标志即可。但对销售包装来说，文字说明的要求较高。内容上要符合合同规定，语种也不能用错。例如，在文字内容上，日本政府规定，凡销往日本的药品，必须说明成分、服用方法以及功能，否则海关就有权扣留，不能进口。在语种的要求上，很多国家也有特别的规定。例如，加拿大政府规定，进口商品说明必须有英法文对照。

2.8　商品检验

《中华人民共和国进出口商品检验法》规定：凡未经检验的法定进口商品不准销售、使用，凡未经法定检验合格的出口商品不准出口。《公约》也规定："买方必须在情况实际可行的最短时间内检验货物或由他人检验货物。""如果合同涉及货物的运输，检验可推迟至货物到达目的地后进行。"以前钢材是国家规定的法定检验产品，钢材出口前必须经过国家商检局及其分支机构的检验，目前大部分钢材已经不是国家规定的法定的出口检验产品了，正常情况钢铁的出口企业无需到商检局办理法定检验手续。

2.8.1　商品检验条款

在国际货物买卖合同中商品检验条款可以双方协商，合同的内容可以有检验时间与地点、检验机构和检验证书等明确的约定：买卖双方同意以装运港（地）中国出入境检验检疫局或者其他双方约定的第三方检验机构签发的质量和重量（数量）检验证书作为信用证项下议付单据的一部分，货物到达目的地后，进口方如果发现货物的质量和/或重量（数量）与合同规定不符时，买方有权向卖方索赔，并依据进口方提供经卖方同意的检验机构出具的检验报告，异议和索赔期限为货物到达目的港（地）后 30~45 天内。如果进口方在货物到达目的港后，在合同规定的时间内（钢铁产品一般为 30~45 天），未能提供双方同意的第三方检验机构出具的检验报告，进口方的索赔一般不能成立。

2.8.2 检验时间和地点

商品检验的时间和地点一般与交货的时间和地点一致，根据不同的贸易术语，商品检验的时间和地点也不尽相同，一般可以为在出口国检验进口国复验和在进口国检验两种。在国际贸易中，一般是第一次做生意，双方的信誉还不太了解，或者是数量较大的生意，才要求装船前检验。双方比较了解了、都特别信任了，一般不需要装船前检验。装船前检验，有时会影响装船的速度，也有可能会出现检验时基本合格，检验报告不太合格，个别参数不能完全符合合同的要求，已经装船的产品要全部或者部分卸货的尴尬局面。

2.8.2.1 在出口国检验

货物在装船前或装运时，由买卖双方约定的商检机构检验货物，并以其检验货物后出具的检验证明作为货物品质、重量或数量的最后依据。在出口国检验也称为"离岸品质、离岸重量（Offshore Shipping Quality and Offshore Shipping Weight）"。

采用"离岸品质、离岸重量"，只要检验时货物的品质、重量或数量与合同相符，买方日后对货物无权提出任何异议。因此，买方一般不接受"离岸品质、离岸重量"。

案例 33：广东某进出口公司与 A 国某商人以 CFR 价格术语达成一笔出口交易，合同规定商品重量为 1800 t，每公吨 650 美元，信用证支付方式付款，商品检验条款规定："货物在装船前，由广州出入境检验检疫局对货物进行检验，并以其检验货物后出具的检验证明作为货物品质、重量、数量的最后依据。"广东某进出口公司按合同规定装运出口，并已交单议付。不久收到外商因货物品质与合同规定不符而向广东某进出口公司提出索赔的电传通知及在 A 国目的港检验机构出具的检验证明。

问：外商的索赔是否有理？为什么？

分析：外商的索赔无理。本案中，商品检验条款规定："货物在装船前，由广州出入境检验检疫局对货物进行检验，并以其检验货物后出具的检验证明作为货物品质、重量、数量的最后依据。"这说明广州出入境检验检疫局出具的检验证明是确定交货品质和重量的最后依据，只要出具的检验证明符合双方签订的合同要求，货到目的港后即使其质量与合同规定的不符，外商也无权向广东某进出口公司提出索赔。

2.8.2.2 在进口国检验

货物在卸货后，由买卖双方约定的商检机构检验货物，并以其检验货物后出具的检验证明作为货物品质、重量或数量的最终依据。也称为"到岸品质、到岸重量（Landed Quality and Landed Weight）"。采用"到岸品质、到岸重量"，卖方必须承担货物运输途中的风险，且担心买方在到达目的港或目的地后货物的品质、重量或数量与合同不符而拒付货款。因此，卖方（出口商）一般不接受"到岸品质、到岸重量"。

出口商和进口商的风险转移点是以货物越过船舷装到甲板上为准，货物装到甲板上时货物完全符合合同的约定，出口商就把以后的风险全部转移给了进口商，以后货物是否损坏、破损、消失、灭失，进口商是否能收到货，出口商就不承担责任了。

出口合同最好应该明确地约定：如果进口方在收到货物后，对货物的数量或者质量提出异议的,应该在约定的时间内做第三方检验,并凭第三方检验报告向出口方提出索赔。这批货物是否要全部或者对有异议的部分进行保留,直到索赔处理后进口方才可以自行处理这批货物,这也要在合同中明确地约定。

在钢材的贸易中,也有不太规矩的采购方,从其他地方找了一些残次品(非实际供货的产品),去做第三方检验,然后拿不合格的检验报告向供应商索赔。

即使进口商在当地对货物进行的第三方检验,证明货物确实有问题的,是否赔付也有待于商榷,关键点是装船时货物是否完好、是否与合同的约定完美吻合。

如果到目的港后货物比提单短缺了,进口商应该找船公司或者保险公司索赔,出口商可以协助,但是出口商这种情况不承担赔付责任。

案例 34:我方 A 公司从某国 B 公司进口仪器设备,检验条款注明"货到目的港卸货后,由当地检验机构检验并出具检验合格证书"。货到目的港后,发现仪器设备的外包装良好,运输途中也无事故发生,但当地检验机构检验的结果是部分仪器损坏,但 B 公司却提交了设备装运前出口地检验机构的检验合格证书。

问:A 公司可否向 B 公司提出索赔?

分析:A 公司可向 B 公司提出索赔。双方规定货物的最终检验地点是在进口国,并且已注明"货到目的港卸货后,由当地检验机构检验并出具检验合格证书",属于"到岸品质、到岸重量"。B 公司虽然提交了检验合格证书,但该证书是某国即出口国检验的证书,与合同的规定不符,A 公司有权以货物质量不符为由,向 B 公司提出索赔。

2.8.2.3　在出口国检验、进口国复验

在当前的国际贸易中,广泛采用在出口国检验、进口国复验的检验方法。按此做法,装运地的商检机构检验货物后出具的检验证明,只作为卖方议付的凭证之一,但不是货物品质、重量或数量的最后依据。货到目的港后,由双方约定的检验机构在规定的期限内复验货物,并出具复验证明。复验中若发现交货品质、重量或数量与合同规定不符而责任属于卖方时(装船前货物与合同不符),买方可凭复验证明向卖方提出索赔。到目的港后如果货物有问题,并经过第三方检验,进口方出具了检验报告的,只能说明货物到了目的港之后的问题,是否是出口方的责任,还有待于进一步的探讨研究。FOB、CFR、CIF 三种条款,买卖双方的责任和风险转移点都是货物越过船舷到甲板上,货物到甲板上之前,如果货物确实有数量和质量问题,应该由出口方负责。如果进口方认为货物的问题是出口方的责任(货物越过船舷之前的问题),进口方应该举证,如果进口方不能举证,视为进口方提出的异议没有证据来支持,异议无效。

出口方应该保留装船前货物完好的证据(照片或者视频录像等)。

货到目的港后买方有复验权。除非另有约定,买方有权要求买卖双方同意的第三方检验机构在目的港进行检(复)验,货物到达目的港之后一般 30~45 个工作日之内买方有权凭双方同意的第三方检验证书提出数量和质量异议。如果买方收到货物后未经复验便先行使用或者部分使用了货物,此后如果发现货物的品质、重量或数量与合同规定不符就不能再提出索赔了。复验期限实际上就是索赔期限,超过复验期限买方就丧失了索赔的权利。一般买卖双方规定,货物到目的港后,在 30~45 个工作日内,买方有复验权。

进口商提出异议后,货物是否需要(全部)保存?需要保存多久?在合同中应该有明确的约定。买方可以在合同约定的时间内委托买卖双方认可的第三方检验机构做数量和质

量检验,并依据检验报告向出口商提出数量或者质量异议进行索赔。没有第三方的检验报告、第三方的检验机构双方事前没有明确的书面约定、双方的一方不认可、进口商提出的索赔时间超出了合同的约定时间,进口商一般会处于不利的位置,出口商一般不认可,这样的异议和索赔一般无效。

案例 35:某进出口公司与 A 国贸易公司签订出口一批钢材的买卖合同,订约时,A 国贸易公司告知我某进出口公司该批货物要经过 A 国转销 B 国,并要求某进出口公司在包装上根据 B 国市场作特别处理。当钢材到达 A 国后,为赶上船期,A 国贸易公司立即转运 B 国。事后,A 国贸易公司来电称,某进出口公司提供的钢材包装与合同明显不符,并提供由 B 国商检机构签发的在 B 国检验的证明书,向某进出口公司提出索赔。

问:A 国贸易公司的索赔是否有理? 为什么?

分析:A 国贸易公司的索赔有理。《公约》第 38 条第 3 款规定:"如果货物在运输途中改运或买方须再发运货物,没有合理机会加以检验复验,而卖方在订立合同时已经知道或理应知道这种改运或再发运的可能性,检验可推迟到货物到达新目的地后进行。"根据上述规定,A 国贸易公司提交的 B 国检验证书应是有效的。

2.8.3 检验机构

检验机构是指接受委托对商品进行检验或公证鉴定的专门机构。检验机构的选定,关系到交易双方的利益,故交易双方应事前商定好双方都认可的第三方检验机构,并在买卖合同中明确约定。

检验机构有官方机构、非官方机构、由私人或同业公会(协会)等开设的检验机构、工厂企业、用货单位或买方等。我国从事商品检验的官方机构是国家质量监督检验检疫总局和设在各地的检验分支机构。国际检验机构有 SGS、BV 等。

2.8.4 检验证书

进出口商品经商检机构检验、鉴定后出具的证明文件称为检验证书(Inspection Certificate)。检验证书可以证明出口商是否按合同规定的品质、数量、包装和卫生条件交付货物,也可以是出口商出口结汇的单据之一。钢铁的检验证书主要的类型有:

(1)品质检验证书(Inspection Certificate of Quality),用以证明进出口商品的质量、规格、等级、尺寸等。出口商品的品质检验主要是检验商品的质量、规格、等级及其他技术条件是否与合同规定相符。

(2)重量检验证书(Inspection Certificate of Weight),以证明进出口商品根据不同的计重方式测得的实际重量。

(3)数量检验证书(Inspection Certificate of Quantity),用以证明进出口商品的数量。商品的数量可用个数、长度、重量、体积、面积等计量单位和计量方法来表示。

(4)产地检验证书(Inspection Certificate of Origin),用以证明出口商品的原产地。

2.8.5 检验标准和方法

对同一商品,使用不同的检验标准和检验方法,可得出不同的检验结果,因此,买卖双方在拟订合同的检验条款时,应规定具体的检验标准、检验设备、检验仪器、检验方法等。

2.8.5.1　检验标准

商品检验的标准主要有生产国标准、进口国标准、国际通用标准以及买卖双方协议约定的标准等。国际贸易实务中检验标准依据的顺序首先是按法律规定的强制性标准检验，无强制性标准的，按合同或信用证规定的标准检验；合同或信用证没规定的，出口商品按国家标准检验；无国家标准的按部颁标准检验，无部颁标准的按企业标准检验，出口商品首先采用生产国的国家标准进行检验，无生产国国家标准的采用国际通用标准检验，既无生产国国家标准又无国际通用标准的，可以采用进口国标准检验。

中国一般采购国家标准（GB 系列），冶标（YB）一般不使用了。或者是使用 BS（英国标准）、JIS（日本工业标准）、ISO（International Standard Organization，国际标准组织）、ASTM（美国材料实验协会）等。

深圳 A 公司与某国 B 公司在深圳签订了购买某种医药注射针剂的合同，CIF 深圳成交，不可撤销信用证付款。合同的附加条款第 1 条规定："凭广东省药检所检验合格单为准。"货到目的港后，A 公司请广东省药检所检验，检验报告表明，该批货物按中华人民共和国卫生部"注射剂澄明度检查细则和判断标准"检查不符合国家的规定，不准进口。于是 A 公司向 B 公司提出退货。但 B 公司表示：该批货物与某国药典 21 版相符，不同意退货。

问：A 公司的要求是否合理？为什么？

分析：A 公司的要求是合理的。因为，合同的签订和履行地都在中国，本案应该遵循中国的进口法律法规。中华人民共和国药品管理法第 28 条对进出口药品的检验作出了规定："进口的药品，必须经国务院卫生行政部门授权的药品检验机构检验；检验合格的，方准进口。"同时，合同的附加条款第 1 条规定："凭广东省药检所检验合格单为准。"明确了检验的标准是按照中华人民共和国卫生部"注射剂澄明度检查细则和判断标准"，而非某国药典 21 版。因此 A 公司可以针剂的质量与合同不符为由，要求 B 公司赔偿 A 公司原支付的货款以及在目的港的处理费（如针剂在目的港报关征收的关税、在目的港销毁该批货物的费用和药物的检验费等）。

2.8.5.2　检验方法

钢铁检验方法主要有物理检验法、化学检验法等。

2.8.6　商品质量认证的种类

2.8.6.1　ISO 认证

ISO（International Standard Organization）是国际标准化组织制定的标准，其认证机构为合格评定委员会。在 ISO 认证中，ISO9000 系列（质量管理和质量保证系列国际标准）认证是最畅销的认证。

（1）ISO9001 体系认证：当企业具有产品设计、开发功能，同时又希望对外承揽设计业务时，可申请 ISO9001（等同 GB/T 19001）的体系认证。

（2）ISO9002 体系认证：当企业具有设计、开发功能，但不对外承揽设计任务，或者没有设计功能，但产品的制造比较复杂时，可申请 ISO9002（等同 GB/T 19002）体系认证。

（3）ISO9003 体系认证：当企业生产的产品十分简单时，可申请 ISO9003（等同 GB/T 19003）体系认证。

2.8.6.2 CE 认证

CE 是法语 Conformite Europeene（欧洲合格评定）的缩写，CE 是欧洲联盟实行的安全认证，用以证明电气设备产品符合指令规定的安全合格标志所要求的内容。

CE 标志是工业产品进入欧洲市场的"通行证"，产品贴附 CE 标记表明其符合欧盟新方法的指令和基本要求。指令中的基本要求指的是公共安全、卫生、环保及对消费者的保护。按欧盟规定，凡进入欧盟市场的工业产品，须经指定的认可机构进行安全性能检验合格后，加贴 CE 标志，才能进入欧盟市场。

2.8.6.3 UL 认证

UL 是保险商实验所（Underwriter Laboratories Inc.）的英文简写，也称安全实验所，是美国民间的检验机构，由于它在世界上建立了良好的检验声誉而成为一个专业检验认证公共安全产品的权威机构。美国进口商或外国厂商销往美国市场的产品要向 UL 申请认证检验。

UL 标准几乎涉及所有种类的产品，它是鉴定产品的基础。UL 出版了 800 多种标准，其中 70% 被美国国家标准协会（ANSI）采纳并作为美国国家标准。

目前，UL 在美国本土有 5 个实验室，总部设在芝加哥北部的 Northbrook 镇，同时在我国台湾和香港地区分别设立了相应的实验室。

2.8.6.4 BSI 认证

BSI 是英国标准学会（British Standard Institution）的英文简写，它是英国认证机构委员会认可的民间认证机构，且在英国从事工业产品认证工作的历史最悠久，认证的产品涉及面最广，是英国最大的认证机构。

BSI 由 4 大部分组成，即标准部、质量保证部、检验部、出口商技术服务部，认证工作由质量保证部负责。认证的产品范围是：机械、电子、电工、化工、建筑、纺织。产品认证标志有风筝标志、安全标志。获得风筝标志的产品属于 BS（英国标志）中规定的结构、性能、安全和尺寸参数。获得安全标志的家电产品符合 BS 有关安全的要求。

2.8.7 法定检验

法定检验（Lawful Inspection）是指有关商检机构或商检部门，根据中国国家法律、行政法规，对规定的法定进出口商品和有关的检验事项实施强制性检验。

凡属法定检验范围内的进口商品，海关凭商检机构在报关单上加盖的印章报收；对于出口商品，海关凭商检机构签发的检验证书、放行单或者报关单上加盖的印章验收。

2.8.8 拟订商品检验条款应注意的问题

（1）必须明确规定商品检验的时间和地点。在国际货物买卖合同中一般采用出口国检验、进口国复验的办法，由于买方只有在复验期限内复验并取得的检验证书才能作为提出索赔的依据，所以，要对复验的期限予以非常明确的约定，一般为货物到目的港后 30~45 天之内。

（2）必须明确检验标准和方法。对于我国的出口商品，如果合同中无明确约定或约定不明确的，可以按照国家标准进行检验。

（3）合同中的检验条款应非常明确具体，并避免与信用证的规定单据要求相冲突而导致单证不符。

（4）必须确认有把握取得进口国规定的质量认证。有的国家规定，生产企业只有取得某项质量认证（如 CE 认证、ISO 认证等）后，其生产的产品方允许进口。出口商应事前确认出口产品是否需要认证，要哪些认证，能否办到？都落实了，才可以洽谈签约。

案例 36：某粮油食品进出口公司以 FOB 广州价向国外公司出口 2000 t 油产品。合同规定商品规格为含油量最低 28%，杂质最高 3%，未规定检验方法、检验时间和地点及检验权等事项。粮油食品进出口公司装运前取得我商检局出具的品质检验证书，证明货物含油量 29.3%。卖方在买方指派的船只到达广州港时即装运出口。货到目的港后不久，卖方收到买方索赔函件，声称货物到港后复验结果是含油量只有 27.2%，与合同规定不符。卖方对此提出异议，坚持交货的产品品质是合格的，双方争执不下。

问：本案合同中关于商品检验的规定有何失误？

分析：从本案例看，合同中有关商品检验条款的规定有两点失误：（1）合同中对含油量的具体规格作了规定，但未明确检验的检验方法。实际上，按该商品的专业要求，含油量的检验方法有以湿态、乙醚浸出物和干态、乙醚浸出物两种方法。不同的检验方法得出的检验结果不同，因此在签订合同时必须明确。本案合同没有明确规定检验方法，因此我方以干态检验结果是 29.3%，对方以湿态检验结果是 27.2%，从而产生纠纷。（2）商品检验权的确定问题。合同中必须明确品质检验是以卖方装运前检验机构的检验还是买方的复验为最后依据。本案合同没有作类似规定，因此一方坚持检验合格，另一方坚持不合格，必然引起纠纷。合同没有做出明确的约定就有可能导致今后有异议、有纠纷发生，双方都不满意。对外签订出口合同最重要的是要把所有的细节都事前谈清楚了、都非常清楚地明确下来，并在合同中进行非常明确的约定。

2.9　异议索赔理赔

2.9.1　合同当事人违约的法律责任

合同一经订立，合同双方当事人应该认真地履行各自的义务和责任。一方当事人全部或部分未履行合同所规定的义务，或者拒不履行合同义务的行为，称为违约（Breach of Contract）。一方的违约行为，会直接或间接地给另一方造成损失，违约的一方应该和必须承担赔偿损失的责任，受损一方有权提出赔偿要求，直至解除合同。只有当履约中发生不可抗力的事故，致使一方不能履约或不能如期履约时，才可根据合同规定或法律规定解除合同、部分解除合同、延迟交货、部分延迟交货等，双方免责。不可抗力发生后双方可以友好协商终止合同、延迟交货或者部分履行等，并应该对原合同的所有条款进行非常明确的重新约定。不能只简单地约定延迟交货或者取消合同。

《公约》把违约分为根本性违约（Fundamental Breach of Contract）和非根本性违约

（Non fundamental Breach of Contract）。《公约》第25条规定："一方当事人违反合同的结果，如使另一方当事人蒙受损失，以致实际上剥夺了对方根据合同规定有权期待得到的利益，即为根本性违反合同，除非违反合同一方并不预知，而且一个同等资格、通情达理的人处于相同情况下也没有理由预知会发生这种结果。"可见，发生根本性违约，受害方可以解除合同并要求损害赔偿。卖方完全无理由不交付货物、买方无理拒收货物或拒付货款等都属于根本性违约。未达到上述违约后果的，视为非根本性违约，受害人只能要求损害赔偿，而无权解除合同。

与《公约》的根本性违约和非根本性违约相对应英国的法律把违约分为违反要件（Breach of Condition Breach of Warranty），美国的法律把违约分为重大违约和非重大违约（Material Breach and Minor Breach）；于受害人，前者可以解除合同，后者只能要求损害赔偿，不能解除合同。

如果一方不能够严格地认真地履行合同有过失了，又不赔付受损的一方，属于信誉不良之类，这样的企业早晚会被淘汰出局。真正优秀的企业应该重合同守信誉，合同一经签订就应该认真地履行合同，这样的企业才可以长久地发展起来。

2.9.2 争议、异议、索赔

2.9.2.1 概念

争议（Dispute）是指交易的一方认为对方未能部分或全部履行合同规定的责任与义务而引起的纠纷。目前国际贸易中解决国际货物买卖合同争议所采用的方法主要有协商、调解、仲裁和诉讼4种。

异议一般是指进口商在收到货物后，对货物的数量和质量给出口商提出的书面异议，比如说数量短缺、产品的质量不符合合同的规定、交货期延迟等。

协商是双方对某一方提出的异议，双方本着实事求是的原则进行友好协商，协商解决异议和纠纷是上策，速度最快、成本最低、效率最高、双方损失最小。

调解是一方有了异议和争议，双方找一个都认可、都信任的第三方机构或者个人进行调解。如果双方都认可的第三方进行调解，调解的结果双方都应该愉快地接受，如果一方对调解的结果不认可、不接受，就应该视为这家企业言而无信、信誉不良了。

索赔（Claim）是指遭受损害的一方在争议发生后向违约方提出赔偿金额、赔偿方式等的要求。索赔的前提应该是有第三方的检验证据等，口说无凭，谁主张谁举证，赔付的金额应该有依据、合情合理，一遇到质量有瑕疵进口方的狮子大开口、暴跳如雷，出口方应该耐心冷静地沟通、等进口方心平气和了再慢慢地解决。

理赔（Settlement of Claim）是指违约方对受害方所提赔偿要求的受理、处理、解决方案和意见。出口方理赔的原则是在装船前产品确实有问题的就应该（现金）赔付对方，装运后产品出现的数量和质量问题，出口方不承担责任，无需现金赔付对方。客户如果装船后有一些损失，出口方也可以考虑未来合同给予一些价格折让。

2.9.2.2 索赔的类型

根据损失的原因和责任的不同，索赔有三种不同的情况：

（1）向违约方索赔。凡属由买卖合同一方当事人的责任造成的损失，另一方可向责任方、过失方提出索赔，索赔的基础为双方签订的货物买卖合同约定、国际商法、《公约》、事实等。

向卖方索赔的情况主要有：交货数量不足；货物的品质、规格与合同规定不符；包装不良致使货物受损；未按期交货或拒不交货；FOB、CFR 情况下，卖方没有及时发出装运通知导致买方没有及时投保，致使货物在运输途中受损而得不到保险公司的赔偿；FOB 情况下，买方指派的船舶已能按期到达指定的装运港，而卖方未备妥货，造成滞期费、港口费等费用的增加。

卖方也可以向买方提出异议，比如说：买方信用证和预付款晚到、信用证有软条款修改后给卖方造成的损失、议付单据到开证行后开证行不按时或者拖延付款等。

案例 37： 我方售货给 A 国的甲商，甲商又将货物转手出售给 B 国的乙商。货抵 A 国后，甲商收到货物后发现货物存在质量问题，但仍将原货经另一艘船运往 B 国，B 国的乙商收到货物后，除发现货物内在的质量问题外，还发现有 80 包货物包装破损、货物有 15% 的短少，因而 B 国的乙商向甲商索赔。据此，甲商又向我方提出索赔。

问：此案中，我方是否应负责赔偿？为什么？

分析：我方不应负赔偿责任。1）甲商在我方的货物运抵 A 国后，虽发现货物存在内在质量问题，但并未向我方提出异议，也未请有关部门对到货进行复验，即放弃了检验权，从而丧失了拒收货物的权利。2）甲商将原货经另一艘船运给 B 国乙商，已构成了甲方与乙方之间的合同内容，而非我方与甲方的合同内容，有关货物的损失应由乙方找甲方处理。所以，我方不应负赔偿责任。这种情况，虽然根据《公约》甲方失去了索赔的权利，从法律上讲出口方无需赔付，但是如果出口商在货物装运时确实存在质量问题，也应该实事求是地与甲方协商予以适当的赔付。实事求是是做好外贸业务最基本的前提。

卖方向买方索赔的情况主要有：买方无理不按期收货或拒不收货；FOB 情况下，买方指派的船舶未按期到达指定的装运港，造成卖方货物在港口仓管等费用的增加；在托收、汇付方式下，买方已受领货物，但不按期付款；在信用证付款的情况下，进口方不按时付款、无理拖延付款等。

如果货物海运时间非常漫长，装船后要 3~6 个月才能到目的港，议付后单据到开证行了，进口方有时会挑毛病，造成单证不符，开证行的付款责任丧失，然后等货物到目的港了，再付款赎单。这种情况出口方可以向进口方提出异议和索赔，让进口方适当赔付。

案例 38： 我方按 FOB 条件进口一批商品，合同规定交货期为 5 月底以前。4 月 8 日，接对方来电称，因洪水冲毁公路（附有书面证明），作为不可抗力要求将交货期推迟至 7 月份。我方接信后，认为既然有证据表明洪水冲毁公路，推迟交货期应没有问题，但因广交会期间工作比较忙，我方一直未给对方明确的答复。6~7 月份船期较紧，我方于 8 月份才派船前往装运港装货。因货物置于码头仓库产生了巨额的仓租、保管等费用对方便要求我方承担有关的费用。

问：我方可否以对方违约在先为由不予理赔？为什么？

分析：我方不应该以对方违约在先为由不予理赔。根据国际惯例，无论合同中是否明确规定了不可抗力条款，任何一方当事人在遭受不可抗力事故后，都必须及时书面通知对方，而对方接到通知后应予以及时非常明确的答复，否则将按遭遇不可抗力事故的一方提出的条件办理。本案中，我方接到对方的通知后，一直未给对方明确的答复也未按对方所提的条件履行，属我方违约、我方过失在先。因此，我方不应该以对方违约在先为由不予理赔。

双方签约后如果遇到不可抗力的事情发生，一方应该及时书面通知，并提出解决方法，取消全部或者部分合同、延迟交货或者部分延迟交货等，如果在规定的时间内（可以为3个工作日），另一方默认（不答复），视为同意不可抗力一方的建议。如果双方达成共识，应该再详细地对原合同进行重新约定，或者新签合同，比如对交货期、价格、付款方式等重新明确约定，不要含糊不清。

（2）向保险公司索赔。如果是承保范围内的货物损失，应向保险公司索赔。如由于自然灾害、意外事故或运输途中意外事故致使货物发生承保范围以内的损失；有关损失既在承保范围之内，又属于船公司的责任，但船公司赔偿金额不足抵补损失的案例。

（3）向承运人索赔。如果是承运人的责任造成货物损失，则应向承运人索赔。如收货数量少于提单所载数量；提单是清洁的，而货物却有残损短缺情况，并属于承运方责任造成的；货物所受的损失，根据租船合约有关条款应由船方负责的，进口方应该向船公司提出索赔。

案例39：我某进出口公司向国外客户出口350 t钢材，即期信用证付款。该进出口公司根据信用证规定于8月10日装运完毕，8月12日凭已装船清洁提单和投保一切险的保险单等相关单据向银行办理议付，在单证相符的情况下收妥货款。货到目的港后，买方复验发现：1）提单数量为101件，349.87 MTS，买方只实际收到96件，332.55 MTS，短少5件，少17.32 MTS；2）到的货物有质量问题：部分货物生锈、破损、弯曲，部分钢材表面被化学物品侵蚀；3）部分钢材尺寸超差。

问：以上情况，买方应分别向谁索赔？为什么？

分析：第（1）种情况应向承运人索赔，因承运人签发清洁提单，在目的港船公司应如数按照提单数量向收货人交货。提货数量如果少于提单数量应该向船公司索赔，不应该向出口方索赔。第（2）种情况可向保险公司索赔，属保险责任范围内。第（3）种情况应向卖方索赔，因卖方所交货物存在内在缺陷，装船前的货物质量如果有问题应该出口商负责赔付。但如进口商能举证卖方装船时交货数量不足的，也可向卖方索赔。出口商与进口商的风险转移点为货物落在甲板上，货物落在甲板上之前货物的问题责任风险均由出口商负责。落在甲板上之后，风险就转移给了进口商。如果装船时货物完美无缺，出口方无需任何赔付。

2.9.3　索赔的依据和索赔期限

2.9.3.1　索赔依据

索赔依据又称为索赔应具备的条件，一方当事人违约后，另一方当事人在提出索赔时，必须要有充分的合法的双方均认可的第三方出具的检验报告和证据，如港口的提货证明、货损证明、缺货证明、损失证明、第三方的检验报告等。索赔依据包括法律依据和事实依据：前者是指买卖合同和适用的法律规定；后者则指违约的事实、情节及书面证明。

2.9.3.2　索赔期限

索赔期限（Duration for Claim）是指受损害一方有权向违约方提出索赔的有效期限。按照法律和国际惯例，受损害一方只能在索赔的期限内提出索赔，否则即丧失索赔权。索赔的期限有约定与法定两种。

一般来说，约定的索赔期限比较短，主要适用于货物外观状况如包装、外形、数量、规格等的约定。容易变质的商品，如食品、新鲜水产、新鲜蔬菜等，一般规定货到目的港（地）后 1~10 天；普通商品（钢材）一般规定货到目的港（地）后 30~45 天；特殊商品如机械设备等可规定货到目的港（地）后 60 天以上，但一般不得超过 2 年。

《公约》规定，买方向卖方提出索赔的期限是自买方实际收到货物之日起 2 年之内。钢铁索赔期限一般为货物到目的港后 30~45 天之内，冶金设备和生产线可以为 6 个月，最长的可以为 1~2 年。

2.9.4　索赔条款

2.9.4.1　索赔条款的规定方法

钢铁出口合同中的索赔条款有异议与索赔条款和罚金条款两种规定方法。

（1）异议与索赔条款（Discrepancy and Claim Clause）：异议与索赔条款多用于货物买卖合同中。在合同条款中一般都规定了买卖双方在履约过程中任何一方违约后，另一方有权对所造成的损失提出赔偿要求，同时还可以在合同中对有关的索赔依据、索赔期限、赔偿损失的办法及赔偿金额等做出约定。

（2）罚金条款（Penalty Clause）：罚金又称违约金（Fine or Damages for Breach Contract），是合同当事人一方未履行合同义务而向对方支付约定的违约金。罚金条款目的是防止一方违约不履行合同义务，或延迟履行，或履行中有缺陷，如卖方延迟交货、买方延期接货、买方延期开立信用证、延迟付款等。

中国的《民法典》第 585 条规定："双方当事人可以约定一方违约时应当根据违约情况向对方支付一定数额的违约金，也可以约定因违约产生的损失赔偿额的计算方法。约定的违约金低于造成的损失的，人民法院或者仲裁机构可以根据当事人的请求予以增加；约定的违约金过分高于造成的损失的，人民法院或者仲裁机构可以根据当事人的请求予以适当减少。当事人就迟延履行约定违约金的，违约方支付违约金后，还应当履行债务。"

我们主张在出口合同中，对各种情况应该做出明确的约定：签约后买方应该在 3 个工作日预付合同金额的 20%，逾期未付的原合同失效，买方应该支付卖方合同金额 2% 的违约金；买方见到卖方的发票、装箱单等单据后应该在 3 个工作日内付清全款，卖方收到全款后才安排装船，买方逾期未付的，卖方 3 个工作日之后，每天收 1% 的违约金，15 个工作日未付的，卖方有权自行处理此批货物，20% 的预付款卖方自行处理不予退还。

2.9.4.2　索赔条款的内容

国际货物买卖合同中索赔条款的主要内容有：（1）约定解决索赔的基本原则；（2）提出索赔的有效期限；（3）规定索赔的范围；（4）提出索赔的通知方法；（5）规定索赔的证明文件等。

如："In case discrepancy on the quality of the goods is found by the Buyers after arrival of the goods at the port of destination, claim may be lodged within 30 days after arrival of the goods at the port of destination, while for quantity discrepancy, claim may be lodged within 15 days after arrival of the goods at the port of destination, being supported by Inspection Certificate issued by a reputable public surveyor agreed upon by both parties. The Sellers shall send reply to the Buyers within 30 days after receipt the notification of the claim. For the losses due to natural cause or causes falling within the responsibilities of the Ship-owners or the Underwriters, the Sellers shall not consider any claim for compensation. In case the Letter of Credit does not reach the Sellers within the time stipulated in the Contract, or under FOB price terms Buyers do not send vessel to appointed ports or the Letter of Credit opened by the Buyers does not correspond to the Contract terms and the Buyers fail to amend thereafter its terms shall have right to cancel the contract or to delay the delivery of the goods and shall have also the right to lodge claims for compensation of losses. "

品质异议须在货到目的口岸之日起 30~45 天内买方向卖方提出，数量异议须在货到目的口岸之日起 15 天内提出，买方须同时提供双方同意的第三方出具的检验证明或者证据。卖方应于收到异议后 30 天内答复买方。由于自然原因或船方、保险商责任造成的损失，卖方将不考虑任何索赔。信用证未在合同指定日期内开给卖方，或在 FOB 条款下，买方未按时派船到指定港口，或信用证与合同条款不符，买方在未接到卖方通知所规定的期限内修改 L/C 有关条款时，卖方有权撤销合同或延迟交货，并有权提出索赔。

2.9.4.3 拟订索赔条款应注意的问题

（1）明确索赔的对象。根据损失的原因和责任的不同，索赔有三种不同的情况。凡属合同当事人的责任造成的损失，可向责任方提出索赔；如是承保范围内的货物损失，应向保险公司索赔；如是承运人的责任造成的货物损失，则应向承运人索赔。

（2）索赔期限的确定要适当。索赔期限是指受损害一方有权向违约方提出索赔的有效期限。不同的商品应规定不同的索赔期限，按照法律和国际惯例，受损害一方只能在索赔的期限内提出索赔，否则即丧失索赔权。

2.9.5 索赔文件

索赔时需要准备好有关的文件，国际货物买卖合同索赔的文件一般包括：

（1）提单（或其他装运单据）。

（2）商业发票。

（3）保险单（或保险凭证）。

（4）装箱单（或尺码单、重量单）。

（5）第三方商检机构出具的货损检验证明、船长签字的短缺残损证明、目的港的提货证明等。

（6）索赔清单。

（7）索赔文函。

（8）索赔金额。

2.9.6　理赔

如果进口商提出了数量和质量的异议和索赔，出口商应该及时认真地研究处理解决。处理的原则是：实事求是，如果装运前（越过船舷落在甲板上前）产品的数量和质量确认有问题，出口商就应该适当酌情合理地赔付（赔付的金额双方协商），如果货物是装运以后出现的问题，出口商可以耐心地建议进口商找船公司或者保险公司索赔；如果是船公司的责任，出口商也应该努力促使船公司尽快解决。出口商应该努力使客户100%地满意，把完美的产品交给客户，在出口业务中实事求是，不要弄虚作假，避免客户异议和索赔是出口商应该尽最大努力做的事情。

出口商和进口商谈索赔时应该温馨友好、心平气和地商量，不要使用威胁、不信任的口气和进口商沟通。进口商遇见数量和质量问题时可能会有一定的直接和间接损失，有时可能会损失很大，客户有时会"气急败坏""出言不逊""恶语相加"等，出口商应该理解和宽容，等客户心平气和了再慢慢沟通解决。质量和数量异议的解决一般需要一段时间，需要双方坦诚地反复沟通、反复协商，马上解决有点急于求成效果未必好，出口商要有耐心，经过一段时间的多次洽谈磋商，最后双方达成一致意见是上策。

赔付可以为现金赔付（装船前，卖方的过失和责任给买方带来的直接损失）和未来的合同给予一定的价格折让（卖方的责任给买方带来的间接损失，非卖方的过失责任而买方确实有损失的）。

2.10　不可抗力

2.10.1　不可抗力的含义

不可抗力（Force Majeure）又称人力不可抗拒，是指在货物买卖合同签订以后，不是由于订约者任何一方当事人的过失或疏忽，而是由于发生了当事人既不能预见和预防、又无法避免和不能克服的意外事故，导致不能正常履行或不能如期履行合同，遭受意外事故的一方可以免除履行合同的责任或延期履行合同，这种情况下无需赔付对方。

不可抗力的特征主要有：（1）它是在签订合同以后发生的；（2）它不是任何一方当事人的过失、疏忽或主观故意造成的；（3）它是双方当事人不能控制的，即不能预见、无法避免、无法预防的；（4）它的后果是当事人无法避免或无法克服的。

2.10.2　不可抗力发生的原因

不可抗力事故发生的原因通常可分为以下两种：

（1）"自然力量"的原因。"自然力量"的原因包括水灾、火灾、冰雹、暴风雨、瘟疫、霍乱、鼠疫、疫情、大雪、地震、海啸、高炉爆炸、洪水、山崩、工厂倒闭等。在国际贸易中，除非是故意纵火，火灾一般都作为不可抗力事故处理，如闪电或雷击引起的火灾、黄麻或煤块等货物本身特性引起的自燃、战争引起的火灾、人们的疏忽或过失引起的火灾、不明原因引起的火灾等都可作为不可抗力事故处理。

（2）"社会力量"的原因。"社会力量"的原因包括发生战争、工人罢工、动乱、游行示威、政府禁令、戒严、发生政变、国际航道封闭、政府出口法律和政策的突然变更、军管、宵禁、政府被推翻等。

政府相关部门突然颁布的某些钢铁产品出口退税的取消或者增加出口关税是否可以作为不可抗力？《公约》里没有明确规定，这争议很大，从进口商来说认为这是出口国政府的事情，与进口商无关，不应该算不可抗力；出口商认为这是出口商签约时不能预见、不能控制的突发事情，应该算不可抗力。这一点签约前双方应该尽量明确下来，否则如果发生了，双方必有争议，都不愉快。

我们的观点：出口退税的取消或者政府突然增加钢铁产品的出口关税并非不能克服的事件，只是出口方增加了一些成本。原则上不构成不可抗力。但是签约时双方可以十分明确地规定如果发生了合同中的钢铁产品突然的出口退税取消或者政府突然增加关税，双方如何处理？各承担50%，还是买方或者卖方承担100%？如果在合同中做出了非常明确的约定，双方就应当按照约定执行。如果合同中没有相关约定，双方可以协商解决，以确定新的出口价格，如果协商未果可以按照合同的约定仲裁诉讼。

我们有的出口企业，在和客户洽谈时，说服客户同意如果政府的钢铁出口关税政策的变化，属于不可抗力，并在合同中做了明确的约定，这样出口关税变化就非常好处理了。关键是双方经过洽谈达成一致，并在合同中予以非常明确的约定。如果达不成一致不要勉强地签订出口合同。

2.10.3 不可抗力的范围

不可抗力事故的范围，应在买卖合同中订明。通常的规定办法有概括规定、列举规定和综合规定三种。

（1）概括规定：概括规定就是对不可抗力的范围只作笼统规定，如："由于公认的不可抗力的原因，致使卖方不能全部或部分装运或延迟装运合同货物，卖方对于这种不能装运或延迟装运本合同货物不负有责任。"

（2）列举规定：列举规定就是对不可抗力的事件一一列出，如："由于战争、地震、水灾、火灾、暴风雨、雪灾的原因，致使卖方不能全部或部分装运或延迟装运合同货物，卖方对于这种不能装运或延迟装运本合同货物不负有责任。"

（3）综合规定：综合规定就是列举规定和概括规定相结合，如："由于战争、地震、水灾、火灾、暴风雨、雪灾或其他不可抗力的原因，致使卖方不能全部或部分装运或延迟装运合同货物，卖方对于这种不能装运或延迟装运本合同货物不负有责任。"由于这种规定方法既明确具体又有灵活性，我国在国际货物买卖合同中较多采用此规定方法。

案例40：A公司以较优惠的价格从国外B公司进口一批钢坯，合同规定B公司9月底以前交货。在合同履行的过程中，不料出口国政府于当年8月15日宣布禁止钢坯出口，禁令从宣布之日起60天后生效执行。国外B公司于是以不可抗力为由要求解除此合同。

问：B公司能否主张这种权利？

分析：B公司无权以不可抗力为由要求解除合同。因为出口国政府的禁令并未置B公司于完全不能交货的地步。事实上，B公司如有意履约，完全可在9月30日以前装运出口。所以B公司以不可抗力为由要求解约，实有借故违约之嫌。

案例41：买卖双方于2008年5月1日签订了1000 t钢铁出口合同，双方均开始正常地履行合同，2008 年 5 月 12 日突然发生了汶川大地震，经过协商双方于 2008 年 5 月 15 日书面商定同意原合同暂缓执行。2008 年底，双方同意合同继续履行，但是买方认为 2008 年底国际钢铁价格已经下降了 50%，建议应该按照 2008 年底的国际市场价履行这个合同，如果按照原合同的价格确实无法接受；卖方认为：签约后卖方已经开始组织了货源，货源的价格是按照当时的价格采购的。

问：双方争执不下，怎么处理为好？

分析：双方的过失是 2008 年 5 月 15 日书面商定同意延迟交货，原合同的其他条款（价格、数量等）是否维持不变？当时双方都没有明确，这才导致后边的争议。按照国际贸易的规则如果 5 月 15 日商定的除了交货延迟外，其他条款没有明确是否变化，就视为原合同的其他条款维持不变。后来价格出现了争议，还是双方协商解决比较好，价格互相让一让，或者是取消合同。对不可抗力的处理，很多国外客户不特别了解，我们应该理解，双方还是十分清楚地明确下来比较好。

案例 42：2020 年初，某钢铁外贸企业与国外客户签订了 1500 t 钢材出口合同，交货期为签约后 50 天内，客户按期开出了信用证。可是当时钢厂由于疫情的原因，生产和进原料都不正常，导致交货期拖延了 3 个多月，出口企业通知国外客户，由于疫情的原因装船期要推迟 4 个月，客户不能接受。

问：客户是否有理？

分析：客户有理。钢铁出口企业签约时已经发生了疫情，不是签约后出现的疫情。2020 年初签约后再以疫情为借口，作为不可抗力，没有道理。

2.10.4　不可抗力的处理

2.10.4.1　不可抗力事故的通知

当发生不可抗力事故，致使合同不能按时履行或不能履行时，应及时书面通知对方并提交相关证明书。证明书一般由发生不可抗力当地的商会或对方在当地的领事（或商务处）出具。我国一般由中国国际商会或者中国贸促会出具不可抗力证明书。特别要说明的是，当发生不可抗力事故的一方已及时通知对方时，对方接到通知后应予以及时明确的答复，否则将按遭遇不可抗力事故一方提出的条件办理。

通知对方时，一定要提出相应的应对方案，如取消合同、延迟交货等。

案例 43：卖方 A 工厂向国外 B 公司出售一批钢材，合同定 5 月底以前交货。合同签订后，4 月 15 日 A 工厂发生火灾，生产设备及仓库全部烧毁，6 月 1 日买方未见来货，便向 A 工厂查问，并催促交货。这时 A 工厂才把失火的情况通知买方，并以不可抗力为由要求解除合同。买方因急需用货，于是立即以比原合同价高出 30% 的价格从市场补进替代品。

问：就此差价损失，买方可否向 A 工厂索赔？为什么？

分析：买方有权就此差价损失向 A 工厂索赔，A 工厂应承担赔偿差价损失的责任。A 工厂发生火灾事故，并导致卖方不能履约，应构成不可抗力，因而本可以援引不可抗力条款免除 A 工厂继续履约的责任。但是，A 工厂在发生不可抗力事故后没有及时把事故及不能履约的情况书面通知买方，致使买方损失扩大，卖方对此应承担赔偿责任。

2.10.4.2　不可抗力事故的后果

不可抗力事件的应对有解除合同和延期履行合同两种方法，这要经过买卖双方平等协商决定，不应该单方面强制对方。如果由于不可抗力的原因取消合同，双方免责。对具体某项不可抗力事故，究竟采用解除合同还是延期履行合同，应根据事故对履行合同所产生的实际影响程度而定。如果不可抗力的发生只是暂时影响了合同的履行，待不可抗力事件消失后一段时间内，还可以履行合同的，这种情况就可以不解除合同，而是延期履行合同，延迟交货的价格应该双方协商解决，达不成一致的，就可以取消合同。不可抗力事件发生后出口商和进口商应该通过平等的友好协商方式解决，另行签署新的协议，新的协议应该对原合同的所有条款都重新全部明确。

案例44：我国某企业以 FOB 价从国外进口一批钢材，合同规定 9 月 15 日前装船。8 月 10 日卖方所在地发生地震，但卖方储存货物的仓库距离震中比较远，因此未受到严重损坏，仅因交通受严重破坏，所以货物不能按时出运。事后卖方以不可抗力为由通知我方，要求解除合同，免除交货责任，但我方不同意。

问：卖方解除合同的要求是否合理？为什么？

分析：卖方解除合同的要求不合理，卖方只能要求延期履行合同，而不能主张解除合同。遭受不可抗力事故的一方，应根据不可抗力事故对其履约所造成的实际影响来决定是否解除合同或者延期履行合同。本案中，地震并未使货物受到严重损坏，只是因为交通暂时中断，卖方无法按时装运。这种情况下，如果进口商坚持要求出口商继续履行合同，卖方只能要求延期交货，而不能免除交货责任。

案例45：我国某石油化工公司于某年 1 月与国外某石油公司签订一笔进口原油 10000 桶的交易，每桶 CIF 珠海 40 美元。合同签订后，国际市场油价不断上涨，到 5 月，原油的价格已上升至 60 美元/桶。如果按原来合同规定 5 月份交货，国外某石油公司就亏本严重，于是他以国际原油价格暴涨作为不可抗力事故的理由，要求撤销合同。

问：国外某石油公司以不可抗力为由撤销合同是否有理？为什么？

分析：国外某石油公司以不可抗力为由撤销合同无道理，因为货价的升跌属于商业上的风险，交易当事人在订立合同时应该预料到或考虑到，不属于不可抗力的范围。相类似的商业风险还有汇率浮动、通货膨胀、生产原材料或配件价格的升跌等。因此，国外某石油公司即使亏本严重，也必须履行合同，按时交货。当然遇见这种情况，双方可以再进行友好的协商，看看买方能否适当涨价？

2.10.5　不可抗力条款

国际货物买卖合同不可抗力条款的内容包括不可抗力事件的范围、对不可抗力事件的处理原则和方法、不可抗力事件发生后通知对方的期限和方法，以及出具证明文件的机构等。如：If the shipment of the contracted goods is prevented or delayed in whole or in part by reason of war, earthquake, flood, fire, storm, heavy snow or other causes of Force Majeure, the Seller shall not be liable for non-shipment or late shipment of the goods of this contract. However, the Seller shall notify the Buyer by cable or telex furnish the letter within 15 days by a registered mail with a certificate issued by the China Council for the Promotion of International Trade (China Chamber of International Commerce) at testing such event or events.

（由于战争、地震、水灾、火灾、暴风雨、雪灾或其他不可抗力的原因，致使卖方不能全部或部分装运或延迟装运合同货物，卖方对于这种不能装运或延迟装运本合同货物不负有责任。但卖方须用电报或电传方式通知买方，并须在 15 天内以航空挂号信件向买方提交由中国国际贸易促进委员会（中国国际商会）出具的证明此类事件的证明书。）

2.10.6　拟订不可抗力条款应注意的问题

（1）在国际贸易中，不可抗力的含义及其叫法并不统一。英美法系中，有"合同落空"原则；大陆法系中有所谓"情势变迁"或"契约失效"原则。尽管各国对不可抗力有不同的叫法与说明，但其原则精神大体相同。

（2）不可抗力事故的范围应采用我国最常用的规定方法，即综合规定的办法，在买卖合同中订明。

（3）明确规定不可抗力事件发生后向对方提交证明书的期限。实际业务中，通常规定事故发生时立即书面电告通知对方，并在事故发生后 15 天内航邮证明书。

（4）明确规定不可抗力事件发生后出具证明文件的机构，在我国应注明由中国国际贸易促进委员会（即中国国际商会）出具。

不可抗力发生了，双方还是应该通过友好协商解决：终止合同、延期交货、部分取消合同、部分延期交货等，双方免责。

2.11　仲裁和诉讼

如果出口商和进口商发生了争议，双方在尊重合同、实事求是的基础上，努力友好协商解决，双方相让，有了争议双方协商解决是上策，对双方都十分有利，协商未果的可以提起法律诉讼或者仲裁解决。

诉讼一般到被告的当地法院、合同履约地、合同签约地或者合同约定的法院起诉，诉讼一般要一审、二审、申诉、法院执行等漫长的司法程序，打国际官司几年或者 10 年以上都是有可能的，要耗费起诉方大量的人力物力财力，律师和法院最受益，最后的结果可能是两败俱伤，国际诉讼的执行更难。诉讼对企业来说不是吉祥的事情，诉讼不是君子能够做好的事情，出口企业应该尽量避免诉讼。

在企业经营活动中，避免诉讼是上策，有了争议及时协商解决是中策，有了争议双方不让，久拖不决，最后诉讼解决是下策。国际贸易中我们不建议大家都采用诉讼的方式解决。法律诉讼的问题我们本文不予讨论和研究，国际贸易中争议解决最佳的办法是使用仲裁解决。

2.11.1　仲裁的含义和特点

2.11.1.1　仲裁的含义

仲裁又称为公断，是指买卖双方在争议发生前或发生后，签订书面协议，自愿将争议提交双方所同意的第三方仲裁机构进行裁决，这是解决国际贸易争议的一种方式。

2.11.1.2　仲裁的特点

（1）受理争议的仲裁机构是属于社会性民间团体所设立的组织，中国一般是中国贸促会国际经济贸易仲裁委员会，它不是国家政权机关，不具有强制管辖权，对争议案件的受理以当事人自愿为基础。

（2）当事人双方通过仲裁解决争议时，必须事先签订仲裁协议，可以在出口合同中予以约定。

（3）双方均有在仲裁机构中推选仲裁员以裁定争议的自由和权力。

（4）仲裁比诉讼的程序简单很多，处理问题比较迅速及时，而且整体来看费用也比较低廉。

（5）仲裁机构的裁决是终局性的，对双方当事人均有约束力。

（6）双方选择了仲裁解决纠纷，双方就放弃了到法院诉讼的权力。

案例 46：我国 A 公司与 C 国 B 商社签订一份工艺品出口合同，合同规定信用证付款，仲裁条款规定："凡因执行本合同引起的所有争议，双方同意提交仲裁，仲裁在被诉人所在国家进行，仲裁裁决是终局性的，对双方都有约束力。"在合同履行过程中，B 商社收货后提出 A 公司所交货物品质与样品品质不符，A 公司认为交货品质符合样品规定，双方产生争执，于是双方将争议提交中国贸促会国际经济贸易仲裁委员会仲裁。经仲裁庭调查审理，认为 B 商社举证不实，裁决 B 商社败诉。B 商社不服，事后向本国法院提请诉讼。

问：B 商社可否向本国法院提请诉讼？为什么？

分析：B 商社不可向本国法院提请诉讼。原因如下：首先，仲裁协议授予仲裁机构对争议案件的管辖权，就排除了法院对该案件的管辖权，因此 C 国法院对该争议案件不具有管辖权，C 国法院不应受理 B 商社诉讼。其次，仲裁裁决的效力是终局性的，对争议双方均具有约束力。本案中 B 商社败诉，应按裁决的内容执行。

2.11.2　仲裁协议

解决国际经济贸易争议必须向仲裁机构提交仲裁协议，且仲裁协议必须是书面的，对此，许多国家的立法、仲裁规则及国际公约等已有明确的规定。

2.11.2.1　仲裁协议的含义

仲裁协议（Arbitration Agreement）是双方当事人共同约定将可能发生或已经发生的争议提交仲裁机构解决的书面协议。它既是任何一方当事人将争议提交仲裁的依据，也是仲裁机构受理案件的依据。

2.11.2.2　仲裁协议的形式

（1）争议发生前订立的。由双方当事人订立的表示愿意把将来可能发生的争议提交仲裁解决的协议。这种协议一般包括在合同内，即合同中的仲裁条款。它是最常见的仲裁协议形式。

（2）争议发生后订立的。由双方当事人订立的表示愿意把已经发生的争议提交仲裁解决的协议。

无论是争议发生前订立的仲裁协议，还是争议发生后订立的仲裁协议，都具有同等的法律效力。

2.11.2.3　仲裁协议的基本内容

（1）同意以仲裁方式解决争议的书面意见。

（2）提交仲裁的争议事项，即仲裁事项。

（3）仲裁地点的确定。

（4）选择仲裁机构和仲裁规则。

（5）仲裁效力的明确规定。

（6）仲裁费用的承担。一般都规定由败诉方负担，也有规定按仲裁裁决办理。

2.11.2.4　仲裁协议的作用

（1）约束双方当事人解决争议的行为。双方当事人一经签订仲裁协议，就只能以仲裁方式解决争议，双方均不得向法院起诉。

（2）排除法院对有关案件的管辖权。如果一方违背仲裁协议，自行向法院起诉，另一方可根据仲裁协议要求法院不予受理，并将争议案件退交仲裁庭裁断。

（3）授予仲裁机构对争议案件的管辖权。仲裁协议是仲裁机构受理争议案件的法律依据，仲裁机构凭仲裁协议取得对争议案件的管辖权。

2.11.3　仲裁条款

2.11.3.1　仲裁条款的内容

国际货物买卖合同中仲裁条款的内容有提请仲裁的争议范围、仲裁地点、仲裁机构、仲裁规则、裁决的效力等。如：Any dispute arising from or in connection with this Contract shall be submitted to China International Economic and Trade Arbitration Commission for arbitration which shall be conducted by the commission in Beijing or by its Shenzhen Sub-commission in Shenzhen or by its Shanghai Sub-commission in Shanghai at the claimant's option in accordance with the Commission's arbitration rules in effect at the time of applying for arbitration. The arbitral award is final and binding upon both parties.（凡因本合同引起的或与本合同有关的任何争议，均应提交中国国际经济贸易仲裁委员会按照申请仲裁时该会现行有效的仲裁规则，由申请一方选择由该会在北京或深圳或上海的分会进行仲裁。仲裁裁决是终局性的，对双方均有约束力。）

2.11.3.2　仲裁地点及仲裁机构

合同中的仲裁条款对仲裁地点的规定有三种方法：（1）规定在我国仲裁；（2）规定在被告所在国仲裁；（3）规定在双方同意的第三国仲裁。

选择不同的仲裁地点，也就选用了不同国家的法律，就会对双方当事人的权利、义务作出不同的解释，得出不同的结论。因此，在实际业务中，我们应力争在我国仲裁。这样对我们钢铁出口企业成本比较低，比较方便，比较有利。

仲裁机构（Arbitration Institution）是依法对争议案件进行仲裁审理的专门机构。根据组织形式的不同，仲裁机构可以分为临时仲裁庭和常设仲裁机构。我国的常设仲裁机构是中国贸促会国际经济贸易仲裁委员会和海事仲裁委员会。我国各外贸公司在订立进出口合同中的仲裁条款时，如双方都同意在中国仲裁，可以约定在中国贸促会国际经济贸易仲裁委员会仲裁。

国际组织的仲裁机构有设在巴黎的国际商会仲裁院（Arbitration Court of International Chamber of Commerce，简称ICC），又称国际商会仲裁院或巴黎仲裁院。

2.11.3.3　仲裁效力

仲裁效力是指仲裁裁决的终局性效果和对当事人的约束力。世界多数国家的仲裁法规定，仲裁裁决是终局性的。在我国凡由国际经济贸易仲裁委员会作出的裁决都是终局性的，对双方当事人都有约束力，任何一方都不许向法院起诉要求变更。仲裁的费用一般规定由败诉方承担，也有规定为由仲裁庭酌情决定。

2.11.3.4　仲裁的执行

一般还是要拿仲裁的裁决书到败诉方当地或者财产所在地的法院申请执行。

2.11.4　关于诉讼

出口商避免争议、避免诉讼、避免仲裁、有了争议（异议）双方尽量友好地协商解决是上策。如果协商未果，优先仲裁，仲裁是中策，尽量不要法院起诉，法院起诉是下策。法院有一审、二审等，不服还可以申诉，打官司律师法院先受益，是否能执行回来钱，能否赢官司都是未知数。优秀的出口商应该尽量避免争议和法律诉讼，努力只和优秀的资源打交道。大城市（京沪广深）和欠发达地区的司法环境差异是巨大的，不能只考虑案子本身你占不占理，从道理上你可以赢的官司，到了欠发达地区就不太好说了，有可能是相反的结果。

出口商应该通过卓越的管理为优质的客户提供良好的服务，避免纠纷、避免争议、避免诉讼是努力方向。

3　国际货物买卖合同的签订

交易磋商（Business Negotiation）是指买卖双方就买卖商品的有关条件进行协商以期达成交易的过程，它是国际货物买卖过程中不可缺少的一个重要环节。一旦买卖双方就交易的各项条件达成了一致，成交即告达成，买卖双方即可签订书面的销货合同。交易磋商的形式可分为口头和书面两种：口头磋商主要有电话洽谈、视频沟通和面对面洽谈几种；书面磋商主要有邮件、QQ、微信、传真等。

交易磋商的内容一般包括合同中常见的交易条件的各项约定，有品名、品质、数量、包装、运、保险、价格、支付、检验、索赔、不可抗力和仲裁。但在实际业务中，为了节省洽谈时间、简化洽谈内容，发盘时将合同的所有条款、所有细节一并发给对方，对方接受即可达成协议，即可签约。

对合同当中已经达成共识的一般交易条件（如检验、索赔、不可抗力和仲裁等）、买卖双方的习惯做法和买卖双方为促进交易已经签订的长期贸易协议的内容可以不予磋商，但这些一般交易条件、买卖双方的习惯做法和买卖双方为促进交易而签订的长期贸易协议的内容一经同意，则对交易双方均具有约束力，合同条款不要轻易改变，如果改变应该事前通知对方，给对方一个充分的时间研究确认。一般出口合同是出口方起草提请进口方研究审议审定。

国际货物买卖中，交易磋商的一般程序有询盘、发盘、还盘和接受四个环节，其中发盘和接受是达成交易、订立合同必不可少的两个具有法律效力的环节。

签约前的准备工作十分重要，对钢厂、进口商、进口国、海运、汇率、出口政策等的全面了解考察认证、对自己企业资金的安排和把握、对海运情况的了解、对国家政策的全面了解与把握都十分重要。

3.1　询盘和发盘

3.1.1　询盘（Inquiry）

询盘又称询价或邀请发盘，是指交易的一方打算购买或出售某种商品，向对方询问买卖该项产品的有关交易条件，或者就该项交易提出带有保留条件的建议。例如：If your price is workable, we shall place a trial order with you for 50 mts erw. g. i pipe. （如果你方价格合理，我们将向你方试订购 50 t 电阻焊镀锌管。）

Please offer your best（most favorable）price and soonest shipment time, wire rod dia. 6. 5 mm, SS400, 5000 mts, CFR MANILA port, payment by irrevocable L/C at sight, your sooner reply is much appreciated.

询盘可以是口头的表达，也可以是书面的表达，如采用打电话、微信、发电子邮件、寄送价目表、商业广告、招标公告、拍卖公告等形式。询盘的对象可以是特定的人，也可以是公开地对所有人。询盘的主要目的是寻找买主或卖主，不是同买主或卖主正式洽商的交易条件，根据《公约》的规定，询盘不具有订立合同的法律效力。

3.1.2 发盘（Offer）

3.1.2.1 发盘的含义

发盘在法律上又称要约，根据《公约》第14条第（1）款的规定："凡向一个或一个以上特定的人提出订立合同或者成交的建议或者意向，如果其内容十分确定并且表明发盘人有在其发盘一旦得到接受就受其约束的意思，即构成发盘。"一个发盘有两个当事人，一个是提出发盘的人，称为发盘人（Offer or Offeree）。发盘人可以是买方，也可以是卖方，国际贸易实务中多数发盘人为卖方。例如：Erw Hot Dip Galvanized Steel Pipe，BS1387-1985，FM 1/2 INCH-4 INCH，USD 600.00 Per mt，500 mts，actual weight shipment，FOB Guangzhou port，shipment in May，payment by 100% irrevocable sight credit. 另一个是受盘人，一般为对方。

3.1.2.2 发盘的构成条件

根据《公约》的规定，一项发盘要有效成立，必须具备下列条件：

（1）发盘必须向一个或一个以上特定的人（Specific Persons）发出，此特定人是指在发盘中指明的一个公司或者企业，一般的商业广告、寄送商品目录、价目单等不是对特定人提出，故不是一项发盘。特定条件下的商业广告，如果它的内容十分确定具体，也可能成为一项发盘，如百货商场定期印发的促销宣传单，其中列明具体的促销商品、价格、日期等且宣传单上没有"所列价格仅供参考"的说明，对于见到该宣传单的消费者，只要按列明的时间和地点前往购买，就是一项发盘。

（2）发盘的内容必须十分明确、具体和确定。根据《公约》的解释，一项发盘中包含的下列三个基本要素应十分确定：1）应明示货物的名称；2）应明示或默示地规定货物的价格或规定确定价格的方法；3）应明示或默示地规定数量或规定数量的方法。

根据《公约》的解释，一项发盘中只要包含了货名、价格和数量三个条件，即可构成一项有效的发盘。至于其他条件，如付款方式、包装、检验等，可在合同成立后双方按国际惯例协商处理。尽管如此，为了减少双方的误解和日后的争议，实务中发盘应尽量列明所有主要的条件，如品名、品质、标准、等级、包装、数量、价格、付款方式、付款期限、交货期限、检验等，或者将合同的所有条款一起发出，这样洽谈的效率较高。

案例47：某钢铁进出口公司与曼哈顿贸易公司签订一份为期两年的钢坯供货合同，合同规定："由卖方每月供应5万吨钢坯，成交价格为FOB Tianjin Port USD420/MT，价格每3个月双方商定一次。"又规定："如双方发生争议，应提交仲裁处理。"但合同执行了3个月后，买方提出："因合同未来3个月的价格未明确，主张3个月后合同无效。"后经仲裁裁决，确认该合同继续执行。

问：在上述情况下，合同的价格条件是否明确？买方能否以此为理由主张合同无效？

分析：合同的价格条件是明确的。由于这份合同是为期两年的供货合同，不可能一次把两年的价格定死，因而只能采取灵活的价格条款，即合同中明确规定的每3个月由双方议定价格一次，这种定价方法是合理的，买方不能以此为理由主张合同无效。

我们建议最好出口商不要和进口商签订长期的非常大的供货合同，出口商可以和进口商签订长期出口的意向书、合作意向书等。国际贸易中出口环节多、周期长，不确定的因素多，有一些因素经常变化，国内和国际市场价格变动太大，有时还有政策的巨大变化。如果签订了长期的出口合同，很多时候会把双方置于不利的非常尴尬的位置。

（3）必须表明发盘人对其发盘，一旦被受盘人接受就受其约束的意思。"受其约束"是指发盘人的发盘一旦被受盘人接受，发盘人就必须按照发盘中许诺的条件与受盘人订立合同，并按照这些条件履行合同，如果未能按照许诺的条件履行，发盘人应承担违约的责任。

3.1.2.3　发盘的有效期

通常情况下，发盘都具体地规定一个有效期，作为受盘人表示接受的时间限制，超过了发盘规定的有效期，则发盘人将不受其约束，发盘失效。

A　规定发盘有效期的主要方法

（1）发盘规定最迟接受的期限。例如："Our offer subject reply not later than 30/10/2019 our local time"（我方发盘不迟于我方时间2019年10月30日复到有效）。

（2）发盘规定一段接受的期间。例如："offer reply in 3 days"（发盘3天内复到有效）。

（3）口头发盘。根据《公约》的解释，在没有其他约定的情况下，口头发盘只有立即（当时、当即、马上）被接受方为有效。

案例48： 外国B商行代表于2018年5月17日上午来访我某进出口公司洽购某商品，我方口头发盘后B商未置可否。次日上午该商再次来访，表示无条件接受我公司17日上午的发盘。此时，我方获悉该项商品的国际市场价格有趋涨的迹象。

问：根据《公约》的规定，我方应如何处理？

分析：根据《公约》的解释，在没有其他约定的情况下，口头发盘只有马上被接受方为有效。本案中，我方17日上午口头发盘，B商当时未置可否，该口头发盘即失效，我方不再受此发盘约束，B商次日的接受也是无效的，双方的合同不能据此成立。鉴于市价趋涨，我方可以婉言拒绝或提高价格后重新发盘。当然，如果当时我方急于出售、国内价格基本稳定没变或为了维系住这个客户等其他原因，同意按原发盘条件与对方达成交易也是可以的。

B　发盘有效期的计算

（1）《公约》第20条规定："发盘人在邮件、微信或信件内规定时间的，从电报交发时刻或信上载明的发信日期起算，如信上未载明发信日期，则从信封上邮戳日期起算。发盘人以电话、电传或其他快速通讯方法规定的接受时间，从发盘送达受盘人时起算。"

（2）《公约》还规定：在计算接受期间时，接受期间内的正式假日或非营业日应计算在内。但如果接受通知在接受期间的最后一天未能送达发盘人的地址，是因为那天在发盘人营业地是正式假日或非营业日，则接受期间应顺延至下一个营业日。

（3）如发盘中未具体规定有效期，按惯例应理解为受盘人在合理期限内接受有效。合理期限的理解，应根据商品特点、发盘方法等因素而定。对以信件、电报发盘，其合理期限前者长，后者短；对初级产品、制成品，其合理期限前者短，后者长。如果发盘未明确地规定有效期，容易引起争议，如果是优秀的外贸企业最好做任何事情都避免争议发生的可能。如果发盘方没有十分的把握，尽量发虚盘报价，这样在情况有变化时处于有利的地位。

（4）目前与国外客户联系都非常方便，基本都是在线的（微信、QQ、邮件等），钢铁报价的有效期一般为2~3天，设备的报价有效期以10天为好。我们有的钢铁出口商如果规定是1天的有效期有点紧张，客户有时感觉出口商缺乏诚意，给客户决定的时间太短，客户决策也需要一段时间，1天对客户来说是比较困难的。

（5）如果钢铁每天的价格波动较大，发盘方可以发虚盘报价，即报价的结尾注明：OUR OFFER SHALL BE SUBJECTED TO OUR FINAL CONFIRMATION. 这样报盘方如果市场确实价格波动较大，可以随时根据事情调整自己的报价。当然报价的目的是为了成交，一定要让客户感觉到出口方的诚意，而不是和客户"PLAY"。出口方报价的目的是成交，外贸企业成交高于一切。

3.1.2.4 发盘的生效、撤回与撤销

A 发盘的生效

根据《公约》的解释，发盘于送达受盘人时生效。对于口头发盘，除非双方另有约定，否则只有当即被接受方为有效。根据《民法典》第四百七十四条："要约生效的时间适用本法第一百三十七条的规定。"第一百三十七条："以对话方式作出的意思表示，相对人知道其内容时生效。以非对话方式作出的意思表示，到达相对人时生效。以非对话方式作出的采用数据电文形式的意思表示，相对人指定特定系统接收数据电文的，该数据电文进入该特定系统时生效；未指定特定系统的，相对人知道或者应当知道该数据电文进入其系统时生效。当事人对采用数据电文形式的意思表示的生效时间另有约定的，按照其约定。"

B 发盘的撤回（Withdrawal）

发盘的撤回是指发盘人将发盘在送达受盘人生效之前取消的行为。根据《公约》第15条第（2）款规定：一项发盘，即使是不可撤销的，如果撤回的通知在发盘送达受盘人之前或同时送达受盘人，可以撤回。外贸实务中，目前采用信函或电报发盘的比例不高，交易双方大多采用电子邮件、电话、网上对话、微信等方式，做到实时到达。因此，大多数情况下的发盘不可能撤回。

案例49：A公司于2018年5月5日以特快专递（含样品）向马来西亚B公司发盘，出售一批电子管。5月6日上午，A公司因在发出发盘通知后发现该商品行情趋涨，即传真通知B公司，要求撤回其发盘。5月7日下午B公司收到A公司发盘，即答复A公司，表示接受发盘内容。事后双方就该项合同是否成立发生纠纷。

问：按《公约》规定，双方合同是否成立？

分析：双方合同并未成立。《公约》中规定，一项发盘，即使是不可撤销的，也可以撤回，只要撤回通知在发盘送达受盘人之前或同时送达受盘人，本案中A公司于5月5日发盘后，又于5月6日上午传真通知撤回，而原发盘于5月7日下午才送达B公司，即撤

回通知到达在先，发盘到达在后，该发盘得以撤回，发盘即告失效，之后 B 公司的接受显然无效，因此双方合同并未成立。

出口方尽量慎重发盘，如果没有十分的把握尽量不要发实盘报价，发实盘后在有效期内尽量不要撤回。一些国外客户文化水平不太高，对《公约》不是特别的了解，一个发盘在有效期内撤回容易引起争议和纠纷，这样客户不会满意。如果客户对我们出口方的行为不认同，就不会继续和出口方合作了。

C　发盘的撤销（Revocation）

发盘的撤销是指发盘人将已送达受盘人的发盘取消的行为。根据《公约》第 16 条规定：

（1）在未订立合同之前，如果撤销发盘的通知于受盘人发出接受通知之前送达受盘人，发盘可以撤销。

（2）在下列情况下，发盘不得撤销：发盘中写明了发盘的有效期或用其他方式表明发盘是不可撤销的；发盘人有理由信赖该发盘是不可撤销的，而且受盘人已本着对该发盘的信赖行事。

在发盘撤销的问题上，大陆法系和英美法系的主张不同，大陆法系主张发盘一经送达受盘人即生效，发盘不得撤销，除非发盘人在发盘中说不受约束；英美法系主张发盘在被受盘人接受之前可以撤销，即使发盘中规定了发盘的有效期也可以撤销。《公约》对两大法系的主张作了折中处理，形成了《公约》第 16 条的规定。

案例 50：A 公司于 3 月 1 日以信函向一日商发盘，出口一批高碳钢丝，限于 3 月 5 日复到 A 公司有效。日商于 3 月 3 日还盘，要求 A 公司降价，A 公司于 3 月 5 日重新发盘，按价格下调重新报价，限于 3 月 10 日复到 A 公司有效，由于市场变化，A 公司于 3 月 8 日以电传方式撤销 3 月 5 日的发盘，但日商已于 3 月 7 日向 A 公司寄送接受通知。

问：日商的接受通知是否有效？

分析：日商的接受通知有效。根据《公约》的规定，A 公司的发盘写明了有效期，因此发盘不得撤销。同时，日商寄送的接受通知是在接到 A 公司的撤销通知之前。因此，日商的接受通知有效，合同成立。

如果出口方不能严格地按照《公约》的规定，在发盘的有效期内撤销，国外客户会认为出口方非常不专业，今后会放弃与出口方合作。出口企业的外贸一线人员应该经过严格的培训才可以上岗，否则会给客户造成不良的影响。

3.1.2.5　发盘的失效（Termination）

根据《公约》的规定，一项发盘，即使是不可撤销的，在下列条件下也可失效：（1）受盘人作出拒绝或还盘，对发盘人一个以上的条款提出了更改意见。《公约》第 17 条规定：一项发盘，即使是不可撤销的，于受盘人拒绝或者还盘通知送达发盘人时终止。受盘人对发盘作出还盘，意味着受盘人拒绝发盘的一些条件而提出新的条件或者变化，这种情况下原发盘终止并失效，如果受盘人还盘后又反悔，又表示愿意按原发盘的条件接受，即使在原发盘的有效期内，接受也无效，只能看成新的发盘。

案例 51：我某外贸公司拟向国外购进特种钢一批，2017 年 5 月 20 日我公司收到国外某公司的发盘，有效期至 5 月 26 日。5 月 22 日我方复电："如能把单价每吨降低 6 美元，可以接受。"对方没有回复。此时国内用货工厂催货心切，又鉴于该商品行市看涨，我方随即于5月25日又去电表示同意对方5月20日发盘的各项条件，对方仍未回复。

问：根据《公约》的规定，双方合同是否成立？

分析：双方合同未成立。因为我方5月22日的复电是还盘，致使外商5月20日的发盘失效。我方5月25日的去电构成一项新的发盘，只有在对方对此去电内容及时表示接受的情况下，双方合同才成立。而对方对我方5月25日的去电内容并未表示接受，因此双方合同未成立。

发盘人可以依法撤回或撤销发盘：发盘在未送达受盘人之前，发盘人可依法撤回发盘；发盘在送达受盘人之后，但在受盘人发出接受通知之前，发盘人可依法撤销发盘。

不可抗力事件发生的影响：当发生不可抗拒的事件时，如受盘人是政府宣布断交、禁止贸易、禁止发盘货物进出口的所在国别，又如发盘的货物为独一无二的字画或邮票却由于火灾而被焚毁，再如出口国突然宣布实行出口许可证管理而出口商又无法取得出口许可证等情况，发盘后突然发生地震、战争、动乱、游行、示威、军事政变等，发盘将因不可抗力事件的原因而失效，并且发盘方不承担任何责任。但出口国一直实行出口许可证管理、疫情期间发盘的、发盘时已经发生的事件均不属于不可抗力事件。

案例52：某国A公司于2018年3月16日向美国B公司发盘出口钢坯一批，3月19日美国公司在发盘有效期内表示接受，不久收到A公司来电，声称该国政府于2018年7月1日起对钢坯实行了出口许可证和配额制度，A公司因无法取得出口许可证而无法向美国B公司出口钢坯，遂以不可抗力为由主张发盘失效。

问：根据《公约》的规定，发盘是否失效？合同是否成立？

分析：发盘有效，合同成立。因为，该国政府在A公司发盘之前已长期实行出口许可证和配额制度，A公司早就知道能否取得出口许可证。此事件不符合不可抗力的条件，发盘有效，美国B公司的接受有效，合同成立。

在发盘被接受前，当事人丧失行为能力：当事人可分为自然人丧失行为能力和企业丧失行为能力两种，自然人丧失行为能力如死亡、精神失常、昏迷、植物人等，企业丧失行为能力如法人破产、解散、倒闭、被合并等，导致合同不能正常履行。

发盘中规定的有效期届满：如发盘未规定具体有效期的，则指超过了合理期限。"合理期限"在《公约》上没有统一的规定和解释，一般依据贸易的具体商品和具体情况而定。美国《统一商法典》规定，发盘的合理期限不超过3个月。发盘如果没有有效期容易引起争议和纠纷，发盘最好有明确的有效期。

出口商没有把握的情况下（价格每天变动太大、汇率不确定等情况）最好发虚盘（non-firm offer）报价，一般虚盘需有这样的文字：以上报价以我方最后确认为准等（ABOVE OFFER SHALL BE SUBJECTED BY OUR FINAL CONFIRMATION），虚盘对报价方没有特别严格的法律约束力。但是如果出口商总是发虚盘，进口商非常希望成交，而出口商总向不能成交方向发展，进口商会认为出口商没有诚意，最后进口方纷纷远离出口商而去，出口商的业务会受到影响。出口商的每次报价（不管是虚盘还是实盘）都应该努力实现成交才对。如果出口商发的是实盘（firm offer），进口商在有效期内确认后，合同即可成立。按照《公约》无需再签订出口合同。

如果出口商发盘错误，进口商已经确认了，原则上契约不能更改。如果出口商的发盘有重大错误出口商应该及时、耐心地和客户沟通协商解决，优质的客户一般也会通情达理地理解。优秀的出口商应该努力避免发盘和报价的失误和错误，如果确实发现报价错误应该努力在签约之前及时沟通解决，出口方应该努力避免在发盘、签约等问题上出现失误。

3.2　还盘和接受

3.2.1　还盘（Counter Offer）

还盘又称还价，在法律上称为反要约。它是指受盘人不同意或不完全同意发盘人在发盘中提出的条件，为进一步协商，对发盘提出的修改意见。如：To our regret, your offer is obviously out of line with the prevailing market, counter-offer usd 200, reply not later than oct 28 our local time. （令我们感到遗憾的是，你方发盘与现行市场价不符，还盘 200 美元，不迟于 10 月 28 日复到有效。）

"Your seventh price too high, counter offer USD 50 reply fifteenth. （你方 7 日电传价格太高，还盘 50 美元，限 15 日复到有效。）还盘一经作出，原发盘即告失效。还盘相当于一项受盘人新的发盘，还盘的内容对还盘人具有法律效力。处理对方的还盘应注意：

（1）实质性变更发盘的条件属于还盘性质。根据《公约》的规定，受盘人对货物的价格、付款、品质、数量、交货时间与地点提出更改，一方当事人对另一方当事人的赔偿责任范围或解决争端的办法等条件提出添加或更改，均作为实质性变更发盘的条件。对于实质性变更发盘条件的还盘，发盘人如果不予答复、不予回复、不予置理，视为不能接受。

案例 53：我 A 公司于 2017 年 9 月 15 日收到国外 B 公司发盘："马口铁 500 公吨，每公吨 545 美元 CFR 汕头，10 月份装运，即期信用证付款，限 20 日前复到有效。"我方于 16 日复电："若单价为 500 美元 CFR 汕头，可接受 500 公吨马口铁。履约中若有争议，在中国仲裁。"B 公司当日复电："仲裁条件可接受，但市场坚挺，价格不能减。"此时马口铁价格确实趋涨。我 A 公司即于 19 日复电："接受你 15 日发盘，信用证将由中国银行开出。"外商未回复。9 月 22 日，我 A 公司委托中国银行开出信用证，但 B 公司收到后退回信用证。

问：B 公司这样做有无道理？

分析：B 公司退回信用证是有理的。我方 16 日复电对原发盘价格、仲裁条件进行更改，构成对原发盘内容的实质性变更，实为还盘，B 公司当日即予拒绝，对我公司的还盘未回复、未表示接受。而发盘一经还盘即失效，因此我 19 日复电中的"接受"是对已失效的发盘表示接受，据此双方合同不能成立，B 公司有权退证。

案例 54：我某外贸公司向国外 S 公司发盘，报板坯 5000 公吨，每公吨 FOB 410 美元中国口岸，几天后 S 公司复电称对该批货物感兴趣，但希望将报价的有效期再延长 10 天，我方同意。5 天后，S 公司来电，要求将货物数量增至 10000 公吨价格降至 400 美元。7 天后我公司将板坯卖给另一外商，并在第 9 天复电 S 公司，通知货已售出。但外商坚持要我方交货，否则以我方擅自撤约为由，要求赔偿。

问：我方应否赔偿？为什么？

分析：外方的要求不合理，我方不应赔偿。因为 S 公司 5 天后的来电中改变了交货数量、价格，构成对我公司发盘内容的实质性变更，实为还盘。我公司未答复，应视为对 S 公司的还盘未表示接受，双方合同不能成立，我方有权将货另售他人。

（2）对发盘表示有条件的接受，也是还盘的一种形式。受盘人在接受发盘的同时，提出其他的附加条件，如"接受须以我方取得进口许可证为准""接受须以双方签订售货合同为准""接受须以我方与我方客户签订供货合同为准""以我方最后确认为准""以我方办好外汇批复和进口手续为准"等，这些有条件的接受属于非正式的接受，没有法律效力。

案例 55：我某进出口公司与美国 H 公司洽谈进口一批生铁，经往来微信和电子邮件磋商，几经还价，于 2018 年 2 月 20 日我公司发出接受通知"接受各项交易条件，以签订书面买卖合同为准"。24 日 H 公司将拟就合同草稿寄达我公司，要我方确认。我方由于对合同中某些条款的措辞需要进一步研究，所以未及时给予明确答复，不久交货期临近，H 公司来电催促我公司开立信用证。此时，该商品的国际市场价格下跌，我方遂以未签订买卖合同，双方合同尚未有效成立为由拒绝开证。

问：我公司这样做是否有理？

分析：我方拒绝开证有理。因为我方接受通知中列有"以签订买卖合同为准"的保留条件，而对发盘表示有条件的接受，仅构成一项还盘，而不是有效的接受。事后外商提交书面合同草稿，我方尚未明确答复同意，说明合同成立的条件并不具备，合同既未成立也未签约，外商催我开证，理应拒绝。

在钢铁出口实践中，我们出口商每件事情每个细节，应该尽量及时地给进口商以非常明确的答复为佳，特别是一些进口商对国际贸易规则和《公约》不太了解的情况下，出口商对每个细节的陈述都应该非常明确及时，这样可以避免很多麻烦、误解、争议等。总之在国际贸易中让客户 100% 地满意是原则。

（3）对发盘表示接受的同时，表示某种希望、愿望或建议，则该接受可视为一项有效的接受。如果接受的同时，受盘人表示某种希望、愿望或建议等，由于对原发盘没有实质性的改变，这时的接受属于有效的接受。

案例 56：2018 年 2 月 3 日我 A 出口公司应邀向西非 B 公司发盘，"供应 6.5 mm 的热轧盘条 3000 MTS，SS400 材质，CFR 西非口岸 580 美元/MT，5 月份交货，2 月 6 日前电复有效"。2 月 4 日 B 公司复电："贵司能否两个月内交货？"2 月 5 日下午在尚未收到 A 公司回复的情况下，B 公司又发出接受传真："贵司发盘我方接受"。

问：A、B 双方合同关系有无成立？为什么？

分析：双方合同已经有效成立。2 月 4 日 B 公司的复电仅仅是受盘人提出的一项请求或希望，不构成还盘，A 公司 2 月 3 日的发盘仍然有效。2 月 5 日下午 B 公司对此发盘作出了有效接受，因此双方合同成立。

3.2.2 接受（Acceptance）

接受在法律上称为承诺，《公约》第 18 条第（1）款规定："被发盘人声明或做出其他行为表示同意一项发盘，即是接受。"也就是说受盘人接到对方的发盘或还盘后，同意对方提出的条件，愿意与对方达成交易，并及时以声明或行动表示出来。如："Your 10th offer we accept."（你10日的电传我接受）"We agree your offer."（我同意你方的发盘）。

构成接受的条件：根据《公约》的规定，一项有效的接受必须具备如下几个条件：

（1）接受必须由受盘人作出。《公约》规定，一项有效的发盘必须向特定的受盘人作出。因此，接受也必须由这个特定的受盘人作出明确的表示方为有效。如果其他人对发盘作出接受，该接受只能当成其他人向发盘人作出新的发盘，只有发盘人同意，合同才能成立。

案例57：我某贸易公司应香港中间商A商行之邀，于2017年7月9日向其发盘供应钢板一批，并限7月16日复到有效。7月13日我公司收到A商行来电称："你9日发盘已转美国B公司。"同时收到美国B公司按我方发盘规定的各项交易条件开来的信用证。而此时国际钢材市场价格猛涨，于是我将信用证退回开证行，再按新价直接向B公司发盘。B公司拒绝接受新价，并要求我方接受信用证按原价发货，否则将追究我方违约责任。

问：B公司的要求是否合理？为什么？

分析：B公司的要求不合理，我方退证合理，不应发货。构成接受应具备的条件之一是接受必须由特定的受盘人作出，而本案中，我方发盘的特定受盘人是香港中间商A商行，只有该商行作出的接受才有接受效力。美国B公司开来的信用证可视为一项发盘，该发盘须得到我方的接受，双方合同才能成立。在合同未成立的情况下，B公司要求我方发货是没有依据的。当然这种情况，B公司可能不太了解《公约》的规定，最好我方先与B公司协商，尽量把这个信用证执行下去，协商未果再退证即可。

（2）接受的内容必须与发盘相符。受盘人的接受必须与发盘人所作出的发盘条件完全相符，也即是受盘人必须无条件地全部同意发盘的条件，接受方为有效。如果受盘人的接受对发盘作出了一些实质性的变更，则接受无效。如果不是实质性变更发盘的内容，除非发盘人及时向受盘人表示反对，否则接受有效。

案例58：我A贸易公司于2018年5月17日向德国B公司发盘出售一批钢材："报5000公吨，现货即期装船，不可撤销即期信用证付款，每公吨CIF汉堡USD900，5月24日前复到有效。"5月22日B公司复电："你5月17日电，接受5000公吨，现货即期装船，不可撤销即期信用证付款，每公吨CIF汉堡USD900，适合海运的良好包装。"A公司未回复。5月29日B公司来电询问是否收到其5月22日复电。5月30日A公司复电："你22日电收悉，由于你方变更了我方5月17日发盘致使我方的发盘失效。十分抱歉，由于世界市场价格变化，收到你22日电后，我货已另行出售。"B公司坚持双方合同已经成立，要求我方履行合同。

问：B公司5月22日的接受可否使合同成立？为什么？

分析：B公司5月22日的接受可使合同成立。因为根据《公约》的规定，B公司5月22日的接受通知中对包装条件的添加并不构成对A公司发盘的实质性的改变，除非发盘人在合理的时间内及时表示不同意受盘人的添加，否则该接受仍具有效力，本案中A公司收到B公司5月22日的来电并没有表示反对，因此，B公司5月22日的接受具有接受效力，双方合同成立。

（3）接受必须在有效期内作出表示。接受必须在发盘规定的有效期内送达发盘人接受方为有效。对于口头、电传、电邮、微信等方式表示接受，信息即时到达发盘人，不存在迟延的问题，对于信函等传递信息，可能出现延迟，对此，英美法系和大陆法系有不同的解释。

英美法系的国家采用"投邮生效"原则，即当信件投邮或电报交发时，不管日后发盘人是否收到或是否及时收到，接受即告生效，合同即告成立。大陆法系的国家采用"到达生效"原则，即接受通知必须在发盘规定的有效期内到达发盘人，接受才能生效。

案例 59：我某外贸进出口公司向菲律宾 B 商行发盘报冷轧钢板，发盘有效期至 2018 年 11 月 5 日止。B 商行收到我方发盘后，由于市场情况不稳定，延至 11 月 6 日才发传真表示接受我公司发盘。

问：对此我公司如何处理？

分析：根据当时情况有以下几种不同的处理方法：

1）B 商行 11 月 6 日表示接受的传真已超过发盘的有效期，不具有接受效力，仅相当于一项新的发盘，但如我方愿达成这笔交易，也可及时回电确认，承认 B 商行的逾期，但依然接受有效，合同于接受到达之日生效。

2）如我公司不愿达成此笔交易，或者货已经卖出，则可及时通知对方逾期不能确认，也可不予答复，双方合同不成立。

3）逾期后，原报价失效，出口商也可以向客户重新报价重新洽谈，努力成交。

根据《公约》第 20 条第（2）款规定，如果承诺通知在承诺期间的最后一天未能到达要约人，而那天在要约人营业地正是假日或非营业日，则承诺期间应顺延至下一个营业日。

在接受时间的界定上，《公约》规定："1）发盘人在电报或信件内规定的接受期间，从电报交发时刻或信上载明的发信日期起算；如信上未载明发信日期，则从信封上所载日期起算。发盘人以电话、电传或其他快速通讯方法规定的接受期间，从发盘送达被发盘人时起算。2）在计算接受期间时，接受期间内的正式假日或非营业日应计算在内。但是，如果接受通知在接受期间的最后 1 天未能送到发盘人地址，是因为那天在发盘人营业地是正式假日或非营业日，则接受期间应顺延至下一个营业日。"

案例 60：2016 年 4 月 10 日，我国某出口商向国外 B 客商以邮件方式发盘，以每台 5600 美元 FOB 广州的价格向 B 客商销售一批压瓦机，共计 400 台，2016 年 5 月 1 日复到有效。B 客商在规定的有效期内向出口商发出接受信件，表示完全接受出口商的发盘内容，邮件于 2016 年 5 月 1 日到达出口商。由于五一放假，出口商的工作人员未能及时接收邮件，直至假期后的第一个工作日 5 月 8 日早上才接受通知，该出口商认为接受通知已超过规定的时间 5 月 1 日，且货源较紧，对该逾期接受不予理睬。不久，B 客商开来信用证，要求出口商尽快交货，以满足旺季的需求。

问：B 客商的要求是否有理？为什么？

分析：B 客商的要求有理，根据《公约》第 20 条第（2）款规定，如果承诺通知在承诺期间的最后一天未能到达要约人，而那天在要约人营业地正是假日或非营业日，则承诺期间应顺延至下一个营业日本案中，因 5 月 1 日是假日，故承诺期间的最后一天应顺延至下一个营业日即 5 月 8 日，因此出口商于 5 月 8 日收到接受通知时认为该接受为逾期接受是错误的，该接受是有效的接受，合同已成立。

（4）接受必须用声明或行为作出表示，保持缄默不能算作接受。《公约》第 18 条第 （1）款规定："缄默或不行动本身不等于接受。"也就是说，接受必须以某种方式向发盘 人表示出来，表示的方式可以是口头、书面或行为。

案例 61：我某出口公司 5 月 10 日向国外某商人发盘，出口五金制品一批，发盘规定 30%电汇，70%装船后 D/P 付款，发盘规定 5 月 16 日复到有效。5 月 15 日，我方收到国 外商人 30%的电汇货款，由于国外商人没有直接与我方联系，也没有签订合同，我方没有 理睬，5 月 18 日，国外商人来电要求尽快装运。

问：我方与国外商人是否达成了交易？

分析：我方与国外商人已达成了交易。本案中，虽然国外商人没有通过声明表示接受 我方的发盘，但其在我方发盘的有效期内已电汇 30%的货款，说明国外商人用行动表示了 接受，因此接受有效，合同成立。

（5）接受的生效。对发盘的接受在受盘人的接受通知送达发盘人时生效。接受必须以 声明或行为表示出来。按《公约》的规定，如根据发盘或依照当事人业已确定的习惯做法 或惯例，受盘人可以作出某种行为对发盘表示接受，而无须向发盘人发出接受通知。例 如，发盘人在发盘中要求"立即装运"，则受盘人就可作出立即发运货物的行为来表示接 受，而且这种以行为表示的接受，在装运货物时立即生效，合同即告成立，发盘人受其 约束。

案例 62：我某进出口公司在 9 月 1 日向国外某商社发出询价，拟购 50000 公吨钢坯， 并在询价中说明："若在我方收到你方报价一周内未得到我方答复，可视为接受。"9 月 5 日我公司收到国外商社报价。由于该商品市价变化，9 月 15 日我公司电告国外商社，拒绝 其报价。双方就合同是否已成立发生激烈争执。

问：双方合同是否成立？为什么？

分析：双方合同已经成立。根据《公约》的规定，本案中因双方事先已有约定，我方 9 月 5 日收到报价后，直至 9 月 15 日才通知拒绝，其答复已经超过了事先约定的收到对方 报价后一周的期限。其行为可视为已接受了对方报价，已构成有效的接受，因此双方合同 成立。

（6）逾期接受。在国际贸易中，由于各种原因，导致受盘人的接受通知有时晚于发盘 人规定的有效期送达，这在法律上称为"逾期接受"。逾期接受在法律上不具有法律效力， 对发盘人不具有约束力。根据《公约》的解释，逾期接受在以下两种情况下仍具有效 力：1）如果发盘人毫不迟延地用口头或书面的形式将表示同意的意思通知受盘人；2）如 果载有逾期接受的信件或其他书面文件表明，它在传递正常的情况下是能够及时送达发盘 人的，那么这项逾期接受仍具有接受的效力，除非发盘人毫不迟延地用口头或书面方式通 知受盘人发盘已经失效。

案例 63：我某进出口公司根据国外 B 公司询盘，发盘销售 5000 公吨钢管，限 B 公司 5 日复到有效。B 公司于次日上午以特快专递向我公司发出接受通知，但由于邮递延误， 该接受通知于第 6 日上午才送达我公司。此时，我方鉴于市价趋涨，当即回电拒绝，但 B 公司坚持接受通知迟到不是他的责任，坚持合同有效成立，要求我方按期发货。

问：B 公司的要求是否合理？为什么？

分析：B 公司的要求不合理。根据《公约》规定，如果载有逾期接受的信件或其他书面文件表明，它在传递正常的情况下是能够及时送达发盘人的，那么这项逾期接受仍具有接受效力，除非发盘人毫不延迟地用口头或书面形式通知受盘人表示拒绝。本案中，我方收到 B 公司的逾期接受后当即回电拒绝，因此，该逾期接受无效，合同不能成立，B 公司无权要求我方发货。

当然如果是逾期接受了，最好发盘方也努力地向成交方向努力，而不是找各种原因拒绝。如果价格确实有变化了，应该坦诚地沟通真实情况。

（7）接受的撤回。根据《公约》的解释，如果受盘人撤回通知早于受盘人的接受或同时送达给发盘人，接受得以撤回。但接受一旦生效，合同即告成立，就不得撤销接受或修改其内容，因为这样做等于修改或撤销合同。

3.3　合同的订立

3.3.1　合同成立的时间

我国《民法典》第 483 条规定："承诺生效时合同成立，但是法律另有规定或者当事人另有约定的除外。"第 490 条规定："当事人采用合同书形式订立合同的，自当事人双方均签名、盖章或者按指印时合同成立。在签名、盖章或者按指印之前，当事人一方已经履行主要义务，对方接受时，该合同成立。法律、行政法规规定或者当事人约定合同应当采用书面形式订立，当事人未采用书面形式但是一方已经履行主要义务，对方接受时，该合同成立。"第 491 条规定："当事人采用信件、数据电文等形式订立合同要求签订确认书的，签订确认书时合同成立。当事人一方通过互联网等信息网络发布的商品或者服务信息符合要约条件的，对方选择该商品或者服务并提交订单成功时合同成立，但是当事人事前另有明确约定的除外。"

《公约》也规定受盘人的接受送达发盘人时生效，接受生效的时间就是合同成立的时间。此外，根据我国法律和行政法规的规定，应当由国家批准的合同和业务，在获得国家书面批准时合同方成立。

3.3.2　合同的形式

在国际商务中，合同的形式可以是口头形式、书面形式和其他形式，口头合同必须提供人证。而我国在核准《公约》时坚持，我国与国外当事人订立的国际货物买卖合同必须采用书面的形式，书面形式包括电报、电传、传真、微信、邮件等。但在 2013 年我已经撤回了关于"书面形式"的保留，因此现在中国与绝大多数《公约》缔约国一样不再要求国际货物销售合同必须采用书面形式。在与进口商开始接触洽谈时，出口商应该首先和进口商明确：根据中国的外贸习惯，为了避免争议和为了确保合同的顺畅，我们的出口业务规则和习惯是出口商报盘和进口商确认后、或者进口商和出口商就某笔业务达成共识后，一定要签订书面合同，对业务的所有条款进行全面细致的约定，买卖双方最终以签订合同为准。出口合同应该以报价和还盘等双方洽谈确认的内容为依据。我们的建议：报价时应该把所有的合同条款都一次性地报给客户，客户确认同意我们的报价时合同的所有条款即都认同和同意了，签约合同时所有条款都无需再讨论磋商。有时报价还盘顺利地进行，到后面的合同条款洽谈花了很长的时间，导致大家都不满意。不如刚开始洽谈时出口方就先把合同的所有条款给进口方研究磋商。这样后边的业务会顺畅地进行。

3.3.3　书面合同的意义

《民法典》第 469 条规定："书面形式是合同书、信件、电报、电传、传真等可以有形地表现所载内容的形式。以电子数据交换、电子邮件等方式能够有形地表现所载内容，并可以随时调取查用的数据电文，视为书面形式。"明确了数据电文的法律效力，确定了电子合同与书面合同具有同等效力的问题。中国政府于 2013 年初向联合国秘书长正式交存有关撤销其在《联合国国际货物销售合同公约》项下"书面形式"声明的申请，已正式生效。至此，中国也与绝大多数《公约》缔约国一样不再要求国际货物销售合同必须采用书面形式。但签订书面合同，对确认双方权利义务具有重要作用，书面合同的意义有：作为合同成立的正式证据；作为合同生效的条件；作为合同履行的依据；可以对签约后可能出现的所有情况进行全面细致的约定。

3.3.4　合同成立的条件

根据各国合同法的规定，一项合同，除买卖双方就交易条件通过发盘和接受达成协议外，还需具备下列有效条件才是一项具有法律约束力的合同。

（1）当事人必须在自愿和真实的基础上达成协议，不得受他人的诱惑或胁迫。

（2）当事人必须具有订立合同的行为能力。

（3）合同必须有对价和合法的约因。

（4）合同的标的和内容必须合法，合同涉及的业务，出口方和进口方应该符合各自国家的法律。

（5）合同的形式必须符合法律规定的要求。

3.3.5　合同的种类

3.3.5.1　合同（Sale contract）

合同的内容全面，条款齐全明确，对买卖双方的权利、义务以及合同签订后会出现的各种情况、可能发生争议后的处理解决都有全面的规定。它适用于大宗商品或成交金额较大的交易。

根据合同的性质，合同还可以分为出口合同、采购合同、租船合同、委托加工合同、进口合同等；与合同性质相近的协议具有同样的法律约束力，有代理协议、合作协议、加工协议等。

签订合同或者协议的原则是：合法、合理、双赢、无损于第三方、谨慎、认真、数量适度、确保可以履行、可以遵守、可以执行、讲诚信、企业内部有严格的合同审核流程、企业内部明确授权的签约人（一般董事长、总经理、高管、业务部经理等）。出口商的一般业务人员不经过明确授权不可以随便对外签约。

3.3.5.2　售货确认书（Sale confirmation）

售货确认书的条款比较简单，一般省略了索赔、不可抗力、仲裁等条款；适用于金额不大的简单交易，如轻纺产品、土特产品、礼品、样品、小工艺品等的交易。售货确认书形式和内容过于简单，不特别严谨，不适于钢铁等大宗生意，老（信誉良好的）客户、小钢铁订单、样品、现货等可以使用。

3.3.5.3　形式发票（Proforma invoice）

一些国外客户开信用证时是根据形式发票开证，当国外客户比较信任出口方时就要求出口方出具形式发票即可，而无需签订出口合同。这种情况在货物金额较小、双方又非常信任、业务合作非常顺利的时候可以采用。

3.4　合同条款风险及预防

3.4.1　合同货物描述错误、不明确、有歧义的风险

3.4.1.1　风险概述

合同货物描述错误、不明确、有歧义的风险，是指在出口贸易合同中，对货物的描述与确认条款出现错误、描述不够详尽、含糊不清、理解上双方有歧义，造成最终供货与需求理解不一致而产生的争议或损失。

货物描述错误或不明确带来的风险就是客户今后可能提出异议或者索赔，出现此类风险的原因主要是出口合同谈的不严谨、不细致、没有认真地审核合同条款、草率签约、合同约定不明确、含糊不清、业务人员操作不谨慎、出口商内部没有严格的合同审核流程、与客户的语言沟通有误等。

如果出口合同条款完全通过一线外贸业务员和外贸公司的专业素质非常高、谨慎态度的合同审定人员加以审定和复核，然后出口商授权的人管签字，三级审核可控度比较高，签约前对合同的所有条款出口方都进行了认真的审核（一个出口合同一般要由两个人或者三个人以上审核）发生错误的频率就大大地降低了。如果外贸一线人员随意签约，签约时也没有经过审核和复核，合同里出错的概率就会很大，风险就会出现，轻微者可以补救或协商化解，严重者可能导致巨额赔偿甚至对簿公堂、出口商倒闭。

出口合同有可能出现的错误有：货物名称含糊不清、不明确或者错误，比如热镀锌管写成了镀锌管，工厂可能就生产了电镀锌管；圆管 40 mm×2 mm×6 m 写成了 PIPE 40 mm×2 mm×6 m，进口商需要圆管而出口商最后误出口了方管，或者相反。

出口商还要避免以下错误：产品的标准号、出口商的银行账号、长度、规格、材质、数量、目的港、价格条款、理论计重还是实际重量结算不清楚，理论重量计重应该明确注明单重多少等。

出口合同里对产品的描述越详细、越具体、越明确越好。

案例 64：2018 年 9 月，科威特客户从某外贸公司业务员小杨处购买一批钢管和热镀锌钢丝，各 50 t，付款方式为 30% 前 T/T，70% 见提单复印件。钢管厂已经与小杨合作多年，小杨对其比较了解，钢丝工厂刚刚合作，小杨并不太了解钢丝厂的管理水平、实力和信誉等，但他还是想当然地与客户签订了出口合同，直到发货前，小杨才从钢丝厂那里了解到他们目前做不了 0.6 mm 直径的热镀锌钢丝产品，如果要做需要重新上设备，总价值几十万元。而对于这个小订单，工厂肯定不同意更换，如果换成 0.8 mm 的热镀锌钢丝工

厂可以生产。小杨电话与客户沟通问客户是否可以接受大于 0.8 mm 的热镀锌钢丝，当时客户口头同意了，但还要再跟客户的技术部门确认一下。因为客户催着发货，又正赶上十一长假的时间，因此在没有得到客户技术部门最终确认的情况下，小杨就草率地安排工厂生产出货了。结果十一上班接到客户邮件，说他们技术部门确认 0.8 mm 的钢丝不能接受。而此时货物已生产装箱出运了。最终，客户提出让我方降价 50%处理。一个很小的试订单不仅造成了很大的亏损，而且也丢失了一个刚刚建立起合作关系的新客户。

点评：

（1）小杨签约前没有与工厂认真核实，还没有等工厂的正式确认就贸然答应了客户产品规格，他凭的是自己想当然的"行业经验"，"想当然"导致发生了错误，这是非常低级但又是时而发生的失误案例，值得我们高度警惕。出口业务中所有的细节（尺寸、技术参数、规格、标准、生产时间等）签约前都应该反复地沟通核实，工厂确实可以生产、可以提供了再与客户签订出口合同。出口方对钢厂（供应商）应该进行全面的了解考察，如果遇见信誉不好的供应商，出口合同就无法顺利地执行。同样的产品出口方最好有 3 家以上的供应商，这样如果出现特殊情况出口方可以有替代的供应商。

（2）外贸一线人员上岗前要经过认真的系统培训，大大咧咧、对产品一窍不通、毛毛躁躁、工作不认真、不懂装懂的人确实不适合做外贸工作。外贸人员应该精通自己的产品，并有认真的态度，对没有把握的事情要了解清楚后再做决定。出口商也应该建立一个严谨的流程防范此类事情的发生。

（3）出口商与工厂签订的采购合同里的所有内容也应该十分地明确，采购合同的内容应该与出口合同完全对应，采购合同里对产品的要求应该等于或者高于出口合同的要求。

外贸业务人员经常犯的错误是：想当然、拍脑袋、不了解情况就决定、凭经验、事前不进行认真详细的沟通、没有 100%的把握、对钢厂的情况一知半解、不懂装懂等，这也是外贸人员上岗培训、外贸业务的流程管理需要解决的问题，企业的合同审核复审环节也有问题，出口商也应该加强流程和制度管理，不能安排"半瓶子醋"的人自做主张、自行拍板，要从流程上、制度上杜绝这类事情的发生。

案例 65：初到公司半年的小周，凭着对外贸业务的热爱及很好的谈判能力，签订了一个出口 A 国包装袋设备的订单，设备价值 185 万美元，2017 年 9 月底以前出运，装船前预付 90%，还有 10%的质保金要等设备顺利交付使用后付出。

设备顺利地交付给客户，安装调试后，客户顺利生产出了比他们之前提供的样品袋更高品质的袋子，但遗憾的是最后还是产生了一个麻烦的问题：客户要求生产两层纸里面夹一层塑料膜的包装袋，因为合同的技术资料中写明了可以生产"2~4 层纸+1 层膜"的袋子。但实际上这套装在 A 国的机器需要经过一定改造后才能生产"2+1"的袋子，这是为什么呢？小周与客户的技术合同确认完全与国内供应商提供的技术资料一致，难道是供应商作出了错误承诺？其实，供应商"2~4 层纸+1 层膜"的资料也没错，只是这种设备的设计技术决定生产"2+1"袋子需要在出厂前加装另外一套机构，行业内也都非常了解。然而前期与客户的谈判中大家都没提及加膜的袋子，客户提供的样品也是不加膜的，因此供应商就按照普通的机器进行交付了。

这种情况下，虽然不完全是我方责任，但出于友好合作以及公司形象考虑，我们承诺对客户的机器进行改造，从国内再发设备和派遣技术人员，所有成本我方与客户各担一半。最后经过协商我方与供应商也分别承担40%和60%，才把损失降到了最低点。最终产品顺利交付使用，我们的质保金也顺利收回。

我们的企业也出现过这类问题：某国客户需要一套螺旋焊管机组，这套设备可以生产管的厚度为2～16 mm，可以满足客户需求，经过协商双方就签订了设备出口合同，设备安装调试后可以顺利生产。当地一寸螺旋管的最大厚度需求是6 mm，这套设备1寸的管只能生产4 mm的。由于签约前没有细致地沟通这些细节，导致这套设备的一些缺陷，不能完全满足客户的需求，客户不太满意。

点评：通过案例我们可以看出：与国外客户的技术合同、货物信息确认都必须完善而明确，不能简单地翻译和传递供应商提供的信息。外贸业务员必须对自己经营的产品有足够全面深入透彻的了解和认知，如果连合同标的都含糊不清怎么能不产生风险呢？可以说标的物信息确认是一个合同、一笔交易的核心，因此再多再复杂也要把货物情况确认完整。即使是老客户、老供应商的合同，也不能松懈对货物的描述。外贸人员最好也懂技术、十分透彻地了解自己的产品，出口部门最好也有懂专业技术的工程师。如果不能深入全面地了解技术参数、不精通自己的产品，很容易出错。

3.4.1.2　风险防控要点

（1）货物描述是合同中最需要谨慎处理的条款，货物描述不当、不明确、有误带来的风险往往不可补救，因为如果不符合客户需求的货物已经生产出来，无法逆转。一旦发生，不是客户受损就是出口方受损，这都是我们所不愿意看到的。意识到这点，就绝不会放松对货物描述的确定和审查，始终坚持"再详细再明确再具体也不为过"的原则。

（2）外贸业务员不应是一个纯外贸的商务人员，在产品细节、技术方面不应只充当一个信息翻译和传递的角色，外贸人员应该尽量多地学习产品知识，精通自己的产品是做好外贸工作的前提条件，这样才能在外贸业务洽谈中主动地掌握和控制合同标的物确认的各个环节。外贸部门最好也配备懂技术、懂专业的技术人员。

（3）在具体操作中，必须严格做到对内对外合同的货物描述完全一致，给供应商充分的时间来检查、审核、确认，洽谈的时候不要着急。

（4）对于多规格的产品尤其要注意。我们在与客户协商的时候，要对各型号产品的具体规格做出说明，同时详细了解客户的需要，避免供需之间出现信息不对称的情况。

（5）一份完整的出口合同要对交易各环节、各要件做出明确的规定。合同规定的每一条款、采用的每一惯例，都有其具体的内容，这些条款都是日后履约的依据。而各条款之间以及条款和惯例之间又常有一定的联系。同时，所有的条款既可以看作是对自己应履行义务的一种明确规定，同时也可以看作是对卖方的一种责任义务和制约。

3.4.1.3　相关知识及工具

A　商品品名

商品品名是合同中不可缺少的主要交易条件，品名也代表了商品通常应具有的品质。在合同中，应尽可能使用国际上通用的名称。对新商品的定名，应力求准确，符合国际上的习惯叫法。对某些商品还应注意选择合适的品名，以降低关税，方便进出口和节省运费开支。

国际上为了便于对商品的统计征税时有共同的分类标准，早在 1950 年由联合国经济理事会发布了《国际贸易标准分类》（SITC），其后世界各主要贸易国又在比利时布鲁塞尔签订了《海关合作理事会商品分类目录》（CCCN），又称《布鲁塞尔海关商品分类目录》（BTN）。CCCN 与 SITC 对商品分类有所不同，为了避免采用不同目录分类在关税和贸易、运输中产生分歧，在上述两个规则的基础上，海关合作理事会主持制定了《协调商品名称及编码制度》（The Harmonized Commodity Description and Coding System，简称 HS 编码制度）。该制度于 1988 年 1 月 1 日起正式实施，我国于 1992 年 1 月 1 日起采用该制度。目前各国的海关统计、普惠制待遇等都按 HS 进行，所以，我国在采用商品名称时，应与 HS 规定的品名相适应。

a　约定品名的意义

在国际贸易中，买卖双方商订合同时，必须列明商品名称，品名条款是买卖合同中不可缺少的一项主要交易条件。按照有关的法律和惯例，对成交商品的描述，是构成商品说明（Description）的一个主要组成部分，是买卖双方交接货物的一项基本依据，它关系到买卖双方的权利和义务。若卖方交付的货物不符合约定的品名或说明，买方有权提出损害赔偿要求，直至拒收货物或撤销合同。因此，列明成交商品的具体名称，具有重要的法律和实践意义。

b　品名条款的基本内容

国际货物买卖合同中的品名条款并无统一的格式，通常都在"商品名称"或"品名"（Name of Commodity）的标题下列明交易双方成交商品的名称，也可不加标题，只在合同的开头部分，列明交易双方同意买卖某种商品的文句。品名条款的规定，还取决于成交商品的品种和特点。就一般商品来说，有时只要列明商品的名称即可，但有的商品往往具有不同的品种、等级和型号。因此，为了明确起见，也有把有关具体品种、等级或型号的概括性描述包括进去，作为进一步的限定。此外，有的甚至把商品的品质规格也包括进去，这实际是把品名条款与品质条款合并在一起。

c　规定品名条款的注意事项

国际货物买卖合同中的品名条款是合同中的主要条件，因此，在规定此款项时，应注意下列事项：

（1）内容必须明确、具体、详细，避免空泛、笼统、含糊不清的规定。

（2）条款中规定的品名，必须是卖方能够供应而买方所需要的商品，凡做不到或不必要的描述性的词句，都不应列入。货物不应该有前后矛盾的描述。

（3）尽可能使用国际上通用的名称，若使用地方性的名称，交易双方应事先就含义取得共识，对于某些新商品的定名及译名应力求准确、易懂，并符合国际上的习惯称呼。

（4）注意选用合适的品名，以降低关税，方便进出口和节省运费开支。

B　国际货物买卖合同中的品质条款

合同中的品质条件，是构成商品说明的重要组成部分，是买卖双方交接货物的依据。英国货物买卖法把品质条件作为合同的要件（Condition）。《联合国国际货物销售合同公约》规定卖方交货必须符合约定的质量，如卖方交货不符合约定的品质条件，买方有权要求出口方损害赔偿，也可以要求出口方修理或交付替代货物，进口方可以拒收货物和撤销合同，这就进一步说明了品质的重要性。

a 商品品质表示方法

商品品质的要求不同，合同中品质条款的内容也各不相同。在凭样品买卖时，合同中除了要列明商品的品名外，还应列明样品的编号，必要时还要列出寄送的日期。在凭文字说明买卖时，应明确规定商品的品名、规格、等级、标准、品牌或产地名称等内容。在凭说明书和图样表示商品品质时，还应在合同中列出说明书、图样的名称、份数等内容。

b 签订国际货物买卖合同中的品质条款应注意的问题

品名和品质条款的内容和文字要做到简单、具体、明确，既能分清责任又能方便检验，应避免使用"大约""左右""合理误差""符合商业要求"等笼统字眼。

钢铁出口中如果使用商业标准（Commercial Standard），这非常含糊不清，如果和客户比较熟悉、数量不大、要求不高，可以勉强使用，当数量较大时，最好明确执行什么标准。

凡能采用品质机动幅度或品质公差的商品，应在合同中明确约定幅度的上下限或公差的允许值。如所交货物的品质超出了合同规定的幅度或公差，买方有权拒收货物或提出质量异议以及索赔。

品质机动幅度是指允许卖方所交货物的品质指标可有一定幅度范围内的差异，只要卖方所交货物的品质没有超出机动幅度的范围，买方就无权拒收货物，这一方法主要适用于初级产品。

品质公差是指工业制成品在加工过程中所产生的误差。出口方在双方约定的品质公差范围内交货，买方就无权拒收货物，也不得要求调整价格，这一方法主要适用于工业制成品。应该注意各品质指标之间的内在联系和相互关系，要有科学性和合理性。

3.4.2 合同条款过度承诺的风险

合同中的过度承诺风险是指出口方为争取订单而在出口合同中过度地承诺了不应承担或无力承担的合同义务，最后导致合同的一方无法完全履约所带来的风险。

面对激烈的竞争或者大额的订单，出口商有时会冲动地给客户做出过度承诺，抱着"先拿下订单以后再考虑解决办法"的草率态度或者"先答应下来以后看情况再说、能执行就执行不能执行就不履行合同"的不负责任态度。这样确实能帮助自己争取订单，却也为日后的争议纠纷以及风险埋下了伏笔，为了这些过度的承诺出口商今后要付出一定的代价，或者因为无力履约而丢失客户和败坏了自己的信誉。过度承诺主要有：交货期、质量标准、规格、级别、价格、付款方式等。

目前确实有个别的钢铁出口企业，即使亏损也先拿下订单，如果国内价格暴跌了就履行合同交货，如果国内价格涨了就和客户商量涨价或者撕毁合同，签合同时完全靠赌未来的市场变化。还有的出口商签高质量高价格的产品，组织货源时却安排工厂生产低质低价的，客户发现了就赔一点点，如果客户没有发现就大赚一笔。有的出口商签约是价格高的A产品，出口时却是部分A产品，部分（20%~30%，甚至更多）是价格低的B产品，B产品的外表和A产品完全一样，客户如果没有发现就赚了一笔。世界之大无奇不有。这样的出口商可能暂时挣了一些钱，暂时有可能发了不义之财，但是违背了实事求是的原则，在出口贸易中不讲诚信、欺骗客户，这样的出口商早晚会有问题的，这类出口钢铁企业长期下去倒闭无疑。没有道德底线、没有商德，结果不会吉祥。

案例 66：某外贸公司业务员小王与某国 C 公司谈成了一个 12 台小型机械、货值 42 万美元的出口订单，订单来之不易，当客户发来正式的 PO 时，小王在上面发现了之前从没提及的一个条款：每台机器随机赠送 1000 美元的零配件，一共 12 台就是 12000 美元。对于每台 3000 多美元利润的订单来说，1000 美元绝对不是小数目，当然不送为好。小王同部门的同事一起通过对客户情况的分析，做出如下"高明"判断：前期谈判中 C 公司的老板从来没提过这个事，最后 PO 中加入这个条款是这家 C 公司采购部门的"例行公事"；再则，他们这些坐办公室的人怎么会跑到工地现场去数一数我们送了多少配件，而工地的负责人只知道盖房子，不见得知道这个 1000 美元问题的存在。

业务员小王怕把此 1000 美元配件提出去商谈，会使原本都谈妥的合同再次进入一轮谈判从而推迟执行，甚至影响订单的取得，而且很有可能最后还是让步给客户，那么一旦这个条款被挑明后，就真的要送出这 12000 美元了。经过这样的分析，小王决定：不吭声地接受这个 PO 条款，但最后不发这 12000 美元的配件（大家请不要骂他的不道德，这里仅仅讨论学术问题）。没想到，他的得意分析后来被事实推翻，因为客户收到第一批货后就指出：配件在哪里？在信誉和金钱选择中，小王回复："我们的计划是在第二批货中一起发送所有配件。"这 12000 美元就从原来的核算利润中缩水了。

点评：希望通过本案例告诉大家：业务员不能因为求单心切而轻视合同条款中承诺的责任和义务，重签单轻履行是外贸企业最忌讳的事情。这样的心理在外贸企业里具有一定普遍性，为了争取尽早拿下订单，过度允诺、侥幸对待，这个案例是非常典型的。这种轻视合同、轻视承诺的心理，带来的将是信誉的损失或者直接的经济损失，不利于与客户建立长期业务关系，与其这样还不如事先充分商谈，明晰双方真正的权利义务责任。签订了出口合同出口商就应该严格地认真地履行，外贸企业诚信为本，不应该有侥幸心理，这样的出口商才会有美好的未来。

案例 67：某外贸公司钢材出口部的小张取得了一个货值 71 万美元的出口订单，但这是小张所在部门第一次出口此类钢材，其供应商也是第一次合作，是排名中国前几位的一家特大钢厂。在大钢厂的强势态度和死板的企业规矩面前，小张公司常规的合同文本遭到了多处否定，而且钢厂态度坚定，俨然一副游戏规则制定者的态势。几经周折、耗费数日，迫于压力的业务员小张还是在多个条款上做出了妥协或变相处理，最后合同内容谈判在交货地点上存在分歧，致使谈判停滞不前。由于双方已经确定由钢厂负责货物铁路运输至天津港，运费由钢厂支付，鉴于此，小张公司提供的合同文本中写着"交货地点：天津港××物资供应有限责任公司专用线"，但钢厂却一再强硬拒绝这个写法，而要求将交货地点写为他们钢厂。这位负责人还毫不隐讳："我们就是不想承担由我们钢厂到天津的运输风险。"大的钢厂其实可以安排铁路运输，他们与铁路局有长期紧密合作关系，但却要将这段铁路运输风险转移给小张公司，对钢材贸易和铁路运输都陌生的小张当然无法对这个看似小但隐患极大的原则性问题妥协。在万般的劝说都不成功的情况下，最后小张提出了一个折中的办法，钢厂也同意：去掉合同中交货地点这一条款。因为合同中明确约定了由钢厂承担这段铁路的运输费用，那么当合同不标明交货地点时，在法庭上自然能推定出天津为双方的交货地点和风险转移点。就这样小张赢了谈判。

点评：本案例是从另外一个角度来说明同一个观点，如果小张公司草率接受钢厂的意见，把交货地点确定为他们厂内，那么就给自己埋下了潜在的隐患。接受对方过度权利的要求也就是自己过度承担了义务。因此要做到合同的义务和权利并重，合理承接自己的义务，不能一味讨好客户而过度承诺，同时也要积极主张自己的应得权利，尤其是关键性的权利切不能草率表述。如本案例中与供应商的争执点坚决不能妥协。总之，必须尊重和维护合同严肃性，义务和权利并重，合理承接自己的义务，不能一味讨好客户而过度承诺，同时也要积极主张自己的应得权利，尤其是关键性的权利切不能草率表述，力图建立一种双方都严格执行合同条款的业务氛围，双方都是长期受益的。

我们的经验：如果出口商的规模还不是太大，还不足以左右大的钢厂时，可以与大钢厂的协议户合作，让协议户赚一些钱，这样质量交货期等都有了可靠的保障。目前店大欺客、客大欺店的现象很难杜绝，我们出口商努力找出一些解决方法为佳。

风险防控要点：

（1）出口商应该尊重和维护合同的严肃性，严格地履行合同，讲诚信、讲信誉是出口商最大的商业财富，信誉是企业的宝贵财富，树立良好的企业品牌最重要。

（2）量力而行，签订合同时必须对自身的履约能力有充分认识，因为过度承诺不能100%地履行合同而损失自己的信誉是非常不值得的事情，黄金有价，信誉无价，眼前利益是芝麻，自己的信誉是西瓜，丢西瓜捡芝麻，真有点不值得了。

（3）出口商和外贸业务员需要具备一定的合同法律基本常识，对国内、国际贸易基本商业规则和具体产品的行业基本贸易规则有一定了解。

（4）义务和权利并重，合理承接自己的义务，不能一味地讨好客户而过度承诺，同时也要积极地主张自己应得的权利，尤其是关键性的权利切不能草率表述，轻易草率地承诺，要力图建立一种双方都严格认真地执行合同条款的商业氛围，双方都将因此长期受益。

（5）在合同签订阶段，加强风控部门、条法人员、财务部门、实际业务操作部门及业务部门对合同条款，特别是当事人义务、责任及标准条款的审核，确保承诺条件符合公司要求及实际服务于客户的水平，杜绝过度承诺。

（6）合同的一切内容都应该书面化、标准化。一字千金，一诺千金。双方商讨的结果、做出的决定、做出的承诺，应该写入合同，双方签署合同或者协议后双方都必须严格认真地履行。

（7）对合同的所有条款都应该严格地审核审查，把握好合同的所有条款。实事求是地、严谨地认真地订立合同，做不到的条款、没有把握的事情坚决不签订。

案例68：A君与一国外买家洽谈了一笔贸易，先期订单为一个集装箱作为样品（如果货物在孟加拉市场销售较好，预计未来将每月有大量的订单），付款方式为：（1）定金USD 3000.00；（2）剩余款项L/C和T/T各50%。为了尽快完成合同，并赢得后续的大量订单，A君在收到定金后按照合同约定如期发了一个集装箱给国外客户。柜子快到港的时候，开始催客户T/T部分尾款，未果。柜子到港后，收到客户邮件说对方在海关出了问题，手上有11个柜子滞港，要等问题解决了，之后会通知A君。A君看信用证上有效期是7月28日，时间还早，就决定继续等等看。6月3日客户邮件告知A君，港口问题已解决，但由于之前11个柜子滞港提不出来，所有资金全部压在这些货上，因此希望A君先给他信用证项下交单，他收到柜子后会在1～2个星期内支付剩余T/T款项。由于这样操作存在收款的风险较大，A 君便一直和客户之间邮件协商，这样的状态持续了一个星期左右。6 月 29 日客户突然邮件写来，说明自己面临严重的经济困难，无法如期支付相关货款，要求 A 君退运且补偿给 A 君 5%。A 君被这封邮件吓着了，这哪里是生意简直就是儿戏。而且集装箱退回来光海运费和相应的清关费用（若货物出口时的单证齐全且未办理出口退税还好，如果已经办理了出口退税，那么进口就需要缴纳进口的环节税）就是不小的数目，那个 5% 根本就是微小的费用而已。客户的要求被 A 君严词拒绝。后来发邮件给客户，告诉客户，可以先交单，剩余 T/T 部分尾款等客户以后有钱了再付，关于客户提出的折扣，下次见面时再说。客户威胁：如果不同意折扣，他不会接受这个柜子，并要求退柜。A 君意识到若客户强求退回货物会损失更大，便在没有同意折扣的情况下交单，并通知了客户。A 君为了这个事情，经常睡不着觉，天天堵在心上，处境实在是太被动了。

分析：客户的信誉和实力都不了解就和客户做生意，风险太大了。和国外客户谈生意之前一定要先全面地了解客户的情况，了解了客户的信誉再做生意比较好，如果不了解客户的情况就要采取一定的防范措施和手段。当 A 君同意货物余款以 L/C 与 T/T 各一半的方式来支付时，就开始掉入买方的骗局了，买方与 A 君的这种贸易方式如果对方信誉不良本身就存有很大的风险和不确定性。如果合同签约后出货，凭提单复印件 T/T 先支付一半的货物余款；待收到 T/T 货物余款后，再到议付银行信用证交单，提单正本随信用证交单到国外开证银行。多数人以为提单在手可以控制住货权，就同意了，但实际上，这种付款方式，买方随时可以翻脸，他只要拖着不支付尾款的一半 T/T 卖方就进退无路了。在没有收到 T/T 的情况下，如果直接交单，提单正本随信用证了，虽然可以收到信用证项下的一半余款，但另一半余款就要看买方的心情了；如果不交单，买方更开心，只要等到信用证最晚交单期一过买方连信用证部分的货款都可以不用支付，然后等着三个月一到，开开心心地去海关以一个超低价去把货买下来。对于买方来说，要使这个陷阱的收益最大化，开始的时候就要拖着卖方，让卖方没有及时交单，卖方掉进这个陷阱后，最小的损失都会是余款的一半，如果能及时反应过来，在最晚交单期前信用证交单了，那损失还能小点，不然就是百分之百的货款全无。如果要想降低或减少损失，只能是同买方协商，给他们个折扣价而且这个折扣价要很低，低到比他们当地的海关拍卖价还要低才有可能，至于其他的退运或者转卖都不用指望了，因为你要退运或转卖的前提条件是原买方会配合你并签署同意文件给你。

洽谈出口业务之前，出口商应该认真地思考一下：这个客户你了解吗？这个客户的信誉好吗？客户提出的付款方式出口商有风险吗？如果有风险的话，出口商能规避这些风险吗？签约之前把这些问题考虑清楚了再签约，全面了解客户最重要。从客户的付款流程上没有风险对出口方来说最重要。

笔者的企业多次遇见一些小客户，签订合同后，价格下跌了不开证或者随意地取消合同、开证了却不允许装运、装运了找不符点逼出口商降价的经历。即使是有的上市公司，也出现过我们单证相符交单后，当地价格下跌，客户说"提单是假的"，就直接拒绝付款了的情况。

对于客户信誉不良、不清楚的情况，最好是装船前要确保可以 100% 收到货款，这样风险才可以基本为零。

客户信誉不太了解的情况下，装船后付清全款、装船后 50%信用证 50%T/T 款、装船后 D/P 和 D/A 的都有很大的风险。即使是 100%的信用证，客户信誉不清楚也有一定的风险。

3.5　货物出口一些相关国外市场的注意事项

出口企业在对不同国家（地区）出口的过程中，有必要了解当地的相关海关政策，特别是某些地区因海关政策较为特殊，对企业的出口贸易和安全收汇会产生较大的影响。下面列举一些相关国别的特殊海关制度或相关要求，供广大出口企业参考

3.5.1　印度市场

印度海关规定，货物到港后可在海关仓库存放 30 天，满 30 天后海关将向进口商发出提货通知。如进口商因某种原因不能按时提货可根据自己的需要向海关提出延长申请，如进口商在延长后的时间内仍未能按时报关提货海关将再次（也是最后一次）向进口商发出催促提货的通知。如果进口商在接到海关第二次通知后，在规定的时间内仍不提货，也不做任何说明和申请延长，海关将拍卖有关商品。当然货物到达目的地后，如果因为进口商不付款不提货或因质问题需要退货是允许的。出口商需凭原进口商提供的不要货证明、有关提货凭证及出口商要求退货函电委托船代理在付清港口仓储费、代理费等合理费用后办理退货手续。如果进口商不愿出具不要货的证明文件，出口商可凭进口商拒绝付款或拒绝提货的函电或由银行或船代理提供的进口商不付款赎单的函电、有关提货凭证及出口商要求将货物回运的函电委托船代理直接向印度有关港口海关提出退运要求并办理有关手续，如果货物被进口商从海关提出，因质量问题需要退货的，进口商已交付的进口关税也可以退还，不过只能退还原来所交关税的 80%～90%。

出口印度的产品还要面临非关税壁垒，一些钢铁产品出口到印度市场装船前要做指定的检验，有时还要对出口企业进行认证。

下面是一个简要的印度退运流程。

第一步：货主即出口方书面向印度海关提交退货申请。

第二步：从收货人处取得 Non Objection Certificate（放弃声明）用于去海关做申报。

第三步：支付所有目的港费用，包括滞港费用、清关费等。

第四步：通知船公司修改 MB/L 船运提单中的收货人改为转卖新买方，支付来回运费及仓租、柜租等费用。

第五步：用原船公司进行退运，原报关行联系办理中国退运进口与报关。

3.5.2　土耳其市场

土耳其海关有几条比较重要的规定，需要出口企业加以关注，以免在与土耳其进行出口贸易时限于被动：

（1）货物到土耳其港后，如未收到收货人的正式拒绝收货通知，土耳其海关不允许出口商将货物拉回或转运。

（2）货物放在海关 45 天后，海关将作无主货物处理，有权拍卖该批货物。

（3）货物被拍卖时，同等条件下，原进口商为第一购买人。

3.5.3　埃及市场

按照埃及贸工部 2015 年底出台的新规，对埃及出口商品（详细清单附后）的生产厂商需在埃及进出口控制总局（GOEC）注册，未完成注册的厂商，埃及海关将对其产品不予放行。该规定于 2016 年 3 月正式生效。

注册须由生产厂商的法定代表人、品牌所有者或前两者的法定委托人完成。注册所需资料如下：

（1）生产商营业执照复印件；

（2）法人实体及经营范围证件；

（3）生产商自有品牌及其代理或授权的品牌信息；

（4）工厂申请并获得的质量监管认证、符合环境标准和国际劳工组织公约的证明、国际实验室认可合作组织（ILAC）的认证；

（5）同意接受埃方技术团组对工厂安全生产和环境标准进行核查。

需注册的商品清单如下：零售奶制品、水果罐头及果干；零售食用油及油脂；零售的巧克力及其他含可可类食品；糖类；面食；零售果汁；纯净水、矿泉水及汽水；化妆品、护肤品、牙齿护理品、除臭剂、洗浴用品、香水；零售肥皂、香皂类保洁用品；地面覆盖产品；餐具、浴缸、洗手台、马桶；卫生纸、化妆纸、尿不湿；瓷砖、玻璃材质的桌子；军工铁具；炉、炸锅、空调、风扇、洗衣机、搅拌器、热水器等家电；家具及办公家具；自行车、摩托车及电动车；钟表、家用照明设备；儿童玩具。新规还规定：装运单据（提单、发票、产地证等）必须由出口商银行直接交给进口商银行，不可交给进口商或通过出口商递交给进口商银行，否则将被拒收。

3.5.4　苏丹市场

根据苏丹标准计量组织与中国国家质检总局 2013~2015 年达成的多项协议，中国出口苏丹工业产品必须实施装运前检验，苏丹相关部门将查验中国出入境检验检疫机构（CQ）签发的装运前检验证书，并在中国国家质检总局提供的联网系统核实后予以放行；如发现假证书（包括证书为真但无法在系统中查到的）出口企业将被苏丹标准计量组织列入黑名单，禁止向苏丹出口货物

因此，出口企业在向苏丹出口工业产品前，务必获得装运前的检验证书，并及时了解办理部门是否将证书上传联网系统，以避免货物到港后却因没有办理装运前检验证书，或者已办理证书但无法在联网系统中查到，而被苏丹海关拒绝清关，影响了货物正常流转，从而造成经济损失。

3.5.5　巴西市场

3.5.5.1　大部分商品进口均须办理进口许可证

巴西大部分商品进口均需办理进口许可证，包括自动进口许可证和非自动进口许可证两种。其中，自动进口许可证的审批过程比较简单且自动批准；发展工业外贸部下属的外

贸局（DECEX）负责处理非自动进口许可证的申请及审批，进口商需要在出口国将货物装船前通过"巴西外贸网"（SISCOMEX）申请进口许可证。非自动进口许可证管理的产品主要包括需要经过卫生检疫、特殊质量测试的产品，对民族工业有冲击的产品及高科技产品，以及军用物资等国家重点控制的产品，具体涉及大蒜蘑菇、绝大部分化工产品、绝大部分医药原料和成品、动植物产品、轮胎、纺织品、玻璃制品、家用陶瓷器皿、锁具、电扇、电子计算机、磁铁、摩托车、自行车、玩具、铅笔等。进口货物未获许可证则需缴纳该批货物海关估价的 30% 作为罚款，如许可证失效后货物才在出口国装船的，则需缴纳该批货物海关估价的 10% 或 20% 作为罚款。

3.5.5.2　进口通关时海关按颜色分类抽检

巴西海关对报关货物实行抽检的方式，按照进口商纳税贸易行为、进口货物性质数量及价格、征税情况、货物原产地、出口地进口商运营能力和经济实力等多种因素进行分析后，货物将被分配到不同的清关通道实施分类抽检，即按照绿色、黄色、红色、灰色四种不同颜色分类处理。绿色报关货物及文件可全部免检，自动通关；黄色仅检查报关文件，核实后货物自动通关；红色报关文件和货物均需经过检查后方能通关；灰色除对文件和货物进行核查外，还需执行海关特殊监管程序，核实是否存在欺诈行为。

3.5.5.3　对提单的特殊要求

巴西海关不接受海运单（Sea way bill），同时所有无单货物（单证信息缺失或错误靠港卸货后）将被视为走私，立即被海关扣押并处以罚款。另外，巴西海关对正本提单也有一些特殊要求：

（1）收货人不得为"To order"，若提单上面的 Consignee 显示为 To order 货物将会被海关扣留，直至向巴西海关系统提交收货人的详细资料，包括完整地址、企业税号、电话、传真等联系方式及联系人等海关才会允许报关提货。

（2）不接受通用货物描述，如 Department goose、Chemical、Dry cargo 等。

（3）必须标识 Consignee 的企业税号 CPNJ、货物的巴西商品海关编码 NCM code，如果 Notify 与 Consignee 不同，也必须标识其企业税号 CP。出口企业须于 Consignee 确认货物的商品编码 NCM，且编码前四位必须显示在提单上。另外，提单上必须标识出货物的体积（单位：m^3）。

（4）运费必须用数字和文字同时在提单上注明。

3.5.5.4　退运或转卖不易操作

巴西对进口报关有相应的时限要求：在港口和机场（Primary Zone Area）的货物应在卸货后 90 天内进行；在其他可进行海关进出口活动的地区（Secondary Zone Area）的货物应在卸货后 45 天内进行。若在要求时限后货物仍无人认领，将直接被认定为弃货，并由巴西联邦税务总局负责拍卖或捐赠，若是假冒伪劣产品则直接销毁。对于滞港货物，出口企业可以申请退运或转卖，但需要向海关提供进口商的许可，若进口商不配合或拒绝提供，出口企业需向海关提供进口商已拒绝接受货物或不再提货的相关证据，不管退运或转卖，出口企业均需向海关明确声明滞港期间所有费用由出口企业还是新买方承担。另外，若出口企业申请转卖，需要向海关提供修改后的提单及新买方抬头的全套贸易单据。

3.5.6　小结

以上是相关国别海关政策方面一些特殊注意事项，信息主要来自商务部网站及中国出口信用保险公司，各国当前实际规定可能略有变动，具体操作请以当地政策为准。

注意：世界很多国家（如伊朗、斯里兰卡、孟加拉等）都是提单的通知人如果拒收货物，出口商欲转销售给其他进口商时，必须要经过原通知人的书面同意，如果其不同意转让，出口商不得转买给其他进口商。我们的出口方应该对目的国的政策情况有比较全面的了解，在货物处理和单据上尽量配合进口方的合理要求。双方互相了解、配合默契了，生意会越做越好。重要的问题应该事前反复磋商。

4 出口单据及信用证操作指南

4.1 出口单据

4.1.1 出口单据的重要性

出口单据的制作和单据管理是钢铁出口企业一项十分重要的工作，对出口商是否可以安全收汇至关重要，千万不可以大意和掉以轻心。进出口双方处于不同的国家，在交易过程中会发现彼此意识形态、语言文化、思维方式、习惯、风格等都有所（很大）差异，而单据却承担着连接交易双方所达成的所有共识。作为出口企业，把单据管理做好主要有以下三个重要意义：

（1）保障业务顺畅推进。从合同签订到客户收货、办理进口清关、进货库存的盘点，每一项环节都有相应单据作为重要的凭证。比如进口清关是客户进口货物的重要环节，如果出口商提供内容不全或者描述有误、单据不符，就会导致客户清关延迟甚至面对高额罚金等不必要成本和损失。

（2）体现专业形象。出口商往往把货物的品质和交货期作为努力提升的目标，而忽略掉单据正确清洁完美的重要性。而实际上进口商一般是未见货物先见单据，一套信息准确、正确、全面、设计简约美观、及时提供完整信息内容的单据能成为企业专业形象和服务质量的重要加分项目。

（3）收汇风险屏障。单据的正确性，尤其是信用证单据的正确性对出口收汇至关重要。信用证项下一个不符点的产生，一般开证行会收 50~100 美元费用，增加了出口商不必要的成本，单证不符银行信用自动失去，转换为商业信用，会让出口商在收汇流程和时间上完全处于非常被动的局面。

4.1.2 钢铁出口行业常用单据及模板

询报价单：报价单（Quotation Letter）；询价单（Inquiry Letter、Request for Quotation（RFQ））。

契约类模板：

（1）销售合同（Sales Contract）：模板见附件 1。销售合同是进出口双方达成交易最具法律效力的契约文书。有些出口企业认为合同文本十分烦琐，对其重要性缺乏正确的认识；有些出口企业认为提供了形式发票（PI），对方付款或开证后即"落袋为安"，便可以放心推进订单执行了。在国际贸易实务中，为了方便进口方银行开证或者付款，形式发票内容往往非常简洁，一些具体的细节包括货物尺寸公差、磅差、仲裁条款、不可抗力及其他双方协定的重要条款一般不会体现在 PI 上。当双方合作中遇到争执后，双方由于没有合同约束，往往各执一词，导致发生纠纷，合作难以为继，最后不欢而散，更有甚者采取法律诉讼最后双方成为了冤家。所以建议我们的钢铁出口企业一定要在交易过程中签订书面合同，即使协商合同中的所有条款相对烦琐，但是任何事情都有言在先并落在纸面上，才能带来和维持长久愉快的合作。先小人后君子，做生意之前双方对所有的事情、所有的细节都通过平等友好的协商沟通，非常明确地约定下来，才是顺利开展出口工作的最佳方法。签订合同时要注意：不明确的事情、没有把握的事情、含糊不清的事情、不能控制的事情、不能履行的事情、超过自己能力的情况不要同意和不要签署。

（2）形式发票（Proforma Invoice）：在合同签订后，形式发票是让进口商安排货款或开立信用证的重要单据。除了货物信息、付款金额等，请注意一定要明示正确的出口商名称、收款账户、通知行等信息。

（3）采购订单（Purchasing Order）：一些出口商和进口商在通过邮件确认订单之后，进口商会给出口商发送 PO，让出口商签字确认。这类单据格式多种多样，主要包含进口商要求的货物细节，但有时也包含一些不合理和含糊不清的条款。建议出口商认真仔细地逐条阅读研究，可以全部接受时再予以确认，对不可接受的条款应及时告诉进口商，双方再通过沟通最后达成共识，形成协议或者合同，不必担心对方会由于我方指出一些不合理的条款而终止合作。相反，在实务中如果出口商表现出谨慎对待每一个条款并提出探讨和意见，会给对方展示出一种专业、认真且有责任心的工作态度。

4.1.3　信用证常见单据

出口商制单最重要的原则是单证必须 100%地相符交单，出口单据必须完全严格地根据信用证的要求缮制，单据与信用证完全一致的就是正确的，否则就是错误的，单证不符有时也会给出口商带来灾难。出口单据应该使用英文，出口商收到信用证后应该认真审证，如果发现不能保证单证相符交单的、信用证与合同有严重不符的、有软条款的等，信用证就不要接受，合同就不要履行，并应该马上通知进口商改证，等出口商收到与合同基本一致、能够保证单证相符交单的信用证了，再开始履行合同。进口商不同意改证的，出口商可以把信用证退回，由于客户不能严格按照合同开出信用证，合同终止。

（1）汇票（Draft）：模板见附件 2。汇票实质上是一种委托付款证券，在出口实务中，尤其是信用证业务中十分常见。跟单信用证汇票的受票人或付款人（Drawee/Payer）通常为开证行或其指定代理行，而收款人（Payee）为出口方，一般为信用证的受益人。

（2）商业发票（Commercial Invoice）：模板见附件 3。在货物生产完毕后，出口商需提供商业发票并作为最后的付款指示及凭证。注意如果是信用证交易，往往会有诸多信息需要显示在商业发票上，需要单证人员仔细对待。

（3）装箱单（Packing List/Containerized Packing List）：模板见附件 4。装箱单是货物生产完毕后给客户提供的货物明细文件，装箱单越详细越明确越具体越好，装箱单不能有错，必须正确无误，必须做到单（据）货（物）100%地相符，缮制单据时一定要精益求精，认真反复地核对，并且 100%地满足信用证的要求。不同的进口商对装箱单会有不同要求，有些客户要求显示各规格总数即可，有些需要显示到每一捆、包、件的片数或者支数明细，因为进口商往往需要有一个非常精细的数量核对流程，需要出口商认真细致地谨慎对待。如果是信用证交易，出口商应该确保单证一致、单单一致、单货一致。

（4）海运提单（Bill of Lading）。海运提单在各类出口单据中占据着特别重要的位置，它既是承运人开具的货物物权收据，也是托运人与承运人之间的运输契约证明，更是托运人与收货人之间货物交接的货权凭证。提单分为记名提单、不记名提单、记名指示提单、不记名指示提单等多种类型。

在提单管理方面，提醒如下几点：

1）出口商应该对每一票提单用复印件存档，因为提单是第三方出具的货权凭证，在公司审计、外汇核销等诸多环节中都会用到提单副本（复印件）以证实交易的真实性。

2）有些国家和地区的进口商可以使用提单副本外加 PS 出口商（shipper 为出口商的情况下）印鉴的方式从目的港提货，所以在尾款结清之前，建议出口商谨慎发送提单副本（复印件）。在客户信誉不清的情况下，没有收到货款时出口商尽量不要发给客户提单的复印件。

3）现今各船东对于起运港 shipper 的保护意识增强，很多对提单提出的修改和操作均会让起运港的 shipper 出保函，所以出口商注意提单中的起运港的 shipper 在未收到货款之前不要轻易地改成他人（进口商），原则上提单的 shipper 应该为出口商，这样才会掌握后续改单的信息和主动权。

4）如果是信用证交易，在订单操作前务必确认船东是否能够显示所有信用证要求的条款和信息，如果不能满足，需要第一时间考虑使用其他船公司或让客户改证。如果客户信誉不清、不良，出口商就必须在保证单证相符的情况下装运，否则要坚决地要求进口商改证，或者停止装运。当然也可以通过小单（House B/L）交单的方式满足信用证要求，但是小单往往会造成客户提货的麻烦和额外费用，另外需要提前确认信用证是否可以接受小单。提单是核心单据，装船前必须保证单证相符，否则出口方一定不要贸然装运。

5）钢铁出口大部分都是采用散杂货船（Bulk Vessel）运输，船期很不稳定，经常有恶劣天气，预计的船期晚到或者迟到等，甚至不负责任的船东临时随意地变更计划，发生拖延船期，导致提单日期（B/L Date）晚于信用证最晚装船期（Latest Shipment Date）的要求。还有的船代为了揽货，先预告一个很快的船期，其实根本没有保证。当实际装船期晚于信用证的要求时，出口商往往会要求船东倒签提单，出口方并给船公司出具保函。但是随着全球 GPS 船舶定位系统及其他信息渠道越来越透明，收货人很容易举证船期延迟的事实，然后进口商通过法院判定出口商商业单据欺诈、发出止付令等手段终止信用证付款，给出口商带来更大的风险和麻烦。所以对于这种情况我们有两点建议：一是在合同谈判中充分考虑备货时间，可以答应货物备妥时间（Cargo Ready Date），而最晚装船期不要轻易承诺，一定要打出充分的时间余量，尽量避免客户改证。二是如果发生超出最晚装船期的情况，建议出口商在装船前第一时间与客户协商并达成一致意见（最好是书面的）后再装运，没有把握的客户，一定要等收到信用证展证后再装运。如果进口商不同意延期装运的，出口商只能将货物自行处理。装运需要延期的情况下，出口商不要抱有侥幸心理，不要期望通过倒签提单蒙混过关，如果未和进口商达成一致就延期装船，之后会更加被动，进口商知道了有可能以单据欺诈来拒收、拒付货款等。

如果出口方延期装运，违背了合同的最迟装船期，一些进口商取消合同并要求一定的赔偿是合理的。

一般情况下，国外进口方确实需要这批货，晚几天装船都是可以的，客户一般都会同意的，出口方应该实事求是地和客户沟通情况，双方达成共识，接到了客户改证后再装船，这样比较安全。

（5）产地证（Country of Origin）：通常由中国国际贸易促进委员会（CCPIT）或者商会签发，信用证未加明确由谁签发的也可以由出口商自己制作和签发，还有的产地证信用证规定需要到大使馆办理认证。

（6）保险单（Insurance Policy/Certificate）：在 CIF 等条款下，出口商需要提供保险单。保险金额通常为发票金额的 110%，保费不一，需要出口商和保险公司事前协商。

（7）检验证书（Inspection Certificate）：有些客户要求装船前检验（Pre-Shipment Inspection/PSI），检验证书一般是由双方同意的检验机构出具的检验合格的证书。请注意，如果是信用证付款，建议出口商尽量不要接受检验证书作为议付单据，这样会对收汇造成很大的不确定性。而接受的前提也一定是确保检验证书的出具方不会受进口商控制和左右，同时出具方能够确认所出具证书的格式和内容能够完全符合信用证要求。一般检验机构是双方都认可的信誉良好、比较权威的认证机构，比如 SGS、BV 等。如果进口商自己派人装船前检验、检验报告要进口商或者其委派人签字的，都属于信用证里的软条款，合同中没有约定、信用证收到后突然发现信用证有进口商派人检验的条款，并且进口方派人的检验结果作为议付单据的，出口商一定要明确地予以拒绝，否则收汇的风险巨大。

（8）装船通知（Shipment Advice）：模板见附件 5。货物装船后要及时给客户发装船通知，主要是让客户及时办理保险和准备接货，在发装船通知时力争准确无误及时。不过由于船期不稳定，开船时的预计到港时间（ETA）往往不准确，因而建议出口商有必要跟踪船期动态，并在船到前 7~10 天再次提醒进口商，以便客户做好接货和清关准备。

（9）受益人证明（Beneficiary Certificate）：模板见附件 6。有些国家的信用证会有比较烦琐的证明要求。在收到信用证时建议出口商认真地研究实际情况是否与信用证里条款要求的情况相符，避免因为受益人证明造成的单据不符而导致对方拒付的风险。受益人的证明严格地按照信用证的规定缮制即可。

（10）船证（Shipping Certificate）：模板见附件 7。在信用证条款中也会有需要提供船证的条款。请注意，由于船证和提单都是由第三方出具，出口商务必在执行订单开始前与船东或船代确认是否能够按信用证要求的内容出具。

出口信用证制单的基本原则是：单证相符（单据必须严格地按照信用证的要求缮制）、单单相符、单货相符，单据在满足信用证要求的情况下尽量简单、清晰。制单工作必须有优秀的外贸人员来审核，制单人员尽量进行上岗前培训，制单人员尽量相对稳定。单据不要一个人负责，一个人制单一个人审核比较好。收到信用证后严格审证也十分重要，如果信用证与合同有严重不符、有软条款、有不能履约的条款、不能保证单证相符等，应该让客户及时改证，出口商收到可以保证单证相符的信用证后再安排履行合同。

4.2　跟单信用证基本概念及主要类型

信用证是钢铁出口贸易中最常见（占 90% 以上）的付款结算方式，本节将从信用证基本概念和信用证类型两个方面介绍。

4.2.1　跟单信用证简介

信用证（Letter of Credit，简称 L/C）是指由银行（开证行）依照信用证申请人的要求和指示，在符合信用证条款的条件下，凭规定单据向第三者（信用证受益人）或其指定方进行付款的书面文件。即信用证是一种开证银行开立的有条件的承诺付款的书面文件。

在国际贸易活动中买卖双方开始时可能互不信任，买方担心预付款后，卖方不按合同约定发货；卖方也担心在发货或提交货运单据后买方不付款。因此需要买卖双方的两家银行作为买卖双方的保证人、中间人，代为收款交单，以银行信用代替商业信用。银行在这一活动中所使用的工具就是信用证。图 4-1 以 CIF 为例，说明信用证各相关方关系及基本操作流程。在大宗的钢铁产品出口交易中信用证被广泛地使用。

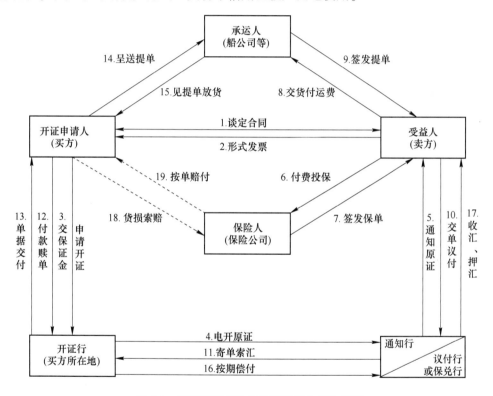

图 4-1　信用证各相关方关系及基本操作流程

可见，信用证是开证银行在出口方提交的议付单据与信用证 100% 地相符的条件下保证付款的证书，信用证目前是钢铁国际贸易活动中最常见的结算方式。按照这种结算方式的一般流程，买方先将货款（一般为信用证金额的 10% 以上）作为保证金交给开证银行，由银行根据信用证申请人的书面指令开出立信用证，开证行一般将信用证委托卖方当地的银行将信用证转交给卖方，卖方按合同和信用证规定的条款发货，开证银行收到出口商的议付单据后代买方付款。进口商信誉特别好的，也可以不付保证金开证行即可开证，开证行收到议付单据付款时先收进口商全部货款后再支付给出口商。有的开证银行也可以见单后代进口商付款，然后开始计息贷款给进口商。

信誉良好的银行收到议付单据后先进行认真审核，经过审核认为单证相符的，就可以直接付款给出口方，然后再向信用证的申请人收取货款。

信誉一般的中小开证银行，收到议付单据后一般是把单据给信用证的申请人，让申请人审单，信用证申请人确认单证相符同意付款后，开证银行再付款给出口方。如果申请人挑出了单据的毛病，开证银行就会根据申请人挑出的毛病和问题通知信用证的受益人有不符点。这样开证银行付款责任就丧失了，转化为商业信誉。一般中小开证银行不会完全遵守 UCP600 的规则，他们不愿意得罪进口商，有时他们会受信用证申请人的左右。

客户信誉和开证银行信誉良好的情况下，单证相符信用证付款没有什么风险。如果客户信誉不良、开证银行是国外当地中小银行，即使是单证相符，出口方收汇也有一定的不确定性。这种情况一般出口要求进口方加保兑信用证，或者 50% 的预付款加 50% 的信用证，合同数量和金额不易过大。如果进口方提出他们的银行不能开出保兑信用证，说明其开证银行的信誉确实一般。国外银行很多也是私人企业，也有非常小的银行，这类小银行几乎没有什么信誉。

还有的国外银行，国外客户已经付款给开证银行了，开证银行的资金紧张，开证银行拖了 3 个月才付款。也有的中小开证银行在客户没有付款的情况下，把单据交给客户让客户先提货。中小银行不一定会完全地遵守 UCP600 的规定，出口方应该会应对，不要有装船后收不到货款的风险。

4.2.2　跟单信用证各相关方的基本概念

（1）信用证的申请人指要求申请开立信用证的一方（Applicant means the party on whose request the credit is issued）。在信用证中又称开证人（一般为合同里的买方）。

义务：根据合同开证；向银行交付比例押金；单证相符时及时付款赎单。

权利：根据合同开信用证，以信用证为依据，审核受益人提交的议付单据。当开证银行为中小银行时申请人可以左右开证银行的行为。

（2）受益人指接受信用证并享受其利益的一方（Beneficiary means the party in whose favour a credit is issued），一般为出口商或实际供货人。

义务：收到信用证后应及时与合同认真核对，与合同根本不符的、出口商不能做到单证相符的、有软条款的，出口商尽快要求开证申请人指示开证行修改信用证；如果信用证申请人坚持不改的，信用证退回开证银行，合同作废。

如出口商接受 L/C 则尽快安排生产发货并及时通知买方，出口商备齐单据后应该在信用证规定时间内向议付行交单议付；开证行改证后，应该按照最后的改证要求交单议付。

权利：被进口商拒绝修改或修改后仍不能保证单证相符时，出口商有权在通知进口商后单方面撤销合同并退回信用证；交单后若开证行倒闭或无理拒付可直接要求信用证的申请人付款；收款前若信用证申请人破产可停止货物装运并自行处理货物；若开证行倒闭时信用证还未使用，出口商可以退回信用证并要求开证申请人另开信用证。

（3）开证行指受信用证申请人的委托并代表信用证申请人开出信用证的银行（Issuing bank means the bank that issues a credit at the request of an applicant or on its own behalf），开证行保证在单证相符的情况下承担付款的责任。如果开证行信誉不太好（非世界 500 强银行），银行信誉一般要打一些折扣，甚至打很大的折扣。

义务：正确、及时开证；单证相符的情况下承担银行的第一付款责任。

权利：收取银行手续费和申请人的押金；拒绝受益人或议付行的不符单据；见单付款后如开证申请人倒闭或者无力付款赎单时，可自行处理单据和货物；货款不足时可向开证申请人追索欠款余额。

（4）通知行指受开证行的要求通知信用证受益人的银行（Advising bank means the bank that advises the credit at the request of the issuing bank）。它只证明信用证的真实性，不承担其他义务，一般是出口方所在地或者附近的银行。

（5）议付行（Negotiation bank）指愿意接收受益人交来的议付单据以及跟单汇票的银行，并向开证行指示的付款银行索汇。

根据信用证开证行的付款指示和受益人的请求，根据信用证规定对受益人交付的跟单汇票，承诺在开证行付款后及时付款给受益人，并向信用证规定的付款行索偿货款，开证行不能及时付款的议付行有责任代表信用证受益人向开证行催要货款，议付行认为100%安全的可以先垫款、贴现或者押汇给受益人。信用证的通知行可以是议付行，如果信用证里没有明确规定或者约定的议付行，信用证受益人可以自由选择出口方当地的任何银行作为议付行。

义务：严格审单；垫付或贴现跟单汇票；寄单索汇。

权利：可议付也可不议付；议付后应该及时寄单索汇，议付后议付行押汇的，如果开证行倒闭或借口拒付可向受益人追回货款。

（6）保兑行指根据开证行的授权或要求对信用证加保兑的银行（Confirming bank means the bank that adds its confirmation to a credit upon the issuing bank's authorization or request）。

义务：加批"保证兑付"；不可撤销的确定承诺；独立对信用证负责凭单付款；付款后只能向开证行索偿；若开证行拒付或倒闭，则无权向受益人和议付行追索。

原则上保兑行收到受益人的单据后，审单后认为单证相符的，就应该无条件地承担付款责任、及时付款了。但是现实也未必都如此，很多保兑行不愿意垫付资金，总是等开证行付款后再付款给受益人。如果开证行信誉不良，就不会有其他银行为其信用证加保兑。保兑行收到单据后，在单证相符的情况下，就承担了无条件的付款责任，出口方就安全了很多。

（7）偿付行（Reimbursing bank）指受开证行在信用证上委托，代开证行向议付行或付款行清偿垫款的银行（又称清算行）。

义务：只付款不审单；只管偿付不管退款；不偿付时开证行偿付。

（8）指定银行指信用证可以在其处兑用的银行（Nominated bank means the bank with which the credit is available or any bank in the case of a credit available with any bank），如信用证可在任一银行兑用，则任何银行均为指定银行。

4.2.3 信用证的主要类型

4.2.3.1 即期自由议付信用证

自由议付（Unrestricted Negotiation）信用证，对议付地点不作限制，但在议付条款中必须注明"自由议付""即期"，一般在条款中具备如下特征：

41D Availiable with/by any Bank in China by Negotiation，议付方式：可以在中国任何一家银行办理议付。

42C Drafts at Sight，汇票付款日期：即期。

4.2.3.2　远期自由议付信用证

远期自由议付信用证（Negotiation L/C with a Usance Draft）是指开证行或付款行在收到符合信用证条款的单据时不立即付款，而是开证行和其指定付款银行承诺在见到受益人出具的符合要求的单据（汇票和其他单据）后未来某一天付款的信用证。

远期自由议付信用证根据汇票的支取时间分别为未来的 30 天、60 天、90 天、180 天、360 天不等。在这种情况下，汇票首先由开证行/付款行承兑，在到期日自动履行付款责任。

远期自由议付信用证的议付行不受限制，但是由于其远期的性质，常常就远期汇票的贴现费用和利息问题做出规定。一般在条款中具备如下特征：

（1）Discount Charges（1.5%）for Payment at 120 Days are Borne by the Buyers and are Payable at Maturity in the Scope and in the Surplus of this Credit.（120 天期付款的贴现费用（1.5%）由买方承担，到期付款，可在本证金额范围内和超出本证金额支取。）

（2）Available for Payment/Acceptance of Your Drafts Drawn at 60 Days after Bill of Lading Date on US. Discount Charges if any，are for the Account of Applicant.（凭提单日起 60 天以我行为付款人的汇票可办理付款/承兑，如需贴现，贴现费用由开证申请人承担。）

4.2.3.3　限制议付信用证

限制议付信用证（Restricted L/C）是指开证行在信用证中指名由××银行议付或本证仅限××银行议付，即限定受益人必须到信用证指定的银行办理议付手续。

一般在条款中具备如下特征：

（1）Negotiation Under This Credit is Restricted to Advising Bank Only.（本信用证限于通知行议付。）

（2）Drafts Drawn Under this Credit are Negotiable Through ×× Bank.（按照本信用证签发的汇票仅限××银行议付。）

4.2.3.4　假远期信用证

假远期信用证（Usance Letter of Credit Payable at Sight）是指买卖双方在签订合同时规定，由进口商（开证申请人）开出远期信用证，要求受益人开具远期汇票，但用即期信用证方式付款，由进口商负担贴现利息和手续费，出口商（受益人）能即期收到全部货款的一种信用证，又叫"买方远期信用证"。

一般在条款中具备如下特征：证内规定远期汇票即期付款，同时表明贴现费用等其他费用由谁承担。

（1）Usance Draft to be Negotiated at Sight Basis，Interest is for Buyer's Account.（远期汇票即期议付，利息由买方承担。）

（2）Drawee Bank's Discount and/or Interest Charges and Accepatnce Commission are for the Account of Applicant and Therefore the Beneficiaries to Receive Value for the Term Drafts as if Drawn at Sight.（付款行的贴现利息和/或利息和承兑费用均由开证申请人承担，受益人可

即期收汇。)

证内仅规定远期汇票即期付款，而未表明贴现费用由谁承担，另外假远期信用证在证内多有"即期议付"字样。

（1）Usance Drafts will be Negotiated at Sight Basis.（远期汇票可即期议付。）

（2）Usance Drafts Drawn Under this Credit are to be Negotiated at Sight Basis.（本信用证项下所开具的远期汇票可即期议付。）

4.2.3.5 可转让信用证

可转让信用证是指根据该信用证的受益人（一般为第一受益人）可以要求授权进行支付、延期付款、承兑或议付的银行（转让行）或者是在自由议付信用证的情况下，在信用证中特别授权的转让，将该跟单信用证全部或部分转让给一个或多个其他受益人（第二受益人）使用。可转让信用证具备如下特点：

（1）信用证的可转让性，基于信用证的规定。

（2）信用证的转让来自受益人的请求而发生。

（3）转让行只能在授权的情况下（一般可以转让的信用证中应该明确地规定：本信用证可以由受益人转让）。

（4）信用证的转让方式可以是部分转让或全部转让。

（5）信用证的转让一般以一次为限。

一般在条款中具备如下特征：

（1）This Credit is Transferable.（本信用证可以转让。）

（2）Only ×× Bank is Allowed to Effect Transfer of the Present Doucmentary Credit.（只允许××银行转让本跟单信用证。）

转让可分为原条件转让和变更条件转让。原条件转让意味着原信用证条件不变。而变更条件转让则意味着信用证权利转让后，原信用证所列条件已作变更，比如金额和单价比原金额和单价降低等。转让地点可分国内转让和国外转让。

This Credit is Transferable in the Country of the Beneficiary by the Advising Bank.（本信用证可以由通知行在受益人所在国家进行转让。）

4.2.3.6 承兑信用证

承兑信用证（Credit Available by Acceptance or Acceptance Credit）是指使用远期汇票的跟单信用证。开证行或指定付款行在收到符合信用证规定的汇票和单据时，先履行承兑手续，待汇票到期再进行付款的信用证。

在贸易实践中具体的做法是，受益人开出以开证行或指定银行为受票人的远期汇票，连同单据一起交到信用证指定的付款行。付款行收到汇票和单据后，先检验单据，如果单据符合信用证要求，则在汇票正面加签"承兑"字样并签章，然后将汇票交还受益人（出口商），收进单据，待信用证到期时，受益人再向银行提示汇票要求付款，此时银行才会付款，银行付款后无追索权。

在承兑信用证方式下，受益人获得了银行承兑的汇票，即意味着银行对受益人的确定性付款承诺，受益人可以在自付贴现费用的基础上将此汇票进行贴现以获得融资。

在承兑信用证的操作实践中，"承兑"指示可以通过措辞或语句表述其功能。在信用证中明文规定，当卖方提交远期汇票时，银行即予以承兑，到期付款。

一般在条款中具备如下特征：

Upon Receipt of Said Drafts and Docs at Our Counter, We Shall Accept Drafts and Honor Them at Maturity Date. （一收到所汇票及单据，我行将予以承兑并于到期日兑付。）

Payment will be Effected at 60 Days after Sight or after Presentation of Documents. （见票或交单后 60 天付款。）

此外有的承兑信用证内列有开证行承诺条款，保证履行承兑和承担到期付款。

We Hereby Engage with the Drawers that Drafts Drawn in Conformity with the Terms of this Credit will be Duly Accepted on Presentation and Duly Honored at Maturity. （我行在此向出票人保证，凡依本信用证条款出具的汇票在提示时将予以承兑并于到期日付款。）

承兑银行的信誉特别重要，我们也见过南美的某国家银行，承兑了大量的远期付款，承兑到期后根本不能付款、根本不想和根本无力付款的情况。

4.2.3.7　付款信用证

付款信用证（Payment L/C）是指开证行在信用证中指定某一银行为信用证的付款行，并指示该银行向受益人无追索权地支付款项的信用证。被指定的付款行一般是信用证的通知行、保兑行或开证行本身。

付款信用证的特点是付款行收到与信用证条款相符的单据后立即履行付款义务，并且验单付款是终局性的，一经付款便无追索权（without discourse）。付款信用证在条款中会使用"Payment Credit"字样，但也可以通过条款表述其"付款信用证"的性质，比如使用"Availiable by Payment at Sight"等字样。付款信用证一般不需要汇票，付款行或开证行只凭单据付款。

一般在条款中具备如下特征：

Upon Receipt at Our Counter of Documents Issued in Strict Conformity with Credit Terms and Conditions, We Undertake to Effect Payment at Sight by T/T. （我行一收到与本信用证条款或条件严格相符的单据后，即通过电汇即期付款。）

The Credit is Available for Payment at Sight at Counters of ×× Bank Against Presentation of the Documents as Prescribed in the Letter of Credit. （本信用证凭其规定的单据在××银行即期付款。）

On Presentation of Documents in Strict Conformity with L/C Terms and Conditions, We Shall Cover You as Per Your Instructions 3 Working Days After Receipt of Documents at Our Counters. （只要提交与本信用证条款严格相符的单证后，我行将根据你行指示在收到单证后的 3 个工作日内你行付款。）

Avaiable for Payment at Sight at the Counters of ×× Bank Latest Nov. 1, 2018 Against the Following Documents. （凭如下单据不迟于 2018 年 11 月 1 日在××银行即期付款。）

4.2.3.8　延期付款信用证

延期付款信用证（Deferred Payment Letter of Credit）是远期信用证的一种，是指受益人提示符合信用证条款的单据，在信用证规定的期限内，被指定银行履行付款责任。

延期信用证均有具体的付款到期日，同时不需要附带汇票。在条款中带有"Def

Payment"（延期付款）字样，同时在条款中也注明付款人。例如：Available with by Issuing Bank by Def Payment。

一般来说，在无保兑的情况下，信用证的付款行多为开证行本身。在有保兑的情况下，延期付款信用证的付款人也可能是受委托的保兑行或其他机构，多数情况下由通知行办理。如果付款行为开证行或通知行以外的其他银行，比如偿付行，信用证中会有明确规定。此外，延期付款信用证会有付款时间的明确规定。

一般在条款中具备如下特征：Payment will be Deferred 90 Days after Shipment Date.（装船后 90 天付款。）

Reimbursement to be Made 3 Working Days before Maturity of Deferred Payment Using Said Maturity as Value Date.（在到期日前的 3 个工作日办理偿付，以到期日为起息日。）

Upon Receipt of Documents in Accordance with L/C Terms, At Maturity We will Reimburse as Per Your Instruction.（一收到与本信用证条款相符的单证，在到期日，我行将根据你行指示向你行偿付。）

4.2.3.9　保兑信用证

保兑信用证（Confirmed Letter of Credit）是指开证行开出的信用证，由另一银行保证对符合信用证条款规定的单据履行付款义务。凡是在信用证上注明，愿意承担保兑义务的银行称为保兑行（Confirming Bank）。

一般来说，保兑行通常是由通知行（Advising Bank）担任。开证行请求通知行对自己开出的信用证加以保兑，首先必须得到通知行的同意并愿意承担保兑的责任和义务。如果通知行愿意承担保兑责任和义务，通常在信用证中必须做出明确说明，也就是增加同意保兑的条款，此条款称为"开证行以外的保证条款"。不可撤销的保兑信用证，则意味着该信用证不但有开证行不可撤销的付款保证，而且还有保兑行的兑付保证。如果改证或者 L/C 展期，特别注意要对改证或者信用证的展期重新加保，如果没有重新加保保兑信用证失效。

在实践中，开证行为了请求通知行或其他银行对其所开立的信用证加具保兑，必须增加请求保兑字样，以行使其保兑功能。

You are Authorized to Add Your Confirmation.（你行被授权加以保兑。）

Pls Notify Beneficiary and Add Your Confirmation.（请通知受益人由贵行加以保兑。）

Adding Your Confirmation to L/C is Subject to Your Obatining in Advance Beneficiaries' Consent to Pay Your Relative Confirmation Commission and Charges.（对本信用证实施保兑取决于应该事先得到受益人同意支付贵行相关保兑费用。）

At the Request of the Issuing Bank We Confirm Their Redit and Also Engage with You That Drafts Drawn in Conformity with the Terms of This Credit will be Paid by Us.（根据开证行的请求，本行保兑此信用证并在此向贵方保证，凡出具符合信用证条款的汇票，本行将予以付款。）

Our Advising Comm. USD 30.00 and Confirmation Comm. USD 1500.00 will be Deducted from the Proceeds when Payment is Effected.（我行通知费用 30 美元和保兑费用 1500 美元在付款时将从款项中扣除。）

一般开证行可以是中小银行，保兑行应该为世界一流（500 强）银行，保兑行的信誉比开证行高很多。保兑行收到议付单据后，在单证相符的情况下，可以直接付款，付款后无追索权。但是目前很多保兑行也是等开证行付款后才付款给受益人，保兑行虽然收了1%左右的保兑费，但他们也不愿意垫付货款。从规则上讲，保兑行在单证相符的情况下就应该无条件地承担付款责任。因此保兑信用证比一般信用证要安全很多，我们认为在单证相符的情况下保兑信用证几乎没有什么风险。

4.2.3.10 双到期信用证

双到期信用证是指信用证中规定最迟装运期（Latest date for shipment）与信用证的有效期（Expiry date/Validity date）为同一天，或信用证中只有有效期，而未规定装运期限的信用证。

一般信用证中，都会规定最迟装运期、最迟交单日期和信用证有效日期。

装运期（Time of shipment）或最迟装运期（Latest date for shipment）是指卖方将全部货物装上运输工具或交付给承运人的期限或最迟日期。

信用证的有效日期（Expiry date/Validity date）是指受益人向银行提交单据时的时限，不得迟于此日期，信用证的受益人应当在此日期之前（或者当天）将交单议付。

信用证的交单日期（Date for presentation of document）是指运输单据出单日期后的若干天必须向信用证指定的议付行、信用证没有指定议付行的出口商可以自行决定议付行提交全套单据要求议付、付款或承兑的特定期限，一般信用证设定为提单日之后的 21 天内，同时要满足最迟交单期。

在具体实践中，信用证的装运期、交单日期和有效期之间设有间隔，以便受益人有充足的时间准备和提交单据。

双到期信用证由于装运日期和有效期为同一天，信用证受益人很难有充足的时间准备和提交单据。如果遇到双到期信用证，受益人或者把单证准备提前进行，尽量早点装船，或者要求修改信用证的有效期。

4.3 跟单信用证审核及实务指南

4.3.1 跟单信用证审核

4.3.1.1 开证行的资信

开证行承担第一付款人的责任，开证行的资信状况直接关系到信用证收款的安全程度。开证行的资信如果不佳，可能会恶意挑（完全不遵守或者无视 UCP600 的规则）单据不符点，甚至在开证后开证行倒闭、在单证相符的情况下也可能拒绝付款或者无理地拖延付款。在做国际贸易时，除了对进口方的信誉特别关注外，对开证行的资信也应该特别关注，如果开证行是当地中小银行，应该考虑加其他手段，比如说加保兑、预付款、控制好合同的数量等。如果进口方说他们的信用证不能加保兑的，说明其开证行的信誉太一般了，基本没有什么信誉。

进口商开证前，出口企业一定要认真审核和选择资信状况良好的开证行（最好是世界500 强银行），如果进口商只能使用资信不佳的当地银行开证，也可以要求开证申请人选择资信好的银行（最好是出口商所在地的知名银行）对信用证加保兑。有的中小银行信誉较差没有银行愿意为其保兑。如果进口商和开证行的信誉都较差，出口商还可以要求进口商加 20%~50%的 T/T 款，其余的用 L/C 付款，最好装船前全部 T/T，出口数量也不要太大。

开证行的资信情况主要有三类查询方法，一是通过资本市场主流评级机构的网站查询；二是通过贵司在国内合作的银行查询开证行资信水平以及有没有违规操作记录；三是通过中国出口信用保险公司付费查询。

出口商可以通过通知行查询开证行资信的同时，确认好这两个银行之间有没有直接的密押关系（Test Key），如果没有密押关系，该信用证无法直接从开证行通知到该银行，从而产生第三方通知行的额外通知费。

新的客户、新的业务，出口商应该事前和进口商了解开证行的情况，并通过自己的外汇银行了解开证行的资信，资信较好的开证行在单证相符的情况下，一般问题不大。如果单证不符，开证行的付款责任就丧失了，就要完全看进口方的信誉了。

中小开证行可能无视 UCP600 的情况：申请人认为提单是假的；信用证规定 5 张发票，议付单据 5 张发票，开证行收到了 5 张发票，但是开证行就说只收到了 4 张发票，无从对质；有的开证行收到议付单据后永远不回复，等船到了（有时要几个月以后）客户赎单提货了，开证行才付款；有的开证行先把单据给进口方提货，之后过了很长时间才付款；还有的进口方付款给开证行了，银行拖了几个月才付款给议付行；开证行有时会挑单据大小写的毛病等。挑出单据的毛病，开证行的付款责任就没有了，转化为商业信誉了。

4.3.1.2 信用证的形式

A 信用证必须为不可撤销的性质

40A Form of Documentary Credit 的内容必须为 Irrevocable。

根据 UCP600 所开立的信用证，如果默认（不提及）均为不可撤销的信用证，但在 SWIFT MT700 报文中 40A 的位置仍然保留了可选项可撤销 Revocable、可撤销可转让 Revocable Transferable、可撤销备用 Revocable Standby 三个代码，如果收到此类可以撤销的信用证，出口商一定不能接受，必须及时要求开证人修改为不可撤销的性质。信用证如果注明是可撤销的，开证人可以随时撤销信用证，出口商会面临很大的风险，这种情况非常少见，几乎没有。

B 是否存在改变不可撤销性质的隐形条款

有的信用证，形式上为不可撤销，但会在信用证中附加隐形条款，从而改变信用证不可撤销的性质。例如，买方在商品到达目的港时没有获得进口许可/配额/外汇批复等，买方保留撤销与该信用证有关交易的权力或者该信用证自动撤销。

如果信用证中存在上述类似条款，即使在 40A 中选择了 Irrevocable，实际上信用证也是可撤销的性质。遇到此类条款，出口商必须要求修改或删除此类条款。

出口方一定要等进口方的信用证收到了、审核信用证无误、可以接受并保证单证相符了再安排生产和发货装运等。客户的信誉不了解，万万不可一签合同就着急组货发运，要耐心地等到预付款到了、信用证收到并没有问题了再快速地组货发运。

4.3.1.3 适用规则

A UCP600 的适用条件

MT700 报文的 40E 栏位为必选项，只有选择"UCP Latest Version"时，UCP600 规则

才会适用。但是如果未加注明，但又未表明遵循其他规则的情况下，UCP600 可以作为对适用于信用证的通用惯例的描述。

B　Ucpurr Latest Version 的适用条件

MT700 报文的 40E 栏位选择"Ucpurr Latest Version"或"Eucpurr Latest Version"，意味着该信用证规定指定银行（索偿行）向另一方（偿付行）获取偿付，因此在 53A 栏一般应该有一家位于货币清算中心的银行。如果在 53A 栏中没有列出银行名称，78 栏位则应该是允许指定银行（索偿行）向开证行采用电讯方式索汇的条款。

例如：Credit Available for Payment to Beneficiary Value Four Working Days after the Date of Your SWIFT to Us as Per Our Instruction Mentioned in Field 78 Against Prsentation of Documents in Order Bearing Our Credit Number. （在你行根据 78 栏位中的指示向我行发送 SWIFT 日期的 4 个工作日后，凭注明我行信用证号的相符交单向受益人付款起息。）

而不应该是单据到达后付款，即开证行凭收到的单据付款的条款：

Upon Receipt of the Drafts and Documents in Order, We will Remit the Proceeds to Your Account with the Bank Desingated by You. （在收到相符单据和汇票后，我们将把款项付至你行指定账户。）

C　UCP600 的备用信用证排除条款

尽管备用信用证具备专门的规则 International Standby Practice 1998（ISP98，即《国际备用证惯例》），但仍然有银行开立适用于 UCP600 的备用信用证。

如果开证行开立的是备用信用证，同时选择 UCP Latest Version，而没有选择 ISP Latest Version，也就是说开立的是适用 UCP600 而不是 ISP98 的备用信用证，应该在信用证中列出不适用备用信用证的条款。

UCP600 不是专门为备用信用证设立的，所以 UCP600 中不是每一条款都适用于备用信用证。按照 UCP600 开立备用信用证时，应该做如下表述：

This Credit is Subject to UCP600 Excluding Articles…… （该信用证适用于 UCP600，排除如下条款……）

排除的条款至少要包括第 18 条和第 28 条，即与发票、运输单据和保险单据有关的条款，而在开立适用 ISP98 的备用信用证时不需要这样操作。

D　选项为 Other 的注意事项

如果信用证选择 Other，表明信用证遵循其他规则，在信用证中应该描述该信用证适用的具体规则。

如果信用证遵循其他规则或法律，这些规则或法律的内容必须是一个或几个内容明确的文件，以便受益人能够了解其他规则或法律的全部内容。

例如：This Letter of Credit is Subject to the Uniform Customs and Practice for Documentary Credits. The Laws of England Shall Apply. All Disputes Shall be Subject to the Exclusive Jurisdiction of the High Court of Justice in England. （该信用证受跟单信用证统一惯例约束，将适用英国法律。英国高级法院对一切争议拥有唯一的管辖权。）

但是如果来证仅规定为遵守某国的法律，但未指明具体的法律文件，则其规定就不明确，需要具体指明办理该信用证业务所遵循的法律文件。

例如：This Letter of Credit is Subject to Uniform Commercial Code. （该信用证适用于统一商法典。）

This Letter of Credit is Subject to the Laws of United States. （该信用证遵守美国法律规定。）

由于后者未指明具体的法律文件，需要指明具体的适用法律才具备可操作性。

4.3.1.4 截止日期

A 交单截止日期与信用证有效日期

MT700 中的 31D Date and place of expiry 就是 "信用证有效日期及地点"。

Expiry date for presentation 是指 "交单截止日期"。

两者都规定了提交单据的截止日期，受益人必须在规定的日期前向指定的银行提交单据，即使开证行或保兑行在截止日期之后收到单据，对相符交单仍然承担承付责任。

但是如果受益人超过交单截止日期/信用证有效日期提交单据，开证行或保兑行就可以免除信用证下的承付责任，有权对受益人的交单拒付。

B 承付截止日期、议付截止日期与交单截止日期

MT700 中的 31D Expiry date for honour 是 "承付截止日期"，Expiry date for negotiation 是 "议付截止日期"。

如果信用证中对承付截止日期/议付截止日期做出规定，这个日期就视为 Expiry date for presentation，即交单截止日期。

例如：Draft and Documents Must be Negotiated Before 16, 08, 2019. （汇票和单据必须在 2019 年 8 月 16 日前议付。）

根据 UCP600，指定银行有 5 个银行工作日的单据处理时间，如果信用证中列有这种条款，并不是说受益人必须在 2019 年 8 月 9 日（5 个工作日+2 个休息日）前将单据提交给指定银行，而给银行留出 5 个银行工作日的审单时间。受益人只要在 8 月 16 日前将单据提交给指定银行即可，因为承付或议付的截止日期就视为交单截止日期。

C 截止日期与最迟交单日期

在信用证当中，除了信用证的有效日期，还会规定一个最迟交单日期。

根据 UCP600，信用证如果未规定信用证的交单截止日期，默认交单截止日期为装运日后的 21 个日历日。

因此，提交单据的最迟日期既要考虑信用证的有效期限，又要考虑交单期限（presentation period）/交单截止日期（latest date for presentation，最迟一般为装运日后的 21 个日历日）。因此无论信用证规定的期限是哪一天，单据都必须在交单期限规定的日期内（当天或者提前）提交到指定银行，否则银行有权拒付。

如果出口商不按照规定的最迟交单日期交单议付，受益人不在规定的日期前向开证行提交所有的正本单据，开证申请人可能会因无法及时拿到运输单据而无法提货，导致滞港费等额外费用产生，也可能在单证不符的情况下客户拒付。

拿到提单后最快速度交单议付、尽早收汇是出口商应该遵循的重要原则。有的邻近国家装船后，船很快就到了，单据如果 21 天才交银行，进口商会比较被动。去韩国的货船一般 2~3 天就到韩国港口，单据的处理更要特别安排，出口商要在安全第一的前提下，努力尽快帮助进口商办理进口清关手续。

4.3.1.5 交单期限

A 交单期限适用的范围

交单期限只适用于信用证对提交正本运输单据有要求的情况。

如果信用证要求提交 ISPB 第 19 段中所列举的与货物运输有关的单据或副本运输单据时，单据只需要在信用证的截止日期完成即可。

如果信用证规定了装运日期，同时未要求提交正本运输单据，仅要求提供 FCR（Forwarder Cargo Receipt，货代收据）这类单据，则信用证中关于"单据需要在装运日后××个日历日内提交"的规定无法约束 FCR 这类单据，而且单据上的交货日期也不视为装运日期。

例如：31D date of expiry 是 190730，44C latest shipment date 是 190701，46A documents required 要求的单据是 Forwarder Cargo Receipt。

单据于 2019 年 7 月 30 日提交，FCR 上显示 date of delivery：20190705，单据没有不符，即不能称货物迟装运，也不能说迟交单。

如果开证行有意将发运日期作为交单期限适用于"非运输单据、副本单据"这类"非正本运输单据"时，则应该在信用证条款中加以明确指示。受益人必须按照规定的日期提交单据。

例如：Dated Cargo Receipt Issued and Signed by Applicant Showing the Goods Shipped From ×× City to ×× City Applicant's Factory and Shipment Date which is not Later Than Aug. 31, 2019. （由申请人出具并签署的注明日期的货物收据显示货物从××城市运输至××城市申请人的工厂并显示装运日期不迟于 2019 年 8 月 31 日。）

48 栏位：Documents Must be Presented within 15 Days after Shipment Date Shown on the Cargo Receipt but within the Validity of This L/C. （单据必须在货物收据上显示的装运日期 15 天内，但是在信用证的截止日期内提交。）对于信用证付款方式，若是信用证中规定了交货日期，应当以船上大副收据为依据（大副收据（Mate's Receipt），也称作收货单，是大副签发给托运人的，用以证明货物收到并已装上船的凭证）。大副收据是海洋运输业务中的主要货运单证之一，它是划分船货双方责任的依据，同时也是托运人换取已装船提单的依据。根据《海牙规则》，承运人对货物所负的责任是从货物装上船后才开始的。海运提单作为货物收据，是凭大副收据换发的，以上是针对散杂货物而言。

B 交单日期不得早于××日期

一般情况下，信用证交单要求必须在装运日后的规定期限内完成，以便受益人能够尽早尽快交单。

但是有的信用证规定不得早于指定的日期交单，其中主要的原因在于开证行或开证申请人有意拖延付款时间，或者出于仓储、价格、汇率、备付资金等因素不希望受益人过早地提交单据。

国际商会并不提倡这样有意推迟交单的条款，遇到此类条款需要协商修改，但受益人如果接受此类条款，则需要在适用范围内遵守信用证的规定，按照指定日期提交单据。

4.3.1.6 交单地点

A 交单地点与交单行的选择

MT700 中的 31D date and place of expiry 是交单（的可能）地点，受益人应该按照指定的日期和地点提交单据。

如果交单地点在开证行所在地（进口商所在国）或者第三方所在国，比如说信用证规定在开证行兑付，受益人应该在截止日期及最迟交单日期前向开证行交单，出口商就应该充分地考虑单据（特快专递）邮寄的时间。

如果交单地点在受益人所在地，信用证规定在开证行兑付，受益人应该在截止日期及最迟交单日期前向受益人所在地的任何银行或开证行交单。

如果交单地点在受益人所在地的指定银行，信用证规定在开证行兑付，受益人应该在截止日期及最迟交单日前向指定银行或开证行交单。

如果交单地点在受益人所在地的指定银行，信用证指定银行兑付，受益人应该在截止日期及最迟交单日前向指定银行或开证行交单。

31D 栏位中的交单地点与 41A 栏位的信用证指定银行应该一致。当两者不一致时，信用证应该修改，否则可能产生拒付纠纷。

B 交单银行的可能性选择

开证行承担信用证第一付款责任的承诺，即使 41A available with a nominated bank 中指定了付款银行，受益人也可以向开证行直接交单。

当开证行指定的银行不是保兑行时，该银行并非必须承担承付或议付责任，除非已经明确同意并通知了受益人。在这种情况下，有时候受益人别无选择，只能向开证行交单。因此当信用证指定了交单银行的情况下，受益人可以把单据交给指定银行，也可以交给开证行。或者当指定银行认为单据与信用证不符拒绝履行提定行为时，受益人同样可以向开证行提交单据。

此外，在自由议付、自由付款、自由承兑的信用证项下，如果受益人向某一银行交单，该银行发现不符点而拒收单据，受益人有权选择把单据提交给其他银行，包括开证行。

C 交单地点与截止日期

交单地点和截止日期需要认真地对待。如果信用证规定的交单地点指定为出口方所在地的银行，但是当受益人直接向开证行交单时，交单地点和截止日期就同时转移到了开证行。

例如：指定银行为 Bank of China，而且 31D 栏位规定为 20190331 China，那么受益人必须在 2019 年 3 月 31 日前在中国向中国银行或在开证行所在地向开证行提交单据。如果开证行在 3 月 31 日前没有收到单据，或单据在传递过程中遗失，受益人应该自行承担责任和损失。我们也遇见过议付行在收到议付单据后，把议付单据丢失了的情况。这种情况如果发生，出口商处理起来非常麻烦。主要是第三方单据（提单、船公司的证明、使馆认证等）的处理上非常麻烦。

4.3.1.7 兑用方式

A 可以选择的兑用方式

信用证的兑付方式主要有：即期付款、延期付款、承兑付款和议付付款等。

　　a　即期付款

41A 栏位需要做如下规定：

Availabe with Issuing Bank by Payment（在开证行凭付款兑用）。

Available with the Nominated Bank by Payment（在指定银行凭付款兑用）。

Available with any Bank by Payment（在任何银行凭付款兑用）。

　　履行付款责任的银行（开证行、指定银行或任何一家银行），在收到信用证项下的单据并在规定的时间内审核且认定相符后就应该立即付款，而且付款是终局性的，没有追索权。

　　这种信用证可以提交汇票，也可以不提交汇票，在操作实务中通常不要求汇票。如果要求汇票，42C 栏位的汇票日期应该为 SIGHT，42A 栏位中的付款人就相应规定为开证行、一家具名银行和指定银行。

　　b　延期付款

41A 栏位需要做如下规定：

Available with Issuing Bank by Defer Payment（在开证行凭延期付款兑用）。

Available with the Nominated Bank by Defer Payment（在指定银行凭延期付款兑用）。

Available with any Bank by Defer Payment（在任何银行凭延期付款兑用）。

　　履行延期付款责任的银行（开证行、指定银行或任何一家银行），在收到信用证项下的相符单据后，按 42P 栏位的条款于指定天数后付款。

　　这种信用证不要求汇票，但是由于没有承兑这一环节，相关银行仍然需要在收到相符单据后的 5 个工作日内确认到期日。在到期日做出延期付款承诺的银行必须付款，付款后对受益人没有追索权。

　　延期付款信用证如果同时在 42C 和 42A 栏位中对汇票有要求，或者 42P 栏位中规定诸如 "Draft Drawn on ×× Bank at ×× Days after Shipment Date"，则信用证必须修改，或者删除提交汇票的要求，或者修改为承兑或议付的兑用方式。

　　c　承兑付款

41A 栏位需要做出如下规定：

Available with the Issuing Bank by Acceptance（在开证行凭承兑兑用）。

Available with the Nominated Bank by Acceptance（在指定银行凭承兑兑用）。

Available with any Bank by Acceptance（在任何银行凭承兑兑用）。

　　履行承兑付款责任的银行（开证行、指定银行或任何一家银行），在收到信用证项下的相符单据后，对汇票进行承兑，承诺在到期日付款。

　　做出承兑的银行到期日必须付款，付款后对受益人没有追索权。

　　这种信用证必须要求汇票，42C 栏位的汇票期限应该规定为远期，42A 的付款人应该相应为开证行、一家具名银行或指定银行。

　　d　议付付款

41A 栏位需要做出如下规定：

Available with the Nominated Bank by Negotiation（在指定银行凭议付兑用）。

Available with any Bank by Negotiation（在任何银行凭议付兑用）。

　　履行议付付款责任的银行（指定银行或任何一家银行），在收到信用证项下的相符单据后，在其应获偿付的银行工作日当天或之前，向受益人预付款项或同意预付款项，从而购买汇票及/或单据。

议付行在议付之后，对受益人有追索权，除非已对信用证加具了保兑或与受益人另有约定。

根据合同，议付信用证既可以开成即期的，也可以开成远期的；可以要求汇票，也可以不要求汇票，但一般会要求有汇票。

如果要求提交汇票，42A 栏位中的付款人必须规定为指定银行以外的银行，如开证行、付款行、保兑行，而不能是指定银行自身。如果将付款人规定为指定银行，这种信用证就变成了付款信用证。当信用证开立为由指定银行议付时，不应包含有任何关于向一偿付行索偿或者规定借记开证行在指定银行的账户之类的条款。如果包含了这类条款，这种信用证也变成了付款信用证。

议付信用证应该明确规定指定银行向开证行寄单，且开证行将在确定交单与信用证条款相符后根据议付行的指示偿付。

例如：PLS Send the Documents to Our Address Provided Herein, Upon Receipt of Documents in Strict Compliance with L/C Terms at Our Counter We Undertake to Pay as Per Negoitation Bank's Instruction.（请寄单至我们所列地址，在我行柜台收到与信用证条款严格一致的单据后，我行根据议付行的指示承担付款责任。）

e　混合付款

41A 栏位需要做出如下规定：

Available by Mixed Payment（混合付款方式兑用）。

混合付款信用证，将采用付款、承兑和延期三种兑付方式的组合，指定银行应该根据42M 栏位中的详细付款条款承担责任，这种情况很少出现。

B　不能使用的兑用方式

（1）41A 栏位不能使用 Available with...by Honour，即信用证不能开成凭承付兑用。

信用证兑用方式必须在付款、承兑、延期三种方式中选择一种，或者三种兑用方式的组合（混合付款），或规定凭议付兑用。

这种操作方式，主要为了避免在 UCP600 条款中每次重复付款、承兑、延期付款的兑用方式。

（2）41A 栏位不能使用 Available with Issuing Bank by Negotiation，即信用证不能开成在开证行凭议付兑用。

开证行不能议付自己开出的信用证。

开证行开出议付信用证的目的，就是让指定银行预付款项，或同意预付款项，指定银行议付后开证行对指定银行承担偿付责任，开证行收到相符交单后，如果是含有汇票或不含汇票的即期信用证，开证行即期付款；如果是含有汇票的远期信用证，开证行将承兑；如果是不含汇票的延期信用证，开证行将承担延期付款责任。

（3）开证行指定一家银行履行指定行为时，只能指定一家银行，而不应该为该银行的某分行。

当开证行指定一家银行履行指定行为时，即 41A 栏位规定为：Available with the Nominated Bank by Payment/by Acceptance/by Defer Payment/by Mixed Payment/be Negotiation

（在指定银行付款/承兑/延期/混合付款/议付方式兑用），开证银行只能指定一家银行，而不应该为该银行的某分行。

正确方式：Available with Bank of China by Payment/by Acceptance/by Defer Payment/by Mixed Payment/be Negotiation.

错误方式：Available with Bank of China，×× Branch by Payment/by Acceptance/by Defer Payment/by Mixed Payment/be Negotiation.

4.3.1.8　单据条款

按照 UCP600 的规定，"银行处理的是单据，而不是单据可能涉及的货物、服务或履约行为"。根据信用证的这种抽象性原则，受益人必须提交与信用证要求完全相符的各种单据才能得到付款。银行一般不负责判别鉴定单据的真伪、货物是否与单据一致、单据的合法性等。

一些中小银行，在收到议付单据后，往往以单据（提单等）的真假作为单据不符的借口，这不符合 UCP600 的规定。有的开证行收到议付单据后，提出提单是假的，从而拒付，这是不正确的。

信用证中选择 44E 和 44F 栏位，46A 栏位应对海运提单、不可转让海运提单、租船合同提单或空运单据做出要求。

信用证中选择 44A 和 44B 栏位，46A 栏位就对多式运输单据、公路、铁路或内河运输单据或邮政收据/快递收据做出要求。

信用证中选择 44A、44E、44F 和 44B 栏位中的任意三项或者所有栏位时，46A 栏位应该对多式运输单据做出要求。

如果信用证要求受益人提交由申请人出具和/或签字的单据时，这就意味着受益人能否提交与信用证要求相符的单据，必须受开证申请人的控制，遇到此类条款，出口商必须删除或要求修改。这种条款属于"软条款"。如果有软条款，进口方信誉不良，出口方收汇是没有保障的。遇到这种情况，出口方一定不能履行这个合同，出口方应该在收到了可以确保单据相符的信用证后再开始履行合同，而不要急于签订合同后就马上履行合同，除非客户信誉极佳的情况。

4.3.2　各类型软条款举例

随着我国在东南亚、南亚、中东等高度依赖信用证进口的地区业务逐渐增加，有的国家各种良莠不齐银行开出的信用证条款，出口商往往接证时粗心大意，没有经过认真审核，片面地认为信用证付款就绝对安全了，交单时才发现有不符点，由此带来风险，陷入非常被动的局面。所以在接到信用证后应该对信用证进行严格的审核，信用证中存在问题或者有疑问的条款时，出口商应该第一时间要求开证方改证（L/C Amendment），将风险在第一时间消除。当然最好进口商开证前，出口商对信用证申请表进行严格的审核，审核无误后再让进口商开证，这样就可以避免后面的改证了。如果出口方需要客户改证，应该书面通知，将需要修改的条款一并通知客户，改证通知应该明确无误。

钢铁出口信用证中的"软条款"主要分为如下 14 种类型：

在 UCP600 规则中没有严格定义，却在信用证中出现，这些条款对需要提交的单据做了不合理的限制，使出口商处于被动，出口方收汇的主动权在客户手里。

（1）受益人的商业发票需要经进口国当局审批才生效，未生效前，不许装运。

举例：47A Rrad as "This Commercial Invoice is Subject to the Approval of Import Bureau of Ethopia."

（2）货款须于货物运抵目的地经外汇管理局核准后付款。

举例：47A Read as "The Payment will be Effected after Cargo Arrival at Chittagong, with Approval of Foreign Exchange Bureau of Bangladesh."

（3）1/3 正本提单直接寄给开证申请人。

举例：47A Read as "1/3 Bill of Lading Should be Sent to the Applicant by Courior within 3 Working Days after Shipmnet. A Copy of the Courior Receipt Should be Packed with Other Documents."买方可能持一份正本提单无需付款，即可先行将货物提走。

（4）要求记名提单交单。

举例：46A 2 Read as "3/3 Bill of Lading Shows to the Order of Applicant."

收货人可凭合法身份证明向承运人索要货权，不必提交正本提单，这就对出口商货权造成极大威胁和失控。

Bill of Lading 上的 To the Order of 一般为开证行，如果是进口方，就有很大的风险，进口方也有可能在没有付款的情况下提货了。

（5）在议付单据和非议付单据上自相矛盾的条款。

举例：46A 6 Read as "Certificate of Origin Issued by Chamber of Commerce or Other Authority."

47A 4 Read as "Beneficiary Certify That Original MTC and Certificate of Origin Together with Copy of Commercial Invoice Packing List and Bill of Lading Have Been Sent by Courior to the Applicant within 5 Days After Shipment."

信用证 46A 要求产地证正本交单，同时受益人证明要求显示产地证正本已于开船后 5 日内通过快递寄给开证人。

（6）信用证规定议付行在开船后 24 h 内给开证行发报文通知船舶信息并提供该报文。

举例：47A 6 Read as "Shipment Advice Issued by the Negotiation Bank Should be Sent within 24 Hours from the Date of Shipment to Us by SWIFT Message."

开船日后 24 h 为非银行工作日，则无法满足。

（7）要求提单或船证由船东出具。

举例：47A 6 Rrad as "The Bill of Lading and the Shipment Certificate Must be Sealed by the Owner of the Vessel."

因提单和船证一般由船代出具，此条不能满足。

（8）信用证到期地点在开证行所在国，有效期在开证行所在国，使卖方延误寄单，单据寄到开证行时已过议付有效期。或有效期过短，造成出口商无法在有效期内交单。一般信用证的有效期在出口方所在地，如果信用证规定有效期在进口方所在地非常不容易控制。

（9）由第三方出具的单据中有些内容要求不能显示第三方。

举例：46 A Read as "A Certificate Issued by the Carrier/Master/Shipping Line or Its Agent to Show the Actual Ocean Freight."

如出口商实际支付的海运费与客户要求的不符，且船东或其船代拒绝配合，则不符点在所难免。

（10）收货收据或其他单据须由开证申请人签发或核实。如买方拖延出具单据，将造成受益人晚交单，致使信用证过期。

举例：46 A Read as "The Preshipment Inspection is Required. The Report of Inspection Sigend by the Inspector Appointed by the Applianct Should be Negotiated with Other Documents."

（11）信用证规定开证申请人（买方）书面确认船公司、船名、装船日期后受益人才能装船。

举例：47A Read as "Before the Shipment, the Beneficiary Should Inform the Shipping Line Details, Vessel Name and Shipment Date to the Applicant. The Shipment Should Only be Effected after Approval of Applicant. The Approval from the Applicant Should be Dispatched with Other Shipping Documents."

此条款使卖方是否装船完全由买方控制，如果买方信誉不良风险较大。

（12）信用证限制运输船东、船龄或航线等条款。

举例：46 A Read as "The Shipment with Isreal Flag…"

出口商需提前确认是否可以满足。

（13）装船前进口商安排对货物进行检验，检验证书必须由进口商书面签字。

（14）议付单据必须由进口商审核后签字。

如果出口商发现有这类软条款，不可以贸然履行合同，一定不能装船，应该及时通知进口商改证。进口商严格地按照合同和出口商的要求改证后，出口商可以确保单证相符交单了，才可以开始履行合同。出口方签约后千万不要着急，要耐心地等待收到可以安全收汇的信用证。

4.3.3   跟单信用证开证申请书及内容

钢铁出口企业根据出口合同审证后，如果 L/C 中有实质性的条款与合同不符的、出口商不能保证单证相符交单的、L/C 里有软条款的，出口商应要求进口商及时改证，向买方提出信用证修改意见之后，有时会得到"开证行要求我们这个条款不可修改""开证行没有这种选项"之类的答复，从而使得出口企业不知所措。因此我们讲述如下开证申请书的相关内容，以便出口企业对开证流程不再陌生。

开证申请人在向银行申请开立信用证时，需要填写信用证开证申请书，具体填写说明如下。

Irrevocable Documentary Credit Application：不可撤销信用证开证申请书。

To：致×××银行。填写开证行名称，即进口行名称。

Date：申请开证日期，必须符合日期格式且在合同日期之后，如 2020-01-15。

Issue by：

（1）Issue by airmail：以信开的形式开立信用证。选择此种方式，开证行通过航邮将信用证寄给通知行。

（2）With brief advice by teletransmission：以简电开的形式开立信用证。选择此种方

式，开证行将信用证主要内容发电预先通知受益人，银行承担必须使其生效的责任，但简电本身并非信用证的有效文本，不能凭以议付或付款，银行随后寄出的"证实书"才是正式的信用证。

（3）Issue by express delivery：以信开的形式开立信用证。选择此种方式，开证行以快递（如 DHL）将信用证寄给通知行。

（4）Issue by teletransmission（which shall be the operative instrument）：以全电开的形式开立信用证。选择此种方式，开证行将信用证的全部内容加注密押后发出，该电讯文本为有效的信用证正本。如今大多数（几乎 100%）L/C 均用"全电开证"的方式开立信用证。

Credit No：信用证号码，由银行填写。

Date and place of expiry：信用证有效期及地点。有效期为日期格式（YYYYMMDD），且必须在申请开证日期之后。信用证的到期地点可以规定在出口地（议付行所在地，通常也是受益人所在地。受益人指信用证上所指定的有权使用该信用证的人，一般为出口商，也就是买卖合同的卖方）、进口地（开证行所在地）或第三国（付款行所在地）。如 20180526 New York。在 POCIB 中，此栏有效期至少距离当前日期 5 天。

Applicant：开证申请人（applicant）又称开证人（opener），系指向银行提出申请开立信用证的人，一般为进口方，就是买卖合同的买方。开证申请人为信用证交易的发起人。在 POCIB 中，此栏填写开证申请人名称及地址，即进口商英文名称和地址，可在公司资料中复制。

Beneficiary（full name and address）：受益人指信用证上所指定的有权使用该信用证的人。一般为出口方，也就是买卖合同的卖方。在 POCIB 中，填写受益人全称和详细地址，即出口商英文名称和地址，可在合同中复制。

Advising Bank：如果该信用证需要通过收报行以外的另一家银行转递、通知或加具保兑后给受益人，该项目内填写该银行。在 POCIB 中，填写通知行名址，即出口行英文名称和地址（详见银行网站"世界各大银行基本信息"）。

Amount：信用证金额，填写合同币别和合同金额。

USD 89600.00，USD Eighty Nine Thousand Six Hundred Only. 注意：合同大写金额必须与合同完全一致，建议直接复制合同"Say Total"。

Partial shipments：allowed 或 not allowed。分批装运条款。填写跟单信用证项下是否允许分批装运。

Transshipment：allowed 或 not allowed。转运条款。填写跟单信用证项下是否允许货物转运。

Credit available with：填写此信用证可由××银行即期付款、承兑、议付、延期付款，即押汇银行（出口地银行）名称。如果信用证为自由议付信用证，银行可用"Any Bank in...（地名/国名）"表示。如果该信用证为自由议付信用证，而且对议付地点也无限制时，可用"Any Bank"表示。

Payment by：

（1）sight payment：勾选此项，表示开具即期付款信用证。即期付款信用证是指受益人（出口商）根据开证行的指示开立即期汇票、或无须汇票仅凭运输单据即可向指定银行提示请求付款的信用证。在 POCIB 中，如果合同中付款方式后期限选择"At Sight"，则可选择即期付款信用证（sight payment）或议付信用证（negotiation）。

（2）acceptance：勾选此项，表示开具承兑信用证。承兑信用证是指信用证规定开证行对于受益人开立以开证行为付款人或以其他银行为付款人的远期汇票，在审单无误后，应承担承兑汇票并于到期日付款的信用证。如果选择承兑付款，则必须选择下面的"汇票"。在 POCIB 中，如果合同中付款方式后期限选择"At 30 Days after Sight"等远期付款期限，则可选择承兑信用证（acceptance）。进口商若开立承兑信用证，可以直接承兑后办理取回单据的步骤，不需要立刻付款，也不需要跟着业务进度图颜色提示操作，直接承兑后，办理取回单据的步骤即可。

（3）negotiation：勾选此项，表示开具议付信用证。议付信用证是指开证行承诺延伸至第三当事人，即议付行，其拥有议付或购买受益人提交信用证规定的汇票/单据权利行为的信用证。如果信用证不限制某银行议付，可由受益人（出口商）选择任何愿意议付的银行，提交汇票、单据给所选银行请求议付的信用证称为自由议付信用证，反之为限制性议付信用证。在 POCIB 中，如果合同中付款方式后期限选择"At 30 Days after Sight"等远期付款期限，则可选择承兑信用证（acceptance）、议付信用证（negotiation）、延期付款信用证（deferred payment at）。

（4）deferred payment at against the documents detailed herein。

（5）and beneficiary's draft（s）for 100% of invoice value at sight drawn on. 此栏为汇票信息，解释如下：

连同下列单据：受益人按发票金额××%，作成限制为××天，付款人为××的汇票。注意延期付款信用证不需要选择连同此单据。"at sight"为付款期限。如果是即期，需要在"at sight"之间填"＊＊＊＊"或"—××—"，不能留空。远期有几种情况：at ×× days after date（出票后××天），at ×× days after sight（见票后××天）或 at ×× days after date of B/L（提单日后××天）等。如果是远期，要注意两种表达方式的不同：一种是见票后××天（at ×× days after sight），一种是提单日后××天（at ×× days after B/L date）。这两种表达方式在付款时间上是不同的，"见单后××天"是指银行见到申请人提示的单据时间算起，而"提单日后××天"是指从提单上的出具日开始计算的××天，所以如果能尽量争取到以"见单后××天"的条件成交，等于又争取了几天迟付款的时间。"drawn on"为指定付款人。注意汇票的付款人应为开证行或指定的付款行。如 against the documents detailed herein and beneficiary's draft（s）for 100% of invoice value at ＊＊＊＊ sight drawn on The Chartered Bank. 如果选择"即期付款信用证"，此栏可选可不选；如果选择"承兑信用证"或"议付信用证"，必须选择此栏；如果选择"延期付款信用证"，此栏不可选；

Loading on board/dispatch/taking in charge at/from：填写装运港名称。在 POCIB 中，装运港需根据合同规定填写，与合同"Port of Shipment"完全一致，格式为："港口名+国家"。例如：Hamburg, Germany。

Not later than：最迟装运期。必须为 8 位日期格式，并在开证日期之后、信用证有效期之前。例如 20180616。

For transportation to：填写目的港。在 POCIB 中，目的港需根据合同规定填写，与合同"Port of Destination"完全一致，格式为："港口名+国家"。例如：Hamburg, Germany。

FOB、CFR、CIF or other terms 价格条款：根据合同内容选择或填写价格条款。如果是 CIF、FOB、CFR 直接选择，如果是其他术语，先选择"or other terms"，再下拉选择正确的贸易术语。

Documents required（marked with X）：信用证需要提交的单据（用"X"标明）。根据国际商会《跟单信用证统一惯例》规定，信用证业务是纯单据业务，与货物是否发运无关，所以信用证申请书上应该严格地按合同要求明确写出所应出具的单据，包括单据的种类，每种单据所表示的内容，正本、副本的份数，出单人等。一般要求提示的单据有海运提单（或空运单、收货单）、发票、箱单、重量证明、保险单、数量证明、质量证明、产地证、装船通知、商检证明以及其他申请人要求的证明等。在 POCIB 中，信用证需要提交的单据类型和正本副本份数应与合同"Documents"栏一致，具体解释如下：

（1）（   ）Signed commercial invoice in copies indicating L/C No. and Contract No.

经签字的商业发票（commercial invoice）一式_____正本（original）和_____副本（copy），标明信用证号和合同号_____。商业发票必须选择。

（2）（   ）Full set of clean on board Bills of Lading made out to order and blank endorsed, marked "freight [   ] to collect/[   ] prepaid [   ] showing freight amount" notifying _____.（   ）Airway bills/cargo receipt/copy of railway bills issued by showing "freight [   ] to collect/[   ] prepaid [   ] indicating freight amount" and consigned to _____. 全套清洁已装船海运提单（Clean on board bills），作成空白抬头、空白背书，注明"运费 [   ] 待付/[   ] 已付"，[   ] 标明运费金额，并通知××××。空运提单（Air waybill）收货人为_____，注明"运费 [   ] 待付/[   ] 已付"，[   ] 标明运费金额，并通知××××。

注意：

1）海运提单、空运提单必须二选一，并与运输方式相符。

2）如果是以 CFR、CIF、CIP、CPT 成交，就要要求对方出具的提单为"运费已付"（Freight Prepaid），如果是以 FOB、FCA 成交，就要要求对方出具的提单为"运费到付"（Freight Collect）。

（3）（   ）Insurance Policy/Certificate in copies for % of the invoice value showing claims payable in currency of the draft, blank endorsed, covering All Risks, War Risks and_____. 保险单/保险凭证（Insurance Policy/Certificate）一式_____正本和_____副本，按发票金额的_____%投保，注明赔付地在_____，以汇票同种货币支付，空白背书，投保_____。

注意：

1）如果按 CIF、CIP 成交，必须选择保险单，且正本、副本份数必须与合同一致。

2）赔付地应要求在到货港，以便一旦出现问题方便解决。

3）投保加成必须与合同一致。

4）投保险别请点击横线选择，并且必须与合同一致。

（4）（   ）Packing List/Weight Memo in copies indicating quantity, gross and weights of each package. 装箱单（Packing List）一式_____正本和_____副本，注明每一包装的数量、毛重和净重。装箱单必须选择。

（5）（　　　） Certificate of Quantity/Weight in_____copies issued by_____.
数量/重量证书（Certificate of Quantity/Weight）一式_____正本和_____副本。

（6）（　　　） Certificate of Quality in copies issued by ［　　　］ manufacturer/［　　　］ public recognized surveyor_____. 品质证书（Certificate of Quality）一式_____正本和_____副本。

（7）（　　　） Certificate of Origin in_____copies. 一般原产地证书（Certificate of Origin）一式_____正本和_____副本出具。

注意：数量/重量证书、品质证书、一般原产地证书应根据合同选择，如果合同里规定了，这里必须选择，并且正本、副本份数必须与合同一致。

（8）（　　　） Beneficiary's certified copy of fax/telex dispatched to the applicant within days after shipment advising L/C No. , name of vessel, date of shipment, name, quantity, weight and value of goods. Other documents, if any can negotiate with L/C according to L/C terms.

其他单据：

（1）植物检疫证书（Certificate of Phytosanitary）一式××正本和××副本。

（2）健康证书（Health Certificate）一式××正本和××副本。

（3）普惠制产地证（Certificate of Origin Form A）一式××正本和××副本。

注意：植物检疫证书、健康证书、普惠制产地证应根据合同选择，如果合同里规定了，这里必须选择，并且正本、副本份数必须与合同一致。

Description of goods：货物描述，包括：商品编号、商品英文名称、商品英文描述（必须与合同上商品描述完全一致，如果不一致则必须修改）。

Quantity：商品销售数量（与合同一致，注意单位的单复数）、Price：商品单价。例如：14001（商品编号）Briefcase（商品英文名称）Textured Cowhide Leather, Size：40 cm L× 10 cm W×25 cm H, Packing：1 pc/box, 10 pcs/carton（商品英文描述，与合同上商品描述一致）。Quantity：800 pcs（商品销售数量，需与合同商品销售数量完全一致）。Price：USD 14（商品单价，需与合同商品单价完全一致）。

Additional instructions：

（1）（　　　） All banking charges outside the opening bank are for beneficiary's account.

（2）（　　　） Documents must be presented within days after date of issuance of the transport documents but within the validity of this credit.

（3）（　　　） Third party as shipper is not acceptable, Short form/Blank back B/L is not acceptable.

（4）（　　　） Both quantity and credit amount _____% more or less are allowed.

（5）（　　　） All documents must be sent to issuing bank by courier/speed post in one lot.

（6）（　　　） Other terms, if any do as L/C terms.

附加条款：是对以上各条款未述之情况的补充和说明，且包括对银行的要求等。

（1）开证行以外的所有银行费用由受益人担保。

（2）所需单据须在运输单据出具日后_____天内提交，但不得超过信用证有效期。

（3）第三方为托运人不可接受，简式/背面空白提单不可接受。

（4）数量及信用证金额允许有_____%的增减。

（5）所有单据须指定_____船公司。

其他条款见表4-1。

表4-1　**Irrevocable Documentary Credit Application**

To：	Date：
□Issue by airmail □With brief advice by teletransmission □Issue by express delivery □Issue by teletransmission（which shall be the operative instrument）	Credit No. Date and place of expiry ［　　　　］［　　　］
Applicant	Beneficiary（Full name and address）
Advising Bank	Amount ［　　　　］［　　　　　　　　］
Partial shipments □allowed □not allowed　　Transhipment □allowed □not allowed	Credit available with By □sight payment □acceptance □negotiation □deferred payment at
Loading on board/dispatch/taking in charge at/from not later than For transportation to：	against the documents detailed herein □and beneficiary's draft（s）for____% of invoice value At sight drawn on
□FOB　　□CFR □CIF　　□or other terms	

进口商开证前，应该让进口商把信用证申请表发给出口商审核，出口商应该根据合同对开证申请表进行严格的审核，认真审核无误后，再让进口商开证。这样可以避免今后进口商的改证。

4.4　跟单信用证单据制作及审核

4.4.1　信用证单据制作规则及不符点

作为大宗商品交易，大部分（90%以上）的钢铁交易往往会以跟单信用证付款方式结算，其单据要求和复杂程度要远高于 T/T、D/P、D/A 等结算方式。出口企业的信用证单证人员必须精读 UCP600 手册，掌握信用证条款的基本规则。对于每一项条款的内容、时间出口商均需按照 UCP600 规则制单。同时推荐各公司必备《品读 ISBP745》等对于 UCP600 各条款详细拆解的指南书籍。

如果单证人员没有根据信用证要求，或者违反 UCP600 规则出具单据，每出现一处不符都记为一处"不符点"。出现不符点后，开证行会扣罚卖方 50 ~ 100 美元不等的不符点费。更重要的是，这个时候开证行付款责任就不复存在，而转变成了客户的商业信用。因为不符点一旦出现，开证行就免除了开证行的付款责任，这个时候如果客户（进口商）愿意接受不符点，可以赎单提货；如果客户（进口商）借题发挥，也可以拒收货物，卖方将相当被动。在钢铁出口行业，每年都有大量案例，尤其是在降价行情下，客户通过找出一个微小的不符点的手段，强行（强迫）要求出口商大幅度降价处理，出口商同意后再付款赎单。当价格大幅度下跌时或者干脆就拒付货款。在这种情况下，出口商即使通过议付行索回单据及提单，也需要解决即将到达或者已到达目的港货物的难题，出口方面临"货到地头死"的窘境，出口商进退两难。严格地按照 L/C 制单、确保单证相符交单这是出口商做外贸业务的最基本要求。

4.4.2　单证员工作流程指南

（1）信用证审核：收到进口商开来的信用证后，单证人员应当按照销售合同或 PI 严格审核信用证，除了核对货物的规格、数量、单价、金额、溢短装、交货期等信息是否与合同、PI 一致，同时还需要注意信用证是否有软条款即出口商满足不了、不能保证单证相符的条款。一旦发现信用证存在与合同或 PI 不相符的条款，或者是无法满足的软条款，出口商务必在第一时间书面通知客户改证，需要注意在提出改证要求的时候，应尽量一次性明确地提出全部需要修改的内容。出口商收到 L/C 的修改后，严格地审核无误后，出口商才可以开始组货和履行合同。客户信誉不清、银行信誉不良、不能保证单证相符交单时，出口商一定不能在没有收到改证后就马上履行合同。

进口方开证之前，如果能对进口方的开证申请进行认真的审核，就可以避免进口方的改证了，对双方都有利。

（2）租船要求：有些国家的客户在信用证中要求所配载的承运人出具船龄、船籍和航线方面的证明；以及明知道某些国家没有直航船舶到达，但却要求承运的船舶必须是直航船（信用证规定不允许转船），在这种情况下，需要在配载前或开立信用证前落实核实好船的实际情况，否则，就会造成装船后承运人无法开具证明的硬性不符点（硬伤）。

（3）发货后制单：应严格按照信用证规定的内容制作单据，应该做到"单证 100% 地一致"，同时注意各单据显示的内容相符，即"单单一致"，如果信用证拼写有误，单据也要完全严格地按照信用证制单，与信用证相符的单据就是"正确的"单据，确保出口方交单时没有不符点，这是出口制单的最基本原则。

出口商在制单后要有内部的审单环节，尤其应该注意单据开立的时间及内容之间所对应的逻辑关系是否正确。举例：发票是所有单据中出具日期最早的单据，产地证、保险单的出具日期应不晚于提单日期，信用证要求受益人出具证明，证明受益人在开船后 3 个工作日内寄出全套议付单据，如果提单日期是 2019 年 7 月 8 日（周一），那么受益人证明的出具日期则不能早于 2019 年 7 月 8 日，且不能晚于 2019 年 7 月 11 日，同时，其他单据的出具日期也不能晚于该受益人证明的出具日期，否则出具时间的逻辑错误将产生不符点。

（4）交单议付：特别重要的单据最好派人亲自送到议付行，一般单据可以用闪送或者（信誉良好）特快专递送达。快递公司丢失单据的事情也有可能发生，应该注意防范。

（5）单据备份留档：为了便于日后查询汇总，所有单据应利用硬盘或者服务器留档。随着无纸化办公的普及，电子单据被广泛应用，电子单据留档应注意及时备份，以防电脑产生问题造成单据丢失。同时可将交单的单证复印一套存档，按合同编号分别建立单独文件夹。留存时间建议在 3 年以上，以便随时查阅。

交单前出口商必须安排优秀的外贸人员审单，切不可制单、审单由同一个人完成。制单人员，一套单据应该反复审核几次，才可以保证单证相符。

4.4.3　信用证主要单据制作及审核作业指南

4.4.3.1　汇票（DRAFT）

A　汇票字样

汇票是指 Bill of exchange，在实务中也可以使用同意词 Exchange 或 Draft。

B　无条件书面支付命令（an unconditional order in writing to pay）

"无条件"是指该支付命令不能带有某一偶然事件发生后再付之类的附加条件，否则汇票无效。

"书面"包括印刷、手写和打字。

C　一笔确定的金额（a sum certain in money）

汇票必须标明一定数额的货币金额，否则汇票无效。

如果汇票的大小写金额不一致，以大写为准。

如果汇票上有不止一个大写或不止一个小写相互不一致，以小写金额为准。

D　付款期限或日期（date of payment）

《日内瓦统一法》规定汇票可以有 4 种付款期限：即期（at sight）、见票后定期（at a fixed period after sight）、出票后定期（at a fixed period after date）、定日（at a fixed date），载有其他付款期限或分期付款的汇票无效。

《英国票据法》的付款期限比《日内瓦统一法》多了一种在某一必然发生的特定事件出现后定期付款的期限。

E　付款地点（place of payment）

付款地点是指持票人提示汇票请求付款的地点。

付款地点的重要作用在于，根据国际私法"行为地原则"，在付款地发生的"承兑""付款"等行为，包括到期日的计算方法均适用付款地的法律。不注明付款地点的汇票仍然成立，此时付款人的地址就被视为付款地。

F　付款人（drawee）

付款人严格讲就是受票人，但接受付款命令的当事人并不一定会付款，有权利拒付。

G　收款人（payee）

汇票上收款人通常称为"抬头"，主要有 3 种：

（1）限制性抬头（restrictive order）。如果汇票对收款人进行限制，限制转让或含有汇票不可转让的意图，则汇票不能流通。

（2）指示性抬头（instructive order）。出票人在汇票抬头中指明汇票可以由收款人或其指定人收款，或者表示为某一特定的人作为收款人，但不包括禁止转让的意图。

（3）来人抬头（payable to bearer）。来人抬头是指汇票抬头中不指明某人或其指定人收款，而只注明"pay bearer"（付持票来人）或"pay ××× or bearer"（付某人或持票来人）。

H　出票日期（date of issue）

《日内瓦统一法》将出票日期作为绝对必要项目，而《英国票据法》则规定即使没有出票日期，票据仍然成立。

如果出具远期汇票，为计算到期日，善意持票人可以加上出票日期以确定到期日。

I　出票地点（place of issue）

出票地点对于国际汇票具有重要意义，票据的有效性以出票地法律为准，但是不注明出票地的汇票也成立，出票人的地址默认为出票地点。

J　出票人签字（signature of drawer）

《英国票据法》规定，根据票据上的签字确定责任，不签字就不负责。出票人签字就是承认自己的债务，收款人因此有了债权，从而使汇票成为债权凭证。如果汇票上没有出票人签字，票据就不能成立。

K　出票条款（drawn clause）

出票条款通常包括开证行名称、开证日期和信用证号码3项。

汇票需要按照信用证中出票条款规定的内容要求制作，并做到与信用证出票条款要求相符。

当信用证不是直接从开证行发来的时候，信用证上可能会出现几家银行的名称和几个信用证号码，这种情况下，汇票"drawn under"后面的银行应为开证行名称，信用证号码应为开证行开立的信用证号码。

L　金额、币种和大小写

汇票上的金额应该与发票上的金额一致。一般信用证都会规定 Drafts for 100% of invoice value（汇票金额为发票金额的 100%）。

但也有例外情况：

（1）信用证特别规定汇票金额为一定比例的发票金额，如 Drafts for 95% of invoice value（汇票金额为发票金额的 95%），这种情况的汇票金额应该做成发票金额的 95%。

（2）UCP600 第 18 条 b 款特别约定："按指定行事的指定银行、保兑行（如有）或开证行可以接受金额大于信用证允许金额的商业发票，其决定对有关各方均有约束力，只要该银行对超过信用证允许金额的部分未作承付或者议付。"

在散货运输的情况下，装货数量只能提前约定一个大致范围，最终的装货数量和发票金额可能会超过信用证金额时，出口商装船前一定要控制好装船的数量不超过 L/C 规定的溢短装，否则后患无穷。受益人一般无意超额支取，如果银行承付或议付的金额不超过信用证金额，就不会给开证申请人和开证行带来任何损害。这种情况下指定银行接受了此类发票且承付或议付金额没有超过信用证金额，保兑行或开证行也必须接受。当开证行接受了此类发票且承付金额没有超过信用证金额时，申请人也必须接受，即"其决定对各方均具有约束力"。

这种情况下，发票金额大于信用证允许的金额，但汇票金额仍然控制在信用证允许的金额范围内，汇票的金额与发票所载的金额不一致。

（3）支付暗佣：信用证要求汇票，但同时规定"At the time of negotiation, 5% commission must be deducted from drawings under this credit, but not shown on the invoice"（议付时5%佣金须在支款中扣除，但不能显示在发票中）。按此条款，发票载全额，汇票为扣除佣金后的净额，汇票金额与发票金额不一致。

（4）即期信用证与远期信用证相结合：这种情况下，单张汇票不是100%的发票金额，但两张汇票加合才是发票的总金额。例如：Drafts for 80% invoice value payable at sight for remaining 20% payable at 30 days after sight（即期汇票做成发票金额的80%，见票后30天的汇票做成发票金额余额的20%）。

根据票据法规定，汇票上金额的大小写如果不一致，以大写为准，但ISBP规定，如果汇票上同时出现大小写，大写金额必须准确反映小写的金额。也就是说，汇票上的金额可以只用大写或小写表示，但如果两个金额同时出现且不一致时，国际标准银行实务提出了比票据法更严格的标准，因此票据法中对大小写较为宽松的规定就不能适用于信用证项下的汇票，信用证项下的汇票大小写必须一致。汇票中的币种必须与信用证要求的币种一致。

M　出票日期

出票日期是汇票的基本要素之一，即使信用证没有严格的要求，汇票也应该注明出票日期，国内习惯把汇票的出票日期做成受益人向银行交单的日期，并以此日期判断信用证交单是否逾期。

汇票的出票日期不应早于信用证规定的其他任何单据的日期，受益人只有在提供了信用证所要求的全部其他单据，并且履行了信用证项下的所有义务后，才有权利在信用证项下出具汇款，提出支款要求。

汇票的出票日期也不能迟于信用证的有效日期或超过交单日期（或以装船日后××天计算的最迟交单日期），并以两者当中较早日期为准。

同一汇票项下多套单据，显示货物装到了不同的船，交单期应该分别以各提单的装船日期为准计算，汇票的出票日期不能迟于根据最早装船日计算出的交单日期。

同一汇票项下多套单据，显示货物装到了同一条船并经同一路线运往同一目的地，即使每套单据显示不同的装运港和装船日，交单期也应该从最迟的装船日开始计算。

一套提单上有多个装船批注，如果所有的装船批注均显示同一批货物从信用证允许的港口装运到不同的船只，则以最早的装船日来计算交单日期，因为第一个装船批注已经满足了信用证的要求。

上述汇票出票日期以提单为主线，相同的原则也适用于所有的运输单据，即UCP600第19条到第25条的单据，包括至少两种不同运输方式的运输单据、提单、不可转让海运单、租船合同提单、航空运单、公路运输单据、铁路运输单据、内河运输单据、邮政收据和快递单据。

一个信用证最好一次交货，最多两次交货，如果一个信用证项下太多次的装运，容易引起单证不符。对于循环信用证付款方式，一定要关注实时的国际经济形式和汇率的变化，否则就会给自身带来麻烦和损失。

N　付款期限

信用证项下汇票的付款期限必须与信用证条款一致，汇票上的付款期限须严格按照信用证付款条款填写。

当信用证条款以提单日后××天来计算付款期限时，提单日期不是指提单的签发日期，而是指货物装船日期，也有时船公司为了省事都以开船日为提单日期。

如果信用证要求提单日后××天付款，而且一套汇票项下提交了不止一套提单，和对应交单期的要求不同，不考虑是否同船运往同一目的地，都以最晚的提单日填制到期付款日。例如装船日期分别为2019年3月1日和3月9日，那么汇票的付款日期应该填写为：at ×× days after B/L date March 9, 2019 或 at ×× days from B/L date March 9, 2019。

如果信用证要求远期汇票的付款期限是提单日后60天付款，而提单上有多个装船批注，而且所有装船批注都显示货物从一个信用证允许的地理区域或地区装运，与计算汇票的出票日期的原则相同，应使用最早的装船批注来计算汇票的到期日。

根据UCP600第3条的指引，当使用from和after确定汇票到期日期时，到期日的计算都是从汇票付款期限from或after后面所提及的次日起计算。因此，如果汇票的付款期限一栏不是填制 at 30 days after B/L date March 9, 2019 或 at 30 days from B/L date March 9, 2019，而是直接注明到期日时，则根据from和after计算出的到期日为2019年3月31日。

4.4.3.2　发票（Commercial Invoice）

A　发票名称

如果信用证要求提交"Invoice"而未进一步界定，除了不能提交Proforma Invoice（形式发票）、Provisional Invoice（临时发票）以外，可以提交任何名称的发票，如Commercial Invoice（商业发票）。如果信用证要求提交Commercial Invoice（商业发票），也可以提交标题为Invoice的发票。

B　出具人和抬头

发票必须由信用证中具名的受益人出具，显示的受益人名称必须与信用证中的一致，表明二者是同一实体。这是因为在信用证交易中，卖方一般为信用证的受益人，而买方为信用证的申请人。

C　货物描述

发票中的货物描述要求严格与信用证完全一致（Correspond with）。相一致要求信用证所指的货物、价格和交货条件的细节都包括在发票之内即可，除非信用证允许，否则发票上不可以显示信用证没有要求的货物，包括样品、广告材料等。发票上的货物描述可以比信用证规定得更为具体，但是添加的细节必须不影响货物的品质且未改变货物的性质。

D　数量

受益人应该准确控制货物出运的数量，除非信用证规定货物有短溢装的比例，可以在不超过比例规定的范围内有短溢装，否则发票不显示短溢装，只显示数量单价和金额。

当信用证在数量前用了About、Approximately等类似的限定措辞时，根据UCP600的规定，出运货物的数量可以有10%的增减幅度。但是如果信用证有特殊约定，则以信用证的具体约定为准。

E　单价、金额和币种

单价包括4个方面的内容：计价货币、计价金额、计价单位和贸易术语。

如果信用证规定了单价，发票应该显示单价。如果信用证对于单价有特殊要求，发票也应该予以满足。如果信用证对单价没有要求，发票上既可以显示单价，也可以不显示单价。

国际商会认为：如果信用证明确要求单据注明单价，受益人必须完全照办。开证行、其指定银行都没有义务按所描述的方法，即用总金额除以总数量得到信用证中所要求的单价来决定单据是否可以接受。而且总金额除以总数量并不一定能够得到信用证所要求的单价。如果发票没有注明单价，那么即使已经显示了总数量和总金额，仍然可以视作不符点。所以出口方制单时即使信用证没有明确单价，发票中最好也应该根据合同的约定明示单价，如果合同中约定货物只有一个单价，为了简单可以在发票中只列明单价、总数量、总金额，而无须表明每种规格的单价数量和金额。当然装箱单应该对货物的每个细节都进行明示。

当信用证规定的金额前有 About、Approximately 时，总金额可以有10%的增减幅度。有的信用证还规定了发票金额的上限，如果发票金额超过信用证规定金额的上限，该发票与信用证构成不符。发票必须显示与信用证相同的货币，以反映货物、服务或履约行为的价值。

F　加注

信用证要求发票上加注的特别条款和内容，往往是为了符合进口国的某些法规而提出的要求，如进口许可证号码、外汇批准号等，此外还包括一些证明和声明文字。对信用证要求加注的有些内容，应该根据具体情况在理解的基础上加注，以严格地符合信用证规定为原则。

G　签字

根据 UCP600 第18条规定，发票无须签字，一般惯例出口商应该在发票上签章（签字和盖章），这样比较安全，如果没有签字只有盖章很容易造成单证不符。信用证如果要求出具签署发票（Signed Invoice），那么发票出具人或信用证规定的人必须签字。

应该注意的是，受益人尽量避免接受要求发票由申请人会签的条款，此类条款潜藏着若申请人不能及时签字或拒绝签字，则会导致无法交单、无法保证单证相符的风险。

4.4.3.3　运输单据/提单（Shipping Document/Bill of Lading）

（1）承运人（Carrier）：承运人是指其本人或以其名义与托运人订立海上运输合同的任何人。

（2）托运人（Shipper）：托运人是指其本人或以其名义或代其与承运人订立海上货物运输合同的任何人，或指其本人或以其名义或代其将货物实际交付给海上货物运输合同有关的承运人的任何人。

（3）收货人（Consignee）：一般为开证行。收货人是指有权提取货物的人，即提单的抬头。提单的抬头有记名抬头、指示抬头和来人抬头。如果信用证有具体要求，可以做抬凭银行指示抬头。

在出口方没有收到全部货款的情况下，收货人可以先空着（to order of），尽量不是进口方。等出口方收到全款后，再通知船公司把收货人变为进口方。有的国家，收货人在没有正本提单的情况下，可以无单放货（即使没有正本提单也可以把货提走）。

（4）提单的通知人（Notify Party）：一般为买家（进口商）。到货被通知人是为了便于收货人提货，承运人在货物到港后通知的对象。

（5）装货港（Port of Loading）：装货港是货物实际装船起运的港口。

（6）目的港（Destination）：目的港是货物运输的终点。

（7）唛头（Shipping Marks and No.）：唛头是指货物外包装的标记，以区分于同船的其他相似货物。

（8）包装件数、重量、尺码和货物名称（Number of Packages，Weight，Measurement and Description of Goods）：包装件数、重量、尺码和货物名称一般包括货物的件数、数量或重量、货物名称和货物的表面情况。

（9）运费和费用（Freight and Charges）：运费和附加费用的支付说明包括 Freight Prepaid（运费已付）或者 Freight Collected（运费到付）。

（10）正本份数（Number of Originals）：正本份数是指提单实际签发的或根据要求出具的全套正本份数，一般为三正三副。

（11）提单的签发地和签发日期（Place and Date of Issue）：提单承运人的营业场所所在地和出具运输单据的日期（一般为装船时间，目前更多的为开船时间，两者一般相差 1~2 天）。有些信用证对提单出具人做了规定，比如：若信用证要求提单由 ABC Co. 出具（B/L Issed by ABC Co.），那么发货人所提交的 B/L 只要在函头显示 ABC Co. 即满足信用证对出具人的要求。

至于提单的签署，则可能体现为以下几种方式：ABC Co. as Carrier、ABC Co. as Agent、在签署部分根本不出现 ABC Co.，所以，在审核单据时必须看清信用证是如何规定的，许多钢铁出口企业往往都在这方面吃了亏。

（12）契约文字：是指收货人表示货物收到的正面印就文字，一般包括收货条款、内容不知悉条款、承认接受条款和签署条款。

4.4.3.4 原产地证

一般可以为中国贸促会、中国商检局签发或者由出口方缮制，出口方应该严格根据信用证的要求缮制。

（1）出口方（Exporter）：用于填写出口方名称、详细地址及国家（地区）。需要经过其他国家或地区转口时，采用"出口商+VIA 或 O/B+转口商"的形式做成双抬头。其中VIA 和 O/B 要遵循商检和贸促会的规定选择使用。

（2）收货方（Consignee）：用于填写最终收货方的名称、详细地址和国家。如果信用证要求所有单据上的收货人一栏留空，这种情况下，可填写"To Whom It May Concern"或者"To The Order of"或者"＊＊＊"，但不得留空。一般收货人为开证行。

（3）运输方式和路线（Means of transport and route）：填写装货港、到货港和运输路线、运输方式，如海运/空运/陆运，多式联运要分阶段说明。该栏装运港必须是在中国境内（不得包括港、澳、台地区）。

（4）目的国家/地区（Country/Region of Destination）：填写货物最终目的地的国家或地区，即货物的最终进口国（地区）。此栏不能填写中间商国家的名称。

（5）签证机构用栏（For Certifying authority use only）：签证机构加盖会章，在签发后发证书时加盖后发章或加注其他声明时使用。

（6）运输标记（Marks and Numbers）：按照发票上所列唛头填写完整图案、文字标记及包装号码，不能简单填写 As Per Invoice No. ×××或者 As Per B/L No. ×××。如果没有唛头，填写"No Mark"或"N/M"。如果唛头过多，可以填写在7、8、9栏的空白处。但是此栏不能留空。

（7）商品名称、包装数量及种类（Number and kind of packages；Description of goods）：商品名称要求填写具体名称，不得用概括性语句表示。包装数量及种类要求填写××箱、包、袋、件等，注意在阿拉伯数字后面加括号加注英文数量。如果货物为散货，商品名称后加注"In Bulk"（散装）。如果信用证要求单据上加注合同号码、信用证号码、海关 HS 编码、生产商名称和地址等信息，可以添加在此栏。所有信息填写完毕，以"＊＊＊"结尾，以防二次添加内容。

此栏不能出现以下内容：

1）产品的单价以及总价；

2）与第8栏不同的海关编码；

3）该产品某一部分部件为其他国家制造的字样；

4）该产品属于某双边或地区性优惠贸易协定项下的产品；

5）该产品符合某国家某行业标准等内容；

6）歧视性条款。

（8）商品编码（H. S. Code）：填写四位数以上的偶数位 HS 编码。若同一证书包含几种商品，则应将相应的科目号全部填写。此栏不得留空。应该按照信用证要求填写。

（9）量值（Quantity）：填写货物的数量或重量，应以商品的计量单位填写，以重量计算的要填写毛重和净重。钢铁产品一般认为毛重和净重相等。

（10）发票号码及日期（Number and Date of Invoices）：必须按照出口货物的商业发票号码和日期填写，此栏不得留空。

（11）出口方声明（Declaration by the Exporter）：第一部分为出口人声明、签字、盖章。第二部分为申请地点和时间。其中地点为申请原产地证书的地点，申请日期为请求签发证书的日期。申请日期用英文表达，不得早于发票日期，最好为同日，也不得迟于签证签发日期。日期写法可以为英式（Day，Month，Year；8TH，March，2023 或者 8，March，2023）或美式（March，8，2023），不要用中国的日期写法（年月日）。

（12）签证机构证明（Certification）：签证机构证明、签字和盖章，同时还必须填写签署地点和日期，且签署时间不得早于发票日期和申请日期。

4.4.4　银行审单简介

4.4.4.1　相符交单

UCP600 中"相符交单"是指与信用证条款、跟单信用证统一惯例的相关适用条款以及国际标准银行实务一致的交单。

首先，提交的单据必须与信用证相符，单据的种类、份数、装卸港、装运时间等必须符合信用证规定，所有的单据必须严格地按照信用证的要求缮制。

其次，提交的单据必须与适用具体交易的 UCP600 中的规则（即信用证中未被修改或排除的规则）相符，例如信用证要求的提单，必须符合 UCP600 第 20 条，显示全套、正本、港至港、已装船、清洁的等要求。

最后，提交的单据必须与国际标准银行实务相符，例如印刷错误、单据名称、唛头这些 UCP 未作规定的内容，要依据 ISBP 的标准审核。

一般情况下，全套提单为三正三副，正本提单和副本提单都有打印的开船日期（或签发日期章），而正本提单还有签发人名称和签名，而副本则没有。而有些提单签发者往往会忘记在副本提单上签发日期章而造成不符点。

4.4.4.2　表面审核

有责任审核单据的银行仅基于单据本身是否在表面上（on its face）构成相符交单，而不是仅审核单据的背面和正面的所有内容。银行仅对单据中数据内容进行审核，保证交单与信用证条款、UCP 规定及国际标准银行实务相符。银行对任何单据的形式、充分性、准确性、内容真实性、虚假性和法律效力，或对单据中规定或添加的一般或特殊条件，概不负责；银行对任何单据所代表的货物、服务或其他履约行为的描述、数量、重量、品质、状况、包装、交付、价值，或其存在与否，或对发货人、承运人、货运代理人、收货人、货物的保险人或其他任何人的诚信与否，作为或不作为、清偿能力、履约或资信状况，概不负责。

4.4.4.3　不得矛盾

由于许多银行频繁地以打字或语法错误造成的单据间的不一致为由拒付，UCP600 将"不一致"修订为"不得矛盾"，是指单据之间不要求镜像般一致，只要数据没有矛盾就可以接受。以减少银行之间在信用证结算方面的相互扯皮现象。

信用证议付可能遇见的"不符点"：

（1）信用证过期；

（2）信用证装运日期过期；

（3）受益人交单过期；

（4）运输单据不洁净；

（5）运输单据类别不可接受；

（6）没有"货物已装船"证明或注明"货装舱面"；

（7）运费由受益人承担，但运输单据上没有"运费付讫""运费预付"等字样；

（8）启运港、目的港或转运港与信用证的规定不符；

（9）汇票上面付款人的名称、地址等不符；

（10）汇票上面的出票日期不正确；

（11）货物短装或超装；

（12）发票上面的货物描述与信用证不符；

（13）发票抬头人的名称、地址等与信用证不符；

（14）保险金额不足，保险比例与信用证不符；

（15）保险单据的签发日期迟于运输单据的签发日期（不合理）；

（16）投保的险种与信用证不符；

（17）各种单据的类别与信用证不符；

（18）各种单据中的币别不一致；

（19）汇票、发票或保险单据金额的大小写不一致；

（20）汇票、运输单据和保险单据的背书错误或应有但没有背书；

（21）单据没有必要签字或有效印章；

（22）单据的份数与信用证不一致；

（23）各种单据上面的"Shipping Mark"不一致；

（24）各种单据上面的货物数量和重量描述不一致；

（25）单据之间有矛盾，没有做到单单相符。

对于单货是否相符，银行概不负责；银行其实只负责单据业务；单证相符开证行就应该付款。

4.4.4.4　满足功能需要

UCP600第14条F款规定，如果信用证要求提交运输单据、保险单据或者商业发票以外的单据，如装箱单、重量证、检验证书、货物收据，但未规定出单人或数据内容，提交的单据只要看似满足所要求单据的功能，且其他方面不矛盾，就可以接受。

但是单据必须满足其功能，这个适用不局限于当信用证要求提交运输单据、保险单据或商业发票以外的其他单据，却未规定所要求内容的情形，该规则是对单据的一项基本要求，适用于所有单据，包括UCP600中已有条款专门做了规定的运输单据、保险单据和商业发票。

4.4.4.5　单据审核的具体规定

A　单据界定

运输单据（transport documents）是指UCP600第19条至第25条规定的单据，包括涵盖至少两种以上不同运输方式的运输单据、提单、不可转让海运单、租船合同提单、空运单、公路运输单据、铁路运输单据、内河运输单据、专递收据和邮政收据。

装运单据（shipping documents）是指信用证要求的除汇票以外的所有单据，而不仅限于运输单据（transportation documents）。

过期单据（stale documents）是指过了装运日21个日历日的交单期但在信用证的截止日内提交的单据。

第三方单据（third party documents）是指所有单据，不包括汇票，但包括发票，出具人为受益人以外的一方。

B　单据名称

只要单据内容在表面上满足了信用证所要求单据的功能，单据可以使用信用证规定的名称、与信用证相似的名称，甚至没有名称。

C　单据数据

单据中可以使用普遍认可的缩略语。但是如果使用不是普遍认可的缩略语，则会产生歧义。例如：ltd.——limited、Int'l——International、Co.——Company、kgs——kilos、Ind——Industry、mfr——manufacturer、mts——metric tons。

单据中不能用斜线替代词语，除非在上下文中可以明了其含义，因为斜线（/）可能有不同的含义。如果信用证中出现"/"，在意图不明确的情况下，必须要求开证人将"/"替换成词语。例如：USD12.00/PC、Packing List/Weight List、17/100、Beijing/China，含义都不相同。

银行对单据中的数学计算的检查方式是不查细节，只查总量；不看过程，只看结果。

单据中存在拼写、打印错误并不必然地可以拒付，含有拼写、打印错误的单据是否相符取决于该错误所在上下含义。但是因打印错误造成商品名称、型号已经改变的情况下，就构成不符点。例如：shirts——skirts、pan——pen、model 321——model 312，这些情况就构成不符点。

当然优秀的出口企业应该在单据缮制方面有严格的流程控制，确保交单时没有任何瑕疵才对，应该确保100%地单证相符，单据要有制单和严格审核两个流程，不可以草率地急急忙忙地制单后就随意交单。

信用证中如果使用无意义含糊不清的用语，包括 immediately、prompt、as soon as，如果没有要求应用于单据中而是应用于其他方面，则无须理会。但这些词语被要求应用于文件当中，则提交的单据和证明中必须严格地照写这些词语。

例如：1/3 B/L Should Send to Applicant Immediately after Shipment. A Certificate to This Effect Required。其中的"Immediately"无须理会，受益人可以在装运3天寄出副本单据，也可以在10天后寄出副本单据，只要证明信的日期在信用证规定的截止日期和交单日之前就可以。

任何单据上显示的托运人（shipper，一般为出口方）或收货人（consignor）不必是受益人，可以是第三方，以配合实务的需要，或者严格地按照信用证的要求填写。货物的详细描述不需要注明在所有单据上，装箱单上应该尽可能详细地把货物描述清楚。

商业发票（包括发票，但不包括其他发票）应该注有和信用证描述完全一致的货物描述。

原产地证书的货物描述可以使用统称，也可以采用援引的方式；提单必须严格地按照信用证要求显示货物描述，如果信用证没有明确的要求也可以使用统称。

其他单据中对货物、服务或履约行为的描述，如果有的话，可使用与信用证中规定的描述不矛盾的概括性用语（即统称）。统称必须与信用证规定的用词相符。

D　单据日期

单据日期可以早于信用证开立日期，晚于装运日期，但是任何单据的出具日期都不能晚于交单日期。信用证一般规定提单日期不得早于信用证开证日期。

ISBP第13条规定，即使信用证没有明确要求，汇票、运输单据和保险单据也必须标注日期。

单据日期可以采用美国格式（月/日/年）、欧洲格式（日/月/年）或其他格式（年/月/日）表示，但是不能产生歧义。为了避免混淆，建议：月份使用英文（比如：Feb, 25 (Th), 2023 或者 30, Jan, 2023），而非数字。制单时与信用证规定的日期格式相同基本就没有问题。

用于确定装运日期的用语有 To、Until、Till、From、Between 等，这些用语用于确定发运日期时包含提及的日期。

使用 Before、After 来确定发运日期时则不包含提及的日期。

使用 From、After 用于确定到期日时不包含提及的日期。

此外还有一些用于某日期或某事件之前或之后的时间用语：

On or About 将视为规定事件发生在指定日期前后 5 个日历日之间，起止日期计算在内。On About 20190106 意味着从 1 月 1 日至 1 月 11 日。

Within ×× Days After... 表示从指定事件这天起至指定事件后若干天的期间。

Not Later Than ×× Days After... 表明的不是一段时间，而是最迟时间。

At Least ×× Days Before... 反映某一事项不得晚于某一事件前若干天发生，该事项最早可以何时发生则无限制。

E　单据出具人

作为单据制作方，单据出具人编制内容并对内容真实性负责，单据出具人一般通过单据上印就的抬头来表示。

如果没有使用带有印就抬头的信笺，在单据的落款或签字处加盖出具单位的公章或出具者个人的名章也表明其为单据出具人。

在符合 UCP600 各相关运输单据条款规定的条件下，运输单据可以由任何一方出具，而不仅仅是承运人、船长、船东或租船人。

除发票、运输单据、保险单据之外 UCP600 未做规定的单据，如果信用证用 First Class、Well Known、Qualified、Independent、Official、Competent、Local、Public、Authorized 或 Recognized 等词语描述单据的出具人时，即要求这类机构出具单据，单据可以由受益人之外的任何人出具，只要提交的有关单据在表面符合信用证的其他条款和条件就可以接受。因为这些表述并不具体，所以没有公认的标准衡量是否满足这些表述的要求。

对于原产地证，如果信用证规定 Certificate of Origin from the Chamber of Commerce in Exporting Country，即要求产地证由出口国商会出具，那么原产地证书可以由受益人所在国、货物原产地国、承运人接受货物地的国家或货物的发运地、发运国的商会出具都可以接受。

F　单据的修正与变更

汇票如果有更正，必须在表面看来经出票人证实。

非由受益人制作的单据如有修正或修改，必须经过出具人证实，也可以由出具人的授权人证实。

履行过法定手续或载有签证、证明的单据（无论是否为受益人制作）如有修正和变更，必须经过法定手续实施人、签证人、证明人证实。例如经过使领馆认证的商业发票，如有更正必须经由使领馆证实。而经过使领馆认证的一般原产地证书，如有更正必须经贸促会和使领馆双重证实。

受益人出具且未经履行法定手续、签证、证明或采取类似措施的单据，如有修正或更正，无须证实。

正本运输单据上做的任何修正和变更，不可转让的副本和变更，无须证实。但如果信用证有特别要求，都必须证实。

需要证实的地方，必须表明该证实由谁做出，且应包括证实人的签字或小签。实际操作中，有的更正处只加盖"Corrected"的更正章，不能满足证实的要求。

证实可以由出单人做出，也可由代理人、授权人做出。如果证实表面看来不是由出单人做的，该证实必须清楚地表明证实人以何种身份证实单据的修正或变更。

G　单据的正本与副本

银行只负责从表面上判断单据为正本还是副本，而不管单据实际上是正本还是副本，也不管提交的正本是否为唯一正本。

判定单据正副本性质的原则是依据出单人的意图。如果出单人意在使单据成为正本，从而具有正本的功能，该单据就是正本；否则就是副本。

不管单据是复写的或者是复印的，或是激光打印机在白纸上打印出来的，只要带有出具人原始签字、标记、印戳或标签，即可视为正本。

如果本身没有另外注明其不是正本，满足以下条件也视为正本单据：

（1）看似由出单人手写、打字、穿孔或盖章的单据；

（2）使用出单人的原始信笺出具的单据；

（3）说明其为正本的单据，除非该声明看似不适合用于提交的单据，例如该单据表面看来为另一份有正本陈述的单据的复印件。

单据的多份正本可以用 Original、Dupilcate、Tripilicate、First Original、Second Original 等标明。这种标注均不否认单据为正本，但也没有肯定为副本。有这种标记的单据，正本还是副本，要根据其他信息综合判断。当信用证对正本单据份数未做明确要求时，信用证中规定的每一种单据必须至少提交一份正本。

副本单据的特征如下：

（1）表面看来是通过传真机产生的单据；

（2）表面看来为另一份单据的复印件，而且未经手工标记完成或未复印在表面看来为原始函电用纸上，或者在单据中声明其为另一单据的真实副本或另一单据为唯一正本。

如果信用证要求提交副本，可以通过提交正本或副本来满足。但是如果信用证仅要求提交副本而且不允许提交正本时，不可以提交正本。或是信用证明确规定要求副本并安排全套正本另有他用时，不可以提交正本。

如果信用证不接受正本替代副本时，信用证必须规定禁止只提交正本，一般惯例均应该三正三副。

H　单据的语言

受益人必须使用信用证规定的某一特定语言提交单据，但并不意味着排除或禁止其他语言的使用，只要信用证所要求的信息已经用规定的语言在单据上明确表达即可，一般都使用英文。

遇到 All Documents Must be Issued in English 这种信用证条款时，只要单据内容符合信用证的规定，满足信用证的要求，但单据上的盖章是用当地语言，或是信用证所要求的信息之外的信息、非信用证要求的补充信息未用英语，都不能套用该条款认为不符。此外，All Documents 指的是那些将要提交给申请人的单据，而不是与将要由开证行保留的单据有关，比如以银行为付款人的汇票没有用英语或是部分栏目没有用英语，也不是不符。

我们建议所有出口文件和单据，都要使用英文为好，尽量不使用中文，尽量不中英文混合使用，使用中文没有任何意义，也容易引起单证不符。

I　单据的联合

有些信用证会要求同一机构出具内容不同的多份证明，这种情况下不能把多个证明的内容打印在一份单据中，因为这样操作违背 ISBP 第 42 条的规定。恰当的做法是严格地按照信用证的要求将单据逐一分开出具，以避免单证不符，如果提交联合单据，则应提供足够份数的正本。

证明或声明或类似文据可以是单独的单据，也可以包含在信用证要求的其他单据内。

J　单据的签署

以下单据需要签字：

（1）汇票必须有受益人签字，即使信用证没有要求。

（2）名称为 Certification 或内容中有 Cergify（证明）字样的单据，均需要签字。

（3）运输单据和保险单据根据 UCP600 签署。

以下单据无须签字：

（1）如果没有要求，发票无须签字。

（2）单据名称为 List、Memo、Note 之类非要式单据也无须签字。

（3）单据副本无须签字，包括不可以转让的副本运输单据也无须显示签字。

如果信用证要求 Manually Signed 或 Hand Signed 时，必须采用原始手签，而不能用盖章或用刻有手签签样的图章替代，否则会被认为是"摹样签字"（Facsimile Signature）或"印戳签字"（Stamp Signature）。

如果信用证要求 Duly Signed，则签章需要显示公司名称及有权签字人签字。国际商会主为 Duly Endorsed 并不意味着要求在背书中附加 Duly 一词。Duly 的含义是指在经过一段时间之后，单据满足了一个条件（如由当事人签字及登记），使有合法权力的一方对其进行有效背书。

合格的签署应该包括签署以及签署人。假如要求单据由某一具名的自然人签署，该自然人将自己的姓名以签署方式的一种显示在单据上即可。假如要求单据由某一具名公司签署，可以由该具名公司的一个自然人完成，即将自己的姓名以某种签署方式显示在单据上，并且注明自己是经过授权代表该公司的，也可以仅用某种签署方式将公司名显示在单据上。

在带有公司抬头的信笺上的签字，将被视为该公司的签字，不需要在签字旁边重复公司的名称。

单据上有专供签字的方框或空格，并不意味着必须签字。除非单据内容表明签字才能构成确认，这时候必须签字。

K　单据的履行法定手续、签证和证实

履行法定手续（Legalize）是指外国出具的文件，为使其在本国法庭能够被作为有效证据采纳，经本国驻外使领馆对文件进行有效性确认的行为。

签证（Visa）泛指以签注的方式对任何文件的官方批准或认可。而证实（Certify）不一定要由官方机构进行。

当信用证要求单据需要履行法定手续、签证和证实时，应按照要求操作。根据 UCP600，履行法定手续、签证或证实的方式，不是必须手签，可由单据上任何看似满足该要求的签字、标记或标签来实现。

信用证的所有单据尽量盖章（英文章或者中英文章）并签字，如果只有盖章没有签字非常容易造成单证不符。

附件 1

Sales Contract

Contract No: ×××××××
Date: ××××××××
Place of Sign: Tianjin, China

THE SELLER:
Address:
Tel:

THE BUYER:
Address:
Tel:

The Seller agrees to sale and The Buyer agrees to buy the under-mentioned goods on the terms and condition stated below:

1. Description of Commodity, Specifications and technical demand.

1. 1 Commodity: ××××.

1. 2 Specification & Grade: ××××, other specification as per Mill's Standard.

1. 3 Tolerance of Dimension: thickness, width, length.

1. 4 Coil/Bundle Weight: ××MT, Coil's ID: ××MM.

1. 5 Weighting: Delivery basis onactual/theoretical weight.

1. 6 Packing: Mill's Standard Packing.

1. 7 Shipping Marks: N/M.

1. 8 Mill/Origin: ×××/China.

1. 9 Tag: as per Mill's Standard.

1. 10 Size, Quantity and Unit price.

Size (MM)	Quantity (MT)	Unit Price (USD/MT)	Amount (USD)
Total			

Shipment quantity 10% more or less in total acceptable at seller's option.

Price terms：

Total quantity：×××MT（+/−10%）.

Total amount：USD×××（plus/minus 10 percent）.

2. Port of Loading：Any Port of China.

3. Port of Destination.

4. Latest shipment date：×××（Cargo Ready Date：×××可选）.

5. Shipment will be effected by break bulk vessel/20' GP container（可选）.

6. Terms of payment：

即期信用证

6. 1 The Buyer will open the 100% irrevocable L/C（Letter of Credit）at sight on/before ××/××/2019 from the bank：××××（SWIFT Code：××××）. If the Buyer could not open the L/C on/before ××/××/2019 from above appointed opening bank, the Seller has the right to cancel the contract.

真远期

6. 1 The Buyer will open the 100% irrevocable usance L/C（Letter of Credit）at ×× days after B/L date on/before ××/××/2019 from the bank：××××（SWIFT Code：××××）. If the Buyer could not open the L/C on/before ××/××/2019 from above appointed opening bank, the Seller has the right to cancel the contract.

假远期

6. 1 The Buyer will open the 100% irrevocable UPAS L/C（Letter of Credit）at ×× days but payable at sight on/before ××/××, 2019 from the bank：××××（SWIFT Code：××××）. If the Buyer could not open the L/C on/before ××/××/2019 from above appointed opening bank, the Seller has the right to cancel the contract.

Documents required：Commercial Invoice；Packing List；3/3 Bill of Lading.

The following documents shall be outside the L/C and shall not be the docs for L/C negotiation：

1）Certificate of Origin issued by CCPIT（China Council for the Promotion of International Trade）.

2）Original MTC from beneficiary.

In the 47A item, please indicate："Beneficiary's certificate indicating the original CO and original MTC have been couriered within 10 working days after the shipment date".

L/C Advising Bank：

1）Bank's name；

2）Swift Code.

6. 2 Other terms and conditions：

6. 2. 1 Third party documents except draft to be acceptable, which should be indicated in the item 47A of L/C.

6. 2. 2 +/−10% in amount and quantity in total is acceptable, which should be indicated in the item 47A of L/C.

6. 2. 3 Charter party bill of lading is acceptable.

6. 2. 4 Partial shipment is allowed.

6. 2. 5 Transshipment is allowed.

6. 2. 6 Graphical errors/spelling mistake except price, quantity, quality and delivery terms are acceptable.

6. 2. 7 Period for Presentation: 21 Days from the shipment date.

T/T:

6. 1 The Buyer will T/T the Seller 30% of the contracted cargo value as deposit (Say USD ×××) on/before ××/××/2019. Before shipment, the Buyer shall T/T the balanced cargo value (Say: Produced final q'ty Maltiply by Unit Price-Deposit) against scanned copy of original Commercial Invoice and Packing List within 3 (three) working days. If the Buyer could not T/T the deposit (USD ×××) on/before ××/××/2019, the Seller has the right to cancel or perform the contract. If the Buyer could not T/T the balanced cargo value within above stipulated time, the Buyer need pay extra payment (Say: 0. 067% Maltiply by Days [how many late days beyond stipulation] Maltiply by the Balanced Amount) to the Seller.

Documents required: Commercial Invoice; Packing List; 3/3 Bill of Lading; Certificate of Origin issued by CCPIT (China Council for the Promotion of International Trade); Original MTC from beneficiary.

T/T Instruction:

Name of Bank;

Bank's Address;

SWIFT Code;

Benefciary;

A/C No. for US Dollar.

6. 2 Other terms and conditions:

6. 2. 1 Third party documents except draft to be acceptable.

6. 2. 2 +/−10% in amount and quantity in total is acceptable.

6. 2. 3 Charter party bill of lading is acceptable.

6. 2. 4 Partial shipment is allowed.

6. 2. 5 Transshipment is allowed.

6. 2. 6 Graphical errors/spelling mistake except price, quantity, quality and delivery terms are acceptable.

6. 2. 7 Period for Presentation: 21 Days from the shipment date.

6. 1 The Buyer will pay the Seller by 100% D/P at sight within three (3) working days upon receipt of original documents. If the Buyer could not pay the total cargo value within above stipulated date, the Buyer needs to pay extra payment (Say: 0. 067% Maltiply by Days [how many late days beyond stipulation] Maltiply by the total cargo amount to the Seller.

Collecting Bank's Information:

1) Bank's name;

2）Bank's address.

7. Insurance：To be covered by the Buyer before vessel leaving the loading port.

8. Terms of Delivery and Shipment：

（以到岸价成交）

8. 1 Under the term of CFR/CIF FIO/FILO ××× by bulk vessel/20' GP container.

（FOB 散货）

8. 2 Under FOB term, the Buyer shall advice the Seller, at least 10 days before Cargo Ready Date, of Vessel's particular/estimated laycan (within Time of Shipment)/ETA which shall be confirmed by the Seller within two working days. The Buyer or Buyer's nominated Agent shall give respectively 7 days', 3 days', 48 hours' notice of vessel rotation to the Seller.

（1）In the event of vessel's arrival at the loading port before the laycan previously confirmed by the Seller, any charge due to vessel's earlier arrival should be for the Buyer's account.

（2）In case vessel arrives at the loading port within the laycan previously confirmed by the Seller and Notice of Readiness has been tendered, while the Seller fails to effect shipment due to cargo unready, the dead freight and/or losses due to shortage of goods delivery shall be for the Seller's account.

（3）If the vessel arrives at the loading port after the laycan previously confirmed by the Seller, the storage charge therefore shall be borne by the Buyer at the rate of USD0. 05/MT per day. Odd hours less than one day shall be counted as one day.

（4）Both the Buyer and the Seller have mutually agreed to appoint berth (s) located at Tianjin Port No. 1 Company (Terminal No. 1) as the berth (s) for loading at loading port. However, upon vessel's arrival at the loading port, if the Buyer/vessel owners request other berth (s) for loading outside Tianjin Port No. 1 Company (Terminal No. 1) then any shifting costs of cargo shall be borne by the Buyer. In addition, the Buyer shall also be responsible for any cargo damage loss and risk against change of loading berth.

（FOB 集装箱）

8. 3 Under FOB CY term, the Seller shall inform the Buyer to book vessel when cargo is ready. The Buyer shall provide the Booking Confirmation to the Seller, at least five working days before shipment date, which should be confirmed by the Seller and show shipper owner, vessel's name and voyage, port of loading, ETD, port of discharge, closing of cargo receiving date, contractor and full-in terminal, container type/size/quantity, etc.

（1）In case the Booking Confirmation is provided in time and confirmed by the Seller, while the Seller fails to effect shipment, the charges of detention and/or losses due to shortage of goods delivery shall be for the Seller's account.

（2）In case the Buyer cannot provide the Booking Confirmation within above stipulated date, the Seller has the right to ask the Buyer to book next voyage, in case such delay makes delivery over the latest shipment date, the Seller will not be responsible and the Buyer could not claim for it.

（3）In case vessel arrives at the loading port earlier than ETA loading port stipulated in the

Booking Confirmation, the Buyer shall keep good communication with ship owner and make sure there will be enough time for the Seller to finish delivery and custom clearance. If the Seller fails to effect shipment due to vessel's earlier arrival, the dead freight and/or losses due to shortage of goods delivery shall be for the Buyer's account.

(4) In case vessel arrives at the loading port later than ETA loading port stipulated in the Booking Confirmation, the Buyer shall keep good communication with ship owner and make sure there will be no container detention charges. If the charges cannot be cancelled, it will be for the Buyer's account.

9. Preshipment Inspection: Should the Buyer assign others as surveyor (such as SGS, BV, SONCAP, etc.), the charges thus incurred should be borne by the Buyer, or in conformity with the contract after arrival of the goods at the destination, the Buyer may lodge a claim against the Seller supported by the detailed original survey report, issued by an inspection organization agreed by both parties, with exception of those claims for which the insurance company and/or the shipping company are to be held responsible. Claims for quality discrepancy should be filed by the Buyer within 30 days after arrival of the goods at the port destination, while for quantity/weight discrepancy claims should be filed by the Buyer within 30 days after arrival of the goods at the port destination. The Seller shall, within 30 days after receipt of the notification of the claim, send reply to the Buyer. At the port of destination, +/−0.5% franchise based on bills of lading weight are acceptable. If the over−weight is in excess of 0.5% franchise, the Buyer shall agree to reimburse the value of the excess less 0.5% franchise. On the other hand, the Seller shall refund the value of shortfall less 0.5% franchise if the short−weight is over 0.5% franchise. Claim amount, if any, shall not exceed the invoice value. The Seller accepts no liability for consequential loss, loss of income, loss of profit and/or any other loss or injury that might be incurred.

10. The Seller has the right to send an independent inspection company of his Choice to supervise discharge and weighting operation at discharge port and to inspect all kinds of quality problems, if any. The Buyer has to make all necessary arrangements with relative authorities to ensure that such an inspection can be carried out smoothly. The results of such inspection will have to be considered during negotiations together with the survey report issued by both parties' agreed international inspection organization (such as SGS/BV, etc.). Claimed cargo must be kept for 1 month for inspection by all parties. If at the time of inspection the cargo cannot be found, no claim will be considered.

11. Force Majeure: In case of Force Majeure, the Seller shall not be held responsible for late delivery or non−delivery of the goods but shall notify the Buyer by fax. The Seller shall deliver to the Buyer by air DHL courier or fax, if so requested by the Buyer, a certificate issued by the China Council for the Promotion of International Trade or any competent authorities. If the shipment is delayed over one month as the consequence of the said Force Majeure, either party has the right to cancel this contract.

12. Arbitration: All disputes in connection with this Contract or the Execution thereof shall

be settled through friendly negotiations between two parties. If no settlement can be reached, the case in dispute shall then be submitted for the China international economic and trade arbitration commission for arbitration in Tianjin in accordance with their arbitration regulations. The decision made by the arbitration organization shall be taken as final and binding upon both parties. The arbitration expenses shall be born by the losing party unless otherwise awarded by the arbitration organization.

13. Taxes and Duties: Unless otherwise stated in this Contract, any taxes, duties, assessment or levies on the exporting of the goods imposed by the Chinese Government or any other authority in China shall be for the account of the Seller. Commissions, any taxes, duties, assesment or levies on the importing of the goods imposed by the importing country/region or any other authority shall be for the account of the Buyer.

14. Import Licences, Authorisations: The Buyer must obtain at his own risk and expense any import licence or other official authorisation or other documents and failure to obtain such licenses shall not constitute Force Majeure.

15. Title/Risk/The trade terms: As per Incoterms 2000.

16. Governing Law: This contract shall be governed by and construed in accordance with the laws of China.

17. Additional conditions:

17. 1 In case of any change in taxes, duties, assessment or levies in China, the Buyer and the Seller agree to share the added expenses by 50% to 50% .

17. 2 In witness herein thereof, both Seller and Buyer hereby affix their signatures herein, accepting all the terms and conditions as contained in this contract. This contract and all amendments to the contract shall be only valid in written with both parties signatures duly confirmed (Facsimile is valid), Upon exchanging through facsimile or by post the signed contract and all amendments to the contract between both parties, and duly confirmed by both parties and is legally binding on Seller and Buyer. This Contract will come into force immediately after signing of the contract.

The Seller:　　　　　　　　　　　　　　　The Buyer:

附件 2

The Seller：				The Buyer：
DRAFT				
No.	×××		2019−03−20	BEIJING，CHINA
EXCHANGE FOR			USD ××，×××.××	
AT SIGHT			OF THIS FIRST OF EXCHANGE	
（SECOND OF THE SAME TENOR AND DATE UNPAID），PAY TO THE ORDER OF				
COMPANY NAME ×××			THE SUM OF	
U. S. DOLLARS	*EIGHTY ONE THOUSAND TWO HUNDRED ONLY*			
	DRAWN UNDER：	SWIFT CODE NAME OF THE PAYMENT BANK BRANCH，ADDRESS CITY，COUNTRY.		
	L/C No：	××××××××	DATE OF ISSUE	190319
TO：	SWIFT CODE NAME OF THE PAYMENT BANK， BRANCH，ADDRESS CITY，COUNTRY.			

附件 3

COMMERCIAL INVOICE ××× CO. , LTD.

Add：

TO： ××× ADDRESS：	INVOICE No. ：××× DATE：MAR. 20, 2019

DESCRIPTION OF GOODS

PRODUCT	GRADE	SIZE （MM）	LENGTH （M）	QTY （MT）	UNIT PRICE （MT）	TOTAL AMT （USD）

H. S CODE：

TOTAL ×××.×× MT

TOTAL AMOUNT USD ××, ×××.×× CFR ××× ××,

INCOTERMS 2010, AND ALL OTHER TERMS AND CONDITIONS ARE STRICTLY AS PER PROFORMA INVOICE NO. ××× DATED-×××××××× OF THE BENEFICIARY.

TOTAL NET WEIGHT：

TOTAL GROSS WEIGHT：

TOTAL CFR VALUE：USD ×××

FREIGHT CHARGES：USD ×××

COST OF GOODS：USD ×××

WE CERTIFY MERCHANDISE ARE OF CHINA ORIGIN.

IMPORT'S INFORMATION

SHIPPING MARKS：N/M

BENEFICIARY

（SIGNATURE）

××× CO., LTD.

附件 4

PACKING LIST ×××　CO. , LTD.

TO： ××× ADDRESS：	INVOICE No. : ××× DATE：MAR. 20, 2019

DESCRIPTION OF GOODS

PRODUCT	GRADE (SPECIFICATION OF COMMODITY)	SIZE (MM)	LENGTH (M)	QTY（NET WEIGHT） (MT)	GROSS WEIGHT (MT)	PIECES OF PER BUNDLES (PIECES)	NUMBER OF BUNDLES (BUNDLES)

H. S CODE：

TOTAL ×××. ×× MT

TOTAL AMOUNT USD ××, ×××. ×× CFR ××× ××,

INCOTERMS 2010, AND ALL OTHER TERMS AND CONDITIONS ARE STRICTLY AS PER PROFORMA INVOICE NO. ××× DATED-×××××××× OF THE BENEFICIARY.

TOTAL NET WEIGHT：

TOTAL GROSS WEIGHT：

TOTAL CFR VALUE：USD ×××

FREIGHT CHARGES：USD ×××

COST OF GOODS：USD ×××

WE CERTIFY MERCHANDISE ARE OF CHINA ORIGIN.

IMPORT'S INFORMATION

SHIPPING MARKS：N/M

BENEFICIARY

(SIGNATURE)

××× CO., LTD.

ADDRESS：

附件 5

××× CO. , LTD. ADD. ×××
SHIPPING ADVICE

INVOICE NO. : ×××××××

TO THE OPENER:

×××

ADDRESS

INSURANCE COVERED BY OPENER

REFERRING TO COVER NOTE No:　　　　　　　　DATED:

WE GIVING FULL DETAILS OF SHIPMENT AS FOLLOWING:

COMMODITY:

TOTAL NET WEIGHT:

TOTAL GROSS WEIGHT:

TOTAL NUMBER OF BUNDLES:

TOTAL AMOUNT USD

B/L NUMBER:

VESSEL NAME/VOYAGE No. :

WE CERTIFY THAT ALL SHIPMENT UNDER THIS CREDIT HAVE BEEN ADVISED BY THE BENEFICIARY WITHIN ×× DAYS AFTER SHIPMENT DIRECTLY TO THE OPENER REFERRING TO COVER NOTE No: ××× DATED: ××× GIVING FULL DETAILS OF SHIPMENT.

L/C No. :　　　　　　DATE OF ISSUE

IMPORTER'S NAME:

IMPORTER'S ADDRESS:

DATE: MAR. 20, 2019

BENEFICIARY

××× CO. , LTD.

附件 6

××× CO. , LTD. ADD. ×××
BENEFICIARY CERTIFICATE

INVOICE No. : ××××××××

WE CERTIFY THAT ×××

L/C No. :　　　　　　　L/C DATE OF ISSUE

IMPORTER'S NAME：

IMPORTER'S ADDRESS：

DATE：MAR. 20，2019

BENEFICIARY

××× CO. , LTD.

附件 7

SHIPMENT CERTIFICATE

B/L NUMBER：   DATE：2019-03-20
OCEAN VESSEL：
ON BOARD DATE：2019-03-20

WE, AS AGENT FOR THE CARRIER, CERTIFY THAT SHIPMENT IS NOT ON ISRAELI FLAG VESSELS.
VESSEL'S FLAG：

L/C No. ：   DATE OF ISSUE ×××××××
IMPORTER'S NAME：
IMPORTER'S ADDRESS：

IMPORTER'S INFORMATION
PRODUCT INFORMATION

                              SIGNATURE：
                              AS AGENT FOR THE CARRIER：

5 出口企业的财务和外汇管理

随着互联网技术的发展，外贸企业外部环境正在快速发生巨大的变化，2018年以来，税收管理、外汇管理新政陆续出台，监管政策日趋严格。钢铁出口企业应该全面和充分地了解国家的相关法律和相关政策，并且妥善安排各项工作，避免涉税、涉汇的被动局面。

5.1 公司注册和外汇账户

为了保障出口企业安全、经济、便捷地收付外汇，规避在收付汇过程中涉税、涉汇的违规和违法行为，收付汇业务操作需要做出前瞻、合理的安排。出口商应该对自己企业的财务安排和外汇管理做出制度的安排，使财务工作和外汇管理有章可循。

5.1.1 公司注册

目前我们的钢铁出口企业，主要通过注册不同的企业获得税收出口业务等的便利，可以注册以下类型的公司进行操作。

5.1.1.1 本地公司

本地公司注册于经营者所在地区，业务受当地市场监管、税务、商务、外汇、海关、安全生产监督等部门的监管。公司的产品采购、出口报关、收汇结汇、交税退税全部自行完成，出口退税类产品的出口一般通过此类公司完成。境内公司多多少少对外付汇手续还是多一些，我们的外汇还不是自由兑换的，还有一些外汇管制。

很多出口企业也在研究和寻找国内给出口企业提供更多优惠政策的城市、地区、保税区、特区、经济开发区等。出口企业都需要一个长期可持续稳健的经营场所。有的国内地区的出口优惠政策会随当地领导人的变更而变更，随着当地政策的变更而变化。因此钢铁出口企业在选择注册地点时一定要从长远考虑，还是到经济发达的大城市比较好，大城市的政策比较稳定，比如北京、上海、广州、深圳、杭州、宁波等。

5.1.1.2 代理公司

代理公司的注册在其他地区，业务监管方式与上一类公司相同。此类公司帮助其他出口企业办理代理报关业务，部分免征关税，没有出口退税类产品的报关出口一般通过此类公司完成，这种公司作用不大。

5.1.1.3 离岸公司

离岸公司注册在中国大陆以外的地区，例如中国香港、岛屿国家、新加坡等地，受注册地法律和税收体系监管。离岸公司通过向中国本地企业或中国以外的离岸公司采购产品和服务，并以转口贸易的形式开展国际业务。此类公司由于宽松的行政监管方式、税收管理政策和外汇管理政策，进出外汇基本不受管制，得到我们钢铁出口企业的最广泛应用。

A 中国香港离岸公司

注册：公司在中国香港注册登记，通过代理公司在7~10日内即可完成，注册费用在5000~6000元。注册时需要向注册代理公司提供"公司名称"和"董事/股东身份信息"。

年审：每12个月年审一次，需要向代理公司支付一定的费用，一般在2000元左右。

纳税：中国香港注册的离岸公司，享受中国香港低税政策，提高企业经营利润。

（1）中国香港公司是否纳税，主要看中国香港公司经营情况而定，与公司账号是否设在中国香港无关（公司账户开在大陆或海外，若公司盈利，均需向中国香港政府申报税务）。

（2）根据中国香港税务条例，所有中国香港公司每18个月报税一次，可零申报或审计报税。零申报条件和申请免税条件见表5-1。

表5-1 零申报条件和申请免税条件

零申报条件	申请免税条件
（1）没有购买任何中国香港物业； （2）公司没有经营任何业务； （3）银行账户没有资金进出	（1）合同不在中国香港签订； （2）客户不是中国香港企业； （3）货物运输不经过中国香港； （4）没有在中国香港实地办公； （5）接单不在中国香港完成

（3）审计报税不代表要交税，若符合免税条件的可免税，另中国香港公司做账审计灵活，可合理控制公司利润，且中国香港税率低，均能合理有效控制公司成本。根据业务量大小，向代理公司支付核数审计、做账报税的费用。同时可能需要向中国香港税务机关按16.5%的税率交纳一定的利得税。

中国香港公司报税注意事项：中国香港公司税务条例明确规定凡收到税表必须申报，不报税将直接导致中国香港银行账户被冻结，公司将被强制注销，董事列入出入境黑名单。在中国香港境外的经营收入和利润无需缴纳税金。

注销：公司不再经营时需要办理变更或注销手续，代办费用在2000元左右。

银行开户：在中国香港注册的离岸公司可以比较容易地在中国香港银行开银行账户，进出口贸易收付款便利，无限制，方便转口贸易，拓展海外市场。

B 岛屿离岸公司

注册：在太平洋群岛国家包括开曼群岛、英属维尔京、马绍尔、塞舌尔等群岛国家注册，需要20~25个工作日，注册流程及费用大体与中国香港离岸公司一致。

年审：每年通过代理公司向注册国政府支付牌照管理费用，并获得"GOOD STANDING"证明，提交给银行，共计5000~6000元人民币/年。

纳税：群岛公司无税号，在岛屿以外发生的业务，无需向岛屿政府报税和交税。

注销：可以办理注销手续，也可以不续牌照费用弃之不理。

银行开户：因中国香港大部分银行不接受岛屿公司开户，目前可接受岛屿公司开户的银行如下：

中国内地银行：渣打银行、农行、泰隆银行、泉州银行等；

中国香港银行：恒生银行、汇丰银行、星展银行、华侨永亨银行；

海外银行：新加坡星展银行、华侨银行、大华银行、渣打银行，塞浦路斯银行，亚美尼亚银行等。

C 新加坡离岸公司

在新加坡注册，每年需要记账和报税，并向当地税务机关交纳一定的税收。

（1）新加坡开户对比其他海外银行开户，客人无需前往新加坡，国内即可完成前期基本手续；

（2）申请资料编辑周期快，1~2周即可完成开户；

（3）客户选择搭配他国税号+护照，完美规避金融风暴来袭；

（4）资金不受外汇管制，随时自由支配使用；不同货币自由转换，国际贸易结算方便；

（5）一步到位开通网银，日常账户使用便捷。

D 其他国家公司

目前，出于外汇管制、国际制裁、CRS数据交换等影响的考虑，出口企业还可以在阿联酋、英国、法国、德国、意大利、卢森堡、印度、美国等国设立公司。

在上述这些地点设立的离岸公司，行政监管、税收管理、CRS数据交换、外汇管理政策不尽相同，各有特点。总体来看，岛屿公司、新加坡公司更适合钢铁出口企业开展业务。

5.1.2 银行账户管理

银行账户是出口企业收付资金的通道，需要根据具体的业务特征，选择合适的账户类型，规避相关业务风险。一般国内的钢铁出口商根据国际贸易的需要都设立两类账户，一个是境内企业的账户，另一个是离岸账户，这样对外结算比较方便。

5.1.2.1 国内银行账户

国内所有银行都可以为本地公司提供基本账户、一般账户服务，这里不做详细叙述。

国内部分银行还可以为离岸公司开通离岸账户OSA（OFF SHORE ACCOUNT），开办离岸公司银行账户服务的银行主要有交通银行、平安银行、招商银行、上海浦东发展银行。

国内部分银行还可以为离岸公司开通NRA（NON-RESIDENT ACCOUNT）账户，用于收付外币。

国内银行账户具备以下特点：

（1）优点是银行信誉好，费用低，信用证通知和交单、外汇收付都比较方便，收付款速度快。

（2）缺点是银行账户信息受到国内相关部门的监管，相比国外账户业务的保密性要差一些。

OSA账户与NRA账户的区别：两个账户基本功能几乎一致，但是基本属性完全不同。NRA账户是境内账户，而OSA是境外账户。NRA账户本身就证明境外公司属于非居民企业，国家会将该境外公司在境内取得的收益纳入非居民企业税收来管理。

OSA：OFF SHORE ACCOUNT，简称OSA，离岸账户。

（1）开户银行：必须是经过银监局审批有权的银行，目前仅包括招商银行、浦发银行、交通银行和平安银行。

（2）开户单位：可以是境外机构也可以是境外个人。

（3）审批和监管：由银监局负责监管，受外管政策的监管少，不需要占用外债指标，资金来去自由，基本不受外管政策的监管。

（4）OSA 账户款项银行来去自由，只有打到国内个人账户时银行会监控严一点。

（5）OSA 账户的账户数字前面带有 OSA 三个字母，很多离岸银行让国外客户汇款时可以省去。

（6）OSA 账户可以做信用证、DP、内保外贷等很多国际业务。

NRA：境内银行可以为境外机构开立外汇账户（NON-RESIDENT ACCOUNT，境外非居民账户，简称 NRA 账户）。

（1）开户银行：可以是国内所有的银行，包括外资银行。

（2）开户单位：可以是所有境外机构，但是不能境外个人开立账户。

（3）审批和监管：都是由当地外汇管理局负责，资金的进入银行需要先申请外债指标。

（4）NRA 账户各自银行的政策不一样，有的银行不能打个人账户或者打国外的账户不方便；或者有些银行需要提供贸易单据（渣打银行）。

（5）NRA 账户带 NRA 三个字母，不能省去。

（6）NRA 账户目前一些外资银行如渣打、集友是可以做的，很多一些小的 NRA 银行是不做这一块业务的。

目前国内新开离岸账户，银行一般要求客户有本地公司，并且除了营业额要达到银行要求外，国内公司的账户也要开在该银行，其离岸账户才会审批，开下来后如果存款额或者是营业额没达到要求会被随时关闭。

5.1.2.2 中国香港银行账户

目前中国香港账户比中国内地银行账户相对较有优势，没有要求客户的国内公司也开在该银行，而且根据客户业务性质和业务状况开下来的账户可以长久稳定地使用，账户功能性比较强大，可以对公对私转账，不受外汇管制，网银操作可查可转，到账时间快。

所有中国香港公司可以在中国香港银行开户，岛屿公司仅可以在部分中国香港银行开户。优点是中国香港作为金融中心，美元收付自由。缺点是信用证通知和交单需要邮寄到中国香港，在时间和便利性上，与中国内地银行相比可能存在一些障碍。

可开展此业务的银行主要包括：华侨永亨银行、中国银行（香港）、中信银行（国际）、工银亚洲、星展银行、交通银行（香港）、花旗银行、汇丰银行、恒生银行、大新银行等。

5.1.2.3 国外银行账户

所有的离岸公司都可以在新加坡华侨银行、塞浦路斯银行、亚美尼亚银行开设离岸账户。优点是资金收付自由，相对于中国大陆和中国香港的银行，信息保密性要好一些。缺点是服务费用相对较高，如果日均存款低于 5 万美元，每账户每年的维护费用在 1000 美元左右。

5.1.2.4　国内跨境电商试验区个人外汇账户

国内跨境电商试验区个人外汇账户主要是在义乌等跨境电商试验区以个人户头开设的账户，用于回收和兑换出口业务过程中的美元。

此类账户需要在义乌当地以个体户的形式成立一家电子商行，此类市场主体受当地政府政策支持，注册简便，维护成本低；不需要领取税务登记证；通过银行正规合法途径完成结汇，结汇额度基本上不受限制（有的银行限制年 500 万美元以下），自主操控，即时到账。

义乌当地的稠州银行、中国农业银行、泰隆银行都可以办理此类业务。

在义乌注册的个体工商户应当在每年规定的时间内向市场监管部门报送信息，一般采用零报税，详细运作需要咨询注册代理机构，避免产生违法行为。

5.1.2.5　涉伊朗业务银行账户

由于伊朗一直受美国制裁，中国国内与伊朗的业务，除了通过第三方账户（伊朗客户开在第三国）操作外，还可以通过昆仑银行、甘肃银行开设人民币账户进行操作。这两家银行开户门槛很高，一般要求企业交易金额达到一定程度，而且进出口贸易金额基本平衡的企业更受欢迎。

5.1.3　公司账户管理

为规避 CRS 金融账户信息数据交换带来的潜在风险，企业需要通过公司董事、公司注册国和银行账户开户国进行不同组合，对公司注册与银行开户工作做出统筹安排，避免涉税、涉汇方面的风险。最佳组合为公司董事、公司注册国和银行账户分属不同的国家。

5.1.3.1　避免被银行销户

目前，国内的招商、交通、浦发等银行都通知客户销户，众多银行对离岸账号加强管理，主要原因如下：

（1）风险高，收益不抵风险。离岸账号存在洗黑钱、与敏感国家贸易往来等，银行承担风险较大，一旦发生此类情况，银行会受到高额的惩罚。为规避风险，银行加大了审查力度，甚至取消了离岸业务。

（2）清理不活跃及中小客户，减少冗余客户占用银行资源，去除银行无法获益的客户。

（3）离岸资金不列入国内银行储蓄业绩，国内银行对开立离岸账户积极性不高。

（4）对公司无商业实质、不配合银行调查、银行无法联系到客户等，均可能列入账户关闭对象。

为避免账户被关闭，需要注意以下事项：

（1）不参与非法洗钱活动。

（2）避免与贸易敏感国家商业往来，避免敏感业务（石油、黄金、珠宝等）。若涉及敏感国家，需选择合适的银行开设账户（不同银行对敏感国家定义不同）。

（3）尽量避免代收代付，避免影响账户安全。

（4）避免大额资金整存整取；或大额现金存入；或多个账户汇入、集中再汇出。

（5）公司贸易尽量采用公对公，避免频繁公对私（可以对董事或股东分红）。

（6）公司账户保持一定存款。账户结余大于银行的基本要求（大部分香港银行要求月日均≥5万港币）。

（7）保持公司账户活跃，长时间不活动的账户有被关闭的风险。

（8）预留有效常用联系方式给银行，积极配合银行调查（如合规调查表格、提供贸易合同发票等），未能联络客户或未得到回复易被关账号。

（9）如有实际收入，建议出具审计报告，避免被抽查到无法提供，账户冻结影响使用。

（10）公司如未按时年审，会被银行清查、冻结账户，甚至会被销户。

5.1.3.2　银行账户被销户的应对方法

（1）第一时间与银行联系，了解账户被冻结/销户的原因。

（2）若银行提出一些要求可避免销户的，尽量配合银行相关工作；无法避免销户的，则向银行申请，尽快转移账户内的资金，并与贸易伙伴说明账户异动情况。

（3）寻求开设新的离岸/香港/海外账户，以方便国际贸易往来。

5.1.4　出口业务潜在风险

出口业务在操作过程中存在以下法律风险，需要出口企业提前做好统筹安排。

5.1.4.1　涉税风险

钢铁出口业务在采购和出口环节，主要涉及的税种有采购环节的增值税、出口环节的关税、出口退税（增值税）三个部分。部分业务如果操作不当，可能具有潜在的涉税风险，主要涉及偷逃增值税、关税，骗取出口退税等违法行为。

5.1.4.2　涉汇风险

出口企业离岸账户中的外汇收付，需要严格按照正常的贸易流程进行操作，保留交易过程中与销售方签订的合同、箱单和发票，以及与买方的销售合同、箱单和发票。作业不当可能违反中国国内的相关法律构成犯罪，情节严重的按非法经营罪论处，需要承担经济和法律责任。

通过本地公司操作的业务，在外汇收付管理过程中，要严格依据《货物贸易外汇管理政策与实务——进出口核销改革（银行企业版）》中的相关规定执行，避免外汇收付和兑换行为违法监管政策，给企业带来损失。特别需要指出的是，外汇收付一定要按规定及时申报，尤其是收到客户预付款后超过90天才能发货，以及发货后超过90天延期收款的业务，必须按时向外汇管理部门报告。

5.1.4.3　涉反洗钱风险

部分国家由于外汇短缺实施外汇管制，同时进口环节征收高额的关税，部分应付款（预付款）一般由客户委托第三方账户汇入出口公司指定的账户。这部分应付款（预付款）无论是美元还是人民币，出口公司无法判别付款方账户及资金来源的合规性与合法性，有可能涉及受制裁的高风险国家或敏感国家的资金往来，也有可能卷入反洗钱犯罪，主要原因包括：第三方资金涉及贩毒、赌球等黄、毒、赌类的非法洗钱业务，涉及违法P2P网络理财案件的资金等。

2018~2019 年以来，部分出口企业因收取国外客户通过第三方（地下银行）汇入的美元或人民币时，账户被冻结的情况时有发生，出口企业需要采取措施加以防范。

如果涉及与受制裁国家之间的交易，银行可能会要求企业做销户处理。

如果被动卷入反洗钱犯罪案件调查，账户被冻结的时间，短则十几天，多则半年、一年或两年，待相关部门调查结案后才会将账户和涉案资金解冻。如果被冻结的账户中资金过多，可能会对企业正常资金调度产生影响。出口方应该正确地应对。

5.2   支付工具

5.2.1   汇票（Bill of Exchange Draft）

5.2.1.1   汇票的定义和基本内容

A   汇票的定义

英国《票据法》中定义为：汇票是"由一人签发给另一人的无条件书面命令，要求受票人见票时或未来某一规定的或可以确定的时间，将一定金额的款项支付给某一特定的人或其指定的人或持票人。"

我国《票据法》第 19 条对汇票作如下定义："汇票是出票人签发的，委托付款人在见票时或者在指定日期无条件支付确定的金额给收款人或者持票人的票据。"

B   汇票的基本内容

各国《票据法》对汇票内容的规定不同，我国《票据法》第 22 条规定，汇票必须记载下列事项：（1）注明"汇票"字样；（2）无条件的支付委托；（3）确定的金额；（4）付款人的名称；（5）收款人的名称；（6）汇票的出票日期；（7）出票人签章。汇票上未记载上述规定事项之一者，汇票无效。

我国《票据法》第 23 条还就付款日期、付款地点和出票地点等内容作了以下规定："汇票上未记载付款日期的，为见票即付。汇票上未记载付款地的，付款人的营业场所、住所或经常居住地为付款地。汇票上未记载出票地的，出票人的营业场所、住所或经常居住地为出票地。"

上述基本内容一般为汇票的要项，但并不是汇票的全部内容。按照各国《票据法》的规定，汇票的要项必须齐全，否则受票人有权拒付。

5.2.1.2   汇票的种类

（1）按出票时是否附有货运单据，汇票可分为光票和跟单汇票。

光票（Clean Bill）又称净票或白票，是指不附带商业单据的汇票，即出具的汇票既不带发票、装运单据、物权凭证或其他类似的单证，也可不带任何为了取得货款而随附于汇票的单证。在国际贸易中，对小批量货款、货款尾数、佣金、保险费、运费、其他费用等款项，有时可采用光票。

跟单汇票（Documentary Bill）又称押汇汇票，是指附有运输单据的汇票，即一份或一份以上的汇票，并随附各种单证（主要包括发票、提单、装箱单、产地证和保险单等装运单证以及其他一切随附于汇票的单证）。在国际贸易中，多数使用的是 FOB、CFR、CIF 等贸易术语，卖方凭单交货，买方凭单付款。跟单汇票体现了货款与单据对流的原则，对进出口双方提供了一定的安全保证，因此，跟单汇票在国际贸易支付中使用较多。

（2）按汇票付款时间的不同，汇票可分为即期汇票和远期汇票。

即期汇票（Sight Bill）是指汇票上规定付款人见票后即付款的汇票。

远期汇票（Draft and Time Bill）是指汇票上规定付款人于将来的一定日期内付款的汇票。实务中常使用的远期汇票对付款日期的记载方法有：

1）提单签发日后若干天付款。如：We hereby issue our irrevocable documentary letter of credit No. 123 available, at 60 days after date by draft. （我们特此开立号码为 23 的不可撤销信用证，凭提单日期后 60 天的汇票付款。）

2）交单后若干天付款。如：This L/C is available with us by draft at 30 days after receipt of full set of documents at our counters. （本信用证凭在我处提交全套单据后 30 天付款。）

3）出票后若干天付款。如：Draft at 30 days from invoice date. （发票日期起算 30 天付款。）

4）见票后若干天付款。如：Draft at 90 days sight. （见票日期起算 90 天付款。）

（3）按出票人的不同，汇票可分为商业汇票和银行汇票。

商业汇票（Commercial Bill）是指汇票的出票为商业企业或个人的汇票。在国际贸易中，多数的汇票由出口企业出具，并通过银行向进口商提示收款，因此商业汇票使用较多，且使用时大都随有货运单据。

银行汇票（Bankers Bill）是指汇票的出票人和付款人都是银行的汇票。出票行签发汇票后，必须将付款通知书寄给国外付款行，以便付款行在收款人持票取款时进行核对。银行汇票一般为光票，不随附货运单据。

（4）按付款人的不同，远期汇票可分为商业承兑汇票和银行承兑汇票。

商业承兑汇票（Commercial Acceptance Bill）指商业企业出票而以另一商人为付款人，并经付款人承兑的远期汇票。

银行承兑汇票（Banker's Acceptance Bill）是指商业企业出票而以银行为付款人，并经付款银行承兑的远期汇票。

在国际贸易中，汇票通常具有几种属性。如出口企业出具的汇票，根据信用证或合同的要求，它必须随附有关的单据，还必须注明交单后多少天付款，这表明一份汇票同时具有商业汇票、跟单汇票和远期汇票等属性。

5.2.1.3 汇票的使用

汇票属于资金单据，它可以代替货币进行转让或流通，因此汇票是一种很重要的有价证券。为了防止丢失，一般汇票都有两张正本，即 First Exchange 和 Second Exchange。根据《票据法》的规定，两张正本汇票具有同等效力，但付款人付一不付二，付二不付一，先到先付，后到无效。银行在寄送单据时，一般也要将两张正本汇票分为两个邮次向国外寄发，以防在邮程中丢失。

汇票的使用方式有顺汇法和逆汇法两种。顺汇法是指进口人向其本地银行购买银行汇票，寄给出口人，出口人凭此向汇票上指定的银行取款。逆汇法是指出口人开出汇票，要求付款。

汇票的使用有出票、提示、承兑（即期汇票无须承兑）、付款等。如需转让通常经过背书行为转让。汇票遭到拒付时，还要涉及作出拒付证书和行使追索权等法律权利。

A　出票（To draw）

我国《票据法》对出票的定义：出票是指出票人签发票据并将其交付给收款人的票据行为。根据定义，出票包含三项工作：首先是出票人填制汇票；其次是出票人在填制好的汇票上签名盖章，完成汇票的签发；最后是出票人将汇票交付给收款人。

出票人出票后就享有汇票列明的权利，命令汇票中的付款人无条件支付列明的款项，同时，出票人也承担起相应的责任。我国《票据法》规定，出票人出票后，即承担保证该汇票必然会被承兑和/或付款的责任，出票人在汇票得不到承兑或者付款时，应当向持票人清偿被拒绝付款的汇票金额和自到期日或提示付款日起至清偿日止的利息，以及取得拒付证书和发出通知等的费用。

B　提示（Presentation）

提示是指持票人将汇票提交付款人，要求承兑和付款的行为。付款人看到汇票叫做见票（Sight），如系即期汇票，付款人见票后立即付款，称为付款提示；如系远期汇票，付款人见票后办理承兑手续，到期立即付款，称为承兑提示。

C　承兑（Acceptance）

承兑是指付款人对远期汇票表示承担到期付款责任的行为。其手续是由付款人在汇票正面写上"承兑"（Acceptance）字样，注明承兑的日期并由付款人签名盖章。付款人对汇票作出承兑，即成为承兑人（Acceptor）。承兑人有在远期汇票到期时立即付款的责任。

D　付款（Payment）

对即期汇票，在持票人提示时，付款人即应付款无须经过承兑手续；对远期汇票，付款人经过承兑后，在汇票到期日付款。

E　背书（Endorsement）

背书是转让汇票的一种法定程序，就是由汇票抬头人（受款人）在汇票背面签上自己的名字，或再加上受让人，即被背书人（Endorsee）的名字，并把汇票交给受让人的行为。经背书后，汇票的收款权利便转移给受让人，汇票可以经过背书不断转让下去。对于受让人来说，所有在他以前的背书人（Endorser Prior endorser Subsequent endorser），前手对后手负有担保汇票必然会被承兑或付款的责任。

在国际市场上，汇票持有人如要求付款人付款之前取得票款，可以经过背书将汇票转让给银行，银行在扣除一定的利息和手续费后将票款付给持票人，这叫做贴现（Discount）。银行贴现汇票后，就成为汇票的持票人，还可以在市场上继续转让，或者向付款人索取票款。

F　拒付（Dishonour）

汇票在提示时，遭到付款人拒绝付款或拒绝承兑称为拒付。汇票经过转让，如果遭到拒付，最后的持票人有权向所有的"前手"追索，一直追索到出票人。持票人为了行使追索权（Right of recourse）拒付证书，是由付款地的法定公证人或其他依法有权作这种证书的机构（例如法院银行等）所作出的付款人拒付的文件，是最后持票人凭以向其"前手"进行追索的法律依据。如拒付的汇票已经承兑，出票人也可凭拒付证书向法院起诉，要求承兑汇票的付款人付款。

汇票的出票人或背书人为了避免承担被追索的责任,可在背书时加注"不受追索"(Without Recourse)的字样。凡列有这种批注的汇票,在市场上一般是很难转让流通的。

5.2.1.4 汇票的填制

(1)信用证项下,出票根据(Drawn under)表明汇票起源交易是允许的。一般内容要具备三项,即开证行名称、信用证号码和开证日期。出票条款是说明开证行在一定的期限内对汇票的金额履行保证付款责任的法律依据,是信用证项下的汇票不可缺少的重要内容之一。

(2)托收项下,一般不填,也可填商品的名称、数量,甚至加填起运港和目的港以及合同号等。

年息:填写合同规定的利息率。若合同没有规定,该项留空。

号码:填写商业发票的号码,实际业务中一般留空不填。

小写金额:表示汇票上确切的金额数目。一般要求汇票金额使用货币缩写和用阿拉伯数字表示的金额小写数字,例如:USD345.00。

除非信用证另有规定,汇票金额所使用的货币必须与信用证规定和发票所使用的货币一致,在正常情况下,汇票金额应为发票金额的100%,但以不超过信用证规定的最高金额为限。

5.2.1.5 付款期限

付款期限(Tenor),在各国票据中都认为它是票据的重要项目,如果一张汇票没有确定的期限,那么这张汇票将是无效的。在缮制汇票付款期限时,应按照信用证的规定填写。即期的要打上"At Sight"或"＊＊＊",如证内规定开具远期汇票,应在"at"后面打印上期限。

5.2.1.6 受款人

受款人又称收款人(Payee),也称汇票的抬头人,是出票人所指定的接受票款的当事人。有的以出口商或以其所指定的第三者为受款人。在我国对外贸易中,汇票的受款人一般都是以银行指示为抬头。这是因为出口商通常在付款人所在地的银行里并无账户,只有出口商指定的银行才有,付款人无法直接把款项付给出口商,而只能付到出口商指定银行的户头上,再由该指定银行"解付"给出口商。常见的信用证对汇票的受款人一般有以下4种规定。

(1)信用证(或合同)规定付中国银行或其指定的议付行,或信用证(或合同)对汇票受款人未作明确规定。通常,汇票的受款人可打印上:"Pay to the order of Bank of China"(付中国银行或其指定人)。这种汇票可通过中国银行背书转让给第三者。

(2)信用证(或合同)规定付开证行(ABC Bank)或其指定时,在汇票的这一栏目应打印上:"Pay to the order of ABC Bank"。

(3)信用证规定付偿付行(BBS Bank)或其指定时,在汇票的这一栏目应打印上:"Pay to the order of BBS Bank"。

(4)信用证(或合同)规定付给来人(Bearer Holder)时,汇票的受款人可分别打印上:"Pay bearer Pay holder"。此时的汇票无须背书即可转让。

5.2.1.7　大写金额

STATES DOLLARS ONE THOUSAND TWO HUNDRED AND THIRTY FOUR ONLY，用文字表示并在文字金额后面加上"ONLY"（整），防止涂改。例如："USD ONE THOUSAND ONLY"大写金额应与上面的小写金额（USD 1000.00）以及所使用的货币一致。如果大写与小写不符，议付行不予接受。

5.2.1.8　付款人及付款地点

汇票的付款人（Payer Drawee）也称为致票人。在汇票中表示为"此致……"（to...）。凡是要求开立汇票的信用证，证内一般都指定了付款人。根据 UCP600 的规定，若证内没有指定付款人，则开证行就是付款人。

"付款人"旁边的"地点"，就是付款地点是汇票金额支付地，也是请求付款地，或拒付证书作出地。

5.2.1.9　出票人及出票地点

出票人（Drawer）即签发汇票的人，在进出口业务中，通常是出口商（信用证的受益人）。按照我国的习惯，出票人一栏通常打上出口商的全称，并由公司经理签署，也可以盖上出口商包括有经理章字模的印章。

必须注意，汇票出票人应该是信用证指定的受益人。如果证内的受益人不是出具汇票的公司，应修改信用证。如未作修改，汇票的出票人应填写信用证指定的受益人名称，按来证照打，否则银行将当作出单不符而拒收。

5.2.2　本票与支票

5.2.2.1　本票

本票（Promissory Note）是一个人向另一个人签发的保证于见票时或定期或在可以确定的将来时间，对某人或其指定人或持票人支付一定金额的无条件的书面承诺。简言之，本票是出票人对受款人承诺无条件支付一定金额的票据。

本票的基本内容有：（1）注明"本票"字样；（2）无条件的支付承诺；（3）确定的金额；（4）付款期限；（5）受款人的名称；（6）本票的出票日期和地点；（7）出票人签章。

本票可分为商业本票和银行本票。商业本票可按付款时间分为即期本票和远期本票两种，而银行本票都是即期的。我国《票据法》第79条规定，我国允许开立自出票日起，付款期限不超过两个月的银行本票。我国《票据法》还规定，银行本票仅限于由中国人民银行审定的银行或其他金融机构签发。

5.2.2.2　支票

支票（Cheque or Check）是存款人对银行无条件支付一定金额的委托或命令。出票人在支票上签发一定的金额，要求受票银行于见票时立即支付一定的金额给特定人或持票人。支票的基本内容有：（1）注明"支票"字样；（2）无条件的支付命令；（3）确定的金额；（4）付款银行名称；（5）受款人的名称；（6）支票的出票日期和地点；（7）出票人签章。

支票的出票人在签发支票后，应负票据上的责任和法律上的责任。前者是指出票人对收款人担保支票的付款；后者是指出票人签发支票时，应在付款银行存有不低于票面金额的存款。如存款不足，支票持有人在向银行提示支票要求付款时，就会遭到银行的拒付，这种支票称为空头支票。

按我国《票据法》的规定，支票可以分为普通支票、现金支票和转账支票三种。

5.2.3　汇票、本票与支票的区别

（1）证券的性质不同。汇票与支票都是委托他人付款的证券，故属于委托支付证券；而本票是由出票人自己付款的票据，故属自付证券或承诺证券。

（2）到期日不同。支票为见票即付；而汇票和本票除见票即付外，还可作出不同日期的记载。在国际货款结算中使用的跟单汇票，还有运输单据出单日期后定期付款的记载。

（3）是否需要承兑有所不同。远期汇票需要付款人履行承兑手续；本票由于出票时出票人就负有担保付款的责任而无须承兑；支票均为即期，故也无须承兑。

5.3　汇付和托收

在国际货款的结算中，较常见的结算方式有汇付、托收和信用证三种，其中汇付和托收方式属于商业信用，信用证方式在单证相符的情况下属于银行信用。

5.3.1　汇付

5.3.1.1　汇付的含义

汇付（Remittance or Remitter）是通过汇出行（Remitting Bank）将一定金额的款项汇交收款人（Payee）的结算方式。

汇付方式的当事人主要有汇款人、汇出行、汇入行（Receiving Bank）、收款人。在实际业务操作中，一般情况下汇款人为买方，汇出行为买方所在地的某银行，汇入行为卖方所在地银行，收款人为卖方。汇付方式在国际贸易中主要用于预付货款（Payment in advance）、凭单付款（Remittance against documents）和赊销（Open account）等业务以及小额佣金、费用的支付。

5.3.1.2　汇付的种类及业务流程

汇付方式可分为信汇、电汇和票汇三种。出口商一般要求进口商电汇货款，电汇比较快，一般3个工作日之内就可以收到，比较方便，尽量不接受（目前很少使用）客户的信汇和票汇。

A　信汇

信汇（Mail Transfer，简称M/T）是指汇出行应汇款人的申请，将信汇付款委托书寄给汇入行，授权解付一定金额给收款人的一种汇付方式，信汇一般很少使用。

实务中，汇出行通过航邮寄交付款委托书，汇入行根据汇出行的印鉴和签字核对无误后解付。

信汇的费用较低，但收款人较迟收到货款。信汇业务的流程如图5-1所示。

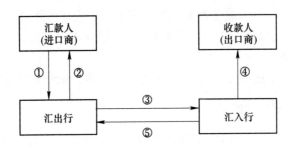

图 5-1　信汇业务流程

①汇款人填写汇款委托书，连同款项提交汇出行；②汇出行接受申请，出具交款回执交汇款人；
③根据汇款申请书的指示，以信函方式通知汇入行向收款人付款；④汇入行收到汇出行的信汇付款
委托书、验证密押无误后，出具信汇通知书交收款人，通知收款人取款；⑤汇入行向收款人付款后，
向汇出行寄交付讫收据

B　电汇

电汇（Telegraphic Transfer，简称 T/T）是指汇出行应汇款人的申请，将电汇付款委托书用电讯手段通知汇入行，授权解付一定金额给收款人的一种汇付方式。电汇（小金额时）的费用稍高一些（一般银行手续费在每笔 80 美元以内），但收款人能迅速收到货款，国外客户的电汇，一般汇款人汇出后收款人 3 个工作日内就可以收到（尽量避开汇款人所在地和收款人所在地的节假日汇款）。电汇付款和收款都比较快，只要是合法的资金来源，就比较安全可靠。

实务中，对于老客户以及信誉好的客户，金额不太大的，出口商尽量要求采用电汇结算。电汇在汇付中使用最多，在我国电汇的手续费一般按总金额的 1% 以内收取，最低为50 元人民币，最高为 1000 元人民币，汇款的金额越大银行的手续费（百分比）越低。少于 100 美元电汇不太合适。电汇业务的流程如图 5-2 所示。

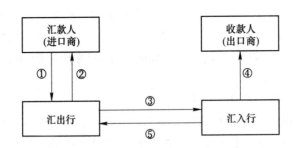

图 5-2　电汇业务流程

①汇款人填写汇款委托书，连同款项提交汇出行；②汇出行接受申请，出具交款回执交汇款人；
③根据汇款申请书的指示，以电信方式通知汇入行向收款人付款；④汇入行收到汇出行的电信通知、
验证密押无误后，出具电汇通知书交收款人，通知收款人取款；⑤汇入行向收款人付款后，
向汇出行寄交付讫收据

C　票汇（目前很少使用）

票汇（Remittance by Banker's Demand Draft，简称 DD）是指汇出行应汇款人的申请，

代汇款人开立以其分行或代理行为解付行的即期汇票支付一定金额给收款人的一种汇付方式。票汇目前基本没有人使用。

实务中，根据汇票填写收款人的不同，持票人可作如下处理：

（1）当汇票上的收款人为出口商时，出口商在汇票背面盖章签字后即可送银行收款。

（2）当汇票上的收款人为进口商时，汇票应有进口商的背书。若汇票为空白背书，出口商即可送银行收款；若汇票为记名背书，出口商在汇票背面空白背书后，方可送银行收款。

票汇的付款行不必通知收款人取款，收款人应在收到汇票后自己上门取款。同时，除有限制转让和流通外，汇票可经收款人背书进行流通转让。票汇业务的流程如图 5-3 所示。

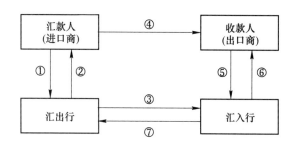

图 5-3 票汇业务流程

①汇款人填写票汇申请书，连同款项提交汇出行；②汇出行接受申请，开立以汇入行为付款人的
即期汇票，交给汇款人；③汇出行向汇入行寄送汇票通知书（票根）；④汇款入向收款人寄交
银行即期汇票；⑤收款人背书后向汇入行提交银行即期汇票；⑥汇入行将银行汇票与汇票通知书
（票根）核对无误后，向收款人付款；⑦汇入行向收款人付款后，向汇出行寄交付讫收据

案例 69：我方 A 公司与外方 B 公司成交一笔钢坯的贸易，B 公司要求 10%预付货款，90%见提单后电汇。

问：A 公司是否可以接受？

分析：B 公司的要求是否可以接受要具体分析。如果与 B 公司已经是老客户，以前的贸易一直很正常，信誉良好，且本笔贸易额不大，成交的商品也是通用商品，A 公司就可以接受。如果与 B 公司是第一次合作，其资信不特别了解，A 公司就要特别慎重，最好采用预付加保兑信用证支付，如一定要采用电汇，10%预付货款太少，可要求提高至 30%~50%，剩余的货款，在装船前电汇到我方账户（不要见进口商的付款水单就装船，付款水单和出口商收到货款还不是一回事），我方收到全部货款后才装运出口，这是最稳妥的措施。

出口贸易实务中也可以采用其他方法处理，如客户信誉一般的（非欺诈客户）情况下，要求进口商预付 30%，货物到港口后再电汇 60%，出口商收到 90%后，再安排装运，装运后传真提单，通知外商电汇 10%的尾款，或凭海运提单向汇入行收款（D/P）。如果客户的信誉出口商不了解，就贸然使用 10%，余款见提单电汇，出口商会有一定的风险，不宜提倡。

5.3.2　托收 D/A（承兑交单）、D/P（付款交单）

客户的信誉不良、不清楚、不了解的，尽量不要使用托收方法，有的出口商急于招单，客户的情况还不了解，就盲目地答应客户的托收要求，有时会损失巨大。

5.3.2.1　托收的含义

托收是指债权（出口商）出具汇票委托银行向债务人（进口商）收取货款的一种支付方式。托收方式的当事人主要有委托人（Principal Remitting Bank）、代收行（Collecting Bank Presenting Bank）和付款人（Payer）等。在实际业务操作中，一般情况下委托人为卖方，托收行为卖方所在地的银行，代收行为买方所在地银行，提示行为买方所在地同一城市的银行，付款人为买方。托收方式在国际贸易中主要用于支付货款（Payment），在我国，银行一般按货款总额的 1‰ 收取手续费，最低 100 元人民币。托收的基本做法是：（1）由出口商根据发票金额开出以进口商为付款人的汇票，并向出口地银行提出托收申请；（2）委托出口地银行（托收行）通过它在进口地的代理行或往来银行代为向进口商收取货款。

按照一般国家的银行做法，委托人在委托银行办理托收时，需随附一份托收委托书（Collecting Order），形成委托人与委托行之间的委托代理关系，在委托书中明确提出各种指示。银行接受委托后，应按照委托书的指示内容办理托收。对于托收过程中委托人与银行之间各自权利、义务和责任，国际商会制定了相应的规则，最新的是《托收统一规则》（Uniform Rule for Collections ICC Publication No. 522，简称 URC522）。

5.3.2.2　托收的种类

托收方式根据托收时金融单据（Financial Documents、Commercial Documents）分为光票托收（不附有商业单据）和跟单托收（附有商业单据），国际贸易中大多使用跟单托收。

在跟单托收的情况下，根据交单条件的不同又可以分为付款交单（Documents Against Payment，简称 D/P）和承兑交单（Documents against Acceptance，简称 D/A）。

A　付款交单

付款交单是指出口商的交单以进口商的付款为条件，即只有在进口商付清货款后，才能把货运等单据交给进口商。按付款时间的不同，付款交单又可分为即期付款交单（D/P at Sight）和远期付款交单（D/P after ×× days Sight）。

（1）即期付款交单（D/P at Sight）是指出口商发货后开具即期汇票，连同货运单据通过银行向进口商提示，进口商见票后立即付款，进口商在付清货款后向银行取走货运等全套单据。出口商如果使用 D/P 方式，尽量使用即期 D/P。

（2）远期付款交单（D/after ×× days Sight）是指出口商发货后开具远期汇票，连同货运单据通过银行向进口商提示，进口商审核无误后即在汇票上进行承兑，于汇票到期日付清货款后再领取货运单据。这种情况如果进口商信誉不好，出口商风险极大。

远期付款交单业务流程如图 5-4 所示。

在远期付款交单情况下，如果货物已经到达目的港，单据也已经到达代收银行，但汇票的付款时间未到，而买方欲抓住有利行市提前提货，则可采取的做法有：

（1）在付款到期日之前提前付款赎单。在实际业务中，当市场行情较好时，买方可选择提前付款。因为这样买方既可获得较高的售价，又可扣除提前付款日至原付款日之间的利息，享受提前付款的现金折扣。

（2）凭信托收据借单。信托收据（Trust Receipt，T/R）就是进口商借单时提供的一种书面信用担保文件，用来表示愿意以代收行的受托人身份代为提货、报关、存仓、保险、出售货物，并承认货物所有权仍属代收行。货物销售后所得的货款，应于汇票到期时交代收行。

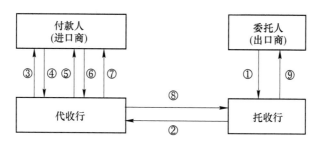

图 5-4 远期付款交单业务流程

①出口商按合同规定装运货物后，缮制商业发票、货运单据和远期汇票等有关单证，填写委托申请书，交托收行，请求托收行代收货款；②托收行接受出口商的申请，根据委托申请书缮制托收委托书，连同商业发票、货运单据和远期汇票等单证交进口国代收行，委托代收行代收货款；③代收行根据委托书的指示向进口商提示商业发票、货运单据和远期汇票；④代收行收回经进口商承兑的远期汇票和商业发票、货运单据；⑤付款期限届满，代收行向进口商提示商业发票、货运单据和经进口商承兑的远期汇票；⑥进口商付款；⑦代收行向进口商交单内的文件；⑧代收行通知托收行货款已收妥，并向托收行转交货款；⑨托收行扣减托收费并向出口商交款

案例 70：我某外贸进出口公司与 A 国某贸易公司洽商商品的出口交易，我方提出付款条件为 30%定金（预付），装运后凭提单传真 T/T 尾款，装运后 A 国商人要求降价，否则付款条件应修改为 D/P90 天，并通过其指定的代收行代方可接受。

问：A 国商人提出修改付款条件的意图是什么？

分析：A 国商人提出修改付款条件，将 T/T 付尾款修改为 D/P90 天，其目的在于推迟付款，争取 90 天的资金周转时间。A 国商人要求指定代收行，其目的在于凭信托收据向代收行借单，及早提货销售，达到利用我方资金的目的。出口商如果对进口商的资信情况不太了解，建议不要接受此方法。客户的信誉不了解，装船后 T/T 都有风险。

凭信托收据借单是代收行自己向进口商提供的信用便利，与出口商无关，如代收行借出单据后，到期不能收到货款，则代收行应对委托人负全部责任。因此，只有资信较好、实力较强的进口商，代收行才允许进口商凭信托收据借取货运单据，先行提货。

如果出口商主动授权代收行借单给进口商，即所谓"远期付款交单凭信托收据借单"，进口商在承兑汇票后可以凭信托收据先行借单提货，日后如果进口商在汇票到期时拒付，则与银行无关，应由出口商自己承担风险。

如果客户签约后突然要求变更合同（特别是装船后突然提出对出口方不利的条款），说明这个客户信誉有问题。

案例 71：我某外贸进出口公司与 B 国某贸易公司签订一份出口冷轧钢板的销售合同，

6 月份交货，合同金额为 18 万多美元，付款条件为 D/P45 天付款。卖方 6 月 15 日装运出口，随即将一整套结汇单据和以买方为付款人的 45 天远期汇票向银行托收货款。当汇票及所附单据通过托收行寄抵进口地代收行后，外商及时在汇票上履行了承兑手续。货抵目的港时，行情看好，由于用货心切而付款期未到，外商经代收行同意，出具信托收据向托收行借得单据，先行提货转售。汇票到期时，外商因经营不善，失去偿付能力，无力付款赎单。

问：这种情况下，我出口公司应如何处理？为什么？

分析：我公司应通过托收行向国外代收行索偿货款。因为本案中，代收行允许进口商凭信托收据借单先行提货并非我方授权，付款人 B 国公司不能如期付款的责任应由代收行承担。据此，我方应通过托收行要求代收行付款。通过法律手续还可以继续操作，但是太麻烦了，在国际贸易中这种情况应尽量避免。客户信誉不清楚的，出口商一定不要采取 D/P、D/A、装船后再付清全款等付款方法。我们出口商能够安全收汇是开展出口业务的前提条件，收汇有风险、装船后不能保证安全收汇对出口商将是巨大的灾难。

B   承兑交单

承兑交单是指出口商的交单以进口商在汇票上承兑为条件。承兑交单业务流程如图 5-5 所示。

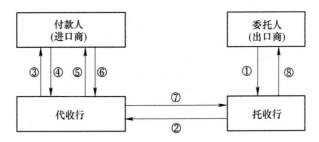

图 5-5   承兑交单业务流程

①出口商按合同规定装运货物后，缮制商业发票、货运单据和远期汇票等有关单证，填写委托申请书，交托收行，请求托收行代收货款；②托收行接受出口商的申请，根据委托申请书缮制托收委托书，连同商业发票、货运单据和远期汇票等单证交进口国代收行，委托代收行代收货款；③代收行根据委托书的指示向进口商提示商业发票、货运单据和远期汇票；④代收行收回经进口商承兑的远期汇票，进口商接收商业发票、货运单据；⑤付款期限届满，代收行向进口商提示经进口商承兑的远期汇票；⑥进口商向代收行付款；⑦代收行通知托收行货款已收妥，并向托收行转交货款；⑧托收行扣减托收费并向出口商交款

在 D/A 付款的情况下，出口商在付款人承兑后就要交出物权凭证及有关的单据，其收款的保障全依赖进口商的信用，一旦进口商到期不付款，出口商便会遭到货物与货款全部落空的损失。因此，对出口商而言，承兑交单的风险比付款交单的风险大很多，一般在客户信誉不是特别了解、客户信誉不是特别良好的情况下尽量不要采用此付款方法，这种付款方式对出口方没有任何保障。

案例 72：我某贸易发展进出口公司向非洲地区某贸易公司出口一批商品。合同规定 3 月份装船，付款条件为 D/A 见票后 30 天付款，卖方 3 月 5 日装船完毕，3 月 8 日向托收行办理 D/A30 天托收。3 月 17 日买方在汇票上履行了承兑手续。货抵目的港后，买方提取货物并售出，但亏损严重。4月16日汇票到期时，买方因此借故提出拒付。我方只好委托我驻外机构直接与买方谈判，最终该批货物折价50%，货款在第二年分4次偿还而结案，出口方损失严重。

问：我方应从此事件中吸取什么教训？

分析：我方应吸取的教训是：本案的问题主要在于客户信誉不特别好的情况下采用D/A托收方式。D/A方式的特点是买方只要在汇票上签字承兑，银行即可在买方不付款的情况下交单给买方，买方就可凭单据提货，等汇票到期时再付款。D/A方式对卖方而言，如果客户信誉不良，无疑存在极大的风险，卖方能否收回货款就受制于买方，甚至可能"货款两空"。可见采用D/A方式付款，一定要调查买方的资信，在不了解买方资信的情况下不要轻易接受D/A方式结算。

5.3.2.3 托收的性质及其利弊

托收方式一般都通过银行办理，故又称银行托收。托收的性质为商业信用托收，费用由委托人承担。使用托收方式的有利之处在于进口商不但可免去申请开立信用证的手续，不必预付银行押金，减少费用支出，而且有利于资金融通和周转，增强出口商品的竞争能力。托收方式结算对出口商而言也存在着不少弊端，主要有：

（1）银行办理托收业务时，只是按委托人的指示办事，并无检查单据内容和承担付款人必然付款的义务。

（2）进口商破产、丧失清偿债务的能力、耍赖、恶意拖欠货款等，出口商则可能收不回或晚收回货款。

（3）在进口商拒不付款赎单后，除非事先约定，银行无义务代管货物；如货物已到达，还要承受在进口地办理提货、交纳进口关税、存仓、保险、转售以至被低价拍卖或被运回国内的损失。

5.3.2.4 出口商使用托收方式应注意的问题

（1）要事先做好客户的资信调查，信誉非常良好的客户才可以使用托收（尽量为D/P）的方法，掌握适当的数量，货款金额不宜过大。

（2）最好有20%~30%以上的预付款。

（3）了解进口国家的贸易管制和外汇管制条例，以免货到目的地后，由于不准进口或收不到外汇而造成损失。

（4）了解进口国家的商业惯例，以免由于当地习惯做法而影响安全迅速收汇。

（5）出口合同应争取CFR或CIF条件成交，由出口商办理货运保险，也可投保出口信用险。

（6）托收付款的时间不太确定，客户一般是货到目的港后才赎单。

（7）卖方利益险是一种供出口企业在采用托收方式并按FOB或CFR术语成交出口时，为保障卖方利益而投保的独立险别，中国人民保险公司将卖方利益险列入其海洋运输货物保险条款中。该险别规定，当买方拒收时，保险公司对卖方的利益承担责任，赔偿保险单载明承保范围内的货物损失。卖方利益险一般按一切险和战争险承保，卖方缴纳保险费的费率按正常规定时保险费率的25%计收。操作上卖方在发票上注明投保"卖方利益险"，由保险公司签章并注明日期即可。

案例 73：我方 A 公司向拉丁美洲地区 B 公司出口一批钢材 160 t，合同规定 5 月份装运，支付方式为 D/P30 天。5 月 14 日卖方备齐全部单据向托收行办理 30 天远期付款交单手续。7 月 4 日代收行称，6 月 20 日汇票到期时 B 公司拒绝付款，据称因货物质量不符合合同的约定超过标准，甚至有部分产品破损，所以不肯接受。A 公司甚感奇怪，最后查实，B 公司早已提货，后因经营不善，资金周转出现困难，借故不付款。且并非向代收行借单提货，该国对远期付款交单托收一律按承兑交单方式处理，这是事实，最后 A 公司与 B 公司几次磋商，折价 50%收回货款而结案。

问：我方 A 公司应从此事件中吸取什么教训？

分析：从本案例来看，我方应吸取的教训是：（1）采用托收支付方式的卖方首先要做好对买方资信的调查工作，因为托收完全是依靠客户的信用，不像信用证方式那样还有银行付款保证；（2）以托收方式结算还要了解对方国家的商业习惯和银行的惯例。例如，有些国家按本国的习惯将远期付款交单视同承兑交单处理，本案就是这种情况，我方出口公司对此缺乏掌握；（3）采用托收方式要建立管理和定期检查制度。每笔托收都应有专人负责管理及催收清理。本案中，汇票于 6 月 20 日到期，货款收到与否，我进出口公司一直没有反应，直到 7 月 4 日代收行来电通知买方拒付才开始警觉，实不应该。

5.4　收付条款方式的研究

5.4.1　收付条款的内容

在国际贸易合同中，收付条款的内容是指货款结算方式，如汇付、托收、信用证或者这三种方式的结合。

（1）信用证结算条款举例：The Buyers shall open with a bank to be accepted by both the Buyers and Sellers an irrevocable transferable letter of credit, allowing Partial shipment and transshipment in favor of the Sellers and addressed to Sellers payable at sight against first presentation of the shipping document to opening Bank. The covering letter of credit must reach the Sellers 30 days before shipment and remain valid in China until the 21st day from the date of shipment. （买方应通过买卖双方都接受的银行向卖方开出以卖方为受益人的不可撤销、可转让的即期付款信用证并允许分装、转船。信用证必须在装船前 30 天开到卖方，信用证有效期限延至装运日期后 21 天在中国到期。）

（2）托收结算条款举例：The Buyers shall duly accept the documentary draft drawn by the Sellers at 30 days sight up on first presentation and make payment on its maturity. The shipping documents are to be delivered against payment only. （买方对卖方开具的见票后 30 天付款的跟单汇票于提示时应即予承兑，并应于汇票到期日即予付款，付款后交单。）

（3）汇付结算举例：50%of the total contract value as advance payment shall be remitted by the Buyer to the Seller through T/T within 15 days after signing this contract. Payment to be effected by the Buyer shall not be later than 7 days after receipt of the documents listed in the contract by T/T. （买方同意在本合同签字之日起，15 天内将本合同总金额 50%的预付款，以电汇方式汇交卖方，并在收到本合同所列单据后 7 天内电汇其余货款。）

5.4.2　收付条款应注意的问题

出口商应该在确保安全收汇的前提下开展出口业务，最重要的是签约前要全面了解客户的信誉，除了间接地了解客户（委托第三方做资信调查、通过中信保了解、通过当地行业组织了解、通过大使馆商务处了解、在中国钢铁行业内了解等）外，到客户企业实地考察、通过长期具体的业务来了解客户的信誉，在实践中全面地了解客户非常重要；同时也要了解进口国的社会政治秩序。根据安全第一的原则建议出口商按照如下付款条件排序使用：

（1）客户信誉不清楚的（第一次做生意的），预收 30%~50% 货款加装船前电汇全部尾款，出口商收到全部货款后再装船，之后寄全套单据，这种付款方法是最安全的。出口商要注意进口商的资金来源，如果客户的资金是黑钱、违法犯罪的资金，出口商也有一定的风险，出口商的账户也可能被公安部门或者国际刑警组织冻结。此种付款方式客户进行的是真实交易，资金是合法的，信誉一般的真实进口商，出口商都可以采用，此付款方式对出口商最为有利。国外客户付款一定不要走国外的地下钱庄汇人民币，如果走地下钱庄从国外往国内汇人民币有可能被公安部门全部冻结。

（2）30%预付加余款 70%（保兑）信用证支付。信用证方式付款的，出口商一定要保证单证相符交单，单证相符交单是信用证付款的最基本原则。出口商应该特别注意：如果客户信誉不良、开证行是中小银行，信用证在单证相符的情况下也不能保证 100% 收到货款。大的客户可以左右小的银行，即使议付行认为单证相符，信誉不良的客户可以以任何理由无理地找单据的毛病，开证行会无理地、完全无视 UCP600 的规定，任意挑出单证不符的问题，从而使银行的信誉改为商业信誉。客户信誉不良的、不清楚的、开证行信誉一般的，出口商可以要求加保兑信用证或者装船前全部 T/T，保兑信用证在开展国际贸易中也非常普遍使用。

（3）100%的（保兑）信用证。如果客户信誉一般、开证行是小的银行，出口商也可以要求世界 500 强银行加保兑（保兑费一般为 1% 以内）。信用证付款的一定要保证单证相符交单。客户信誉不错、开证行是世界 500 强的，一般无需加保兑。

（4）20%~30%预付，装船后 15 天电汇付清尾款，出口商收到全部货款后再寄全套单据。这种付款方式要求客户的信誉非常良好，合同数量不宜过大（200 t 以下），并且要做 CFR 或者 CIF 条款，尽量不做 FOB 条款。客户信誉不清、数量较大的，也不要采用此种付款方式。注意：这种付款方式提单的收货人尽量先空白（TO ORDER OF），等收到全款后再让船公司改为进口方。

（5）无预付款，装船后 15 天之内电汇全部货款，出口商收到全部货款后再寄单。此种方式客户信誉应该十分良好、进口国进口政策稳定、社会政治环境宽松、数量不大（100 t 以下）的小订单、CFR 条款。

（6）20%预付，余款 80%D/P。只适合于信誉特别良好的客户、进口国政局比较稳定、数量不太大的订单。如果客户信誉不良，风险极大。

（7）100%D/P，客户信誉非常良好，订单不大时可以使用，如果客户信誉不良、不清楚，出口商有收不到货款的风险，市场暴跌时客户有可能不要货了。尽量不要采用此方法。

（8）预付 10%加 D/A、100%D/A，数量不大（100 t 以下）、特别值得信赖的客户才可以使用，如果客户的信誉不清，建议一般不要采用。

建议出口商优先排序使用（1）～（4）付款方式；（5）～（8）的付款方式，如果客户的信誉不良、不清、进口国政局不稳，出口商尽量不要采用。

出口商要把安全第一放在工作的首位，要灵活地根据客户信誉、目的国的社会稳定性和进口政策等运用这些支付方式：

（1）在国际贸易中使用的支付方式主要有汇付、托收和信用证，这三种支付方式虽都通过银行办理，但汇付和托收属于商业信用，信用证在单证相符的情况下属于银行信用，L/C 是否严格地遵守 UCP600 的最终决定因素还是客户的信誉。

（2）在出口贸易中，决定因素（最重要的因素、最终的决定因素）是客户的信誉，客户的信誉良好出口业务基本可以比较顺畅，如果出口业务中发生一些突发事件，进口商也会理解与积极配合。所以出口商一定要全面地了解进口商情况（信誉、实力、经营的时间、口碑、业绩等），在开展业务之前、在做业务的过程中出口商全面地了解了进口商的情况，多注意观察，全面地了解进口商，进口商的情况十分清楚了，做出口业务时的应对方法就游刃有余了。很多的时候是出口商急于求成，对进口商的情况不清楚，就贸然使用不安全的付款方式。

（3）钢铁出口的金额都比较大，基本上（90%以上）都采用信用证支付，都使用 T/T 好像不太现实，但为了提高竞争力和降低费用，对于信誉非常好的客户、一些特殊情况（数量小的订单），双方也同意采用 T/T 或托收。

（4）也要注意银行的信誉，特别信誉不太好的小的银行有时客户已经付款了，开证行就是拖着很长时间不付款。还有的信誉不良的银行，收到议付行的单据后先放单给了进口商，拖两三个月再收款给出口商。

（5）出口商还要特别关注进口国的社会秩序、政局稳定、进口政策等。

5.5　收付汇注意事项

（1）收付汇注意事项如下：

不要与受制裁的国家发生资金往来。受制裁的对象分为美国制裁名单、OFAC 制裁名单和联合国制裁名单。

（2）不要参与非法外汇交易。出口企业要通过正当合法的渠道进行外汇兑换，避免非法的外汇交易，保证账户及资金安全。

（3）不要与不了解、业务类型不相关的公司发生交易。发生业务往来的公司，首先要了解对方，对方必须是与本公司业务类型相关的公司，在名称上不符、业务类型不符的公司尽量不发生交易。例如，钢铁出口/转口贸易公司原则上不应该与珠宝公司、投资公司、金融控股等发生业务往来。

（4）不要随意操作代收代付。有些代收代付业务，因付款公司或收款公司、账户及资金来源不明，很容易使公司及账户被动卷入反洗钱犯罪案件，或与受制裁国家的公司发生交易，致使账户被冻结。

（5）资金需要分散存储并及时转移。客户通过第三方汇入的美元或人民币，需要尽快

（最好当天）转移、分散到其他账户，规避被动涉及相关案件时资金无法使用的风险。国外客户通过地下钱庄汇给我们人民币，风险极大，账号和资金有可能随时被公安部门冻结。

（6）适时更换资金账号。资金账号使用一段时间后，如果有风险要适时更换。出口商尽量有两个账号，以防紧急情况和突发事件的发生。任何事情都要做两手准备，有备无患。

6 出口企业的融资管理

钢铁出口企业一般都需要大量的流动资金，企业的自有资金一般远远不能满足业务的需要，这就需要出口商和银行建立起长期的互信互惠双赢的良好关系，从银行能够贷款到更多的资金是出口商做强做大的重要因素。解决资金问题有几个事项需要特别注意：

（1）企业一定要优秀和卓越起来，任何银行（不管是国企或者商业银行）都十分愿意和优秀的企业卓越的企业打交道，企业不要刻意地包装伪装优秀，而是真正地优秀起来，出口商每年都有良好的利润和良好的业绩（要有一定的销售额）、团队非常优秀、团队的士气高涨等。优秀的钢铁出口企业具有的特征是：有优秀的团队、有卓越的企业管理制度和优秀的企业文化、每年有稳定的利润、有良好的品牌、企业专业化经营、不搞多元化、讲诚信重合同守信誉、企业长期稳定地良性发展、企业内部比较稳定（股东、企业高管、管理团队）等。让资金方100%地认可出口企业最重要。

（2）"好借好还再借不难"，严格地遵守自己的承诺，这是优秀的企业一定要严格遵守的规则，出口商对任何人、任何企业、任何银行都应该严格地履行合同，按时还款是企业必须首先要确保的事情。企业一定要和银行讲信誉，及时还款是最重要的原则，银行贷款的还款期一般是没有商量的，银行贷款到期必须还。

（3）每笔贷款金额不宜过大，1000万元或者500万元以下为好，化整为零对出口商比较有利，还款比较方便，还款的压力也不太大。

（4）和银行贷款不要走歪门邪道，不要使用行贿等手段，害人害己，这样结果不好，可能早晚出问题。

（5）出口商可以多渠道地解决资金问题，如民间融资、股权融资、企业之间短期拆借、银行融资、发行优先股、发行债券等，多条腿走路、打组合拳比较好。

（6）企业融资应该有长期的安排和计划，不要急来抱佛脚。优秀的企业要相信自己，自己优秀了一定能够很好地解决资金问题，不要着急，出口商要有信心，要做好中长期的资金安排。

（7）出口商比较大的时候，应该组建专业的团队来负责解决企业的资金问题，负责资金部门的人员要100%地认同自己的企业，要特别的优秀。

（8）企业的纳税报表要规范、完美、正规，前期可能还需要审计的报表。

（9）出口商要尽量避免法律诉讼，你总被别人诉讼谁都会担心。

6.1 出口企业融资思路

目前钢铁出口企业融资方面国企基本都没有什么问题，私营钢铁出口企业融资有的还有一些问题，长期困扰着我们的出口企业发展，私营出口企业融资的规模不大、融资的方法不太多，限制了出口企业的招单和发展。当然有的私营企业拿不到银行贷款，也不能全怪银行的政策导向，有的私营出口企业对如何融资缺乏全面的了解，私营出口企业本身也有一些客观原因或自身的缺陷。

出口企业融资与其他企业融资既有相同之处，又有一些不同和差异的融资模式。大的方面说融资包含股权融资和债权融资；债权融资又包含商业融资和银行融资；银行融资又包括固定资产融资和流动资产融资。本章仅就流动资产融资中紧跟出口业务流程的专有融资模式进行总结。具体包含打包贷款、订单融资、出口押汇、出口票据贴现、出口商业发票融资、出口信用保险项下融资。

私营出口企业融资在企业不同发展阶段的融资策略：

（1）企业成立初期，公司业绩经营能力、实力、信誉等还没能很好地显现，很难获得银行融资，要积极地与银行进行接触，建立信任关系，让银行全面地了解自己，为以后融资做铺垫。银行融资是长期的工作，不要急功近利、急于求成。这个阶段资金还是企业之间的拆借、员工入股等。

（2）企业渡过生存期，一般 3 年以后进入快速发展期，业务发展快，资金需求大，盈利能力较高，公司可以安排优秀的、100% 地认同企业的专门融资人员或者融资团队负责与银行对接，让银行了解企业，出口商也要了解银行的政策和规定，采取各种合法的方法进行融资。银行融资目前是成本最低的资金来源，既是保证企业资金流动性的需求，也是业务发展的需要。

（3）企业经过快速成长后进入平稳发展期，业务基本稳定，可能会遇到瓶颈，融资策略可采用偏紧的融资策略，减少资金占用，加快资金周转，保持盈利能力。

（4）企业进入后期发展，企业的规模较大、信誉较好了，企业得到银行的普遍认可，与银行更应紧密联系，赢得银行更多的优惠政策，根据对企业发展的判断，对银行贷款做妥善安排，选择对企业更为适合的银行，资金成本低、服务好的银行，尽最大努力保全股东利益。

与银行交流注意事项：

（1）展示公司现状及发展前景，数据准确，同时注意展示管理团队重合同守信用，企业的信誉良好，有美好的未来，企业管理一流，股东和管理团队比较稳定。

（2）与银行人员交流的数据与财务数据大体一致，银行会通过多方信息印证数据的可信性。

（3）实事求是地提出企业资金需求，一般银行贷款刚开始不会太大，如果企业信誉良好，贷款规模会逐步做大。

（4）如果有非正常、负面的事情出现，及时与银行沟通，说明非企业恶意行为所致，从而赢得银行理解，积极协商化解风险的办法。

下面对出口企业主要融资业务品种：打包贷款、订单融资、出口押汇、出口票据贴现、出口商业发票融资、出口信用保险项下融资做一简单介绍。

6.2　打包贷款

打包贷款目前私营钢铁出口企业用的不多，国内银行打包产品还不太多，还不能及时打包放贷，国外银行比较普及，国内银行比较多的还是抵押贷款，打包贷款我们简单介绍。

第一条　打包贷款系指出口企业凭符合条件的正本信用证，向银行申请用于出口货物备料、生产和装运等履约活动的短期贸易融资，一般可以为信用证金额的 70%~80%。银行批复贷款的时间一般比较慢，出口商收到信用证后快速地从银行拿到贷款还不太现实。目前信用证打包贷款国内银行还没有普遍使用，期待以后会越来越多。这种贷款方式国外银行已普遍使用。我们的出口企业尽量和银行沟通在前，银行确认基本可以了，收到信用证后及时向银行申请打包贷款。同时出口商还应该做好第二手准备，万一银行没批准出口商是否准备了第二套解决资金的方案。国内银行的事情确实不太好说，有时支行同意了，但分行一级不批。有时银行已经批了贷款，贷款合同也签了，可是后来银行没有额度了，也放不了贷款了，出口商一定要做好两手准备。

第二条　出口企业的条件：办理打包贷款的企业在银行信用等级应符合规定。各家银行对企业的评级规定不一致。

第三条　融资比例：打包贷款金额一般不得超过信用证金额的 70%~80%。

第四条　融资期限：打包贷款融资期限最长不超过 180 天，且需符合以下条件：

（1）即期信用证打包贷款期限不超过信用证有效期后 21 天。

（2）远期信用证打包贷款期限不超过信用证有效期加上远期付款期限后 21 天。

第五条　担保条件：一般还会要求提供抵押担保、保证担保，信誉好的企业也会有免担保方式，但私营企业较难取得。国有企业打包贷款无需抵押物。

第六条　企业申请办理打包贷款业务时，应该事前和银行进行详细沟通，银行认为基本没有问题后，还需向提供行提供以下材料：

（1）业务申请书。

（2）有效的信用证正本。

（3）出口合同/订单。

（4）出口批文或出口许可证（如需）。

（5）根据具体贸易和融资审核需要应提供的其他材料。

第七条　贷款银行受理客户打包贷款申请后，重点调查以下内容：

（1）打包贷款的申请人必须是信用证的受益人。

（2）贷款资金用途合理，贸易背景的真实性，合规合法。

（3）进出口双方贸易往来记录，企业交货和进口商付款情况良好。

（4）出口商品的经营范围符合法律规定，出口商品质量和市场价格稳定，价格波动较大或属于鲜活、易变质的出口商品，不办理。

第八条　银行的国际业务部门重点审核信用证中是否有影响正常收汇的条款。

信用证项下打包贷款应满足以下条件：

（1）信用证开证行为贷款行的代理行，开证行和打包银行有一定的额度。

（2）信用证必须为不可撤销信用证，转让行不承担独立付款责任。

（3）如信用证非贷款行通知，应按贷款行出口信用证操作规程的有关规定审核信用证的表面真实性和信用证条款。

审核开证行（或保兑行，下同）资信状况、开证行/进口商所在国家或地区的风险状况，开证行资信欠佳、开证行/进口商所在国家外汇管制严格或发生战乱的，不得办理。

第九条　银行的相关审批人审批后，客户部门与客户签订相关业务合同，完成融资发放操作。

第十条　贷款银行客户部门及时了解和掌握客户的生产、备货情况，保证专款专用，对外支付应按受托支付的规定采取受托支付的方式监控融资款项的使用。

第十一条　打包贷款项下货物出运后，贷款企业应将出口单据交银行寄单，若未向贷款行交单，则须在办理新增业务时落实更严格的担保措施，或停止办理打包贷款业务。对客户恶意变更汇路逃避收汇监管的，要求客户提前归还融资。

第十二条　贷款归还。贷款企业可以通过以下三种方式归还打包贷款融资：

（1）以自有资金归还打包贷款融资。

（2）在银行办理出货后融资（例如押汇）的，后续融资款项应用于归还打包贷款融资。

（3）使用打包贷款项下出口收汇款项用于归还打包贷款融资，收汇早于打包贷款融资到期日的，应提前归还融资本息或存入保证金账户暂存。

第十三条　办理打包贷款后，若开证行修改信用证，且信用证修改后影响贷款银行的安全收汇，贷款银行会要求客户拒绝接受修改或要求客户提前归还银行打包贷款。

第十四条　企业可凭修改装效期后的信用证向银行申请打包贷款展期，展期后的融资期限应符合打包贷款期限规定（遇到了问题可和贷款银行真诚沟通商量洽谈）。

第十五条　发生下列情况之一的，贷款银行立即停止打包贷款业务，采取措施及时清收：

（1）出口商生产经营出现重大风险。

（2）出口商出现法律麻烦、大的诉讼等。

（3）开证行或进口商出现重大信用风险。

（4）出口产品质量不稳定或价格出现较大波动。

（5）出口商未按合同要求按期交货。

6.3　订单融资

6.3.1　业务概述

第一条　订单融资系指出口企业凭符合条件的出口合同/订单，向银行申请用于出口货物备料、生产和装运等履约活动的短期贸易融资。

第二条　贷款银行可办理跟单托收以及汇款方式项下的订单融资。汇款结算方式下，银行只办理货到付款项下的订单融资业务。如出口合同/订单存在部分预付，银行只可对预付货款以外部分提供订单融资。

6.3.2　企业条件、融资比例及融资期限

第三条　企业条件：办理订单融资的企业在贷款行有信用等级评定，并在办理此业务的信用等级以上。

第四条　融资比例：订单融资金额不得超过出口合同/订单货到付款部分的 80%。

第五条　融资期限：订单融资期限根据订单中约定的履约交货期限合理确定，融资到期日不得晚于约定的履约交货日后 30 天，融资期限最长不超过 180 天。

第六条　担保条件，一般会要求提供抵押担保、保证担保，也会有免担保方式，但很难取得。

6.3.3　业务办理流程

第七条　企业申请办理订单融资业务时，需向银行提供以下材料：

（1）业务申请书。

（2）出口合同/订单。

（3）出口批文或出口许可证（如需）。

（4）根据具体贸易和融资审核需要应提供的其他材料。

第八条　贷款行客户部门受理客户订单融资申请后，重点调查以下内容：

（1）订单融资的申请人必须是出口合同/订单的出口商。

（2）贷款资金用途合理，客户的贸易背景真实，合规合法。

（3）进出口双方贸易往来记录、企业交货和进口商付款情况良好。

（4）出口商品属客户经营范围，出口商品质量和市场价格稳定，价格波动较大或属于鲜活、易变质的出口商品，不得办理。

第九条　贷款银行国际业务部门重点审核出口合同/订单中是否有影响正常收汇的条款。代收行资信欠佳、代收行/进口商所在国家外汇管制严格或发生战乱的，不办理。

第十条　有权审批人审批后，银行客户部门与客户签订相关业务合同，完成融资发放操作。

第十一条　贷款银行客户部门会及时了解和掌握客户的生产、备货情况，保证专款专用，对外支付应按受托支付的规定采取受托支付的方式监控融资款项的使用。

第十二条　订单融资项下货物出运后，企业应将出口单据交贷款银行寄单。国际业务部门应对出口收汇款项加以监控。寄单前以自有资金归还订单融资款项的，也可自行处理单据。若客户未按要求向贷款行交单，则须在办理新增业务时落实更严格的担保措施，或停止办理订单融资业务。对客户恶意变更汇路逃避收汇监管的，须要求客户提前归还融资。

第十三条　贷款归还：企业可以通过以下三种方式归还订单融资：

（1）以自有资金归还订单融资。

（2）在银行办理出货后融资的，后续融资款项应用于归还订单融资。

（3）使用出口收汇款项用于归还订单融资，收汇早于订单融资到期日的，应提前归还融资本息或存入保证金账户暂存。

第十四条　办理订单融资后，进出口双方修改出口合同/订单，贷款行要求企业事先通知贷款行，如修改后的内容影响贷款行安全收汇，贷款行会采取其他的风险防范措施或要求企业归还贷款行订单融资。

第十五条　企业可凭修改后的出口合同/订单向银行申请订单融资展期，展期后的融资期限应符合融资期限要求。

第十六条 发生下列情况之一且影响贷款行融资安全的，立即停止订单融资业务，采取措施及时清收：

（1）企业生产经营出现重大风险。

（2）企业未按合同要求按期交货。

（3）代收行或进口商出现重大信用风险。

（4）出口产品质量不稳定或价格出现较大波动。

6.4 出口押汇

6.4.1 业务概述

第一条 出口押汇业务系指出口企业将全套出口单据提交贷款行，一般也同时为议付行，贷款行按照票面金额的一定比例为出口企业提供的一种短期贸易融资业务。出口押汇业务分为信用证项下押汇和出口托收项下押汇。出口押汇一般银行有追索权（即国外开证行如果最后拒付的情况下，押汇行有权追回货款）。国外银行的押汇一般不作为贷款处理，手续也比较简单灵活。

6.4.2 企业条件、融资金额及融资期限

第二条 企业在贷款行有信用等级评定，可做临时评定，即期信用证项下押汇要求比较低。办理托收项下远期付款交单、承兑交单或不含全套物权单据的即期付款交单的出口押汇，客户的信用等级要求会提高。

第三条 信用证项下出口押汇金额按出口票据金额的一定比例计算，融资金额与预计利息和相关费用之和不超过出口票据金额。

托收项下出口押汇金额不超过托收索汇金额的80%，对优质企业，可视情况适当提高出口押汇的融资比例，但融资金额与预计利息和相关费用之和不得超过索汇金额。

第四条 融资期限：出口押汇融资期限应与信用证/托收付款期限相匹配，同时考虑单据处理时间和以往收汇记录。

即期信用证和D/P即期押汇期限不超过60天；D/P远期押汇期限不超过90天；D/A押汇期限不超过180天；远期信用证付款期限不超过180天，押汇期限一般不超过付款期限加10天。

第五条 融资担保

对符合下列条件之一的信用证项下出口押汇，可作为低信用风险信贷业务管理（但需占用开证行/保兑行单证额度和国家授信额度）：

（1）单证相符。

（2）单证有不符点但经开证行/保兑行确认接受。

（3）单据有非实质性不符点，但出口单据包含全套物权单据。

符合信用贷款条件或经有权审批银行批准后，可以信用方式用信用证办理出口押汇，可不再用其他担保。

6.4.3　业务办理流程

第六条　企业申请办理出口押汇，需向贷款行提供以下材料：

（1）业务申请书。

（2）出口合同/订单。

（3）信用证项下出口押汇应提供信用证项下全套出口单据、信用证及修改正本。

（4）托收项下出口押汇应提供：

1）正本报关单或正本提单，暂不能提供正本报关单的，应通过海关电子口岸系统查询出口报关信息，企业应在融资发放后一个月内提供正本报关单；

2）进出口贸易合同规定的其他单据。

（5）属国家控制的特殊商品，需提供出口批文、许可证等。

（6）根据具体贸易和融资审核需要应提供的其他材料。

第七条　贷款行客户部门受理客户申请后，重点调查以下内容：

（1）企业的贸易背景真实，合规合法。

（2）企业应是该笔信用证的受益人或出口托收的收款人。

（3）出口商品应属客户经营范围，出口商品质量和市场价格稳定。

（4）押汇金额和期限是否合理。

（5）押汇项下应收账款应没有任何瑕疵，债权真实、合法、有效和完整；企业未将应收账款转让给第三方或设定任何形式的担保，不存在被第三方主张抵消、代位权等权利瑕疵或被采取法律强制措施的情形。合同如有货物规格/品质、检验、纠纷解决方式等条款，应当明确规定。

第八条　贷款行国际业务部门根据相关结算业务操作规程重点审核以下内容：

（1）需占用国家授信额度的，开证行和代收行所在国家或地区在银行应有国家授信额度。开证行所在国家或地区易签发止付令的，应审慎办理。

（2）需占用代理行额度的，开证行、代收行应为贷款行代理行，并在贷款行有单证额度，遵守国际惯例，与贷款行业务往来记录良好。如发生过无理挑剔不符点拒付、向进口商放单后拒付，托收项下代收行发生过将 D/P、D/P 远期按 D/A 处理，或其他违反国际惯例等行为的，应审慎办理。

（3）出口单据：

信用证项下出口押汇：

1）已转让信用证如办理出口押汇，应符合以下条件之一：

①转让行对已转让信用证承担独立付款责任；

②转让行对已转让信用证加具保兑，并在我行有足额的单证额度和国家授信额度；

③不换单的全部转让，规定第二受益人直接向开证行交单；

④客户信用等级符合规定，与第一受益人有稳定的贸易往来，单证相符且落实有效担保。

2）有影响安全收汇条款的信用证项下出口押汇，应审慎办理。

3）限制在他行承付或议付的信用证，应审查开证行/保兑行付汇记录。若付汇记录良好，可予办理。

4）单证是否相符。

托收项下出口押汇：若 D/A 项下出口单据不含全套物权单据，应在进口商已承兑并经代收行确认后办理。

第九条 有权审批人审批后，贷款行客户部门与客户签订相关业务合同，完成融资发放操作。

6.4.4 融资后管理

第十条 出口押汇项下出口收汇后，应直接扣收贷款行融资本息，余额入客户账户。收汇早于出口押汇融资到期日的，应提前归还融资本息或存入保证金账户暂存。

第十一条 办理出口押汇后，贷款行客户部门密切关注企业的经营变化情况以及与进口商之间的贸易情况和货物价格情况。

第十二条 贷款行国际业务部门关注出口单据的收汇情况。出现开证行/保兑行、代收行信用状况、国家和地区风险情况等不利于收汇的情况，贷款行客户部门加强对客户到期还款能力的监督，提前收回贷款。

第十三条 如开证行/保兑行、代收行或进口商拒付，应视具体情况做如下处理：

（1）如开证行/保兑行、代收行违反国际惯例无理拒付，国际业务部门应根据国际惯例进行交涉，据理力争，督促客户通过国际商会、国内外司法途径寻求解决。同时贷款行客户部门要求客户落实其他还款来源。

（2）如进口商不付或开证行/保兑行拒付成立，客户部门应要求企业接洽进口商，督促客户处理货物，提前收回押汇本息。

6.5 出口票据贴现

6.5.1 业务概述

第一条 出口票据贴现系指远期信用证项下汇票经开证行承兑、跟单托收项下汇票由银行加具保付签字后，在到期日前贷款行按票面金额扣减贴现利息及有关手续费用后，将余款支付给持票人的一种融资方式。

第二条 贷款行必须为出口票据贴现业务的信用证项下交单行和跟单托收项下托收行。

第三条 出口票据贴现业务的风险主体为承兑行和保付加签银行，办理出口票据贴现业务还需要占用代理行的单证额度和国家授信额度。

6.5.2 业务办理条件及融资期限

第四条 办理出口票据贴现业务的基本条件：

（1）承兑行或保付加签银行必须为贷款行的代理行，资信良好，与贷款行有良好的单证业务往来记录，并在贷款行有代理行单证额度。

（2）承兑行或保付加签银行所在国家或地区政治经济稳定，在银行有国家授信额度。

（3）远期信用证项下汇票已由开证行或开证行指定银行承兑，跟单托收项下汇票已由银行加具保付签字。

（4）办理出口票据贴现的企业须为上述远期票据的善意持票人，无不良结算和信用记录，相关出口业务贸易背景真实。

（5）汇票的收款人做成受益人抬头并由其背书转让给银行。

第五条　出口票据贴现期限应根据汇票付款期限确定，最长不超过一年。

6.5.3　业务办理流程

第六条　企业申请办理出口票据贴现业务，需向贷款行提交以下材料：

（1）业务申请书。

（2）要式完整的代理行已承兑或加具保付签字的汇票（如寄回）。

（3）根据具体贸易和融资审核需要应提供的其他材料。

第七条　受理企业申请后，贷款行客户部门首先审核相关出口贸易背景的真实性。

第八条　贷款行国际业务部门重点审核以下内容：

（1）信用证须规定提交远期汇票。

（2）企业应为信用证的受益人或跟单托收的收款人。

（3）承兑行或保付加签行应是贷款行代理行且资信良好，在贷款行有足够的代理行单证额度，与贷款行结算记录良好。

（4）承兑行或保付加签银行所在国家或地区的政治、经济稳定，在贷款行有足够的国家授信额度。国家政局动荡、经济不稳定等可能影响安全收汇的，不得办理。

（5）以报文承兑/保付加签的，必须是 SWIFT 加押报文且直接发送贷款行。信用证承兑报文应注明承兑金额和承兑到期日；保付加签报文应注明"Per Aval"或"Avalized"等表示保付的字样。

在正本汇票上承兑的，应注明"Accepted"等承兑字样、承兑行名称及其有权签字人签字、承兑日期；在正本汇票上保付加签的，应注明"Per Aval"或"Avalized"等保付字样、保付行名称及其有权签字人签字、保付日期。贷款行按有关规定核实汇票上签字人签字的真实性和权限。

第九条　有权审批人审批同意后，客户部门与出口商签订相关业务合同。完成融资发放操作，从票面金额中扣减贴现利息及相关手续费用后，余款入客户账。

6.5.4　融资后管理

第十条　收到承兑行或保付加签银行的付款后，应归还出口票据贴现项下的融资款项。

第十一条　对于承兑银行或加具保付签字银行迟付的，要求其支付迟付利息；如果因为贸易纠纷或法院止付令导致贷款行无法收汇的，及时向客户追索贴现款项。

6.6　出口商业发票融资

6.6.1　业务概述

第一条　出口商业发票融资（以下简称出口商票融资）系指出口商在汇款结算方式下

向进口商赊销货物或服务时，出口商按照合同规定出运货物或提供服务后，将出口商业发票项下应收账款质押贷款行，贷款行按照发票面值一定比例向出口商提供的短期贸易融资。

6.6.2　客户条件、融资金额及融资期限

第二条　办理出口商票融资业务的客户在贷款行信用等级符合银行规定。

第三条　出口商票融资业务的融资金额不超过发票金额的80%。

第四条　办理出口商票融资业务融资期限不超过应收账款到期日后30天，且最长不超过180天。

第五条　融资担保：

（1）办理出口商票融资业务时，客户除将融资项下应收账款质押贷款行外，还应提供其他有效担保。

（2）符合信用贷款条件的客户在办理出口商票融资时，可无需办理应收账款质押和提供其他担保（基本不可能操作）。

6.6.3　业务办理流程

第六条　企业申请办理出口商票融资业务，需向贷款行提供以下材料：

（1）业务申请书。

（2）出口合同、带有指定汇路的正本商业发票。如发票未打印指定汇路，需提供经客户签章的《应收账款收汇路径面函》。

（3）正本报关单或正本提单。暂不能提供正本报关单的，应通过海关电子口岸系统查询出口报关信息，企业应在融资发放后一个月内提供正本报关单。

（4）进出口贸易合同规定的其他单据。

（5）申请出口商票融资项下进口商的相关情况。

（6）属国家控制的特殊商品，需提供出口批文、许可证等。

（7）根据具体贸易和融资审核需要应提供的其他材料。

第七条　贷款行客户部门在受理客户申请后，重点调查以下内容：

（1）企业的贸易背景真实、合规合法。

（2）企业备货、生产情况及履约能力，贸易合同履行情况。

（3）进出口双方贸易往来记录，企业交货和进口商付款情况良好。

（4）出口商品的价格比较稳定。价格波动较大或属于鲜活易变质的商品，不得办理。

（5）融资申请人应是发票的收款人。

（6）应收账款应没有任何瑕疵，债权真实、合法、有效和完整；企业未将应收账款转让给第三方或设定任何形式的担保，不存在被第三方主张抵消、代位权等权利瑕疵或被采取法律强制措施的情形。合同如有货物规格/品质、检验、纠纷解决方式等条款，应当明确规定。

（7）出口商票融资比例和期限是否合理。申请融资日期已超过发票付款日期的，不得办理。

第八条　贷款国际业务部门重点审核以下内容：

（1）商业发票、运输单据、出口报关单等单据之间的进出口商名称与融资申请项下的进出口商名称应一致，单据之间的货物名称、数量、金额等也应一致。对于不一致的，应符合进出口贸易合同及进出口商间的其他相关约定。

（2）出口合同条款。合同约定进出口双方可以进行债权债务抵扣的，或约定允许债务转移由第三者支付的等影响正常收汇条款的，不办理。

（3）出口报关单中贸易方式不得为来料加工的。

（4）进口商所在地区政治经济稳定，外汇管制不得影响我行安全及时收汇。

（5）出口商品如在国家出口控制名录上，须有相关出口批件或许可证明。

（6）商业发票或面函上表明贷款行指定汇路。具体要求咨询贷款行。

第九条　有权审批人审批后，客户部门与企业签订相关业务合同，完成融资发放操作。

6.6.4　融资后管理

第十条　出口商票融资项下出口收汇后，应直接扣收银行融资本息，余额入客户账户。收汇早于出口商票融资到期日的，应提前归还融资本息或存入保证金账户暂存。

第十一条　客户部门会按月对客户出口履约情况、经营管理状况进行审查，密切关注客户与进口商之间的贸易情况。

第十二条　企业未按照贷款行要求指示进口商付款至贷款行账户时，及时提示客户更正，必要时可要求其提前还款，并暂停办理新增业务。对客户恶意变更汇路逃避收汇监管的，须要求客户提前归还融资。

第十三条　如遇货款不能回收或不足以偿付贷款行融资款项的，贷款行客户部门会及时向企业追索贷款行融资本息及相关费用。

第十四条　如发生下列情况，立即停止办理出口商票融资业务：

（1）出口商品质量出现问题或商品市场价格波动较大的。

（2）恶意将出口收汇款项不汇入贷款行指定账户的。

（3）进口商出现重大信用风险的。

（4）其他可能产生重大风险的因素。

6.7　出口信用保险项下融资

6.7.1　业务概述

第一条　出口信用保险项下融资（以下简称出口信保融资）系指境内出口商在出口货物或提供服务并在中国出口信用保险公司（以下简称中信保公司）办理了短期出口信用保险（包括综合保险、中小企业综合保险等）后，将保险权益转让贷款行，贷款行向出口商提供的短期贸易融资业务。出口信保融资可分为非买断型和买断型。

（1）非买断型出口信保项下融资，也称出口信保押汇，系指境内出口商在出口货物或提供服务并办理了出口信用保险后，将保险权益转让给银行，银行按发票面值的一定比例向出口商提供的资金融通。

（2）买断型出口信保项下融资，也称出口信保应收账款买断，系指境内出口商在出口货物或提供服务并办理了出口信用保险后，将出口合同项下应收账款债权和保险权益一并转让给贷款行，贷款行在保单承保范围内，按发票面值的一定比例买断出口商应收账款，并对保单承保范围以外的风险保留追索权。

第二条　出口信保融资适用于汇款（T/T）、托收（D/A 或 D/P）和信用证（L/C）结算方式。

第三条　出口信保融资的风险主体是出口商和出口信用保险公司。办理出口信保项下融资应分别占用客户授信额度和中信保公司授信额度，办理信用证项下出口信保押汇无需占用开证行单证额度和国家授信额度。

6.7.2 企业条件、融资金额、融资期限及融资担保

第四条　企业准入条件：

（1）企业申请办理非买断型出口信保融资业务需符合以下基本条件：

1）客户在贷款行的信用等级高于最低要求；

2）非信用证项下，企业与进口商之间不存在投资、参股或其他关联关系。

（2）办理买断型出口信保融资业务的企业除上述条件外，还需具备以下条件：

1）在贷款行信用等级应高于最低要求；

2）进出口双方有 2 年以上贸易往来，交货和进口付款情况良好。

第五条　出口信保融资金额不超过该笔应收账款票面金额的 80%，且不得超过该笔应收账款的保单赔付金额。如对超出保单赔付金额部分进行融资，需要求企业落实其他有效担保，但融资金额最高不超过应收账款票面金额的 80%。

第六条　办理出口信保项下融资业务的期限可依据中信保公司保单承保的应收账款期限确定，融资期限不超过应收账款到期日后 30 天，但最长不超过 1 年。

第七条　融资担保。

（1）办理符合以下条件的非买断型出口信保融资业务时，对保单赔付金额以内的融资，如以信保项下应收账款质押，可不再要求企业提供其他担保：

1）企业在贷款行信用等级为 A-级（含）以上（各行要求不一致）；

2）在贷款行办理国际结算业务 2 年以上；

3）企业年进出口总额在 500 万美元以上；

4）进出口双方履约交货及付款记录良好。

（2）办理买断型出口信保融资业务时，对除符合本条第（1）款所列条件外，还符合下列条件之一的，保单赔付金额以内的融资，可不再要求客户提供其他担保（各行条件不同）：

1）企业信用等级为 A+级（含）以上；

2）进口商为《财富》杂志最新评出的世界 500 强企业；

3）企业年进出口总额 1000 万美元以上；

4）进出口双方履约交货及付款记录良好。

6.7.3　业务办理流程

第八条　企业申请办理出口信保融资业务，贷款行客户部门应先与企业、中信保公司三方签订《赔款转让协议》。

第九条　企业应向贷款行提交以下材料：

（1）业务申请书。

（2）正本报关单。暂不能提供正本报关单的，应通过海关电子口岸系统查询出口报关信息，企业应在融资发放后一个月内提供正本报关单。

（3）托收和汇款项下应提供正本提单及进出口贸易合同规定的其他单据。因采用非海运方式不能提供正本提单的，应提供能证明货物已发运的其他运输单据。

（4）信用证项下融资应按照开证行开立的信用证条款要求提供出口单据。

（5）属国家控制的特殊商品，需提供出口批文、许可证等。

（6）出口信用保险保单。对于投保中小企业综合保险的客户，在非信用证支付方式下还必须加保拒收险。

（7）保单明细表。首次申请时提交，或有修改的情况下提交。

（8）承保情况通知书。

（9）信用限额审批单。企业对某一进口商首次申请融资时提交。

（10）企业在信用保险赔款转让协议中承诺对同一买家的出口信保融资业务均在银行办理。其中中小企业险的赔款转让范围应为保单适保范围内的全部出口业务。

（11）根据具体贸易和融资审核需要提供的其他材料。

第十条　贷款行客户部门在受理企业申请后，重点调查以下内容：

（1）企业的贸易背景真实、合规合法。

（2）企业备货、生产情况及履约能力，贸易合同履行情况。

（3）应收账款应没有任何瑕疵，债权真实、合法、有效和完整；企业未将应收账款转让给第三方或设定任何形式的担保，不存在被第三方主张抵消、代位权等权利瑕疵或被采取法律强制措施的情形。合同如有货物规格/品质、检验、纠纷解决方式等条款，应当明确规定。

（4）进口商应与中信保公司核准的信用限额审批单中的进口商一致，出口信保项下融资余额不得超过中信保公司核定的进口商信用限额和出口商最高赔偿限额。

（5）出口商品的价格比较稳定。价格波动较大或属于鲜活易变质的商品，不办理。

（6）融资申请人应是信用证的受益人或发票的收款人。

（7）结合进口商及其所在国家/地区情况、保险赔付比例评估融资金额和期限是否合理。

（8）办理买断型出口信保融资业务的，应提供企业向保险公司出具的应收账款转让通知函，出口商业发票应打印债权转让条款。发票如未打印转让条款，应附经企业签章的应收账款转让面函，面函应明确应收账款债权已转让贷款行及贷款行收汇汇路等内容。

第十一条　国际业务部门应根据不同结算方式重点审核以下内容：

（1）托收和汇款：

1）商业发票、运输单据、出口报关单及信用保险单等单据之间的进出口商名称与融资申请项下的进出口商名称应一致，单据之间的货物名称、数量、金额等也应一致。对于不一致的，应符合进出口贸易合同及进出口商间的其他相关约定。

2）出口报关单中贸易方式不得为来料加工方式。

3）出口产品如需商检证明，商检证明须由进口商认可的商检机构出具。

4）应收账款投保情况审查。申请融资的应收账款的投保手续应已全部完成，客户已履行保单义务，并注意审核以下两点：

①保险单承保范围符合要求，险别应覆盖进口商信用风险和国家风险；

②出口单据与承保情况通知书、赔款转让协议的进出口商名称一致。

5）买断型业务还应审查：进出口合同中无禁止或限制债权转让条款；商业发票或转让面函上的债权转让字句及账户信息应符合贷款行规定，债权转让日期不得晚于发票付款日期。转让条款遵从贷款行的规定。

6）审核其他单据及有关材料。

（2）信用证项下出口信保融资，除审核上述托收和汇款方式下的第4）款内容外，需按贷款行出口信用证操作规程的有关规定审核信用证单据，单证相符或单证不符但开证行已确认接受不符点，方可办理信保融资。

第十二条 有权审批人审批同意后，客户部门应要求企业与贷款行签署委托代理协议及其他相关文件，委托贷款行代为行使索赔权。如需办理应收账款质押手续，客户部门应在中国人民银行应收账款质押登记公示系统办理质押登记并下载登记证明，由申请人签章确认。

第十三条 客户部门与企业签订相关业务合同，完成融资发放操作。

6.7.4 融资后管理

第十四条 出口信保融资项下出口收汇后，应直接扣收贷款行融资本息，余额入企业账户。收汇早于出口信保融资到期日的，应提前归还融资本息或存入保证金账户暂存。

第十五条 贷款行客户部门按月对客户出口履约情况、经营管理状况进行审查，密切关注企业与进口商之间的贸易情况。

第十六条 企业未按照贷款行要求指示进口商付款至贷款行账户时，贷款行会要求企业更正，必要时要求提前还款，并暂停办理新增业务。对企业恶意变更汇路逃避收汇监管的，立即收回贷款。

第十七条 如应收账款到期日或在合理收汇时间内，未收汇或部分收汇的，贷款行客户部门主动调查原因，做如下处理：

（1）非买断型出口信保融资业务，向企业追偿融资本息，并要求企业或由贷款行按以下要求及时向中信保公司索赔：

1）在保单规定的时间内向中信保公司提交可能损失通知书；

2）在可能损失通知书提交后规定的时间内向中信保公司提交索赔申请书及索赔单证明细表列明的相关文件和单证，正式索赔；

3）对于投保中小企业综合保险项下的融资业务，直接提交索赔申请书及索赔单证明细表列明的相关文件和单证进行索赔。

（2）买断型出口信保融资业务，应按本条款（1）的规定，要求企业或由贷款行及时向中信保公司索赔。如出现以下情况，向企业追索融资本息：

1）因商业纠纷或经中信保公司调查认定非中信保公司保险责任或属于信保免责范围内情况，导致未收汇或部分收汇的；

2）应收账款到期后 90 天，因进出口双方商业纠纷导致中信保公司仍无法界定是否属其保险责任范围内的。

（3）中信保公司根据赔款转让协议的规定将赔款划入贷款行指定账户，应扣收贷款行融资本息后将余额入借款人账户。

（4）买断型出口信保融资业务项下，在融资款项全部收回或中信保公司完成赔付后，客户部门应进行应收账款的反转让，向企业发出应收账款债权反转让通知书。

（5）以信保项下应收账款质押的，在融资款项全部收回或中信保公司完成赔付后，客户部门应将应收账款质押解除。

第十八条　企业如有下列情况之一的，立即停止为其办理信保融资业务：

（1）出口商品质量出现问题或商品市场价格波动较大的。

（2）恶意将出口收汇款项不汇入贷款行指定账户的。

（3）贷款行与中信保公司就该企业发生赔付纠纷的。

（4）其他可能产生重大风险的因素。

7 钢铁产品国内运输

钢铁产品在国内的运输方式有公路运输、铁路运输、内河水路运输及近洋运输。钢材产成品运输量大，专业性要求高，钢材品类、材质、规格尺寸、性能很多，所以不同的产品运输装载的关注点不同。

7.1 钢材国内运输方式的选择

不同运输方式特点：

（1）公路运输适合短距离运输（大约 200 km 以内的，货车速度平均 70~90 km/h，运费在 0.4~0.6 元/(t·km)），比较方便快捷，还可补充和衔接其他运输方式。

优点：机动、灵活，对货运量大小没有要求，货车一般有 10 t、20 t、50 t、100 t 的，可"门到门"的直达运输，中途不需要倒装，有利于保证货物的质量和提高货物的运输效率，在短途运输中，道路运输速度明显快于铁路。

长途运输的不足：一是燃料消耗多，成本高（相比铁路运输、水运）、途中费用高；二是车辆磨损大，折旧和维修费用较高；三是相对安全性较低；四是不太适于远途运输（500 km 以上的）；五是受天气的影响比较大（大雾、大雪、暴雨、台风、大风天时都不适合运输）。

（2）铁路运输适合较稳定的大宗货物的中长途货物运输（适合 500 km 以上，平均速度 100~120 km/h，运费大约 0.1451 元/(t·km)）。起运地和目的地都有铁路专用线比较合适，否则要增加倒运（从专用线到目的地）成本，倒运成本一般为 15~30 元/t 不等。

特点：运力大、速度快、成本低、安全性比较高、受天气影响小、占地面积少、单位能源消耗较少和环境污染程度小等。

不足：短距离不方便，钢厂和目的地最好都有铁路专用线，如果没有专用线费用会高一些（装卸一次的费用在 10~15 元/t）。

（3）水路运输比较适合南方地区对时间要求不太严格的中长距离运输。速度大约 20 km/h，运费 0.05~0.08 元/(t·km)。具有占地少、运量大、投资省、运输成本低等特点，尤其在运输长、大、重件货物时，相比铁路、道路，水路运输的优势更加突出。但是水路运输也存在运输速度慢、受航道等自然条件限制的不足。

7.2 钢材国内运输费用分析

公路运输：钢厂→仓库→（汽运）到货仓库→用户。

计费组成：短驳费+出库费+长途汽运费+出库费+短驳汽运费。

汽车运输：唐山到塘沽 40~50 元/t，北京到塘沽 50~60 元/t，大约每千米（公里）

0.5 元/t，适合 200 km 左右的运输。

铁路运输：钢厂→铁路站→终到站→到货仓库→用户。

铁路运输每千米大约 0.1451 元/t，比较适合远途运输，500 km 以上比较合适。

计费组成：短驳费+吊装费+铁路代理费+铁运费+吊装费+出库费+汽运费。

水路运输：钢厂→厂内（外）码头→水运到港→到货仓库→用户。

计费组成：短驳费+港杂费+水运费+港杂费+理货费+出库费+短驳费。

水运费用 0.05~0.08 元/t，两地之间水路能到达比较好，但是运输的时间比较长。

集装箱水运：钢厂→厂外码头→水运到港→到货仓库→用户。

计费组成：短驳费+入库费+装箱费+水运费+拆箱费+换单费+汽运费，对产品基本没有损坏。

7.3　钢材运输装载注意事项

钢材运输属于重大件运输，因而在装载时，一定要严格遵守各运输主管部门的相关规定，均匀平衡装载、防潮防湿、防锈蚀、防移动，较少对钢材的损坏。

（1）要符合各部门对运输工具的装载要求，货物分布要均匀，不要超载、超宽、超长、超高。

（2）针对本身沉重的特点，装运时要备有垫木、挡板，注意装运安全，避免运输过程中的移动。

（3）不同品种的钢材要分门别类，不要混装。

（4）为了防潮、防湿，装运车辆要备好雨布。

（5）对于特殊性的产品，在禁止运输的情况下一定要严格遵守行业的规定。

（6）一定要选择信誉良好的运输企业，在运输过程中防丢、防盗、防卖、防弄虚作假等。对运输公司出口企业也要全面地了解、认真地认证。

7.4　不同运输方式下对各类钢材货物的装载要求

7.4.1　公路运输条件下

目前我国没有专门的钢材运输车型，从事钢材运输的大多是普通的挂车或载货车，由于钢材运输属于重载型运输，应根据货物的重量和外形尺寸选择合适的车辆；在挂车的选择上，要选大梁好、龙骨架经过加固的挂车；运输过程中平稳运行，防止急刹车；备好雨布。

7.4.1.1　卷形钢材的公路运输

卷形钢材具有不好固定、容易滚动的特点，装载时应有以下三种固定方式：

（1）固定工具有木方、三角木和稻草。装车时，一般钢卷和车头并排放置，卷眼朝向两侧车帮，左右两侧各准备一个较大的木方，太小的话支撑点较低效果不好，装货时先放好木方和三角木再放下钢卷，让卷身一点点压到木方，这样可以防止松动；使用干燥的稻草也同样能达到相同的效果。钢卷之间要紧贴放置，装好后用绑带或者葫芦"八"字形绑好一个钢卷或者交叉形绑好多个钢卷。

（2）用木架甚至铁架来支撑钢卷，铁架跟车板之间用钢丝绳紧固连接起来防止移动，架子前后的支点足够高以固定钢卷，钢卷与铁架之间用胶垫防止碰伤钢卷。

（3）采用卷心前后向的装法，这样固定的难度比较高，是司机为了自身安全而采用，所以行驶中更要多加注意。

7.4.1.2　长（条）形钢材的公路运输

运输各种长（条）形钢材时应注意提前做好包装，避免特殊产品被划伤，车板两侧分别配备 6 根以上坚固插桩。

（1）普通产品采用打捆包装的方式，应该将同一型号、规格的进行打捆，不能混合打捆，避免不同型号产品捆扎不结实，相互损伤。

（2）每捆的重量也有一定的限制，主要是为了运输装载安全。

（3）避免捆扎松散致使管材相互碰撞，在捆扎时应按要求使用捆扎带，每捆应达到一定数量，并且在捆与捆之间也应使用卡环等工具进行固定，防止运输过程中出现松散、脱落情况，划伤产品。

7.4.1.3　板形钢材的公路运输

热轧的平板要求较低，基本上放好绑好就可以了；而冷轧的材料使用时要求较高，绑扎时注意在绑带和角位处垫些胶垫防止变形。

7.4.2　铁路运输条件下

铁路运输分为敞车（装运不怕湿的货物）、棚车（贵重、怕湿的货物）、平车（设备等长大笨重货物）。钢材产品用敞车、平车比较多。铁道部对货物加固的要求是：货物均衡、稳定、合理地分布在货车上，不超载、不偏载、不偏重、不集中；能经受正常调车作业及列车运行中所产生的各种力的作用，运输途中，不发生移动、滚动、倾覆、倒塌或坠落。

7.4.2.1　卷形钢材的铁路运输

卷钢采用立装和卧装两种装载方式，加固材料主要有凹形草支垫、稻草垫、钢制座架、条形草支垫和三角挡。在运输中，采用卧装配和凹形草支垫、稻草掩挡等作为装载加固材料，这种方式占比很大，少部分采用钢制座架卧装或立装方式。

加固材料的质量很重要，一定要和所装钢卷的规格、尺寸匹配，满足安全运输的要求。

7.4.2.2　长条形钢材的铁路运输

凡能捆扎成件的（棒材、钢管等），应尽量捆扎成大件，每车不超过 100 件。充分利用货车的载重量和容积，保证货物安全运送前提下做到满载。

7.4.3　杂货船水路运输条件下

目前钢材件杂货物主要有：冷卷、热卷、钢板、钢管、盘圆、螺纹钢、工字钢、钢轨等。在量大的情况下，采用散杂货船运输，运费相对便宜一些。一些单件规格超长、超高、超重等"三超"钢材产品，即使货量不大也会采用散货船运输。

7.4.3.1　卷形钢材的水路运输

（1）热卷一般为裸捆包装，电镀、冷轧包捆包装；盘圆、带钢每捆重量一般不要太重。

（2）装载作业按船方要求同舱四周向舱口逐层进行。卧状卷钢装载方向一般为前后端面相对、左右端面相对。底层货物滚动方向外侧垫三角木，防止移动。堆垛高度视货物堆码稳定程度、机械作业能力而定。

7.4.3.2　板形钢材的水路运输

（1）一般热轧钢板裸捆包装；冷轧薄钢板、不锈钢板、酸洗钢板、电镀锡薄钢板及彩色涂层钢板为包捆包装，包捆包装一般在底部用垫木托起。

（2）装舱要整齐、平衡，衬垫木方间隔均等。

7.4.3.3　长（条）形钢材的水路运输

对货物要进行捆扎，普通钢管和型钢每捆重量一般不超过 5 t。

舱口装载使用吊索具吊装堆码，逐层装载，保持平整。

每层均匀垫木板或木方，6 m 长平行垫 2 道木方；9 m 长平行垫 3 道木方；12 m 垫 4 道。

7.4.4　集装箱运输条件下

所谓集装箱，是指具有一定强度、刚度和规格专供周转使用的大型装货容器。使用集装箱转运货物，可直接在工厂或者发货人的仓库装货，运到收货人的仓库卸货，中途更换车、船时，无须将货物从箱内取出换装。按所装货物种类分，有杂货集装箱、散货集装箱、液体货集装箱、冷藏箱集装箱等；按制造材料分，有木集装箱、钢集装箱、铝合金集装箱、玻璃钢集装箱、不锈钢集装箱等；按结构分，有折叠式集装箱、固定式集装箱等，在固定式集装箱中还可分密闭集装箱、开顶集装箱、板架集装箱等；按总重分有 30 t 集装箱、20 t 集装箱、10 t 集装箱、5 t 集装箱、2.5 t 集装箱等。

7.4.4.1　集装箱（货柜）的种类

集装箱有多种不同的分类方式，而在现实运输中，基本上是按照所装货物的种类和集装箱的规格尺寸进行划分，常用的大体为以下几种类型。

A　20 ft（1 ft＝0.304 m）钢制干货货柜（20 ft GP：General Purpose Container）

20 ft 钢制干货货柜规格尺寸见表 7-1。一般重量在 25 t 以下。出口商要注意有的国家对 20 ft 集装箱有特殊的重量要求。

（1）上述资料数据仅供参考，实际尺寸和重量以集装箱箱体标示的资料数据为准。

（2）正常装载的货物，体积一般在 28 m³（CBM），美加航线有一定的重量限制，其他航线配载前需要落实。

（3）如果货物的包装为木箱或铁质等其他材质，一定要注意集装箱柜门的内径尺寸和高度。

（4）集装箱在配载过程中一定要均衡，避免头重脚轻或相反、重量集中一侧（侧重）或集中在中间。

（5）20 ft 货柜如果装载的货物不是特别重，到厂家进行产装（拖柜）经常会双拖，注意箱门朝向和拖车板结构。

表 7-1 20 ft 钢制干货货柜规格尺寸

外部尺寸		
	长	宽	高
英尺	20 ft-0 in	8 ft-0 in	8 ft-6 in
公尺	6.058 m	2.438 m	2.591 m

内部尺寸		
	长	宽	高
英尺	19 ft-4$\frac{13}{16}$ in	7 ft-8$\frac{19}{32}$ in	7 ft-9$\frac{57}{64}$ in
公尺	5.898 m	2.352 m	2.385 m

重量限制			柜门内径	
	总重量	空箱重量	货物净重	宽	高
标准型	52910 lb	5140 lb	47770 lb	7 ft-8$\frac{1}{8}$ in	7 ft-5$\frac{3}{4}$ in
加重型	67200 lb	5290 lb	61910 lb	2.343 m	2.280 m
标准型	24000 kg	2330 kg	21670 kg	内容积	
加重型	30480 kg	2400 kg	28080 kg	33.1 m³	1169 ft³

注：1 ft=0.304 m，1 in=0.0254 m，1 lb=0.4536 kg。

B 40 ft 钢制干货货柜（40 ft GP：General Purpose Container）

40 ft 钢制干货货柜规格尺寸见表 7-2。

（1）上述资料数据仅供参考，实际尺寸和重量以集装箱箱体标示的资料数据为准。

（2）正常装载的货物，体积一般在 56 m³，美加航线有一定的重量限制，其他航线配载前需要落实。

（3）如果货物的包装为木箱或铁质等其他材质，一定要注意集装箱柜门的内径尺寸和高度。

（4）集装箱在配载过程中一定要均衡，避免头重脚轻或相反、重量集中一侧（侧重）或集中在中间。

（5）40 ft 货柜尺寸除了长度外，宽和高与 20 ft 货柜是一样的，轻泡货物多使用。一般控制在 27 t 以下。

表 7-2　40 ft 钢制干货货柜规格尺寸

外部尺寸			
	长	宽	高
英尺	40 ft-0 in	8 ft-0 in	8 ft-6 in
公尺	12.192 m	2.438 m	2.591 m

内部尺寸			
	长	宽	高
英尺	39 ft-5 $\frac{45}{64}$ in	7 ft-8 $\frac{19}{32}$ in	7 ft-9 $\frac{57}{64}$ in
公尺	12.032 m	2.352 m	2.385 m

重量限制			柜门内径	
	总重量	空箱重量	货物净重	宽	高
英制	67200 lb	8820 lb	58380 lb	7 ft-8 $\frac{1}{8}$ in	7 ft-5 $\frac{3}{4}$ in
				2.343 m	2.280 m
公制	30480 kg	4000 kg	26480 kg	内容积	
				67.5 m³	2383 ft³

C　40 ft 超高钢制干货货柜（40 ft HQ：High Cube Container）

40 ft 超高钢制干货货柜规格尺寸见表 7-3。

（1）上述资料数据仅供参考，实际尺寸和重量以集装箱箱体标示的资料数据为准。

（2）正常装载的货物，体积一般在 68 m³，美加航线有一定的重量限制，其他航线配载前需要落实。

（3）如果货物的包装为木箱或铁质等其他材质，一定要注意集装箱柜门的内径尺寸和高度。

（4）集装箱在配载过程中一定均衡，避免头重脚轻或相反、重量集中一侧（侧重）或集中在中间。

（5）40 ft 超高货柜比 40 GP 高度多 1 ft（12×2.54＝30.48 cm），载重少 200 kg。装载大体积轻货物。

（6）高箱（HQ）与普箱（GP）最明显的标志就是集装箱每一面上边缘两侧黄/黑相间的斜线。

表7-3 40 ft超高钢制干货货柜规格尺寸

外部尺寸				
	长	宽	高	
英尺	40 ft-0 in	8 ft-0 in	9 ft-6 in	
公尺	12.192 m	2.438 m	2.896 m	

内部尺寸			
	长	宽	高
英尺	39 ft-5 $\frac{45}{64}$ in	7 ft-8 $\frac{19}{32}$ in	8 ft-9 $\frac{15}{16}$ in
公尺	12.032 m	2.352 m	2.69 m

重量限制			柜门内径	
	总重量	空箱重量	货物净重	宽	高
英制	67200 lb	9260 lb	57940 lb	7 ft-8 $\frac{1}{8}$ in	8 ft-5 $\frac{49}{64}$ in
				2.343 m	2.585 m
公制	30480 kg	4200 kg	26280 kg	内容积	
				76.2 m³	2690 ft³

D 45 ft超高钢制干货货柜（45 ft HQ：High Cube Container）

45 ft超高钢制干货货柜规格尺寸见表7-4。这种规格的货柜使用不多。

（1）上述资料数据仅供参考，实际尺寸和重量以集装箱箱体标示的资料数据为准。

（2）正常装载的货物，体积一般在78 m³，美加航线有一定的重量限制，其他航线配载前需要落实。

（3）如果货物的包装为木箱或铁质等其他材质，一定要注意集装箱柜门的内径尺寸和高度。

（4）集装箱在配载过程中一定均衡，避免头重脚轻或相反、重量集中一侧（侧重）或集中在中间。

（5）45 ft超高货柜比40HQ长度多5 ft（5×12×2.54＝152.40 cm），载重少670 kg。装载大体积超长轻货物。

（6）高箱（HQ）与普箱（GP）最明显的标志就是集装箱每一面上边缘两侧黄/黑相间的斜线，45 ft多为高箱。

表 7-4　45 ft 超高钢制干货货柜规格尺寸

外部尺寸			
	长	宽	高
英尺	45 ft-0 in	8 ft-0 in	9 ft-6 in
公尺	13.716 m	2.438 m	2.896 m

内部尺寸			
	长	宽	高
英尺	44 ft-$5\frac{7}{10}$ in	7 ft-$8\frac{19}{32}$ in	8 ft-$10\frac{17}{64}$ in
公尺	13.556 m	2.352 m	2.698 m

重量限制				柜门内径	
	总重量	空箱重量	货物净重	宽	高
英制	67200 lb	10858 lb	56342 lb	7 ft-$8\frac{1}{8}$ in 2.340 m	8 ft-$5\frac{3}{4}$ in 2.585 m
公制	30480 kg	4870 kg	25610 kg	内容积 86 m³	内容积 3040 ft³

E　20 ft 开顶集装箱（货柜）（20 ft OT：OPEN TOP）

开顶集装箱，也称敞顶集装箱，这是一种没有刚性箱顶的集装箱，除箱顶以外的其他构件与普通干货集装箱类似。

20 ft 开顶集装箱（货柜）规格尺寸见表 7-5。

表 7-5　20 ft 开顶集装箱（货柜）规格尺寸

外部尺寸			
	长	宽	高
英尺	20 ft-0 in	8 ft-0 in	8 ft-6 in
公尺	6.058 m	2.438 m	2.591 m

内部尺寸			
	长	宽	高
英尺	19 ft-4 in	7 ft-$8\frac{1}{2}$ in	7 ft-$8\frac{1}{8}$ in
公尺	5.898 m	2.352 m	2.342 m

重量限制				内容积	
	总重量	空箱重量	货物净重		
英制	44800 lb	4850 lb	39950 lb	32.5 m³	1148 ft³
公制	20320 kg	2200 kg	17120 kg		

上述资料数据仅供参考，实际尺寸和重量以集装箱箱体标示的资料数据为准。

F　40 ft 开顶集装箱（货柜）（40 ft OT：OPEN TOP）

40 ft 开顶集装箱（货柜）规格尺寸见表 7-6。

表 7-6　40 ft 开顶集装箱（货柜）规格尺寸

外部尺寸			
	长	宽	高
英尺	40 ft-0 in	8 ft-0 in	8 ft-6 in
公尺	12.192 m	2.438 m	2.591 m
内部尺寸			
	长	宽	高
英尺	39 ft-5 in	7 ft-8 $\frac{1}{2}$ in	7 ft-8 $\frac{1}{8}$ in
公尺	12.034 m	2.352 m	2.330 m
重量限制			内容积
	总重量	空箱重量	货物净重
英制	67200 lb	9040 lb	58160 lb
公制	30480 kg	4100 kg	26380 kg

内容积：65.9 m³　　2327 ft³

上述资料数据仅供参考，实际尺寸和重量以集装箱箱体标示的资料数据为准。

（1）开顶箱配备 PVC 防水帆布罩和带铁索密封装置的可装卸框架。

（2）开顶箱的门上梁可以打开或拆卸，便于装箱。

（3）开顶柜主要用于运输单件超重，或在始发港、目的港难以用叉车装卸，或超高等特性的货物（如钢铁、木材、机械，特别是像玻璃板等易碎的重货）。

（4）开顶柜装货时，将顶部帆布向一端卷起，利用吊车或其他设备从顶部将货物吊入箱内，货物不易损坏，而且也便于在箱内固定。

（5）承运人对开顶箱箱内的货物加固有一定的要求，尤其超高货物，需要提前确认。装箱后需提供加固照片，并征得承运人的认可后方可进行报关，否则，一旦承运人不予以接受装船，则需要删单。

（6）货物装卸完毕后，须盖上开顶柜本身配备的雨布；如果所装载的货物超高，需要根据货物超高情况加盖自购雨布；不管货物超高与否，开顶柜在操作过程中，务必不能划破雨布，否则码头有权利拒收。

（7）柜子进场，如果雨布已经被划破，那么必须在还柜到码头前对雨布进行修补再还进码头，否则将产生相应修补费用。

（8）货物装箱后，无论是否使用与箱子配套的苫盖雨布和固定支架，必须将其放入集装箱内，否则将会在目的港还箱时按丢失进行赔偿。

G　前后板框可折叠式床式、平台两用集装箱

钢制框架箱有 20 ft 和 40 ft 两种规格。

这种货柜没有箱顶和侧壁，其特点是从集装箱侧面进行装卸。也可以将前后两边的挡框放倒而变成一个平台。主要装载的货物：超长、超宽、超高的大型机器设备和重量较重的货物（如大型机械、游艇、锅炉、汽车等）。

这种特殊货柜本身承运人拥有量较少，市场的需求量也较小。有时候需要从其他港口调（渡）柜以满足运输需求，操作起来难度大，环节复杂，整个运输过程需要多个环节全部予以确认方可承接。

主要需要准确了解航运市场的承运能力，及船公司计价方法和市场价格。了解客户的货物参数（最好有照片）、出货时间和交货期。充分估计操作难度、充分核算将要产生的费用。事先确认货柜价格、舱位。价格的差异性很大，不具备可比性。很多船公司不提供特种柜的服务。

（1）20 ft 角柱可折叠式床式、平台两用集装箱（20 ft FR：Flat Rack），规格尺寸见表7-7。

表 7-7　20 ft 角柱可折叠式床式、平台两用集装箱规格尺寸

外部尺寸			
	长	宽	高
英尺	20 ft-0 in	8 ft-0 in	8 ft-6 in
公尺	6.058 m	2.438 m	2.591 m
内部尺寸			
	长	宽	高
英尺	18 ft-6$\frac{7}{16}$ in	6 ft-7$\frac{59}{64}$ in	6 ft-9$\frac{39}{64}$ in
公尺	5.650 m	2.030 m	2.073 m
重量限制			
	总重量	空箱重量	货物净重
英制	66140 lb	6150 lb	59990 lb
公制	30000 kg	2790 kg	27210 kg

上述资料数据仅供参考，实际尺寸和重量以集装箱箱体标示的资料数据为准。

（2）20 ft 前后板框可折叠式床式、平台两用集装箱（20 ft FR：Flat Rack），规格尺寸见表7-8。

表 7-8 20 ft 前后板框可折叠式床式、平台两用集装箱规格尺寸

外部尺寸			
	长	宽	高
英尺	20 ft-0 in	8 ft-0 in	8 ft-6 in
公尺	6.058 m	2.438 m	2.591 m
内部尺寸			
	长	宽	高
英尺	18 ft-5 $\frac{62}{64}$ in	7 ft-3 $\frac{46}{64}$ in	7 ft-3 $\frac{59}{64}$ in
公尺	5.638 m	2.228 m	2.233 m
重量限制			
	总重量	空箱重量	货物净重
英制	74950 lb	6370 lb	58160 lb
公制	34000 kg	2890 kg	31110 kg

上述资料数据仅供参考，实际尺寸和重量以集装箱箱体标示的资料数据为准。

（3）40 ft 角柱可折叠式床式、平台两用集装箱（40 ft FR：Flat Rack），规格尺寸见表7-9。

表 7-9 40 ft 角柱可折叠式床式、平台两用集装箱规格尺寸

外部尺寸			
	长	宽	高
英尺	40 ft-0 in	8 ft-0 in	8 ft-6 in
公尺	12.192 m	2.438 m	2.591 m
内部尺寸			
	长	宽	高
英尺	38 ft-7 $\frac{15}{16}$ in	6 ft-7 $\frac{59}{64}$ in	6 ft-4 $\frac{1}{2}$ in
公尺	11.784 m	2.030 m	1.943 m
重量限制			
	总重量	空箱重量	货物净重
英制	99210 lb	11908 lb	87302 lb
公制	45000 kg	5400 kg	39600 kg

上述资料数据仅供参考，实际尺寸和重量以集装箱箱体标示的资料数据为准。

（1）订舱时需要向船公司提供精确的尺寸数据，如果订舱尺寸与实际尺寸（特别是尺寸比较边缘的情况下）有误差，码头有权拒绝柜子进场。

（2）如果货物有相应的船上码放要求（比如放在舱内或最上层等），在询价和订舱时一定要落实好；如果非直航船，必须告知承运人或其订舱代理落实好中转港口情况，避免头程船舶没有问题，而二程无法满足货物的要求或在中转港产生不必要的费用。

（3）设备货物的雨布没有硬性要求，货主可根据货物特性考虑是否加盖雨布，但加盖雨布后，必须保证雨布的完整，不能有被划破的痕迹。否则码头同样会拒绝柜子进场。

（4）由于此类货柜装载的货物比较特殊，不能按照普通集装箱进行集港。一般情况下，货物的装船都需要进行船放，因此，一定要掌握和跟踪船舶进港情况，索要港口调度和集港车队联系方式，提早集港进行船放。

（5）框架箱的绑扎加固一定要认真细致，符合运输的要求，此环节是保证货物安全的核心，有些船公司为安全运输起见，会请专业的检验公司做装船前的绑扎鉴定，出具鉴定报告后方可装船。在绑扎时，应注意：

1）货物捆扎用的钢丝绳应视货物的种类而选择足够的粗细度，其他紧固件，如索头、紧绳器（花篮螺栓）也是同理；

2）货物的固定点（扣）必须足够牢固；

3）木楔子固定货物与箱体的相对位置；

4）采取交叉捆绑法及对称绑扎法会更牢固（一般而言这两种方法都是同时使用的），绑扎力矩不应太短；

5）捆扎时（如有必要）应在钢丝绳与货物的接触点添加垫充物，如废旧橡胶胎皮，可避免运输过程中搓伤损坏货物表面，以及避免摩擦而产生静电、火花等；

6）绑扎带的使用（费用较钢丝绳绑扎要高）：一般而言，检验绑扎带是否绷紧只要看其是否与箱体垂直即可；

7）必要时，需要在货物下面垫衬，货物与货物之间进行支撑。

7.4.4.2　集装箱关联常识

钢材的长度决定了所需要的集装箱大小，长度在 5.8 m 以内的钢材，用 20 ft 小柜；6 m 的钢材使用 20 ft 集装箱不太方便。如果长度超过这个范围，就要用 40 ft 的大柜。集装箱装载也要注意固定钢材货物，防止移动。目前各家船公司对于钢材的海运运输捆绑加固都有一定的要求，出口商安排集装箱装运时事前和船代沟通好即可。

（1）卷形钢材：5 t 以下的钢卷采用简单方式，钢卷下方垫木（防止挤压集装箱地板横梁），卷两侧和前后端顶角木（防止卷前后左右移动），卷眼上下穿钢丝绳固定在集装箱地板侧梁和箱顶侧梁的栓固绳钩上（防止钢卷移动和减轻地板压力）。

5 t 以上的钢卷加固方式相对复杂，除了垫木（必要时会加大木方的尺寸）、三角木和钢丝绳（上吊、下压）外，还需要在钢卷四轴和箱壁之间打上木方平台（或支撑形 H 型木架），这样费用相对较高。

（2）板形钢材：相对底面积比较大，摆放高度在 1 m 以下的，采用顶角木和下压钢丝绳的方式加固；1 m 以上的除了角木和钢丝绳（绑带）外，还需要在两侧与箱壁间对称顶 H 型木架。

（3）长（条）形钢材：钢管类两侧同箱壁用木条隔开，门和底板用木板隔开，适当可用绑带捆扎。型材类打斜装运时，两端用钢丝绳绑扎后固定在箱顶侧梁上，货物同箱壁间对称用三角木架支撑固定。

7.5 钢材产品装运标准实例

以下为某钢企业具体钢材产品的装运标准，供参考。

7.5.1 冷轧板、卷的装运

7.5.1.1 冷轧板、镀锡（铬）板

（1）装箱方式：箱底要整洁，钢板装箱一般为 2 层高或总高度不超过 1 m，尽量铺满箱底，紧密排列有序。

（2）绑扎要求：钢板前后贴紧，底层钢板前后、左右分别用三角木（不小于 100 mm ×100 mm×100 mm）对称固定，每件边 2~3 个，避免位移。上、下层用打包带固定成一体，每叠 2~3 道。

7.5.1.2 冷轧卷

卧式无井字架冷卷：

（1）装箱方式：箱底要整洁，延箱底纵轴中心线摆放；5 t 以下钢卷可以直接放在箱内底板上，5 t 及以上需放 2 根横垫木，规格为：厚 50 mm、宽 100 mm、长 1500 mm 以上，以分散箱板受力，避免箱底损坏；高宽比大于 1.8 的钢卷，尽量做到两两合并装载。

（2）绑扎要求：每个（组）钢卷前后左右用三角木对称固定（卷宽大于 1.5 m 时左右各用 2 个），防止移动。三角木规格根据钢卷直径大小选择适用规格（不得小于 100 mm× 100 mm×100 mm，箱底有"V"形槽的可不用三角木固定）。每个（组）钢卷用 8 mm 钢丝绳、20 mm 绳夹、花兰螺丝左右两边各与箱体固定拉紧，钢丝绳与钢卷内角钢接触部分用橡皮等软性材料阻隔，避免出现勒痕（江、河运输可不用钢丝绳绑扎）。

7.5.2 热轧产品的装运

7.5.2.1 热轧板

装运要点：

（1）防止产品起吊处出现折边。

（2）防止产品产生浪形、弯曲。

（3）防止产品生锈。

汽车运输：

（1）装载车辆必须完好整洁、车厢板平整、无杂物。

（2）车辆配备衬垫辅料，均衡装载，货物装载完后使用软性紧固器加固，每垛两道（若三垛以上，则加固前后两垛，每垛两道）。

（3）雨天运输必须加盖雨布且完全遮盖货物。

铁路运输：

（1）车皮内整洁、无杂物、无积水。

（2）装载应按照铁道部规定，合理配载，均衡、错头装载，按方案要求捆扎加固，确保行车安全。

（3）装车完毕根据用户要求是否加盖雨布。

水路运输：

（1）装载的船舱底必须平整、无杂物；舱盖密封有效、无渗水；货舱需有防潮设施；货舱排水系统完好且始终处于工作状态，以保证货舱内无积水。

（2）合理配载、均衡装载，按航行安全要求加固（指沿海运输）；板包长边与舱壁或相邻货物的间距大于 100 mm，板垛高度不超过 2500 mm；与船舱端部的距离大于 200 mm；避免货物在航行过程中移位，确保航行安全。

（3）在装载过程中遇下雨必须立即关舱，装载完毕后，须盖严舱盖或有效加盖雨布。

7.5.2.2　热轧卷

装运要点：

（1）防止钢卷起吊处出现折边、吊装过程中钢卷滑落。

（2）防止钢卷捆带断裂。

（3）防止钢卷运输时发生滚动。

（4）防止钢卷浸泡水中、表面出现麻点或凹坑。

汽车运输：

（1）装载车辆必须完好整洁、车厢板平整无杂物。

（2）车辆配备凹形专用钢卷支架或草垫，支架的单个坡面宽度大于等于 200 mm；草垫厚度应大于 200 mm，宽度应大于 200 mm，以"U"形草垫为宜；高宽比大于 1.8 的热卷装载完后须使用紧固器加固以防侧翻。

（3）用户有防雨要求的合同，其货物在雨天运输时必须严实加盖雨布。

铁路运输：

（1）车皮整洁、无杂物、无积水。

（2）装载应按照铁道部规定，合理配载、均衡装载，按方案标准捆扎加固，确保行车安全。

（3）装车完毕根据用户要求是否加盖雨布。

水路运输：

（1）装载的船舱底必须平整、无杂物，货舱排水系统完好且始终处于工作状态，以保证货舱内无积水。

（2）合理配载、均衡装载，按标准进行装船与加固（指沿海运输）；钢卷端面与舱壁平行装载时，所有端面的间距不小于 100 mm；避免钢卷滚动；两层装载时上层卷重不得大于其下层卷重的 10%；与船舱端部的距离不小于 200 mm；避免货物在航行过程中移位，确保航行安全。

（3）在装载过程中遇下雨，根据用户要求确定是否必须立即关舱，装载完毕后，须盖严舱盖或有效加盖雨布。

7.5.3 冷轧产品的装运

7.5.3.1 普通冷轧板 (除镀锡板以外的所有冷板)

装运要点:

(1) 防止产品起吊处出现折边、外包装损坏。

(2) 防止产品生锈。

汽车运输:

(1) 装载车辆必须完好整洁、车厢板平整无杂物。

(2) 均衡装载,最多两层或高度不超过 1 m,货物装载完后至少前后两排使用软性紧固器加固。

(3) 雨天运输必须严实加盖雨布。

铁路运输:

(1) 车皮内整洁、无杂物、无积水。

(2) 装载应按照铁道部规定,合理配载、均衡装载,按加固方案标准捆扎加固,确保行车安全。

(3) 装车完毕后根据用户要求是否加盖雨布。

水路运输:

(1) 装载的船舱底必须平整、无杂物;舱盖密封有效、无渗水;货舱需有防潮设施;货舱排水系统完好且始终处于工作状态,以保证货舱内无积水。

(2) 合理配载、均衡装载,按航行安全要求装船、合理加固 (指沿海运输);两排以内叠高不超过 4 层或高度不超过 1500 mm,三排及以上叠高不超过 6 层或高度不超过 2500 mm;冷板长边的间距不小于 100 mm;与船舱端部的距离不小于 200 mm;避免货物在航行过程中移位,确保航行安全 (装船时冷板上部原则上不可压其他产品;否则,要做好充分的防护措施,确保冷板无压伤、包装木制品不变形、无损坏)。

(3) 在装载过程中遇下雨必须立即关舱,装载完毕后,须盖严舱盖或有效加盖雨布。

7.5.3.2 镀锡板

装运要点:

(1) 防止产品起吊处出现折边。

(2) 防止产品生锈。

(3) 防止产品翻倒。

汽车运输:

(1) 装载车辆必须完好整洁、车厢板平整无杂物。

(2) 均衡装载,不得超过车板宽,车辆配备衬垫辅料,堆垛不超过两层或高度不超过 800 mm,货物装载完后至少前后两排使用软性紧固器加固。

(3) 雨天运输必须严实加盖雨布。

铁路运输:

(1) 车皮内整洁、无杂物、无积水。

(2) 装载应根据铁道部规定,合理配载、均衡装载,按铁路装车和加固方案标准实施，确保行车安全；装车时产品底木方向要与车皮长度方向一致；每叠产品周边需用草捆阻隔，间距不小于 100 mm。

（3）装车完毕后加盖雨布。

水路运输：

（1）装载的船舱底必须平整、无杂物；舱盖密封有效、无渗水；货舱需有防潮设施；货舱排水系统完好且始终处于工作状态，以保证货舱内无积水。

（2）合理配载、均衡装载，按航行安全要求进行加固（指沿海运输）；2 排以内叠高不超过 3 层或高度不超过 1200 mm，3 排及以上叠高不超过 6 层或高度不超过 2000 mm；相邻边的间距不小于 100 mm；与船舱端部的距离不小于 200 mm；避免货物在航行过程中移位/翻倒，确保航行安全。

（3）镀锡板上不可压其他产品。

（4）在装载过程中遇下雨必须立即关舱，装载完毕后，须盖严舱盖及加盖雨布。

7.5.4　无缝钢管的装运

装运要点：

（1）防止产品生锈。

（2）防止钢管产生散捆、弯曲、擦伤。

（3）防止堆放时钢管发生滚动。

（4）防止钢管头被压伤。

汽车运输：

（1）装载车辆必须完好整洁、车厢板平整无杂物。

（2）车板两侧分别配备 6 根以上坚固插桩（所装钢管高度不超过插桩高度，插桩上不准加装小插桩），插桩内侧面须用软性物完整保护，装载高度原则上不得超过两边插桩；货物装载完后使用软性紧固器加固。

（3）如用户有加盖雨布要求，则雨天运输必须严实加盖雨布。

铁路运输：

（1）车皮内整洁、无杂物、无积水。

（2）装载应根据铁道部规定，合理配载、均衡装载，按铁路装车及加固方案标准实施，确保产品质量和行车安全。

（3）装车完毕根据用户要求加盖雨布。

水路运输：

（1）装载的船舱底必须平整、无杂物，货舱排水系统完好且始终处于工作状态，以保证货舱内无积水。

（2）合理配载、均衡装载，按航行安全要求装船和加固（指沿海运输）；产品排列紧密有序，以防扭曲和散捆；不同合同需明显隔开；油套管装船时 A/B 头方向需一致；层层隔垫与错头；与船舱端部的间距不小于 200 mm；装载过程中要防止滚动，避免货物在航行过程中移位，确保航行安全。

（3）在装载过程中遇下雨必须立即关舱，装载完毕后，须盖严舱盖或加盖雨布。

7.5.5　钢材产品装运规定及要求

7.5.5.1　雨天装船作业特别规定

（1）凡须防雨（防湿）的钢铁产品，雨天禁止装船作业。

（2）凡船舱内已装有须防雨（防湿）的产品，则该船舱雨天禁止装船作业。

7.5.5.2　卸船作业要求

（1）吊索具的选用，可参照上述装卸部分的要求。

（2）卸载的顺序应遵循：先卸中间部分货物，再卸前后轴，最后两边交叉，保持船体平衡；过程中要防止钢卷滚动；卸载上层钢卷时尽量单卷起吊，避免钢卷产生碰撞。

（3）端部暗舱内货物尽可能使用叉车作业（卧式钢卷使用带有软性材料防护的炮筒叉车），避免拖拽作业。

（4）两港及以上拼船的船舶在前港卸货过程中不得剪断后港卸货产品的绑扎材料。

（5）船舱货物未全部卸货完毕，严禁压舱水注入。

（6）在装卸及航行过程中，避免船上人员冲洗船舱、船盖等，以防止水流进入舱内，造成钢卷淋水、泡水。

（7）雨天作业可参照水路运输标准。

7.5.5.3　不同载具运行要求

汽车：

（1）行驶车速应控制在 60 km/h（高速公路控制在 80 km/h）以内。

（2）遇十字路口要注意观察，转弯速度应控制在 20 km/h 以内。

（3）应尽量避免急刹车、急起步、急转方向；减少途中颠簸。

（4）雨雪天应严实盖好雨布。

（5）长途运输（50 km 以上）时应严实盖好雨布。

火车：

（1）装载立式冷卷的车皮，在其运单备注栏内，应注明"禁止溜放"字样。

（2）盖雨布用铁架标准：主材两根用螺纹钢非标 ϕ16 mm，每根长 3500 mm 以上；辅材用螺纹钢非标 ϕ14 mm；支架宽度 200 mm 以上。每个车皮在铁架上纵向均衡拉 3 道 8 号镀锌铁丝。

轮船：注意海洋气象预报，若遇大风浪（8 级及以上），应停航或避风；如无法避免，须顶风慢行（航速控制在 3 节/h 以下），以减弱船体摇摆力度，避免舱内货物发生位移，确保舱内货物的安全与质量。

如本标准细则未规定的成品运输，按照产品最大限度不受损坏、遗失为原则装载加固运输。

7.5.5.4　货物流转和货权转移

（1）国内出口商与国外客户签订出口合同，确定出口货物出口日期及交货日期等事项，对于货物体积、重量、件数等装载信息，出口商根据合同初步统计安排，此阶段货权归属出口商所有，出口商拥有对商品的唯一处理权。

（2）根据成交方式联系运输公司（货代公司）安排货物运输出口事宜，如：在 FOB

条件下由国外客户安排海运运输，CFR 和 CIF 术语由出口商安排海运运输，货权及其处理权依然为出口商所有。

（3）货代公司收到出口商指令后，向船公司进行订舱并与出口商进行确认，生产地或者钢厂装箱的前提下，确认订舱信息后将订舱单发给拖车公司，拖车公司准备办理到码头提取空柜后到工厂装货，货代公司此时还要与出口商确认好报关资料如何交接等问题。

（4）拖车公司到工厂装完货物后将集装箱运返码头堆场，货物从进入码头堆场开始正式受海关监管。与此同时或在工厂装货之前，以商议好的方式将所需要的报关资料送交到负责报关的报关公司手中。

（5）报关公司收到资料时，首先进行单面初步审核，核实无误后等待集装箱返回码头堆场后正式开始报关工作。首先需要向船代输单，录入舱单信息，然后向海关审单中心录入报关资料，审核无误后向海关电脑系统发送报关信息，海关从电脑系统收到申报信息时才算正式接受申报。

（6）海关审单中心审结后，由报关公司向现场海关递单，现场海关审核资料后进行放行或者查验操作。放行后由报关公司将放行条交给船代公司或者码头公司，然后根据所申报的船名、航次将此批货物装船运往目的国家收货人。

（7）当船舶正式离开码头后，由船代向海关电脑发送装船清洁舱单，该清洁舱单会与之前由报关行录入的装船单信息进行自动对碰，对碰成功后由报关行去海关办理签发核销退税联的手续。然后将核销联、退税联以及核销单一同寄回给出口商，出口商到外管局办理外汇核销手续，到国税局办理出口退税手续。至此，完成该票货物的全部报关流程。

8　国际货物运输

出口货物大部分都是通过海洋运输把货物送达给海外进口商的，出口商应该全面了解海洋运输的知识和风险防范，努力确保海洋运输业务的安全平稳顺畅十分重要。

8.1　海洋国际运输

国际贸易中的货物运输主要有海洋运输、铁路运输、航空运输、邮包运输和多式联运等。由于海洋运输的运输量大、成本低且不受道路的限制，一直以来都是国际贸易货物运输中最主要的方式，约占国际贸易货运总量的80%以上。但海运的缺陷也是比较明显的，即受自然条件的影响大、运输速度慢（20～30 km/h）、运输安全性和准确性较差。近年来，航空运输发展迅速，目前约占货运总量的20%左右。

海洋运输根据营运方式可分为班轮运输和租船运输两大类，还可以分为散货船运输和集装箱运输两种。在海洋运输业务中，国际贸易的货物采用班轮运输方式所占比率最高，集装箱运输的占比越来越大。

8.1.1　班轮运输

8.1.1.1　班轮运输的含义及特点

班轮运输（Liner Shipping）又称定期船运输，是指船舶按照固定的船期表，沿着固定的航线和港口并按相对固定的运费费率收取运费的运输方式。

班轮运输具有以下主要特点：

（1）"四定"，即固定的港口、固定的航线、固定的船期和相对固定的运费费率。

（2）"一负责"，即货物由班轮公司负责配载和装卸，在班轮运费中包含了起运港的装货费和目的港的卸货费，班轮公司也不向托运人计收滞期费和速遣费。

8.1.1.2　班轮运费

班轮运费是指班轮公司为运输货物而向货主收取的费用，其中包括货物在装运港的装货费、在目的港的卸货费以及从装运港至目的港的运输费用和附加费用。在实际业务中，班轮公司均按照班轮运价表的规定计收运费。国际航运业务中，班轮运价表有班轮公会运价表、班轮公司运价表、双边运价表等多种。有的运价表将承运货物分为若干等级（一般分为20个等级），每一个等级有一个基本费率（1级的费率最低，20级的费率最高，称为"等级运价表"）。班轮运费由基本运费和附加费两部分组成。

A　基本运费

基本运费是指货物从装运港到目的港所应收取的费用，其中包括货物在港口的装卸费用，它是全程运费的主要组成部分。其计算标准主要有以下6种：

（1）按货物的毛重计收，即以重量吨（Weight Ton）收。重量吨有公吨、长吨或短吨，视船公司采用公制、英制或美制而定。按此方法计费者，在班轮运价表中注有"W"字样；钢铁基本都按照重量结算运费。

（2）按货物的体积计收，即以尺码吨（Measurement Ton）收取。尺码吨为立方米或立方英尺。前者为公制，后者为英制，视船公司采用何种度量衡制度而定。按此方法计费者，在班轮运价表中注有"M"字样。按重量吨和尺码吨计收运费的单位统称为运费吨（Freight Ton）；薄壁的钢管，有的要按照体积结算运费，事前出口商要和海运公司沟通清楚，在租船协议中予以明确。

（3）按货物的价格计收，即以有关货物的 FB 总价值按一定的百分比收取。按此方法计费者，在班轮运价表中注有"A."或"d. val."字样，"val."是拉丁文 Valorem 的缩写，即从价的意思，因而该计费标准也称从价运费。

（4）按收费较高者计收，即在重量吨、尺码吨（W/M）两者中或在重量吨、尺码吨、货物的价格（W/M or A. V.）三者中，选择较高者收费。此外，还有在重量吨、尺码吨两者中选择较高者收费后，另加收一定百分比的从价运费，即"w/plus. v."。

（5）按货物的件数计收。

（6）大宗商品交易下，由船、货双方议定，在班轮运价表中注有"Open"字样。

B　附加费

附加费是指针对某些特定情况或需要作特殊处理的货物而在基本运费之外加收的费用。附加费名目繁多，主要有：超重附加费（Heavy Lift Additional）、超长附加费（Long Length Additional Direct Additional）、转船附加费（Transshipment Additional Port Congestion Surcharge）、选港附加费（Optional Additional）、燃油附加费（Bunker Surcharge Deviation Surcharge）等。在实际业务中超重附加费、超长附加费每转船一次就加收一次，若货物既超重又超长，其附加费以超重附加费和超长附加费中较高者计收。

案例 74： 我某外贸公司出口铁矿砂 3200 t 至日本，已知运往日本基本港口的基本运费率为每运费吨 80 美元，运往非基本港口的转船附加费率为 20%，同时，每运费吨加收 10 美元的港口附加费。

问：该批铁矿砂运往非基本港口的运费为多少？

分析：

$$基本运费 = 80 \times 3200 = 256000\ 美元$$
$$转船附加费 = 80 \times 3200 \times 20\% = 51200\ 美元$$
$$总运费 = 基本运费 + 港口附加费 + 转船附加费$$
$$= 256000 + 32000 + 51200$$
$$= 339200\ 美元$$

因此，该批铁矿砂运往非基本港口的运费为 339200 美元。

C　计算公式

班轮运费的计算公式为：

$$班轮运费 = 商品数量计费标准(1 + 各种附加费率之和)$$

案例 75： 我某外贸公司出口钢材 400 t，每公吨 650 美元 CFR 新加坡，新加坡商人要求将价格改报为 FOB 价，已知该批货物每吨基本运费为 45 美元，另需加收燃油附加费

10%、货币附加费 10%、港口拥挤费 10%。

问：每吨货物应付的运费及应该报的 FOB 价为多少?

分析：(1) 每吨货物应付的运费，即单价运费合计为：

$$单位运费合计 = 基本运费 \times (1 + 各种附加费率)$$
$$= 45 \times (1 + 10\% + 10\% + 10\%)$$
$$= 58.5 美元/t$$

(2) 应该报的 FOB 价是：

$$FOB = CFR - 单位运费 = 650 - 58.5 = 591.20 美元$$

因此，该批货物应该报的 FOB 价是 591.20 美元。

8.1.2　租船运输

8.1.2.1　租船运输的含义及特点

租船运输 (Chartering Shipping Tramp Shipping) 是相对于班轮运输的另一种海上运输方式。它既没有固定的船舶班期，也没有固定的航线和挂靠港，而是按照货源的要求和货主对货物运输的要求安排船舶航行计划、组织货物运输。租船运输的当事人中，租船的一方称为承租人、租船人或租家 (Charterer)，出租的一方称为船的出租人。承租双方所签订的租船合同被称为租约 (Charter Party，C/P)。

租船运输的特点包括：

(1) 按照船舶出租人与承租人双方签订的租船合同安排船舶就航航线，组织运输，没有固定的船期表、港口和航线。

(2) 适合于大宗散装货运输，货物的特点是批量大、附加值低、包装相对简单、运价也较低。

(3) 舱位的租赁一般是以提供整船或部分舱位为主，承租人一般可以将舱位或整船再租与第三人。

(4) 船舶营运中的风险以及有关费用的负担责任由租约约定。

(5) 租船运输中提单的性质不完全与班轮运输中提单的性质相同，它一般不是一个独立的文件，对于承租人和船舶出租人而言，仅相当于货物收据。

(6) 承租人与船舶出租人之间的权利和义务是通过租船合同来确定的。

(7) 租船运输中，船舶港口使用费、装卸费及船期延误，按租船合同规定由船舶出租人和承租人分担、划分及计算；而班轮运输中船舶的一切正常营运支出均由船方负担。

8.1.2.2　租船方式

租船方式主要有程租船、定期租船、光船租船、包运租船和航次期租。下面介绍程租船、定期租船和光船租船的含义及特点。

A　程租船

程租船又称为航次租船，是指由船舶所有人向承租人提供船舶或船舶的部分舱位，在指定的港口之间进行单向或往返的一个航次或几个航次用以运输指定货物的租船运输方式。程租船的特点有：

(1) 与班轮运输相同，提单可以具有海上货物运输合同证明的性质。

（2）航次租船合同是确定船舶出租人与承租人的权利、义务和责任的依据。

（3）由托运人或承租人负责完成货物的组织、支付运费及支付相关的费用。

（4）船舶出租人占有和控制船舶，负责船舶的营运调度，配备和管理船员。

（5）船舶出租人负责船舶营运所支付的费用。

（6）船舶出租人出租整船或部分舱位，按实际装船的货物数量或整船舱位包干计收运费。

（7）承租人向船舶出租人支付的运输费用通常称为运费，而不称租金。

（8）航次租船合同中规定可用于在港装卸货物的时间、装卸时间的计算方法、滞期和速遣以及滞留损失等。

B 定期租船

定期租船又称为期租船（Time Chartering），是指由船舶所有人将特定的船舶，按照租船合同的约定，在约定的期间内租给承租人使用的一种租船方式。定期租船的特点有：

（1）船舶出租人负责配备船员，并负担其伙食。

（2）承租人在船舶营运方面拥有对船长、船员的指挥权，否则有权要求船舶出租人予以撤换。

（3）承租人负责船舶的营运调度，并负担船舶营运中的可变费用（如燃料费、港口使用费、货物装卸费和运河使用费等）。

（4）船舶出租人负担船舶营运的固定费用（如船员工资、船的折旧费、船舶修理费、船舶船员的保险费等）。

（5）船舶租赁以整船出租，租金按船舶的载重吨、租期以及商定的租金率计收。

（6）租约中往往订有有关交船和还船以及停租的规定。

C 光船租船

光船租船又称为船壳租船，是指在租期内，船舶所有人只提供一艘空船给承租人使用，船舶的配备船员、营运管理、供应以及一切固定或变动的营运费用都由承租人负担。光船租船的特点有：

（1）船舶出租人提供一艘适航空船，不负责船舶的运输。

（2）承租人配备全部船员，并负有指挥责任。

（3）承租人以承运人身份负责船舶的经营及营运调度工作，并承担在租期内的时间损失，包括船期延误、修理等。

（4）承租人负担除船舶的资本费用外的全部固定及变动成本。

（5）以整船出租，租金按船舶的载重吨、租期及商定的租金率计收。

（6）船舶的占有权从船舶交予承租人使用时起，转移至承租人。

8.1.2.3 租船合同

采用租船运输时，船舶出租人和承租人双方应签订租船合同。航次租船是目前最常用的租船方式，航次租船合同的主要条款有：

（1）合同当事人。航次租船合同的当事人是船舶出租人和承租人。

（2）船舶概况。船舶概况主要有船名、船籍、船级、船舶吨位等内容。

（3）装卸港口。装卸港口通常由承租人指定或选择并在航次租船合同中具体记载港口名称。合同中一般默示可以使用的港口数量为一装一卸，而且一个港口仅可以使用一个泊位。港口的约定方法有：

1）明确指定具体的装货港和卸货港；

2）规定某个特定的装卸泊位或地点；

3）由承租人选择装货港和卸货港。

（4）受载期与解约日。受载期是船舶在租船合同规定的日期内到达约定的装货港，并做好装货准备的期限。在受载期内的任何一天到达装货港都是允许的，无论是受载期的第一天还是最后一天，船舶抵达装货港并做好装货准备即可。

解约日是指船舶到达合同规定的装货港，并做好装货准备的最后一天。解约日条款赋予承租人的权利是直到解约日这一天来临时，才可以解除合同。

我国《海商法》规定：船舶出租人在约定的受载期限内，未能提供船舶的，承租人有权解除合同。但是，船舶出租人将船舶延误情况和船舶预期抵达装货港的日期通知承租人的，承租人应当自收到通知时起 48 h 内，将是否解除合同的决定通知船舶出租人。

（5）装卸费用分担。装卸费用是指将货物从岸边（或驳船）装入舱内和将货物从船舱卸至岸边（或驳船）的费用。常见的约定方法有：

1）船方负担装卸费（Gross Terms Liner Terms）；

2）船方不负担装卸费（Free in and out，FIO）；

3）船方管装不管卸（Free out，FO）；

4）船方管卸不管装（Free in，FI）。

（6）运费。航次租船的运费按所装运货物的数量计收。默示的法律性质为到付，运多少付多少，即提单记载数量和实际卸货数量从小计收。在英美法中，运费不得扣减和对冲。

（7）装卸时间。装卸时间是指合同当事人约定的船舶所有人使船舶并保证船舶适于装卸货物，无须在运费之外支付附加费的时间。

装卸时间的起算必须满足以下三个条件：船舶抵达合同约定的地点；船舶已经备妥可装卸货物；在第一装港或第一卸港，船长要递交装卸准备就绪通知书。经过一段通知时间后开始起算。装卸时间的规定方法有：

1）日或连续日是指午夜连续 24 h 的时间，在此期间，不论是实际不可能进行装卸作业的时间（如雨天、施工或其他不可抗力），还是星期日或节假日，都计为装卸时间；

2）累计 24 h 好天气工作日是指在好天气的情况下，不论港口习惯作业为几小时，均以累计 24 h 为一个工作日，如果港口规定每天作业 8 h，则工作日便跨及几天的时间；

3）连续 24 h 好天气工作日是指在好天气情况下，连续作业 24 h 算一个工作日，如中间因坏天气影响而不能作业的时间应予以扣除，此规定方法在实务中应用最广。

（8）滞期费与速遣费。如果在约定的允许装卸时间内未能将货物装卸完，致使船舶在港内停泊时间延长，给船方造成经济损失，则延迟期间的损失应按约定每天补偿若干金额给船方，这项补偿金叫滞期费（Demurrage）。按惯例一般采取"一旦滞期，始终滞期"方式计算。如果按约定的装卸时间和装卸率提前完成装卸任务，使船方节省了船舶在港的费用开支，船方将其获取利益的一部分给租船人作为奖励，这项奖励叫速遣费（Dispatch Money）。依国际航运惯例，速遣费费率为滞期费费率的一半。

对于装货港产生的滞期费，船舶出租人一般是不能在卸货港留置承租人以外的货物的，除非是提单中有一个有效的并入条款，使租约中的留置权条款并入到提单中去，以此约束提单持有人。

对于卸货港产生的滞期费等，原则上船舶出租人只能向收货人收取，除非他在无法有效地行使留置权的情况下，船舶出租人才可以向承租人收取。

案例 76：我某贸易公司向国外某港口出口钢坯 9000 t，租一单程船运输，广州港装船。租船合同对装卸条件规定：允许装货时间为 6 个连续 24 h 好天气工作日，每日装货 1500 t；星期六、星期日、节假日除外，如果用了则并入计算；节假日前一天 18 时后和节假日后 8 时前不计入允许的装卸时间，用了则并入计算；滞期费为每天 5000 美元，速遣费为每天 2500 美元。装卸时间记录如下：

3 月 18 日星期四 8 时到 24 时装货（有 3 h 下雨）；

3 月 19 日星期五 0 时到 24 时装货；

3 月 20 日星期六（公休日）0 时到 18 时装货；

3 月 21 日星期日（公休日）8 时到 24 时装货；

3 月 22 日星期一 0 时到 24 时装货（有 4 h 下雨）；

3 月 23 日星期二 8 时到 11 时装货完毕。

问：我方应付滞期费或应得的速遣费是多少？

分析：我公司应得的速遣费为：

速遣费 = [6 × 24 - (13 + 24 + 18 + 16 + 20 + 3)]/24 × 2500 = 5208 美元

因此，我方应得的速遣费是 5208 美元。

案例 77：利用期租（Time Charter）船的行骗及其防范（"鬼"船骗局）。

这类诈骗主要是指国际诈骗犯只要付首期的租金（通常是 15 天或 30 天的租金）就可以以期租方式租入船舶，同时自己就以二船东的身份以程租船的方式把船转租出去，并要求货主预付运费，等到货物装妥船长签发了已付运费的提单后，收到运费的二船东就溜之大吉或突然破产、倒闭，留下的只是原船东面对提单项下的责任。原船东于是就成了这类诈骗案的受害方，因为原船东的提单表明了他负有不可推卸的承运责任，尽管运费已被二船东骗走。在这种情况下，原船东要完成预定的航次，就要付很多的航次费用，如物料、燃油、工资、伙食、卸港费等，而其收到的首期或首二期的租金是不足以弥补这类开支的，但由于船东提单的存在，他就必须完成这一承运任务，否则就是违约。

两个租家诈骗的国际著名案例。

（1）1960 年 A 地船东所有的 "Mandarin Star" 号货轮，某次装货到 B 国，即将抵目的港时租船人公司突然宣布破产倒闭，船东再也收不到租金，于是就拒绝驶往 B 国并要挟收货人再付运费，否则就将货物卖掉，收货人拒绝二次支付运费，船东果真把船驶往 A 地，把货卸岸入仓，并与人洽谈拍卖货物价格，准备把货卖掉。收货人闻讯后立即向 A 地法庭申请禁令，并向船东提出诉讼要求赔偿一切损失，结果船东败诉并输得一败涂地，老板因此跳楼自杀。

（2）1978 年 A 国货轮 "Siskina" 号自欧洲运货往 B 国，在船长签发了预付运费提单后，租船人公司倒闭，船东不肯过苏伊士运河，要求提单持有人再次支付运费。由于所装货物很昂贵，提单持有人不得已只能再付运费给船东；本来船东已收到足以完成航程的款项，但船东仍将货卸在 C 国（在当地要取得法庭禁令禁止船东将货物卖掉是很困难的，而且黑市交易很多），该轮后在返回 A 国入坞的途中沉没。提单持有人平白无故地遭受了双重损失。

分析：海运中这类利用期租船进行诈骗的案件频频发生的一些主要原因在于：

（1）近年来世界航运业竞争十分激烈，世界租船市场供大于求，如果船东再对租家挑来捡去，可能就没生意了，实际情况是常常四五条船东争一个租船人，所以难免上当受骗，A 地大大小小的船公司没有一家幸免于此类诈骗。

（2）世界租船市场上的经纪人（Ship Broker）间的竞争也十分激烈，这样会有部分经纪人虽其自己对租船人的信用有怀疑但仍向船东推荐为第一流的租船人。但也有时候是由于经纪人的业务水平不高而造成推荐失误的。

（3）行骗的租家十分狡猾，他们往往和原船东或别人先做一、二票货的生意来获得好的信誉，为自己创造好的佐证，然后就进行一次数量和金额都较大的租船诈骗，得手后就逃之夭夭，或者干脆立即用另一个新的公司名字登记，这家新的公司与其他信誉昭著的公司一样完全没有投诉的记录，于是船东又容易上当了。

防范措施：

（1）对这类诈骗最好的防范措施是船东加强对租船人资信的调查，具体可到船东会 BIMCO（Baltic International Maritime conference）查看租家过去有无被投诉的记录，到银行全面了解租家近期的财务状况，如果情况不妙应该断然拒绝租让；另外还应尽可能不与来历不明的租家进行业务交易，以免被经常换名称的信誉不良公司所坑害。值得一提的是在船东受骗上当已成定局的时候，船东还应尽可能地保持理智，切不可采取通过要挟货主以转嫁损失的做法，要不然将受到货主的起诉，而遭受败诉的名利双重损失，正确的做法应是吸取教训完成航运。

（2）装船的监督。有些外贸人员，由于业务繁忙或出于对订舱货代的信任，完全按照货代的指示将货物集港并提交报关资料，而疏忽了对货代工作的监督作用，导致一些别有用意的货代，根本就没有租到船，而是当货物完全入港后的一定时间，给承租方一个假的提单以此来骗取客户的运费，费用到手后便人间蒸发，更有恶劣的货代利用承租人信任骗取的空白盖章纸而将已经入港的货物拉出港口进行廉价变卖，使承租人遭受巨大的损失。届时，即便事后将当事人绳之以法，但所涉及的款项已经被当事人挥霍一空了。希望大家在装船前的每一个环节对货代、船代进行有效的监督。

（3）认真地选择物流（船代和货代）公司。认真地选择有一定知名度、信誉良好的或可信任的物流（船代）公司是非常重要的，切记为了蝇头小利而选择从没有合作过或没有资信的物流（船代）公司。凡在我国境内注册的货代公司，注册资金需在 300 万元以上方可经营海上运输代理业务，当然其不能签发提单。要想获得签发提单的资质，还必须在交通部进行备案，并缴纳一定的保证金（80 万元）或进行无船承运人保证金责任保险方可签发提单，并且提单须在交通部进行备案。但凡在中华人民共和国境内签发的提单必须在交通部进行备案且签发人亦具备无船承运人资质，否则都是不合法的。

案例 78：2011 年 12 月 23 日，被告 A 公司向原告 B 公司申请订舱，预定 1 个集装箱的舱位，该订舱申请记载的订舱人为被告 A 公司，承运人为原告 B 公司，装货港为中国盐田，目的港为波兰格丁尼亚，预计开船时间为 12 月 31 日。原告 B 公司接受货主的订舱后，向被告 A 公司出具了订舱确认单。2011 年 12 月 27 日，被告 A 公司从码头提取原告所属的集装箱，装载货物后于 12 月 28 日将集装箱返还码头待运。12 月 30 日，C 公司持出口货物报关单向当地海关申报出口上述集装箱货物。该报关单记载的经营单位和发货单位为 D 公司，商品名称为钢板。2012 年 2 月 24 日，因实际出口货物数量与申报数量不一致，当地海关向 D 公司出具行政处罚决定书和行政处罚告知单，称其行为已构成违反海关监管规定的违法行为，处以行政罚款人民币 12 万元。D 公司在领取海关处罚决定书后下落不明。2012 年 3 月 1 日，原告要求被告尽快解决涉案集装箱滞留起运港的问题，确认海关扣留期间所产生的费用，包括集装箱超期使用费人民币 81925 元和码头堆存费人民币 156300 元。2014 年 7 月 9 日，码头向原告 B 发送催款单，告知其涉案集装箱产生码头堆存费共计 10687.20 美元。7 月 15 日，原告向码头支付了人民币 65750.86 元，汇款单上注明堆存费。

被告 A 主张其是接受 E 公司委托向原告 B 订舱托运本案货物，对此原告予以认可，但原告认为被告是与其成立海上货物运输合同关系的当事人。关于涉案集装箱的状态，到庭的各方当事人在庭审时一致确认集装箱仍被海关扣押，无法使用。

分析：广州海事法院经审理认为，被告 A 公司接受 E 公司代为办理涉案货物运输事宜的委托后，以自己名义向原告 B 订舱，被告 A 没有提供证据证明其在向原告订舱时表明了受托人身份，且庭审时原告明确选择被告 A 公司作为合同当事人并向其主张权利，应认定原告和被告之间成立海上货物运输合同关系，原告为承运人，被告为托运人。

涉案集装箱为原告提供给被告装载货物使用的运输工具，被告应该按照原告订舱确认单的要求，在指定时间内将装载好货物的集装箱运回承运人指定的地点以便承运人投入运营。

但由于货物本身原因造成货物及装载货物的集装箱被海关查扣，导致集装箱至今不能正常流转使用必然会给原告造成损失，被告 A 应承担违约赔偿责任。

由于双方并未在合同中约定按何种标准偿付集装箱超期使用费，其损失应按照集装箱被超期占用给承运人造成的损失确定，一般为承运人因丧失正常使用集装箱的预期可得利益损失和向第三人租用或重置涉案集装箱的成本损失。但原告作为涉案集装箱的所有人，在得知因货物涉嫌虚假报关导致连同装载货物的集装箱被海关扣押、其在短期内不能取回集装箱的情况下，可采取重置同类集装箱的方式来避免损失的扩大。被告已于 2012 年 12 月 11 日向原告支付集装箱超期使用费人民币 81925 元，该笔费用足够原告重置同类集装箱投入运营。原告没有采取适当措施防止集装箱损失的进一步扩大，其无权要求被告赔偿 2012 年 12 月 11 日之后的集装箱超期损失。

2013 年 2 月 21 日至 2014 年 2 月 20 日期间的堆存费属于集装箱被海关扣押期间产生的保管费用，根据《中华人民共和国行政强制法》第二十六条第三款"因查封、扣押产生的保管费用由行政机关承担"的规定，该费用不应由被告承担。在涉案货物被海关查扣期间，码头公司无权直接向作为承运人的原告收取包括堆存费在内的保管费用，原告没有义务向码头公司支付堆存费，即使原告向码头公司实际支付，也没有权利要求被告向其支付。原告要求被告支付码头堆存费及利息的诉讼请求，没有事实和法律依据，也应予驳回。

关于原告要求被告腾空集装箱内货物并返还集装箱的诉讼请求，至本案开庭审理时，尚无证据表明当地海关已对涉案货物及载货集装箱解除扣押，原告应另寻途径向海关申请腾空箱内货物并取回涉案集装箱。

D 公司作为涉案货物的经营单位，其虚假报关行为导致原告所属集装箱被海关扣押，D 公司应对由此给原告造成的损失承担赔偿责任。由于原告主张的集装箱超期使用费和码头堆存费不在法律规定的合理损失范围内，其要求 D 公司支付集装箱超期使用费、码头堆存费及利息的诉讼请求不予支持。原告要求 D 公司腾空集装箱内货物并返还集装箱的诉讼请求，也应另寻途径解决。

C 公司接受 D 公司委托代其向海关办理货物出口申报手续，没有证据证明其在接收委托时对 D 公司的虚假报关行为是明知的，因此 D 公司虚假报关行为导致的法律后果不应由 C 公司承担。原告对 C 公司提出的诉讼请求，均不应予以支持。

因托运人原因导致货物连同集装箱被海关扣押，由此产生的码头堆存费由谁承担？承运人提供的装载货物的集装箱因被扣押无法使用，承运人该采取何种方式挽回损失？在以往的类似纠纷中，码头经营人会将箱货被扣押期间的码头堆存费转嫁给承运人，承运人向码头经营人实际支付后，连同集装箱超期使用费一起向托运人追偿。本案的典型意义在于：一审法院根据《行政强制法》和《合同法》的规定厘清了码头经营人、承运人和托运人之间的责任和权利，明确了箱货被扣押期间发生的保管费用的承担主体。原告的全部诉讼请求最终被全部驳回，但原告服判息诉，反映了判决的公正合理性。

（1）集装箱货物被扣押在码头堆场内的，码头经营人是基于行政机关的委托保管集装箱货物的，只能向实施扣押措施的行政机关主张保管费用。

在航运实践中，由于托运人的走私、装运违禁品等违法行为，可能会导致在码头堆场内还未出运或者运抵目的港尚未提取的集装箱货物被海关、检验检疫局等行政机关扣押。由于行政机关的保管场所有限，货物被扣押后仍然存放于码头堆场内，由码头经营人负责保管。

在此期间，存放货物占用了码头堆场的经营场地，影响其营业收入，保管货物又增加了码头经营人的成本，从客观上讲，码头经营人是有权主张保管费用的。

关于向谁主张的问题，若说在《行政强制法》实施之前尚存争议的话，那么在 2012 年 1 月 1 日该法实施后，法律对此问题就有了明确规定。根据《行政强制法》第二十六条的规定，货物在被扣押期间的保管责任是属于行政机关的，行政机关可以委托第三人代为保管，由此产生的保管费用由行政机关承担。对货物尽了保管责任的码头经营人，只能向行政机关主张保管费用，而不得向货物承运人或托运人主张。

就本案而言，码头经营人未向作出扣押措施的海关主张保管费用，而是向作为承运人的原告主张费用不符合法律规定。原告承担了不该托运人即被告 A 公司承担的保管费用，因此无权向被告追偿该费用。

（2）行政强制措施一经作出，即具有强制力，除非有法定理由经过法定程序予以变更或消灭，任何人不得为或者要求他人为与该行政强制措施不一致的行为。

行政强制措施属于具体行政行为的一种，是行政主体为了实现一定的行政目的，而对特定的行政相对人或特定的物作出的，以限制权利和义务为内容的、临时性的强制行为。

行政强制措施是国家行政管理的有效手段，其结果直接导致行政相对人有关权利被限制，故相对其他具体行政行为有更强和更直接的强制性，一经作出，不得擅自改变。除非有法定理由并经法定程序，将已行政强制措施予以变更，例如将扣押期限缩短；或者出现被撤回、撤销、认定无效等使行政强制措施效力消灭的情形。

就本案而言，原告所有的集装箱连同箱内货物被海关扣押，且扣押措施效力持续有效的情况下，即使扣押措施客观上会给原告造成经济损失，原告只能通过别的途径减少或挽回经济损失，或者通过复议和行政诉讼的救济手段，要求海关变更或撤销扣押行为，而不得直接要求他人将尚处于行政机关扣押状态之下的集装箱归还给自己。原告的该项诉讼请求违反了行政法的基本原则，不能得到支持。

（3）集装箱作为载运工具属于种类物，在商业运营中并不具有不可替代性，因托运人原因导致集装箱连同货物一同被行政机关扣押，集装箱的所有人应尽快寻找替代物投入运营，避免损失的扩大。

从以上分析可以看出，在箱货被海关扣押期间，承运人的实际损失就是其集装箱不能投入运营而导致的经营损失。在航运实践和司法实践中，承运人往往主张根据其公布的集装箱超期使用费结合集装箱被扣押的天数来计算损失。关于集装箱超期使用费的性质，理论界一直存在"租金论"和"违约金论"两种观点。无论哪种观点，使托运人接受承运人所主张超期使用费计算标准的前提是托运人与承运人对此达成一致。

就本案而言，显然不满足这种条件，那么承运人的损失就应根据被扣押期间对其造成的因丧失正常使用集装箱的预期可得利益损失和向第三人租用或重置涉案集装箱的成本损失来计算。在航运实践中，集装箱作为承运人免费提供给托运人装载货物的工具，即使规定了超期使用费，也只是督促托运人或收货人在完成正常的交付手续后及时还箱。其存在价值是帮助承运人正常地履行海上集装箱货物运输合同，而非有偿让托运人或收货人使用以赚取利益。

当集装箱被扣押且承运人清楚短期内不能取回时，承运人就应该积极采取措施减少损失。

在运输环节，集装箱并非不可替代的特定物，承运人可以另行购置同类其他集装箱继续投入运营。如果承运人没有采取购置替代物的方式防止集装箱损失的进一步扩大，根据《中华人民共和国合同法》第一百一十九条第一款关于"当事人一方违约后，对方应当采取适当措施防止损失的扩大；没有采取适当措施致使损失扩大的，不得就扩大的损失要求赔偿"的规定，其无权要求超过集装箱购置价格之外的损失赔偿。

8.1.3 铁路运输、国际联运

8.1.3.1 铁路运输

铁路运输具有运量大、速度快、受天气影响小、运输较准点等优点。我国的铁路运输可分为国内铁路运输和国际铁路联运两个部分，而对外贸易运输还包括对港澳铁路运输部分。

供应港、澳地区的货物由内地利用铁路运往香港九龙或运至广州南部转船至澳门属于国内铁路运输。但它与一般的国内铁路运输不同，对香港铁路运输，其具体做法是先由发货人将货物托运到深圳北站，由深圳外贸运输公司再办理港段铁路托运手续，由香港中国旅行社收货后转交给香港九龙的买主，其特点是两票联运。去香港和澳门的货物出口企业凭外贸运输公司出具的承运货物收据办理收汇手续。

8.1.3.2 国际铁路联运

我国的国际铁路货物联运主要是通过铁路合作组织在1951年缔结的《国际铁路货物联运协定》（简称《国际货协》）来进行的。凡参加《国际货协》国家的进出口货物，从发货国家的始发站到收货国家的终点站，只要在始发站办妥托运手续，使用一份运送单据，即可由铁路以连带责任办理货物的全程运送。根据《国际货协》规定，不仅缔约国之间可办理货物运送，而且也可向非缔约国运送货物；反之，非缔约国也可向缔约国运送货物。1980年欧洲各国在瑞士伯尔尼举行的各国代表大会上也制定了《国际铁路货物运送公约》（简称《国际货约》）。这就为国际铁路联运提供了方便的条件，使参加《国际货协》国家的进出口货物也可以通过铁路转送至参加《国际货约》的国家。

我国通往欧洲的国际铁路联运线有两条：一条是利用俄罗斯的西伯利亚大陆桥贯通中东、欧洲各国；另一条是由江苏连云港经新疆与哈萨克斯坦铁路连接，经俄罗斯、波兰、德国至荷兰的鹿特丹的新亚欧大陆桥。目前，我国与邻国铁路相连接的有俄罗斯、哈萨克斯坦、蒙古、朝鲜、越南等国，具体站名见表8-1。

表 8-1 中国与邻国相连接铁路的站名

中国国际铁路	中国国境站名	邻国国境站名	交接换装地点	
			中国出口	中国进口
中俄	满洲里	后贝加尔	后贝加尔	满洲里
	绥芬河	格罗捷科沃	格罗捷科沃	绥芬河
中朝	丹东	新义州	新义州	丹东
	图们	南阳	南阳	图们
	集安	满浦	满浦	集安
中越	凭祥	同登	同登	凭祥
	山腰	新铺	新铺	山腰
中哈	阿拉山口	德鲁日巴	德鲁日巴	阿拉山口
中蒙	二连浩特	扎门乌德	扎门乌德	二连浩特

8.1.4 航空运输

航空运输是一种现代化的运输方式。航空运输具有快捷、安全、准时、货损少和空间跨度大等优点，适用于鲜活、易腐、精密仪器、贵重物品以及紧急物品的运输。但航空运输的运价比较高，载量有限且易受天气影响。随着世界经济贸易发展对国际货物运输的要求，航空运输得到了快速发展。目前，航空运输量占国际贸易货物运输量的比例超过了20%。

8.1.4.1 航空运输种类

航空运输主要有班机运输、包舱（板）运输、集中托运和航空快递等。

（1）班机运输：班机运输有固定航线和固定停靠航站并定期开航。由于班机运输能安全、迅速、准时地到达世界各航站，因此最受托运人的欢迎。

（2）包舱（板）运输：包舱（板）运输是航空货物运输的一种方式，它指托运人根据所运输的货物在一定时间内需要单独占用飞机部分或全部货舱、集装箱、集装板，而承运人需要采取专门措施予以保证。

（3）集中托运：集中托运是指航空货运代理机构把若干批单独发送的货物组成一整批向航空公司集中托运，填写一份总运单发运到同一目的站，由航空货运代理机构委托目的站所在地的代理人负责收货，并分拨给各个实际收货人。这种托运方式在航空运输中使用得最普遍。

（4）航空快递：航空快递（Air Courier）是指具有独立法人资格的企业将进出境货物或物品从发件人处送达收件人处的一种快速运输方式，采用上述运输方式的进出境货物、物品叫快件。世界主要的快递公司有 DHL、FedEx、UPS、TnT、OCS 和 EMS。快件业务从所发运快件的内容来看，主要分成快件文件和快件包裹两大类。快件文件以商务文件、资料等无商业价值的印刷品为主，但也包括银行单证、合同、照片、机票等；快件包裹又叫小包裹服务，是指一些贸易成交的小型样品、零配件返修及采用快件运送方式的一些进出口货物和物品。

航空快递业务具有如下特点：1）快递公司有完善的快递网络；2）以收运文件和小包裹为主；3）特殊的单据 POD（Proof of Delivery）；4）流程环节全程控制；5）高度的信息化控制。

POD 是航空快递中最重要的单据。它一般分四联，第一联作为出口报关的单据留存始发地；第二联贴在货物包装上随货同行，作为收件人核对货物的依据，并且在随货单据丢失时可以作为进口报关单据；第三联留存发货地快递公司作为结算运费和统计的依据；第四联交发件人作为发货凭证。

8.1.4.2　航空运价

货物的航空运费是指将一票货物自始发地机场运输到目的地机场所应收取的航空运输费用，不包括其他费用。货物的航空运费主要受两个因素影响，即货物适用的运价与货物的计费重量。

（1）运价：又称费率，是指承运人对所运输的每一重量单位货物（千克或磅）（kg 或 lb）所收取的自始发地机场至目的地机场的航空费用。货物的航空运价一般以运输始发地的本国货币公布。

（2）计费重量：货物的计费重量或者是货物的实际毛重，或者是货物的体积重量，或者是较高重量分界点的重量。它包括：1）实际毛重：包括货物包装在内的货物重量；2）体积重量：体积重量的折算，换算标准为每 6000 cm³（0.006 m³）折合 1 kg；3）计费重量：采用货物的实际毛重与货物的体积重量两者比较取高者，但当货物较高重量分界点的较低运价计算的航空运费较低时，则此较高重量分界点的货物起始重量作为货物的计费重量。

国际航协规定，国际货物的计费重量以 0.5 kg 为最小单位，重量尾数不足 0.5 kg 的，按 0.5 kg 计算；0.5 kg 以上不足 1 kg 的，按 1 kg 计算。

8.1.5　邮政运输

邮政运输是通过各国邮政之间订立的协定或公约使邮件包裹在全球传递，它比较适合于体积小、重量轻的货物的运输。邮政运输是一种"门到门"的运输方式。

国际邮政运输具有广泛的国际性，而且通常需要经过两个或两个以上国家的邮政局和两种或两种以上不同运输方式的联合作业才能完成，而寄件人只要向邮局办理一次托运手续、一次付清邮资并取得邮包收据作为邮局收到邮包的凭证和邮包灭失或损坏时凭以向邮局索赔的依据，其余的事宜概由各有关邮局负责办理。

邮政运输使用的单据是邮包收据。邮包收据并非物权凭证，不能通过背书进行转让和作为抵押品向银行融通资金。这是因为货物到达目的地后，承运人向收货人发出到件通知，收货人凭到件通知和身份证明即可提取邮件。

8.1.6　集装箱运输、国际多式联运与陆桥运输

集装箱运输、国际多式联运与陆桥运输是目前国际货物运输使用较多的三种新型的运输方式。

8.1.6.1　集装箱运输

集装箱运输是以集装箱为运输单位进行运输的一种现代化的先进运输方式，它可适用于各种运输方式的单独运输和不同运输方式的联合运输。

集装箱运输的货物可分为整箱货（FCL）和拼箱货（LCL）。整箱货是指由发货人负责装箱和计数，填写装箱单，并加封志的集装箱货物，通常是一个发货人和一个收货人。拼箱货是指由承运人的集装箱货运站负责装箱和计数，填写装箱单，并加封志的集装箱货物，通常是多个发货人和多个收货人。

集装箱货物主要的交接方式有：（1）场到场的交接（CY TO CY），主要用于海运承运人；（2）站到站的交接（CFS TO CFSDOOR TODOOR），主要用于货代、多式联运、物流经营人。

关于集装箱的标准化，ISO/TC104 制定的第一系列的 4 种箱型是 A 型、B 型、C 型、D 型。实务中最常用的箱型有 1A 型 40 ft 集装箱（FEU）和 1C 型 20 ft 集装箱（TEU）。FEU 最多可载货 67 m^3 左右，最大可载重 26 t 左右；TEU 最多可载货 33 m^3 左右，最大可载重 21 t 左右。

集装箱标记由 11 个字母和数字组成：4 个字母箱主代码（第四位为海运集装箱代号 U），顺序号 6 位数，核对数 1 位。

8.1.6.2　国际多式联运

国际多式联运是指按照多式联运合同，以至少两种不同的运输方式，由多式联运经营人将货物从一国境内接受货物的地点运往另一国境内指定交付货物的地点的运输方式。国际多式联运具有提高运输组织水平、综合利用各种运输优势、实现门到门运输的有效途径、手续简便、提早结汇、安全迅速、降低运输成本、节约运杂费用等优点。

根据《联合国国际货物多式联运公约》的解释，国际多式联运方式需同时具备以下 6 个条件：

（1）必须要有一份多式联运合同。

（2）使用一份包括全程的多式联运单据。

（3）由一个多式联运经营人对全程运输负责。

（4）必须是至少两种不同运输方式的连贯运输。

（5）必须是国际货物运输。

（6）必须是全程单一的运费费率。

8.1.6.3　陆桥运输

陆桥运输（Land Bridge Transport）就是以陆为桥的运输，可分为大陆桥运输、小陆桥运输、微型陆桥运输和 OCP。

A　大陆桥运输

大陆桥运输是指使用横贯大陆的铁路或公路运输系统作为中间桥梁，把大陆两端的海洋运输连接起来的连贯运输方式。目前主要的大陆桥有美国大陆桥、西伯利亚大陆桥（SLB）、新亚欧大陆桥等。

美国大陆桥（U. S. Land Bridge Transport）是最早开辟的从远东到欧洲水陆联运线路中的第一条大陆桥。远东至欧洲的船舶利用美国大陆的运输线中转，达到了航程短、时间快、运费低的目的。目前，由于美国东部港口和铁路拥挤，特别是西伯利亚大陆桥的出现，美国大陆桥已没有优势，逐步衰落。

西伯利亚大陆桥（Siberian Land Bridge Transport）经俄罗斯远东的纳霍特卡港和东方港，横贯西伯利亚，到莫斯科，进而扩散到欧洲，是全球最重要的大陆桥运输线路。有铁—铁、铁—海（黑海）、铁—卡三种运输方式，与海运比较，西伯利亚大陆桥的优点有运输距离缩短 1/2（Suez Canal 缩短 1/3）、途中时间减少 50%、运输成本降低 20%～30% 等。

新亚欧大陆桥（The New Eurasian Land Bridge Transport）东起我国黄海之滨的日照和连云港，向西经陇海、兰新线的徐州、武威、哈密、吐鲁番到乌鲁木齐，再向西经北疆铁路到达我国边境的阿拉山口，进入哈萨克斯坦；再经俄罗斯、白俄罗斯、波兰、德国，西至荷兰的世界第一大港鹿特丹港。新亚欧大陆桥跨越亚欧两大洲，联结太平洋和大西洋，全长约 10800 km，通向中国、中亚、西亚、东欧和西欧 30 多个国家和地区，是世界上最长的一条大陆桥。

B　小陆桥运输

小陆桥运输（Miniland Bridge Transport）是指货物用国际标准规格集装箱为容器，从日本港口海运至美国、加拿大西部港口卸下，再由西部港口换装铁路集装箱专列或汽车运至北美东海岸和加勒比海区域以及相反方向的运输。

小陆桥运输比大陆桥的海—陆—海缩短了一段海上运输，形成海—陆或陆—海形式。目前，北美小陆桥运送的主要是日本经北美太平洋沿岸到大西洋沿岸和墨西哥湾地区港口的集装箱货物，也承运从欧洲到美西及海湾地区各港的大西洋航线的转运货物。北美小陆桥在缩短运输距离、节省运输时间上的效果是显著的。

C　微型陆桥运输

微型陆桥运输（Microland Bridge Transport）是在小路桥运输的基础上派生出来的，其运输线路较之小路桥运输又有缩短。其具体线路是把从远东各地到美国中部内陆城市的货物，先装船运至美国西海岸港口，卸船后以陆运方式直接运至美国内陆城市。它比小陆桥运输方式费用更省，运输时间更短。微型陆桥运输全程也使用一张联运提单，铁路运费也由海运承运人支付。

D OCP

OCP（Overland Common Point）称为内陆公共点或陆上公共点。它的含义是使用两种运输方式将卸至美国西海岸港口的货物通过铁路转运抵达美国的内陆公共点地区，并享有优惠运价。发货人将货物运至指定的西海岸港口，就完成了联运提单的运输责任，发货人的责任止于西海岸港口。OCP 运输的货运单证中，将卸货港和目的地列明，如 SEATTLE OCP 卸货。

8.2 国际运输风险

8.2.1 海上运输风险

海上运输是指以船舶为运输工具的运输方式，其可以分为沿海运输和国际海上运输，沿海运输就是在同一个国家港口间的运输；国际海上运输指的是不同国家港口之间进行的运输，又称为远洋运输。这里所指的风险主要是国际海上运输的风险。海上运输风险是指国际贸易的货物在海上运输、装卸和储存过程中，可能会遭遇的各种不同特殊状况，主要分为海上风险和外来风险。

案例 79：2014 年 7 月，A 外贸公司出口一批钢板到 D 国，采用 CIF 条款，海运，付款方式为装船后见提单日后 90 天内 T/T，生产完毕后 A 公司联系指定代理发运，拿到提单后，立刻传真了提单复印件，并做好 ETA 发给了客户，但天有不测风云，20 多天后他得到代理的通知，说此船在海上航行时起火，货物全部损失，A 外贸公司立刻告知客户真实的运输情况，客户立刻建议 A 外贸公司走保险的索赔程序，尽全力挽回经济损失。但令 A 外贸公司后悔莫及的是因为忙于安排生产发货事宜，他没有按照合同条款及时投保，最终落得钱货两空的下场。

分析：海运过程中的风险是无处不在的，虽然发生的频率不高，但是一旦发生了，后果相当严重，从此案中可以看出，船只在航行期间不慎着火，造成了货物的全部损失。虽然起火不是业务人员可以预料和控制的，但是按照合同规定及时安排投保是业务人员不可推卸的责任和义务。案例中，由于 A 外贸公司的疏忽造成了钱货两空。A 外贸公司没能想到海运过程中可能产生的各种危险，他应该及时办理保险，防患于未然。

风险防控要点：订立采购合同时，对工厂选择的托盘、纸箱包装材料在合同中规定详细，要符合海上运输要求，整箱情况下，尽量采用去工厂产装的方式。发货前要求工厂拍摄装箱及包装图片。在运输过程中发生货物损毁时，作为界定责任的证据，把风险转移出去。加强对外贸人员海运知识的培训，保证贸易各个环节的安全。

尽量提前备货，早订船，以避免因为船实际晚到港造成的晚交货。尽量采用 CFR 或 CIF 运输，避免船公司无单放货的情况。根据风险控制理论，对于风险可以采取的措施包括面对、规避、补偿、接受等。因此，对于海运风险，我们同样可以采取以上这几个措施进行控制和防范。

相关知识及工具：

（1）海上风险：又称为海难，包括海上发生的自然灾害和意外事故。

1）自然灾害是指由于自然界的变异引起破坏力量所造成的灾害，海运保险中，自然灾害仅指恶劣气候、雷电、海啸、地震、洪水、火山爆发等人力不可抗拒的灾害。

2）意外事故是指由于意料不到的原因所造成的事故，海运保险中，意外事故仅指搁浅、触礁、沉没、碰撞、火灾、爆炸和失踪等。

搁浅：指船与海底、浅滩、堤岸在事先无法预料到的意外情况下发生触礁，并搁置一段时间，使船舶无法继续行进以完成运输任务。但规律性的潮涨潮落所造成的搁浅则不属于搁浅的范畴。

触礁：指载货船舶触及水中岩礁或其他阻碍物（包括沉船）。

沉没：指船体全部或大部分已经没入水面以下，并已失去继续航行能力。若船体部分入水，但仍具航行能力，则不视作沉没。

碰撞：指船舶与船或其他固定的、流动的固定物猛力接触。如船舶与冰山、桥梁、码头、灯标等相撞。

火灾：指船舶本身、船上设备以及载运的货物失火燃烧。

爆炸：指船上锅炉或其他机器设备发生爆炸和船上货物因气候条件（如温度）影响产生化学反应引起的爆炸。

失踪：指船舶在航行中失去联络，音信全无，并且超过了一定期限后，仍无下落和消息，即被认为是失踪。

（2）外来风险：指由于外来原因引起的风险。它可分为一般外来风险和特殊外来风险。

1）一般外来风险：指货物在运输途中由于偷窃、下雨、短量、渗漏、破碎、受潮、受热、霉变、串味、玷污、钩损、生锈、碰损等原因所导致的风险。

2）特殊外来风险：指由于战争、罢工、拒绝交付货物等政治、军事、国家禁令及管制措施所造成的风险与损失。如因政治或战争因素，运送货物的船只被敌对国家扣留而造成交货不到；某些国家颁布的新政策或新的管制措施以及国际组织的某些禁令，都可能造成货物无法出口或进口而造成损失。

（3）海上损失：海上损失或叫海上损害，是指货物在海上运输过程中，由于海上风险所造成的损坏或灭失，简称海损。根据各国海运保险业务的一般解释，凡与海陆连接的陆运过程中所发生的损坏或灭失，也属海损。海损按照货物损失的程度可以分为全部损失与部分损失；按照货物损失的性质，又可分为共同海损和单独海损。在保险业务中，共同海损与单独海损都属于部分损失。

1）实际全损，又称绝对全损，指保险标的物在运输途中全部灭失或等同于全部灭失。在保险业务上构成实际全损主要有以下几种：

①保险标的物全部灭失。例如，载货船舶遭遇海难后沉入海底，保险标的物实体完全灭失。

②保险标的物的物权完全丧失已无法挽回。例如，载货船舶被海盗抢劫，或船货被敌对国扣押等。虽然标的物仍然存在，但被保险人已失去标的物的物权。

③保险标的物已丧失原有商业价值或用途。例如，水泥受海水浸泡后变硬，烟叶受潮

发霉后已失去原有价值。

④载货船舶失踪，无音信已达相当一段时间。在国际贸易实务中，一般根据航程的远近和航行的区域来决定时间的长短。

2）推定全损：指保险货物的实际全损已经不可避免，而进行施救、复原的费用已超过将货物运抵目的港的费用或已超出保险补偿的价值，这种损失即为推定全损。构成被保险货物推定全损的情况有以下几种：

①标的物受损后，其修理费用超过货物修复后的价值。

②保险标的物受损后，其整理和继续运往目的港的费用，超过货物到达目的港的价值。保险标的物的实际全损已经无法避免，为避免全损所需的施救费用，将超过获救后标的物的价值。

③保险标的物遭受保险责任范围内的事故，使被保险人失去标的物的所有权，而收回标的物的所有权，其费用已超过收回标的物的价值。

3）部分损失：指被保险货物的损失没有达到全部损失的程度。部分损失按其性质，可分为共同海损和单独海损。

①共同海损：根据1974年国际海事委员会制定的《约克安特卫普规则》的规定，载货船舶在海运上遇难时，船方为了共同安全，以使同一航程中的船货脱离危险，有意而合理地作出的牺牲或引起的特殊费用，这些损失和费用被称为共同海损。构成共同海损的条件是：共同海损的危险必须是实际存在的，或者是不可避免的，而非主观臆测的。不是所有的海上灾难、事故都会引起共同海损：必须是自愿地和有意识地采取合理措施所造成的损失或发生的费用，必须是为船货共同安全采取的谨慎行为或措施所作的牺牲或引起的特殊费用，必须是属于非常性质的牺牲或发生的费用，并且是以脱险为目的。共同海损行为所作出的牺牲或引起的特殊费用，都是为使船主、货主和承运方不遭受损失而支出的，因此，不管其大小如何，都应由船主、货主和承运各方按获救的价值，以一定的比例分摊。这种分摊叫共同海损的分摊。在分摊共同海损费用时，不仅要包括未受损失的利害关系人，而且还需包括受到损失的利害关系人。

②单独海损：指保险标的物在海上遭受承保范围内的风险所造成的部分灭失或损害，即指除共同海损以外的部分损失。这种损失只能由标的物所有人单独负担。与共同海损相比较，单独海损的特点是：它不是人为有意造成的部分损失，它是保险标的物本身的损失。单独海损由受损失的被保险人单独承担，但其可根据损失情况从保险人那里获得赔偿。根据英国海上法，货物发生单独海损时，保险人应赔金额等于受损价值与完好价值之比乘以保险金。

（4）海运风险控制基础：正确区分国际贸易责任和海运环节承运人、托运人、收货人的权利义务关系，对规避风险、保障贸易安全交易具有重要意义。我们知道，联合国以及国际商会通过《国际货物销售合同公约》、ICC（国际商会）的《国际贸易术语解释通则》（INCOTERMS2000）以及ICC的《跟单信用证统一惯例》等对国际贸易责任和海运环节权利义务关系及风险的划分都在不同侧面做出规定或解释。另外，1924年海牙规则、1968年海牙—维斯比规则、1978年汉堡规则都同时生效，这3个规则都对船方、承运人、托运人、收货人等相关人的权利义务做了详细的规定。可以说，以上这些公约、规则和惯例构成了海运风险控制的基础。

（5）国际海上货运组织主要包括：非官方的国际航运组织，如代表船东利益的国际航运公会（ICS）、波罗的海国际海事协会（BIMCO），代表航运方面利益处理有关海事的国际海事委员会（CMI）、联合国政府间的海事组织（IMO）、航线协定组织、班轮公会等。

（6）中国国际海运网：http：//www.shippingchina.该网站上有国内外船公司的榜单、国内外港口榜单、船公司和港口的综合排名等。

（7）海洋运输货物保险条款：具体条款与保险公司商谈。

（8）集装箱运输的交接方式：

CY-CY 是 FCL-FCL 的交货类型。承运人从出口国集装箱码头整箱接货，运至进口国集装箱码头整箱交货的一种交接方式。

CY-CYS 是 FCL-LCL 的交货类型。承运人从出口国集装箱码头整箱接货，运至进口国指定的集装箱货运站，拆箱后散件交收货人。

CY-DOOR 是 FCL-FCL 的交货类型。承运人从出口国集装箱码头整箱接货，运至进口国收货人的工厂或仓库整箱交货。

CFS-CY 是 LCL-FCL 的交货类型。承运人从出口国指定的集装箱货运站散件接货，拼箱后运至进口国集装箱码头整箱交货。

CFS-CFS 是 LCL-LCL 的交货类型。承运人从出口国指定的集装箱货运站散件接货，拼箱后运至进口国指定的集装箱货运站，拆箱后散件交收货人。

CFS-DOOR 是 LCL-FCL 的交货类型。承运人从出口国指定的集装箱货运站散件接货，拼箱后运至进口国收货人的工厂或仓库整箱交货。

DOOR-CY 是 FCL-FCL 的交货类型。承运人从出口国发货人的工厂或仓库整箱接货，运至进口国集装箱码头整箱交货。

DOOR-CFS 是 FCL-LCL 的交货类型。承运人从出口国发货人的工厂或仓库整箱接货，运至进口国指定的集装箱货运站，拆箱后散件交收货人。

DOOR-DOOR 是 FCL-FCL 的交货类型。承运人从出口国发货人的工厂或仓库整箱接货，运至进口国收货人的工厂或仓库整箱交货。

8.2.2　散杂货船货不衔接的风险

散杂货通常是指无固定包装或不加包装的块状、颗粒状、粉末状货物，如矿石、煤炭、散运的盐等，包装形式不一。散杂货运输可采用租船和订船两种。租船运输是指船舶所有人把船舶租给租船人。根据租船合同规定或租船人的安排来运输货物的方式，一般适用于大批量散货运输。订舱是指发货人向船公司商洽订舱运输货物，一般适用于大件杂货运输。散杂货船货不衔接的风险，是指在运输散杂货过程中，由于船货衔接不当导致的损失。如果业务员能熟悉散杂货的运输事宜，一般发生风险的相对概率则比较小，可探测度高，可控度也比较高。

案例 80：2017 年 3 月，某外贸公司小杨接到了 A 国老客户 CK 的询价，请求他帮助采购一个大型机械。经过洽谈双方达成了共识，签约后，小杨接到客户的信用证后，开始安排工厂生产。工厂通知小杨，由于机械臂长是 14 m，集装箱根本装不下，需要走散货船，并通知大致的完货日期在 8 月 10 日左右。小杨在 7 月底安排订舱，经过询问，8 月 15 日有一条去 A 国的散货船，下一班将在 9 月。由于缺乏走散货船的经验，为了尽快交货，小杨订了 8 月 15 日的船期。8 月 9 日，小杨接到货代通知，散货船提前靠港，货物必须于 11 日中午 12 点之前送到。小杨立刻通知工厂，但工厂方面表示货物最快在 10 日晚上生产完毕，完毕后立刻发运。11 日凌晨，货物装车发运。天公不作美，当地起了大雾，高速路封闭，路上堵车严重。最后，货物没有按时送达，导致船空了一部分舱位，且延迟了船东的离港时间，船东索赔 5 万美元。

分析：散货的运输流程不同于集装箱的运输流程，在集装箱运输的情况下，可以在截港前货物进港就可以了，如果实在不行，可以改到下班船，但是不会因此产生费用。但散货运输不同，散货运输是货等船，因为散货船期不固定，必须在运输的受载期之前将货物准备好。小杨对散货运输的流程不熟悉，以为散货的操作跟集装箱的一样，在没有向货代了解清楚的情况下就贸然操作了。

风险防控要点：早备货、早备单、早通关、无错误。

早备货：指工厂早交货。但同时也要确保，不要订一个船期距离工厂交货期非常近的船，甚至交货期在 LAYCAN（Lay Days/Cancelling Date 的缩写）之后，即船早到港口，货却没有到达港口的局面，出口方应该确保货早于船到达港口。

早备单：指的是尽早备齐准确无误的通关单据。有监管证件的货物，各种许可证件要提早备齐，港口换单换证的要留出换单换证时间。

早通关：为了避免因为查验而耽误装船，没有海关验讫的下货纸是不能装船的。除了某些特殊企业、特殊产品、特殊批准外，在通关事务上通常不允许船放。而且尤其要注意，节假日有可能不能报关，但是装船可不休息，节假日是最容易因为通关问题耽误装船的。租船前一定要搞清楚此批货是否可以正常通关。

无错误：备妥通关之后货物视为已出关境，处于海关监管之下，如果发现发错了货或者报错了单，更改异常烦琐，几乎没有时间允许更改。如果急着发货的话，就得发货到外库，等到船以后码头有计划了再发到码头。

如果有过磅交货的产品，又不提前入库而选择在收到集港计划后发货，那么提供准确交货数据和船舶靠泊开始装货之间的时间就会非常短。这时候通关速度一定要快，否则一旦船舶开始装货（甚至恰巧你的货被安排在舱底先装）就很容易耽误装货时间，届时要么空舱要么待时，相关赔偿费用很高。装载特殊规格货物时，要船东在合同上注明舱口尺寸，以确定货物可以装进船舱。

相关知识及工具：

（1）散杂货运输：散杂货运输可采用租船和订船两种。租船运输是指船舶所有人把船舶租给租船人。根据租船合同规定或租船人的安排来运输货物的方式，一般适用于大批量散货运输。订舱是指发货人向船公司订舱来运输货物。一般适用于件杂货运输。

（2）散杂货运输条款：

1）FIOST：Free in and out Stowed Trimmed，即船东不负责装卸及理舱、平舱。

2）FIO：Free in and out，即船东不管装、不管卸。

3）FILO：Free in liner out，即船东不管装管卸。

4）LIFO：Liner in free out，即船东管装不管卸。

5）Liner Terms/Full Liner Terms，即全班轮，由船东负责装卸。

装船和卸船费一般为 2~3 美元/t。如果出口合同为 CFR LT（如果出口合同没有 LT，一般情况视为 LT 条款），租船条款一般为 FILO 或者班轮条款。

（3）散货运输费用计算方法：散货运输费用计算方法根据班轮公司指定的运价表进行。目前，各国船公司所制定的运价表，其格式不完全一样，但其基本内容是比较接近的。

船公司的价格表，一般根据商品的不同种类和性质以及装载和保管的难易，而划分为若干个等级。在同一航线内，由于商品的等级不同，船公司收取的基本费率是不同的。因此，商品的等级与运费的高低有很大关系。

散货运输费用计算标准也不尽相同，例如重货一般按重量吨计收运费，轻抛货按尺码吨计收，有些价值高的商品按 FOB 货值的一定百分比计收，有的商品按混合办法计收，例如先按重量吨或尺码吨计收，然后再加若干从价运费，表现在运价表中为：

按重量吨计收，称为重量吨，表内列明"W"以每公吨或每长吨为计算单位。

按货物体积计收，称为尺码吨，表内列明"M"一般按 1 m³ 或 40 ft³ 为 1 尺码吨作为计算单位。

按体积或重量计收，由船方选择而计算，表内列为"W/M"。

按商品的 FOB 价值的一定百分比计收，称为从价运费（Ad Valorem），表内列明为 Ad Val 或 A. V.。

按混合标准计收，如 W/MplusAV 等。即按重量吨或尺码吨再加从价运费。此外，还有一些商品是按件（per unit）或头（per head）计收，前者如车辆等，后者如活牲畜等。对于大宗商品，如粮食、矿石、煤炭等，因运量较大、货价较低、容易装卸等原因，船公司为了争取货源，可以与货主另行商定运价。在计算运费时，除按照航线和商品的等级，先按基本费率（Basis Rate）算出基本运费，然后还要查出各种附加费用的项目，并将需要支出的附加费一一计算在内。

附加费大致有以下几种：

因商品特点不同而增收的附加费，如超重附加费、超长附加费、洗舱费等。

因港口的不同情况而增加的附加费，如港口附加费、港口拥挤费、选港费、直航附加费等，因其他原因而临时增加的附加费，如燃油附加费、贬值附加费等。实际上附加费的名目繁多，远远不止上述这几种。值得注意的是有些附加费，例如港口拥挤费，占运费的比率很大，与基本运费相比，少则 10%，多则达 100%，甚至 2 倍以上。因此，在计算运费时，不可忽视对附加费的计算。

（4）影响货运运费的因素：

货物的性质及数量：运价的高低因货物种类的不同而异，通常贵重货物、危险品及牲畜等货运运费率较高，托盘等货物则可享受优惠运价；货物本身价值高者其运费率亦较价值低的货物的运费率高；货物积载因数的不同影响到舱容的利用率，自然运费率亦不同；货物批量少的运价通常要高于大批量的货物运价；货物数量的多少也影响舱位和船舶吨位的利用率。当会造成较大运力浪费时，其货运运费亦应较高。

货物的始发地和目的地：货物始发地与目的地的不同涉及港口水深、装卸作业条件、港口使费水平、港口间的计费距离、航次作业时间的长短，以及是否需要通过运河、航线上是否有加油港及当地的油价等众多影响航线成本与营运经济效益的因素。货物目的地的不同，还可能影响后续航次的再承运或再出租的机会以及期望货运运费和租金的高低。

订解约日期与装货准备完成日期：订约日期的不同对即期市场的货运运费率及租金影响尤为明显，当前的货运运费或租金的高低明显地随当时的行情而定；至于解约的行情如何，则要凭经营者的能力和经验进行判断和预测。可以肯定，解约期的市场行情必定会影响订约期的运费或租金的水平。

所使用的船舶：使用船舶不同，它们的适航性及适货性均不同，故运费率或租金就应不同；使用船舶不同，它们的技术状况、安全保障状况也不同，故国际上常根据是否持有船级来决定运费率或租金以及保险费等；使用船舶不同，它们的成本构成项目也不同，故与成本直接有关的运费率或租金也必定不同。

其他因素：包括有关法规的约束和影响，受同其他经营人订立协议的约束和影响，同货主集团或贸易集团的关系以及预期的汇率变动的影响等。

8.2.3 中转途中货物调包的风险

中转途中货物调包的风险主要指货物在国际出口贸易海运过程中转船时，由于中转港监管不够严格或者其他的原因造成的货物被调包或者被偷窃而造成的损失。

风险分析：由于海运航线有一定的固定性，某些航线直航和转船并存，则出口商可以尽量选择直航运输，而某些航线中出口商是不能选择是否允许转船的，因此其可控度为中。由于被调包或者被偷窃的产品往往价值较高，故其严重度较高。虽然此类风险的可探测度较低，但调包或盗窃事件的发生频率还是比较低的。

案例81：2018年5月，小张在A国出差期间被老客户EBS公司投诉，称其出口到A国的一批钢卷，有几个集装箱里装的竟然是废品垃圾。因为该客户与小张有很长时间的合作关系，并且采购数量巨大，合作一直很顺利，因此双方彼此间都很信任，此次事件应该不会是双方做的手脚。那客户的投诉又是怎么回事呢？小张接到客户的投诉后，立即约见客户并一起到达港口，开始着手调查。小张发现由于货物仍然在关内，之前的开箱必然也是在海关监管下进行，不可能是客户把货物换成垃圾的欺诈行为。而且小张回忆起在出口发货物时，他亲自到工厂和SGS工作人员一起做了监督装箱，因此也不存在工厂欺诈的可能。做完排除法后，唯一的可能便是货物在海运过程中被调包了。必须要查处货物是被谁调的包？于是小张在客户的协助下办好一系列海关的手续，在海关官员监管下重新开封开箱，果然各种各样的压缩过的铁桶皮充满了集装箱。细心的小张在拍照取证过程中发现这些压缩铁皮很多都是牛奶桶，上边有各种各样的商标，虽然看不懂上边的文字内容，但是可以肯定是B国语言。由于到A国的船大多是在B国中转的，这一发现也证实了小张之前的猜测，货物应该是在B国中转港被调包了。后来通过追查搜集证据，反复协商，船公司和保险公司最终赔偿了小张和客户的损失。

分析：案例中发生的是货物在海运中转过程中被调包的风险，即货物在集装箱中转过程中，被偷盗分子利用相关监管部门操作过程中的漏洞，采取违法手段对集装箱进行开箱，把货物调包为一些垃圾或不值钱的废物等，从而盗取相关货物。此类风险一般发生在集装箱中转过程中。对于此类风险，从出口商的角度讲，一旦选择中转航线或者没有直航可以选择的情况下，基本没有有力的防控手段，中转港的一切操作都脱离于出口商的掌控，因此可控度低。好在实践中此类风险发生的频率并非很高。盗窃风险主要取决于中转港的安全管理程度。调包盗窃风险大多都是利用监管漏洞，或者联合监管人员偷盗或者诈骗，从上述案例来看，此类风险可探测度不高，但发生后对出口商造成的损失相当严重。因此，对于高货值且需采取中转航线的出口贸易，出口商要高度警惕，尽量优先选用直达船。

风险防控要点：对于高货值的产品，尽量采取直航航线运输，做到路程短、时间快，以降低发生风险的概率。出口商应以做到岸价为主，以便选择可控的船公司或货代，从而降低运输途中发生被联合盗窃的风险。出口高货值的产品时，出口商应严格把控整个贸易流程，杜绝风险漏洞，以降低被诈骗、调包的风险。无论选择离岸价还是到岸价交易，对于高货值产品，都需要对货物进行投保。在选择到岸价时，CFR 术语的情况下，出口方一定要装船后及时通知买方上保险，使用 CIF 术语出口方装船时对货物进行及时投保。在此类风险发生时，需要冷静处理，多方取证，以便做好后期对船公司或者相关单位索赔的工作。在选择船公司时，尽量选择知名的、服务好的船公司。

相关知识及工具：

海运知识相关网站：中国海运信息网 http//www. shipping—cn. com/；锦程全球订舱中心 http//www. 95105556. com/；中国国际海运网 http：//www. shippingchina. com/；中国海运网 http//www. cnhaiyun. com/。国际海运保险关于偷盗险的相关规定请参考保险索赔风险篇。

直接运输规则（Rule of Direct Consignment）：普惠制中原产地规定的运输条件。受惠国的出口商品必须把取得优惠资格的商品直接运到给惠国，而不得在中途转卖或进行实质性的加工。但由于地理上的原因或运输上的困难，在出口商品发货时，给惠国已得知其最终目的地为该给惠国的情况下，可以通过第三国境转运，但是商品在过境时必须置于过境国海关的监督之下，不得进入第三国市场。

国际海事欺诈：通常指在国际货物贸易和航运过程中，一方当事人故意告知对方虚假情况或故意隐瞒真实情况，承诺为另一方当事人履行某项特定贸易、运输或金钱方面的义务，以诱使对方当事人作出错误的意思表示，从而借机以非法手段谋取对方当事人的金钱、货物或船舶的行为。这类欺诈活动常涉及国际贸易过程中的海洋货运方式，所以有学者称之为国际贸易诈骗或海运诈骗。国际海事欺诈并不是一个新的话题。20 世纪 70 年代初期以来，国际海事诈骗案频频发生，诈骗数额之巨，牵涉面之广，令人吃惊。据统计，在国际贸易中，大约有 10% 的保险费涉及诈骗。世界上每年因受诈骗而无法收回的货款占总额的 2%~5%，金额高达 130 多亿美元。在我国，90% 的进出口货物是通过海洋运输进行的。根据相关部门的调查，我国对外贸易逾期应收款中 65% 以上的拖欠款是因欺诈造成的。国际海事欺诈的蔓延与猖獗，已成为国际贸易的一大障碍，对各国商业、航运、保险、金融行业构成了严重威胁。因此，反欺诈已成为各国专家学者共同关注的难题。

资信调查：资金和信誉是进行国际经贸活动的经济基础和履行合同义务的道德保证。因此在与外方签订贸易合同前，必须详细调查合作方（包括船公司以及货代）的名称、责任形式、注册资本、经营范围以及法定代表人的真实情况、法人资格证书、营业执照、资产负债表、开户银行和商业信誉、经营业绩甚至签约代表的授权委托书等。同时，根据国际惯例，还可向其索取由权威机构出具的资信证明。如果不能够确认对方当事人提供的资信证明文件的真实性，还可以通过其他途径对方的资信状况做进一步的调查。例如，通过与外国银行有密切业务联系的中国银行和其他银行进行调查，向当地商会或同业公会进行调查，通过驻外使领馆的商务机构进行调查，通过境外华侨团体或外国的律师事务所进行调查，必要时还可自行实地考察。

8.2.4 铁路运输风险

铁路运输指的是通过火车运输的一种方式，分为国内铁路运输及国际铁路运输；我们在此提及的铁路运输风险是指国际铁路运输的风险。铁路运输风险主要表现在以下几个方面：

（1）因铁路运单不是物权凭证，且铁路运单附货走，因此出口商面临收不到货款的风险；

（2）不方便企业的融资，在海运方式中，我们运用提单取得银行的融资（押汇、保理等），但铁路运单不能取得融资；

（3）货物运输过程中由于碰撞、挤压、搬运等原因，使得一些货物包装和内部产品发生严重的变形及损坏。

案例82：2005年张玲出口一批货物到某国。因铁路运单不是物权凭证，且铁路运单附货走，因此出口商面临收不到货款的风险，张玲为了避免以后的收汇风险，经过和客户的协商把付款方式定为100%预付，在收到客户的货款以后，安排发运货物，货物到达目的地后，客户提出货物运输过程中由于在火车的集装箱内受到严重的碰撞、搬运等原因，使得一些货物包装和内部产品发生严重的变形及损坏，客户要求索赔，张玲经过和客户的多次沟通，才全面地了解到货物的受损情况，按照商定的结果，进行了赔付。

分析：案例中张玲考虑到了物权问题，通过付款方式的选择避免了物权风险。但是运输前的准备工作未安排妥当，导致了产品破损严重。因此在铁路运输中，除了注意从根本上把握好货物所有权和控制权，更重要的还是要考虑运输过程中存在的潜在风险。货物起运前一定要了解好所运物品的物理化学性质，做好货物的包装工作，保证货物在运输过程中不致损坏、散失、渗漏、污染运输设备或者其他物品。

风险防控要点：因铁路运单不是物权凭证，且铁路运单附货一起走，对物权的控制是关键。选择铁路运输，最好发货前收到全款；未收到货款的前提下，尽量不要同意由客户指定运输公司办理。

在托运前必须将货物的包装和标记严格按照合同中有关条款、国际货协和议定书中条款办理。货物包装应能充分防止货物在运输中灭失和腐坏，保证货物多次装卸不致毁坏。货物标记、标示牌及运输标记、货签内容主要包括商品的记号和号码、件数、站名、收货人名称等。字迹均应清晰，不易擦掉，保证多次换装中不致脱落。

应选择保价运输或保险运输，但要足额投保。铁路货运规章多，内容修改频繁，应及时了解和掌握。选择铁路运输，最好发货前收到全款。

相关知识及工具：

（1）国际铁路运输的特点：与其他贸易运输方式相比，铁路运输具备以下特点：

1）铁路运输的准确性和连续性强；

2）铁路运输几乎不受气候影响，一年四季可以不分昼夜地进行定期的、有规律的、准确的运转；

3）铁路运输速度比较快，运输速度远远快于海上运输；

4）运输量比较大，远远高于航空运输和公路运输；

5）铁路运输成本较低；

6）铁路运输安全可靠，风险远比海上运输小很多。

（2）我国及相邻国家的铁路口岸有：

1）中俄间，满洲里—后贝加尔、绥芬河—格罗迭科沃；

2）中蒙间，二连浩特—扎门乌德；

3）中朝间，集安—满浦、丹东—新义州、图们—南阳；

4）中越间，凭祥—同登、山腰—新铺。

（3）铁路运送货物分类：铁路运送的货物可分为普通货物、按特殊条件运送的货物两类。

1）普通货物系指在铁路运送过程中，按一般条件办理的货物，如煤、粮食、木材、钢材、矿建材料等。

2）按特殊条件办理的货物系指由于货物的性质、体积、状态等在运输过程中需要使用特别的车辆装运或需要采取特殊运输条件和措施，才能保证货物完整和行车安全的货物，如超长、集重、超限、危险和鲜活易腐等货物。具体分为以下三类：超长货物是指一件货物的长度，超过用以装运的平车的长度，需要使用游车或跨装而又不超限的货物；集重货物是指一件货物装车后，其重量不是均匀地分布在车辆的底板上，而是集中在底板的一小部分的货物；超限货物是指一件货物装车后，车辆在平直的线路上停留时，货物的高度和宽度有任何部分超过机车车辆限界，或者货车行经半径为 300 m 的铁路线路曲线时，货物的内侧或外侧的计算宽度超过机车车辆限界，以及超过特定区段的装载限界的货物。

（4）铁路运输对危险货物包装的要求：危险货物的运输包装和内包装应按"铁路危险货物品名表"及"铁路危险货物包装表"的规定进行包装，同时还需符合下列要求：

1）包装材料的材质、规格和包装结构与所装危险货物的性质和重量相适应。包装容器与拟装物不得发生危险反应或削弱包装强度。

2）充装液体危险货物，容器应留有正常运输过程中最高温度所需的足够膨胀余位。易燃液体容器应至少留有 5% 空隙。

3）液体危险货物要做到液密封口，对可产生有害蒸气及易潮解或遇酸雾能发生危险反应的应做到气密封口。对必须装有通气孔的容器，其设计和安装应能防止货物流出或进入杂质水分，排出的气体不致造成危险或污染。其他危险货物的包装应做到密封不漏。

4）包装应坚固完好，能抗御运输、储存和装卸过程中的正常冲击、振动和挤压，并便于装卸和搬运。包装的衬垫物不得与拟装物发生反应，降低安全性，应能防止内装物移动和起到减振及吸收作用。包装表面应清洁，不得粘附所装物质和其他有害物质。

8.3　国际货运单据

8.3.1　海运提单

海运提单（Bill of Lading）是由船长承运人或其代理人签发的，证明收到特定的货物，允许将货物运至特定的目的地并交付予收货人的凭证。

《中华人民共和国海商法》第七十一条对提单的定义是："提单是指用以证明海上货物运输合同的货物已经由承运人接受或者装船以及承运人保证据以交付货物的单证，提单中载明的向记名人交付货物，或者按照指示人的指示交付货物，或者向提单持有人交付货物的条款，构成承运人据以交付货物的保证。"《汉堡规则》第一条第7款给提单下的定义是："提单是指证明海上运输合同和货物由承运人接管或装载以及承运人保证凭以交付货物的单据。单据中关于货物应按记名人的指示或不记名人的指示交付给提单持有人的规定，即构成了这一保证。"

8.3.1.1　海运提单的作用

（1）海运提单是承运人或其代理人签发的货物收据，证明承运人已经按海运提单所列内容收到货物。

（2）海运提单是一种货物所有权的凭证（Documents of Title），海运提单的合法持有人凭海运提单可在目的港向轮船公司提取货物，也可以在载货船舶到达目的港之前，通过转让海运提单而转移货物所有权，或凭以向银行办理抵押贷款。

案例83：我方A公司与C国B公司签订一份出口钢材的合同，FOB条件成交，托收方式付款，即期付款交单D/P。A公司按期装船并取得已装船清洁提单，并委托中国银行向B公司收款，但B公司在见票后迟迟不付款。后追查原因发现，船公司已把到港货物交给B公司。

问：船公司交货给B公司是否有理？为什么？

分析：船公司交货给B公司无理。海运提单是一种货物所有权的凭证，B公司未取得海运提单，意味着B公司尚未取得货物的所有权，船公司擅自放货是无理的，A公司可以向船公司索赔。

在FOB的条件下，记名（提单上的收货人为进口商）提单，收货人可以在没有正本提单的情况下，自行提货，一些非洲和南美的国家可以无单放货。出口商尽量不要做FOB价，对无单放货的国家一定要装船前100%收到货款。

海运提单是托运人与承运人之间所订立的运输契约的证明（Evidence of Contract of Carrier），是承运人与托运人处理双方在运输中的权利和义务问题的主要依据。

FOB条款下，船公司是买方安排的，买方可以非常容易地和船公司串通一气，即使在没有正本提单的情况下，可以轻易把货提走。出口商在不了解进口方的情况下，一定不要轻易地做FOB价。

案例84：我方A公司与D国B公司签订一份出口钢材的合同，CIF条件成交，2018年8月份装运，即期信用证付款。B公司开来信用证，有效期至9月15日。A公司8月28日装船完毕，取得当日已装船清洁提单。9月7日A公司向银行交单办理议付手续，开证行审单无误，接受单据并支付了货款。但B公司收到货物后，发现货物受损，且收货数量少于提单数量，因此拒绝收货，并要求我方A公司退回货款。

问：（1）B公司拒收货物并要求A公司退款是否有理？（2）B公司应如何处理此事？

分析：（1）B公司无权、无理拒收货物并要求卖方退款。首先，A公司在装运期内完成装运，取得已装船清洁提单，说明在CIF条件下，A公司已提交合格货物，交货义务已完成，货物风险也已转移给进口方；其次，CIF术语是象征性交货条件，卖方凭单交货，买方凭单付款。本案中A公司既然已提交全套合格单据，在单证相符的情况下B

公司就必须付款。另外在信用证支付方式下，银行承担第一付款责任，A公司作为受益人只要提交的单据合格，银行就必须履行付款责任。因此，B公司无权拒收货物，要求A公司退款也没有道理。（2）本案中，B公司可以凭取得的保险单和货物短缺、受损的有关证据向保险公司或船公司等有关责任方索赔。出口方可以协助进口方找船公司和保险公司赔付。

8.3.1.2　海运提单的种类

根据货物是否装船海运提单分为已装船提单和备运提单。

（1）已装船提单（On Board Shipping/L）：已装船提单是指提单上载明货物已装上载货船舶的提单。提单上一般有"On Board、Shipped On Board"的字样，并同时注明船名、航次及装船日期。如果提单上没有明确说明装船日期，则视提单的签发日期为装船日期。

（2）备运提单（Received for Shipment Alongside Bills）：备运提单是指承运人在收到托运货物等待装船期间，向托运人签发的提单。待运的货物一旦装运后，在备运提单上加上已装船字样，备运提单就变成了已装船提单。

根据货物表面状况有无不良批注海运提单分为清洁提单和不清洁提单。

（1）清洁提单（Clean B/L）：清洁提单与不清洁提单相对应，是指提单上对于货物的表面状况未作出任何不良批注的提单。根据法律规定，承运人应当对于货物的外表状况进行合理的外观检查并于提单上对于货物的外表状况加以记载。某些承运人所使用的提单已经于提单上以印就条款的形式写明，若无批注则为清洁提单。根据中国《海商法》的规定，若提单上对于货物的外表状况未作出任何批注，则认为收到了外表状况良好的货物。

如实地按货物表面状况签发提单是承运人的义务，也是承运人保护自身利益的途径。在实践中，绝对清洁的提单是不存在的，货物表面状况不良往往表现为包装的轻微瑕疵、钢铁产品的轻微锈蚀、个别包装开裂等，这并不影响货物的质量，若承运人没有在提单上对货物的表面状况作出货损或包装不良之类批注的提单，它表明承运人在接收/装船时，该货物的表面状况良好。如果承运人对货物表面良好有异议，提单上就加以批注。如盘圆绑扎带断开、带钢表面灰尘、螺纹钢个别弯曲、（羊毛）"破包"、（新闻纸）"撕破"等，这种货物的表面状况是不需要用设备检验的，仅需目测。因此在提单上加这种批注，一般就视为不清洁提单，议付时议付行和开证行肯定都会认为是单证不符，这会影响卖方的安全结汇，如果要求托运人更换货物、补足货物可能会耽误船期。此时托运人用保函换取清洁提单则保证了交易的迅捷和安全。不可否认这为欺诈提供了可乘之机。保函只在承运人和提供保函者之间发生作用，以后如果有问题，最终还是出口方负责和买单。

开具保函的目的在于换取清洁提单，在不考虑欺诈存在的出具保函的提单关系中，对承运人而言，可迅速解决冲突，不必耽误船期；对托运人而言，可按期交货，迅速结汇，实现货物和资金的流通；对收货人而言，承运人承担交付完好货物的责任。海运保函有效地满足了航运和贸易各方的利益要求。一般情况下，货物没有什么大的问题时，没有什么问题和风险。

提单签发流程：通常船公司的提单，如果不加任何不良批注，就表明该提单是清洁已装船提单，一般的信用证中都会要求全套的清洁提单（全套提单一般为3正3副），至于提单上是否显示 Clean on Board，船公司基本不会显示这些字样的，但是对于这一点，各个银行有不同的做法，大多数银行都不要求提单上显示 Clean on Board 字样。也就是说，他们不会把没有 Clean on Board 作为单据的不符点，但是有的银行就一定要显示这句话。比如部分地区的中国银行就会出现这个问题，一般接到信用证后跟议付行确认，他们针对信用证上的该条是否要求提单必须显示，如果要求显示，应赶快通知客人不要在单据要求中显示该条目，同时告诉客人原因。如果船公司可以在提单上显示这个条款就无需改证了。

清洁提单的签发要看 LC 怎么要求的，大多数是 Full Sets of Marine Clean on Board B/L，提单无须写明 Clean on Board 字样，但有个别客户的 LC 会要求 B/L Marked Clean on Board，就只能要求提单上必须出现 Clean on Board 字样。当然并非所有有关货物的批注都构成不清洁提单。例如，承运人对于提单上列有的货物数量、质量、价值或特性并不负责，即使托运人在提单上声明了内容、价值、重量、尺寸、标记、质量、数量等，承运人也视作不详。这些声明并不构成提单的"不清洁"。承运人对因包装性质（如装入纸袋、塑料袋内的货物）而引起损失或损坏予以保留的条款，即免责权利，也并不作为声明货物有缺陷，不构成"不清洁提单"。如果大副收据所列货物唛头、件数、重量等内容与提单所申报的不符，提单应根据大副收据作更正，这种更正过的提单应该不构成不清洁提单，但可能遇到刁难挑剔的客户，也会以不清洁提单为由而拒付。

在海运实践过程中，有些客户的信用证要求在海运提单上显示 Clean on Board 字样，实际上只要提单上没有特殊批注的提单均属于清洁提单，不影响银行结汇。而一般船公司都不会在提单上显示 Clean on Board。

另外在提单的货描处必须加上：Clean on Board：Weight，Measure，Marks，Number，Quality，Condition，Contents，Value，Quantity，if Mentioned in This B/L Finished by the Shippers and Could not be Checked by the Master/Carrier.

相关责任：根据法律，对于因货物包装不良的原因造成的货物损失，承运人不承担责任。包装有内包装和外包装之分，外包装一般是目力所及的。如果没有覆盖物，内包装也可能为目力所及。如果虽然签发了清洁提单，但承运人或代其签发提单的人确能证明货物在接收/装船时，该货物表面存在瑕疵，可以免除承运人的责任。如果根据接收/装船时的客观条件，比如光线等因素，一般人可以明显地发现表面存在瑕疵，而承运人或代其签发提单的人却不作批注（应该批注而不批注），对由此而产生的损失承运人并不能免责。

根据 ISBP 79. "已装运表面状况良好""已载于船""清洁已装船"或其他包含"已装运"或"已装船"之类用语的措辞与"已装运上船"具有同等效力。

ISBP 91. 即使信用证可能要求"清洁已装船提单"或注明"清洁已装船"的提单，提单也无需出现"清洁"字样。

法律法规：《1978 年联合国海上货物运输公约》（《汉堡规则》）第十六条"提单：保留和证据效力"规定：

1）如果承运人或代其签发提单的其他人确知或有合理的根据怀疑提单所载有关货物的品类、主要标志、包数或件数、重量或数量等项目没有准确地表示实际接管的货物，或在签发"已装船"提单的情况下，没有准确地表示已实际装船的货物，或者他无适当的方法来核对这些项目，则承运人或该其他人必须在提单上作出保留，注明不符之处、怀疑根据或无适当的核对方法。

2）如果承运人或代他签发提单的其他人未在提单上批注货物的外表状况，则应视为他已在提单上注明货物的外表状况良好。

3）除按本条第1款规定就有关项目和其范围作出许可在保留以外：提单是承运人接管，或如签发"已装船"提单时，装载提单所述货物的初步证据；如果提单已转让给相信提单上有关货物的描述而照此行事的包括收货人在内的第三方，则承运人提出与此相反的证据不予接受。

4）如果提单未（按照第十五条第1款的规定）载明运费或以其他方式说明运费由收货人支付或未载明在装货港发生的滞期费由收货人支付，则该提单是收货人不支付运费或滞期费的初步证据。如果提单已转让给相信提单上无任何此种说明而照此行事的包括收货人在内的第三方，则承运人提出的与此相反的证据不予接受。《中华人民共和国海商法》第七十六条规定："承运人或者代其签发提单的人未在提单上批注货物表面状况的，视为货物的表面状况良好"。

当承运人签发了清洁提单以后，就不能再主张："因包装不坚固发生货损，承运人不承担赔偿责任"。如果承运人主张"因包装不坚固发生货损，承运人不承担赔偿责任"，必须在提单上批注包装有瑕疵。

有些不规矩的货代公司或物流公司，为了从出口商处取得额外的收入，便故意说货物如何如何，无法出具清洁提单，需要出口商拿出一定的费用将事情摆平等待。实际上，如果货物真正出现了如上面所描述的包装损坏、货物表面有浮尘、瑕疵或货物有变形、被撞击等现象，大副收据上一定有相关备注，所以这个时候，你只需要向关联的货代索要大副收据（扫描件）即可，就可以避免额外费用的支出。

（2）不清洁提单（Unclean Claused /L 或 Foul/L）：不清洁提单是指承运人在提单上加注货物及包装状况不虚或存在缺陷等批注的提单。实务中，如果货物装船时，船公司发现货物或包装有问题，大副会在收货单上对此作批注，船公司出具正本海运提单时，会将大副的批注照抄写在提单上，成为不清洁提单。

换取清洁提单保函是指托运人为了换取清洁提单而单独或和第三人共同向承运人出具的，声明由其承担因承运人签发该清洁提单而引起的一切损失的协议。

保函是海运制度中的双刃剑，因为理论和实务的冲突，海运保函成为一个颇受争议的问题。在实务上，海运保函是协调严格的航运规则与灵活的贸易活动之间冲突的产物，它给国际贸易带来极大的便捷和经济价值。但是，海运保函因缺乏强大的价值理念及理论体系的支持，海运保函的法律性质、法律关系、法律效力一直处于模糊不清的状态，又因海运保函自出现就有欺诈之嫌，所以，法律对海运保函的规制一直是模糊、混乱、不成体系的，这样更为欺诈提供了可乘之机。各国法律对提单都作类似表诉，提单所载代表货物真实状况。但是首先由于保函的存在并且隐蔽性强，不易发现，提单也许不能真实地反映货物装船时的状况，违反了收货人及银行对提单的合理期望，破坏提单对货物描述的真实性，使提单的可靠性大为降低。其次，因为保函存在，承运人装货时放松对货物的监督义务及航行过程中的管货义务，为海运诈骗大开方便之门。最后，保函使托运人间接享受了责任限制。收货人因货物与提单不符向承运人请求赔偿，承运人最多按责任限额赔偿收货人，再凭保函向托运人追偿，托运人也只能在承运人赔偿范围内补偿给承运人。即原无权享有赔偿责任限制的托运人利用保函享受了赔偿责任限制，而收货人则因保函而承担部分损失。这样显然对进口方的收货人不公。

因此，如何正确认识海运保函的存在价值、法律性质及其法律效力，分清包含与欺诈的界限，是解决海运保函问题的关键。法律作为平衡利益的规则，对海运保函存在的利弊，如何找到一个均衡点，对其采取有效、适当、明确的规制，是解决海运保函问题的根本途径。

各国法律和国际条约、规则拒绝承认海运保函的合法性，并不能从此杜绝实务界使用这种方法解决航运和贸易产生的冲突，也不能产生一种比保函更有效的解决问题的途径。对现有的海商法作出相应修改，理智地分析、接纳海运保函问题，有利于促进各国航运业和贸易的发展和成熟。

出口方的重要责任是确保装船前货物是完好的，努力使自己的货物完美地交给客户，这样才可以使客户100%地满意。

换取清洁提单保函的内涵：基于对换取清洁提单保函的定义，我们可以把这种保函视为一种合同。首先，从定义的角度来看，合同是指平等主体的自然人、法人、其他经济组织之间设立、变更、终止民事权利义务关系的协议。换取清洁提单的保函，托运人或托运人和第三人作为一方与承运人基于各自的意思表示而达成的一项民事协议，符合合同的基本概念。其次，在构成要件上，合同的构成一般须具备以下要件：订约主体存在双方或多方当事人；订约当事人对主要条款达成合意。

合同的成立应具备要约和承诺阶段。换取清洁提单保函主要权利义务的规定一般而言是基于双方当事人真实的意思表示。承运人一方愿在托运人提供担保的情况下提供清洁提单，而另一方当事人为了贸易合同所要求的清洁提单，也是自愿提供这种保证的。程序上，提供方向承运人出具书面文件，请求承运人签发清洁提单可视为要约，承运人同意请求，并签发符合要求的清洁提单视为承诺。这样经过邀约和承诺，合同成立。

至于具体而言是何种合同，即是"赔偿损失的协议"还是"担保合同"，则是根据不同的情况加以区分。第一种是托运人向承运人开具的保函；第二种是第三人开具的保函；第三种是托运人和第三人共同出具的保函。

从保函的法律关系分析，保函的提供者不同，保函的法律性质也不同。保函不是单纯的协议，也不是单纯的特殊担保合同，而是两者的结合。《汉堡规则》第十七条第2款称换取清洁提单所出具的保函为"任何保函或协议"，也是包含两层意思。下面从保函的法律关系分析不同主体开具的保函不同的法律性质：

1）托运人自己开具的保函。托运人出具保函，承诺保证承担承运人因在提单上不加批注而造成的一切损失。这种保函是一种赔偿协议，实质上是赔偿的补偿。承运人和收货人对货物发生争执时，承担赔偿责任者是承运人不是托运人，这将保函与债务承担协议相区别。这种赔偿协议更近似于托运人与承运人之间的一项单务合同，托运人单方面承担承运人赔偿损失所受损害的义务。托运人自己出具的保函，无第三方的担保，一般不被承运人接受，在实践中也极少使用。

2）第三人出具的保函。在这种保函法律关系中，托运人和承运人之间有赔偿补偿的协议，第三者为保证托运人履约提供担保或保证。这是典型的以确保债务履行和债权实现的担保法律制度。此时保函是一份从属于托运人和承运人之间的协议的从合同，当托运人和承运人之间的协议因欺诈第三方而无效时，保函作为从合同无效；当托运人和承运人之间的补偿协议有效，但托运人拒绝履行补偿义务时，承运人可依保函要求保函提供者履行补偿义务，而保函提供者无抗辩权。第三人出具的保函中一般由资信良好的银行作为第三人出具保函，但这种保函不是一般国际经济合同中独立于基础合同的银行保函，银行保函中银行承担付款承诺而没有先诉抗辩权，但为换取清洁提单而出具的银行保函是传统意义上的保证担保，有从属性和补充性。从理论上分析第三人出具的保函的法律关系明显可看出，出具保函的第三人要承担的风险较大，托运人极有可能利用保函欺诈银行，而且托运人申请第三人出具保函要交纳一定的费用，并不能理想地达到迅捷的目的。

3) 托运人和第三人共同出具的保函。在这种保函法律关系中，托运人和承运人仍有赔偿补偿的协议，此时保函提供者为托运人和第三人。其法律关系与第三人出具的保函的法律关系相类似，最大的区别是托运人和第三人共同提供担保，两者承担连带责任。这种保函由托运人和第三人共同承担风险，可以防止托运人利用保函欺诈第三人，因而在实践中运用得比较多。

换取清洁提单保函的法律效力：传统理论认为，由于换取清洁提单保函的引入，提单不能真实地反映货物的状况，降低了提单的可信度，故对其法律效力一直是持否定态度的。而在国际惯例中，保函却因其自身的优越性而长期立于无可替代的地位。事实上，立法者很难在两者之间找到一个协调的方案。直到 1978 年的《汉堡规则》，第一次将保函合法化。1978 年的《汉堡规则》第十七条第 2、3 款对换取清洁提单的保函的效力作了原则性的规定。《汉堡规则》第十七条第 2 款规定："任何保函或协议，托运人保证赔偿承运人或其代理人因未能就托运人提供列入提单项目或货物的外表状况批注保留而签发提单所引起的损失。"第 3 款规定："这种保函或协议对托运人有效，除非承运人或其代表不批注本条第 2 款所批注的保留是有意诈骗相信提单上对货物的描述而行事的包括收货人在内的第三方，在上面这种情况下，如未批注保留与托运人提供列入提单的项目有关，承运人就无权按本条 1 款规定，要求托运人给予赔偿。"《汉堡规则》第十七条第 3 款还规定："保函对受让提单的收货人在内的第三方一概无效。但除非承运人或代理其行事的人签发清洁提单是为了对包括收货人在内的第三方进行欺诈，这种保函或协议，对托运人而言，应属有效。"也就是说，保函的法律效力应一分为二地对待：任何保函都不能对抗当事人以外的第三人，但只要不存在欺诈，在双方当事人之间保函却是有效的。虽然《汉堡规则》已经生效，但是成员国很少，而且有很多成员国对此条做了保留，大多数的国家对此并没有很明确的规定。

在我国，《海商法》虽未涉及这一方面的内容，但最高人民法院的批复已经将这一原则贯穿其中，以此指导我国的海事审判工作。批复认为："海上货物运输的托运人为换取清洁提单而向承运人出具的保函，对收货人不具有约束力。无论保函如何约定，都不影响收货人向承运人或托运人索赔；对托运人和承运人出于善意而由一方出具另一方接受的保函双方均有履行之义务。"

对于善意这一比较主观的概念，在实践中很难把握。航运实务中，换取清洁提单保函可以具体分为两类，一类为对货物重量或数量不符而设立的保函，另一类为对货物表面状况有瑕疵而设立的保函。对于货物重量和数量不符而设立的保函，如果承运人收受货物后，明确地知道重量或数量与提单记载的不一致，仍接受托运人出具的保函签发清洁提单，这种保函已构成恶意，其效力应当否定。但是大多数情况下承运人是难以准确地知道货物的数量和质量的。例如：散装货的水尺公估重量，因水尺计算本身就是一个大概数，这要受地点、技术参数、当时环境和公估人素质的多方面影响；还有不易清点的件杂货，特别是大宗而小件的货物；再就是因货物的特性易变质或减量的货物等。诸如此类的情形，承运人为保护自身的利益，会行使批注权，在提单上批注诸如"在卸货港造成货物短少，承运人不负任何责任"的字样，而托运人为了能顺利结汇，通常会向其出具保函。

实践中大多数承运人将会接受这种保函，按托运人申报的重量或数量签发无批注内容的提单。这种保函设立后，虽然货物可能在卸货港短卸，因而可能给第三人的利益造成损害，但决不是保函当事人恶意串通欺诈第三人的结果，这种保函应视为有效。广州海事法院判决"柳林海"轮案，就是处理这类保函效力问题的典型案例。案情大概是：被告某土产公司在湛江港将其出口的木薯片交原告某远洋公司所属"柳林海"轮承运，货物装完后，被告申请水尺公估重，测得木薯片重量为 16443 t，并将其申报给承运人记载于提单。为防止货物霉损，被告请求船长在航行途中开舱晒货。为此，船长意欲将大副收据中的"至卸货港发生短重，船方概不负责"的批注转入提单，为了取得没有批注的提单，被告向船长出具保函，该保函载明："×××如到卸港发生短重，其责任由我货方负责"。船长接受了该保函，没有将大副收据中的批注转入提单。航行中船长按被告的要求开舱晒货，船抵法国港口后，木薯片短重 567 t。收货人在法国法院成功地向承运人（本案原告）索赔了 70 多万法郎。为此原告依保函向被告提出索赔，但遭拒绝。原告向广州海事法院起诉，该法院认为，该保函没有对第三人欺诈，合法有效，据此判决被告败诉，赔偿原告的全部损失。该案的判决原则还得到了最高人民法院的肯定。显然，该案中货物的短重是由于水尺估算的误差和晒货使水分减少造成的，而按托运人的意图开舱晒货又是为了保证货物质量，保护收货人或提单持有人利益的诚实行为，并不是承、托运人恶意串通、故意在提单上记载不实、欺诈第三人所致。这种保函应视为善意保函，法律应赋予其效力，使之产生预期的法律后果。

对货物外表状况而设立的保函，判断其效力可综合以下三个因素分析：第一，承运人所收受货物外表的缺陷程度是否显而易见；第二，承运人与托运人的争议发生时，有没有经过公证部门对货物的外表缺陷与货物内在质量的联系进行验证；第三，承运人对所承运货物的外表状况在提单上的记载情况。船长行使批注权所需要注意的是货物的包装即外表而不关心货物的内在质量。就批注权行使而言，船长既有凭目力所及批注货物外表状况的权力，也有行使谨慎注意的义务，法律不容许船长行使批注权时随意损坏他人利益，所以批注权的行使具有法律的严肃性，而不能是船长的主观随意所为。但是，我们也要承认，绝对清洁的货物是不存在的，相对的清洁才是可能的。为了有效地保护各方利益，使批注求准确，避免不必要的纠纷，船长在接受外表缺陷轻微的货物时，主动考虑是否影响货物的内在质量是有益的。从法律的角度而言，我们不可能要求船长掌握从货物外表识别货物内在质量的专业知识，但承运人可以与托运人共同申请公证部门对货物的外表缺陷与货物内在质量的联系进行检查，在取得初步证据证明货物的外表轻微缺陷不影响货物内在质量时，接受保函签发清洁提单。这一证据不能对抗收货人对承运人就提单内容提出的索赔，但可用以证明承运人与托运人用保函换取清洁提单时的主观心理是善意的，为此而设立的保函应视为有效。如果船长收受货物的外表缺陷程度对货物内在质量的影响是显而易见时仍接受保函签发清洁提单，这样的保函很难理解为是善意的，即使这种保函设立时共同申请经商品检查，无论其检验结果如何，也应以"表面缺陷对货物内在质量的影响显而易见"这一客观事实，去认定双方行为出于恶意串通，从而否定保函的效力。由于换取清洁提单的保函本身就是对货物表面状况的不真实批注，如果承运人已经知道或者完全有理由应该知道货物的表面状况的严重瑕疵，而且该瑕疵不批注将可能导致收货人利益受损，承运人如果期望或者放任这种结果的发生，主观上便是存在欺诈的恶意，客观上也以不作为的方式侵害了收货人的利益，他对收货人的责任当然是不能免除的，并且认定该种情形下的保函无效，才能加重承运人的责任，督促其善意合理地行使批注权。

一切存在欺诈的保函是否均属无效，在保函的提单运作过程中，最起码有两个环节会出现与保函有关的欺诈：1）清洁提单；2）保函/担保。

第一种情况是托运人向承运人出具保函，承运人隐瞒货物明显瑕疵签发清洁提单，给收货人造成严重损失，此种情况下保函无效。这是《汉堡规则》规定的存在欺诈的保函无效，《汉堡规则》也仅对承运人、托运人共同欺诈收货人的情形作出规定，对其他情形下的存在欺诈的保函未作规定。

第二种情况是托运人向承运人隐瞒货物存在的严重、明显瑕疵，出具保函要求承运人签发清洁提单。这种提单到达收货人手中，承运人往往要承担巨额赔偿。托运人利用保函把货物质量瑕疵转化为表面包装瑕疵，把赔偿责任转嫁于承运人身上。如果因为存在欺诈而认定保函无效则对承运人造成严重不公，因为承运人本身是受欺诈方。此种情形的存在欺诈的保函，并不是《汉堡原则》中规定的无效的情形。此时的保函应受合同法律调整。承运人和托运人达成由托运人补偿的合意，托运人有欺诈故意，承运人和托运人之间的合同为可撤销合同，受欺诈方承运人作为受害方有撤销权。承运人不撤销合同，该合同有效。如果此时保函提供人是第三人或由托运人和第三方共同提供，因第三人担保的合同是可撤销合同而享有拒绝履行保证义务的抗辩权。

但是，不论是承运人签发清洁提单欺诈收货人还是托运人欺诈承运人，当收货人或提单持有人要求承运人按提单交付货物时，都是承运人先承担赔偿责任，承运人再依据连带责任关系或有效保函向托运人索赔。在承运人构成保函欺诈场合，承运人不享有赔偿责任限制。

案例 85：保函换取清洁提单带来的风险与弊端。

案情描述：2017 年 4 月，我国 T 公司向 A 国 M 公司出售一批钢材货物，以 FOB 条件成交，目的港为 A 国某港，由 M 公司租用 H 远洋运输公司的货轮承运该批货物。同年 5 月 15 日，该合同货物在青岛港装船。当船方接收货物时，发现其中有 28 包货外表有不同程度的破碎，于是大副在收货单上批注"该货有 28 包货外表破碎"。当船方签发提单，欲将该批注转注在提单上时，卖方 T 公司反复向船方解释说买方是老客户，不会因一点包装问题提出索赔，要求船方不要转注收货单上的批注，同时向船方出具了下列保函："若收货人因包装破碎货物受损为由向承运人索赔时，由我方承担责任。"船方接受了上述保函，签发了清洁提单。该货船启航后不久，接到买方 M 公司的指示，要求将卸货港改为 B 国某港，收货人变更为 B 国的 F 公司。经过一个多月的航行载货船到达 B 国某港，船舶卸货时 B 国收货人 F 公司发现该批货物有 40 多包包装严重破碎，内部货物也有不同程度的受损，于是以货物与清洁提单不符为由，向承运人提出索赔。后经裁定，向 B 国收货人赔偿 20 多万美元。此后，承运人凭保函向卖方 T 公司要求偿还该 20 多万美元的损失，但 T 公司以装船时仅有 28 包破碎为由，拒绝偿还其他十几箱的损失。于是承运人与卖方之间又发生了争执。

分析：这是一个典型的托运人（卖方）与承运人一起隐瞒装船货物不清洁的事实，承运人凭保函签发清洁提单的案例。根据有关的国际公约和包括我国在内的各国海商法均规定：已装船提单上所做的记载必须与装船货物的时间状况，如品名、标志、外表包装、件数或数量、重量和体积等相符，承运人应对提单记载事项向包括收货人在内的提单持有人负最终责任。换言之，如果提单为清洁的，而到达目的港的货物是短量或短少、包装破碎、货物受损等，包括收货人在内的提单持有人有权向承运人提出索赔。当然，在一定条件下，承运人可能会根据有关公约或法律提出抗辩，减轻或免除自己的责任。因此，本案中的 B 国收货人作为提单的正当持有人完全有理由根据清洁提单而向承运人就货损提出索赔。

承运人在签发已装船提单时，如果知道或有合理的根据怀疑提单的记载与实际装船的货物不符，或者没有适当的办法核对提单的记载，则承运人可以在提单上批注，说明不符之处、怀疑的根据或说明无法核对。上述规定实际上是公约或法律对承运人的一种义务和权利相结合的规定。而在本案中，承运人没有在提单上对货物的不良包装加以批注，从而导致丧失了公约或法律赋予的可能免除其责任的权利；也没有履行其应尽的义务，对本应加批注但不作任何批注，而接受卖方的保函，签发了清洁提单，进而由此引发了一系列的风险。

首先，对收货人而言，按公约或法律的规定，他本来有权利按买卖合同要求，拒绝卖方提交的不清洁货物，但由于承运人违反了规定，将不清洁提单签发为清洁提单，从而剥夺了收货人的这一权利，并使受蒙蔽的收货人把本来不清洁的货物当作清洁货物去付款而承兑赎单，从而进一步剥夺了他本来还应享有的拒绝接受提单、拒绝付款或承兑的权利。凭保函签发提单，收货人是最直接的受害者。其次，对承运人而言，按国际公约和各国海商法的规定，当提单转到收货人或持有人手中后，提单在承运人与其之间就是货物外表状况的最终证据。换言之，承运人不得进一步提出证据来证明他实际接收或装船的货物状况与提单上载明的状况不符，从而不能免除其对收货人因此种不符而遭受损失的赔偿责任。在本案中，作为承运人的船方明知货物在装船时有部分货箱破碎，与提单记载不符，但为了眼前的利益而签发了清洁提单。而此时卖方的保函对收货人来说，起不到任何转嫁索赔对象的作用，相反，一旦收货人得知承运人凭保函签发清洁提单的事实后，他可能以欺诈为由向法院起诉，那时承运人根据运输合同享有的一些法定权利，特别是责任限额、责任免除等将丧失殆尽，此时承运人将面临更大的风险。再次，对卖方而言，根据 UCP600 的规定，卖方向银行结算货款时，必须提交已装船的正本清洁提单。在本案中，卖方如果拿到承运人签发的注有货物包装破碎的不清洁提单，则无法结汇。在这种情况下，卖方为了摆脱不能结汇的风险，以保函方式换取承运人的清洁提单。卖方的这种做法，是以骗取银行和善意的收货人对结汇单据的信任，剥夺了收货人本应享有的拒收货物、拒绝赎单的合法权利，目的在于是违反买卖合同或信用证规定而不能结汇的情况，得以通过不正当手段顺利过关，逃避应承担的法律责任，获取一时的利益。其实从本质看，卖方不仅没有获取利益，反而会面临着更大的风险。

根据国际公约和各国海商法的有关规定，在载货船舶航行期间，承运人应适当而谨慎地装载、搬运、配载、运送、保管照料和卸载所运货物。这是海上货物运输中承运人最重要的责任，被称为管货责任。如果承运人违反了管货责任的规定而造成货损，当收货人向其索赔时承运人不能享受免责的权利。因此在货物运输中，承运人一般都非常注意货物的管理，不敢懈怠。而在本案中，由于承运人手中握有卖方的保函，承运人认为一旦收货人向其索赔，他可以凭保函转向卖方追偿其遭受的损失。因此，承运人在主观上就放松了对在途货物的管理，降低了对其货物的责任心，从而有可能进一步导致不清洁货物的损失扩大，这样就会加大卖方向承运人的赔偿责任。本案中，卖方与承运人之间争执的焦点就是，扩大了货物损失应由谁承担的问题。表面上看，似乎应由承运人来承担，但承运人常常以包装不良为由拒绝承担这部分损失，而卖方又难以对承运人的管货失职举证。由保函而引起的这种争执进一步加大了卖方的风险。有人会说，卖方可以向法院起诉，要求承运人承担扩大了的货损，但卖方绝对不会这样做，因为这样就等于将其与承运人合谋欺骗收货人的行为暴露无遗，此时对承运人与卖方来说将会面临着更大的法律上的欺诈责任，后果更为严重，卖方面临被解除合同、损害赔偿的风险。

根据诚实信用的原则，卖方必须按买卖合同规定的品质（包括货物包装状况）按时交付货物。本案中，卖方在货物装船时就提交了一部分包装破碎的货物，这本身就是损害收货人利益的一种违法行为。不仅如此，卖方还同承运人一起隐瞒这一违约事实，向买方提供了凭保函而换取的清洁提单，从而构成了对买方的欺骗。如果买方获悉这一真相后，不仅可以起诉承运人，而且还可以依据买卖合同，以卖方严重违反品质条款，甚至以欺诈为由提出解除买卖合同，要求退回货款，同时要求卖方给予损害赔偿。特别是在货物价格下跌时，卖方遭受这一风险的可能性就更大。

从上述分析可以看出，在出口贸易中，卖方凭保函向承运人换取清洁提单，以掩盖其违法的事实，尽管可以获得一时的利益，承运人遭受的损失可以暗中向卖方追偿，但从本质上看，无论是承运人还是卖方都将承担着巨大风险和责任，因此这一做法不可取。尽管有人认为，保函对缓解承托双方是否签发清洁提单发生矛盾时起到"润滑"的作用，从而使矛盾双方摆脱僵持的局面，在一定程度上有利于促进贸易的发展，但是，从法律、贸易和航运的实践中看，保函的产生和使用存在着许多弊端：

第一，从法律的角度看，订立保函是一种无效民事行为，不能受到法律的保护。凭保函签发清洁提单是承运人对有关货物的客观事实不真实的描述，即承运人故意为虚假的意思表示。而卖方出具保函是对承运人作出的虚假意思所面临的风险表示愿意承担的承诺和保证。因此保函内容的实质就是承运人故意为虚假意思表示，并在其同出具保函的卖方之间确定这种虚假意思表示的责任归属。而意思表示必须真实则是民事法律行为有效的实质要件之一。所以，订立保函包含意思表示不真实的内容，故应属于无效的民事行为。另外，订立保函是以合谋欺骗第三方，损害他人利益、保全自身利益为目的的，因而订立保函的目的也违反了合法的行为的要件，因此不能受到法律保护。这也正是承运人向出具保函的卖方追偿而得不到赔偿时，无法向法院起诉的原因所在。

第二，从航运与贸易的角度看，保函对提单的效力和信誉构成严重的损害。众所周知，海运提单是人们在长期的贸易和航运实践中，不断发展和完善而形成的一种效力和信誉较高的单据，它有力地保护了善意持有人的利益，并且有物权凭证的效力；极大地方便了贸易的流转和航运事业的发展。但保函的产生和使用，导致提单不能真实地反映货物装船后的状况，从而使提单的可靠性大为降低，其效力和信誉受到严重威胁和损害，进而扰乱了贸易和航运的正常秩序。

第三，保函在一定程度上为国际贸易诈骗提供了可乘之机。

如果承运人可以凭保函签发清洁提单，这将给部分贸易商以假乱真、以次充好提供诈骗方便，当诈骗者逃之夭夭后，承运人只得自担损失。

正是由于上述风险和弊端的存在，各国都不主张在国际贸易中使用保函，为此贸易商和承运人采取积极措施加以克服，买卖双方在问题发生时相互协商、坦诚相对，问题就会得到解决。

措施与防范：

卖方的措施：首先，卖方应保证货物在装船集港过程中或装船时，货物的品名、标志、数量或件数、重量和体积等方面必须清楚、准确，不存在任何瑕疵，而且适合于海洋运输的条件（包装及加固）。为了不违反买卖合同或信用证的有关规定，卖方在备货时最好比交货数量多准备一些，如比合同数量多出5%左右，以防装船时发现货损、货差而来不及更换，从而导致承运人签发不清洁提单而影响结汇。其次，如果货物在装船时，发现货损、货差，但又来不及更换，此时，最稳妥的办法是尽快通知收货人，请求其修改信用证或要求信用证延展一定期限，并得到其书面形式的认可。此外，出现这种情况时还应及时与承运人协商，请求其延长一段的装船时间（但这种可能性不太大，因为船舶上可能还有其他人的货物，你的延期可能会造成他人货物的信用证不符条款，而且，船舶的延期会产生一笔不菲的滞期费）。尽管承运人会答应你的请求，估计也会有滞期费用的产生，因此，请自行权衡利弊损失。最好的办法是征得收货人的同意，或者接受不符点交单，但不能影响结汇。

承运人措施：承运人是凭保函签发清洁提单的主要责任者，同时也是风险的主要受害者。为减少责任，降低风险损失，承运人要做到：如果认为装船货物瑕疵较大，加之承运人难以做到妥善管理、谨慎运送并控制瑕疵进一步发展，无法保证收货人不会提成索赔，即使卖方出具保函，承运人也应坚决拒绝接受保函，以免承担风险。当装船货物出现价格下降趋势时，承运人绝对不能接受保函而签发清洁提单。因为在这种情况下，收货人会千方百计寻找理由拒收货物，一旦发现承运人凭保函签发清洁提单，则会将承运人和卖方一起作为被告，诉诸法律，以合法手段达到其目的。

案例86： 我A公司向某国B公司出口钢材一批，装货时船公司发现部分钢材已经重度生锈，大副在收货单上对此作了批注。因合同交货期已临近，信用证也将过期，A公司出具保函，保函中声明如果收货人对货物有异议，一切责任均由托运人负责，船公司概不负责，要求船公司开出清洁提单。船公司接受了保函并签发了清洁提单。货物抵达目的港后，B公司发现钢材生锈严重，当即向法院申请扣押货轮，经船公司交涉，3天后解除扣船。船公司就扣船所造成的损失向A公司提出索赔。

问：船公司索赔是否合理？为什么？

分析：船公司索赔有理。对货物及包装状况不良或存在缺陷等情况船公司有权在提单上批注，说明在交货时已存在的问题，以保护船公司自己的利益。本案船公司应签发不清洁提单，但 A 公司出具保函，保证因签发清洁提单所造成的损失，将由 A 公司承担，基于此船公司才出具清洁提单。因此，船公司因保函所声明的内容造成的经济损失，可向 A 公司索赔。

一般情况下，银行拒绝接受不清洁提单，只接受清洁提单，但卖方提交清洁提单并不代表卖方就可以免责，如货物包装完好，但包装箱内数量不足、品质与合同约定不符等，卖方仍然要承担责任。钢铁装运前的生锈问题司空见惯，很难预防。有时候今天刚生产的钢材，今天晚上送到港口，明天就会由于露水而产生一些浮锈。当然装运时不得有重锈（黑锈、起皮的锈）。因此出口商在和进口商洽谈时一定要把装运时可能有微锈出现说清楚，客户如果同意就签订合同，如果不同意（进口商要求必须装运时货物没有一点锈）出口商就不要签订这样的合同。钢铁装运时一点锈都没有是不可能的（镀锌、彩涂、喷涂、涂塑等产品装运时可以确保没有任何生锈）。

案例 87：中国 A 公司向国外 B 公司出口一个 20 货柜钢管，共 59 包，交货条件为FOB 广州。A 公司根据合同的要求按时装运后，取得清洁提单，提单上显示"整箱货，由托运人装货计数并封箱，据称数量为 59 包"。B 公司收到货物时发现货柜完好未开封，但开封计数时只有 57 包，于是 B 公司向 A 公司索赔，但 A 公司认为已提交清洁提单，拒绝赔偿。

问：A 公司拒赔是否合理？为什么？

分析：A 公司拒赔是不合理的。A 公司虽然交货并取得清洁提单，但清洁提单只是表明货物交运时表面状况良好，承运人在签发提单时未加任何货损包装不良等批注。本例的货物是由 A 公司装货计数和封箱，提单表明的数量只是根据 A 公司的计数填写。由于货柜已封箱，船公司并没有开柜核实纸箱数量更没有打开箱核实数量。货到目的港交货时 B 公司也确认货柜为未开封，因此数量不足是由 A 公司装货时造成的，A 公司应承担赔偿责任。

根据收货人抬头海运提单分为记名提单、不记名提单和指示提单。

（1）记名提单：也称收货人抬头提单，是指直接填写收货人名称的提单。记名提单只有提单上写明的收货人才能提货，其他的任何人都不能提货，因此它不能通过背书转让。在信用证结算方式下，由于不能控制和掌握货权，开证行都不愿意接受记名提单。签发记名提单后，卖方不是提单上具名的收货人，很难以货物所有权人的身份支配货物，因此，卖方一般只有在收讫货款的前提下才能同意签发记名提单。虽然记名提单只有提单上的收货人才能提货，但记名提单仍是物权凭证，船公司一般不能无单放货。但是目前一些国家可以无单放货，我们出口商要小心谨慎为好。

案例 88：中国 A 公司向某国 B 公司出口一批五金件，交货条件为 CIF 纽约。双方商定，A 公司装运后，出具以 B 公司为收货人的记名提单，并传真给 B 公司，B 公司收到传真后三天内将货款电汇给 A 公司，A 公司收到货款后，才将提单正本寄给 B 公司。货物实际装运后，A 公司及时传真了记名提单，由于 B 公司没有电汇货款，A 公司就没有寄出提单正本，但若干天后 A 公司获知，货物已被 B 公司凭记名提单的传真件提走。

问：船公司无单放货是否合理？为什么？

分析：船公司无单放货不合理。记名提单也是提单，具有提单的三个性质，即提单是货物收据、物权凭证和运输契约证明，船公司未征得托运人 A 公司的同意，在没有收回正本提单的情况下将货物交给 B 公司，违反了承运人应凭正本提单交付货物的基本义务，侵害了 A 公司依据其所持有的正本提单对货物享有的物权。因此，船公司无单放货是不合理的，应当对无正本提单放货造成 A 公司的损失承担赔偿责任。

（2）不记名提单：指提单上不记载任何收货人的名称，凡提单持有人都有权请求交付货物的提单。不记名提单无需任何背书手续就可转让，虽然手续简单，但一旦遗失风险较大，因此实务中比较少用。

（3）指示提单：包括记名指示提单和空白指示提单两种，记名指示提单经记名人背书后可以转让，空白指示提单经托运人背书后可以转让。

对信誉不太了解的客户，尽量不使用记名提单。提单上的收货人为 TO ORDER OF，等收到全款后，再改为记名提单。

案例 89：某公司收到国外开来的一份信用证，证内规定："Full sets of clean on board marine shipped bills of lading made out to order of ABC Bank."

问：（1）这是一张什么海运提单？（2）提单上的收货人应如何填写？（3）该提单提货时是否需要背书？如果要背书由谁背书？

分析：（1）这是一张记名指示清洁已装船海运提单。（2）提单上的收货人只能填写为"To Order of ABC Bank"。（3）该提单提货时需要 ABC 银行背书。

根据运输过程中是否转船海运提单分为直达提单和转船提单。

（1）直达（直运）提单（Direct/L）：指货物从装运港装船后，中途不经换船而直接驶达目的港卸货，按照这种条件所签发的提单。

（2）转船（转运）提单（Transshipment/L）：指船舶从装运港装货后不直接驶往目的港而在中途的港口换船再将货物运往目的港，按此条件签发的包括运输全过程的提单。

案例 90：我某外贸企业与 A 国 S 公司洽谈一笔五金器材出口业务，在装运问题上 S 公司提出："Transshipment allowed and the goods will be transshipped be at Hong Kong only."意思是说，允许转船，但要求出具联运提单并指定在中国香港转船。

问：对此条件我方可否接受？

分析：出具联运提单问题不大，但指定在中国香港转船一事，需与船公司接洽后再定。在一般情况下，我们不能接受指定中转港。但如果我装运港输往 A 国目的港的货物一向就是在中国香港转船，那就不妨顺水推舟予以接受。

根据内容的繁简海运提单分为全式提单和略式提单。

（1）全式（繁式）提单（Long Form/L）：指提单背面列有承运人和托运人的权利义务等详细条款的提单。提单背面条款大多以《海牙规则》的内容为基础列出，对托运人利益保护规定很少，但对承运人的免责条款规定很详尽。

（2）略式（简式）提单（Short Form/L）：指仅保留全式提单正面的必要项目，如船名、货名、标志、件数、重量或体积、装运港、托运人名称等的记载，而略去提单背面全部条款的提单。

其他分类：

（1）过期提单（Stale B/L）：指错过规定交单日期或迟于货物到达目的港的提单。前者是指超过信用证规定的日期或者超过提单签发日期 21 天才到银行议付的提单；后者是在近洋运输时，容易出现货物先于提单到达目的港的情况。如天津、上海运往日本、韩国、朝鲜港口的航程，广州运往越南、菲律宾港口的航程一般 3 天就可到达，而单据通过银行交单一般要 7 天的时间。

对于过期提单，银行将拒绝接受。因此在近洋国家间的贸易合同中，为了避免货到单未到而出现过期提单，一般都订有"过期提单可以接受（Stale Acceptable）"的条款。

（2）倒签提单（Back Dated B/L）：货物由于实际装船日期迟于信用证规定的装运日期，如仍按实际装船日期签署提单，可能影响结汇，为了使签发提单日期与信用证规定装船日期相符，以利于结汇，承运人应托运人的要求，在单上仍按信用证规定的装运日期填写，这种提单称为倒签提单。

倒签提单的提单签发日期与客观事实相违背，是托运人和承运人一起造假欺骗收货人，属于欺诈行为。若被收货人发现，收货人有权拒付货款，即使是信用证付款方式下做到单证相符，收货人也可通过法院申请止付令，拒绝付款，并向托运人和承运人提出索赔。因此，承运人签发倒签提单时，往往要求托运人开具保函，承诺如果因倒签提单而导致的一切损失由托运人承担。如果船期确实不能满足信用证的最迟船期，一定要客户改证为上策。倒签提单客户在市场下跌时、在又找到更低的出口商时可以拒付货款。

一般情况倒签提单的时间与装船时间如果差几天，问题不大，如果差的时间太长了（5 天以上）就有风险了。不如事前和客户耐心地沟通真实的情况，让客户同意并改证后再装船。

案例 91：我 A 公司与 C 国 B 公司达成一笔圣诞金属小礼品的出口业务，CIF 纽约成交，不可撤销信用证付款，在装运期限上合同规定："Time of Shipment not Later than OCT. 15, 2009."在履行过程中，由于生产材料短缺，加上产品生产任务多，11 月 28 日 A 公司才把货物交运，为了做到单证相符，及时收回货款，A 公司向承运人 D 公司出具保函，要求 D 公司把提单的签发日期倒签到 10 月 15 日，并承诺若因倒签提单而导致的一切损失由托运人承担，D 公司接受 A 公司的请求，并接受了保函。货物于 12 月 20 日到达 C 国目的港，由于圣诞节已临近，这批新礼品的推广宣传无法进行，严重影响了市场销售，B 公司认为，根据合同规定的装运期限，按惯例应在 11 月中旬到货，于是决定暂缓收货，经调查，发现是 A 公司没能按时交货，D 公司倒签提单所致。因此，B 公司拒绝接受货物，要求退运，并向 A 公司和 D 船公司提出损害赔偿。

问：B 公司的要求是否有理？为什么？

分析：B 公司的要求是有理的。D 公司应 A 公司的要求倒签提单，可看成是托运人 A 公司和承运人 D 公司对收货人 B 公司的一种欺诈行为。依据我国《合同法》的规定，受欺诈所为的合同可以变更或撤销。所以，收货人 B 公司有权拒收货物，撤销合同，提出损害赔偿。虽然 A 公司出具了保函，但根据《汉堡规则》的规定，有效的保函仅在托运人和承运人之间产生效力，不得对抗第三人即本案的 B 公司，因此，实际操作上，D 公司可先赔偿 B 公司的损失，然后根据保函向托运人索赔。

（3）预借提单（Advanced B/L）：由于信用证规定的装船时间已到期，货主因故未能及时备妥货物装船或尚未装船或因船期延误，影响货物装船，托运人要求承运人先行签发已装船提单，以便结汇。这种在货物装船前或开始装船时已为托运人借走的提单，称为预借提单。预借提单也属于商业欺诈行为，最好不要为之，否则出口商也面临拒付的风险。

案例 92：我某出口公司出口空调压缩机一批，进口方为 A 国某公司，合同规定 2 月 5 日前装运，CIF 东京，不可撤销信用证付款。由于生产原因，该批货物要到 3 月初才能装运，为了做到单证相符，该出口公司请求承运人东丰船运公司预先出具提单，并于 2 月中旬通过银行顺利结汇。货物于 3 月中旬抵达目的港后，外商发现了船公司预借了提单的行为，于是通过法院申请扣押承运船舶，要求船公司赔偿损失。

问：外商的要求是否合理？为什么？

分析：外商的要求合理。船公司应当在货物装船完毕后签发提单，或者在收到货物后签发收货待运提单，等货物实际装船后在待运提单上加注承运船舶的船名、航次和装船日期，使收货待运提单成为已装船提单。本案中，船公司在还没有收货时即签发提单，属于预借提单，构成欺诈行为，其行为掩盖了出口公司延迟交货的事实，使出口公司得以顺利结汇。鉴于货款已付，船公司应当赔付外商已经支付的信用证项下的货款和相应的银行利息等费用。

（4）舱面提单（On Deck B/L）：有些货物如危险品、活牲畜，只能装在甲板上，有时因舱位拥挤或货物体积过大也只能装在甲板上。对于装在甲板上的货物，承运人或其代理人出具的提单为舱面提单，又称甲板货海运提单，装在甲板上的货物不仅遭受损失的可能性较大，而且承运人对货物的灭失或损坏不负赔偿责任，一旦发生共同海损也不能得到分摊。因此，货主一般都在合同中或信用证上规定不准将货物装在甲板上，如在非装不可的情况下则托运人或货主一定要投保甲板险。除非信用证另有规定，银行一般也不接受舱面提单。

（5）集装箱提单（Container B/L）：指以集装箱装运货物所签发的提单。它有两种形式：一种是在普通的海运提单上加注"用集装箱装运"（Containerized）字样；另一种是使用"多式联运提单"（Combined Transport B/L），这种提单的内容增加了集装箱号码（Container Number、Seal Number）。使用多式联运提单，应在信用证上注明"多式联运提单可以接受"（Combined Transport Acceptable）或类似的条款。

（6）租船提单（Charter Party B/L）：指承运人根据租船合同而签发的提单。在这种提单上注明"一切条件、条款和免责事项按照某年某月某日的租船合同"或批注"根据×租船合同出立"字样。这种合同受租船合同条款的约束。银行或买方在接受这种提单时，通常要求卖方提供租船合同的副本。

（7）先期提单：指提单的签发日期早于信用证开立日期的提单。过去一些银行也视这种提单为过期提单，但 UCP600 第 14 条款规定，单据的出单日期可以早于信用证开立日期，但不得迟于信用证规定的提示日期。

（8）交换提单（Switch B/L）：指在直达运输的条件下，应托运人要求，承运人同意在约定的中途港凭起运港签发的提单换发以该中途港为起运港的提单，并记载有"在中途港收回本提单，另换发以中途港为起运港的提单"或"Switch B/L"字样的提单。

（9）顺签提单（Post-date-B/L）：指在货物装船完毕后，承运人或其代理人应托运人的要求而签发的提单，但是该提单上记载的签发日期晚于货物实际装船完毕的日期。

（10）联运提单（Through B/L）：指需经两种或两种以上的运输方式（如海—陆、海—河、海—空或海—海等）联合运输的货物，托运人在办理托运手续并交纳全程运费之后，由第一承运人所签发的包括运输全程并能凭以在目的港提取货物的提单。

（11）多式联运提单（Combined Transport B/L）：多式联运提单简称 CTB，是指由联运人也就是经营运输的"无船承运人"签发的提单。货物从起运地（港）到最终目的地（港）的全程运输过程中需使用陆、海、空其中两种以上运输方式，由联运人作为全程运输的总承运人签发联运提单，作为对托运人的总负责人。

案例 93：我某外贸公司向 A 国 H 公司出口设备一批，价值数十万英镑，即期 D/P 方式付款。货物运输时，因须经 B 地转船而由某船公司出具转船联运提单。货到 A 国后 H 公司倒闭，先后两批货物全被另一家公司以伪造提单将货物取走。待我公司正式提单及其他单据寄达国外后已无人赎单付款，委托国外银行凭提单提货时也提不着货。经向船公司索赔，船公司以其是第一承运人为由进行推诿。

问：（1）船公司有无赔偿责任？（2）我方有何教训？

分析：（1）船公司这种说法难以成立。首先如货物在二程船上发生灭失或损坏，则第一承运人可不负直接责任。现在货物既然已安全到达目的港，则与二程船无关。第一承运人难辞其咎，理应负责赔偿。其次，海运提单是物权凭证，海运提单的签发人只能将货物交给合法持有正本提单提货的人。而本案中，船公司将货物交给了凭伪造提单提货的第三人，船公司应对这种"无单放货"的侵权行为承担赔偿责任。（2）本案中我方应吸取的教训：交易前应充分掌握客户的资信情况，增强风险意识；在未能掌握客户资信情况的情形下应争取采用有利的信用证付款方式或者装船前收到全部货款，避免使用 D/P 或 D/A 方式，出口方以保证安全收汇为最重要的原则。

案例 94：2018 年 7 月，中国 A 贸易公司与 A 国 B 贸易有限公司签订了一项出口钢材货物的合同，合同中双方约定货物的装船日期为 2018 年 11 月底以前，以信用证方式结算货款。合同签订后，中国 A 贸易公司委托我国 C 海上运输公司运送货物到 A 国目的港。但是，由于 A 贸易公司没有能够很好地组织货源，直到 2019 年 1 月才将货物全部备妥，于 2019 年 1 月 15 日装船。中国 A 贸易公司为了能够如期结汇取得货款，要求 C 海上运输公司按 2018 年 11 月的日期签发提单，并凭预借提单和其他单据向银行办理了议付手续，并收清了全部货款。

当货物运抵目的港时，A 国收货人 B 贸易有限公司对装船日期发生了怀疑，B 公司遂要求查阅航海日志，运输公司的船方被迫交出航海日表。B 公司在审查航海日志之后，发现了该批货物真正的装船日期是 2019 年 1 月 15 日，比合同约定的装船日期要迟延达两个多月，于是 B 公司向当地法院起诉，控告 A 贸易公司和 C 海上运输公司串谋伪造提单共同进行欺诈，既违背了双方合同约定，也违反法律规定，要求法院扣留 C 海运公司的运货船只。

A 国当地法院受理了 B 贸易公司的起诉，并扣留了该运货船舶。在法院的审理过程中，A 公司承认了其违约行为，C 公司亦意识到其失理之处，遂经多方努力，争取庭外和解，最后，我方终于与 B 公司达成了协议，由 A 公司和 C 公司支付 B 公司赔偿金，B 公司撤销了起诉。

分析：这是一宗有关倒签提单的案件。提单是承运人在接收货物或把货物装船后签发给托运人，证明双方已订立运输合同，并保证在目的港按照提单所载明的条件交付货物的一种书面凭证。可以说，提单是国际货物运输合同的一种基本形式，是一种重要的国际货物单据。提单是托运人与承运人之间订有国际海上货物运输合同的证明。在班轮运输中，托运人和承运人之间可能已订有货运协议，也可能已经定舱，取得定舱单，或托运人已填具托运单或与承运人通过电传、电话达成装货协议，因此正反两面印有提单条款的提单不一定就是承托双方之间的合同，只是运输合同已经订立的证明；但如果承托双方除提单外并无其他协议或合同，则提单就是订有提单上条款的合同的证明。但是当提单转让给善意的受让人或收货人时，按照有些国家的提单法或海商法规定，收货人或提单持有人与承运人之间的权利义务按提单条款办理，即此时，提单就是收货人与承运人之间的运输合同。因为收货人不是承托双方订立合同的当事人，他无法知道他们之间除提单以外的契约关系，他只知道手里的提单，只能以此作为运输合同。

本案中，承运方 C 公司没有意识到提单的这一重要性质，而应托运人请求倒签日期，以掩盖托运人的违约事实，属于伪造单据的违法行为。提单的日期应该是该批货物装船完毕的日期。根据买卖合同，卖方应在买方开出的信用证规定的装运日期之前或当日完成装运，否则买方可无条件撤销买卖合约并提出索赔。

因此，在实践中有许多交货人未能在信用证规定的装运日期之前交付运输，为使该提单能够符合信用证规定而付货人可以顺利结汇，交货人往往要求承运人倒签提单，即实际装运日期比提单签发日期晚若干时间。倒签提单行为是伪造单据的行为，属于托运人和轮船公司合谋以欺骗收货人的欺诈行为。收货人一旦有证据证明提单的装船日期是伪造的，就有权拒绝接受单据和拒收货物。收货方不仅可以追究卖方（托运方）的法律责任，还可以追究轮船公司的责任，这种违约后果无论对卖方或轮船公司都是严重的。

所以，承运人在遇到托运人要求倒签提单的情况下，要格外谨慎，因为托运人要求倒签提单可能是想利用此提单来欺瞒收货方；因为如果收货人同意发货延期付运，那么发货人可以利用要求对方修改信用证的方式，而不必要求倒签提单。在大多数情况下，发货人要求倒签提单多是因为收货人不同意延期装运。在收货人不同意延迟装运的情况下，承运人若签发了倒签提单，则会使收货人认为是承运人和托运人共谋伪造海运单据进行欺诈，从而使承运人卷入不必要的法律纠纷中去。

承运人若签发了倒签提单，会造成何种后果呢？

（1）提单所注明的日期应该在信用证规定的最迟装船期之前，如果日期已过，银行也会以此为由拒绝接受，而提单日期的真实性只能由承运人一方才能保证。但如果承运人没能在提单上如实注明装船日期，那么以后承运人要为因此而造成的损失负责。在一些地区或国家，甚至会将倒签提单案例入刑事诈骗案处理。

（2）对于倒签提单，收货人可基于以下两点拒绝收货。

1）货物跌价情况下。在订立合同时销路较好的货物，在货物运抵后却价格下跌，买方无利可图，甚至有可能亏本，在这种情况下，买方急于想甩掉包袱。此时，若出现倒签提单情况，买方正好有了可乘之机。买方可以通过向装运港的港口当局或查看运货船的航海日志，就可以掌握真实情况。一经证实提单倒签了，他就会完全有权合理合法地拒绝收货，即使已经付款赎单了也可以通过法律手段起诉出口商（承运人）收回货款，赔偿的责任则完全落在承运人身上。

2）应节货物。对于应节（为节日准备的）货物而言，如果不能在买方预计供货的节前运抵，买方的损失会很大，所以，买方会千方百计转嫁这个损失。如果其发觉提单倒签，则又为其提供了一个机会。了解到以上这些情况，承运人为避免卷入不必要的纠纷和经济损失，尽量不要倒签提单。在本案中，托运人未能及时备妥货物的情况下，应该及时与进口商取得联系，请求修改信用证，并求得对方的谅解，即使对方不同意如此做，至多也只付违约金，而且只有在进口商确有损失的前提下才付赔偿金，而不应该要求承运人倒签提单，从而造成了买方和承运人共同成为被告，被控合谋伪造单据进行欺诈，既蒙受了经济损失，也丧失商业信誉，实属不该。

这也是有的欧洲进口商为了商业利益最大化使用的常规的合法手段，拿到单据后，认真地检查开船日期与提单日期，只要发现开船日期与提单日期不符（只差几天，非出口商故意所为），就在当地法院起诉，法院以单据欺诈为由做出止付令。然后与出口商协商，一是终止合同，货物由出口商运回；二是低价卖给进口商，价格为以前的50% ~ 60%。当然一般出口商绝对不会将海上正在运输的货物运回来了，多数出口方会同意适当降价解决争议。

8.3.1.3　海运提单的内容

海运提单内容可分为固定部分和可变部分。固定部分是指海运提单背面的条款，这一部分一般不作更改。

A　提单条款的相关国际公约

（1）《海牙规则》（Hague Rules），全称为《统一提单的若干法律规定的国际公约》，由国际法协会起草，1931年6月21日生效。《海牙规则》规定了承运人最低限度义务、免责事项、索赔和诉讼、责任限制和适应范围以及程序性等几个方面。《海牙规则》规定了一年的诉讼时效，自货物交付或应当交付之日起一年内。对于责任限制，《海牙规则》规定了每件或每单位100英镑的最高赔偿额。但托运人装货前就货物性质和价值另有声明并载入提单的则不在此限。《海牙规则》对承运人免责条款规定很详细，而对货主的保护则相对较少。

（2）《维斯比规则》（Visby Rules），全称为《关于修订统一提单若干法律规定的国际公约的协定书》，由国际海事委员会修改《海牙规则》而成，于1977年6月生效。《维斯比规则》对《海牙规则》的修改主要有两点：一是将最高赔偿额由每件或每单位100英镑提高到10000金法郎或按货物毛重每千克30金法郎，按两者较高者赔偿；二是增列了集装箱运输条款，规定提单上列明集装箱内所装货物的件数，则可以按此件数计算最高赔偿额，否则，每一集装箱作为一件或一个单位赔偿。

（3）《汉堡规则》（Hamburg Rules），全称为《联合国海上货物运输公约》，由联合国起草，1992年11月1日生效。《汉堡规则》废除了《海牙规则》规定的船舶航行和船舶管理上过失的免责，加重了承运人的责任，货主的诉讼时效延长至两年，是3个公约中最受货主认可的公约。

B　提单可变部分的内容

可变部分是指海运提单正面的内容，主要包括船名、装运港、目的港、托运人名称、收货人名称、被通知人名称、货物名称、唛头、包装、件数、重量、体积、运费、海运提单正本份数、海运提单签发地点和日期、承运人或船长签字等。这些内容根据运输的货物、运输时间、托运人以及收货人的不同而变化。

案例 95：我某进出口公司进口货物一批共 200 箱，整箱装运，装运条件是 CY/CY。货物到港后，该公司凭"清洁已装船"提单换取提货单提货后，发现其中有 40 箱包装破损且短少，短少货值共 4500 美元，该公司经办理有关凭证后，向船公司提出索赔，但船公司以提单上表明"Shippers load and count"且集装箱完好无损为由拒赔。

问：船公司拒赔是否合理？为什么？

分析：船公司拒赔是合理的。本案中，装运条件是 CY/CY，整箱装运，整箱交货，提单上表明"Shippers load and count"是指货物由出口方自行装箱、自行封箱后将整箱货物运至集装箱堆场。箱内货物是什么、数量是多少船公司概不负责。因此，货物运抵目的港后，只要能证明集装箱完好无损，也未开过箱，船公司就已履行有关义务。而货物包装的破损和数量的短少，是由于出口商装箱时的疏忽造成的，我进出口公司应向出口商索赔。

8.3.1.4 海运提单的填制

目前，海运提单多数是由船公司或其代理人填制，经由出口公司审核、确认、同意后，并出具正本提单。提单的内容一定要和信用证的要求完全一致，否则议付时将视为单证不符。

(1) 托运人（Shipper or Consignor）：托运人是指委托运输的人，在贸易中是合同的卖方或者是出口方。一般在填写海运提单 Shipper 栏目时，如信用证无特殊的规定，都填写卖方的名称。许多制单人是直接把公司的公章盖在这一栏目中。如果信用证规定以 Third Party 第三者为发货人时，可以外运公司的名义发货。

(2) 收货人（Consignee）：与托运单"收货人"栏目的填写完全一致（出口商应该严格按照 L/C 的指示制作）。

(3) 被通知人（Notified Party）：如果合同或信用证没有说明哪一方为被通知人，可将合同中的买方或信用证中的申请人名称、地址填入副本 B/L 的这一栏目中，而正本的这一栏目保持空白。如"收货人"栏目已填"凭×××人指定"，被通知人如另无明确规定，可以不填。

(4) 收货地点（Place of Receipt）：如果货物需转运，填写收货的港口名称或地点；如果货物不需转运，空白这一栏目。

(5) 船名（Ocean Vessel Name）：如果货物需转运，填写第二程船的船名；如果货物不需转运，填写第一程船的船名。

(6) 装运港（Port of Loading）：如果货物需转运，填写中转港口名称；如果货物不需转运，填写装运港名称。如货物在广州装运，需在中国香港转船，则在此栏目填写 Guang Zhou/Hong Kong with Transshipment at Hong Kong，简写为 W/Hong Kong Singapore Hong Kong（目的港新加坡，在中国香港转船）。

(7) 卸货港（Port of Discharge）：填写卸货港（目的港）名称。如货运目的港转运内陆某地或利用邻国港口过境，须在目的港后加注"In Transit 某地"，如 Kuwait in Transit Saudi Arabia（目的港科威特，转运港沙特阿拉伯）。

（8）交货地点（Place of Delivery）：填写最终目的地名称。如果货物的目的地就是目的港，空白该栏。

（9）填写集装箱箱号（Container No.）。

（10）填写唛头和封号（Seal No Marks & Nos）。

（11）商品描述及数量：商品描述使用文字应注意：1）在没有特别说明时全部使用英文；2）来证要求使用中文填写时，应遵守来证规定，用中文填写。数量是指本海运提单项下的商品总件数。

（12）填写总毛重（Gross Weight）。

（13）填写总尺码（Measurement）。

（14）特殊条款：信用证要求在海运提单内特别加列的条款。

（15）运费条款：除非信用证有特别要求，几乎所有的海运提单都不填写运费的数额，而只表明运费是否已付清或什么时候付清。它主要有：运费已付 Freight Paid；运费预付 Freight Prepaid；运费到付 Freight Payable at Destination；运费待付 Freight Collect。

以 FOB、FCA 术语成交，提单一般填写为 Freight Collect；以 CFR、CIF、CP、CIP 术语成交，提单一般填写为 Freight Prepaid。如信用证或托收、汇付条件下的合同规定加注运费，一般可加注运费的总金额。如规定要详细运费，就必须将计算单位、费率等详细列明。

（16）签发地点和时间（Place and Date of Issue）：海运提单签发时间表示货物实际装运的时间或已经接受船方、船代理的有关方面监管的时间。海运提单签发地点表示货物实际装运的港口或接受有关方面监管的地点。海运提单必须经装载船只的船长签字才能生效，在没有规定非船长签字不可的情况下，船方代理可以代办。

（17）正本的签发份数：承运人一般签发海运提单正本 3 份，也可应收货人的要求签发 3 份以上。签发的份数，应用大写数字（如 Two、Three 等）在栏目内标明。

信用证规定要求出口方提供"全套海运提单"（Full Set or Complete Set B/L），按国际贸易习惯，一般是提供两份海运提单正本。

对信用证要求的正本单据和副本单据，UCP600 第 17 条规定：

1）信用证中规定的每种单据必须提交至少一份正本。

2）除非单据本身表明其不是正本，银行将视任何表面上具有单据出具人正本、标志、图章或标签的单据为正本单据。

3）除非单据另有陈述，如果单据符合以下条件银行将接受该单据作为正本单据：

①表面上显示由单据出具人手写、打字、穿孔或盖章；

②表面上显示使用的是单据出具人的正本信纸；

③声明单据为正本，除非该项声明表面显示出与所提示的单据不符。

4）如果信用证要求提交副本单据，则提交正本单据或副本单据均可。

5）如果信用证中使用诸如"一式两份（in duplication two fold）""两份（in two copies）"等术语要求提交多份单据，则可以通过提交至少一份正本，其余为副本来满足信用证要求。但单据本身另有其他指示的除外。

（18）有效的签章（Stamp Signature）：来证规定手签的必须手签。印度、斯里兰卡、黎巴嫩、阿根廷等国港口，信用证虽未规定手签，但当地海关规定必须手签。有的来证规定海运提单须由中国贸促会签证，也可照办。承运人或船长的任何签字或证实，必须表明"承运人"或"船长"的身份。代理人代表承运人或船长签字或证实时，也必须表明所代表的委托人的名称和身份，即注明代理所代表的委托人的名称和身份，注明代理人是代表承运人或船长签字或证实的。

8.3.1.5 海运提单的交货程序

海运提单的交货程序如图 8-1 所示。

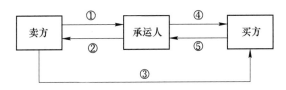

图 8-1　海运提单交货程序

①卖方向承运人或承运人的代理人交付货物；②承运人或承运人的代理人向卖方签发海运提单；③卖方向买方提交海运提单，买方向卖方支付货款；④承运人或承运人的代理人通知买方（收货人）货已到港；⑤买方（收货人）凭海运提单提货

8.3.2　海运单

海运单（Sea Way Bill）是由船长或船公司或其代理人签发的证明已收到特定货物（已接管或已装船）并保证将货物运至目的地交付给指定收货人的一种凭证。海运单与海运提单同样是船方出具的货物收据，也是海上货物运输契约的证明，但它不是货物所有权的凭证，收货人提货时无须出示海运单，承运人仅凭收货人提交的证明其为海运单上指定收货人的凭条交付货物。所以，使用海运单有利于进口商及时提货、简化手续、节省费用，并有助于减少欺诈现象。

海运单对卖方来说风险是比较大的，由于不像海运提单一样须凭单交货，买方不必提交单据，只要能证明其为海运单上指定收货人即可提货。因此，卖方必须在确认买方已付款的前提下，方可装运并要求承运人签发海运单，否则，有可能出现货款两空的局面，出口商尽量不要使用海运单。

案例 96：我某公司向外国某商人出口货物一批，合同规定：买方先支付 10%定金，货物装运前买方再电汇剩余 90%的货款，凭海运单交货付款。合同履行中外商按期支付了 10%的定金，我方也按期装运货物。由于船期紧，我方在尚未收到外商电汇款时，就急忙装运并由船公司签发了海运单。货到目的港后，外商将货物提走，之后由于资金周转困难，进口商借口品质有问题，拒绝付款。经我方多方交涉，6 个月后才收回货款。

问：我方应吸取什么教训？

分析：我方应吸取如下的教训：首先，客户信誉不清、不良就贸然采用装运后付余款，这样风险太大，太不应该了；其次定金比例太小，应该为 50%，货到港口装运前付清全款后再装运；最后，由于采用海运单交货，美商只要能证明是海运单上的收货人即可提货。因此，在没有收到对方剩余货款时，千万不能装运，即使耽误船期，也是外商违约在先，否则，会导致我方货款两空的局面。

海运单交货程序如图 8-2 所示。

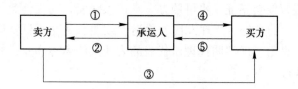

图 8-2 海运单交货程序

①卖方向承运人或承运人的代理人交付货物；②承运人或承运人的代理人向卖方签发海运单；
③卖方向买方提交海运单，买方向卖方支付货款；④承运人或承运人的代理人通知买方（收货人）
货已到港；⑤买方（收货人）凭海运单或证明自己为海运单收货人的凭证提货

8.3.3 铁路运单

铁路运单是国际铁路联运中铁路与货主之间的运输契约，对收、发货人和铁路部门都具有法律约束力。铁路运单正本随货物自始发站运至终点站，最后在终点站由收货人付清应由收货人负担的运杂费用后，连同货物由终点站交给收货人。运单副本由铁路始发站签发给发货人作为货物已经交运的凭证和凭以向银行办理货款结算的主要单据。由于收货人向铁路提取货物时无须提交运单，因此，铁路运单并非物权凭证，不能通过背书进行转让和作为抵押品向银行融通资金。

8.3.4 航空运单

航空运单（Airway Bill）简称为 AWB，是航空运输公司及其代理人签发给发货人表示已收妥货物并接受托运的货物收据。航空运单可分为出票航空公司（Issue Carrier）标志的航空货运单和无承运人任何标志的中性货运单两种。航空运单不是物权凭证，不能通过背书转移货物的所有权。航空运单不可转让，持有航空运单并不说明就可以对货物要求所有权。航空运单的作用有：

（1）航空运单是航空运输承运人与托运人之间的运输合同。海运提单只是运输合同的证明，它本身不是运输合同。但航空运单不仅是航空运输合同的证明，而且航空运单本身就是托运人与航空运输承运人之间签订的货物运输合同。

（2）航空运单是航空公司或其代理人收运货物的证明文件。在托运人将货物托运后，航空公司或其代理人就会将其中一份交给托运人，作为已按航空运单所列内容收妥货物的证明。

（3）航空运单是承运人核收运费的依据。航空运单分别记载着属于收货人负担的费用、属于应支付给承运人的费用和应支付给代理人的费用，并详细列明费用的种类、金额，因此可作为运费账单和发票。承运人往往也将其中的承运人联作为记账凭证。

（4）航空运单是进出口货物办理清关的证明文件。当货物通过航空运输出口时，报关必须提交航空运单。在货物到达目的地机场进行进口报关时，海关也是根据航空运单查验放行货物的。

（5）航空运单是承运人处理货物运输过程情况的依据。航空运单中的一份随货同行，用于记载有关该票货物发送、转运、交付的事项，是承运人处理货物运输过程情况的依据。

（6）航空运单是收货人核收货物的依据。航空运单的正本一式三份，其中一份交托运人，是承运人或其代理人接收货物的依据；第二份由承运人留存，作为记账凭证；最后一份随货同行，用于记载有关该票货物发送、转运、交付的事项，在货物到达目的地时，交付给收货人作为核收货物的依据。虽然正本签发3份，但银行允许只提交一份正本。副本9份，由航空公司按规定和需要分发。

8.3.5 多式联运单据

多式联运单据（Multimodal Transport Documents，MD）是为适应广泛开展的集装箱运输的需要而产生的，在使用多种运输方式联合运送货物时所签发的单据。多式联运单据与联运提单的主要区别如下：

（1）使用的范围不同。联运提单限于由海运与其他运输方式所组成的联合运输时使用；多式联运单据使用范围较广，它既可用于海运与其他运输方式的联运，也可用于不包括海运的其他运输方式的联运，但仍必须是至少两种不同运输方式的联运。

（2）签发人不同。联运提单由承运人、船长或承运人代理签发，多式联运单据则由多式联运经营人或经他授权人签发。

（3）签发人对运输负责的范围不同。联运提单的签发人仅对第一程运输负责，而多式联运单据的签发人则要对全程运输负责。

（4）运费费率不同。联运提单全程采用不同的运费费率，多式联运单据必须是全程单一的运费费率。

8.4 货物装运条款

8.4.1 装运时间

国际货物买卖合同中装运条款的主要内容有装运时间、装运港和目的港、分批装运和转运等。如："Shipment during May from London to Shanghai. The Sellers shall advise the Buyers 45 days before the time of shipment that the goods will be ready for Shipment. Partial shipments and transshipment is allowed."（5月装运，由伦敦至上海。卖方应在装运月份前45天将备妥货物可供装船的时间通知买方。允许分批和转船。）"During Mar and April in two equal shipments transshipment to be permitted."（3月或4月分两次平均装运，允许转运。）

国际货物买卖合同中常见的装运时间的规定方法有：（1）明确规定具体的装运期限，如"Latest date of shipment：May20，2009"（最迟装运期：2009年5月20日）；（2）规定在收到信用证后若干天内装运，如"Shipment to be effected within 45 days upon receipt of the L/C"（收到信用证45天内装运有效）；（3）笼统地规定装运期限，如"Time of shipment May"（装运期：5月）。

对装运时间的掌握，UCP600第3条规定：除非信用证中坚持要求单据中使用，银行对使用诸如"迅速""立即""尽快"之类词语将不予置理。"于或约于（on or about）"或类似意义的词语将被解释为一项规定，按此规定，某项事件将在明确指定的日期前后5

个日历日内发生，起讫日均包括在内。如"Shipment to be effected on or about May15, 2019"（于或约于 2019 年 5 月 15 日装运），那么，这批货物可在 2019 年 5 月 10 日到 5 月 20 日之间的任何一天装运，起讫日 5 月 10 日和 5 月 20 日均包括在内。使用词语"至（to）""直至（till）""从（from）"及"在……之间（between before）"和"……之后（after）"，应理解为不包括所述日期。

8.4.2　装运期与受载期的概念与区别

L/C 规定的装运期一般是指在规定的时间（含最迟时间）以前装运，装运时间是指卖方将合同规定的货物装上运输工具或交给承运人的时间。装运期是国际贸易合同中的主要交易条款，卖方必须严格按规定时间以前（内）交付货物，不得任意提前和延迟（出口商应该严格地按照合同的约定或者 L/C 的要求安排装运时间），如造成违约，则买方有权拒收货物，解除合同，并要求损害赔偿。一般根据信用证的规定，提单签发日应当在装运期内，这样卖方才可以向银行顺利结汇。

而受载期的含义是指船舶到达港口，并做好装货准备的时间。受载期通常规定为一段时间，习惯上这段时间掌握在 5~15 天。这两个概念有什么关联和区别呢？

首先，受载期肯定是装运期内的一段时间，也就是说装运期和受载期一定会在某一时段里发生重合，它们之间不是相互割裂的两个时间段，有着紧密的关联性。装运期通常规定的时间比受载期要长一些，卖方有义务在装运期内将货物备好并装船出运，如果装运期结束卖方仍未备好货或交付货物，贸易合同将可能被解除。在 FOB 中，卖方必须在装运期内交到指定的船上或是承运人才可以完成交付的义务，在 CIF、CFR 中，卖方则必须在装运期内将货物装上船，换取在装运期内签发的提单才可以顺利结汇。

而受载期的开始则意味着船东要结束上一个航次到达与租船人订立的租约上的指定港口或是泊位，递交准备就绪通知书，并且开始装货，如果船东未能在受载期的最后一天到达，这份租约则有可能被租船人解除。所以装运期不同于受载期，两者分属于不同的合同条款，针对的主体对象是不一样的，产生的后果也是不一样的，是关系到两个不同的合约成立与否，但是这两个时间段又是有所联系的。

这是一个贸易双方、租船人和船东三方同步的问题，衔接得不好会产生比较严重的后果甚至解约。承租人是按照受载期来安排货物装船的。如果船舶未能在规定的受载期到达装货港，不仅使承租人可能遭受诸如驳运费、仓储费等一些为准备装货而支付的费用损失，而且在市场价格变动的情况下，还可能遭受得不到预期利润的损失。更何况未能按时将货物装船，极可能构成贸易合同的违约。因此船舶所有人必须按照受载期的约定，使船舶按期到达装运港受载，否则不仅要承担因此而使承租人受损的损害赔偿，而且可能因承租人行使解约权而取消合同。

CIF、CFR 卖方可以根据自己备货的进度来订立合适的受载期，只要在装运期内装上船就可以完成其义务；但是 FOB 买方却不能控制卖方的备货进度，虽然他有租船权，可是在订立租约时确定受载期就会产生一定的难度，毕竟在贸易合同中只规定了一段时间的装运期，这段时间可能有长有短，在这段时间内确定一个合适的受载期让船到达装运港顺利装货而不至于脱节。

8.4.3 装运期与受载期衔接不好带来的风险

现今有些外贸人士将受载期的最后一天订在装运期的最后一天，以为这样能够衔接这两个时间段，可是往往这样就会产生一个问题：如果船是在受载期的最后一天到达装运港，虽然没有违反租约的规定，但是货物却未必能在同一天内全部装上船，要知道提单签发日是货物全部上船（On Board Day）的那一天，如果做不到，那么签出的提单就不在装运期内，卖方就会面临违反信用证规定（一般信用证上的装运期跟贸易合同的一样）的风险而结不了汇。解决的办法，那时只好找船东倒签提单，但这要费一番周折且船东还不一定会配合，有时甚至被船东趁机敲诈一笔钱。如果碰上市价跌落，狡猾的买方就会借此机会说卖方有商业欺诈行为而拒绝接货，以此来压低价格或索性另寻卖方；要么买方同意了卖方的迟延交货，可是已经不能通过信用证来结汇而必须采用其他结汇方式，这又会产生一笔不必要的费用和风险。

还有的租船人怕船货脱节，于是心想索性把受载期与装运期这两个时间段订立成一样的时间段，事实上这样问题就更大了。首先两个时间段最后结束期限为同一天的话，产生结果如前面所说；第二，贸易合同中的装运期一般都会比较长，通常是1~2个月的时间，长的更有甚者到3个月至半年的，因为卖方考虑到备货进度的问题而不会答应较短的装运期来增加自己完成贸易合同的难度，同时在租约中，船东基于航次的考虑一般不会同意签订较长的受载期，通常受载期都会是10~15天，再长的也就1个月的时间，那如果租船人想根据装运期来订立相同时间长度的受载期，这就会增加找船订租约的难度，船东一般都不会答应，要么就是提高租金来解决这个问题，当然对于租船人就非常不划算了。

还有另外一种情况，也需要租船人加以考虑，就是有一些货物的价格是基于装上船那天的价格为准，例如石油交易就是这样来计算价格的，在价格动荡的时期内，FOB条款下买方已经获知石油价格会跌，那么他就会尽量延后去装运港装货来买到较便宜的石油，如果他在租约中订立的受载期十分靠前接近于装运期的开始，同时受载期不是很长的话，那么他就不能达到他原本的目的了；同样在石油价格暴涨的时候，FOB买方如果把受载期订立在装运期靠后时间段里，那他肯定就会亏大了，面对着不断攀升的价格，越晚一天装货价格就会越高，可想而知，买方的心里会有多么急了！那么有人就会说，我可以尽量按照市场因素来决定受载期将处于装运期的靠前一段时间还是靠后一段时间，可是在国际贸易中一般都会是大宗散货，往往贸易合同要早于租约很长一段时间签订，例如一些粮食、煤矿等，本身在贸易合同中就带着期货的意味，不可能今天签了贸易合同明天就可以交货，价格风险本身就是贸易合同的一部分，租船人要做的就是如何在租约中降低或维持自己有关货物价格的风险，而不是增加自己风险和费用。

那么怎么来确定装运期和受载期呢？要考虑的因素有哪些呢？

订立装运时间时，首先要考虑货源和船源的实际情况。如对货源心中无数，盲目成交，就有可能出现到时交不了货，而形成有船无货的情况。在按CFR和CIF条件出口和按FOB进口时，还应落实好船源的情况，如船源无把握就盲目与船公司成交，或者没有提前留出安排好舱位，货到码头后不能及时装运，则可能会出现到时租不到船或订不到舱位而形成有货无船的局面。逾期装运会给出口商带来风险。其二，买卖合同中的装运时间要明确具体，装运期限应适度留有余地，不要盲目地答应进口商的装运时间，否则最后还是出口商被动。其三应该注意货源问题、商品的性质和特点以及交货的季节性等，如货物的生产时间、发到港口的时间、装运前是否需要第三方检验、是否允许分批装运、去目的港船期等。其四要结合考虑交货港、目的港的特殊季节因素，如北欧、加拿大东海沿岸冬季易封冻结冰，故装运时间不宜订在冰冻时期，反之热带某些地区，则不宜在雨季、台风、暴雨频发期装运等。最后在规定装运期的同时，应该考虑信用证开证日期的规定是否明确合理，因为装运期与信用证的开证日期是互相关联的，两者应该衔接起来才能保证按期装运。

同时在订立受载期时应当考虑的因素是：第一，要了解合同货物的备货进度，需要多少时间能够备好，对 CIF、CFR 卖方比较好办，备货进度都在自己的掌控之中，什么时候备好货，自己最清楚，但是对于 FOB 买方就比较困难来掌控，所以一定要积极及时地向卖方了解、与出口商沟通。第二，要了解装运港的装卸效率，估算装货所需要的天数，要充分了解货物的性质、装运港的天气因素、装卸设备、码头工人的状况等，这些可以向装运港当地的船舶代理或货运代理查询，掌握最准确的第一手资料，不能过分轻信船代等的一面不实之词，有的时候基于自身利益考虑他们会提供可能不够准确的资料。第三，需要了解装港的港口条件，例如有没有出现压港的现象，港口会不会经常出现拥挤或者是码头工人罢工的现象，更有甚者应当考虑该港口所在国的局势或者是贸易形势，还有航运市场的考量，例如某些国家出现战争或动乱，比如最近一段时间我国的贸易形势良好某些港口出现不同程度的压港，或者是某些国家的港口条件太差经常出现长时间压港的现象，租船人在订立贸易合同中装运期的时候这些因素都应该认真考虑在内。在考虑受载期时有这样一个大的原则，就是受载期的天数，在码头装货所需要的天数和在码头等泊或压港预计的天数，这些时间加起来后的日期，要早于装运期的最后一天。最后提醒一点的是，在备货期间就要落实好（尤其是出口的货物）清关所需要的资料，曾经发生过货物已经进港，船舶也已靠泊，但报关时清关资料准备不足、缺少出口报关的手续，或者由于各种原因海关不予放行，最后需向承运人缴纳亏舱费或滞期费。

除了以上几点，还有另外两点有时也需要考虑在内。第一，要注意信用证和贸易合同上面关于装运期的规定，因为信用证上面的规定都会涉及结汇的问题，如果租约上的受载期与信用证上装运期不同步的话，就算货能按贸易合同和租约的规定准时上船，但是也不能向开证行安全结汇。一般来说，信用证上的装运期规定与贸易合同上的一样，只要受载期跟装运期衔接好一般不会出现什么问题，但是也会出现信用证上的装运期与贸易合同的装运期不同的，例如一些循环信用证或是某些贸易公司的信用证即将到期，那订立受载期的时候就要特别小心，毕竟贸易是以获取利益为目的的，而不是纯为了交货的，出口商就要和进口商积极商讨是以贸易合同为主还是以信用证上的规定为主。第二，租船人需要注意船源问题，前面我们探讨的是如何将贸易合同上的装运期跟租约上受载期衔接起来，但是在实际找船的过程，没有这么简单，有的时候还需要跟船东商讨受载期的问题，不是每一条船都能满足特定的受载期的，也要考虑到船舶航次、港口的状况，例如有的时候船东希望受载期能订得晚一点，因为他预计上一个航次还没有完成不能赶在受载期的最后一天到达，那要是正好遇上装运期快结束了，那么租船人就要另寻船舶了；也有船东希望受载期订得早一点，因为船东已经订了下一个航次的租约，租船人的这个租约船东拿来当两个航次之间的短航次来弥补预备航次的费用等。

还有受载期长短的问题，有时船东希望有一个较长时间比较宽松的受载期，比如运价很高，船东很想做这个航次，但是上一航次的卸货港离这个航次的装运港距离较远；而有时也会出现租船人希望订一个较短时间的受载期，遇上比较特殊的货物找船困难，货物已经备齐，却苦于一直找不到合适的船，直到装运期快结束了才找到一条合适的船舶，租船人当然希望能尽快安排货物上船完成交货责任。同时还要考虑到租船人与船东谈判受载期的难易程度，在船东市场的时候，租船人没有太重的发言权，在受载期的订立上会受到较多船东的限制，而在货主市场的时候，情况则会反过来，这些都是取决于租船人在谈判过程中的地位如何。

租船之所以充满挑战性，就是因为其充满了不确定的因素，没有固定程式和模板可套用，在谈判中唯有坚持一些基本原则，又能因时因事因人因地制宜，随机应变，出口商才能立于不败之地。

出口商租船订舱的几个原则：

（1）要与更多的信誉良好的船公司建立长期稳定的战略合作，合作之前应该把未来所有的合作规则双方都说清楚，大家都同意了再开始合作。不要草率地与不了解的信誉不良的船公司合作。

（2）货到码头之前15~20天就开始寻租合适的船，一定要与出口商认证过的信誉良好的船公司联系，对未来是否能够按时到港、按时装船的船只要做到心中有数。

（3）货能够有100%的把握到港口后，再正式寻找（已经认证过的）船公司，合适的即可签约租船，签约租船时出口商必须有人复核租船合同的条款，签约时必须确保货能够按时到达港口，不可由一个负责储运的人员随意签租船协议。租船按序从一装一卸者、信誉良好实力较大者、运费低者择优选择，租船签约时出口商一定要保证能够及时报关装船。签租船协议时，一定要注意签约时船的动态，比如说租船协议规定在天津10天内装船，可是船签约时船还在南美，这种情况这条船其实根本没有把握按时到港装船。签租船协议时如果没有船名，也有一定的不确定性。

（4）要努力确保提单日期早于或者等于L/C的最迟船期。如果不能确保，一定要及时地采取措施（让客户改证，信誉特别良好的客户出保函也可以）。

（5）如果不能确保单证相符，就绝对不能装运，除非信誉特别良好的客户。

（6）一旦和船公司签了租船协议，出口商就必须确保货物能够在规定的时间内到港并完成报关、装运，否则会有很大的争议。我们就曾经遇见过，签了租船协议（2021年11月1~10日），可是货11月2日才备齐，11月3日才报关，结果赔付船公司30万元的滞期费。

案例97：原告A铸管公司（以下简称甲方）就售予C国B公司球墨铸铁管、管件和配件货物的海上运输，于2007年1月17日与D船务公司（以下简称乙方）签订了《海上运输合同》。合同约定承运船舶为"MV ENFORCER"，装货港中国某港，卸货港C国某港，受载期为2007年1月25日至30日，海运费率为FIO条款60.0USD/CBM。合同第十条约定"乙方预计承运船舶在装货完毕后45天内到达卸货港，不可抗力导致的延误除外。如在规定时间内船舶未能到达卸货港而引起客户向甲方的正当索赔，则所有索赔损失由乙方承担"。

2007年2月1日，货物装上承运船舶，D船务公司代表承运人E海运公司签发了已装船清洁提单。提单载明：托运人（原告）A 公司、收货人和通知方均为 C 国 B 公司，装货港中国某港，卸货港 C 国某港，运费预付，原告按照合同的约定支付了上述运费。

承运船舶由第二被告 E 海运公司期租经营，因 E 海运公司未支付租金，该轮抵达中途卸港后，期租出租人决定撤回船舶。原告 A 公司为将货物运抵目的港交予其买方 C 国 B 公司，向期租出租人另支付了运费 345000 美元，船舶继续运至目的港。诉讼期间，D 船务公司更名为 F 运输公司，并继承了原 D 船务公司的权利义务。

原告 A 铸管公司请求判令第一被告赔偿原告第二次支付的海运费 345000 美元及利息；第二被告承担连带责任。二被告均未出庭应诉。在同一海上货物运输中，原告同时为航次租船合同关系中的航次租船人和海上货物运输合同中的托运人，并将航次出租人和海上货物运输承运人两个相对合同方在本案中同时提起诉讼，要求二被告依据不同的合同关系承担连带责任。在原告最终选择航次租船合同关系诉讼后，该诉讼请求能否得到支持？

法院裁判要旨：海事法院认为：本案系因履行航次租船合同产生的争议，是涉外海上运输合同纠纷。依据相关法律海事法院对本案享有管辖权。并依照涉案合同约定及相关法律，适用中华人民共和国法律解决本案的实体争议。

原告与 F 运输公司之间的《海上运输合同》，系《海商法》中的航次租船合同，是双方的真实意思表示，依法成立并有效，被告 F 运输公司作为出租人负有在合同约定的卸货港卸货的法定义务。本案中，因 E 海运公司与船舶期租出租人之间的租金纠纷致使航次租船合同未能全面履行，并不能免除 F 运输公司在该合同项下对 A 铸管公司的违约责任。A 铸管公司另行支付的运费系其为履行贸易合同而产生的合理费用，是因 F 运输公司违约所致，F 运输公司应予偿付，且利息损失亦应予赔偿。

原告与被告 E 海运公司存在提单运输合同关系，原告作为托运人享有对（无船）承运人 E 海运公司的提单项下请求权。但因原告已经选择依据航次租船合同向出租人 F 运输公司行使权利，而 E 海运公司并不构成涉案运输的实际承运人，且无证据表明 F 运输公司与 E 海运公司之间存在其他法律关系，因此，原告主张 E 海运公司承担连带责任并没有事实和法律依据。

综上，海事法院依照相关法律规定，判决第一被告偿付原告运费损失 345000 美元及自 2007 年 4 月 26 日起至本判决确定的应付之日止的银行同期贷款利息；驳回原告对第二被告的诉讼请求。

分析：本案是一起航次租船合同纠纷案件，在涉案海上货物运输中，原告与第一被告之间签订了航次租船合同，双方成立航次租船合同关系；第二被告又作为承运人向原告签发了提单，则原告与第二被告之间又形成了海上货物运输合同（提单运输）关系。由此，原告同时成为航次租船人和托运人，并将航次出租人第一被告和海上货物运输承运人第二被告同时提起诉讼，要求两被告依据不同的合同关系承担连带责任。原告在诉讼中最终选择了航次租船合同关系，其两项诉讼请求能否都得到支持？

在海上货物运输过程中，会存在着不同的甚至是复杂的法律关系，如海上货物运输合同关系（包括提单运输合同关系）、航次租船合同关系、定期租船合同关系、光船租赁合同关系以及各种代理合同关系，租船合同关系和代理关系甚至会存在几重关系并形成关系链。面对这样复杂的关系群，当事人起诉时，首先需要将各种关系梳理清楚，并且选择其中一种合同关系向合同相对方主张权利。

在选定一种合同关系后，其他合同关系的相对人便不再承担该种合同关系下的权利和义务；在法律没有明确规定的情况下，也不承担连带责任。本案中在原告选择航次租船合同关系后，承担责任的应当是第一被告航次出租人。

关于第二被告应不应当承担连带责任的问题，依据《海商法》第六十三条的规定，实际承运人也负有赔偿责任，应当在此项责任范围内同承运人承担连带责任。因此，只有在第二被告是涉案海上货物运输中的实际承运人并对原告的损失存有过错、应当承担责任时，其才会承担连带责任。但本案中，第二被告并不是实际承运人，而只是涉案船舶的定期租船人，法律并没有定期租船合同的出租人与航次租船合同的出租人向航次租船合同的承租人承担连带责任的规定。因此，本案中，第二被告不应与第一被告承担连带责任。

为了确保商业活动的正常运转，各自的履约能力是首选考虑的因素。总结如下：

（1）货主应该尽可能地选择原船东直接签署合约，船公司的信誉和实力是最重要的选择因素，以避免中间被皮包公司的二船东诈骗或无力履约的情况。通常的做法是核查船东的船舶国籍证书或所有权证书。最好是该证书的权利人作为签约方，签署合同最为可靠。当然，在海运操作过程中，原船东往往不会直接参与经营，面临转租情况，因此选择实力可靠的船舶经营人是非常重要的。切记不要轻易和一些市场上不知名的、信誉较差的、有坑蒙拐骗行为的二船东签署运输合同。若一旦签署，最好查清其中的租约链条，并得到原船东的认可，或者把运费直接支付给原船东，然后由原船东把运费（差价）余款由原船东转给二船东，从而避免航次租船人二次支付运费的尴尬局面，也杜绝一些皮包公司的二船东的诈骗可能。

（2）船东在签订期租合同或作为承运人签署航次运输合同时，也应该对租船人进行慎重而仔细的考量，对其背景和履约能力有所审查，特别是近期的合同执行情况进行调查，以及期租船租船人的财务状况、资产状况等的审核。对于航次租船，船东收取运费，当然可以根据运费是否到账控制提单的签发，避免中间人收取运费逃跑。最好的办法是船东与直接的发货人或收货人签署航次运输合同。

（3）货物数量（5000 t 以上）较大时，签约前一定要全面了解情况，包括船东、船代（资信）的情况，如果不清楚，一定要小心谨慎。要优先选择信誉良好、有一定实力、口碑较好、公司成立时间比较长的船公司。

8.4.4 装运港和目的港

买卖双方根据本身的利益来确定装卸港口，因此在洽谈交易的时候，一般情况下由卖方提出装运港而买方提出目的港，然后双方协商达成一致意见。

（1）装运港一般应以接近货源所在地的外贸港口为宜，同时考虑港口和国内运输的条件及费用水平。当然，有些客户为了迎合不同港口海关清关文件或审单不同而走政策的擦边球，故意选择远离货源地的港口出运或进口，以期获得更高的利益。这只是投机行为，不可取、不鼓励。

（2）目的港应规定得具体明确，避免使用"欧洲主要港口"等笼统的规定（比如在集装箱运输中，我们经常会说欧基港，然而有多少老外贸人员知道欧基港是哪些港口，况且新入行的外贸新手知道的就更少），因为它含义不明，国际上并无统一解释，而且各港口距离远近不一，运费和附加费相差很大，会给安排船舶造成困难，且容易造成多支付运费发生不必要的纠纷，况且，每个国家对于同一类产品的进口清关手续也有差异。

（3）直航和转船（多为集装箱运输）：有些买家为了赢得时间，往往会要求卖方预配船舶时选择直航船。然而，往往有些目的港口根本没有直航船到达，为了完成贸易合同，卖方则会选择转船来完成运输任务。货代公司为了配合卖方完成运输任务，采取的方式就是在提单上只显示远洋（Ocean Vessel）船舶的名称、航次。如果不能保证有直达船的，签约时和 L/C 上一定要注明允许转运（Transshipment Allowed）。

8.4.5 允许分批装运和允许转船

分批装运（Partial Shipment）是指将一笔成交的货物，分若干批装运。如出口 5000 台空调机，分两批装运出口，每批装运 2500 台。转船（Transshipment）是指货物没有直达船或一时无合适的船舶运输，而需通过中途港转运的称为转船。如广州运输到委内瑞拉的圣费利克斯港口的货物，广州港没有直达航线，可先运达中国香港，在中国香港转运到达圣费利克斯港。

出口实务中买方一般允许转船但不允许分批装运，如 "Partial Shipment not Allowed，Transshipment Allowed"（分批装运：不允许；转运：允许）。

一般来说，允许分批装运和允许转船，对卖方比较主动。国际商会《跟单信用证统一惯例》规定，除非信用证另有规定，可准许分批装运和转船。如果一个合同出口的数量比较大、规格比较多，最好可以分批装运、可以转运、可以集装箱、可以散货，这样对出口商比较有利。如果出口数量较大、规格较多、运行不分批装运，出口方往往非常被动。

案例 98：2011 年 7 月，某进出口公司代理某工厂与 A 国某公司就进口乳胶制品生产线项目签订了合同。合同规定：价格条件为 CIF 新港；合同金额：USD 1276000.00 元；交货期为 2012 年 7 月 31 日以前，一批交货，不允许转船；支付为 10% 货款电汇预付，80% 即期信用证，10% 尾款汇付。

2012 年 6 月，外方要求推迟交货 4 个月，并要求允许分批装运、允许转船。经反复洽商，工厂坚持接受外方要求并指示外贸公司改证，取消合同中的设备预验收条款（进口合同签订时写明代理公司验收，故工厂单方面对外表示接受有效）。无奈之下，我外贸公司同意修改合同，同时对信用证条款作了相应修改。

2012 年 11 月 18 日，卖方完成最后一批交货，并议付了信用证款项，然而由于转船接货衔接失误等原因，最后一批货物直至 2013 年 5 月初才运抵工厂。商检结果表明，外方所交货物有严重的零件短少。2013 年 7 月始双方技术人员开始安装，又不断发现设备有多处设计制造缺陷和错误。由于安装中大量的改造、修补工作，致使原定 3 个月的安装工程历时 5 个多月，投入了大量人力、财力才勉强完成，但整个生产线仍不能正常运行。

经对外方所交货物进行分析，可看到其所提供的设备只有少部分系 A 国设计制造，而大部分则是购买其他国家二手设备翻新的，整条生产线是拼凑而成，故缺陷、错误问题百出。

2013 年 12 月至 2014 年 6 月，我方不断与外方联系要求其予以技术上的支持，但效果甚微。我方于是要求其予以经济补偿，反复交涉未果。

2014 年 11 月，我方正式将此案提交中国国际经济贸易仲裁委员会申请仲裁，2015 年 10 月仲裁委在北京就此案开庭审理，并于 10 月 25 日作出裁决，限期外方自负费用派出人员并提供原料与我方共同完成设备的调试运行，但外方拒不执行。

2016 年 6 月 14 日仲裁庭作出裁决，裁定外方赔偿我方经济损失计 USD350330.00 元；RMB394559.00 元。

至此，我方的实际经济损失已逾人民币千万元。不仅如此，还由于项目两年多的拖延，此项目的产品失去了市场机会，使我方失去了巨大的预期市场利润。后虽经我单方努力使设备投入生产运行，但产品质量指标仍达不到合同要求，产品已失去竞争力，而企业此时已不堪重负，濒临破产。

分析：本案导致我方损失的主要原因在于：首先洽谈之前对供应商的资质缺乏全面的考察认证和了解，如果供应商的信誉实力能力都不良，这笔合同条款即使谈的再严谨，结果也不会太好，大的设备尽量与设备的制造企业直接洽谈为好。其次接受外方分批装运、允许转船的要求；放弃了我方赴制造现场进行预验收的权利，结果给外方造成以次充好拼凑设备的机会，我方却无从发现，给安装工程留下隐患。转船又引起到货延迟，交接货衔接困难，不仅造成了我方的仓储、滞报费用损失，而且严重地延误了整个工程的进程。

成套设备（生产线）进口合同的主要特点是合同金额大、货物技术含量高、执行周期较长，即项目投资大、投资回收周期长。因此，按期顺利投产是收回投资取得预期利益的基本保障，对谈判、签约及执行过程中的每个环节都应尽量作到心中有数，并力争强化我方对项目进程的可控制性。在成套设备（生产线）进口项目中如能作好以下几点，则可避免上述案例中所发生的风险损失：

（1）在谈判时力争以 FOB 价格成交。在 FOB 价格条件下，货物承运人由我方委托。一方面，通过承运人我方可随时掌握货物交运情况，利于整个工程进度的安排。另一方面，我们可选择有能力的承运人负责海陆全程运输，从而避免运输衔接失误造成的时间、费用损失。

（2）我们如果是进口方，要尽量坚持不允许分批装运、不允许转船的条款。分批装运会给外方造成作弊的可乘之机，并可能使我方失去对设备在制造厂家进行预验收的条件，给后续工作留下难以弥补的设备质量问题。允许分批装运减少了外方的仓储费用，但却造成了我方运输、进口报关、商检、卫检等手续及仓储费用的增加。允许转船则会造成到货交接的困难，引起不必要的损失；一旦发生货损时，索赔工作也会由于转船而变得更加困难。故在合同商订及执行中切不可允许分批装运、转船。

（3）认真对待设备预验收条款及执行。成套设备（生产线）进口合同中，标的多为技术含量较高的专用设备，在技术性能上大多根据我方的不同要求而专门设计制造，很多部件的设计制造都是全新的，发生设计上的缺陷、制造上的错误在所难免。这些缺陷、错误，以及零部件的短少，可在设备预验收的安装、试运行中及时发现，即可在现场进行改造、修整。这样就提高了交货质量，并为到货后的安装、调试工作扫清了障碍，保证设备（生产线）项目的顺利完成。因此对设备专用性较强的进口合同，应坚持签订对设备在制造场所进行试运转的预验收条款并切实执行。当然预验收的主要任务是针对生产线上关键部分进行，辅助装置及非关键部位的运行，验收则可根据外方现场条件酌情处理。另外，若时间衔接安排适当，预验收工作还可起到监装的作用，避免象征性交货的风险损失。

（4）签约之前的调查研究，全面了解对方的情况，做到知己知彼，非常重要。

散杂货装卸条款也称散杂货运输条款，每一项条款都对承租人与出租人运费支付（收取）及相关责任划分进行了界定。通常与船东签订租船合同时会确定装卸条款，主要条款有如下几种：

（1）班轮条款（Full Liner Term，FLT），是指由船舶所有人负责雇佣装卸工人，并负责支付装卸及堆装费用。目的港卸货费一般为每吨 2~5 美元不等。

具体地讲，在装货港，承租人只负责将货物送至码头、船边，并置于船舶吊钩之下，船舶所有人则在船舶吊钩所及之处接收货物在卸货港，船舶所有人负责在船舶吊钩之下交付货物，承租人则在船舶吊钩之下接收货物。至于费用的划分也完全以此为标准。

在航运实践中，有人误认为只要合同中订立了班轮条款，则此种运输就完全应按照班轮运输的条件来进行，其实不然。所谓的班轮条款，仅仅是在装卸费的分担问题上仿效了班轮的做法，即由船舶所有人承担装卸费用，而不涉及其他的权利和义务。

海运费包含起运港的装货费和目的港的卸货费，该条款一般用于小票的设备类货物，通常是一些知名的班轮散杂货船东签约使用，俗称班轮条款。

虽然运输条款签订了 FLT，但仍有相关事项需要引起外贸人员的注意：

1）备货完毕：受载期之前必须按照承运人要求备好货，并将货物运抵港口；

2）通关放行：最好在船舶靠泊前完成报关，有些港口海关允许货物装船后报关，可一旦遭遇海关查验就比较麻烦；

3）如果是出口 FOB 贸易条款，一般都是由买家租船，但也有买家委托卖家代为租船，但无论哪一方租船，必须在合同中确定货物抵达船舶吊钩下还是越过船舷，否则按照集装箱惯例越过船舷的话，就无形增加了一笔装船费用；

4）如果是出口 FOB 贸易条款，即便合同中约定货物越过船舷，但仍需要明确货物的舱内加固费用，对于某些大宗货物，加固和垫料也是一笔不小的费用。

（2）管卸不管装（FILO），出租人不负担装货费用条款（Free In 其实我们一般用作 FILO 就是 Free In and Liner Out 俗称"管卸不管装"）。出租人不负担装货费用条款（FILO），又称舱内收货条款。在这一条款之下，船舶所有人在装货港只负责在舱内收货，装货费用由承租人负担，而在卸货港所发生的费用则由船舶所有人负担。通常情况下，承租人也要承担货物入舱后的加固及垫料费用。

（3）管装不管卸（LIFO），该条款又称舱内交货条款（LIFO）。按照该条款，在装货港由船舶所有人支付装货费，在卸货港船舶所有人只负责舱内交付货物，而卸货费则由承租人负担。海运费包含起运港的装货费（及加固和垫料费），不含目的港的卸货费。

（4）不管装不管卸（FIO），出租人不负担装卸费条款（FIO），又称舱内收、交货条款。在此种条款下，船舶所有人只负责在舱内收、交货物，在装卸两港由承租人雇佣装卸工人，并承担装卸费用。

仅是纯海运费，未包含装货费和卸货费，该条款一般适用于大宗货物签约使用，货主通常和起运港、目的港有一些长期港口装卸约价，能够拿到更优惠的港口费。

在与船东的租船合同中确定好条款后，作为货代（或货主）向起运港船代订舱（或递载）时要明确告知，以便船代向港口申报港使费用。

（5）不管装卸、积载及平舱费用条款（FIO ST.），在运输大件货物时，合同中应明确"绑扎"（Lashed）的字样，以表明船舶所有人不负责绑扎费。同时，如果上述规定后加上"垫舱"（Donnages）的字样，表明出租人除了不负责上述费用之外，还不负责垫舱费用。

此外，CQD，英文全称 Customary Quick Despatch，中文叫：港口习惯速度，是租船业务中的术语，属于装卸率条款中的内容。一般船东不愿意接受此条款，因为要承担很大的风险。比如压港情况下船期损失只有船东承担了。所以一般船东都坚持要有装卸率。但如果货主或租船人不了解某些港口装率或卸率，或想把风险转嫁给船东，那就坚持定这个条款。不过，事前船东会了解这个港口的装或卸的情况，也会在提供的报价中考虑这个因素。

和 CQD 这个术语对应的是 Detention（滞期费），就是在 CQD 条款下，如果因为货未备好而影响的船期，要根据 Detention 来向货主或租船人索赔损失。除非船东对装卸港与航线都很了解的情况而货物本身很有吸引力，以及对租家很放心的情况下才会做 CQD，否则一般不会接受的。

8.4.6 拟订货物运输条款应注意的问题

装运期的规定应该明确、具体，装运期的规定不应使用诸如"迅速""立即""尽快"之类词语，如使用此类词语，按 UCP600 的规定，银行将不予置理。同时，装运期长短要适中，太长可能会影响出口商资金周转，市场行情变化也可能影响合同的履行，产品的检验要求和仓储费增加也不利于出口商；装运期太短，不利于备货、报检报关、租船订仓。

案例99：我 A 公司与某国 B 公司于 4 月 5 日按 FOB 广州成交，出口钢材一批，交货期限为不迟于 5 月 28 日。B 公司于 4 月 8 日开来信用证，证中的装运期没具体规定，只是要求 A 公司立即装运出口。A 公司于 5 月 20 日装运出口，凭单向 B 公司索取货款，但 B 公司提出异议，认为信用证已经明示"立即装运"，A 公司最迟应在 4 月底装运，5 月装运属于单证不符，因此，B 公司拒付货款。

问：B 公司是否有理？为什么？

分析：B 公司拒付货款没有道理。双方达成的交易中规定交货期限为不迟于 5 月 28 日，开来的信用证中没有明确具体的装运期限，只有"立即装运"字样。按 UCP600 的规定，装运期的规定不应使用诸如"迅速""立即""尽快"之类词语，如使用此类词语，银行将不予置理。因此，本案可认为装运期限仍然为签约时双方约定的不迟于 5 月 28 日。信用证如果有不明确的和含糊不清的条款，客户信誉又不了解的情况下，这些条款可能未来造成单据不符，客户有可能拒付，出口商就应该要求买方严格地按照合同的约定改证，改证完成后出口方再开始履行合同。

对目的港的要求：

（1）目的港和目的地必须明确、具体。目的港规定不明确具体，有可能产生误解，增加不必要的费用。

（2）合同中规定以海上运输方式交运的交易，货物运往目的港无直达班轮或航次很少的，合同中应规定允许转运的条款。

（3）目的港必须是船舶可以停泊的港口。对内陆国家的贸易，而又采用 CIF 或 CFR 条件的，一般应选择距离该国最近的、买方能够安排船舶的港口为目的港。在采用多式联运情况下，除非联运承运人接受全程运输，一般不接受以内陆城市为目的港的条件。

在规定目的港时，双方应注意港口是否有重名的问题。凡有重名的港口或城市，应加注国名，在同一个国家有同名港口或城市名字，应注明所在国家的区位，以防发生因漏注而错运货物的事故。

（4）如果目的港口是一个大的港口，客户还要求货物必须要到某个泊位或者作业区段，事前双方应该反复认真地协商，无误后再签约开证。

案例 100：我某公司接加拿大 T 公司传真，欲以 CIF 魁北克每公吨 950 加元向我公司购买某商品，2018 年 12 月装船，不可撤销即期信用证付款。

问：对此条件，我公司应如何考虑并如何答复为宜？

分析：魁北克在加拿大东岸，且属于季节性封冻港口，对目的港定为魁北克、12 月装船的条件实难接受。此外，魁北克属加拿大 OCP 地区，因此我方最好的办法是让对方改报 CIF 温哥华 OCP 魁北克价。

UCP600 对分批装运和转船的规定：

（1）UCP600 第 31 条对分批支款或分批装运的规定：

1）允许分批支款或分批装运。

2）提交的数套运输单据中表明货物系使用同一运输工具并经由同一路线运输，即使运输单据上注明的装运日期不同或装货港、接受监管地、发运地点不同，只要注明的目的地相同，将不视为分批装运。如果提交的单据由数套运输单据构成，在所有单据中注明的最迟一个发运日将被视为装运日。

即使运输工具在同一天出运并开往同一目的地，只要提交的数套运输单据中表明货物系在同一种运输方式下使用不止一个运输工具运输，就被视为分批装运。

案例 101：我 A 公司向国外 B 公司出口某空调机 1000 个 20 ft 集装箱，信用证付款。考虑到商品季节性强，外商信用证中要求一次装运出口，不准分批。由于生产任务重，且订舱的时间较晚，符合装运期限的"华美"轮和"东华"轮剩余的舱位没有一条能装载全部的 1000 个集装箱。A 公司认为两轮都是同一天开往同一目的港，于是，在两轮分装各 500 个集装箱。

问：我方处理是否妥当？

分析：我方处理不妥。UCP600 第 31 条规定：即使运输工具在同一天出运并开往同一目的地，只要提交的数套运输单据中表明货物系在同一种运输方式下使用不止一个运输工具运输，就被视为分批装运。本案中，我方分两条轮船装运货物，属于分批装运，与信用证规定不符，银行可拒绝支付货款。对于成交量大、季节性强的出口货物，出口公司应提前订舱，类似本案违约的情况，对出口商造成的损失将十分严重。

签约之前出口商应该和船公司反复协商，研究 1000 个集装箱一次（一船）发运是否可以？如果确实不可能，则要说服客户接受允许分批。如果进口商不同意只能放弃此订单。签约时不要勉强，要有 100% 的把握再签约是最重要的原则。

含有一份以上快递收据、邮政收据或投邮证明的交单，如果所提交的单据在表面看来由同一地点的快递机构或邮政机构在同一日期加盖印章或签署并且发往同一目的地，则提交一份以上快递收据、邮政收据或投递证明将不视为分批装运。

（2）UCP600 第 32 条对分期支款或分期装运的规定：信用证规定的在特定期限内分期支款或分期装运，如果其中任何一期未按信用证所规定期限支款或装运，则信用证对该期及以后各期均视为无效。

案例 102：我 A 公司向国外 B 公司出口某商品 15000 箱，合同规定 1~6 月分数批装运，不可撤销即期信用证付款。合同签订后，B 公司按时开来信用证，装运条款规定为"最迟装运期 6 月 30 日，1~6 月按月等量装运，每月 2500 箱"。我方实际出口时，1~3 月份交货正常，我方顺利结汇，4 月份因船期延误，拖延至 5 月 3 日才实际装运出口，海运提单倒签为 4 月 30 日。5 月 5 日我公司在同船"吉庆"号又装运 2500 箱。开证行收到单据后来电表示对这两批货拒付货款。

问：我方有何失误？开证行拒付是否有理？

分析：开证行拒付有理。我方的失误及开证行拒付的依据是：（1）4 月份我方未装运，实际延至 5 月 3 日才装运，为掩人耳目倒签了提单，这种侵权的做法不当欠妥，属于商业欺诈。（2）UCP600 规定，信用证中规定期限定量分批装运时，如任何一批未按规定装运，本批及以后各批均告失效。本案中，自延误的 4 月份起信用证即告失效，银行当然拒付。（3）UCP600 规定，同船、同航次、同目的地的装运不视为分批装运，显然与信用证"1~6 月按月等量装运，每月 2500 箱"的要求不符。综上所述，开证行有权拒付。

出口商尽量不要急于签订大的、长期的、对出口商有严格的苛刻要求（长期的价格固定、准确的时间、很短的交货期、船龄要求、单据特殊要求、装船前买方安排检验、每月严格的装运数量等）的合同。特别大的订单，可以先和进口商签一个意向书，然后再签每个具体的、可以很快交货的、数量不太大的小合同。这样万一有不测，双方都可以接受，如有不顺利双方损失也不大。

如果签约后出现意外情况，出口方应该把真实情况坦诚地告诉进口方，双方达成共识后，最好签署补充协议后，再继续履行合同。如果出现意外，双方不能达成共识的，应该取消合同。出口方如果有意外情况发生，不应该掩盖事实真相，一般情况下，好的客户、真需要这批货的客户，会理解出口方的一时困难，会予以积极配合的。

9 国际货物运输保险

在国际贸易中，买卖双方地域跨度较大，货物一般要经过长途运输，中间还要经过储存、转运、装卸等环节，有时还会遭遇各种风险（台风、海啸、海盗、战争、触礁、船损坏、沉船等）。通过上保险，当货物在运输中遭受承保范围内的损失时，被保险人可以得到保险公司的赔偿，从而把损失降到最小。

9.1 国际货物运输中的风险、损失与费用

9.1.1 风险

风险是指国际货物运输中货物损失的起因，风险不同造成的损失也不同。国际货物运输中可保险的风险分为海上风险与外来风险。

9.1.1.1 海上风险（Perils of the Sea）

海上风险又称海难，包括海上发生的自然灾害和意外事故。

（1）自然灾害（Natural Calamity）：自然灾害是指由于自然界的变异引起的破坏力量所造成的现象，如恶劣气候、雷电、海啸、地震、洪水、火山爆发等人力不可抗拒的灾害。台风多发的季节，防台抗台成了港口人肩上最重的担子。即使预防措施做到百无一失，但在"天有不测风云"的情况下，还是难免出现货物受损。货物在港口码头堆场存放，因为台风等引发潮水受损，是否构成法律上的不可抗力因素，港口经营人是否需要进行经济赔偿？让我们在一系列真实案例中做出评判。

案例103：A公司诉B公司港口作业合同纠纷案/天津海事法院/（1998）津海法商初判字第×××号。

裁判摘要：风暴来临后，虽然国家海洋预报台发出预报，但在目前的科学技术条件下，从发出预报至货物受损时，港口经营人已经无能力保障应当由自己保管的全部货物的安全。因此货物损失，仍然属于不能避免的不可抗力造成。

一审法院驳回原告A公司的诉讼请求，天津市高级人民法院维持一审判决，二审认为：法律上所称的"不可抗力"，是指不能预见、不能避免并不能克服的客观情况。9711号风暴来临后，虽然国家海洋预报台发出预报，但在目前的科学技术条件下，从发出预报至上诉人A公司的货物受损时，被上诉人B公司已经无能力保障应当由自己保管的全部货物的安全。因此A公司的货损，仍然属于不能避免的不可抗力所致。B公司以9711号风暴已经有预报，不属于不能预见，因此认为其货损不是不可抗力造成的上诉理由，缺乏法律依据，不予支持。B公司作为港口经营人，在收到9711号风暴潮预报后，已经组织了大量人力和机械设备加快装船和搬倒疏运货物，尽到了港口经营人的职责。由于受降雨并伴有大风天气以及时间、机械设备、货物性质等因素的限制，对包括A公司货物在内的一些

怕遭雨淋或存放场地标高较高的货物未进行搬倒，是合理的不作为，故 B 公司对 A 公司的货损依法不承担责任，B 公司的答辩意见应予采纳。一审判决认定事实清楚，适用法律正确，应予维持。据此，该院判决：驳回上诉，维持原判。

案例 104：A 公司诉 B 公司海上货物运输合同纠纷案/广州海事法院/（2011）广海法初字第×××号。

法院判决认为，本案造成货损的风暴潮并非不能预见，而是可以预见的。本案并无证据显示作为掌管涉案货物的被告，对此引起足够重视，并采取足够的措施予以防范和应对，而作为受被告委托履行保管义务的 C 公司在风暴潮来临的当天才采取应对措施，显然也是不够重视，措施也不够及时，故被告对损失结果的发生，并非不能避免并不能克服，而是由于疏忽大意或轻信能够避免所致。被告称因台风造成损失，其对损失不承担责任的抗辩，应予驳回。

案例 105：A 公司诉 B 公司和 C 公司海上货物运输合同货损纠纷案/广东省高级人民法院/（2004）粤高法民四终字第×××号。

独立审判员判决认为，被告 B 公司和 C 公司以本案货损属不可抗力为由主张对货损免责，应对不可抗力事由的成立承担举证责任。不可抗力是指不能预见、不能避免并不能克服的客观情况，在台风来临之前，湛江海岸电台已发出台风警报，C 公司应提前做好合理的防台措施，在码头进水的情况下还应及时地将放置在堆场内的集装箱转移到相对安全的地方，避免货物长期在海水中浸泡以减少损失。C 公司没有举证证明其积极采取了防台措施及在码头进水后采取了应急措施，故两被告以不可抗力为由主张免除责任的抗辩不能成立。本案二审维持原判。

案例 106：南京 A 五金公司诉上海 B 仓储公司和 C 物流公司等海上货物运输合同纠纷案/广州海事法院/（2009）广海法初字第×××号。

合议庭一致认为，涉案货物受损是由于强台风"黑格比"导致的风暴潮进而引发洪水浸入 C 物流公司的仓库所致。关于"黑格比"强台风对广州的影响，新闻媒体及气象部门在台风到来之前已经大量预报，对于该次台风可能造成的影响，作为专业的仓储公司和物流公司，B 公司和 C 公司应当比一般市场主体具有更专业的预见能力，因此，B 公司和 C 公司可以采取提前投保、转移物品等必要措施避免和减少损失发生，但 C 公司没有履行《海商法》第四十八条关于"承运人应当妥善地、谨慎地装载、搬移、积载、运输、保管、照料和卸载所运货物"的义务。由于涉案货损的发生具有可预见性和可避免性，B 公司提供的证据不足以证明"黑格比"台风与涉案货损之间存在直接的因果关系，因此，涉案货损不是由于《海商法》第五十一条规定的承运人不负赔偿责任的原因所造成。B 公司和 C 公司主张涉案货损是由不可抗力所致没有事实依据，不予支持。

案例 107：某保险公司诉某集装箱班轮公司上海分公司通海水域货物运输合同纠纷案/上海海事法院/（2013）沪海法商初字第×××号。

本案主要争议焦点在于涉案货损是否因不可抗力而造成。根据法律规定，不可抗力是指不能预见、不能避免并不能克服的客观情况。构成不可抗力应当同时符合三个"不能"要件。

首先，不可抗力应当具备不可预见性。"不可预见"可分为两类，一类是根本不能预见的客观现象，另一类是不能准确预见的客观现象。后一种情况是指可以在一定程度上进行预见但不能准确、及时地预见其发生的确切时间、地点、延续期间、影响范围等的客观现象。洪水即属于可以在一定程度上进行预见但不能准确预见的客观情况。

官方网站不断调整的水位预告说明了水文观测部门对于洪水的预测尚不能完全准确预知，那么，作为承运人和港口经营人等普通公众更不可能在收到第一次预警时即预见洪水可能超出预报水位 2.56 m。原告关于承运人和港口经营人应当预见实际水位会超出预报水位的主张，明显超出了普通民事主体的一般认知能力与预见能力，法院对其主张难以支持。

其次，不可抗力应当具备不能避免的特性。不能避免是指对于不可抗力事件的发生，当事人虽然尽了合理的注意，仍不能阻止这一事件的发生。现有证据显示，洪水退去后，寸滩水位站发布水位说明，2012 年 7 月 24 日重庆新港实际最高水位超过新港码头岸线约4.09 m，承运人及港口经营人尽管收到预警，也无法采取措施阻止超过码头岸线 4 m 多的洪水漫上集装箱堆场平台，因此，本案洪水淹没新港集装箱堆场是不可能避免的客观事实。

最后，不可抗力应当不能克服。本案的港口经营人在收到洪水预警后，立即制定方案采取抗洪抢险措施，停止所有的空、重箱进场作业，通知货主将可能提取的重箱提出堆场；对不能离场的重箱进行翻倒箱作业，把空箱放置到第一、二层，尽可能调整重箱到第三层；尽快将在港作业的两艘船舶完载离港；系固箱体等。从 2012 年 7 月 22 日 13：00 时收到预警，到 7 月 23 日 11：50 时洪水越过码头岸线，集装箱平台进水断电，港口经营人在近 24 h 的时间内，组织了大量人力和机械设备完成了两艘在港船舶及海关设备的安全转移、44 个集装箱的重箱出港、500 多个集装箱的搬移作业。抢险工作一直持续到港区全面停电无法作业。为了尽可能多地调整重箱到第三层，港口经营人甚至放弃了一辆集装箱拖车出场避险的机会，以该车被淹没报废的代价换取了更多集装箱货物的安全。经过港口经营人的抗洪抢险作业，在堆场的 809 个集装箱中有 683 个集装箱完好无损（其中包括涉案 19 个被放置在第三层的集装箱）。可以说，港口经营人对于其保管下的货物采取了适当及时的保护措施，尽到了其应尽的职责，也取得了较好的效果，有效地降低了整体货物的受损率。不能因为堆场内整体货物中一部分集装箱货物受损，就认定港口经营人采取的抗洪抢险措施不当。由于受时间、场地、设备等因素的限制，包括涉案货物在内的一些集装箱货物受损，是港口经营人无法克服的。港口经营人已经对其保管货物的安全尽到了努力，涉案 14 个集装箱受损确实发生在港口经营人无法克服、无法抗拒的情况下，承运人和港口经营人对涉案货损没有主观过错。两被告的答辩意见，法院予以采纳。

综上所述，涉案货损的致损原因构成了法律规定的不可抗力，某集装箱班轮公司作为承运人，其上海分公司作为承运人的签约代理人，依法不承担赔偿责任。

（2）意外事故（Fortuitous Accidents）：意外事故是指船舶搁浅、触礁、沉没、失踪、互撞或与其他固体物如流冰、码头碰撞以及失火、爆炸等意外原因造成的事故或其他类似事故。

9.1.1.2　外来风险（Extraneous Risks）

外来风险是指海上风险以外的其他外来原因所致的风险。外来风险可分为一般外来风险和特殊外来风险两种。

（1）一般外来风险：一般外来风险是指由偷窃、雨淋、破碎、串味、钩损、锈损、渗漏、沾污、受潮受热、短量、包装破裂等原因所致的风险。

（2）特殊外来风险：特殊外来风险是指由于军事、政治、国家政策法令和行政措施等以及其他特殊外来原因，如战争、罢工、交货不到、被拒绝进口或没收等所致的风险。

9.1.2 损失

可补偿的海上损失是指被保险货物在海洋运输途中，因遭遇海上风险所引起的损坏或灭失。按照各国海运保险业务习惯，海上损失也包括与海运连接的陆上运输和内河运输过程中所遇到的自然灾害和意外事故所致的损坏或灭失。海上损失按损失的程度可分为全部损失和部分损失。

9.1.2.1 全部损失（Total Loss）：

全部损失是指被保险货物在海运过程中，由于海上风险所造成的损坏或灭失。全部损失可分为实际全损和推定全损。

（1）实际全损（Actual Total Loss）：实际全损是指被保险货物全部灭失或完全变质而失去原有价值或不可能归还被保险人。如船舶触礁后船货同时沉入海底；大豆被海水浸泡后又被日晒变质；船舶失踪已达2个月以上仍无消息（我国《海商法》规定）等。

（2）推定全损（Constructive Total Loss）：推定全损是指货物发生事故后，认为实际全损已不可避免，或者为避免实际全损所支付的费用与继续将货物运抵目的港的费用之和超过了保险价值。如果由于保险责任范围内的原因造成货物的损失虽未达到全部损失的程度但为挽回损失而采取措施的支出大于全部损失的情况下，要求保险公司按全部损失给予赔偿时，被保险人必须向保险公司办理"委付"手续。所谓委付（Abandonment）就是被保险人将被保险货物的一切权利转让给保险人，并要求保险人按全损给予赔偿的行为委付必须有保险人明示或默示的承诺方为有效。

案例 108：我国 A 公司与国外某公司按 CIF 旧金山成交出口一批布料。货轮在海上运输途中，因触礁舱底出现裂口，舱内存放的 A 公司的布料全部严重受浸。因舱内进水，船长不得不将船就近驶入避风港修补裂口。如果将受水浸的布料漂洗后，再运至原定目的港旧金山所花费的费用已超过该批布料本身的价值。

问：该批布料的损失属于什么性质的损失？

分析：该批布料的损失应属于推定全损。当损失发生时，为挽回损失对被保险货物采取措施的支出超过全部损失的情况下，可要求保险公司按全部损失给予赔偿。

9.1.2.2 部分损失（Partial Loss）

部分损失是指被保险货物的损失没有达到全部损失的程度。我国《海商法》第247条规定，凡不属于实际全损和推定全损的损失为部分损失。部分损失分为共同海损和单独海损两种。

（1）共同海损（General Average）：共同海损是指载货船舶在海上运输途中遭遇灾害、事故，威胁到船、货等各方的共同安全，为了解除这种威胁，维护船货的安全，或者使航程得以继续完成，由船方有意识地、合理地采取措施而作出的某种牺牲或支出某些特殊的费用，这些损失和费用叫共同海损。

共同海损的成立必须同时具备以下条件：

1）船方采取紧急措施时，必须确有危及船、货共同安全的危险存在，不能主观臆测可能有危险发生；

  2）船方所采取的措施必须是有意的、人为的、合理的；

  3）所作出的牺牲或支出的费用必须是额外的，是在非正常情形下产生的；

  4）构成共同海损的牺牲和费用支出，最终必须是有效的。

  共同海损的牺牲和费用都是为了使船舶、货物和运费免于遭受损失而支出的，因而应该由船方、货方和运费方按最后获救的价值共同按比例分摊，这种分摊叫作共同海损分摊。

  （2）单独海损（Particular Average）：单独海损是指除共同海损以外的意外损失，即由于承保范围内的风险所直接导致的船舶或货物的部分损失。

  单独海损和共同海损的区别主要有：

  1）造成海损的原因不同，前者是保险范围内的风险所直接导致的损失，后者是为了解除或减轻风险而人为造成的损失；

  2）承担损失的责任不同，前者由受损方自己承担，后者由获益各方按获救价值的大小按比例分摊。

  案例 109：我国 A 公司与某国 B 公司签订出口 2500 t 冷卷的 CIF 合同，次年 1 月装运。合同签订后不久，A 公司收到信用证后及时装运。载货船只"雄狮号"于 1 月 21 日驶离上海港。A 公司为这批货物投保了水渍险。1 月 30 日"雄狮号"途经达达尼尔海峡时起火，船长指令喷水灭火，造成部分冷卷浸泡生锈。

  问：（1）海运途中冷卷湿毁属于什么损失？（2）以上各项损失可否向保险公司索赔？

  分析：（1）海运途中湿毁的冷卷损失属于共同海损，因为船舶和货物遭到了共同危险，船长为了共同安全，有意且合理地引水救火造成了冷卷被湿毁，此损失属于共同海损。（2）以上两项损失均可向保险公司索赔，保险公司应予赔偿，因为水渍险的保险责任范围包括由自然灾害或意外事故所致的单独海损，也包括共同海损。

9.1.3 费用

  费用是指被保险货物遇险时，为防止损失的扩大而采取抢救措施所支出的费用。海上费用主要有施救费用、救助费用、特别费用和额外费用。

  （1）施救费用（Sue&Labor Charges）：施救费用是指当保险标的遭遇保险责任范围内的灾害事故时，被保险人或者他的代理人、雇佣人员和受让人等为防止损失的扩大而采取抢救措施所支出的费用。例如，保险船舶在航行途中遭遇恶劣气候，虽然被保险人竭尽全力进行抢救，船舶仍然沉没。假若该船舶投保定值保险，保险金额为 1000 万元，被保险人在抢救船舶中支付了 50 万元的施救费用，那么保险人按实际全损赔付保险标的后，仍需赔偿被保险人为抢救保险标的支付的施救费用 50 万元，即保险人应承担的赔偿责任是 1050 万元。然而，如果保险标的的保险金额低于保险价值，保险人对施救费用的赔偿按比例减少。例如，货物的保险价值是 100 万元，保险金额是 50 万元，保险人就只赔偿施救费用的一半，因为保险金额与保险价值的比例为 1：2。

  （2）救助费用（Salvages Charges）：救助费用是指保险标的遭遇保险责任范围内的灾害事故时，由保险人和被保险人以外的第三者采取救助行动，而向其支付的费用。

  （3）特别费用（Special Charges）：特别费用是指运输工具在海上遭遇海难后，在中途港或避难港卸货、存包、重装及续运货物所产生的费用。按照国际惯例，这种费用也都列入海上保险承保责任范围。保险人对特别费用补偿可以单独负责。

（4）额外费用（Extra Charges）：额外费用是指为了证明损失索赔的成立而支付的费用，比如检验费用、拍卖受损货物的销售费用、公共费用、查勘费用和海损理算师费用等。额外费用一般只有在索赔成立时，保险人才对这些与索赔有关的费用负赔偿责任。但是，如果保险合同双方对某些额外费用事先另有约定，如船舶搁浅后检查船底的费用，不论有无损失发生，保险人都要负责赔偿。

9.2 海运货物保险条款

中国人民保险公司根据我国保险业务的实际需要并参照国际保险市场的习惯做法，分别制定了各种不同运输方式的货物运输保险条款以及适用于不同运输方式的各种附加险条款，总称《中国保险条款》（China Insurance Clauses，简称 CIC）。我国的货物运输险别，按照能否单独投保，可分为基本险和附加险两类。基本险是指可以单独投保的险别，附加险是指不能单独投保的险别。

9.2.1 基本险

按照中国人民保险公司 1981 年 1 月 1 日修订的《海洋运输货物保险条款》的规定，海洋运输保险的基本险别分为平安险、水渍险和一切险三种。其中，保险公司的承保范围中平安险最小，水渍险居中，一切险最大。

9.2.1.1 平安险

平安险（Free from Particular Average，FPA）是指单独海损负责赔偿。保险公司对平安险的承保责任范围是：

（1）被保险货物在运输途中由于恶劣气候、雷电、海啸、地震、洪水等自然灾害造成的整批货物的实际全损和推定全损。被保险货物用驳船运往或运离海轮的，每一驳船所装的货物可视作一个整批。

（2）由于运输工具遭受搁浅、触礁、沉没、爆炸等意外事故造成货物的全部或部分损失。

（3）由于运输工具遭受搁浅、触礁、沉没、爆炸等意外事故，货物在此前后在海上遭受恶劣气候、雷电、海啸、地震、洪水等自然灾害造成的货物的部分损失。

（4）在装卸或转船时由于一件或数件货物落海造成的全部损失或部分损失。

（5）被保险人对遭受承保责任内危险的货物采取抢救、防止或减少货损的措施而支付的合理费用，但以不超过该批被救货物的保险金额为限。

（6）运输工具遭遇海难后，在避难港由于卸货所引起的损失以及在中途港、避难港由于卸货、存仓和运送货物所产生的特殊费用。

（7）共同海损的牺牲、分摊和救助费用。

（8）运输契约订有"船舶互撞责任"条款，根据该条款的规定，应由货方偿还船方的损失。

平安险对自然灾害造成的部分损失不赔偿。如暴风雨引起船舶倾斜、颠簸，造成船上货物挤压、碰撞、受潮的部分损失；船上货物因雷电袭击着火，造成货物部分损失；船舶停靠港口准备卸货，因地震造成船上货物的部分损失；火山爆发喷发的火山岩造成货物的部分损失；江河泛滥漫过溃口，河水进入货舱造成货物的部分损失。

案例 110：我国 A 进出口公司与某国 B 公司签订了出口 10000 t 钢坯到该国的协议。合同签订并装运后我国 A 进出口公司向保险公司就该批货物的运输投买了平安险，保险公司向 A 进出口公司签发了保险单。2 月 20 日，该批货物装船完毕起航，2 月 25 日，载货轮船在海上突遇罕见大风暴，船体受损严重，于 2 月 26 日沉没。3 月 20 日，A 进出口公司向保险公司就该批货物索赔。保险公司以自然灾害造成损失为由拒绝赔偿，于是，A 进出口公司向法院起诉，要求保险公司偿付保险金。

问：保险公司拒绝赔偿是否有理？为什么？

分析：保险公司拒绝赔偿 A 进出口公司的理由不成立。A 进出口公司就货物运输投保了平安险，平安险对自然灾害造成的部分损失不负赔偿责任，但对自然灾害造成的全部损失应负赔偿责任。本案，货物遭受自然灾害已发生实际全损，属平安险保险责任范围的风险损失，因此保险公司应予偿付。

9.2.1.2　水渍险

水渍险（With Particular Average，WPA 或 WA）是指保险公司的承保责任范围除平安险的各项责任外，还负责被保险货物在运输途中由于恶劣气候、雷电、海啸、地震、洪水等自然灾害造成的部分损失。

案例 111：我国某公司向国外出口一批钢材 3000 t，CIF 条款。我国某公司按合同规定保险金额加一成投保了水渍险。货轮在航运途中，舱内一食用水管渗漏，致使该批钢材中的 500 t 浸有水渍。

问：该损失可否向保险公司索赔？为什么？

分析：该损失不能从保险公司获得赔偿。我国某公司投保的是水渍险，船舱内食用水管滴漏致使货物受损，是淡水所造成的损失，属于一般外来风险损失，不属水渍险的赔偿责任范围，因此，保险公司不予赔偿。本案，被保险人不能向保险公司索赔，但可凭清洁提单与船公司交涉。

9.2.1.3　一切险

一切险的英文是 All Risks，保险公司对一切险的承保责任范围除水渍险的各项责任外，还负责被保险货物在运输途中由于一般处来风险所致的全部或部分损失。

案例 112：如上一案例中，我方投保的是一切险。货轮在航运途中，舱内一食用水管渗，致使该批钢材中的 500 t 浸有水渍。

问：该损失可否向保险公司索赔？为什么？

分析：该损失可以从保险公司获得赔偿。我国某公司投保的是一切险，一切险的承保责任范围包括所有一般外来原因所致的损失。本案中船舱内食用水管滴漏致使货物受损，是淡水所造成的损失，属于一般外来风险损失，因此，保险公司应予赔偿。

9.2.2　附加险

《中国保险条款》中的附加险有一般附加险和特殊附加险，一般附加险承保一般外来原因造成的损失，而特殊附加险则承保由于特殊外来原因所造成的损失。

附加险只能在投保某一种基本险的基础上才可加保，但因一切险的责任范围已包括了一般附加险，故如投保人在投保时选择了一切险，则无需再加保一般附加险。

9.2.2.1 一般附加险

一般附加险主要有 11 种，它们是偷窃提货不着险（简称 TPND）、淡水雨淋险、短量险、沾污险、渗漏险、碰损险、破碎险、串味险、受潮受热险、钩损险、锈损险。

9.2.2.2 特殊附加险

特殊附加险有战争险、罢工险、舱面险、进口关税险、拒收险、黄曲霉素险、交货不到险、货物出口香港（包括九龙）或澳门存仓火险责任扩展条款（简称 FREC）8 种。

战争险是指保险公司承保由于战争或类似战争的行为所直接导致货物的损失。对由于敌对行为使用原子或热核武器所致的损失和费用不负责任，对根据执政者、当权者或其他武器集团的扣押、拘留引起的承保航程的丧失和挫折而提出的索赔也不负责。已投保了战争险后另加保罢工险，保险公司不另增收保险费。投保了罢工险，但属于罢工造成劳动力不足或无法使用劳动力而使货物无法正常运输装卸以致损失，属于间接损失，保险公司不负赔偿责任。

案例 113：2014 年，我国某公司与国外某商人达成一笔冷冻羊肉的出口交易，按 CIF HAIFA（海法）条件成交，合同规定投保平安险加战争险、罢工险。2004 年 9 月，货到 HAIFA（海法）港后适逢该国全国大罢工，由于码头工人罢工，海法港口无工人作业，货物无法卸载。不久货轮因无法补充燃料，以致冷冻设备停机。等到罢工结束，该批冷冻羊肉已变质。

问：该损失保险公司是否负责赔偿？

分析：该损失保险公司不负责赔偿。因为，保险公司只对意外事件造成的直接损失负责赔偿，对于间接损失不负赔偿责任。本案中，由于罢工引起劳力不足而无法卸货，冷冻因无燃料而停机致使货物变质，属间接损失。

9.2.3 保险的相关概念

9.2.3.1 保险期限

从空间上规定：

（1）基本险的保险期限：中国人民保险公司的《海洋运输货物保险条款》规定的承保责任起讫或称保险期限，采用国际保险业务中惯用的"仓至仓"条款（即 Warehouse to Warehouse Clause）。"仓至仓"条款是指保险责任自被保险货物运离保险单所载明的起运地仓库或储存处所开始，包括正常运输中的海上、陆上、内河和驳船运输在内，直至该项货物运抵保险单所载明的目的地收货人的最后仓库或储存处所被保险人用作分配、分派或非正常运输的其他储存处所为止。如上述保险期限内被保险货物需转运到非保险单所载明的目的地时，则保险责任于该保险货物开始转运时终止。如被保险货物先存入某一仓库，再分成几批运往几个内陆目的地的几个仓库，包括保单所载目的地，则以先行存入的某一仓库作为被保险人的最后仓库，保险责任在进入该仓库时终止。

（2）战争险的保险期限：战争险的保险责任起讫以水上危险为限，即以货物装上海轮开始，直至货物卸离海轮为止。

从时间上规定：

（1）基本险的保险期限：当被保险货物从目的港全部卸离海轮时起算满 60 天，不论被保险货物有没有进入收货人仓库，保险责任自动终止。

（2）战争险的保险期限：当海轮到达目的港当日午夜起算满 15 天，不论被保险货物是否卸离海轮，保险责任自动终止。

根据货物运输的实际情况，保险人可以要求扩展保险期限，如被保险货物在港口卸货后即转运至内陆，无法在保险条款规定的保险期限内到达目的地，可申请扩展，经保险公司出具凭证予以延长，每日加收一定的保险费。

9.2.3.2　除外责任

对于三种基本险，《中国保险条款》规定保险公司所具有的除外责任是：

（1）被保险人的故意行为或过失所造成的损失。

（2）由于发货人的责任所引起的损失。

（3）在保险责任开始之前，被保险货物已存在的品质不良或数量短差所造成的损失。

（4）被保险货物的自然耗损、本质缺陷、特性以及市价下跌、运输延迟所引起的损失或费用支出。

（5）属于海洋运输货物战争险和罢工险条款所规定的责任范围和除外责任。

案例 114：我国某食品进出口公司向 A 国出口一批核桃糖，成交条件为 CIF A 国，由我方投保一切险。由于货轮陈旧，速度慢，加上该轮沿途到处揽货，结果航行 3 个多月才到达目的地。卸货后，核桃糖因受热时间过长已全部潮解软化，无法销售。

问：这种情况保险公司是否赔偿？

分析：保险公司不予赔偿。"被保险货物的自然损耗、本质缺陷、特性以及市价下跌、运输延迟所引起的损失或费用支出"属于保险公司的除外责任。本案中，核桃糖之所以变质是因为运输延迟造成的，所以保险公司不予赔偿。

9.2.3.3　保险利益

海上保险与其他保险一样，要求被保险人必须对保险标的物具有保险利益。保险利益又称可保权益，是指投保人对保险标的物具有法律上承认的利益。就货物保险而言，反映在运输货物上的利益，主要是货物本身的价值，但也包括与此相关联的运费、保险费、关税、预期利润等。海上保险仅要求被保险人在保险标的物发生损失时必须具有保险利益。

9.2.3.4　代位权

在保险业务中，为了防止被保险人双重获益，保险人在履行全损赔偿或部分损失赔偿后，在其赔付金额内，要求被保险人转让其对造成损失的第三人要求全损赔偿或相应部分赔偿的权利。这种权利称为代位追偿权，或称代位权。代位权的成立必须具备以下条件：

（1）保险人已向被保险人给付保险赔偿金。

（2）保险事故的发生是由第三人的行为导致的。

（3）被保险人对第三人有损失赔偿请求权，并且被保险人在保险人行使代位权之前未行使该权利。

9.2.3.5　免赔率

保险公司认为某些散装货、易碎、易短量的商品在运输途中遭受一定比例的损失是不可避免的，故投保这类商品时规定在某比率范围内的破碎或短量可以免赔，该比率就是免赔率（Franchise）。免赔率又分为以下三种：

（1）绝对免赔率。保险公司只对投保商品的实际损失超过规定的免赔率的部分给予赔偿，这种赔偿的比率叫作绝对免赔率。如实际损失比率为8%，免赔率为5%，保险公司只赔偿超过的部分即3%。

（2）相对免赔率。当投保商品的实际损失比率超过了规定的免赔率时，保险公司负责赔偿实际全部损失，这种赔偿的比率叫作相对免赔率。如实际损失比率为8%，免赔率为5%，保险公司赔偿8%。

（3）不计免赔率。保险公司不管损失多少，按投保商品的实际损失给予赔偿。即损失多少就赔多少。如实际损失比率为2%，保险公司赔偿2%。

案例115：我国某外贸公司向B国某商人出口电视机一批，成交条件为CIF B国。根据信用证的要求，保险单的被保险人只能显示外商的名称，我方按信用证的要求办理并备妥货物装运。在装运中由于吊钩脱落，货物在起吊后掉落码头（货物还未到甲板上）造成全部电视机损坏。我方凭保险单和有关单据向保险公司索赔，但遭保险公司拒绝。理由是我方不是被保险人，于是我方提议由B国商人向保险公司索赔。

问：保险公司是否需要理赔？为什么？

分析：保险公司不必理赔。因为货物没有越过船舷，风险没有转移，货物的所有权仍属我方所有。虽然保险单的被保险人为B国商人但B国商人没有保险利益，以B国商人的名义向保险公司索赔也不能获得赔偿。正因为如此，在我国的出口业务中，如果没有特别说明，保险单上的被保险人应填写我们出口公司的名称，以便货物在装运港越过船舷之前发生承保范围内的损失时，出口公司可以向保险公司索赔。

9.2.4　伦敦保险协会海运货物保险条款

伦敦保险协会海运货物保险条款（Institute Cargo Clauses）的英文简称为ICC，该条款由英国伦敦保险业协会制定，并经英国国会确认。ICC最早制定于1912年，目前采用的是1982年修订、1983年4月1日起实行的版本。该条款有6种保险险别：

（1）Institute Cargo Clauses（A），协会货物条款（A），简称ICC（A）。该条款列出全部承保的风险，再减去除外责任。除外责任主要有一般除外责任，不适航、不适货除外责任，战争除外责任和罢工除外责任4类。

（2）Institute Cargo Clauses（B），协会货物条款（B），简称CC（B）。该条款列出的全部承保风险范围比ICC（A）小，减去的除外责任在ICC（A）的基础上增加海盗行为和恶意损害险两类。

（3）Institute Cargo Clauses（C），协会货物条款（C），简称ICC（C），该条款列出的全部承保风险范围比ICC（B）小，减去的除外责任与ICC（B）相同。

（4）Institute War Clauses Cargo，协会战争条款（货物）。

（5）Institute Strike Clauses Cargo，协会罢工条款（货物）。

（6）Malicious Damage Clauses，恶意损害险。

在6种险别中，除恶意损害险不能单独投保外，其余5种险别都可以单独投保。从保险公司的承保范围看，ICC（A）已包含了恶意损害险，ICC（B）和ICC（C）不包含恶意损害险。ICC（A）相当于我国海运货物保险的一切险，ICC（B）相当于我国海运货物保险的水渍险，ICC（C）相当于我国海运货物保险的平安险。以上三种险别，保险公司的承保责任起讫适用于"仓至仓"条款。实务中，国外来证经常要求按 ICC 投保，我保险公司可根据客户的要求，酌情按 ICC 条款的有关规定承保。

9.2.5　保险单据

9.2.5.1　保险单据的作用

保险单据是保险公司在接受投保后签发的承保凭证，是保险公司与被保险人之间订立的保险合同。在被保险货物遭受到保险合同责任范围内的损失时，它是被保险人索赔和保险公司理赔的主要依据。在 CIF 或 CIP 合同中，保险单据是卖方必须向买方提供的主要单据之一，它可以通过背书行为转让。

9.2.5.2　保险单据的种类

在国际贸易中，最常采用的保险单据是保险单（Insurance Policy）和保险凭证（Insurance Certificate）。保险单又称大保单，保险凭证又称小保单，两种保单具有同等的法律效力。在保险单出单后，保险公司可应投保人的请求补充或修改保险内容，另出具一张凭证，该凭证称为"批单（Endorsement）"。保险批单一经批改，保险公司就要按批改后的内容负责。

保险单据还有联合凭证（Combined Certificate Open Policy）等。联合凭证是在发票上注明保险公司承保的险别、保险金额和保险号码，并加盖保险公司的印章。预约保单是指被保险人和保险人事先订立合同，合同中规定承保货物的范围、险别、费率等条款，凡属于合同约定的运输货物，在合同有效期内自动承保，实务中多用于进口贸易，当我方公司收到外商的装船通知时，即将装船通知传真给保险公司，保险自进口货物起运时开始生效。

9.2.5.3　保险单的填制

（1）发票号码（Invoice No.）：填写投保货物商业发票的号码。

（2）保险单号次（Policy No.）：填写保险单号码。

（3）被保险人（Insured）：如来证无特别规定，保险单的被保险人应是信用证上的受益人，由于出口货物绝大部分均由外贸公司向保险公司投保，按照习惯，被保险人一栏中填写出口公司的名称。

（4）保险货物项目（Description of Goods）：与提单相同。

（5）包装及数量（Quantity）：与提单相同，填写最大包装的总件数。

（6）保险金额（Amount Insured）：一般按照发票金额加一成（即110%发票金额）填写。最终以双方商定的比例计算而成，但保险公司一般不接受保额超过发票总值30%，以防止个别买主故意灭损货物，串通当地检验部门取得检验证明，向保险公司索赔。对总值的理解，各地区、各银行不一致，一般以扣除贸易折扣后的净值为基础，扣除的其他费用均不能在保险总值中减除。如信用证规定按 gross invoice value or full invoice value，即使发票中扣除贸易折扣，也要以毛额为计算基础。

（7）承保险别：出口公司只需在副本上填写这一栏目的内容。承保的内容应严格按信用证规定的险别投保。并且为了避免混乱和误解，最好按信用证规定的顺序填写。当全套保险单填好交给保险公司审核、确认时，才由保险公司把承保险别的详细内容加注在正本保险单上。

（8）标记（Marks&nos）：与提单相同，也可以填写"As Per Invoice No"。但如果信用证规定所有单据均要显示装运唛头，则应按实际唛头缮制。

（9）保险总金额（Total Amount Insured）：将保险总金额以大写的形式填入，计价货币也应以全称形式填入。注意保险总金额使用的货币应与信用证使用的货币一致，保险总金额大写应与保险总金额的阿拉伯数字一致。

（10）保费（Premium）：一般已由保险公司在保险单印刷时填入"as arranged 字样。出口公司在填写保险单时无需填写。

（11）装载工具：填写装载船的船名。当运输由两程运输完成时，应分别填写一程船名和二程船名。

（12）开航日期：一般填写提单签发日期，也可填写提单签发日前 5 天之内的任何一天的日期，或填写"As Per B/L"。

（13）起运港：填写起点即装运港名称。

（14）目的港：填写讫点即目的港名称。当一批货物经转船到达目的港时，这一栏填写：目的港 W/T（VIA）转运港。

（15）保险单份数：当信用证没有特别说明保险单份数时，出口公司一般提交一套完整的保险单（一份"original duplicate"）。

中国人民保险公司出具的保险单一套 5 份，由 1 份正本 original、1 份复联（复本）duplicate 和 3 副本 copy 构成。

当来证要求提供的保险单"1 original 1 duplicate and 3 copies"时，出口公司提交给议付行的是正本保险单（original duplicate）构成全套保险单。其中的正本保险单可经背书转让。

（16）赔付地点：一般地，可将目的地作为赔付地点，将目的地名称填入该栏。如买方指定理赔代理人，必须在货物到达目的港的所在国内，便于到货后检验。赔款货币，一般为与投保额相同的货币。

（17）日期：指保险单的签发日期。由于保险公司提供"仓至仓"（Warehouse to Warehouse）服务，因而要求保险手续在货物离开出口方仓库前办理。保险单的日期也应是货物离开出口方仓库前的日期。

（18）投保地点：填写投保地点的名称，一般为装运港（地）的名称。

（19）背书：当合同或信用证没有明确使用哪一种背书时，一般使用空白背书方式。空白背书（Blank Endorsed）就是只注明被保险人的名称（包括出口公司的名称和经办人的名字）。

保险金额及保险费：保险金额是指当保险标的发生承保范围内的损失时保险人所应承担的最高赔偿金，一般为 CIF 和 CIP 的总值加 10%的保险加成率。保险加成率是作为买方的经营管理费用和预期利润加保。在出口贸易中采用 CIF 和 CI，保险加成率在 10%～30%之间都可接受，如果超过 30%，出口企业必须先征得保险公司的同意，方可答应外商的要求。如果合同或信用证没有说明，按惯例，卖方加 10%的保险加成率投保。保险费是指被保险人应缴纳的费用。计算公式如下：

$$保险金额 = CIF(或 CIP) 价值 \times (1 + 保险加成率)$$

$$保险费 = 保险金额 \times 保险费率$$

案例 116：我国某外贸公司以 1200 美元/kg CIF 威尼斯向国外某商人出口中药材 2000 kg，根据合同规定，我方向保险公司投保平安险、串味险及淡水雨淋险，其保险费率分别为 0.5%、0.2% 和 0.3%，按发票金额 120% 投保。

问：该批货物的保险金额和保险费各是多少？

分析：

$$保险金额 = CIF 价值 \times 120\%$$
$$= 1200 \times 2000 \times 120\%$$
$$= 2880000 美元$$

$$保险费 = 保险金额 \times 保险费率$$
$$= 2880000 \times (0.5\% + 0.2\% + 0.3\%)$$
$$= 28800 美元$$

因此，该批货物的保险金额是 2880000 美元，保险费是 28800 美元。

案例 117：我国某公司向外商出口某商品 2000 t，每吨单价为 CIF VIGO（维哥）2566 美元，加一成投保一切险。货到目的港后，外商发现只有 1975 t 的货物完好，其余 25 t 因意外事故已失去原有的用途。

问：保险公司应赔偿多少？

分析：因货物已失去原有的用途，保险公司必须对 25 t 的货物给予赔偿。

$$赔偿金额 = 25 \times 2566 \times 110\% = 70565 美元$$

因此，保险公司应赔偿 70565 美元。

9.3　我国陆、空、邮运货物保险

9.3.1　我国陆上运输货物保险险别与条款

（1）陆上运输货物保险险别：根据我国 1981 年 1 月 1 日修订的《陆上运输货物保险条款》的规定，陆上运输货物保险的基本险别分为陆运险和陆运一切险两种，前者的承保范围与海上运输货物保险条款的水渍险相似，后者的承保范围与海上运输货物保险条款的一切险相似。此外，还有适用于陆运冷藏货物的专门保险——陆上运输冷藏货物险（属于基本险性质）以及陆上运输货物战争险（火车）等附加险。

（2）陆上运输货物保险责任期限：保险公司的承保责任起讫适用于"仓至仓"条款，当货物到达目的地而一直没有进仓时，保险公司只承担货到目的地后 60 天内的保险责任。附加险的办理与海运货物保险的办理方法一致。

9.3.2　我国航空运输货物保险险别与条款

（1）航空运输货物保险险别：根据我国 1981 年 1 月 1 日修订的《航空运输货物保险条款》的规定，航空运输货物保险的基本险别分为航空运输险和航空运输一切险两种，前者的承保范围与海上运输货物保险条款的水渍险相似，后者的承保范围与海上运输货物保险条款的一切险相似。此外，还有航空运输货物战争险等附加险。

（2）航空运输货物保险责任期限：保险公司的承保责任起讫适用于"仓至仓"条款当货物到达目的地而一直没有进仓时，保险公司只承担货到目的地后30天内的保险责任，附加险的办理与海运货物保险的办理方法一致。

9.3.3　我国邮包运输货物保险险别与条款

（1）邮包运输货物保险险别：根据我国1981年1月1日修订的《邮包运输货物保险条款》的规定，邮包运输货物保险的基本险别分为邮包险和邮包一切险两种，前者的承保范围与海上运输货物保险条款的水渍险相似，后者的承保范围与海上运输货物保险条款的一切险相似。此外，还有邮包运输货物战争险等附加险。

（2）邮包运输货物保险责任期限：对于基本险别，保险公司的承保责任起讫适用于"仓至仓"条款。当货物到达目的地而一直没有进仓时，保险公司只承担货到目的地后15天内的保险责任。附加险的办理与海运货物保险的办理方法一致，即不能单独投保，投保人在投保了战争险的基础上加保罢工险，保险公司不另外加收保险费。

9.4　出口合同中货物运输保险条款的拟订

9.4.1　保险条款的内容

（1）按 FOB、FCA、CFR 或 CPT 条件成交的保险条款。按 FOB、FCA、CFR 或 CPT 条件成交，合同中的保险条款只需规定 Insurance：Tobe covered by the Buyer（保险由买方办理）。

（2）按 CIF 或 CIP 条件成交的保险条款。按 CIF 或 CIP 条件成交的保险条款，则需具体规定保险金额、投保险别和保险适用的条款等内容，比如："Insurance：To be covered by the Sellers for the full invoice value plus 10% against all risks and war risks as per and subject to the relevant ocean marine cargo clauses of the People's Insurance Company of China，dated Jan 1,1981. If the Buyers desire to cover for any other extra risks besides aforementioned of amount exceeding the aforementioned limited，the sellers ′approval must be obtained beforehand and all the additional premiums thus incurred shall be for the Buyers′ account."（保险：由卖方按发票金额加乘10%投保一切险及战争险，以中国人民保险公司1981年1月1日的有关海洋运输货物保险条款为准。如果买方要求加投上述保险或保险金额超出上述金额，必须提前征得卖方的同意，超出的保险费由买方承担。）

9.4.2　拟订保险条款应注意的问题

（1）必须明确保险适用的条款。实务中，保险条款主要有"中国保险条款"（China Insurance Clauses，简称 CIC）和伦敦保险协会海运货物保险条款（Institute Cargo Clauses，简称 ICC）。

ICC（A）相当于我国海运货物保险的一切险，ICC（B）相当于我国海运货物保险的水渍险，ICC（C）相当于我国海运货物保险的平安险。我国保险公司可根据客户的要求，酌情按 ICC 条款的有关规定承保，但不能张冠李戴，用 CIC 的险别套用 ICC 的条款。

（2）必须明确投保险别，注意"仓至仓"条款适用的险别。中国人民保险公司的《海洋运输货物保险条款》规定的平安险、水渍险和一切险三种险别和伦敦保险协会海运货物保险条款规定的 ICC（A）、ICC（B）、ICC（C）对承保责任起讫或称保险期限，均采用国际保险业务中惯用的"仓至仓"条款（即 Warehouse to Warehouse Clause Clause）。但战争险和罢工险不适用"仓至仓"条款。

（3）被保险人必须对保险标的物具有保险利益。保险利益又称可保权益，是指投保人对保险标的物具有法律上承认的利益。海上保险仅要求被保险人在保险标的物发生损失时必须具有保险利益。

如果投保人是出口企业，而保单的被保险人填写为进口商，则货物从仓库到装运港装运前的运输风险，由于有保险利益的出口企业保单上不是他，而保单上有名字的进口商却没有保险利益，因此，此段运输货物有损害，出口企业和进口商都不能向保险公司索赔。

（4）加保战争险、罢工险应注意的问题。对于出口贸易，如加保战争险、罢工险，进出口合同上应明确"若发生有关的保险费率调整，所增加的保险费由买方负担"。

（5）注意基本险与附加险的关系。附加险只能在投保某一种基本险的基础上才可加保，但因一切险的责任范围已包括了一般附加险，故如投保人在投保时选择了一切险，则无需再加保一般附加险。伦敦保险协会海运货物保险条款的战争险和罢工险可单独投保。

10 出口报关

出口商应该严格地按照国家有关法律的规定报关，不要弄虚作假，报关的文件与实物要相符一致，要经得起海关的检查，最好报关后再安排工厂根据报关单的名称等细节开增值税发票，退税发票要和报关单完全一致。优秀的出口商最好安排优秀的报关行（十分了解海关政策的）报关，即使报关费用高一些也值得。没把握的报关品名，可以先与报关行或者海关沟通明确。

（1）报关单据包括箱单、发票、贸易合同、报关单样单、品名申报要素、提箱单及箱号、装箱单等。发票、贸易合同等单证上的货物品名一定要一样并且和实际货物的品名一致；装箱单上的货物重量要和提单上的一致，并且要和实际货物一致；合同上面要有合同号，发票上面要有发票号；如有木托，要盖有 IPPC 标示；部分出口征税产品安排好税费支付。

（2）税号归类钢材货物税号要正确，一般正常非法定检验货物，正常清关。钢材的种类繁多，归类编码是 72、73 章，钢材对应的海关编码主要依据钢材的形状、成分、规格尺寸、加工程度去区分：

按形状区分分为钢板或者钢卷，以及条、杠、型材、角材、异性材、钢丝等；

按成分区分有生铁、铁合金、非合金钢钢材、合金钢钢材及不锈钢钢材，常见的进口种类是不锈钢钢材、合金钢钢材、非合金钢钢材；

按加工方式主要分为冷轧钢材或热轧钢材，从铁矿到钢材会经过一系列加工处理，如镀、涂漆以起到防锈作用。

（3）申报规范，其中申报名称要完整齐全，能反映出申报对应的税则税号商品的特征全貌；申报的规格、型号填写齐全准确，海关能较直接地了解所申报货品的属性，从面能准确快速判定，提高通关效率。

（4）钢材产品申报要素：应明确具体材质或必要的内在成分组成、加工工艺和加工程度、用途（材料类还应说明规格尺寸，如厚度、宽度、成张、成卷等）、有无涂层及涂层类型（制成口需要其构成特征、种类、实际用途等），如冷轧普通钢卷板、电镀锌钢板。

（5）海关查验钢材货查验重点：税号和申报要素、品名和实物的一致性，以及实重与申报重量是否相符，必要时需要提供材质单。

查验的过程：无论是随机的还是人工布控的，都会给查验通知单，现在改成系统通知：有全查的，也有针对某一项来查的；有核查重量的，也有核查型号的；还有查申报编码和要素与实际货物是否相符的；等等。通知查验后，海关系统会通知验货堆场和码头进行拖箱，然后进查验区排队过机过磅，如果只是核查重量并没有具体针对哪一项查的话，过磅过机如果没发现什么问题就可以重新拖回码头。

如果过机时看不清楚箱子内部情况或是发现有疑点，则查验关员会要求掏箱，在查验区进行装卸箱、掏箱，如果所查货物在箱门口的，看到就可以，不必非掏出来。查验完毕后，如果货物无问题，则把货物装回，重新卡铅封，然后更新封号。最后箱子拖回码头准备本次船或者下次船装运。

报关的时间也要安排好，要留有余地。我们也曾经遇见过这样的问题：出口 1.5 万吨盘条，分 5 票报关，船周 5 早上到了，货也周 5 早上到齐了，外贸人员马上计算分票，但 5 票货物下午 3 点才分出来，下午 3 点半才到海关办理报关手续，结果时间来不及了，只能下周 1 再报关，船在港口等了 3 天，要我们多支付滞期费 30 万元。

11　若干外贸问题的研究

我们编辑了若干外贸问题的研究，与大家分享研究和借鉴。

问题 1：进口商 100％的信用证付款，L/C 比合同规定晚开了 1 天、5 天、10 天、30 天、60 天，出口商应该如何处理？

解决好客户晚开证的前提（没有争议和纠纷）是应该规范我们出口合同的条款，出口合同中应该明确晚开证（晚于合同约定的时间）的情况下（进口商迟于合同的规定时间开出 L/C）合同应该失效，如果双方希望继续履行合同，需要双方再认真地洽谈协商，然后根据 L/C 晚开出日的市场价格情况，确定对策，双方平等协商达成共识后再开始正式履行合同。

一是国内钢材确实涨价的情况下，可以通知客户小幅度涨价，涨价幅度与国内市场的变化幅度大致相对应或者再稍高一点，达成共识后，书面通知让客户改证，增加 L/C 金额和提高单价，因为这种情况下（已经开出信用证、客户真的需要这批货）客户取消合同的机会成本会很高，客户会有一定的损失。所以和客户温馨地沟通说服客户适当地涨价，让客户继续履行合同是上策。

二是国内钢材降价的情况下，可以继续执行合同，接受 L/C。

三是既然双方都签署了合同，尽量双方努力把合同执行下去，客户如果有非原则性的、微小的过失，信用证晚一两天，出口方尽量包容宽怀为佳。

对于优质长期的客户晚开了几天（3 天以内）L/C，出口商只说说困难即可，无需真的涨价。一般客户、信誉不太好的客户，合同利润非常低的，出口商最好小幅度地适当涨价（3~5 美元/t），这样让其知道不严格执行合同需要付出相应的代价，让进口商知道严格地遵守合同进口商受益，否则受损。当然最后让客户 100％地满意是出口商的宗旨。做任何事情都要彬彬有礼、以理服人、严格地遵守合同的约定，不要恶意伤害客户。出口商收到 L/C 后应该在 24 h 之内马上明确地书面通知进口商合同是否继续履行或者涨价，如果出口方收到信用证后不能及时地和客户沟通也是出口商的工作失误。

有一些进口商严格地履行合同的意识比较淡薄，开证时间、付款时间都不严谨、总拖延，赶上国内价格暴涨，出口商也会遇到很多困难。

某出口商有一次和欧洲进口商签订了出口 900 t 钢铁的合同，L/C 比规定时间晚开了几天，正好赶上国内价格暴涨，出口商就努力压工厂不涨价，和客户维持住原价格。可是经过 10 多天的努力，工厂还是要求必须涨 40 美元/t。出口商就通知了欧洲的进口商，如实地说明了情况，进口商非常不理解："为什么你们不及时沟通情况，拖了 10 多天才说？"虽然进口商最后也同意涨价了，但是却永远不和出口商来往了。出口商收到信用证后应该及时地和进口商沟通，说明真实的情况，如果国内沟通后确实涨价了，就应该及时发给客户书面的正式通知，并非常明确地说出出口方的意见和建议。

遇见客户晚开了几天信用证，正好赶上国内价格上涨，需要和客户商谈单价再涨 15

美元，但是客户坚持不同意涨价，最后只好取消合同，客户后来诉讼法律，但仍是客户败诉。到了诉讼是两败俱伤的结果，最好尽量友好协商，达成双方都满意的结果。

签订了合同后，出口方的责任是不断地提醒客户按时开证、按时付款，并且说明如果客户不能按时付款和开证的后果。

客户不能按时开证，意味着合同需要双方重新洽谈协商，出口方应该及时地与客户说明真实情况，让客户理解。最好能够达成共识后继续履行合同。

问题 2：如果客户开证与合同不符，需要改证的，出口商应该如何处理？

原则上尽量不要让客户改证，我们也遇见过客户的 L/C 越改越错、反复改总有问题的情况，这种情况是客户非故意的，有时进口商的 L/C 有问题有瑕疵是善意的、非主观恶意的，有时进口商改证也是善意地努力地配合了。有的国外钢铁进口商是家族企业，企业管理水平不高、文化素质不太高、文案性的工作水平一般，一次性开证正确、改证正确比较难，出口商应该理解。

合同数量不大的、L/C 与合同有微小不符的、非本质不符的、非恶意的、出口商可以保证单证相符交单的、出口商能安全收汇的优质客户，原则上都尽量不要让客户改证了，从改证到出口商收到改证一般会有 10 天的时间，L/C 改两次 20 天就过去了。经过长期的时间检验证明信誉非常良好的客户，让其出个书面保函也可以。

合同数量较大的、与合同原则上不符的、本质不符的、重大不符的、价格和数量不符的、装运期有问题的、有软条款的、不能保证单证相符的、客户的信誉不了解的等，一定要让客户改证，L/C 改好并审核无误后出口商再开始履行合同。原则上非优质的客户、客户信誉不清楚的、无 T/T 款的、金额非常大的合同，一定要等客户改好 L/C 后再开始履行合同。

为了避免进口商改证，出口商尽量要求进口商开证前最好将 L/C 申请表发给出口商进行认真的审核，出口方对 L/C 申请表进行认真审核无误、没有问题的，再让进口商开证，开证最好一次性完成。由于客户的原因需要改证的，改证费和改证的通知费可以由进口商承担。

让客户 100% 地满意、有问题和客户及时温馨友好地沟通、做事情合情合理、彬彬有礼、严格地履行合同、对进口商进行正确的沟通和引导、安全收汇是出口商的重要工作原则。

出口量（500 t 以上）比较大的合同一定要保证单证相符，这是做好出口工作最基本、最重要的原则。

问题 3：客户对数量和质量有异议出口商应该如何处理？

对待客户的数量和质量异议，出口商应该本着实事求是的原则去认真及时地处理和解决，最后让客户 100% 地满意是原则。出口商的优质服务应该分为售前、售中和售后。客户提出的数量和质量异议属于出口商售后服务的范围，正确地处理好客户的异议，让进口商 100% 地满意对出口商是十分重要的，是出口商应该努力的方向。出口商应该及时温馨、实事求是、严格地根据出口合同的约定、根据国际商法、根据《公约》和国际贸易的惯例和规则，公平公正地及时处理好进口商的异议。解决好进口商的异议，最后让进口商 100% 地满意是出口商的宗旨。

进口商的异议，情况比较复杂，需要高超的专业水平来处理，出口商尽量培养专业的处理异议的团队，大的钢厂基本在质量部门都有一批专业的处理质量异议的团队，让企业每个一线的外贸人员都去完美地处理异议是有难度的。

进口商提出的数量和质量异议一般应该以双方认可的第三方检验机构出具的检验报告为依据，并在出口合同规定的时间内提出来，一般为货物到目的港后 30～45 天之内提出来。如果进口商没有在规定的时间内提出来、没有双方认可的第三方检验机构做的检验报告，进口商没有第三方证据的情况下，提出的异议一般无效。

如果进口商超过了合同约定时间提出异议，出口商也应该和进口商温馨地沟通，以后的业务中可以给一些优惠的政策。如果产品质量装船前确实有问题、提出索赔的时间超过了合同规定的时限，出口商也应该及时温馨、实事求是地予以解释和解决。

进口商如果提出的数量异议是进口商实际提货数量少于提单数量（这种情况有时也会发生，但不是特别经常发生），这种情况应该建议进口商找海运公司或者保险公司索赔。出口合同一般采用 FOB、CFR、CIF 三种条款，出口商和进口商的责任点划分都是货物装到甲板上，在货物落在甲板上之前货物如果已经有问题了（数量和质量），都应该由出口商负责。货物落在甲板上之后，一切风险都转移给了进口商，也就是说货物落在甲板上以前是好的、符合合同的约定，落在甲板上以后出口商就不负责任了。如果出口商严格地遵守合同、装船时货物的数量和提单的数量一致的，出口商就不承担今后数量短缺的责任了。这一风险点的划分出口商应该和进口商事前十分明确地沟通，让进口商理解和认同，这是国际商法的规定，是国际贸易的规则。有的进口商文化程度比较低，对国际贸易规则也不太清楚，不特别了解。对这种情况处理的约定也可以在出口合同中双方都明确下来。

如果出现了这种情况出口商也应该要求船公司积极地配合解决进口商的数量异议，我们的经验是如果出现了这样的情况，船公司不能够及时认真地解决好此事，我们就先暂停与该船公司的合作，迫使船公司尽早地处理好之后，让客户 100% 地满意了，再恢复与这个船公司的合作。我们在与船公司合作之前，也把这类事情出现的可能和解决思路跟船公司说清楚，船公司同意可以及时解决这类事情的，再开始与船公司合作。出口商、进口商、船公司三位一体，如果有提单和提货数量的异议不及时解决，三者之间的业务都要（可能）受影响或者暂停。

船公司在目的港卸货时，同样同类的产品几百件、几千件，这边客户少了几件，那边客户多了几件，也时有发生，这边多几件没人说，那边少几件的客户自然就会提出来数量异议。如何避免客户少收货物呢？装运前出口商要认真地检查一下货物的飞子每捆每件上都要有两个，如果没有飞子或者飞子掉了，货物很容易搞混；一个船同类产品有多个提单、多个进口商的，最好每票货加颜色予以区分，装运前分别堆放，分堆装船，这样卸货时就不容易搞乱搞混了。

整船装运的（1 万吨、2 万吨的情况），如果卸货数量与提单数量不符，进口商可以凭第三方检验报告在规定的时间内向出口商提出索赔。如果确实装运时数量不足，出口商就应该予以解决并赔付。

关于客户质量异议的处理思路：首先看客户提出异议的期限是否超出合同规定期限，超出期限提出的质量异议，出口商一般不予以解决。一般出口合同会约定货到目的港后30～45 天之内，如果有质量或者数量异议，进口方凭双方认可同意的第三方检验机构的检验报告向出口方提出异议。其次如果装船前出口商的产品质量完好、出口商有证据证明货物装船前完美的，即使客户出了 SGS 检验报告，我们也无需赔付，但是出口商应该和客户把道理说清楚。如果装船前货物确实有质量问题一定要实事求是地进行适当的赔付。

（1）钢材锈蚀和弯曲异议的处理：出口商如果可以用证据来证明出口商装船前货物是完好的，出口商就没有责任了。根据装船前的检验记录显示没有货物锈蚀，照片显示没有锈蚀和弯曲，大副收据上没有批注，提单是清洁提单，根据国际贸易惯例，在出口商完成货物交付时（装船前）没有锈蚀和弯曲，锈蚀和弯曲的问题可能是在海洋运输过程中和卸货时产生的，客户应该向船东和保险公司索赔，出口方无需赔付。

（2）货物公差超出合同规定的要求：首先，要求客户取证的要点是显示权威机构的厚度测量报告。其次，查看出厂前的检验记录，如果确实装运前货物的尺寸超差，就应该根据合同的规定进行赔付。装船前的产品质量如果不符合合同的约定，属于出口商的质量事故（出口商应该努力确保产品质量符合出口合同的约定），出口商就应该予以解决和赔付。

（3）包装的（捆里、箱里）少根、数量短缺的问题异议：首先需要让客户拍照指出少根的捆包装是否完好，6 道包装是否都齐全。如果包装破损，根据清洁提单，货物在海运过程中丢失，应该向船东或保险公司索赔；如果包装完好，出口商可以证明工厂在货物出厂、装运时有自己的检验，对于装运以后提出的缺根问题出口商不承担责任。货物装运前应该确保包装完好，尽量货物到目的港也不要散捆和包装破损。

如果进口商没有第三方检验报告，提出来的数量和质量异议均无效，出口商耐心地解释即可。客户对数量质量异议的心态是：如果能从出口商索赔到一些钱就是进口商的纯利润，故进口商千方百计地找原因向出口商提出索赔，有的进口商提索赔时恼羞成怒、暴跳如雷、狮子大开口、狠咬出口商一口，出口商面对进口商的非理性的索赔，要温馨地心平气和地去沟通，不要撕破面子，装船前确实有问题的就应该视事情赔付一些，尽量现金一次性赔付。如果现金赔付进口商还不满意，可以在今后的合同中再给以一些价格的折让。

装船前货物确实没有问题的就不要现金赔付。出口商应该通过自己的努力把所有的事情都做完美了，让客户收到完美的货物、避免进口商索赔是出口商最重要的努力方向。

一笔合同的索赔和赔付其实就是进口商利润增加、出口商利润减少的此消彼长的博弈过程。确实货物装运前有了问题，进口商总希望出口商多赔一些，出口商希望少赔一点。通过沟通、讲道理达到出口商赔付尽量少一些，进口商 100% 地满意是原则。有的大钢厂，质量异议处理需要 2 年的时间，双方都缓一缓，心平气和了再达成共识也是方法之一。

有的进口商货物到目的港之后，要急需使用（部分）货物，即使发现货物有问题了，也来不及做第三方检验，这种情况下，客户提出来数量和质量异议的，出口商和进口商沟通：没有证据怎么赔付？可以未来给与客户一些价格折让。

有的国内钢铁出口商不懂得如何合情合理地处理进口商的异议，装船前即使有问题的也都是以后业务中价格折让，永远不现金赔付，这是不正确的。也有的外贸一线人员为了维系住客户，进口商提出来多少索赔金额就要求出口企业赔多少，外贸人员完全站在客户的角度，总希望自己的企业尽量多赔付客户，让客户 100% 地满意，通过多赔客户钱来维系住和客户的关系，这也不太正确。业务人员应该努力同时实现自己企业利润最大化和客户 100% 满意，不能只兼顾一个方面。

客户在当地在规定的时间内做的第三方检验，也只能证明货物到目的港之后的情况，不能证明装船前的情况，所以质量和数量异议需要双方实事求是地沟通解决，可能需要漫长的时间。

有的国内大的钢厂，质量异议赔付需要 2 年的时间，赔付金额在合同金额的 8% 以内。

问题 4：国外客户要求知道我们出口方的采购成本、利润、工厂名称、供应商和工厂的联系电话，出口商应该如何处理？

如果客户要求知道我们出口商的采购成本、利润、报价的计算过程、利润、钢厂的联系方式联系人、我们的采购价格等最好敷衍过去，建议外贸一线人员说："我不知道，我只是按照公司的流程报价给客户。"个别的国外进口商向出口商提这样的问题其实是不正确的，是不懂得商业规则的表现。客户不应该询问出口商的核心机密和商业机密。出口方对客户提出的任何问题都要温馨地回答，客户不合理的要求出口商婉言拒绝，但是不要态度生硬。

出口商和客户沟通的过程，也是对客户进行了解判断的过程。有的优质客户和出口商砍价是拿国际市场行情、拿目前中国钢铁企业的一般报价和你沟通，这是情理之中的。

在与国外客户接触的过程中，我们也遇见过这样的国外客户：随便翻你的手机看、询问一些不应该问的问题、你做东请客他却主动点特别名贵的菜、经常来你公司让你负责吃住订单却不给你、往返机票要你负责却没有任何订单、你每次都非常热情地招待他却坑你骗你。在与国外客户接触的过程中也是双方互相了解、互相选择的过程，国外客户也有非常垃圾的。

问题 5：某国家我们两个以上的代理人同时从一个最终客户收到订单（假设到岸价一样），两个以上代理人都希望通过各自代理做这个订单，应该如何处理？

做钢铁的出口业务不要得罪任何人，和气生财、和为贵是最基本的原则，两个以上代理抢一个订单其实是好事情，可以这样处理：哪个代理的佣金低就走哪个代理。让他们各报佣金数。如果佣金相同的话，订单给予与我们关系最密切的、表现好的、实力大的代理。

如果一个市场有多个代理是好事情，出口商要会调动他们的积极性，不要伤害他们，事前可以让他们有明确的分工（按照产品、终端客户、区域等），如果有冲突可以按照佣金多少、接订单的先后等来决定，我们公平公正，也可以轮流让他们做。当然最好使代理人之间避开无序竞争，让他们相互协同，让几个代理共同做好这个市场是我们的目的。

问题 6：出口商的销售价格应该如何制定？

出口商制定海外报价的原则是客户和目标市场可以接受的最高价格，具体来说定价方式有如下思路：

（1）根据市场需求定价，如果是信息闭塞、竞争较少的市场，应制定高价位（如南美、非洲或者一些小国家小的市场等）。

（2）根据询单的产品定价，产品质量（高）、规格散杂、产品供应渠道相对单一、生产难、工艺复杂等就应制定高价。

（3）询单有特殊要求的，比如强调交货快的、特殊加工包装要求的、单据上有特殊要求的，应制定高价。

（4）根据公司战略定价，比如新客户、新市场、新的产品，可以制定较低的、有竞争力的价格，公司作为品牌战略、强调要扩大出口量的产品，可以制定较低的价格。

（5）根据竞争对手定价，为达到某市场一定的市场占有额，可在确保有利润的情况下，报低于竞争对手的报价以占领市场。

（6）出口商的出口品牌已经树立起来了，出口的合同利润率就应该不断地提高。

（7）客户需求第一偏好非价格的，出口商都有机会实现利润最大化。

（8）正常情况出口商应该不低于成本进行报价，不应该亏损报价，这是出口商最基本的原则。

成本加一定的利润进行报价是比较低级的报价思路，不利于出口商的高速发展，出口商的报价应该是目标市场、目标客户可以接受的最高价。有激烈竞争的情况下，出口合同原则上最低也不应该亏损，除非极特殊情况（比如：新产品、新客户、新市场、试订单、数量很小等）。我们的企业以前规定，合同的最低利润率为3%以上。

问题7：代理人的佣金标准应该如何制定？国外代理最忌讳的事情是什么？

国外代理人的佣金标准应根据国际市场的佣金一般行情来制定，钢铁出口代理的佣金一般为3~5美元/t不等，一般为贸易额的1%~3%。一般情况下合同的数量越大，佣金越低，铁矿石每次发运20万吨，佣金可以为0.1美元/t。优秀的出口商为了吸引更多的代理佣金可以比国际市场行情高一点点即可。代理的佣金不应该和出口商的利润挂钩，好多外贸一线人员总想把佣金和出口商的利润挂钩，合同的利润高就多给代理佣金，利润低了或者亏损了就少给或者不给，这是不对的。

当然特别好的订单、利润特别高的订单，代理的佣金出口商可以适当多给一点或者年底再发代理一些红包。出口商应该及时在每个合同结束后支付佣金，佣金不要拖延，更不要无理克扣、拒付代理的佣金。

当然也有比较差的代理，总是先千方百计地压低出口商的价格，然后谋取非常高额的佣金或者差价，这样的代理人不太道德、不懂规矩，出口商要批评、教育、培养，培养无望、不能改正的要坚决地淘汰。

代理人比较忌讳的事情：（1）出口商直接短路和最终客户直接接触，甩了代理，代理人以后拿不到佣金了。（2）出口商每笔合同结束后无理不支付、克扣、长期延迟支付代理的佣金。出口商应该尽量避免此类事情发生。海外代理是为出口商工作的，代理人不会无偿地为出口方开展工作，出口商要调动代理人的积极性，代理人积极地为出口商工作，对出口商拓展当地的市场极为有利，出口商支付一些合理的佣金是正常的事情。

问题8：如果国外最终买家认为我们出口商的价格偏高出口商应该如何应对？

进口商会经常说我们出口商的报价偏高，这是出口商经常会遇到的问题，出口商可以耐心地解释一下价格稍微偏高的原因是什么，比如：

（1）出口商的产品质量好。

（2）保证最快的速度交货。

（3）也可以说一下这次价格偏高的原因主要是本次订单数量小。

（4）保证交货，如交货失败，将承担1%~2%的违约金。

目前也有国内个别的钢铁出口商胡乱报价、为了拿下订单低于成本报价，还有的个别出口商先低于成本报价，收了客户的预付款和信用证，国内价格下来了就执行合同，国内价格持平或者涨了，就不执行合同。国外的客户不太了解这样的情况，一些进口商签了采购合同，后来出口商不供货，进口商吃亏了，进口商才明白后悔晚矣。有的进口商联系了信誉不好的出口商，预付了30%的货款给出口商，结果国内钢铁的价格没有下跌，合同不履行了，预付款也不退了，一些进口商受骗了。

遇见这样的情况，出口商也可以向客户解释一下，有的出口商价格特别低的原因有：质量差、交货慢、也有可能不交货、可能有点风险，让客户慎重选择。如果进口商非要选择价格低、是否交货不在意的，这样的进口商也 LOW 了一些，这样的进口商吃亏了，才明白特别低的价格是有风险和不确定的。

出口商要想提高出口价格，最重要的是树立良好的企业品牌和信誉，在每笔业务中都让进口商100%地满意，最后让进口商信任你、认同你、依赖你、敬佩你，出口商的价格高一些进口商也会从你的企业采购。

如果进口商不是特别认可你，往往总是询价比价，最后也不一定从你的企业采购。

问题9：出口商对国外客户可以接受的最高价格、国外市场的价格水平不清楚，应该如何报价？

如果出口商对国外市场的价格水平不清楚报价就比较困难了。可以让客户先出价（BID 递盘），如果客户不愿意递盘的情况下可以根据利润情况报价，订单复杂、数量少、客户有特殊要求、市场封闭、质量有特殊要求、产品没有什么竞争、组货比较困难、客户对中国的情况不太了解等尽量报高一些利润的价格，合同利润率5%以上是钢铁产品比较高的利润率了。

问题10：国外什么订单、有什么要求的订单，出口商有机会实现暴利？

一般钢铁产品合同毛利率5%是非常不错的业务了，10%以上基本属于暴利了。有机会实现暴利的订单有以下几种情况：（1）来自价格不透明市场的订单；（2）订单规格散杂，组货难度较大的订单；（3）要求交货速度特别快的订单；（4）因为产品用途的特定性，要求技术标准十分苛刻的订单；（5）对检验有特殊要求的订单，比如 SGS、BV 检验等；（6）付款方式上要求远期 LC 等特殊要求的订单；（7）对承运的船公司、船只和到达时间有特殊要求的订单；（8）要求特殊单据的订单，尤其是根据关税协定可以降低进口商成本的原产地证。

问题11：从洽谈开始，哪些环节可以合理地增加出口商的利润？

利润是由收入和成本费用来决定的，从出口合同洽谈开始增加利润的方法基本上就是增加收入和降低成本。如果谈判中客户不断提出一些的特殊要求（交货期要快、特殊包装、产品有特殊要求、付款方式特殊、特殊检验、品牌效应等），谈判价格可以适当地提高，另外集装箱和散装船海运成本也可能不同，也可能导致利润的差异。

在合同的执行过程中，可以增加利润的环节有：一是在合同执行过程中客户故意严重违约，如晚付款或晚开信用证、信用证条款与合同条款不符、要求增加合同之外的特殊服务等。二是装运前让客户选择，有直达船（预期15天到达），有中间挂靠的（预计50天到达），选择直达船海运价格高，需要小幅度涨价 1~3 美元/t；如果是选择集装箱船一般比散货船贵一些。

做外贸最重要的是让客户100%地满意，所有涨价原因都应该是合情合理的。出口商任何时候都不要做出无理的事情来，否则会失去客户、失去订单、失去未来。

一个出口合同的利润来源不是主要来自进口商，要求进口商价格上涨 1% 都是非常困难的，一般出口的价格进口商固定了。出口的利润来源 50% 是来自供应商和采购工作，出口商应该通过发标、竞标、评标等公正的采购流程，公平公正地进行采购管理，采购工作要避免人情、要消灭采购中的腐败问题。海运的竞标工作也十分重要。通过卓越的供应链管理制度和供应链的流程管理，出口商的利润可以大大提高。

问题 12：国外代理的职责应该是什么？

授权海外代理，国外代理的职责应该十分明确，一般有以下几条：

（1）根据委托人的报价，在代理区域内收集所代理产品的订单。

（2）督促终端用户履约，催促客户付款和开信用证，督促客户付款赎单。

（3）代表委托人处理质量异议，代理委托人验货并提出解决意见。

（4）向委托人提供代理区域的市场信息、客户信息、客户的资信调查等，如所代理商品进口政策的变动，代理区域的市场趋势，以及买方对货物的品质、包装等方面的意见，其他供应商的报价和广告资料等。

（5）如果是独家代理，在一定的时间内需要完成一定的销售量。对对方在国内的独家采购也应该进行约定。独家应该是对等的（双方独家），一般是优秀的、信誉良好的、有实力的、有良好业绩的、经过长期考验信得过的代理才可以发展成为出口商的独家代理。

优秀海外代理努力为出口商工作，出口商受益。代理人优秀的标志是：实事求是地和委托人沟通介绍情况，时刻站在出口商的利益考虑问题，不能误导出口商，对当地情况、当地的钢铁进口商、当地的钢铁行业都十分熟悉，有实力帮助出口商招单的企业或者个人，不能诱导出口商报低价拿暴利佣金。

代理人如果信誉不良、品行不端，出口商受损。代理人不良的标志是：不努力地为出口商工作，不实事求是，说假话、隐瞒事实真相，故意压低误导出口商的报价然后自己拿很大差价，不占在出口商的立场思考问题，对当地情况不特别了解，实力太差拿不了什么订单的。

还有的代理为出口商工作，同时也为出口商的竞争对手工作，那边佣金高，订单就给那边。这样的代理建议放弃为好。

代理一般是当地人，在业务中属于中间人，有时代理也站在进口商角度和出口商沟通，代理有时也从进口商拿佣金，这都是可以理解的。出口商在做出决策之前应该认真地听取代理的意见，然后再做出正确的决策。

出口商要精心地甄选、了解、沟通、培养、激励海外代理，对海外代理也应该优胜劣汰。代理人不能只站在进口方考虑问题，应该同时兼顾出口方和进口方的利益。

问题 13：出口商如果有意外，不能按期装船，如何处理？

出口商应该努力严格地遵守合同，没有把握就不要签约出口合同，签约了就应该100%认真地履行合同，货物严格地按质按量生产，尽最大努力早日装船，将合格的产品尽早发给客户，客户收到的是完美的产品，每个合同都让客户100%地满意。

在出口合同执行的过程中，有可能会出现各种意想不到的情况，个别的时候也可能生产延迟，导致延迟装运。比如：一批货生产出来了、快装运了，经检验发现产品不合格或者部分产品不合格，如果重新安排生产，这种情况下肯定要延迟交货；有的出口合同不允许分批装运，2000 t货，只有一个规格30 t没出来，这批货也不能装运；有的钢厂突然出现了生产故障（主电机烧了、生产线出了事故等）、海关检验等原因耽误了装运时间，等等。

　　签约后合同的执行情况一定要随时让进口商知道真实的情况，如果确实出现了延迟装运，一是要明确及时地和客户说明真实的情况，实事求是地把延迟交货的原因和客户说清楚，如果装运晚不了太长的时间，有真实的客观原因，客户一般是会理解的。二是不要隐瞒事实真相，不要预借提单和倒签提单，预借或者倒签提单在国际贸易中被认为是商业欺诈。三是延迟装运时一定要等客户的正式确认，一定要和客户再签一个书面协议（和客户口头沟通同意装运的，最好有书面协议）。如果延迟装运，客户可以同意，也有权拒绝收货，客户不同意延迟装运的，出口商要另行处理此批货物。如果信用证付款的，装船前一定要让客户修改好信用证，否则在不太了解客户信誉的情况下不要轻易装船。

　　到了最迟装运期，出口商未能装运的，等于出口商违约了，是否延迟装运需要进口商重新确认，决定权在客户手里。有的时候，国外价格暴跌、进口商又能找到更低的供应商、进口此批货对进口商不利的，进口商都会拒绝延迟装运或者重新商量新的价格，出口商应该做好两手准备。

　　出口商如何避免延迟装运呢？（1）签订出口合同时出口商对工厂应有非常全面的了解，其生产能力、产品的质量、生产的时间是否稳定、是否有保障等，有了十分的把握再签订出口合同。特别大的订单可以分几个钢厂同时生产，每个钢厂的生产能力都有限度。（2）合同中的装运时间留有充分的余地，生产时间（多少天）、发运到港口的时间、船的动态等，合同中规定的装运期不能安排得太紧张，如果时间上没有余地，最后出口商会十分尴尬被动，存在货物被拒收的风险。（3）任何事情出口商都应该有两手准备，应该有应急方案，如果突然有的钢厂有意外，应该有替代钢厂跟进。

　　如果签约后2个月有100%的把握装运，就要签2.5～3个月的装运时间，确实不能满足进口商装运要求的，利润再高、订单再大的出口合同，出口商也尽量不签约。

　　有的进口商当地开2个月的L/C，银行费用比较低，故在进口商信誉特别良好的情况下，也可以在合同中约定2个月的装船期，如果2个月后合格的货物已经生产出来（发到了港口）但未能在2个月装运的，进口商可以展证一次，展证1个月的时间。大的合同应该允许分批交货，否则对出口商非常不利。

问题14：出口商如何全面地了解进口商的信誉？

　　出口商最重要的是要全面深入地了解进口商的实力、信誉、采购的情况、企业经营情况等，可以通过如下方法了解：

　　通过驻外使馆的商务处；通过中信保；通过当地钢铁行业组织；让进口商列明哪家中国的钢铁出口企业可以证明其资信良好，如果不能提供证明的其资信还是有一些疑问的；通过国内钢铁出口的同仁们了解；在中国钢铁进出口产业联盟的成员中了解。在长期的合作中逐步了解客户，进口商的信誉好坏只能通过实践得到检验。

　　也可以实地考察，看一下进口商的办公环境、人数、人的精神面貌、门卫、一线人员的情况等；让进口商提供3年的财务报表、公司章程、企业介绍等，查询海关数据，看一下其每年的进口数量。

　　建议：新的进口商，出口商如果还不是特别了解的，一定要从小做起，装船前100%T/T或者20%加80%的保兑L/C，通过长期多次的实践活动，才可以真正地了解进口商。

问题 15：如何让国外客户了解我们、相信我们、认可我们、敬佩我们？

基本思路：主动热情地向客户介绍公司概况，××××年成立，是专业的钢铁出口企业，介绍公司的团队情况，让客户初步系统全面地了解公司，介绍公司的制度，让客户 100%地满意是我们的宗旨。

每个外贸人员都应该非常优秀，把所有的事情、所有的细节都努力做完美了，努力做到彬彬有礼、训练有素、热情洋溢、知识渊博。首先让客户认可、敬佩我们的外贸人员。其次是让客户认可我们的企业，要介绍公司的情况，介绍时要拿事实、证据、数据说话，实事求是，不自吹自擂，不要老王卖瓜。

跟客户讲述之前合作的成功案例，包括有过良好合作的客户，如果是国外的新客户，可以给新客户 5 个或以上该国合作良好的客户名单，新客户可以通过这些当地的客户了解我们的信誉。和新客户的业务，要坚持没有把握的事情不做、有风险的业务不做，有100%的把握再做，要重合同守信用。

业务员要及时、热情地回复客户，要站在客户的角度思考问题，发的邮件微信等内容上不要出差错，要言而有信，如果一线人员确实遇到自己不能确定的问题，先及时邮件告知客户：（这个规格或者标准）需要和工厂沟通再给出答复等，我们会尽快答复。业务员要有较强的专业素养，能够轻松应对客户对产品的疑问，尽可能了解所有的情况、所有的细节，精细化做事。知己知彼，才能百战不殆。外贸一线人员要努力做到比客户更优秀、更专业、更卓越。

把合同的所有条款要细致地和客户介绍清楚，让客户认同合同条款，如果客户对合同条款有异议，应该温馨地根据《联合国国际货物销售合同公约》讲道理。

和客户前期铺垫的时间可能比较漫长，需要循序渐进，耐心、温馨地和客户沟通，对重要的事情都达成了共识之后再开始业务比较好，和客户建立信任往往有可能 3~6 个月或者 1 年的时间，客户了解、信任、认同、敬佩我们了，才可以跟我们顺畅地开展合作、才会主动地给我们订单，即使给我们的价格偏高也十分愿意给我们出口方。为了让客户信任我们，也可以让中国钢铁进出口产业联盟（中国钢铁外贸的行业组织）出具我们公司信誉良好的证明。

问题 16：如何做好外贸业务中的风控问题？

基本思路：在和客户开展洽谈之前应该认真、全面、系统地了解客户的情况和客户信誉，认真地进行背景调查。客户的信誉、核心价值观最为重要。同时还要认真地了解客户开证行的信誉是否良好、进口国家外汇收支情况是否良性、当地的社会秩序是否稳定等。有的国家的中小银行信誉一般，很难做到单证相符的情况下按时（7 个工作日内）付款。

当新客户信誉我们不太了解、开证行的资信一般或者成交金额较大时，也可以要求客户使用保兑信用证，信用证应该由世界一流银行保兑。当开证行开的信用证无法保兑银行时，说明开证行的信誉和实力一般，我们应该更加小心谨慎、高度警惕。新客户信誉我们不了解、开证行信誉一般，可以适当提高客户的预付款比例（50%以上），同时控制好发货数量（尽量 100 t 以内），同时努力确保单证相符交单。

为了防范客户在不付款的情况下提货，我们可以让船公司出船代提单，这种提单在客户没有付款的情况下无法提货。当客户付款后，我们收到货款时再安排电放，让客户顺利提货。船代提单的内容应该与船东提单完全一致。应该注意：只有在收到客户预付款和信用证（信用证应该认真审核无误）时我们再组货，能够确保安全地100%收汇时（我们已经收到预付款和能够保证单证相符交单的信用证）再安排装船。目前已经出现了信用证项下客户不付款提货的欺诈案例，我们应该高度重视，居安思危，防患于未然。

同时还应该注意供应商按时按质按量交货的风险、船公司的风险、货代的风险、汇率的风险、进口国的国家风险等，一定要选择优秀的信誉良好的各类资源开展合作，不要贪图便宜和不了解的资源、信誉不良的资源合作。

如果数量较少（50 t以下）客户坚持先预付20%~30%，见提单发票装箱单再付余款的，可以和客户谈清楚，我们是让船公司出的船代提单。提单的收货人一定要先空白，等收到全款后再填写进口商，然后给客户寄单。

坚持出口合同规定允许分批交货，这样万一某个别规格延迟或者确实不能交货时，我们不耽误大部分货物的交付。

问题17：如何找到和发展新的国外客户？

方法和思路如下：例如阿里巴巴国际站，这种属于被动拓客方式。国内企业完成更新产品，上传产品，等待客户发来询盘，进行交易。资源丰富可以成为我们充分发掘外贸客户的有利武器，我们要充分利用。很多人喜欢注册非常多的免费B2B平台，如果能遇到客户有相应的需求，就能发现我们，然后发来询盘，进行交易。但效果不是特别理想。在谷歌上做产品推广，可以找到有相关产品需求的客户网站和展示页，从里面找到客户的联系方式，通过与之沟通促进合作。基本上都能得到询盘。自建站可以更好地对企业和产品做推广宣传，扩大公司的知名度，发掘更多的商业机会。需要交给专业的做SEO公司去做。短视频平台：抖音正以同样的方式发展到国外，据悉，抖音全球用户新增近2亿户。可以在各个国外常用搜索引擎大海捞针寻找客户，主动发开发函，例如Google、Bing、Yahoo、Yandex等搜索引擎。

参加展会，通过展会可以吸引到一些新的客户，可以提供给我们与这些潜在客户面对面交流的机会。通过What's APP、Instagram、Twitter、LinkedIn、Facebook、Tik Tok、YINS等网络社交平台主动找客户。

运用海关数据开发客户，海关数据来自各个国家的提单数据或报关单数据，是非常真实客观无法做假的外贸数据。其中包含有采购商、供应商等企业的名称、采购记录、采购重量、采购金额、货运信息等，信息量很丰富。（1）把这些海关数据拿来分析，了解竞争对手出口情况，意向采购商还在跟谁合作以及哪些是急需采购的客户群体等。（2）通过邮箱搜索软件，可以搜索到精准的采购商联系方式，开发客户。（3）配合国外采购商背景调查。

搜索客户，外贸业务员需要主动发开发函；参加展会，主动接触客户，当场拿单，或者形成一定印象，以后跟踪；通过海关数据了解采购商企业名称、联系人姓名、联系方式、公司网址；Google等搜索引擎的推广，等待客户搜索，发来询盘，进行谈判。与新客户成为挚友需要与客户友好交流，有共同话题，彼此信任。我们交货短平快，让客户相信我们的产品质量、业务员的服务质量。使用公司维基 http：//corporationwiki.com，通过这个网站，可以搜索个人或公司；领英 https：//www.linkedin.com，很多公司及公司员工都会在上面建立自己的主页，展示公司的动态、信息等。从公司的主页，可以看到该公司的网址、雇佣人员，这样我们就可以很快地找到公司负责人。

寻找国外客户的方法很多很多，最好多管齐下，不要只使用一种方法，当外贸人员特别优秀了，我们的品牌建立起来了，客户会主动地找我们。

问题 18：如何规避外贸业务中的风险？

外贸风险主要在：新客户、新市场、新的产品、价格有可能暴跌暴涨、汇率的巨大变化、供应商信誉不良。风险控制的主要手段和思路为：必须确保 100% 单证相符交单，客户信誉一般、开证行信誉一般、数量较大（200 t 以上）、无预付款的情况下，应该要求保兑信用证。不了解的客户、国家社会秩序不稳定的，控制每个合同的订单数量（尽量少一点，200 t 以内）。做业务之前要全面调查客户背景、习惯、信誉以及开证行的信誉。尽量避免使用 FOB 条款（如果客户坚持 FOB，我们一定要坚持装船前收到全部货款），尽量坚持用 CFR 价格条款。收预付款（20%~30%）加保兑信用证，或者装船前我们收到了全部货款。任何情况下，都要在收到预付款和信用证（信用证审核无误后能够确保单证相符）的情况下，再开始组货。千万不可签约后预付款和信用证都没到，就盲目地马上组货。供应商的信誉我们要十分了解、信誉要良好，没有把握的供应商采购量不宜过大（200 t 以内），供应商的了解和认证十分重要。不可抗力的条款应该事前和客户以及供应商谈清楚，合同中约定清楚。如果有钢材价格暴跌的可能性，应该提前做好准备和考虑好应对方法。谈生意时应该把风险防控放在第一位，时刻考虑出现万一的情况应该如何应对，是否有风险？是否有防范措施？比如说客户倒闭、开证行倒闭、价格暴跌、国外政府破产、国外军事政变、国外进口政策的变化、战争发生等，不要高枕无忧。不要盲目地追求贸易额。船公司和货代的信誉也十分重要，我们一定要培育和选择信誉良好、实力较大的货代和船代。所有的对外签约都要十分慎重，对使用合作的资源都要详细了解，没有 100% 把握的事情不要签约、不要承诺。特别是期货要格外谨慎。

问题 19：如何在买卖双方谈判和商务交往中占据主导地位和掌握主动权？

在国际贸易交往中应该时刻把握主动权，可以从以下几个方面入手：

外贸人员应该尽快地优秀和卓越起来，外贸人员比对方优秀，对方就会认可我们、信服我们、敬佩我们，自然会把订单给我们的，即使我们的价格比同行稍微高一点。在国际交往中谁优秀谁就有话语权和主动权。最重要的是我们应该不断地学习，要知识渊博，要全面了解情况，要懂国际法和国际贸易规则。要充分了解自己和对方的情况，做到知己知彼百战百胜。在谈判准备过程中，要讲国际商法（联合国国际货物销售合同公约）和国际贸易规则，要温馨地讲道理，不要不讲道理和不讲公理。和客户谈判之前要有充分的准备，不打无准备之仗。

（1）要站在对方角度和对方讲道理，让对方信服和接受。对手所在国（地区）的政策、法规、商务习俗、风土人情以及谈判对手的状况等我们都应该充分地了解。

（2）在谈判中，客户合理的要求（与合同相一致的、非原则问题、小事情等）我们尽量 100% 地满足。客户不合理的要求、严重违背国际贸易规则和合同约定的要求，我们要委婉温馨地说 "No"，并说出客观的道理来，不要生硬地拒绝客户。

（3）在谈判中，如果对方向你提出某项额外的要求，即使你能全部满足，也应该慎重考虑一下，是否需要增加一些成本和提高一些价格？我们帮助你多做了一些事情，你应该买单呀，羊毛应该出在客户身上！

（4）双方应将心比心，要时刻站在对方的角度思考问题，互相体谅，可使谈判顺利进行并取得皆大欢喜的结果。

（5）不要说空话、官话、大话，要实事求是，不要欺骗客户，要站在客户角度思考问题。如果遇到困难应该把具体的困难说清楚。

（6）签约之前应该把所有的问题、所有条款、所有细节都谈清楚、都达成了共识，亲兄弟明算账。

（7）如果合同个别条款有修改应该及时补签协议，对所有条款重新进行明确。原合同哪些修改了，哪些没有改，应该明确约定。

（8）遇见确实不能满足客户的，不要说含糊不清、模棱两可的话，比如说："研究一下、问题不大、拟同意、基本同意、努力按照你的要求试试等"，这些都容易产生歧义。

举例：

（1）如果根据合同已经把货物生产好马上要发运了，客户有一些困难希望推迟3个月装船，应该如何应对？应该和客户沟通，严格地按照合同约定把货物组好了，如果推迟交货，无法和工厂说，有很大很大的困难，工厂也要收取巨额的违约金和罚金。建议双方应该严格地按照合同的约定，认真地履行合同。如果客户坚持要推迟发货3个月，和客户商量能否赔付工厂1.5%/月的违约金。

（2）如果合同约定客户预付款20%，在签约后3个工作日支付，可是客户说目前资金紧张，要延迟1个月支付，应该如何应对？应该这样说：如果你迟于合同的约定付款，合同就意味着取消了，已经和工厂签约，工厂也根据合同开始组货了，如果随意取消合同，言而无信不太好，贵司如果单方面不履行合同应该赔付2%（根据合同的约定），建议贵司最好严格地遵守合同。

（3）如果客户开了信用证，信用证规定品名为 PRIME STEEL，快装船了，客户突然说要改品名为二级品，应该如何应对？这是非原则问题，不改其实也问题不大，应该耐心地和客户沟通：已经严格地按照信用证的条款安排工厂准备装运报关，现在突然改品名我们非常非常困难。建议客户以后如果有要求提前说，并在信用证里明确约定，千万不要突然随意地改变信用证。

（4）如果客户说签订一个出口合同（其实是形式合同），客户拿这个合同到银行申请信用证，如果银行能开出信用证，客户就履行这个合同，否则就不履行这个合同了。如果客户不能开出信用证，这个合同作废，能说这个客户的信誉不良吗？其实这种情况不能认为客户信誉不良。

问题20：与国外客户联系的注意事项有哪些？

在外贸工作之中，会经常与客户交往沟通和洽谈，与人交往时，所有细节都显得十分重要。一次商谈可能会因为所有的细节非常完美，而给客户留下特别美好的印象，得到客户的高度认可和信任，成为终生挚友，也可能因为细节的不完美而失去客户，因此在与客户的沟通过程中，所有细节需要我们格外注意，努力做到完美：

（1）用诚心对待客户。在交谈沟通时要精心地多聆听对方说话，听话听音，全面细致地了解对方要表达的信息、情况和真实想法（比如说他从事贸易工作20年了，就估计他有40岁以上的年龄了）。对方发邮件后（说话后）我们要及时（最好半个小时以内，晚上睡觉休息时除外）回复。客户的询问我们要全面逐条细致地明确答复，如果一时不能报价的（比如周日客户给的订单），要和客户明确解释一下：等下周一钢厂上班时我们再报价。如果客户给的规格参数标准确实不能准确知道的，不妨说一下：这个规格或者标准让钢厂确认一下，之后再精准报价。

与客户交往的重点是全面了解客户，通过经常的沟通能够全面真实地了解客户的情况、需求、偏好、忌讳等。

（2）勿悲观消极，应以阳光心态乐观地看世界。在与客户交谈的过程中，应该注意不要带入悲观的、负能量的不良情绪，不可流露出消极态度，否则会影响客户的信心和好感，应该以阳光、积极、乐观、快乐的态度与客户交流互动。

（3）语言简练表述清晰正确。交谈中，如果说话啰唆，概念模糊，未能明确清楚地表达自己的意见，会严重影响与客户的交流，所以要多注意自己的措辞，用简练严谨的语言、用客户能够明白的语言准确地表达自己的意思。尽量不要说模棱两可的语言，不要说与业务无关的话或者观点，尽量用 YES 的态度和客户沟通：谢谢您的订单，您的价格确实有点低，和钢厂沟通一下，会努力使您满意的，请等我的消息。谢谢您的订单，您提出的付款方式（D/A），根据公司的制度，您是公司的新客户，只能接受签约后预付 30%，装船前付清 70% 货款（见装箱单和发票），收到全款后再安排装船。等相互全面了解了，会给您提供更优惠的付款方式和价格的，请您理解，十分期待和您长期合作。

客户的所有要求，都要努力推动，结果如何是双方协商的结果，应该委婉温馨地解释清楚。

（4）注意使用礼貌用语。与客户交谈时一定要讲文明讲礼貌，如果在交流中无意夹杂不良口头语，就会使交谈结果大打折扣，因此礼貌用语就显得格外重要，多说"非常高兴与您分享"和"谢谢""十分感谢""十分感谢您的邮件、询单、订单"等能有效提升客户对你的好感。比较熟悉的客人可以使用：Dear Jamal（名字，非姓）My Good Brother How Are You? Thanks and Best Regards; Your Sooner Reply（Good News）is Much Appreciatted.

（5）把握好与客户说话的分寸。在交谈时，有的人说到高兴时就口无遮拦、忘乎所以，这不但不礼貌，还非常有损我们的专业形象。在交谈中应把握好说话的分寸：避免谈论容易引起分歧和争执的话题；避免使用低级趣味的例子；不谈论客户的隐私和缺陷；对于不知道的事就实事求是地说，避免假充行家；不要非议第三方。

（6）包容，从客户的角度考虑问题，多产生共鸣。轻松的商谈气氛十分重要，运用幽默的语言可打破不必要的沉默和尴尬，减少彼此的冲突和摩擦。遇到分歧时，不可立即反驳，可以说"你的观点很好，同时我还有个想法与你分享"，再说出自己的具体看法（可能与客户的观点有异议），这样既尊重了对方的想法，又能提出自己的意见和观点。交谈时，当双方对某一看法产生共鸣时，会愉快地继续交流。在交谈中，适当时表示赞同或站在客户的立场考虑问题，可以增进彼此感情，对工作的帮助很大。要用心找出客户的关心点和兴趣点。

（7）不打断客户的说话。交谈时如果别人未说完整句话时就插嘴打断客户说话，这是非常不礼貌的行为，会使说话的人感到非常的不适，因此在听完对方的话后再回答，可以减少误会的发生。沟通时一定让对方把话说完了，我们能全面地了解对方的意图和想法，非常重要。

（8）学会赞赏对方。切勿直接批评、否定、质疑、非议、藐视、责难客户和客户的公司或者第三方，这样会严重地伤害对方，要多称赞对方的长处，适当地称赞会令人难以忘怀。

除以上在所有与客户的交谈中都适用的注意事项外，外贸工作中与外国客户的交谈也有一些特殊的注意事项：

（1）对不同地区的客户要有针对性地沟通。对于不同国家、民族和地区的客户，在交流中有不同的讲究与避讳，例如有的国家的客户比较喜欢严肃的氛围，就要避免开玩笑。因此在交谈前要对客户所在的地区进行大概的了解，避免冒犯或不礼貌的行为言语出现。

（2）要选择合适的沟通渠道和方式。疫情时期与国外客户的沟通大部分移到了线上，这时候选择合适的沟通工具就显得尤为重要，如果客户喜欢发邮件，就应使用邮件沟通；如果要进行电话交谈，应选择不受网络限制、信号强、音质好的通信工具。

（3）没听懂客户的话不要硬接话。外贸工作与客户的交谈一般使用英语，非英语母语国家的客户或许会有发音不标准的情况，而英语母语国家的客户会有语速太快的情况，如果没有听清，可以礼貌地请客户重复或放慢语速，这不失礼，避免没听懂就直接回答，会让客户觉得沟通困难。如果确实没有听懂对方的话，可以这样说："Pardon"或者"Please Sendem to Us About Your Good Suggestion."

以上是外贸工作中与客户交谈时的一些注意事项，除这些注意事项外，真诚才是经商人员最需要具备的要素，及时真诚的发问、真诚的回答，会让客户对你产生好的印象，也会加快建立商业合作。外贸工作无法避免与客户产生联系，因此交谈中的注意事项应该受到我们的重视。

问题21：如何全面地了解客户？

在和新客户接触时一定要全面地了解客户，知己知彼，方能百战百胜，没有调查就没有发言权。搞好调查研究、全面地了解情况是做好一切外贸工作的前提和条件。不了解客户就会在外面工作中有问题和风险。那么如何去了解新客户，可以有以下几种方法：

（1）自主查找信息。与客户相互接触之前，主动了解客户公司信息。我们可以通过点击并浏览其网站，查看其经营产品、联系方式、企业规模、经营理念、企业规划、团队配置、企业文化等，对客户的公司情况有一个初步的了解。

（2）相互交流。与其部门负责人进行联系，取得联系以后，可以互相询问了解对方的情况，例如产品需求、付款方式、选择供应商时所看重的条件等。同时可以查看客户公司的营业执照，了解该公司的成立时间、注册资金、实缴资金等情况。

（3）倾听。请客户自己介绍自己。我们要倾听客户的陈述，以谦虚的态度，以客户为师，真心实意地向他们学习，学习他们的理念、文化，明白客户公司的真正需求以及个人的需求，深深地了解他们，才能够给他们提供最有效、最完美的服务，并和他们交成好朋友。

（4）现场访问。若有机会走访的话，可以了解其各方面人员。在这里不仅仅是了解他们的营销人员，更要关注技术人员，甚至保安、门卫、清洁工等。与他们进行面对面的交谈，以及到他们公司的办公室、卫生间、厂房、仓库等地参观浏览。与营销人员交流他们的销售情况，与技术人员交流生产情况等。这样可以让我们取得最直观、最直接的认识，是实打实的所听所闻，是非常宝贵的。这项工作也可以外包完成。

（5）通过第三方了解。例如向当地商会、国内同行等了解打听客户公司的信誉是否良好、过往贸易中的行为等。可以向多个人打听探讨，避免一面之词。也可以利用天眼查来查看客户公司是否有官司以及官司的原因等。有条件时可以找专业调查公司进行外包查询。

（6）对于客户公司个人的了解，尤其是客户公司一把手的了解。如若不能接触一把手，也可以了解其中层管理者，甚至基层人员。可以了解其年龄、出身、背景、文化程度、专业、宗教信仰、工作经历、以往担任的职务、兴趣爱好、性格人品等。

（7）在长期的业务实践中相互了解。实践是检验真理的唯一标准。在长期的合作中，认真观察客户的表现，实践出真知，实践最重要，在长期的合作中看他的信誉，了解他的实力，是否严格履行已签订的合同、是否按时打款等。对于信誉良好的客户结以长久的合作，对于信誉较差的客户要防范于未然。

经过以上几种方法，可以去了解新客户。但是仍有几点需要注意。

（1）多手段：想要达到全面、透彻的了解，绝不能只单单通过一种手段去了解客户，也不能单单通过某一个人去了解。调查还需全面、立体、多渠道。我们要了解他们的过去、现在，以及对未来可能发生的情况做出预判。

（2）系统性整理：对于通过各种方法调查得出的结果，必须经过系统的整理，最终将其书面化，不能仅仅停留于口述。对情况进行反复研究整理，能使我们保持理性，同时不被个人情绪所左右。

（3）全面地了解客户：过去、现在和未来，人财物，实力和信誉、经营作风等。

问题 22：如何规避 100％信用证付款项下的风控问题？

目前有的国家和地区的客户基本都要求 100％的信用证付款，没有 TT 款，如何规避100％信用证付款的风险呢？

（1）100％信用证付款主要有如下风险：某些国家政治经济政策法律不稳定，如发生战争、社会动荡、军事政变、进口政策突然改变、国家信用不良、金融危机等；国外开证行信用不好的，即使单证相符也可能无理拖延付款，或者开证行突然倒闭等；进口客户信用不好、进口客户我们不特别了解，进口方突然倒闭；国外客户是诈骗集团，即使我们做到了单证相符，也可能装船后拿不到任何货款。

（2）应该从以下几个方面做好风控工作：客户信誉不清、开证行信誉一般、数量较大（200 t 以上）、无预付款的情况下，必须加保兑信用证，这不能商量；必须确保 100％单证相符交单，不能保证单证相符交单的坚决不组货，信用证中有软条款的坚决让客户修证，客户修改信用证后我们再安排生产和装船，或者退回信用证；在不了解客户信誉的情况下，出船代的小单，收到客户的货款后再安排电放，让客户提货（特别是第一二次和客户合作时尽量采用）；客户的信誉不了解，第一二笔业务应该控制好合同的数量（尽量少一点，100 t 以内）；做业务之前要全面深入地调查了解客户的真实情况，包括经营情况、经营规模、人员、历史、产品、营销模式、采购量、业内口碑、背景、习惯、信誉以及开证行的信誉；尽量避免使用 FOB 条款，一般情况下坚持用 CFR 价格条款；新客户尽量收预付款（20%～50%）；任何情况下都要在收到预付款和信用证（信用证审核无误后）后再开始组货；100%信用证付款的，收到信用证后、组货和装船之前，应再和客户认真地沟通，最好让客户书面确认一下是否确定要这批货物（以防在市场价格暴跌的情况下，客户随意取消，对我们造成损失）；特别怪的产品、特别怪的规格（非大路货）、客户信誉不了解、开证行信誉较差、国家比较动荡的情况下一定要坚持有预付款和保兑信用证；高风险国家坚持收到预付款后再装船，高风险国家银行开出的信用证都没有任何保障；100%信用证付款的业务，没有达到预期的利润率，如果有风险就不要勉强地签订合同。

问题 23：如何保证产品质量？

产品质量是企业的生命，产品装船前应该确保产品质量是完美的，避免产品有瑕疵，产品送到客户手里应该努力让客户对产品质量 100%的满意。应该牢固树立质量第一的思想，质量是外贸企业生存和长远发展的最重要保障。关于产品质量在以下几个方面加以注意。

（1）对供应商认真地认证把关。具体包括：

1）采购之前要全面调查了解供应商真实情况，包括生产情况、生产能力、经营情况、经营规模、业内口碑、产品的保障体系、检测手段、经营作风和信誉等，供应商可以确保将合格的产品按时交货时，再与供应商签订采购合同。

2）签约前一定要全面了解客户的需求，特别是客户对产品质量方面的要求，如果客户对产品有特殊要求，一定要把具体技术参数了解清楚，如抗拉强度、屈服强度、延伸率、化学成分、尺寸公差、包装、平整度等。签约前一定要把客户的要求和供应商逐一落实清楚，确实可以供货的再签约。签约时一定要把客户的具体技术要求和指标予以非常明确的文字约定。

3）供应商必须经过公司认真的考察和认证：供应商是否信誉良好、是否能够保证交货质量和按时交货等。

4）产品生产过程中的情况一定要全面了解。

5）全面深入了解供应商的特点和特色，了解每个供应商的特长以及优势产品。

6）如果是第一次和供应商合作可以先从小单做起，根据供应商的供货质量、交货速度等情况再决定后续的合作。

7）如果发现供应商不能严格地履行合同（不能按时交货或者不能按照合同的约定提供合格的产品），应该坚决及时终止与其合作。坑蒙拐骗、信誉不良的供应商要及时进入公司的黑名单。

8）在决定供应商时，应该把安全第一（确保按时按质交货）放在首位，价格居后。

9）出口数量较大时（1000 t 以上），尽量分散给若干个优质的供应商，不要给一个供应商订单量太满、压力太大。

（2）生产期间监控。具体包括：

1）采购合同的品质要求应与外销合同严格一致，或者应该高于外销合同的要求。

2）生产过程中应及时跟进生产情况，要求供应商拍摄多张照片、生产视频，保证生产过程中货物质量完好。

3）货物于出厂前（时）应让厂家出具质保书，质保书应该有供应商盖章，供应商应该承担产品质量保障的责任。

4）提醒供应商包装务必打牢固，预防出厂后出现散捆、包装损坏等现象。

5）出厂时应该确保货物是完美的。

（3）出厂之后质量把控。具体包括：

1）为预防货物到港后发生散捆或者产品损坏等情况，集港应比船期提前 2~3 天，尽量避免当天集港当天装船。

2）如果货物到港口以后，货物出现散捆或者质量问题，应提前明确告知我们的货代让供应商拉回重新打包，或让供应商联系港口工作人员加固（在港口的打包加固费用应该由供应商承担）。

3）如果货物在港口放置时间过长（10 天以上）或天气情况不好务必要做苫盖。尽量避免雨天、雪天集港作业。

4）CFR 条款风险责任划分是在装运港货物装船越过船舷之时，在装船前务必让货代拍摄多张远近照片，以证明货物在装船前的质量完好。

5）要坚决确保装船前产品的完美性，产品不能有任何瑕疵。

6）应该任用优质的港口货代，港口货代应该为我们认真服务，承担起把好港口装船前的质量关。

7）如果港口货代没有良好的服务意识，不能替我们把关，应该及时终止与其合作。

（4）海运安排。具体包括：

1）要找认真负责的船公司，船龄尽量在 25 年以内，保证货物可以最快速度将货物安全地交到客户手中。

2）散货船尽量找直达船，尽量避免转船。

3）装船后如果货物上边有化学物品一定要求船公司在产品上边加苫盖，防止我们的产品被化学物品侵蚀。

问题 24：如何规避汇率的风险？

目前的汇率在按照市场需求不断地变动，如果美元汇率在 6.6~7.3 之间不断地大致双向波动，应该会正确地应对：首先应该对汇率的波动进行正确的预判，当汇率在 6.8 以下时，汇率到了低谷，未来会涨上去的，合同利润低一点（2% 以下、1.5% 以上）的订单也可以做，6.8 左右时汇率有可能很快往上涨（有可能向 6.8 以上变化）；当汇率比较高（7.0~7.2）时，特别是接近 7.2、7.3 时，合同利润率应该高一点（3%~5%），同时尽量采购现货，快速交货和快速结汇。

任何时候都坚决不做亏损生意（努力确保预算和决算不亏损、有利润），这是外贸工作的最基本原则。利润最大化是我们唯一的奋斗目标。

要尽可能地把每个合同的利润率往上提，合同利润率达到 5% 就可以很好地规避汇率的风险。如果合同利润率在 1% 以内就很难规避汇率的风险。

分清订单种类，遇到不好做、比较疑难（很难生产）、规格很多、数量不大（100 t 以下）、客户有特殊要求（比如希望快速装船）的单子，要适当给客户提价格，适当地提高合同的利润率。利润率太低（1.5% 以下）的单子，要学会吃佣金和美元采购，尽量不用人民币采购。要争取多做利润率高（5% 以上）的小单子（100 t 以下），多发展终端客户，多出口设备和产能输出。

任何时候都应该做最坏的打算，不要盲目地乐观，要把极端情况考虑进去，保证决算不亏损有利润，专家们普遍预测：人民币对美元的汇率今后也可能短期在 6.5~7.3 之间波动。

不要盲目地追求出口数量，适度量力而行，心态祥和，不急不躁，只要我们在外贸工作中坚持了合同履约率和客户满意度 2 个 100%，全心全意地为客户服务，把客户作为上帝，大家都优秀起来了，订单就会越来越多，未来也会无限美好！

12 典型案例分析

案例 118：非洲某国家的一个新客户，从国内订购了一批钢材，付款方式为签约后 3 天内预付 20%，装船后 20 天付清 80% 尾款。结果装船后，进口商当地发生动乱，银行关门，银行不能向外付款了。当地货币又大规模地贬值，客户无力承担也倒闭了，当地海关最后罚没了这批货，出口方损失巨大。

经验和教训：出口企业签约前一定要注意进口国的政局、法律体系、社会秩序等是否稳定、进口企业的信誉是否良好、当地国家的汇率变化等。如果有很多因素都不可控，就一定要装船前收到 100% 货款，同时要注意合同数量的控制。社会不稳定的国家和地区出口商要小心谨慎为好。当地国家的政局稳定是我们出口商要考虑的重要因素。

案例 119：国内有个钢铁外贸公司，出口钢材到 B 国，和客户配合一直都非常顺利，有一次发货量比较大，5000 t，货物快到 B 国时，B 国的货币大幅度贬值，当地客户就和我们出口商商量"我们真无法承担目前巨大的汇率变化了，要不我们就倒闭，不收货了，要不就你们价格降低 50%。"结果出口商不得不减价 50%，出口商损失巨大。

经验和教训：对每个客户应该根据其资信，控制一定的交易数量。同时应该注意当地国家汇率的稳定性，汇率非常不稳定的，出口商要特别注意。也有的钢铁同仁认为：如果国外市场、进口国汇率出现特别大的波动，进口商无力承担了，希望取消订单或者希望出口商降价，这应该不属于进口商的信誉不良恶意行为。

案例 120：国内有一家非常大的上市生产企业，外贸公司从其长期采购一般都是预付 30%，提货时付清全款。有一次这家上市企业突然要求预付款比例上升到 80%，由于是上市公司，长期合作也没有问题，外贸公司就预付了 2000 万元，结果付款后没几天，这家上市公司宣布倒闭。

经验和教训：上市、国企公司、银行也有可能倒闭，什么情况都有可能发生，出口商一定要小心谨慎，控制好"度"，严格地把握好每个合同的数量，供应商突然要求提高预付款比例的原因是什么？出口商一定要搞清楚，一般情况下供应商要求预付款比例过高的都说明了一些问题，反映了一些信号，出口商应该特别注意和关注。

案例 121：某国外客户需要彩涂卷 3000 t，客户要求颜色按照样品成交，大约是 3 种颜色：乳白色、浅蓝色、橘红色，客户出的价格还比较高，但是客户要求装船前必须经过客户到港口进行检验，检验合格后才可以装船。结果出口方按照合同的约定，按照样品生产完毕后，客户到港口检验时认为生产的两种颜色产品与样品不一致（出口商认为一致），要求取消合同。外贸公司被迫自己处理了港口的 3000 t 货物，损失较大。

经验和教训：钢材最好不要按照样品成交，到港口的产品是否合格，不应该由客户说了算。可以凭双方同意的第三方检验机构的检验报告为产品是否合格的最终依据。彩涂卷（板）一定不要按照样品的颜色签约，镀锌卷（板）一定不要按照样品成交。

案例 122：一家外贸公司签订了一个出口合同，客户的国家是发展中国家，L/C 从一家信誉不太好的银行开出 180 天远期 L/C，外贸公司认为风险极大，便要求世界 500 强银行加保兑，客户严格按照合同约定开出了保兑 L/C。由于种种原因，钢厂的生产不顺利，装船期要晚 25 天，外贸公司要求客户改证，客户也非常及时地改了 L/C 到保兑行，交单时是单证相符交单。保兑行审单后回复：保兑行只对原 L/C 承担保兑责任，对修改后的 L/C 没有再次加保，故对修改的信用证不承担保兑责任。这个保兑 L/C 修改时忘记了改证后应该再重新保兑，这样修改后的 L/C 就变成了没有保兑的 L/C。

经验和教训：保兑 L/C 修改时一定要重新加保兑，同时出口方尽量不要延迟装船。除了保兑信用证，出口商还可以要求客户预付 20%～30%，这样更加保险。

案例 123：某外贸公司与南美一家进口商签订了一个长期合同，合同约定连续发 12 笔出口货物。当第一笔货物到目的港后，客户检验不合格，客户对外贸企业就没有任何信任了，来函要求由于外贸公司出口货物的质量不合格，取消以后的全部订单。后来的 11 笔货物有两笔已经在海运途中，还有很多笔已经安排生产了，外贸公司只好自行处理这些已经生产和发运的货物，出口商损失巨大。

经验和教训：最好在什么都没有确定的情况下，不要谈这样连续装运的大合同。尽量等货物到客户手里后，客户满意了再洽谈签订第二笔合同，循序渐进比较好。

案例 124：小张与 A 国 B 公司签订销售合同，支付条件为 L/C 装船日后 180 天付款。买方于 2004 年 8 月按照合同约定开出不可撤销即期信用证，开证行为 A 国的 C 银行，通知行及保兑行均为世界知名银行 D 的广州分行。由于 D 银行对信用证加保兑需要收取 2000 多元人民币的保兑费，因此小张收到信用证后，没有接受 D 银行的保兑。小张按照信用证规定在国内制单备货，在信用证规定时限内，于 2004 年 9 月出运，随即向 D 银行广州分行交单。2004 年 11 月，D 银行广州分行收到开证行 C 发出的承兑电，承兑到期日为 2005 年 3 月 25 日。付款到期日后，D 银行未从开证行处收到该信用证项下的款项。随后，D 银行广州分行分别于 2005 年 4 月 11 日、6 月 7 日、6 月 13 日和 8 月 2 日连续 4 次向 C 银行发电催款，但没有得到任何答复。因此，D 银行广州分行不得已向其 A 国分行求助，要求协助查询此信用证问题。8 月 22 日，D 银行 A 国分行回电并告知，A 国中央银行根据该国《金融机构法案》，已下令 C 银行停止运营，但优先债权仍然有效。按照 A 国政府的紧急法令，一个新的金融实体 E 银行于 2005 年 5 月 21 日揭牌运营，接管其优先债务。2005 年 9 月 2 日，D 银行广州分行向 E 银行的联系人直接发传真和电子邮件联系此笔逾期信用证付款事宜，但没有得到对方答复。在这种情况下，D 银行广州分行要求小张的公司关案，并支付信用证通知费等手续费，公司随后关案。在此期间小张亦与买家（开证申请人）联系付款事宜，但买家坚称已将款项付给 C 银行，但没有提供支付凭证，追讨一直没有结果，出口商损失特别巨大。

分析：一些国际结算的外汇银行随时都可以关闭、开出的 L/C 随时可以无效、一些国家的进口政策也非常不稳定、美元对外结算更不靠谱，一般信用证毫无保障，在这样的情况下外贸企业一定要装船前收到全款或者保兑 L/C。

案例 125：某外贸公司与国外一家进口商签订了大的出口合同，价格条款是 FOB 价，即期 L/C 付款。货物顺利装运，单证相符交单，结果客户迟迟不赎单不付款，货物却被客户提走了。最后还好，很久以后客户凭良心付款了。

经验和教训：FOB 价进口商可以很容易地无单（无正本提单）提货，特别是记名提单（提单的收货人为进口商的情况）进口商更容易无单提货，不付款将货物提走。

案例 126：某外贸公司与某国进口商签订出口合同，集装箱装运，外贸公司为了降低成本，每个集装箱装了 24 t 货，结果货物到该国后，违反了该国海关每个集装箱不得超过 23 t 的规定，一共罚款 5 万美元。该国的客户强烈要求外贸公司赔付。外贸公司由于不了解当地进口国的法律，白白地损失了 5 万美元。

经验和教训：出口企业一定要了解进口国的当地法规，如果有不清楚的事情，可以和进口商事前沟通确认。如果客户确认了再发生问题，出口商责任就不大了。

案例 127：业务员赵华在 2005 年年底与 F 国的一进口商签订了 10 个 20 尺柜的五金件的出口生意，付款方式为 L/C At Sight。在审核信用证时，他发现信用证有两个地方需要更改：

（1）信用证下规定总金额、总数量、每种规格都允许 10% 的溢短装。但这次出运的货物涉及的规格很多，既要保证每个规格不会超出或少于 10%，又要保证总体数量上也不超出或者少于 10%，是非常困难的，所以需要客户将溢短装条款只控制在总数量和总金额。

（2）信用证要求由贸促会出具 Form A，而在我国是由商检局出具的。但赵华并没有让客户改证，而是请求客户接受不符点，原因是与该客户已经合作一年多，以前信用证出现问题的时候，客户都会接受不符点的，而且临近年底，要求客户改证就会耽误发运时间。

在客户同意接受不符点后，赵华按时组织货物发运。但由于一个规格的货物短装超过 10%，Form A 的签章也出现问题，在交单时银行提出不符点。赵华立即和客户取得联系，请客户立刻去银行赎单。由于年底工作很多，赵华就把这个事情忽略了。等年后回来，赵华一查还没有收到此笔货款，就再次给客户发邮件，客户表示他们的终端客户不要这批货物了，所以他们也无能为力，他们也只能不要了，最终赵华要求开证行退回了全套单据，又联系船公司将货物退运。由此产生的海运费、目的港的堆存费用、仓储费用、回国后的清关费用等，共计损失几十万元人民币。

分析：如果收到信用证后发现不能确保单证相符，就一定要通知客户改证，改证后再开始执行合同。绝对不要图省事、想当然，这样会冒很大的风险。当一个订单规格比较多的，有的 L/C 虽然只规定总数量、总金额有 10% 的溢短装，没有规定每种规格都有 10% 的溢短装，装运时出口商也尽量每种规格都控制 10%。否则容易让进口商提出来是不符点。

案例 128：某外贸公司与 A 国某进口商签订出口 3000 t 钢材的合同，装船前 A 国方面安排第三方检验。当货物到达港口后，检验机构开始分批检验，出口企业分批装运，最后检验机构指出有一部分产品不合格，不得装船，出口方只得将已经装船的部分不合格产品卸船，损失很大。

经验和教训：有第三方检验的，一定要等到检验最后结果出来了再装船，不合格产品一定不能装船。第三方检验尽量在钢厂进行，不合格的产品就不要发到港口了。不合格的产品出口商也可以退给钢厂，由钢厂承当损失。

案例 129：国外一个进口商从中国采购了 5000 t 钢材，使用即期 L/C 付款，CFR 条款。中国的出口企业按照合同约定生产发运，并交单议付了，出单时单证相符，货到目的港后，开证行说出口方提供的提单是假提单，经过双方协商，结果开证行把单据退到了议付行。出口方拿提单到船公司时，船公司发现提单确实是假的，可是当时议付的提单是真的。出口方一查货已经被进口商用真提单提走了。

经验和教训：这个诈骗案例太极端了，事情发生的可能性：一种是开证行收到单据后，让客户审单，客户趁开证行不注意将正本提单彩色复印（克隆），然后说提单是假的，让开证行退单（假的提单），真的提单客户已经提货去了。另一种是银行和进口商串通一气，共同欺骗出口商。做生意之前，一定要全面详细地了解客户的情况和信誉，客户信誉良好的才可以放心地去做。如果做生意时不太了解客户的信誉，一定要加防范措施，数量不宜做得太大。对客户信誉不清楚的可以先出货代提单（小单），客户付款后再电放。也可以让客户先预付30%，装船前付清70%，收到全款后再装运。客户信誉不清楚的，可以30%预付加70%的保兑 L/C。一些小的国外银行信誉也非常差，客户信誉不清楚、银行信誉比较差的，100%的 L/C 也是有很大风险的。

案例 130： 一家 A 国公司可以廉价地提供 B 国生产的 2 万吨钢坯，并且答应中国的进口企业到钢厂验货监装。因为数量太大，中国的有关进口企业签约后开出了即期 L/C，之后都到钢厂验货，看到钢坯生产合格，又看到货物装船了，A 国公司议付后我们进口商才付款赎单。结果还是被骗：A 国的公司只装了一批货，同时卖给了 9 家中国的进口商，只有中国的一家企业收到了货，7 家公司被骗，另外一家公司没有被骗，主要是这家公司的单据人员发现议付的全套单据都是一种字体、文件是一个打印机打印出来了，非常可疑、反常、不符合常规，就坚持等货到并能提货了再付款，结果没有被骗。

经验和教训：大的生意只能和大的企业洽谈，不要和不了解的小企业有大的合作，合作之前应该详细了解客户的信誉、业内口碑、钢铁的成交历史等。诈骗公司单据肯定有瑕疵、肯定有异常，我们要善于观察和发现。

案例 131： C 国有个公司和国内的几个钢厂都有联系，陆续做了一些小生意都基本顺利，和各钢厂都很熟悉，钢厂就信任了，其实是个大的骗子，1998 年，该公司从中国订购了 2 万吨钢材，FOB Xingang Port，中国的某钢厂装运了货物，议付时有几个不符点，结果单据一直在 C 国银行，客户也不付款，银行也不退单，进口方却把货提走了。后来钢厂到 C 国打了官司，C 国的公司倒闭了，出口商 Paper 赢了，但货款没有回来。

经验和教训：单证相符交单是做外贸的最基本原则，单证不符银行信用自动失效，风险巨大。客户的信誉一定要事前了解清楚，客户信誉和实力不清楚的，应控制好数量"度"。FOB 情况下租船方也有可能（很容易）在记名提单的情况下无单提货。

案例 132： 不可以签约后轻易地不分青红皂白地马上组货。1995 年某国有个客户叫李源 Chao（Lee&Steel Ltd，Dart），某大钢厂的人介绍，说其是该国特大的钢铁贸易商，信誉非常良好，1996 年某出口商和他签订了 3600 t 角钢出口合同，在未收到 L/C 的情况下某出口商轻信某钢厂的介绍就把货组好发运到港口了，这个规格是英标，国内非常不好销售，客户签约后迟迟不开 L/C，最后客户通知取消了该合同。该出口商损失巨大。

经验和教训：千万不要轻信不了解的客户，了解客户应该有一个长期漫长的过程，在长期的业务往来中了解客户，客户的信誉好坏只能通过长期的实践加以了解。签订合同后出口商千万不要急于组货，正常情况下应该等 L/C 到了，认真地审核 L/C 无误后再组货。第三方口头介绍只供参考，千万不能轻信，很多情况是中间人随意介绍，中间人有的也不是特别了解，出口商就要认真了。做生意以前应该认真严格地了解客户的信誉，如果不太了解客户的信誉就应该从小做起，在做业务的过程中全面地了解客户。对不了解的客户应该小心谨慎，正常情况下和客户签订了合同，L/C 严格地按照合同约定开出来且审核无误后，出口方再安排后续的生产组货和装船手续。L/C 如果有误、无法保证单证相符交单就应该坚决地要求客户改证，不要忙于组货。

新的客户上来就要做很大的业务的，出口商要格外小心，可以加一些手段，比如 30% 预付加保兑 L/C、装船前 100% 的 T/T 等。

案例 133：某出口商 1997 年向 C 国出口 500 t 角钢，由于提单的收货人制错了，只得被迫将货物提单给了当时某出口商在 C 国的代理陈宝 QI，陈宝 QI 答应收款后支付给某出口商，陈宝 QI 收货款却跑路了，20 多万的美元某出口商收不回来了。

经验和教训：对我们国外代理的行为也应该有一些约定，不应该将大笔货款给代理，出口商应该明确代理人的信用额度是多少，对代理人也应该认真了解。提单的收货人绝对不应该制错了，出口单据、租船委托书应该严格认真地两人审核复核，提单错了客户肯定提不了货。代理一般只负责联系当地的进口商，出口商尽量不要给代理安排其他的工作。代理人只应该联系业务，然后出口商支付佣金给代理。

案例 134：1995 年某出口商出口了钢坯 5000 t，买方是 H 国某公司。L/C 的最迟装船期是 1995 年 4 月 30 日以前，5000 t 货 4 月 30 日装船，5 月 1 日开船，船东坚持必须按照开船日期签发提单，故提单日期为 1995 年 5 月 1 日，这样议付单据一共有两个不符点，一个是船期超了 1 天，另一个是溢短装 5%，实际溢短装为 5.2%。5 月 1 日开船，5 月 2 日船就沉在了烟台成山角。5 月 3 日上班出口商就交单了，单据就有了两个不符点，本计划 5 月 3 日上班交单时再让买方开个保函交单，当时出口商、买方双方联系人都是某高校的校友，互相绝对信任。船沉了买方也知道，出口商赶紧交单，有了不符点，议付行出单后就等进口方银行的确认，买方和开证行就迟迟不予明确的答复。最后出口商在 5 月 7 日《国际商报》的头版头条登了这个事件，买方是特大型的国际跨国企业，在中国有很多投资，迫于舆论和各方面的压力买方在第 12 天支付了货款。

经验和教训：做大生意一定选择大的客户，如果船沉了我们选择的是小客户，货款肯定要不回来了；单证必须相符这是做外贸的最基本原则，单证不符后患无穷，组货前、装船前一定让客户将 L/C 修改好，大的业务尽量加保兑的 L/C，我们私营钢铁出口企业尽量避免特别大的生意，特别大的生意一定要上各种风控手段。

船沉了之后的事情：大的保险公司一般先赔付给进口商，保险公司此笔业务是亏损了，但是总体上保险公司是暴利的，然后保险公司打捞出此批货，再得到一些补偿，可以减少保险公司的损失。大的保险公司一般会及时赔付，然后做广告宣传说明自己讲信誉，以揽更多的保险业务。小的保险公司一般就会拖延或者找借口不赔付，大的业务也尽量到大的保险公司投保，尽量与大的合作方合作。

案例 135：某国 PT. Van Leeuwen Pipe and Tube 公司 2014 年从我们某出口商定购了 600 t 花纹板，客户按照合同约定及时开出了 L/C，L/C 中约定的装船期为 9 月底，该客户却以此批货不能在 10 月 10 日到达目的地为由而无理取消该笔合同，导致该 600 t 货甩在港口，出口商的损失巨大。

经验和教训：对新的客户出口商应该认真地进行资信调查，新客户最好使用保兑 L/C，如果是一般 L/C 出口商收汇是毫无保障的，一般 L/C 单证相符收汇也有风险，新客户一般 L/C 支付的可以加 20% 以上的预付货款予以防范。这笔合同签约前出口商轻信了客户华丽的网站和其业务人员虚假的宣传忽悠，导致签约时不谨慎。

案例 136：某国 Omnitech FZ LLC 公司有华丽的网站，从某出口商订购了 300 余吨钢材，当时要求装船前做 SGS Certificate，当时某出口商的业务人员误做了 SGS Report（以为 SGS Certificate 和 SGS Report 是一样的），该国外公司的采购人员也口头同意了，装运后该公司又正式发函不同意 SGS Certificate 改为 SGS Report 了，该客户恶劣地以此为借口拖延 8 个月才付款某出口商，还无理地扣了很多费用，导致某出口商损失巨大。

经验和教训：出口商做生意之前没有对客户进行认真的资信调查、没有认真地了解客户的信誉，就开始做业务了，出口商轻信了其华丽的网站宣传，客户还忽悠说其是欧洲很多知名企业的供应商。出口商不能提供 SGS Certificate 告知了客户，客户口头同意了并让我们装船，出口商当时就应该坚持让进口商改证后再装船。出口商的业务人员误以为客户应该讲信誉，就未让其改证后再装船，可是装船后进口商又找各种借口找麻烦。

客户信誉如何是通过业务过程慢慢了解的。不了解客户的信誉，应该加风控手段，如预付货款、保兑 L/C 或者装船前全部 TT，不了解的客户不要轻信其口头承诺。

外贸的最基本原则：不能保证单证相符的、不能保证安全收款的坚决不能装船，客户的信誉不清楚应该上手段：世界一流银行加保兑、装船前全部预付、保证单证相符。

案例 137：B 国的 ASE Metals Company，非常高超的"合法的"强盗手段：给供货方高于市场价格签约，然后找毛病（如提单日期与实际开船日期差几天等）到当地法院起诉出口商商业单据欺诈，让 B 国法院裁决终止该笔合同支付，然后和供应商谈大幅度地降价，国内的出口商纷纷吃亏。此类方法完全合法，但是没有商业道德和底线。

经验和教训：做生意之前，应该详细地了解客户的信誉，客户信誉不清楚的情况应该加风控手段，ASE 的总经理是快 70 岁的老头，表面看其彬彬有礼、斯斯文文，其实是个（合法的）奸商。国内的出口商一般都没有对进口商进行认真全面的资信调查。对西方公司我们出口商不应该有幻想，西方企业有的是使用完全合法的强盗做法，完全不讲商业道德。有的欧洲企业，在单证完全相符、市场没有太大变化的情况下可以付款，只要单据可以挑出一点点瑕疵（按照 UCP600，应该是单证相符的）、市场有一点变化，就砍价 50%，国内大的钢铁出口商中招的不少。

案例 138：A 国 Habib Uddin Sharf、Makina Muhendis. O. D. T. U. Auto Steel、International、Ruby Traders、M. Hussain&Co、Umer Traders，B 国 Haque Engineer Works、M/S Steel-X Ltd、Steel Mark、A B International（Mr. Zokir），C 国 Mr. Niphun Bharath Company Name：Navratan Pipe and Profile Ltd 等公司都使用过 L/C 向我们出口商采购钢材，当地价格一有波动就无理取消合同，导致出口商港口无端地多次增加库存，损失很大。

经验和教训：大家应该认识到一般 L/C 当客户不想付款时是废纸一张，客户信誉不好和不清楚时，一定要加保兑或者是有 20% 以上的预付款，否则当地市场价格下跌时客户会无理取消合同。

案例 139：X 国某公司李春 Mu 每次进货后都无理提出数量（每捆货里面短根）的数量异议，无第三方检验报告，金额都不大，一些出口商基本上为了照顾面子都赔付一些；Y 国有家企业提单与所提货物不符，按照国际商法出口商不应该承担任何责任，出口商

2005 年赔付了其 25 万元人民币。赔付这 2 家企业后，也没有什么好处，后来也没有订单。

经验和教训：出口商应该只确保货物装船前完好，装船后的货物短缺、损坏等均与出口商无关，不该赔付的钱出口商赔付了也未必有什么好的结果，基本上是白赔。

案例 140：2007 年某出口商和某地 USX 公司的 Jin 先生做出口 H 国的生意，当时业务有点纠纷，其女下属用谈恋爱的方式与出口商一男员工拉关系，并说有个公文要出口商盖章，只是为了应付一下 H 国客户。出口商的男员工看对方正追求自己呢，就晕乎乎地轻信了，随意地盖了章，结果对方拿出口商盖章的公文起诉了出口商，出口商败诉赔付了将近 100 万元。

经验和教训：出口商不能轻易许诺、不能轻易盖合同章和公章，外贸一线人员要经得起金钱和美女的诱惑，要盖章的内容和合同要认真仔细地看清楚，出口商一定要管理好自己的公章、合同章和对外的签约权。

案例 141：M 国的 Builder Trader 公司连续从某出口商公司订购了几批钢材，每批在 2000 t 以上，该客户信誉被视为良好，2014 年 4 月份又订购了 3000 t 合同，该客户按期将 L/C 申请表发给了该出口商，出口商认为其信誉良好就马上采购了 3000 t 货，可是其在银行信用额度不够了，其负责银行融资的股东离开了公司，银行 L/C 不能按时开出来，我们的货在港口等了 6 个月后，客户才将 L/C 陆续开出。6 个多月财务成本很大，给出口商造成的损失很大，1000 多万元资金 6 个月不能正常使用，其他的业务都受到了影响。后来了解这个企业有 3 个股东，当时一个负责资金的股东撤资了，导致 L/C 迟迟不能开出。

经验和教训：500 t 以上大点的订单一定要等 L/C 到后或者 100% 没有风险后再组货，见 L/C 申请就组货也有风险，出口业务里什么情况都可能发生。

案例 142：某出口商和 M 国一个新客户签订了一个买卖合同，当时该出口商轻信了当地代理人的介绍，就没有对这个客户进行深入的资信调查和了解，付款方式为预付 10%，装船后 10 天内付清尾款，结果货物到 M 国港口后客户无力支付余款，出口商非常被动。进口方如果进口手续没有办好，船在目的港会有巨大的滞期费，这样的滞期费船公司会向出口商索赔。装运之前、货到目的港之前，进口方一定要办好相关的进口手续，否则船公司会有巨大的滞期费，最后船公司也会向租船方索赔。

经验和教训：出口商一定不要轻信代理人和中间人的口头担保和介绍，出口商一定要对新客户事前做认真的资信调查，装船前进口方的进口手续一定要办好，否则出口商一定不能装运。

案例 143：某出口商于 2017 年 3 月 1 日下午 3 点接到 S 国人帝鲁的通知 S 国的 TMR 公司收到 300 t 镀锌带钢并且有锈蚀状况，为查明真相状况和避免不必要的扯皮出口商要求客户做第三方检验，客户同意并如期做了 BV 检验。3 月 7 日晚上出口商收到了 BV 检验报告，报告证明所有钢卷处于潮湿状态并有锈蚀。

货物有问题可能是由于在货物装箱的前几天天津港有大雪，苫盖不严密或不及时导致钢卷内进雪进水，但产品的外表面在装箱时已经干燥所以出口商没有意识到雪水已浸入包装之内；根据客户发来的照片，显示有个别钢卷有严重锈蚀现象，经出口商采购人员后来回忆这部分锈蚀严重的钢卷来自第一次合作的供应商，可能是供应商的部分库存货。

根据 CFR 责任条款，集装箱运输时封箱后的责任由卖方转移至买方。在出厂前出口商并没有派人去工厂认真地验货也未跟工厂索要包装之前的照片，遂不得知货物出厂前的状态；在装运港下雪之后也未检查卷内是否浸水。所以出口商没有充足的证据证明货物在装箱之前的各个环节中均处于干燥无锈的状态，无法摆脱责任，只能赔付处理。

钢厂的信誉十分重要，出口商应该选择信誉良好的钢厂进行合作。如果出口商出厂前不认真地验货，装箱时也不派人监装，钢厂的信誉如果不好，出口商的风险极大。如果出口商认为钢厂都是100%的信誉良好也是不完全符合实际的。

案例144：某出口商2016年11月14日与Y国Kimia Kavosh Omid Co签订了出口300 t不锈钢的合同，L/C收到后出口商发现L/C中要求必须有Y国方面安排的装船前第三方检验，并出具检验证书作为议付单据，装船前客户又通知说第三方检验的人时间不够，不用做检验了，这样出口商只能同意不做检验，货物就装船了，客户也没有改证，由于单证不符，后来客户找各种借口不要这批货了，出口商只能另找买家自己处理了，损失很大。

经验和教训：

（1）出口商收到L/C后，如果发现与合同不符，应该及时让客户改证，并且不能组货。

（2）装船前如果有买家安排的第三方检验，为了安全起见应该有20%～30%的预付款。

（3）如果客户后来同意不安排检验了，应该等客户修改L/C后再装船。

（4）客户的资信最重要，客户的信誉不清楚的就应该先按照信誉不良处理。

（5）和Y国做生意更要小心谨慎，由于Y国那边的制裁和封锁，Y国商人对外付款非常非常困难，付款时间有时一拖再拖，拖一年两年甚至更长时间也有可能。

案例145：M国Modern Structure公司2017年从某出口商订购了1200 t钢材，出口商出于基本的信任（以前做过两笔业务，还比较顺利），未等买家L/C开出就马上组货了，结果Modern Structure公司银行额度有问题，L/C晚开了很长的时间（2个月左右），出口商只好支付了70万美元给钢厂，货发到港口还要多付延迟装运的港杂费等，造成了出口商一定的损失。

经验和教训：非优质的客户一定要等L/C到了再组货。

案例146：某出口商和M国一个客户签订了30 t焊管合同，合同条款里注明：Steel Pipe，2 mm×21 mm×6000 mm，SS400。组货通知写的不明确，只说钢管，结果出口商糊里糊涂地给客户发了30 t方管，客户怎么使用呢？只能赔付客户。

经验和教训：外销合同的品名一定要十分明确、十分具体、十分详细，不要有歧义，越详细越具体越好，与钢厂签订的采购合同也要十分明确，与出口合同要完全一致，重要的文件、合同等出口商内部要有严格的复核。

案例147：某出口商2006年从A厂和B厂采购了1000 t型钢出口，这两个厂提供伪劣产品（不合格的产品包装在每捆的内部，外部根本看不出来），导致货物到C国后客户提出严重的质量异议（产品开裂、严重弯曲）。

经验和教训：出口商采购时应该对供应商、钢厂进行认真的考察和严格的资质认定，不能从信誉不良、不了解的、质量没有保障的、不正规的企业采购，钢铁生产企业的质量保障系统十分重要。

后来据出口商了解，这些钢厂施行计件工资制，一线工人按照出厂合格产品的数量发工资和奖金，出了次品要扣一线个人的奖金和工资，所以一线工人就把次品都包装在每捆正品里面，滥竽充数，一般的外观检验是看不出来的。

案例 148：某貌似正规超大的 P 金属集团 2006 年和某出口商洽谈合作出口 1 万吨钢材，其答应 L/C 开到 P 金属公司后按照 85% 支付出口商相应的人民币，结果 1 万吨 L/C 到后 P 金属公司根本支付不了，导致出口合同无法履行，最后客户起诉出口商，出口商损失了 100 余万元。

经验和教训：任何事情都尽量从小做起，从小到大，循序渐进，即使是大的企业我们也不要轻信，不要上来就做很大的业务。个别企业对合同极为不重视，随意签约，随意撕毁合同，出口商应该在开展业务的过程中不断地了解对方。

案例 149：2005 年某出口商向 F 国出口一批无缝管，出口商从某钢贸商处采购了这批货，其发的货有 20% 是焊管混在里面，发货时从外观上根本看不出来，货到目的港后 F 国客户向出口商提出了巨额的质量索赔。

经验和教训：出口商应该尽量从正规的钢铁生产企业或者是正规的信誉良好的贸易公司采购钢铁产品，供应商的资信十分重要，出口商采购时不应该只看价格而不考虑供应商的资质和信誉。

案例 150：某出口商 2006 年向 F 国出口了 300 t 钢材，通过某船公司海运，装船后船坏在了大连，该船公司将货物甩在了大连海关监管区，扬长而去，将此批货最后变成了死货，进口商意见很大。

经验和教训：出口商应该谨慎地选择船公司，信誉不良、服务不好的船公司也会使出口商面临巨大的风险。

案例 151：A 国 Tee Dee 公司于 2005 年从某出口商处采购了 500 t 钢材，L/C 装船期为 4 月底，L/C 有效期为 5 月 10 日，出口商交单时已经是 5 月 12 日了，当时 A 国钢材市场暴跌，Tee Dee 要求出口商降价 50%，否则拒付货款，出口商损失了 30 万元。

经验和教训：出口商一定要在 L/C 中规定的时间内装船和交单，船期和交单期超过 L/C 的规定、单证不符，出口商风险极大，损失会非常惨重。

案例 152：某出口商 2004 年往 B 国出口型钢时钢材每捆包装为 20 根，可是出口商的飞子误打为每捆 19 根，客户把飞子发给出口商坚持让出口商按照飞子结算。

经验和教训：外贸所有的细节都应该是完美的，每个细节有差错都会给出口商带来损失。飞子做错了也会给出口商带来损失，应该确保飞子的正确性。当然这家客户不实事求是后来经营得也非常不好。

案例 153：某出口商 2005 年向 C 国出口 5000 t 盘条，信誉不良的某海运公司负责运输，原定 12 月底船期，后来一拖再拖，又换了船，货物在 2 月底才装船，导致出口商的 5000 t 货在港口滞留了 2 个多月，出口商的资金运转受到严重的影响，后来的合同全部推迟了 2 个多月，C 国的进口商意见也很大。

经验和教训：船公司的信誉也是十分重要的，不了解的船公司，出口商绝对不要轻信，很多船公司都是先用低价把货揽下来，后来船就没谱了。

案例 154：2012 年某出口商往 A 国和 B 国同一条船分别出口两笔合同重量均为 50 余吨钢板，件数完全一样、吨数基本相同，但是规格、材质和用途却完全不同，当时的海运人员在指导港口货代理货时疏忽大意，收货时将两批货弄混了，导致 A 国和 B 国 2 个客户都没有提到自己需要的货物，后来又安排 A 国和 B 国客户交换货物，出口商的损失很大。

经验和教训：出口商对货代的工作一定认真地精心指导，对相同的件数、重量接近、产品相同的更不可大意，要从货物到港时就精心地指导货代注意细节的区分，最好将容易搞混的产品分两个货代收货。货代的工作质量也非常重要，货代工作人员是否敬业、是否认真负责，出口商也应该了解考察和认证。

案例 155：2005 年某出口商通过 H 国某公司向某地出口型钢 2000 t，10 多个提单，装运时出口商忘了刷色，货物到目的港后，10 多笔合同的货物、10 多个提单混在了一起，客户无法区分。

经验和教训：同一条船同样的几个提单的产品，发运前一定要有明显的颜色和飞子区分。

案例 156：某出口商 1995 年通过某快递公司向海外客户寄提单，结果提单中途寄丢了，物权凭证没了，出口商损失惨重。

经验和教训：重要的文件比如提单发票尽量亲自送给议付行，如果必须快递一定要用 EMS 等信誉良好的快递公司。

案例 157：2015 年 7 月，某出口商制了一套某国的议付单据，第一次制的单据有错误，议付行提出来后，出口商的单据人员第二次又重新制了一套正确的单据，结果实习单据人员把原来错误的单据交单了，议付行正好赶上节日，没有认真检查就寄单了，导致货款迟迟不能收回，进口商意见也非常大。

经验和教训：重要的事情不能由实习人员、业务素质还不过关的人决定和最后把关，单据制作非常重要，单证不符风险巨大，交单前应该反复审核，单据应该双人（其中一个人必须为明白人、优秀的人员）复核，不能由一个实习人员独立完成，最后单据审核工作必须由优秀的员工完成。

案例 158：2014 年 12 月 31 日某出口商出口了 2000 多吨货，2015 年 1 月 1 日出口退税取消，出口商误以为年底以前报关就可以退税了，而国家的出口政策是以出口日期（一般为开船日期）为准，必须在 2014 年 12 月 31 日以前装船，这样出口商不到 100 万元的退税没下来。

经验和教训：出口退税是以出口（开船时间或者是离港时间）日期为准，不是以报关时间为准，出口商一定要把国家的出口退税政策研究透，如果货物确实晚到了，装运的时间要迟于出口退税的规定时间，出口商可以安排货物先进保税区。

案例 159：2010 年国内钢材价格暴涨，某出口商和国外客户签订了几个出口合同，都由于货源没落实好，采购合同没有对签，导致外贸合同签约后采购落空，外贸合同不能履行，外商提出巨额索赔。

经验和教训：国内钢材价格暴涨时，我们的合同应双签对签，当然双方（进口商和钢厂）都应该信誉良好。

案例 160：某出口商有位一线外贸人员是上班 8 小时工作，下班时间（节假日）嗨玩、娱乐，下班后莫谈工作，自己工作的手机下班后就关机，没几天客户就到企业投诉她，要求换人。

分析：接触客户的人员非常重要，要热情待客、会说话、会办事、让客户满意，否则对企业不利。

案例 161：国内一家钢铁厂，生意非常好，老板非常热情，有一次，一个朋友要老板为其担保 1 亿元，老板碍于面子，就给其担保了，后来这个朋友还不了银行贷款，老板的企业要承担担保责任，其企业最后也倒闭了。

分析：担保不是儿戏，企业不可以随意给别人担保，担保就要承担担保的责任，被担保人还不了钱，担保人就必须还，由于担保金额巨大导致担保人倒闭的例子屡见不鲜。

案例 162：北方一个非常不错的钢贸企业，有一次给东北一家钢厂打预付款订钢坯，2亿元，预付款打了没几天，东北这家钢厂宣布倒闭。北方的这个钢贸企业后来也因此倒闭了。

分析：给每家企业的预付款应该有"度"的控制，给打 2 亿元预付款，你有 100% 的把握吗？你深入全面地了解这家企业吗？

案例 163：国内某大型钢铁外贸企业通过 B 国的公司进口钢坯 2 万吨，客户的信誉也不太了解，是否真装运了也不清楚，L/C 付款，进口商见单付款了，结果 B 国方面出的是假提单，钢厂损失巨大。

分析：大的进口业务，一定要事前全面了解供应商的情况，小的业务可以和小公司打交道，大的业务一定要和大公司签约，装船前大的业务一定要派人监装。

案例 164：某出口商和某国进口商签订了出口 300 t 特殊规格花纹卷合同，进口商把L/C 的 SWIFT 报文发给了出口商，出口商审核 L/C 的报文无误后马上组货，结果后来出口商收到的 L/C 是 150 t，进口商解释说进口商的银行额度不够了。这 300 t 规格特殊，余货很难销售出去，出口商损失很大。

分析：客户信誉不清楚的，一定要等收到 L/C、审核无误后再组货。

案例 165：某出口商和 X 国某公司 LI 先生签订出口钢材 500 t 的合同，单证相符交单，X 国某公司认为提单是假的（其实提单是真的），开证行无理拒付。

分析：客户信誉不良的在单证相符的情况下，进口商随便可以找个借口就可以拒付货款，单证相符也不能保证出口商安全收汇。出口商可以再加其他的方法和手段（如保兑L/C、装船前 100%T/T 等），确保安全收汇。外贸业务最重要的是客户信誉。

案例 166：某国内大型企业驻 A 国分公司联系了一家 A 国当地非常有实力的公司，一个 10 层的大楼，500 多人，现代化的办公环境，要求赊销 1000 万美元的货，并出示了法人护照、公司的营业执照，并押一张支票一个月后结账，当地销售很多都是赊销业务，国内的企业急于完成销售任务，就轻信了。结果一个月后支票空头，人去楼空。国外护照、营业执照、支票都是假的，出口商不全面地了解买家的信誉，怎么能赊销呢？

分析：赊销的业务其实就是放账的业务，出口商应该认真研究学习借鉴一下银行的付款流程：银行在付款前，对赊销的企业进行全面透彻的了解，包括股东和高管的情况、员工情况、经营情况、客户情况、供应商情况、盈利模式、收款的风险、贷款的用途、净资产、负债、固定资产、流动资金、3 年的财务报表等。银行还特别要了解主要股东的情况，如年龄、文化程度、毕业学校、工作经历、夫人情况、家庭情况等。都了解清楚了，放账应该从小做起，万万不可以上来就做得很大。

案例 167：有一个非常优秀的私营钢贸企业，老板和夫人一起经营，经营得很成功，老板娘比较强势，对企业的情况非常清楚。后来老板有了外遇，非要与夫人离婚。夫人非常愤怒，便到检察院举报老板行贿和偷漏税，检察院秉公办案，老板被判刑，进了监狱，企业也倒闭了。

分析：私营企业一把手非常重要，一把手的家庭稳定和企业内部团结尤为重要。一把手的婚姻变动对企业的发展不利、不吉祥。股东之间、企业高管之间的团结一致最为重要。

案例 168：X 国有一位非常优秀的企业，老板非常正派，老大学生，有知识、有文化、有涵养，就是不太懂经营和管理，以前是中国 K 集团 X 国的总代理，每年都赚很多钱。赚了钱之后这位老板就到海外投资，投资了很多项目，由于不懂管理、不懂投资，所有的项目最后都血本无归。最后这位老人什么都没了，住进了政府的养老院，年轻时非常风光，晚年非常凄凉。

分析：企业挣钱容易，企业最难过的是投资关，好的投资项目会有助于企业的高速发展，如果项目选得不好、投资失败，企业肯定倒闭。企业投资之前应该认真地研究投资的方法、思路、流程和制度，要做好投资之前的可行性分析，千万不要盲目地投资，更不要拍拍脑袋进行投资。企业只应该做自己非常熟悉的事情。

案例 169：小杨是一家生产散热器片公司的外贸员，4 月时，E 国一家叫作 M 的大型建材连锁商店向小杨下了订单，订单为两个小柜的铸铁板式散热器，双方顺利签订了买卖合同，并且该客户很快便打了 30% 的预付款。5 月下旬，E 国客户定制的散热器按照原计划本应生产完毕，但是小杨没想到公司的生产设备在这段时间里出了点问题，因此客户下的订单并没有能够按时生产，其间客户多次询问发货情况。小杨为稳住客户，一边含糊地回复说已经在安排发货事宜，但是需要一些工作时间，一边抓紧重新安排生产。两周后产品终于生产完毕，小杨以最快的速度联系海运报关发货，待取得正本提单时已经是近 6 月底。提单上的发货日期一目了然。为了收尾款，这时候小杨才开始向客户详细地解释由于设备故障等原因造成发货时间比原定迟了一个月，请求客户及时安排 70% 的尾款以便其尽早地邮寄相关正本单据。M 商店的采购人员对迟延交货十分不满，因为根据实际发货时间，等货到 E 国清关后，E 国早已经是夏季。而散热器是冬季供暖产品，一旦到了夏季，由于不是人们生活的即时所需，一般销售会大幅减少，甚至会出现滞销等情况，销售价格也会出现相应的降低。根据这些情况，M 商店表示，可以安排 70% 的尾款，但是必须在原来合同的采购价上给予一定的降价，以对其作出相应的补偿。为了留住客户，而且考虑到确实是自己违反了约定的交货期限，从而错过了产品的正常销售季节，几经协商，最后小杨只能降价 30%，收款放单，承担了损失。

点评：本例中，散热器是属于取暖的产品，其销售季节主要在冬季。一旦过了使用季节，其必然出现销量下降、销售价格下跌的现象。除了散热器，存在销售季节性差异的产品还有很多，在这些产品的贸易活动中，必然存在季节性的销售风险。小杨凭生活经验就可以判断出，接到订单时已经是散热器销售开始放缓的季节了，按照正常的生产和正常的发货时间，当客户定制的产品到达 E 国时，可能其销售也已经开始接近旺季的尾声了。因此在接到客户的订单时，一个有经验的业务员就应该对这类产品的销售季节有所把握，无论在谈判还是在签订销售合同时，就要把从生产到发货甚至到采购商的清关等的时间都考虑进来，避免在旺淡季交替时交货迟延的情况发生。违约延迟交货，国外客户有权终止合同、要求降价处理、维持原合同等，出口商就会有风险。

案例 170：2008 年 6 月，小陈得到 A 国锰铁采购商的询价，锰铁当时正处于一片涨势中。在当时的市场行情下，工厂的报价一般有效期只有一天左右，最长的也只能稳住三天左右。经过百般协调多方努力，最终小陈和 A 国采购商以 FOB 中国主要港口 USD3950/MT 成交，付款方式为预付 10%，剩余 90% 待货到中国港口保税库后，客户派人验货合格付清。这种付款方式对出口商还是比较有利的，但是小陈却怎么都没想到，在后来订单执行的过程中，出现了一系列意想不到的变化。首先是由于产品本身行情太好，工厂在生产的时候质量不过关，待港口检验结果出来后，只得要求工厂退货并重新生产，重新换货报关。而待全部货物报关完毕，时间已经是 9 月，这个时候客户则由于工作繁忙未按照合同规定来中国港口验货。而同时由于 A 国受到的制裁和金融封锁越来越严重，客户国内账户中的美元也根本付不出来，国外账户里又没有足够的货款可以付给出口商。因此 A 国客户便提出要求，要小陈先发货，货上船后凭提单复印件付清全款。到 9 月份锰铁的价格已经开始出现跌势，而 180 万美元的货款，小陈只收了十几万美元预付款。这让小陈进退两难，若是发货，不知道客户是否真的有能力付款；若不发货，价格已经开始处于跌势，货物压在手里风险更大。经过小陈公司的领导多次组织相关人员开会协商，最终决定以催付货款为前提，哪怕承担市场降价的风险，不收款绝对不放货。在公司的支持下，小陈在接下来近一个月的时间里坚持不发货，想尽办法催付货款。幸运的是该客户是一个很讲信用的客户（这样的客户其实不多），最终在小陈的多方协调下，客户把 90 多万美元的尾款以分批付款的方式先付了 60%，以便出口商能够尽快安排发货。而待发货后，客户又调得一笔资金凭提单复印件给小陈付清了全款，而那时候，时间已经是 10 月底、11 月初。锰铁的价格早已经是跌势一片，那 500 t 锰铁的货值也已经缩水了近 1/2。待货到目的港后，小陈又积极帮助客户解决目的港滞箱费的问题，尽最大努力减少了客户长达 25 天之久的滞箱费。客户对小陈的服务很满意，最终自愿承担其货物价值缩水的损失，并且承诺以后有新的需求会继续和小陈合作。

点评：从上述案例中我们不难看出，对于一些价格波动剧烈的行业，在出口贸易中，其市场风险是巨大的。小陈是遇到类似问题的出口商中的幸运儿，经验教训可以总结为以下几点：

（1）不了解行业特点，对所从事的行业不能做出基本的走势判断。案例中提到的产品锰铁最重要的用途是用于冶金生产的原材料。也就是说其市场需求将在很大程度上取决于冶金生产的需求。而近些年来受宏观经济形势影响，中国冶金行业高速发展，尤其是进入 2008 年，钢铁行业很多产品的市场价格已经严重违背了其真实的价值。根据经济学的观点，价格是永远围绕价值波动的。也就是说一旦价格走到一种脱离价值本身的高度时，便随时有出现暴跌的风险。因此在这样的时候，从事该行业国际贸易的商务人员，必须提高警惕，把握好交易的各个环节，防止随时出现的价格暴跌等变动，从而尽最大努力控制行情风险。本例中小陈就是缺乏对行情风险的认识，在付款方式上过于放松，未能对潜在风险加以防范，导致承担了巨大的行情波动的损失压力。

（2）对供应商生产过程缺乏质量监督，结果到港口才发现供应商生产的货物出现质量问题更加耽搁了操作时间。对于有市场行情风险的产品，缩短各个环节的操作时间是降低行情风险最切实可行的方法。本例中由于小陈对供应商没有深入了解，供应商生产了不合格的产品，小陈没有亲自去工厂验货，导致第一批生产的货物出现了质量问题，产生了后来的换货风波，造成时间延误。如果小陈能够控制好供应商，做到第一次就生产出合格的产品，在市场行情出现变动之前如期发货，即使后来出现跌价，货款也早已收回，风险会大大降低，并且还能为客户挽回一部分损失。可见出口商一定要选择好供应商，工厂能够确保生产合格的产品。同时生产时间尽量快一些，如果一个工厂慢，出口商可以多选择几个优秀的工厂同时生产。

（3）在付款方式上没有严格把握，幸好风险来临时，应对比较灵活，避免了一定损失。本例中在最初签订合同时小陈没有能够把握好付款方式。对于此类价格随时波动的产品，10%的预付款事实上是不能抵抗行情的巨大变化的。尤其在价格处于高位时，市场风险已有苗头，就应该适当提高预付款比例，或者采取保兑信用证等能够防范采购商违约的付款方式降低风险。在后来的合同执行过程中小陈的公司采用了灵活机动的应对策略，将发货前付清90%尾款改为分批支付，分散了风险，同时也为客户缓解了一定的资金压力，对最终收回全部货款起到了重要的作用。如果一再坚持合同条款不会变通，很有可能出现客户完全拒绝付款，损失会更惨重。因此必要时采取灵活机动的应对措施，也是避免市场风险的良策。

（4）对客户有所把握，争取与资信好的客户合作。通常价格波动明显的产品，大多货值高，交易数量大，产品和行业受宏观经济形势影响很大，这些都使得国际贸易的风险更大。因此对从事此类产品出口贸易的公司要求较高，需要其具有一定的资金实力，以及抵抗风险的能力。在出口贸易中交易双方相隔千万里，外贸公司想了解国外客户的资信、资金实力等情况，具有相当大的难度，但仍要坚持通过客户的询价情况，从多方面进行必要的客户资信调查。本例中的采购商是A国从事该产品贸易的最大贸易商之一，无论在信誉还是资金实力上，都有一定的优势。订单执行完毕后，小陈从侧面得知客户当时确实碰到了一些困难，由于短时期内的资金不足才没有严格按照合同履约而推迟付款。作为A国一家非常有实力的行业内知名公司，该公司最终还是全额支付了货款，并且承担了产品本身价格大幅缩水的巨大经济损失。如果不是碰到这样讲资信的客户，相信小陈必将损失巨大。我们曾经遇见有的客户尾款拖了2~3年才付清全款的情况。

（5）风险防控要点：了解行业特点，对所从事的行业能够做出准确的基本走势判断，从而尽最大努力控制行情风险。对于大宗物资尤其是一些国际化程度很高的行业，其市场行情通常受宏观经济形势影响较大，例如冶金矿产、石油化工等，其行情往往随宏观经济形势变化而变化。因此对于从事此类行业产品出口贸易的出口商来讲，关注宏观经济形势对判断市场行情走势是很必要的，在经济形势较差时须小心行事。要严格挑选并深入了解优秀的供应商，做到知己知彼，以降低因货物品质问题而造成延误操作时间的风险。又要适当灵活机动，以控制风险或减少损失。对于市场变化较快的行业，在出口贸易中，要慎用风险较大的付款方式，如预付T/T件提单D/P、小银行开的一般的L/C、预付款比例较小的T/T预付等，而需要采用一些能够对国外买家有一定控制力的付款方式，如部分T/T预付加保兑L/C，同时提高预付款比例，余款在装运前付清等，争取做到对买家具有一定的控制力。对于一些大宗交易的客户资信调查，中国的出口商可以通过一些专门的资信调查机构，对未合作过的客户进行相关的商业资信、银行资信的调查，对买家事先有一定程度的了解。即使出现了小幅的价格波动，只要不是人为故意拖延操作时间导致行情变化产生的损失，既专业又讲信誉的优质客户一般都能体谅出口方的情况，给予一定支持。

案例171：经过一个多月的联系，2004年5月，A国客户Du Steel终于对小王的报价表示感兴趣，并且联系人Mr. Abdolar要求先来中国参观工厂，以确定产品的质量。小王没有丝毫犹豫就答应了客户的来访要求。5 月底 Mr. Abdolar 来到了中国，小王陪同客户参观了工厂。因为与工厂是第一次合作，小王又是第一次带客户参观工厂，应对经验不足，工厂与客户 Mr. Abdolar 相互之间交换了名片。客户回国后，小王及时跟 Mr. Abdolar 联系，客户表示产品的质量可以接受，让小王核算一个新的价格给他。第二天小王收到了 Mr. Abdolar 的回复，客户以价格太高为由要求小王降价，而供应商在价格方面也不做出让步，最后小王不得不遗憾地告知客户无法给他一个 discount（折扣），只能表示以后再合作。但是不久小王就通过其他途径得到一个让他非常气愤的消息，工厂主动报价客户，比小王公司的报价低了将近 5%，最终客户选择了与工厂直接成交。

分析：陪同客户参观工厂之前，外贸公司应该和客户、钢厂都应该明确贸易规则、签订合作协议，即遵守国际贸易规则，他们之间不应该互相短路，如果他们不同意就不要参观了，如果他们同意了却不遵守，属于商业道德不好。如果出现这类情况，外贸公司就永远终止和这样的客户和钢厂保持联系。有的钢厂不知道这些国际贸易的规则，外贸公司就应该先予以说明，如果出口商没有事前说明责任其实也不完全在钢厂。

案例 172：某外贸公司招聘了一名业务员，负责部分老客户的业务维护。因为老客户订单比较稳定，需求也比较固定，对新员工培训起来相对容易一些。通过几轮面试，小齐成为了 A 部门的一分子。他具备一定的外贸经验，对环境熟悉较快，一个月转正后就接手了 3 个已成交客户并进行订单的执行和跟踪。但半年之后，小齐觉得与部门经理在沟通上存在问题，觉得在 A 部门取得的成绩没有得到公司的认可，且没有开拓新业务的机会，便提出了辞职并跳槽到另外一家出口同类产品的公司。凭借之前与客户的关系，小齐利用新公司产品的价格优势继续与客户保持业务往来，并推荐了很多新产品。A 部门经理直到两个月之后才发现，客户已经转向小齐所在公司。

分析：外贸一线人员对外贸企业十分重要，外贸企业一定要任用对企业比较忠诚的人来做外贸一线和关键的工作，有几种方法可以避免此类事情的发生。

（1）注重对外贸一线人员的长效激励，提高关键人员的满意度。

（2）外贸企业要研究出好的方法留住优秀的人才。

（3）没有把握的人、不能在企业里长期工作的人、没有职业操守的人、对企业没有忠诚度的人，不能负责重要的工作、不能到关键的工作岗位这是非常重要的原则。一般（实习）员工负责某个简单的具体工作即可。

（4）外贸企业重要的工作岗位都有 A 角和 B 角，A 角不在 B 角自动可以接上来。

（5）外贸业务人员的上级也应该对自己下级的工作有全面的了解，万一人员有变动，上级能够随时安排处理。

（6）客户除了一线人员外，其上级也应该经常保持联系，让客户也十分认可外贸企业的管理层。

案例 173：钢材产品有两种计量重量的方法：一种是按照实际重量计量；另一种是按照理论重量计量（t 或者 kg/m² 或者 m）。小王一直做焊接钢管的出口业务。2008 年 1 月，一个非洲客户 D 询该种产品，经过一番讨价还价后，终于下了一个 400 t 的订单。接着，双方签订合同，合同中以实际重量计价。同年 2 月，国家针对焊接钢管调整出口关税，出口退税由原来的 13% 下调到 9%。因税率调整，再加上国内价格的迅速增长，眼看赢利的合同就要转为亏损，小王内心焦急万分。他想到如果按照理论重量（比实际重量多一些，可以多退一些税）发货，就可以减少损失还能小有盈余，于是小王和客户协商如此操作。在没有得到客户书面确认的情况下，小王于 3 月按照理论重量发货了（实际重量为 298.7 t，而按照理论重量 355.9 t 向客户收取货款）。2008 年 10 月客户向小王的公司提出索赔，要求按照实际重量结算，退回多收的金额，不仅如此，还要赔偿按照理论重量客户多支付的进口清关费用和关税。经过计算小王的公司需赔偿金额高达 5 万多美元。因小王没有事先跟客户书面确认好修改的计价方式而擅自发货，责任不在客户，其公司最终不得不赔偿客户，损失很大。

分析：这类问题是小王不太专业造成的，与客户约定是按照实际重量交货，出口商就应该严格地按照实际重量和客户结算。如果希望以理论重量多退税可以研究其他的方法，而不应该违背合同的规定。出口商的管理也存在漏洞：小王不太专业怎么上岗了？小王违背出口合同的做法，公司怎么也没有人去纠正？

出口商不能只从自己的方便考虑问题，还应该站在客户的角度考虑问题，外贸一线的人员，上岗前都应该进行认真全面的培训，优秀了再安排到一线去。

我们也遇见过，理论重量销售给海外客户，实际重量从工厂采购，换算时出现了失误，导致本该盈利的业务出现了亏损，外贸公司出口业务的每个环节都应该有人复核和把关，只有杰出的一流的外贸人员才可以安排出口工作。

案例 174：小李做耐火材料的出口已经两年多，他一直将产品的海关编码归类为 68069000。此海关编码的名称为"其他矿物材料的混合物及制品（指具有隔热、隔音或吸音性能的矿物材料的混合物）"，遇到海关查验时海关对此编码也没有提出异议，因此小李用此海关编码出口货物一直都很顺利。但在 2006 年国家对出口退税政策做出调整，此海关编码的退税率降为 0。小李傻眼了，因为此产品主要是靠退税赚取一部分利润的，如果没有了退税，那此类产品就再也不能出口了。同时后面还有已经签订的订单，如果继续执行的话，就将面临严重亏损。正当小李左右为难的时候，突然听说工厂独立出口的此种产品还在享有退税。于是小李向工厂询问请教，才了解到这个产品按其具体的用途及成分，可以归到 69039000（其他耐火陶瓷制品）。只需要跟海关做一个预归类申请。于是小李向海关提交了预归类申请。在海关审批同意后小李顺利地按照 69039000 这个海关编码将产品出口，继续执行了客户的订单，并享受到了 5% 的退税，并继续洽谈出口此类产品了。

分析：外贸企业一定要把国家的退税政策研究透了，在严格地遵守国家法律和政策的前提下，尽量把政策用足。遇事多和行业同仁们学习，也可以多和海关等政府部门事前进行沟通。

案例 175：某出口商向 S 国出口 10 t Q345 的盘条用于生产标准件，当时的外贸一线人员也没太认真，误发了 Q195 的盘条，导致客户收到货后不能使用，客户又急需，结果出口商空运了 5 t 货，然后又海运了 5 t，出口商损失惨重。

分析：优秀的出口商应该有严格的制度和流程去管理控制好出口业务，外贸一线人员也应该经过认真严格的培训。签订了出口合同，出口商就应该严格地遵守合同。

案例 176：小赵收到了一位 A 地客户 B 公司的订单，B 公司要向 C 国出口钢材，但 B 公司说 C 国只能采用信用证的付款方式，要求小赵接受转让信用证。2004 年 12 月 4 日，小赵收到由 C 国 C 银行开出、A 地 D 银行作为转让行的可转让信用证。B 公司为该信用证的第一受益人，小赵公司为第二受益人，信用证金额为 80 万美元。12 月 30 日小赵公司按照信用证条款要求安排货物装运并将全套结汇单据交国内 E 银行议付，1 月 11 日该行审单合格后，D 银行将全套单据提交给 B 公司，B 公司换单后将全套单据给 D 银行办理议付结算，D 银行寄单给 C 银行索汇，C 银行于 2005 年 1 月 20 日提出单据不符点，原因是"箱单上没有装船前检验机构的确认 P/L Not Certified by PSI Agency"。E 银行在收到 C 银行关于"不符点"的电文后，核查了信用证条款及单据留存件，认为 C 银行提出的"不符点"在信用证条款中并未做出明确的规定，小赵公司提交的单据完全符合信用证条款的各项要求，且 C 银行只是提出"不符点"，却从未明示"拒付"。据此 E 银行通过 D 银行多次致电 C 银行，要求其履行付款义务。D 银行也曾回电答复：C 银行指出的"不符点"不构成实质性"不符点"，但 C 银行已退单，D 银行将等候 E 银行的进一步指示。随后虽经 E 银行的反复催问，但 C 银行一直没有回复。小赵公司在获悉风险发生后，立即指示货运公司，要求其"不仅要收回正本提单，而且要得到小赵公司的书面确认后方可放货"。同时为防止货物滞港超期被海关罚没或拍卖，小赵公司积极开展货物的转卖工作，但因当地法律和海关工作机制的特殊性，转卖手续极其烦琐。经多方权衡，小赵公司最终同意降价 10%，将货物交付 C 国客户。

分析：转让的信用证风险太大了，根本无法保证出口商在单证完全相符的情况下安全收汇（转让的 L/C，即使在单证相符的情况下出口商也可能无法安全收汇）。

建议：我们出口商一定不要、不能接受转让了的信用证。

案例 177：某外贸公司业务部小张与 A 国的 ABH 公司已经合作了两年多的时间，采用的付款方式一直是 D/P at Sight，ABH 公司是 A 国最大的生产商，实力很强，知名度也很高。ABH 公司是业务部极力争取来的重要大客户，虽然在付款的时候一直存在晚赎单的情况，即船已经到目的港好些天了，客户才去银行付款赎单，但还不存在拒付的情况。总的来说，与该客户的合作还算比较顺利。2008 年 8 月，业务部与 ABH 公司签订了一份260 万美元的出口合同，8 月底开始发运，应客户要求每周发运两批，截至 9 月底一共发运了 9 批货物，价值 150 万美元，10 月初爆发金融危机，公司开始彻查每个业务部门潜在的坏账危机，发现这份合同一共发运了 9 批货物，但 9 批货物的款都没有收到，公司立刻做出决定，停止后面的发运，要求业务部立刻与客户取得联系，查明原因。小张每天给客户发邮件打电话，客户最初的答复是他们会提货，要求小张将目的港免滞期延长到 21 天。又过去了 10 多天，为避免港口产生的费用越来越多，小张再次敦促客户，要求尽快付款赎单，客户却以货物价格下降太多、库存太多、资金周转不灵为借口，要求将付款方式更改为 D/A 45 天，小张坚决不同意。经过与客户据理力争，客户付清了前 5 批货款并提出货物，但后面 4 批货物陆续到港后，客户一直不提货。2009 年 1 月，客户要求在以现在的市场价格基础上且不付滞港费的情况下，要求提走一部分货物。因考虑到运回的成本加上在目的港的滞期费用与客户以现价提货是相同的，因此小张的公司决定以现在的市场价格卖给客户。此笔业务，因高价时买进，低价时卖出，并且要支付港口滞期费，因此造成了200 多万元人民币的经济损失。

分析：与客户打交道，要有个"度"的概念，在客户信誉不清楚的情况下，本身100% 的 D/P 就有很大的风险，在这种有风险的付款方式下，出口商又不去认真地控制数量，出口商的风险会是巨大的。进口商以前好，现在未必好，今后也未必好，出口商要密切注意进口商的变化和当地市场的变化，客户信誉不特别了解、信誉不特别好的情况下，

D/P 的数量不能太大。如果没有预付款的情况下，100% 的 D/P 风险更大。出口商应该对客户的每个细节都十分敏感，如果在履行合同时出现了延迟付款的现象，说明客户的资金有一些问题，这样的客户信誉也是有问题的。

案例 178：2002 年 4 月初小王接到了一个 K 国客户的订单，付款方式为即期信用证。4 月 25 日，小王接到了客户开来的信用证，仔细审核信用证条款发现产地证、发票、船证一共三份单据需要做使馆认证，其中船证中说明如果使用 UASC 的船只运输就不需要做使馆认证了，交单期为装运后 21 天。小王知道在 K 国地区大部分客户都要求使馆认证，且以前也做过其他国家的使馆认证，取证速度比较快，小王认为应该没有问题，就立刻给工厂传真合同，安排生产。第二天，也就是 4 月 26 日，小王开始安排做产地证、发票的使馆认证。由于产地证上需要标注产品数量及包装件数，于是小王马上跟工厂核实。工厂告知因其中有一种产品是第一次出口，实际的数量及包装件数，只能在生产完毕后才能确认。小王看到信用证中规定的交单期为 21 天，按照以往的经验，时间应该来得及，就通知工厂尽快完货。5 月 8 日，工厂生产完毕后，立刻把数量及包装件数等信息告知小王。小王拿到后，立刻安排了发票和产地证的使馆认证。由于信用证中规定只有使用 UASC 的船才能不做船证的使馆认证，因此小王就必须订 UASC 的舱位，而信用证的最晚装运日是 5 月 17 日，UASC 的最近船期分别是 5 月 14 日和 5 月 19 日，船公司又不能倒签提单，所以小王就订了 5 月 14 日的船期。货物发运后，小王将信用证所需的其他单据准备齐全，只等产地证、发票的使馆认证回来后交单。但是小王左等右等还是不见使馆认证的单据回来，打电话咨询贸促会，只得到"单据已经在 K 国驻中国的大使馆，认证正在办理中"的回复。直到过了 20 天，小王还是没有收到使馆认证的单据。于是写邮件给客户要求接受不符点单据，客户很爽快地答应了。直到 6 月 12 日，小王终于拿到了使馆认证的单据，他立刻交单，并将交单的信息告知客户。6 月 25 日信用证项下的款项到账，小王悬着的心也算落地了。但 6 月 30 日，小王却接到了客户的索赔邮件，意思是说由于小王交单晚，造成货物到港以后无法提货，产生了滞期费，索赔 15000 美元。为了维护住客户，小王公司只能答应客户的要求，承担了 15000 美元的赔偿损失。

分析：这个客户确实是不错的，由于单证不符，没有太找出口商的麻烦。议付单据中第三方的单据出口商应该特别注意，需要大使馆认证的单据尽量说服进口商不要，因为使馆认证的时间比较长，流程有时比较复杂。如果进口商非要大使馆的认证可以有几个对策：尽量说服不要作为议付单据；尽量提前准备好准确的产品数据；海运也准备集装箱和散装船两种方案。

案例 179：2008 年 9 月初，小张与新客户 Y 国 C 公司成交一笔 18 t 铝卷试订单，合同金额约 5 万美元，付款方式是发货前预付 50%，发货后客户见提单复印件支付余款。小张在 9 月 7 日收到了 C 公司的 50% 预付款，10 月初，货物顺利出口。发货的同时，小张给客户快递了 A4 尺寸铝卷样品和产品合格证书。2008 年 10 月 8 日，小张拿到正本海运提单后，随即传真给 C 公司，并催促支付尾款。小张数天连续通过邮件、传真和电话催促客户付款。客户总是找各种理由推脱，说负责人出差或者财务人员不在等。一来二去，一个月过去了，货物已经抵达 Y 国港口。2008 年 11 月 9 日，小张收到 C 公司邮件，称 A4 铝卷样品质量检测不合格，拒绝付款，要求把货物退运或转卖，并要求小张返还预付款。Y 国海关规定，货到目的港超过三个月如果收货人不提货，海关将没收货物进行拍卖。小张处于非常被动的位置。小张向公司申请后，决定将货物退运，把货物拉回来作内销处理，扣除滞纳金和海运费等，损失基本可以持平。但小张在决定办理货物退运的时候，发现根本无法执行退运手续。首先，在 Y 国退运必须得到原收货人的书面同意，Y 国海关方可办理再出口手续，但收货人 C 公司要求小张先返还 50% 预付款后才同意出具退运手续。其次，我国海关规定，出口货物退运，国外须提供所在国第三方检测机构出具的货物质量问题证明。因为货物一直处于 Y 国海关监管，第三方无法进行质量检测，且检测费用昂贵。只有持有质量问题的官方商检证明，出口退运的货物才能享受免进口关税和增值税。若不能享受免税，海运费、滞纳金和税款费用则会超过该货物的预付款金额。由于小张对出口货物退运风险的掌控不力，货物最终由 Y 国海关没收拍卖，一笔订单白白损失近 3 万美元。

分析：预付 50% 装船后付清尾款的付款方式，如果对信誉良好的客户问题不大，如果对信誉不良、信誉不清楚的客户，风险就非常高了。出口商做生意之前了解客户的信誉吗？如果出口商不了解客户的信誉，这种付款方式（50% 预付，装运后再付 50%）只有一种情况可以做：就是 50% 的预付款已经有比较好的利润了，否则不要做。

案例 180：国内 A 公司和 X 国 B 公司签订一批钢丝出口合同，成交条件 CIF Singapore，付款方式为 30%T/T 预付款，70% 见提单复印件付款。A 公司小张收到预付款后立即安排生产以及报关发货。在货物发运后，小张急于凭提单催付尾款，忙中出错忘记了合同签订的是 CIF 条款，投保的责任在自己一方。B 公司凭提单复印件安排了尾款，在货物到港清关提货时发现货物在海运过程中部分海水渗透到集装箱内，货物已经有很大一部分被浸泡。由于钢丝一旦遭水浸泡就会严重生锈。B 公司立即联系小张告知货物情况，建议小张联系保险公司向其索赔，同时 B 公司提供了图片为证。这时小张才发现自己忘记给货物投保，海运的损失不能得到赔付。作为讲信用的外贸公司，A 公司只得向 B 公司赔偿损失，自吞苦果。

分析：做 CFR、CIF 条款，千万不要忘记投保，CFR 是出口商开船后及时书面通知进口商投保，CIF 价是出口商自己投保。如果出口商忘记了投保，如果出现问题，责任就应该由出口商承担。

案例 181：某外贸公司 2008 年 10 月出口一票货物到 I 国，由于报关员疏忽报关品名为镀锌钢卷，而该司增值税票品名为热浸镀锌钢卷，品名不一致导致该外贸公司不能到国税局正常退税，出口商还要交税，损失惨重。

分析：目前国家税务部门要求：报关名字和增值税发票的必须 100% 严格地对上，否则不予退税。出口商如果拿不到国家的出口退税岂不赔本赚吆喝。出口商解决出口退税的好方法：可以先报关，后让工厂根据报关单的内容（严格地和报关单一致）开增值税发票。

案例 182：2007 年 7 月，小张所在的外贸公司出口一票货物到 R 国，因工厂只能使用平方米（面积）作为单位开增值税票，因此在报关时该公司特此提醒报关行，报关单上一定要体现"平方米"。因该产品的报关法定单位为千克，报关行在报关时，由于网上传输数据，漏掉了第二报关单位"平方米"，导致报关单上的单位与增值税票的单位不一致，从而导致不能退税。

分析：报关单和增值税发票所有内容必须 100% 地一致（品名、数量、单位等），否则出口商损失很大。

案例 183：某钢铁出口商与一家 A 国钢铁进口商签订了 1000 t 钢材出口合同，付款方式为即期 L/C，CFR 条款。货装运后，出口商到议付行单证相符议付，议付行出单，开证行在收到单据后 7 天内没有提出异议，可议付行一直没有收到货款，议付行多次发报文催开证行付款，A 国的开证行一直也不回复。出口商就联系 A 国的进口商，催进口商赶紧付款，进口商说开证行收到单据后第 3 天进口商就付款给开证行了，并出示了证据，单据进口商已经拿走了，并且已经把货提走了。议付行反复发报文催开证行付款，3 个月后 A 国的开证行才付款。

分析：有的银行比客户信誉还差，解决方法还是装运前收全款或者只接受保兑信用证。如果开证行的信用证无法保兑，说明开证行的信誉太差了。

案例 184：某出口商和 M 国进口商签订了 1 万吨镀锌卷出口合同，从 N 国开即期信用证，有某国有大银行 N 国分行加保兑，CFR 条款。装运后出口商到某国有大银行国内的分行单证相符议付，单据寄某国有大银行 N 国分行，该行收取了 8000 美元的保兑费，并明示单证相符保兑行承担保兑义务。可是开证行由于金额太大，资金周转可能有困难，拖了 1 个多月还没付款。出口商就催保兑行履行保兑义务及时付款，可是保兑行却说：开证行没有付款，保兑行也不能付款。

分析：如果特大金额的业务，开证行不付款的情况下，保兑行的信誉和服务也十分重要。私营出口商尽量不要签特别大的出口合同，每次装运的数量要有所控制。如果要签特别大的出口合同，客户、开证行、保兑行都要信誉十分良好。

案例 185：Sunrise Electrical Co., Ltd.，Mr. R. Rizwan 和天津某出口商合作出口钢铁产品，经过几年的合作，表现还可以，付款都及时，有一次突然要求出口 1000 t 钢材做 D/A 付款，当时出口商认为其信誉还可以就同意了，结果肉包子打狗一去不回头。可是这家企业并不是没有资金，后来其还正常地与其他中国企业进行进口贸易。

分析：国外信誉不良的企业不是少数，他们前期表现得特别好，一旦获得了出口商的信任，就狂骗一笔，一走了之。

案例 186：一个钢贸企业非常想拓展出口业务，老板也不懂外贸，就招聘了一个有"外贸经验"的外贸人员，由他来组建出口团队，这家钢贸企业没有对这个应聘者进行背景调查，就 100% 地大胆放手使用，其实这个人品行有问题，业务能力也不高，结果给这家钢贸企业造成了很大的损失，老板后悔不已。

分析：企业招聘新人之前，新人如果有工作经验的，一定要对其进行背景调查，到他以前工作过的单位去核实情况，如果对其品德有异议的一定要小心使用。

以前也试图招聘过一名女员工，其在钢铁外贸工作了 5 年的时间，说自己有非常多的钢铁外贸经验，到她以前的单位一了解情况，原单位反映说：她品德太差，工作不敬业，工作总有失误，天天忽悠同事与公司对着干，工作业绩非常一般。我们就放弃了。

案例 187：某出口商招聘了一个特殊的人才：父亲是 BK 大学教授（博导），母亲是大学图书馆的职员（父母的情况是真实的），本人是大学生，留美硕士（未毕业），有 3 年半的外企工作经历（做硅铁锰铁合金业务），后来自己创业 2 年失败了。出口商的 HR 负责人一看简历不错，也正想开发新的业务，就没有做背景调查。录用后发现：此人天天酗酒，酗酒后就旷工几天，经常和同事借钱，借钱后根本不还，还和客户经常吵架，根本无法正常开展工作，过了 2 个月，出口商只能解聘了。

分析：有工作经历的应聘者一定要做背景调查，全面了解应聘者过去的工作经历，如果做背景调查不满意宁肯不录用。对应聘者不要太看重家庭背景，好的家庭培养的孩子未必优秀。

案例 188：2018 年底，北方某市的一位做钢铁的老板，判断钢坯 2019 年春节后肯定会暴跌，其便下赌接了 20 万吨的钢坯订单，预付款收了 1 亿多元，结果 2019 年春节后钢坯价格反而上涨了，其不愿意承担亏损，拒不履行合同，造成从其处采购钢坯的出口商纷纷巨亏。

分析：出口商如果和某个钢铁企业（钢贸商）打交道，首先应该判断其资信如何？实力如何？经营作风如何？如果对其不太了解，就不能和其签订特别大的采购合同。对每个供应商出口商都应该有个"度"的控制。

案例 189：2020 年初，我国新冠疫情发生，根据《联合国国际货物销售合同公约》的规定，我们钢铁出口商做出以下应对方案：

（1）疫情防控期间，如果出口企业商可以继续履行合同的，就应该继续认真努力地履行合同，不要因疫情有意地、主观故意地取消合同。

（2）如果出口商确实因为疫情的原因无法履行或者部分无法履行合同的：

1）将因疫情影响合同履约的真实困难情形立即书面通知对方（国外买家），并提出出口商的具体建议，如部分履行合同、取消合同、部分延迟交货、部分取消等，并要求进口方在规定的时间（可以为收到通知后 3 个工作日内）书面答复出口商。

2）根据《联合国国际货物销售合同公约》的规定，如果进口商未及时答复（在出口商明确告知进口商书面答复的时限内）出口商，就视同默认和同意出口商的意见。

3）如果进口商要出口商提供不可抗力证明的，出口商应该到国际商会、贸促会等相关部门开具书面证明。

4）如果进口商同意取消合同的，合同即可取消，最好双方签署书面变更协议。

5）如果进口商不同意取消合同，只同意延期交货的，出口商不得单方取消合同，必须延迟履行合同，双方可以另签署同意延期的合同，并对原合同的所有条款都重新进行明确的约定。

6）《联合国国际货物销售合同公约》对不可抗力的原因导致延迟交货的，对延迟交货的情况下价格条款未做出明确的约定，最好维持原价格，双方如果确实有困难维持原价的，双方可以协商新的价格。如果双方对价格异议较大（进口商希望大规模降价，出口商希望维持原价），取消或者终止合同为好。

7）由于不可抗力的原因导致合同不能正常履行的，出口商和进口商均不承担任何违约责任，无需任何赔付。

8）发生了不可抗力的事情，出口商和进口商应该及时沟通，经过沟通达成共识，并最好另行签署新的书面协议。

9）已经发生了疫情，在疫情防控期间签署的协议和合同，就不能再以疫情为原因作为不可抗力了。

案例 190：某钢铁出口商与山东某工厂签订 2000 t 彩涂卷采购合同，工厂出于对出口商的信任，没有要其预付款。工厂生产完毕后出口商和工厂说："国外客户没有开证，我们的采购合同也不得不取消了。"这样做有道理吗？国外客户没有开证属于不可抗力吗？

出口企业如何确保采购合同的 100% 履行？如果真出现了采购合同已签、外商取消出口合同了，出口企业应该如何正确处理？

（1）首先这个事件从合同执行来看，是出口商作为买方违约在先，出口商没有严格地遵守自己的承诺。钢厂作为卖方可以根据合同向买方索要相应赔偿，补偿钢厂一定的损失。国外 L/C 未到，不属于不可抗力因素，外贸企业以此为借口有点牵强，无道理可言。

（2）钢厂作为供应商也应该注意，如果对不特别了解的、信誉不确定的客户，一定要收一定比例的预付款、定金或者保证金等。

（3）出口商应该在确实落实好国外订单的情况下，海外客户确实付款有十分的把握了（已经收到可以安全收汇的 L/C 或者收到了足额的预付款），再与钢厂签订采购合同，采购合同已经签约，出口商就应该严格地遵守，如果出口商言而无信、不讲诚信对自己不利，终将自食其果。

（4）如果出口商遇见极特殊情况，海外客户的订单取消了，出口商也应该严格遵守采购合同，及时按照合同的约定给工厂付款，并自己妥善地处理好已经生产出来的货物（自己安排卖出或者让工厂协助卖出）。

（5）如果出口合同和国内的采购合同出口商随意撕毁，其实是出口商管理水平低下、信誉不良的表现。

案例 191：CFR 条款即期信用证项下，单证相符交单，出口方收汇是否有风险？有哪些风险？如何规避信用证项下单证相符的收汇风险？

信用证项下交单，即使单证相符，出口商收汇依然具有一定的风险，风险可能有客户拒付货款、开证银行和进口商无理找出不符点、延迟付款（有的半年以上）等，从而有可能给出口方带来重大利益损失。建议大家从以下几个方面考虑规避和应对：

做国际贸易，客户的信誉是第一位的，也是最重要的事情，银行的信誉也十分重要。只有在客户和银行信誉同时良好的情况下，出口商单证相符时才可以安全收款。否则即使单证相符，出口商收汇还是有一定风险的。同时还要注意进口商所在国的政局、社会秩序、法律、进口政策等是否稳定。

在单证相符出单的情况下，出口商收汇可能的风险有：客户无理找单据的毛病（如客户说提单是假的、某个单据数量与 L/C 不符、手签有问题、提单时间与实际开船时间不符、单据印鉴有问题等），开证银行如果是中小银行也可以完全不按照 UCP600 办理（不答复议付行、不理会议付行、不按时付款、找任何一点"瑕疵"而无理拒付等）。信誉不良的客户和二流银行有可能完全不按照国际规则办事、完全不遵守 UCP600 规则、拒付货款或者长期拖延付款。还有的开证行把单据给了进口商提货，却迟迟不付款给议付行。有的进口商把钱付给了开证行，开证行却久拖不付。

有的开证行无理找不符点为了讨好客户、维系住客户、不愿意得罪客户，也为了找出每个不符点挣 50~70 美元，从而逃脱了银行付款责任和义务等。

解决思路：谈合同之前一定要全面深入地了解客户和开证行的信誉，如果客户和开证行的信誉都不好，出口商可以采取一些手段加以防范。如果客户和银行信誉不良、不清楚的，出口商可以采取如下防范手段：装船前收到全部货款；预付 30%，70% 加保兑信用证；100% 保兑信用证；预付 30%，装船前 60%，10%D/P；预付 30%，装船前 70%；客户信誉一般的，可以 30%~50% 预付，余款用 L/C，每次装船的数量还要加以严格的控制。

信誉良好的客户和银行，L/C 单证相符一般都会及时付款。

单证相符交单是出口商必须要努力确保的，单证不符交单一般属于出口商的责任事故，出口商应该努力避免。

案例 192： 世界上有哪些国家可以无单放货？无单放货的国家我们应该怎么应对？

无单放货，又叫无正本提单放货，是指承运人或其代理人（货代）或港务当局或仓库管理人在未收回正本提单的情况下，依提单上记载的收货人或通知人凭副本提单或提单复印件，加保函放行货物的行为。

世界上有哪些国家可以无单放货呢？巴西、安哥拉、刚果、尼加拉瓜、危地马拉、洪都拉斯、萨尔瓦多、哥斯达黎加、多米尼加、委内瑞拉等国，拉美、西非等很多国家，均存在无单放货的情况。在这些国家，都是对进口货物实施单方面放货政策。船东对正本提单的控制权被取消。另外，美国、加拿大、英国等国家，对记名提单副本提货是允许的。惯例是 "记名提单"（Straight B/L）的收货人可以不凭 "正本提单" 而仅凭 "到货通知"（Notice of arrival）上的背书和收货人的身份证明即可提货。这也就意味着，如果没有能够及时收回货款，即使出口企业掌握正本提单在手也是无济于事的。出口到土耳其、印度和阿尔及利亚也要特别注意：货物到港前，目的港进口商进行舱单申报后，货权自动转到收货人手中。

对于无单放货的国家大家可以考虑以下几个应对措施：

（1）发货前就要求客户支付所有货款，装船前 T/T 的 100% 货款，出口商收到 100% 货款后再安排装运，在确保安全收汇的前提下再装运发货。

（2）L/C、D/P、D/A 及签约后预付部分货款、装船后再付余款等付款方式都有很大的风险。

（3）出口方企业尽量签订 CIF 或 CFR 合同，力拒 FOB 合同，避免外商指定境外货代安排运输。对外贸易经济合作部曾发布《关于规避无单放货风险的通知》指出，目前有 60%~70% 的 FOB 合同中国际货运代理人与进口商串通搞无单交货，使我国出口企业货款两空。

（4）使用海运单。海运单是证明海上运输货物由承运人接管或装船，且承运人保证将货物交给指定收货人的一种不可流转的书面运输单证。由于海运单不可流通，不代表货物所有权，从而防止了提单在流通转让中可能出现的欺诈，同时减免了流通过程，使收货人能即时提货，适应当前船速快、单证跟不上的现实，从而解决了由此而产生的无单放货问题。

（5）采用电子提单。这是一种利用电子数据交换系统对海上运输中的货物所有权进行转让的程序。国际海事委员会制定的 "电子提单规则" 第 9 条规定："……交货时，只要收货人出示有效文件，经承运人核实后即可放货。物权所有人凭承运人给予的密码向承运人发出交货指示，承运人凭该交货指示放货。"

（6）在与客户指定的货代联系出运事宜时，应做到以下几点：

1）让指定货代传真或快递营业执照复印件。看到营业执照复印件后，上工商网站或到货代所在地的工商部门查询此货代是否注册。通过信用报告查询的费用并不高，千万不要省这个钱。

2）与指定货代签订正式的运输合同。

3）传真托单给指定货代后，叫其在托单上盖上公章回传并寄正本。

4）开船后及时通知货代签出正本提单，保留好货运订舱相关凭证，并要求货代出具保函，保函警告无单放货会承担法律风险。对于国外指定货代，最好订舱前也出具保函。

5）保留好货物的报关单，注意报关单的单价、总价、品名要与出口合同发票对应一致，否则影响后续索赔。

6）不能答应给国外买方出具低值发票，因为低值发票影响后续的索赔金额。

（7）通过船公司网站查询货物情况，如船公司网站显示集装箱已经清空并装货运往其他目的地，表明货已经被提走。如此时正本提单还在发货人手中，建议按以下方法处理：

1）及时联系进口商让其打款，不能因货物已经在买家手上就同意买家一再拖延，要商定最后付款期限，并形成书面约定。

2）通过律师向指定货代发律师函，称此货物已被收货人提走，让指定货代在限定的时间内赔偿发货人的损失。

3）如指定货代在限定的时间内未赔偿，把原来与指定货代一切来往传真记录及正本费用发票准备好，找海事方面的律师追讨。

4）买家若一再拖延不付款，找专业催收机构介入，及时保障债权，避免买家通过诸如破产等方式逃避债务。

案例193：发提单扫描件通知客户付款的潜在风险有哪些？

（1）客户经营状况可能随时发生重大变化，有可能先预付货款后，再无力支付尾款。这里的经营状况发生重大变化，主要可能是客户公司资金周转出了问题。国外银行贷款利率很低，有很多客户非常依赖银行贷款来周转资金。有的甚至完全是自己没资金，有了订单之后再去申请贷款下单到国内。当他的资金链条断掉的时候，就有可能出现前期付了部分定金，最后无力支付尾款的情况。

（2）国际环境发生突然剧变，比如客户国家的汇率突然大跌。2015年某国汇率大跌40个点以上，这个时候如果有一些订单客户支付的定金比率比较少，10%～20%，客户是有可能直接弃货的，就是定金客户也不要了，货你也别发给我。还有一些情况是战争和突然军事政变的影响，也会导致国际外贸业务终止。

（3）还有的情况更为恶劣，或者叫诈骗。前两种情况属于客观条件的改变带来的弃货风险，很多情况下不是客户主观上想要弃货。有一些信誉不良货代或者船公司，会与客户勾结而存在无单放货的情况。

（4）南美有一些国家的法律规定，如果记名提单上的收货人是实际进口方，他可以凭提单副本提货。主要是南美的巴西、尼加拉瓜、危地马拉、洪都拉斯、萨尔瓦多、哥斯达黎加、多米尼加、委内瑞拉这些国家。

对此大家可以考虑以下几个应对措施：

（1）在和客户谈及付款方式之前多方面了解买家资信，现在海外经济不景气和市场需求疲软，极大地影响了海外账款出现不良的概率，而这种形势还会长期存在，或者愈演愈烈，所以我们一定要在收款方面多注意。对于了解买家资信问题，我们可以通过与买家进行沟通、行业内询问、通过中信保发起资信调查，然后进行信息的比对，核实买家的实力。对于实力欠佳的客户，建议不要做见提单复印件再和客户收尾款的方式。这种方式我们收款很被动，甚至会收不到款，或者成为坏账。

（2）经常关注国际环境国际形势。碰到经济动荡地区的客户订单，可以通过提高定金比例或者要求装船前付清的方式降低收款风险。

（3）在这种付款条件下，最好的当然是自己选择货代，我们可以先和国外沟通让我们自己找货代做 CFR，到时候就直接把运费和货款一起打给我们。提单复印件付款这种情况下还有一个比较大的风险就是目的港客人弃货，或者故意不提货来压价的也比较多，当然如果我们能和客户谈到货物发货前付清全款那自然是最好的。

（4）我们需要把提单收货人尽量用 To Order，这个意思是收货人不确定，凭 Shipper 发货人的指示。我们在收到全款后可以对提单进行背书，也就是提单背面盖发货人的英文章，然后再寄正本给客户。

（5）有一定潜在风险的业务，出口商一定要控制好合同和每次装运的数量，也就是要把握好"度"。

例一：2016 年 FOB 出口非洲，客户订舱，装船后客户不付船费出不了提单，到目的港前 10 天客户才付船费，支付货款，等于我们出口商垫资 60 天跟买方做生意。

例二：2017 年 CFR 出口东南亚某国，20% 预付+80% 出扫描件后付款，但船到港后进口商才付款，基本上等于拿我们的钱在做生意。

例三：2019 年 CFR 出口东南亚某国，10% 预付+90% 见扫描件付款，尾款一直不付，船到港后，彩打提单扫描件伪造提单去提货，被船公司识破拒交货，进口商付款后我方邮寄提单提货。好悬好悬，感谢负责任的船公司和船代的配合。

案例 194：客户的信誉对我们出口商特别重要，我们如何（通过什么方法）全面地了解客户的信誉？出口商要了解客户的哪些情况？

（1）通过国际公司数据库网站查询，包括：

1）标准普尔 SP，可以查银行的（比如国外客户开证时可以查下开证行的信用情况）、企业的、保险金融机构等（https：//www. standardandpoors. com/en_ US/web/guest/home）。在这个评级中，不要觉得 A 以下的都不是好公司，普通的公司一般能到 B 就很不错了。

2）穆迪 Moodys（https：//www. moodys. com/）。

3）惠誉国际 Fitch Rating。

（2）自己通过查询分析，包括：

1）查看官网，查看 whois 网站注册时间。如果对方 whois 注册时间很短，网站产品很杂，问的产品很杂，客户表现得也不太专业，对方是一个空手套白狼的创业型贸易商/个人 soho，生意做的起来做不起来还是个未知数，对于这类客户，建议是不要过多地搭理他，要注意机会成本，宁愿错过，也不浪费时间。如果网站注册时间比较长，网站商产品比较杂，说明对方是一个贸易商，做的时间也比较久了，有一定规模，但是这类客户也是空手套白狼，只是这种模式就是和他们日常的合作模式，他们手里没有实单，先询问价格，拿着报价信息去开发市场，但是去开发市场机会就非常有限。大部分行业大家都是有这个体会的，样品间里几百上千种产品，经常在卖的就那么几种，因此对方一次次询问不同的产品，但是没有订单就非常正常。对于这类客户，可以认真地回复他，但是不要提供免费样品给他们。如果对方网站注册时间比较长，比如说 10 年，产品也是一个行业中的，那么这一类就是比较靠谱的客户。

2）在谷歌中搜索客户的联系方式。查找客户在哪些地方登记过，如果看到这个客户经常出现在展会名录上，就可以判断出来客户是个经常在采购的客户，而且如果他的第一次信息假如10年前就出现过了，表明他确实是本行业的好客户。同时如果搜到了别的公司被骗过货款的信息，那么就可以避免被这个客户所骗。

3）请求海外银行分支机构帮忙。

4）请专业机构调查。对于已经快要下单的客户，在涉及付款方式犹豫不定考虑是否要接受的时候不妨花点费用请专门的机构帮忙处理，比如中信保调查，费用1000元左右，调查信息非常全面，比如客户总体经营状况、企业注册资金、销售渠道、在当地和国际上的贸易关系、营业额、是否有延期支付债务等。很多次订单客户的付款方式有点玄乎，在调查后发现对方是靠谱的公司，那么订单就接了，在后面也顺利收到了货款，通过调查就能放心地接很多订单。

5）请国外客户或者朋友帮忙。可以委托当地的朋友或老客户对该客户进行深入调查，就像我们在国内，查询公司的工商信息就比较简单，同样的国外客户或者朋友他们对当地的网络和政策制度比较熟悉，调查起来比较方便。调查内容包括企业性质、创建历史、分支机构、注册资本、财产及负债情况、经营范围、营业额、销售渠道、有无经营风险、信誉度等。但该种方式只能作为参考，毕竟客户或朋友不是专业人士。

6）通过当地的钢铁的行业组织了解客户。

7）通过中国钢铁出口产业联盟的成员了解国外客户的情况。

（3）出口商要全面了解客户的下列情况：成立时间、经营规模（一年的销售额和采购额）、主要经营产品、营业执照、一把手情况、团队情况（团队人数）、每年从中国的采购量、从中国采购的主要品种、从中国哪些钢厂采购、付款方式、对中国钢铁出口商的主要要求等。

比较省事的方法是让进口商举证资信良好的中国钢铁出口商的名单。如果进口商不能列举任何中国的钢铁出口商，其资信情况值得商榷。

（4）特别重要的是在长期的出口实践中了解客户，实践出真知，通过长期的合作才可以真正地全面了解客户。

案例195：质量是企业的生命，出口商应如何把好钢铁产品的质量关？

质量问题涉及的内容有：

（1）生产环节中的质量问题，包括化学成分、物理性能、尺寸公差、产品外观、产品包装等问题。

（2）存储转运的质量问题，包括外观锈蚀、包装破损、产品变形等问题。

（3）出口商装船时应该首先确保产品的质量完美，如果装船前发现有个别产品的质量有瑕疵（如部分散捆、包装破损、有损坏等），一定不要将有瑕疵的产品装运。

（4）出口商尽最大努力将完美的产品送到客户手里。

质量保障方案为：

（1）优选、严格认证优质供应生产企业、分销商，避免化学成分、物理性能、尺寸、产品外观、产品包装等出现问题。

（2）二次切割环节注意锈蚀程度、外观变形、长度不足、包装破损等问题，并做好替换、打包等补救工作。

（3）存储转运环节严格把关，建立质量保证流程和作业标准，对货车司机、收货负责人做好事先提醒、事中监控、事后检验。

（4）选择优质货代，规避货物在港待装期间的防锈处理，避免港口装卸过程中因包装破损造成产品挤压变形问题。

（5）出口商一定要严格把好产品出厂和装船前两个环节的质量检验关。

如果遇到质量问题处理方法如下：

（1）根据客户提供的第 3 方检验报告，分析质量问题是装船前的质量问题还是装运后出现的质量问题。

（2）如果是装运后出现的产品质量问题，应该建议和协助客户找船公司或者保险公司索赔。

（3）如果是装运前产品确实不合格，就应该和钢厂协商妥善处理客户的质量异议。

（4）将客户提供的第 3 方检验报告和相关证据转交钢厂，敦促钢厂尽早处理解决。

（5）在工厂与客户之间起到中介作用，公平公正，实事求是，出口商不要从中获利。

（6）对狮子大开口的客户，耐心地说服劝解，让他明白只有合情合理的赔偿要求才会有助于异议的早日解决。

（7）货物运到起运港口卸货时就有部分产品散捆了、损坏了，这种由于包装不牢所导致的质量问题钢厂应该予以赔付和解决。

（8）出厂前确实有质量问题而钢厂又无理拒绝赔付的，出口商要先终止与其合作，努力沟通讲道理，到联盟通报对其施加压力，最后也可以诉诸法律，以达到解决问题的目的。

案例 196：如何应对国家钢铁产品出口退税的变更？

中国钢铁出口退税政策的变更（如部分钢铁产品出口退税下降或者取消）对中国的钢铁出口企业来说是强制性的，我们每个钢铁出口企业都必须执行，这是钢铁出口企业签订合同之前无法避免、无法准确地预测（时间）、无法掌控的事情，但是并非无法克服和解决，合同客观上并非不能履行，只是继续履行会导致不公平的情况，即出口企业无法获得利润或者出现大的亏损。

有的出口企业和客户洽谈时明确约定把中国政府出口退税政策的变更归于《公约》的不可抗力条款，遇到部分钢铁出口退税取消这种情况，双方协商解决，协商未果取消合同，双方免责，效果也不错。

如果按照这种解决方法，注意的问题是合同的数量不宜太大，如果客户坚持取消合同，出口商也没有什么太大的损失。

在没有事先约定中国出口退税政策变化双方如何分担的情况下，出口企业可以援引合同法律上的情势变更规则，立即要求重新谈判确定新的价格，协商不成的可以仲裁诉讼。由于仲裁诉讼对双方都没有太大的好处，我们建议出口企业能在成本最小化的前提下尽量协商解决。《公约》中对出口国的政策变化如何处理、是否属于不可抗力，没有明确的规定。我们也可以参照《国际商事合同通则》的艰难情况、紧急情势来应对。

在签约时最好买卖双方对中国出口退税政策的变化双方如何分担进行明确的约定，是买方全部承担，还是卖方全部承担？是各承担 50%，还是买方卖方 3∶7 或者 4∶6？如果合同明确约定了双方承担的比例，在合同执行的过程中出现中国政府出口退税政策变更的情况，就应当按照合同的约定履行。

今后也有可能对部分钢铁产品突然征出口税，在合同条款里应该进行明确的约定，这就可以避免后面的争议。

出口商也应该对各种情况提前预判并做好充分的准备，做到有备无患。

案例197：如果海运费暴涨，应该如何应对？

如果海运费暴涨了很多（比如海运费突然翻了3倍），如果出口的数量较大的业务，出口商确实无力承担巨大损失，或者履行该合同出口商亏损严重，怎么办？我们可以用《国际商事合同通则》的艰难情况规则和《中华人民共和国民法典》的情势变更规则，第一时间向客户说明情况，和客户商量一下由于客观情况变化，导致出口商显著增加的这部分履约成本，能否让客户也承担一些，也可以建议减少一些出口的数量，如果客户不同意承担，可以和客户协商取消合同，按照合同的约定和客户的损失进行赔付，如果客户不同意取消，出口商就只能提起诉讼仲裁解决。我们认为，如果出口企业频繁使用情势变更规则改变合同条款，对于进出口双方建立长期信任和合作关系是非常不利的，若进入诉讼仲裁，结果往往也是两败俱伤。所以我们建议出口商，只能在交易环境发生极端情况下，继续履行合同将导致严重或者巨大亏损时，迫不得已才可以使用此方法。

我们出口商应该讲诚信，应该严格认真地履行合同，不要恶意撕毁合同，正常情况下都应该严格地100%地履行合同，努力确保合同履约率100%和客户满意度100%。在不确定的情况下，尽量不要签订太大的出口合同，签约前尽量把各种情况考虑周全，要格外小心谨慎。

出口商在有100%的把握下签订出口合同，签约后应该最快速度交货以规避汇率、海运费、出口退税调整、国内价格变动等的风险。

案例198：如果客户从境外汇付人民币，突然被警方冻结，我们应该如何应对？

目前境外往国内汇人民币时常会被警方突然冻结，我们出口企业今后尽量不要从境外的地下钱庄汇人民币，这样做非常不安全，如果遇到这样情况应对方法是：

（1）尽快到银行索要冻结的法律文件，银行必须提供，如果银行柜台不提供应该到银行的总行投诉。

（2）按照冻结文件的联系地址与警方及时联系。

（3）根据警方要求尽快提供相关的文件和情况说明，证明资金来源的合法性。希望警方尽快解冻。如果有必要一般还要亲自派人去当地派出所报案和做笔录。

（4）及时书面通知国外客户，并提供警方冻结的相关文件给客户，说明汇付资金由于涉嫌违法，已经被警方冻结，要求客户重新汇付。

（5）根据《中华人民共和国刑事诉讼法》第141条规定：在侦查活动中发现的可用以证明犯罪嫌疑人有罪或者无罪的各类财物、文物应当查封、扣押；与涉嫌违法案件无关的财物、文件不得查封、扣押、冻结。超过涉案金额的冻结属于违法冻结。

（6）如果被冻结的金额大于涉案金额警方又长期不予解冻的，就违背了《中华人民共和国刑事诉讼法》第141条的规定，公民可以和警方沟通，沟通无效的可以到公安部信访办或者党中央和国务院信访局信访，网上信访即可。警方一般情况下会严格地按照国家的信访条例在60天内给以答复解决，各地警方对党中央、国务院的信访文件一般都是比较重视的。

（7）如果警方提出希望被冻结人把被冻结的资金交给警方，我们尽量予以回绝。根据相关法律，警方只能冻结涉案资金或财产，然后根据法院最终判决才可以划走处理被冻结的资金。

（8）如果客户往国内汇人民币，最好告知客户通过当地正规银行办理人民币的汇款手续，不要到国外的地下钱庄往国内汇人民币。

案例 199：关于中信保业务。中国出口信用保险公司（China Export & Credit Insurance Corporation），以下简称中信保，是中国唯一承办出口信用保险业务的政策性保险公司，是由国家出资设立、支持和促进中国对外经济贸易发展与合作、具有独立法人地位的国有政策性保险公司，服务网络覆盖全国。主要产品及服务包括：中长期出口信用保险、海外投资保险、短期出口信用保险、国内信用保险、与出口信用保险相关的信用担保和再保险、应收账款管理、商账追收、信息咨询等出口信用保险服务。

中信保的保障作用：中信保具有专业的遍及全球的资信和追偿业务渠道以及驻外机构，在帮助企业风险控制、保障出口企业海外权益以及风险补偿职能等方面发挥着重要作用。

案例 199-1：2014 年 8 月 8 日，出口企业 A 公司与外国买方 B 公司签订销售合同，A 公司于 2014 年 9 月 5 日向中信保申报投保短期出口信用保险，申报交付保费金额 4998380.00 元。买方 B 公司收货后拖欠货款。2014 年 9 月 25 日，被保险人 A 公司向中信保报损，并于 12 月 4 日申请索赔，报损索赔金额为 4998380.00 元。中信保经审核案件材料、海外渠道律师的调查及 A 公司的胜诉判决认定贸易真实，致损原因是买方拖欠货款，属于中信保保险责任。扣除交易前 A 公司收到 B 公司支付的 150 万元，A 公司的损失为 3498380.00 元，低于买方有效信用限额 500 万元，拟以核定损失金额为赔付基数，最终赔付 A 公司 2798704.00 元。

点评：在出口贸易中，买方收货后拖欠货款或拒付货款的情况难以避免，投保有利于保障企业收回货款。本案中 A 公司投保中信保的短期出口信用保险，最终获得了 80% 的赔偿，极大地补偿了 A 公司的交易损失。

案例 199-2：2015 年 5 月，河北一家出口企业 A 公司向 T 国买方 B 公司出运 1 票货物，交易金额 USD520000.00。双方约定支付方式为 20% 预付款，剩余货款见提单复印件支付。A 公司向中信保申报投保。A 公司于收到预付款后出运货物，但货物到港后买方未能按约定付款赎单，在与 B 公司多次沟通无果后，A 公司向中信保报损。接到 A 公司报损通知后，中信保立即对案件展开了调查追讨。通过邮件、电话等方式，最初均不能联系到 B 公司，中信保立即委托当地律师对 B 公司进行了上门拜访，在与 B 公司会谈及施压后，B 公司承认债务金额，但声称由于资金周转困难，暂无能力支付货款，B 公司申请先行支付 USD50000 后 A 公司放单，提货后每月支付 USD50000 直至货款支付完毕。得到中信保批复后，A 公司同意了买方还款计划，但 B 公司仍迟迟不付款。中信保建议被保险人 A 公司可以考虑将货物退运或转卖第三方。但按照 T 国海关政策规定，如需出口商转卖或退运货物，需提供原买方授权同意。在中信保律师的要求下，B 公司提供了书面"货物拒收声明"，与此同时，A 公司也联系到了新买方，最终货物被成功转卖。

点评：由于距离以及对国外法律政策等的不了解，出口商在面对不履行合同又不诚信的进口商时总是无可奈何。而中信保具有强大的海外调查和追踪渠道，这是身在国内的出口商无法比拟的。中信保是国有政策性的保险公司，与其他以营利为目的的保险公司不同，它还承担着有效服务国家战略、精准支持企业发展外贸业务的责任，因此中信保在出口企业有需要帮助的时候，大概率都会施以援手。在面对进口商不付款赎单，也不授权允许转卖或者退运的情况下，出口商往往束手无策，有的时候货物只能任凭某些外国海关没收、拍卖。本案由于中信保的出谋划策，A公司得以转卖货物，避免了交易损失。

索赔注意事项：

（1）纠纷先决条款的效力。中国出口信用保险公司《短期出口信用保险中小企业综合保险条款》规定："对因贸易纠纷引起买方拒付货款的索赔，除非保险人书面认可，被保险人应先进行仲裁或在买方所在国家（地区）进行诉讼，被保险人获得已生效的仲裁裁决或法律判决并申请执行之前，保险人不予定损核赔。在上述情形下发生的诉讼费、仲裁费和律师费由被保险人先行支付，在被保险人胜诉且损失属于本保单项下责任时，该费用由保险人与被保险人按权益比例分摊，否则，由被保险人自行承担。"该条款通常被称为"纠纷先决条款"或"前置程序条款"，意思是对于因贸易纠纷引起买方拒付货款的索赔，需要卖方先和买方进行仲裁或诉讼明确债权并申请执行，才能获得中信保的赔偿。

（2）确保交易真实合法有效。中国出口信用保险公司《短期出口信用保险中小企业综合保险条款》规定："适保业务，被保险人的销售合同真实、合法、有效。"中信保在赔付之前，会审查出口企业提交的材料，包括买卖合同、代理合同、商业发票、出口报关单、提单、信用证、开证行拒付文件等，同时还会通过海外渠道核实交易情况。如果被保险人提交的材料无法充分证明交易的真实性、合法性、有效性，中信保不会赔付。

案例199-3：山东A出口公司通过中间人介绍，与M国B公司达成买卖协议，出口彩涂钢卷300 t，货款USD260000，D/A30天付款。A出口公司向中信保投保短期出口信用保险。A公司按照合同约定出运货物，但直至到期付款日B公司仍未付款。A公司联系中间人催收，中间人开始还回复邮件，为B公司找借口延迟付款，后期中间人便不再回复，出口商也无法与其取得联系。A公司向中信保报损，中信保经M国渠道调查得到的回复是"B公司根本不认识中间人，B公司从未与A公司进行过交易，买卖合同并非B公司签订"。中信保要求A公司先与B公司进行仲裁或诉讼确认债权，否则中信保无法理赔。A公司未听取中信保建议，先将中信保告上法庭，诉请其承担保险金额。法院经审理认为，纠纷先决条款有效，驳回A公司诉求。

点评：出口企业大多以"纠纷先决条款"系格式条款、加重了投保人责任、排除了保险人应承担的义务为由请求法院认定该条款无效，进而要求中信保承担保险责任。但大多数法院和仲裁机构倾向于认为该条款有效，理由是通过涉案买卖合同的诉讼或仲裁能够查清买卖合同的具体履行情况，形成无瑕疵的债权并确定债权数额，在债权数额确定后，保险人仍应当依约履行理赔的义务，故纠纷先决条款并未免除保险人应承担的义务。因此，建议出口企业在遭到中信保拒绝赔付并要求提供确定债权的法律文书的通知后，尽早向买方提起诉讼或仲裁。诉讼胜诉后中信保才可以赔付，如果败诉赔付无望。

案例199-4：中国某出口A公司与X国Z公司签订销售合同，A公司同时向中信保投保。A公司先后向B公司出口货物价值99万多美元，后因Z公司拒绝接受货物并拒付货款导致A公司损失，A公司向中信保提出索赔申请。中信保经当地调查渠道联系了Z公司，Z公司明确否认与A公司之间存在贸易关系。中信保认为现有材料不足以证明涉案贸易真实性，要求A公司根据保险合同中的"纠纷先决条款"先行对买方提起诉讼或者仲裁确认债权。其后，A 公司提交了 X 国某仲裁机构的裁决书及其在法院申请执行该仲裁裁决的证据。中信保对于该仲裁裁决书的真实性提出了强烈的质疑。后双方将争议提交北京仲裁委员会。仲裁庭委托第三方机构对本案涉及的 X 国法律以及相关事实做了调查：该仲裁机构和其主席均明确回复该仲裁裁决签名系伪造。后仲裁庭驳回 A 公司仲裁请求。

点评：本案可能的事实是与 A 公司交易的并不是 Z 公司，A 公司被第三人欺诈。A 公司无法证明其与 Z 公司之间存在真实合法有效的交易，因此无法获得保险公司的赔偿。短期出口信用保险是国家为了鼓励和支持中小企业出口、开拓国际市场而开办的政策性险种，主要承保企业货物出口后买方出现的拖欠和破产等商业风险。对于欺诈风险，不属于承保范围。再次警示出口企业：投保并不代表出口没有风险，投保并不代表一定会获得理赔。一定不要认为投保了保险，出口业务就可以高枕无忧，要重视市场和订单，更要甄别交易对手，确保交易的真实合法有效。

关于中信保业务的一些建议：钢铁出口企业如果希望做中信保业务，就要对中信保的业务有非常透彻全面的了解，如果不能够全面地了解中信保的业务，就不会是真正的赢家，投了中信保也不会达到预期的目的。什么情况下中信保肯定会赔付？什么情况下中信保不会赔付？

据了解中信保在下列情况下是不赔付的：不真实的虚假的贸易合同、出口货物质量客户提出异议的、出口方有违约有过失的、业务中有争议的、在理赔中有虚假成分的等。

同时要非常明确投中信保的目的是什么。出口企业的利润最大化是永恒的目标。投了中信保会有助于我们的利润最大化吗？大家可以算算账，如果有助于我们的利润最大化就可以去做，如果违背了利润最大化的原则就不要去投。

有个出口企业，反映他们经过认真的研究决定不做中信保，原因如下：中信保要求对他们的所有出口业务都要投中信保，保费是合同金额的 0.9% ~ 1%，赔付率为 90%，年初一次性对一年内的所有业务缴纳保费。企业经过研究认为不合适。理由有：（1）他们 95% 的业务基本没有风险，无需投保，如果对没有风险的业务投保等于浪费公司的资金，不合理地增加了公司的成本。（2）有风险的业务，风险一旦发生中信保只赔付 90%，最终出口企业要承担 10% 的损失，1000 万元货款损失自己就要承担 100 万元，对出口企业不合适。（3）向保险公司理赔一般都感觉比较难。（4）对于少数有风险的业务，我们可以加保兑 L/C，保兑费一般为 1%，保兑 L/C 一般保兑行审核单据，确认单证相符后，无条件 100% 地付款。（5）出口企业在做出口业务之前一定要把客户的信誉了解清楚，客户信誉不清楚的，一定要小心谨慎，把握好付款方式和控制好合同数量。努力确保出口业务的零风险是出口企业最重要的工作。如果我们出口企业把风控都放在依靠中信保上，就有点幼稚、不太理智了。

案例 200：A 出口企业向某国出口螺旋焊管机组一套，该套设备可以生产直径 25.4 ~ 304.8 mm 的螺旋焊管，出口合同的技术协议规定焊管的厚度可以为 2 ~ 16 mm，具体每个规格的厚度可以生产多少未加明确。当地需要的 25.4 mm 的厚度为 2 ~ 6 mm，可是这套设备安装后，客户得知 25.4 mm 的只能生产 4 mm 的厚度，客户非常无奈，这套设备不能完全生产当地需要的尺寸。双方签约时出口合同未十分明确地约定每个尺寸的厚度要求。

案例 201：某企业为中东某国建设一个大的工程项目，按照国内的施工进度，一年内肯定可以完工，该企业就签订了 2 年全部完工的合同，竣工后利润可观，但是如果工程逾期，要缴纳高额的惩罚金。该企业为拿到这个合同欣喜若狂。签订合同后该企业发现，中方的施工人员不能全部派出，按照当地的法律只能派出少数的（外方严格控制审核派出的中方人数）中方骨干人员（技术和管理者），一般工人要使用当地人，这样施工速度要明显慢了很多，同时当地法律规定节假日均不得施工。当地的节假日非常多，基本干 3 天歇 2 天，当地还经常下雨，钢材见雨后自然生锈，工地还要除锈处理，这样工程速度超期了 3 个月，盈利的项目变成了巨亏的项目。该企业懊悔不已，如果签约前全面了解当地的法律法规，就可以正确地判断施工和竣工的时间了。

案例 202：DE 外贸公司向国外出口设备一套，DE 公司从沧州 A 厂采购该套设备出口，设备保质期为 2 年，2 年内设备零件的任何问题都免费更换。设备安装后正常使用，但是 18 个月以后某零件损坏，DE 公司欲从 A 厂紧急采购该零件，却发现该厂已经倒闭了。

案例 203：韩国某大型企业，与 M 国政府签订了非常大的投资协议，无偿征用 1 万多亩地建设一个非常大的项目。协议签订之后，韩国这家企业全球采购了最先进的生产设备，把厂房也建设好了，前期投入巨大。2010 年，M 国突然发生了军事政变，新的军人政府上台后，便推翻和终止了旧政府与韩国该企业的协议，认为这个协议是卖国协议，韩国企业损失巨大，最终倒闭。

案例 204：南美某国的政府银行给我们的企业开出了 2 年的远期信用证，金额在 2 亿美元以上。我们的出口企业认为是国家银行开出的远期信用证付款应该没有问题的。签约后便发货议付，但是该远期信用证 2 年到期后，该国家银行以开证行美元短缺无理拒付，一拖就是 10 年以上，并且不付利息，中方损失巨大。

案例 205：某综合性外贸企业缺乏钢铁产品的出口经验，与中东的一家进口商签了 1000 t 欧标工字钢的出口合同，采购时要求钢厂保负差 5%，产品按照欧标生产，结果钢厂严格地按照负差生产了，只是尺寸公差差了一点点。货到天津，国外客户派人来检验，发现尺寸公差差了一点点，由于国际市场降价，客户拒绝要这批货了，结果 1000 t 货甩在了港口。外贸企业损失很大。

案例 206：中信特钢成功开拓韩国市场[1]。

本人有幸加入中特集团，成为集团国贸公司的一员，并非常荣幸地在韩国这片土地上与大大小小的客户接触，为公司效劳多年。跻身该行业近 20 年，几乎每天都在跟客户打交道，在钢铁圈里让我结识了很多知名的钢铁专家和钢铁达人，认识了多位钢铁英雄，他们的光辉业绩和伟大形象可歌可泣，敬仰之心油然而生。在市场开发的道路上，我也看到了各行各业客户们和钢铁业界前后辈们的奋力拼搏，并很荣幸地遇到了各种开发机遇，同样也经历了形形色色的困难。寻找和开发客户的过程中，多少次闭门羹，多少次擦肩而过，多少次期待相聚，又有多少次欲言又止！登门拜访、会议会餐，有欢声笑语的相谈甚欢，也有四目相视的不满不解甚至争吵，感叹我笨拙的手笔无法记录下所有的点点滴滴！仅借此机会分享以下几个开发案例。

大客户 YCO 开发案例分享：YCO 为韩国知名钢厂世亚 Besteel 和现代制铁在京畿道地区最大的国内代理商，销售品种含有碳、合金、高合金棒材，工模具用方钢、棒材，不锈

---

[1]　中信特钢国贸公司王淑霞供稿。

钢钢管等，月平均销售数量为 8000～12000 t。主要应用领域为汽车、造船、航空、工模具、机械等，旗下有 HSM、YJ ST 和 F Steel 三家子公司，年销售额达 2950 亿韩币（约 2.2亿美元）。

我司最初与其子公司 HSM 在 2015 年开始合作破碎锤钎杆用钢 SCM440H，从小批量试订单开始，到后续合作越发稳定，并邀请客户来访我司总部及兴澄特钢、大冶特钢等相关厂区进行技术、商务交流，客户感叹中国钢厂居然有如此高水平的管理理念和管控水平。后续我们与子公司 HSM 陆续开发了 AISI4145M、SNCM439、SNCM616V 等钎具用钢牌号。客户交流方面，也与其建立了互访机制，除了销售层面的互动，技术人员和高层间也形成了稳定的年度互访惯例。

常在河边走，焉有不湿鞋的道理呢？随着第一起质量异议的发生，"果然是中国制造""中国钢厂的质量还是比不上韩国本地钢厂"等之类的负面看法在客户内部逐渐蔓延。但我们作为最早在韩国设立海外代表处的中国钢厂，在质量异议的应对速度和处理态度及方法上赢得了客户的极大信赖。可以说此次小质量异议的发生，不但没有使客户对我司中特产品产生质疑而导致两司关系疏远，反而更像是润滑剂，让客户吃惊地体验到了作为一个海外钢厂，而且是之前被"有色眼镜"看扁的中国钢厂，会有如此快速的对应反馈速度，以及如此成熟的操作管控程序。从最初接到质量异议发现，到代表处人员当天到现场查看、沟通，到样品提取后邮寄给我司质量部门进行分析，再到样品分析结果提交相关报告和改善措施等一系列操作，颠覆了客户对中国钢厂管理水平的认知，反而让客户加深了与我司合作的信息，有了更强烈的与我司合作的意愿。与其子公司 HSM 完成深度合作后，经子公司社长引荐，与其总部开始进一步交流。我们采用了"农村包围城市""地方包围中央"的方式攻关其总部，逐步与其总部的采购、研发、销售和高层及社长等层层逐步建立了互相信任的合作关系。目前 YCO 总部使用的材料中 95% 为本地钢厂材料，其中 50%为汽车用钢，由于 4M 认证原因，暂时无法马上切换中国材料；此外，约 30% 为工模具用钢，主要使用世亚昌源特钢和东北特钢材料，主要牌号为 SKD11，由于其主要产品为轧制的方扁钢，我司大冶暂时无法生产，故我们的主要攻关目标放在了棒材品种上。

YCO 自 2022 年 12 月开始与我司大冶特钢签署第一个试订单起，该客户每个月稳定采购我司大冶棒材 500～600 t，累计完成上量 5000 余吨。如上所述，该材料之前全部是采购韩国本地钢厂 SEAH BESTEEL 和现代制铁份额，而现在经过我们的不断攻关，我司冶钢在将近一年的时间里逐步站稳脚跟，取得了一定的市场份额，同时为后续继续拓展品种和市场份额也打下了坚实的基础。后续将持续关注客户汽车钢需求，尤其是以管代棒的汽车钢项目，重点关注其 drive shaft、ball cage、input/output shaft 等汽车零部件相关客户，通过与采购、研发以及现场沟通等不同部门的接触，瞅准时机寻找切入点，推动新项目使用我司中特产品。

高端品种开发案例分享：牌号：SACM645，牌号归类：氮化钢，用途：船用发动机、注塑机配件等，生产工艺：模铸—锻造（或热轧）—退火—扒皮。自 2018 年首次试订单15 t 测试成功后，截至 2023 年 10 月累计销售 2200 余吨，我司是唯一一家取代韩国本地钢厂世亚材料的中国钢厂。

（1）如何发现客户有 SACM645 的需求？最初在拜访该客户、参观客户仓库时，偶然间发现韩国世亚 Besteel 的 SACM645 库存材料，当时拍照并备注，向客户咨询该牌号需求规格、数量、具体用途等，随后联系我司相关研发人员，确认生产可行性及规格范围。

（2）如何劝说客户测试我司产品？发现客户需求后，开始学习了解 SACM645 氮化钢相关知识，经与研发部门交流和网上搜索资料，对该牌号有了初步的认知，与客户的交流沟通更得心应手。了解我司大冶在氮化钢方面的相关生产、供货业绩、大致售价等相关信息。了解各规格具体用途，是否需要做认证工作等，并在得到韩国世亚 Besteel 产品质保书后了解到客户对氮化钢有个性化的要求（例如 Al 含量加严，要超 1.0%等）。攻关客户采购、销售部门负责人，得到客户意向价。

（3）如何争取到试订单机会？经过前期多次工作铺垫，联手客户采购经理、技术营销经理一同劝说客户社长尝试使用大冶材料，得到试订单机会。Masan 客户为韩国南部地区老牌且忠诚的世亚 Besteel 代理店，老社长全社长（1950 年生）从业特钢行业 40 余年，前期一直坚持使用本地钢厂材料，只有一些基础的 S45C、CM440 等常用牌号会偶尔使用中国材料。与客户采购、技术营销负责人等深入沟通，准备好技术协议和有竞争力的报价，最终成功劝说客户社长下发首次试订单 15 t。

（4）由点到面，如何推动全面开发？试订单测试成功，其他规格、其他交货状态的锻材黑皮、锻材粗车材也一并开发，现该牌号 70%使用大冶材料 从最开始的仅一个规格的试订单 15 t，到现在的 10 种规格全部下单，包括轧材、锻材、粗车材等全部交货状态，我司中特材料全面完成开发。

全球知名锻造厂 DC 公司的开发：韩国 DC 公司是世界知名工程机械用零部件制造企业，与该领域全球知名企业卡特彼勒、迪尔、小松、日立、沃尔沃、现代重工、神钢建机等有着广泛深入的合作。不仅在韩国有四家子公司，在中国、美国以及印度等都设有法人。我司与 DC 公司合作历史已超过 20 年，产品品种包括棒材、工模具钢锻材和钢管。

我司从 2002 年开始与其合作开发挖掘机底盘用钢，是中国第一家生产供应高端工程机械用钢的厂家，从一个牌号的样品试订单下发，到后来用于重装备领域所有牌号的测试和认证，作为销售的我们与 DC 公司质量部门、采购部门几乎每天都在沟通，并将客户协议及要求全部反馈给我司研发，为推进快速认证，继而尽快进入量产各尽其职。由于与其高层的关系良好，双方高层保持每年一到两次互访，客户采购数量稳定，我司兴澄和大冶供货质量稳定，年度签约峰值达到 6 万吨以上。

2008 年我司研发人员根据客户生产工艺向客户推荐使用钢管，以达到节省成本的效果。经与客户多个部门几十次会议，在短短几个月的时间里，完成了"以管代棒"项目的开发，既减少了额外废料的产生，又提升了工作效率，真正为客户做到了降本增效的成果。

随着国家 2015 年 1 月 1 日起对"含硼钢退税取消"政策的发布，客户高层及相关负责人于 1 月初到访我司，是该退税取消政策发布后第一家到访我司的大客户，他们当面确认了对技术协议相关变更事项，并以最快的速度推进了主机厂认证。后来随着市场竞争不断加深，其他厂家不断尝试低价进入抢夺市场，得益于双方高层建立的深度合作伙伴机制，客户虽然碍于形势所迫开发了其他供应商，但是仍然把其主要牌号和数量放在我司，目前我司仍然是其最主要的供货商之一，客户年度采购数量约在 4 万吨。

经验总结：与生产制造企业合作，稳定的质量是合作的前提，双方良好的关系是长久合作的基础。

韩国 H 工程公司开发过程及合作：H 公司基本概况：1974 年，韩国政府成立了 H 公司株式会社。主要致力于韩国当地电厂项目涉及施工、安装和调试等交钥匙工程。经过近几十年的发展，H 公司已成长为韩国八大工程公司之一，并且在世界范围内享有较高声誉。与我公司合作历史与合作模式：H 公司在 2022 年之前与我公司没有直接订单合作，主要经过韩国当地库存商对我公司产品进行采购。经过多个项目的合作，对我公司产品质量水平评价较高，认为我公司是值得信赖的合作伙伴。直接订单采购进程梳理：2022 年沙特某项目采购，我公司是项目业主认可的厂家，所以经过公司内部讨论之后，H 公司第一次尝试与终端生产厂家进行直接订单采购。

客观环境分析：国际原材料市场价格攀升，该项目预算已严重超出竞标金额；目前国际上大部分工程公司已经展开了与终端供应企业的直接合作，H 公司作为国际知名工程公司在跟进国际趋势方面做了很多调研。

主观环境分析：H 公司有上海 IPO 进行在中国国内的人员和技术支持，认为他们在此项目合作中会提供即时信息反馈以及完成催交等工作；在项目前期，我公司及时且成功介入了 H 公司的设计团队，提供了必要的技术支持，让 H 公司认识到我公司在技术水平上可以提供完美的解决方案；我公司在进行项目议价过程中也紧紧抓住了客户的主观和客观需求，在进行商务条款和价格谈判时与客户进行了合理沟通，让客户感觉到这是一个双赢的合作局面，最终完成了 7000 t 无缝管的订单采购。

后续合作展望：H 公司后续本土和海外项目建设会倾向与我公司直接进行合作，减少中间流程，节约项目成本，这也是国际项目将来的合作趋势。H 公司目前仍有万吨级项目与我司沟通报价中，且其采购部高层已经明确，后续会与我公司签署双方公司战略合作类协议，提升双方合作力度，加深双方合作范围和深度。

韩国 S 工程公司开发过程及合作，S 公司基本概况：1970 年，韩国政府成立了韩国工程公司（后来的 S 公司），这是该国历史上第一家国内工程公司。通过与某集团的合作，S 公司在韩国的快速工业化中发挥了关键作用。到 20 世纪 80 年代后期，S 公司开始通过提供更广泛的工业化学品生产设施来加强其项目组合。从这些项目中获得的更多技术专长使 S 公司能够从一家简单的工程公司转变为一家提供全方位服务的 EPC 公司。1991 年，该公司从韩国工程公司更名为 S 公司，将自己转变为一家全球性的 EPC 公司，同年，S 公司完成了其第一个 EPC 交钥匙工程——大山石化 HP 综合体，然后在 1993 年，S 公司通过赢得泰国 PTT GSP-4 工厂，成功进入东南亚工业领域。随着国际建筑项目收入的增加，S 公司从 20 世纪 90 年代初到 1997 年亚洲金融危机一直保持强劲增长。在 21 世纪初，S 公司加倍致力于创新和业务多元化。为了寻求更强大的海外经济环境，它扩展到 EPC 行业最具竞争力的地区之一——中东。从 2001 年在沙特阿拉伯的 SPC PDH/PP 工厂和 2003 年的 SABIC Butene-1 工厂开始，S 公司开始在该地区建立供货业绩。自 2010 年以来，S 公司通过提供不断扩展的工程服务列表，进一步增强了其国际 EPC 产品组合。最近，凭借其在下游设施方面的专业知识，S 公司已将自己定位为碳氢化合物行业（包括海上和电力行业）的全方位服务 EPC 公司。S 公司已经成长为韩国八大工程公司之一，并且在世界范围内享有较高声誉。

与我公司合作历史：S 公司与我公司第一次合作始于 2010 年的沙特某项目，相比其他韩国 EPC 公司，S 公司与我公司合作相对较晚，但不妨碍双方公司从一开始就建立了比较畅通的沟通渠道以及后续合作愿望。之后陆续合作执行了 13 个工程项目。之前与我公司合作的模式：在正式执行某项目之前，S 公司主要通过韩国当地库存商渠道进行碳钢无缝管的采购，也通过中东当地的一些库存商进行一些项目的供应。此外 S 公司也通过该公司上海 IPO 进一步完善在中国的本土化采购，比如一些重要的管件和电器设备等已经通过上海 IPO 完成了订单采购和项目供应，这在一定程度上节省了项目采购成本和检验费用。S 公司是韩国所有工程公司中率先完成中国本土化采购且执行完成率较高的企业。直接订单采购进程梳理：2022 年沙特某项目采购，是 S 公司第一次尝试与终端生产厂家进行直接订单采购，其中既有客观也有主管驱动。

客观条件：国际原材料市场价格一步步攀升，该项目预算已严重超出竞标金额，S 公司必须通过直接到厂的订单采购来节省中间费用；目前国际上大部分工程公司已经展开了与终端供应企业的直接合作，比如韩国现代建设、SK 建设、大林建设、大宇建设等；还有国际上比较知名的工程公司如塞班等。而且我公司已经具备直接项目供货实力，在与 S 公司前期直接接触时，已经明确我公司这一重要的软实力。

主观条件：S 公司有上海 IPO 进行在中国国内的人员和技术支持，认为他们在此项目合作中会提供即时信息反馈以及完成催交等工作；在项目前期，及时且成功介入了 S 公司的设计团队，提供了必要的针对不同服役环境对于钢管所可能产生影响的信息，而且及时提供了我公司的生产范围和参数。同时我公司的技术部门也提供了极高的服务水准，让 S 公司设计和质量控制团队认为我公司具备直接供货的能力；此次沙特某项目的采购团队与我们很早就认识，在内部游说 S 公司高层时，也发挥了积极主动的作用。

此外，我公司在进行项目议价过程中也紧紧抓住了客户的主观和客观需求，在进行商务条款和价格谈判时与客户进行了合理沟通，让客户感觉到这是一个双赢的合作局面，最终完成了 6000 t 无缝管的订单采购。

后续合作展望：S 公司后续本土和海外项目建设会倾向与我公司直接进行合作，减少中间流程，节约项目成本，这也是国际项目将来的合作趋势；S 公式采购部高层已经明确，后续会与我公司签署双方公司战略合作类协议。

案例 207：冶金行业海外工程风险得失❶。

钢铁行业国际工程总承包项目是一种集资本、技术、设备和劳务输出于一体的综合体，是一项充满着不确定性风险的行业行为，它与国际政治经济环境密切相关，环境和市场的变化会影响到项目的成败。

一、目的与意义

国际工程总承包项目是国际间复杂的商业性交易活动。钢铁行业国际工程总承包项目具备高投入、工期长、环境复杂等特点，充满着不确定性和高风险，风险的管理是否有效严重影响到项目的成败。钢铁行业国际工程总承包项目的开发建设投资大、工期长、工艺技术复杂、涉及的范围广、影响因素多，而且国际政治的风云变幻、国际经济的发展变化、国际金融市场的动荡、国际工程基建规模的扩张与收缩都会直接或间接地对参与国际工程项目各方（如项目业主、承包商、给项目提供融资的各金融机构、设备材料的供应商等）的经济利益造成影响，甚至会对一些企业的生死存亡起到关键的作用。因此，对于国

---

❶　中国首钢国际贸易工程有限公司工程事业部部长赵景大供稿。

际工程总承包项目风险管理是必不可少的一项重要工作。目前国际上对工程项目风险加以识别、分析、评价与控制已经成为惯例。对于经济危机、通货膨胀、货币贬值、战争或动乱的影响、项目驻在国政局变化、主权债务增加可能性等，均需通过调查研究和分析预测，为对外承包工程的决策提供依据。在工程实施过程中，也应随时了解、掌握有关方面的发展势态，及时采取措施，避免损失或降低风险。从风险的角度看，国际工程是一个风险较大的特殊工程，必须将其经营决策建立在风险分析和评估成果的基础上。

钢铁行业的工程项目往往具备高投入、高风险特质。所谓高投入，是指要建设的工程项目所需要生产的产品具有高附加值和高技术含量，必须要有资金、时间和人力及物质的消耗，这种消耗就构成高投入。目前钢铁行业工程项目投入资金最少的也得几千万元人民币，动辄上亿元，有的甚至几十亿元、上百亿元，其高投入可见一斑。然而由于国际钢铁市场风云变幻、价格起伏较大、原材料市场极不稳定、市场需求变化较快，因此就带来了钢铁行业的高风险性。我国钢铁行业为谋求生存和发展，避免过度风险给企业带来难以承受的巨大损失，钢铁行业逐步认识到了开发项目风险控制的重要性。钢铁行业高风险、高投入的特点要求企业对所进行的工程项目进行系统化、制度化、科学化的风险管理，为企业的安全生存和健康发展提供可靠的保证。

随着科学技术和社会生产力的迅猛发展，社会环境瞬息万变，各大型工程项目所涉及的不确定因素日益增多，面临的风险也越来越多，风险所致损失规模也越来越大，工程项目管理的复杂性和艰巨性越发地显现出来。这就对各项目组提出了更高的管理要求，作为项目管理的重要一环，项目风险管理对保证项目实施的成功具有重要的作用和意义。做好风险管理有利于：

（1）国际工程总承包项目的高质量发展。我国加入 WTO 后，随着我国与其他国家的经济关系日益密切，参与国际间贸易的机会日益增多，风险成为国际间贸易不可回避的问题。钢铁行业作为国家的支柱性产业现在开放的程度越来越高，我国的钢铁行业也走出国门，到国外开展工程项目的开发建设，这都向项目风险管理提出了新课题——根据钢铁行业国际工程项目的特点，构建出适合自身实际的项目风险管理体制与机制，以适应治理能力和治理水平的现代化管理需要。

（2）有利于国际工程总承包项目经济效益最大化。项目风险管理的目的就是要以最小成本达到最大安全保障，为各项目组提供安全的生产经营环境，保证其决策的科学化、合理化，促进经济效益提高，确保目标顺利实现。

钢铁行业与其他企业一样，时刻进行着充分的市场竞争。特别是在钢铁产品价格由市场的供需平衡状况进行调节、确定的情况下，钢铁行业的利益就与市场的风云变幻紧密相联。钢铁行业在市场大环境下，更为关心投资项目的成败、收益、资金安全和实施环境的稳定性。因此钢铁行业国际总承包项目风险管理体系的建立就显得尤为重要。

（3）减少或降低国际工程总承包项目的投资风险。项目风险管理不是消极被动地承担风险，而是积极预防和控制风险。风险管理可以在很大程度上减少风险损失，并为风险损失提供补偿，促使更多的优质资源和资金合理地向稳定部位流动，将资源进行合理分配，减少浪费，实现良性运转。

钢铁行业在经历快速增长阶段后，进入成熟发展和高质量发展阶段。风险管理研究可以促使投资向高科技含量的新产品、新工艺的工程项目倾斜，使行业焕发新生机、开辟新赛道。

二、几个主要问题

（1）虽然钢铁国际工程市场潜力巨大，但长期以来被为数不多的跨国公司占据着主要市场。形成此情况的主要原因就是国际工程对比国内市场，其风险因素更多、类别更多，造成的后果和损失更严重，处置的难度会更大。在操作流程上，不仅包括工程建设中的风险，还包括项目驻在国不确定性因素、国际贸易相关风险，如果没有足够的认识和透彻的分析，后果很可能就是决策失误、经营损失和退出市场。在没有充分把握风险和具备控制风险的能力和措施下，不可贸然进入国际工程市场。

（2）国内钢铁行业虽然经过跨越式发展和历练，但参与国际工程总承包的经验很少。主要原因是面对国际市场，其在国际工程总承包风险管理上缺少系统认识，在对风险识别、估计和评价以及针对性的应对措施上需要进一步提高管理能力和水平，以便在我国工程企业进军国际市场积极参与国际竞争的道路上，提高国际竞争力。

依据30多年海外工程业务承揽艰辛历程，在海外工程承揽积累了一些经验和不成熟的建议供读者分享。下面将从钢铁行业国际工程总承包商的角度出发，对其面临的风险分别进行阐述，提出符合自身特点的风险应对措施供读者参考。

三、国际工程承包的基本理论

（一）国际工程的含义及特点

关于国际工程的含义，目前还没有一个统一的、明确的定义。我们认为国际工程是一种跨国家和跨主体、资源来自不同国家地区的一种工程项目。而其"国际化"的程度，取决于跨越国数量和项目主体数量。具体的说，国际工程就是一个工程从咨询、融资、采购、承包、管理到培训等各个阶段的参与者来自不同的国家，并且按照驻在国家的或国际上通用的标准进行项目管理的过程。

国际工程除了具有国内工程项目的特点（一次性、独特性、可确定性、整体性、项目组织的临时性、项目实施渐进性）之外，还具有以下特点：

一是具有合同主体的多国性。国际工程签约的各方主体通常属于不同的国家，受多国不同法律的制约，而且涉及的法律范围极广，诸如招投标法、建筑施工法、公司法、劳动（工）法、投资法、外贸法、金融法、社会保险以及各种税法等。一个大型的国际工程项目建设可能涉及多个国家。例如，业主、承包商、咨询方、设计方、设备供应商、安装施工方、贷款银行和劳务输出方等可能来自不同的国家，有多个不同的合同来约定他们之间的法律关系，而这些合同中的条款并不一定与工程参与者所在国的法律、法规一致。这就会使项目各方对合同条款的理解产生歧义，当出现争端时，处理起来往往较为复杂和困难。

二是影响因素多，利润与风险并存。国际工程相比国内工程而言所受到的政治经济因素影响要明显增多，如金融危机、战争、种族、文化等，国际工程的参与者不仅要关心工程本身的问题，还要关注工程驻在国及其周围地区和国际大环境的变化所带来的影响。事实上，国际工程从来就是一个充满风险的行业，其从业者——国际承包工程公司，每年都在不断发生着倒闭、更新、成长，周而复始，美国《工程新闻记录》杂志（ENR）统计，在全球250家大型国际工程承包公司中，经营历史超过50年的仅占三分之一。

三是必须严格按照合同约定和国际惯例进行管理。由于参与者众多，且来自不同的国家，因此，不可能依照某一国的法律、某一行业的法规或采用直接行政管理的方法，而必须采用国际上多年以来业已形成的严格的合同条件和工程管理的国际惯例进行管理，如FIDIC 条款等。只有这样，才能使一个国际工程项目从开始至投产的程序上具有规范性，才能约束参与者认同并按照合同条款履行应尽义务、承担责任、获得权利。

四是技术标准、规范和规程庞杂。国际工程合同文件中需要详尽的规定材料、设备、工艺等各种技术要求，通常采用国际上广泛接受的标准、规范和规程，如 ANSI（美国国家标准协会标准）、BS（英国国家标准）等，但也涉及工程所在国使用的标准、规范和规程。这些技术要求准则的庞杂性无疑会给工程实施造成一定的困难。

五是存在区别于国内工程的高风险性。主要有：

（1）地理距离，项目主体间跨国和跨海的距离造成沟通协调和交流的不便；

（2）语言障碍，涉及许多不同的语言造成信息交流困难，特别容易造成关键术语理解上的混乱和偏差；

（3）文化差异，由于项目主体成员来自不同国家，因此项目主体往往在价值观、行为标准、思维惯性等方面存在许多差异，这些差异叠加语言障碍困难后，常常产生矛盾和纠纷；

（4）条件差异，这里包括周边资源禀赋、配套的机加工能力、经济社会条件等，区别于国内工程，国际工程项目建设周边可提供的物资、材料、配套加工等往往十分匮乏，叠加地理距离，这些差异往往造成项目管理工作范围扩大、持续时间延长、施工成本增加。

（二）国际工程总承包的含义及特点

国际工程总承包是业主项目管理中的一种组织实施方式，或叫做一种承发包方式。项目总承包是指从事项目总承包的企业受业主委托，按照合同约定对工程项目的勘察、设计、采购、施工、试运行（竣工验收）等实行全过程或若干阶段的承包。总承包商负责对工程项目进行进度、费用、质量、安全管理和控制，并按合同约定完成工程。在总承包模式下，通常是由总承包商完成工程的主体设计，允许总承包商把局部或细部设计分包出去，也允许总承包商把建筑安装施工全部分包出去。所有的设计、施工分包工作等都由总承包商对业主负责，设计、施工分包商不与业主直接签订合同。

国际工程总承包是目前国际工程项目经常采用的承发包方式之一，国际工程总承包项目作为带动资本、技术、设备和劳务输出的一个综合载体，在我国对外经贸活动中占据着很重要的地位。随着我国政府实施"走出去"的战略，越来越多的中国企业将到海外开展业务，参与国际竞争。它的进一步发展，对于我国融入经济全球化、参与国际分工，都具有十分重要的意义。

国际工程总承包由于其组织方式有其独有特点：

（1）合同结构简单。对项目业主而言，合同结构简单。在总承包合同环境下，业主将规定范围内的工程项目实施任务委托给总承包商负责设计和施工的规划、组织、指挥、协调和控制，业主基本上不参与工作，项目完成后移交业主。总承包必须有很强的技术和管理综合能力，能协调自己内部及分包商之间的关系，业主的组织和协调任务量较少，参与度不高。

（2）工程估价较难。一般业主在签订总承包合同时，对最终价格和施工时间的确定性要求较高。但是由于采取的是设计连同施工的总承包方式，总承包的费用包括工程成本费用和承包商的经营利润等，在签订总承包合同时尚缺乏详细计算依据，因此，通常只能参照类似已完工程做估算，或者采用实际成本加约定一定比例的管理费等方式，双方商定一个可以共同接受，并有利于投资、进度和质量控制，保障承包商合法利益的结算和支付方案。

（3）不利设计优化。当采用实际工程成本加管理费作为合同计价方式时，由于工程管理费等间接成本是根据直接费的一定比例计取，因此对于设计与施工捆绑在一起承包的情况，不利于设计过程追求最优化方案或挖潜节约投资潜力的努力，这也是实行工程总承包的主要弊端。因此，业主必须委托有经验的社会监理（咨询）机构，实施设计阶段的建设监理，以保证设计过程投资、质量和进度目标控制的贯彻执行。

（4）承包商兴趣高。在采用参照类似已完工程做估算投资包干的情况下，对总承包商而言风险大，相应地也带来更利于发挥自身技术和管理综合实力、获取更高预期经营效益的机遇，以及从设计到施工安装提供最终工程产品所带来的社会效应和知名度。因此，对承包商而言兴趣高；对业主而言也有利于选择综合能力强的承包商。

（5）信任监督并存。实行项目总承包必须以健全的法律法规、承包商的综合服务能力和质量经营、信誉经营，获得业主的信任为前提，同时推行监理制，由第三方监理单位为业主提供总承包模式下对项目目标控制的有效服务。

（三）国际工程总承包管理模式

设计采购施工总承包（Engineering Procurement and Construction，EPC）是对项目产品建造而言的总承包方式，总承包企业按照合同约定，承担工程项目的设计、采购、施工等工作，并对承包工程的质量、安全、工期、造价全面负责。

根据业主的不同要求和项目的不同特点，EPC 总承包还有 EPCm（Engineering Procurement Construction management）、EPCs（Engineering Procurement Construction superintendence）、EPCa（Engineering Procurement Construction advisory）等类型。

（1）在 EPCm 工程总承包项目中，EPCm 承包商负责工程项目的设计和采购，并负责施工管理。施工承包商与业主签订承包合同，但接受 EPCm 承包商的管理。EPCm 承包商对工程的进度和质量全面负责。

（2）在 EPCs 工程总承包的项目中，EPCs 承包商负责工程项目的设计和采购，并监督施工承包商按照设计要求的标准、操作规程等进行施工，负责施工的管理。施工监理费不含在承包价中，按照实际工时计取。业主与施工承包商签订承包合同，并进行施工管理。

（3）在 EPCa 工程总承包项目中，EPCa 承包商负责工程项目的设计和采购，并在施工阶段向业主提供咨询服务。施工咨询费不含在承包价中，按实际工时计取。业主与施工承包商签订承包合同，并进行施工管理。

（4）交钥匙工程总承包（Turnkey）。交钥匙工程总承包是设计、采购、施工工程总承包向两头扩展延伸而形成的业务和责任范围更广的总承包模式。在交钥匙项目中，一般情况下承包商负责实施所有的设计、采购和建造工作，在项目移交给业主即"交钥匙"时，向业主提供一个配备完整、可以投入运行的设施。其范围包括：

1）项目前期的投资机会研究、项目发展策划、建设方案及可行性研究和经济评价；

2）工程勘察、总体规划方案和工程设计；

3）工程采购和施工；

4）项目动用准备和生产运营组织；

5）维修及养护管理的策划与实施等。

（5）设计-施工工程总承包（DB）：设计-施工工程总承包是对工程项目实施全过程而言的承发包模式，其中项目设备和主要材料采购由业主自行采购或委托专业的材料设备成套供应企业承担，工程总承包企业按照合同约定，只承担工程项目的设计和施工，并对承包工程的质量、安全、工期、造价全面负责。

（四）我国目前国际工程总承包项目发展概况

新中国成立后相当长时期，我国对外经济合作处于被西方大国半封锁的状态，在内部也缺少开展海外工程承包的窗口和机制。

1950~1978年间，我国国际工程承包主要以开展对友好国家的援外业务为主，在计划经济体制下由政府主导以行政手段安排施工任务。到20世纪80年代初，中国国有企业首先从援外项目延伸到自费项目，利用援外项目在项目所在国的影响，拓展工程承包市场，并带动劳务输出。以原外经贸部、原铁道部、原建设部、原水电部等各大专业部委直属窗口企业为龙头开始走出国门，走进国际工程承包市场。受国力、企业规模和能力所限，当时"走出去"的企业主要以承揽国际金融组织出资的现汇项目附带国际劳务输出为主，项目规模相对偏小。

我国工程总承包的最早提法起源于20世纪80年代初，原化学工业部在设计单位率先探索推动工程总承包。1982年，原化工部印发了《关于改革现行基本建设管理体制，试行以设计为主体的工程总承包制的意见》的通知，明确提出"为了探索化工基本建设管理体制改革的途径，决定进行以设计为主体的工程总承包管理体制的试点"，标志着工程总承包在国内正式起步。

1984年，由国务院颁布的《关于改革建筑业和基本建设管理体制若干问题的暂行规定》，提出了16项改革举措，包括全面推进基本建设项目投资包干责任制、工程招标承包制等，标志着建筑业改革的全面启动和管理体制的重大转变。

20世纪80年代后期开始发展设计-建造模式（DB）、设计-施工-采购总承包（EPC）、交钥匙模式（Turnkey）等。

20世纪90年代初，我国铁路建设在侯月铁路两座大桥、达成铁路全线等项目首次进行EPC试点。

1992年，原建设部颁布实施了《设计单位进行工程总承包资格管理有关规定》，明确我国将设立工程总承包资质，取得工程总承包资质证书后方可承担批准范围内的工程总承包任务，至1996年，先后有560余家设计单位取得甲级工程总承包资格证书，2000余家设计单位取得乙级工程总承包资格证书。1997年，《建筑法》的颁布标志着工程总承包在我国的法律地位得到了明确。

2003年，建设部颁布了《关于培育发展工程总承包和工程项目管理企业的指导意见》，鼓励勘察、设计或施工企业在其资质范围内开展工程总承包业务，更是推动了工程总承包建设研究和实践的热潮，国内工程总承包进入全面探索阶段。2014年7月，住建部印发《关于推进建筑业发展和改革的若干意见》，要求加大工程总承包推行力度，倡导工程建设项目采用工程总承包模式，鼓励有实力的设计和施工企业开展工程总承包业务。

2016 年 5 月，住建部印发《关于进一步推进工程总承包发展的若干意见》，明确了联合体投标、资质准入、过程中承包商承担的责任问题等问题。2017 年 4 月，住建部印发《建筑业发展"十三五"规划》，提出"十三五"期间要发展行业的工程总承包、施工总承包管理能力，培育一批具有先进管理技术和国际竞争力的总承包企业。

2020 年 3 月，住建部、发改委正式实施［2019］12 号文《房屋建筑和市政基础设施项目工程总承包管理办法》，标志着工程总承包模式已经在我国得到大范围推广，工程总承包进入加速发展阶段。

在国际工程承揽方面，21 世纪前十年，恰是中国工程企业在海外 DB、EPC 获得大发展的主要时期，这一时期中国工程企业积累了丰富的经验，EPC 模式逐渐成为国际工程市场主流承包模式，借助我国不同类型企业通过联合体形成的工程服务综合优势，有更多企业在国际工程市场上为业主提供规划、勘测、设计、施工和运维一体化服务，并有 PM（项目-管理）和 PMC（项目-管理-承包）等新模式。随着中国加入世贸组织以及综合国力的增强，更多的中国工程企业参与到世界经济的发展生态圈中。国际工程承包的业务模式也以投标现汇项目为主，逐步向 EPC、DB、BOT（建设-经营-转让）、BT 及 PPP（公私合作关系）等承揽模式升级。

四、关于项目风险

（一）项目风险的定义

风险（Risk）一词，人们至今还未能给它一个统一的定义，现代汉语字典把风险定义为"可能发生的危险"，一般而言，风险的基本含义是损失的不确定性。本文从项目管理的角度对风险的定义界定如下：项目风险是主体在项目决策活动过程中，由于事件的不确定性引起的与期望目标的偏离。

（二）项目风险的特征

项目风险作为项目中存在的普遍现象具有以下特征：

（1）项目风险的客观性与主观性；

（2）项目风险的不确定性和可变性；

（3）项目风险的相对性；

（4）项目风险的无形性和可预测性。

（三）项目风险的基本要素

项目风险的基本要素包括风险因素、风险事故、风险损失，它们是项目风险存在与否的基本条件。例如：政策变化是项目风险因素，材料费上涨是项目风险事件，导致工程成本增加是项目风险损失。

（1）项目风险因素：项目风险因素是指促成项目风险事故发生的事件，以及项目风险事故发生后，导致损失增加、扩大的条件。项目风险因素是项目风险事故发生的潜在原因，是造成损失的间接的和内在的原因。项目风险因素通常分为实质风险因素、道德风险因素和心理风险因素 3 种。

实质风险因素是指增加某一目标的风险事故发生机会或扩大损失严重程度的物质条件，它是一种有形的风险因素，如国家动乱、台风地震等；道德风险因素是指与人的不正当社会行为相联系的一种无形的风险因素，如偷工减料、消极怠工等；心理风险因素是指由于人的主观上的疏忽或过失，导致增加风险事故发生机会或扩大损失程度，如合同文本翻译中的错误或遗漏。

（2）项目风险事件：风险事件是指引起损失的直接或外在的原因，是使风险造成损失的可能性转化为现实性的媒介，也就是说风险是通过风险事故的发生来导致的。例如火灾、爆炸等都是风险事件。

（3）项目风险损失：项目风险损失是指非故意、非计划、非预期的经济价值减少的事实。

风险因素、风险事故、风险损失三者之间的关系是：风险因素引起风险事故，风险事故导致风险损失。一般来讲，风险事故发生的频率与风险损失的程度具有反比关系，即风险事故发生概率较高的风险，由于人们对其了解较多，其风险损失的程度一般较低。

（四）项目风险分类

项目风险分类见表12-1。

表 12-1　项目风险分类

项目风险分类依据	风险分类
项目风险造成后果	纯粹风险、投机风险
项目风险分布情况	国别风险、行业风险
项目风险控制程度	不可避免的风险、可转移的风险、有利可图的投机风险
项目风险的可预测性	已知风险、可预测风险和不可预测风险
项目风险波及范围	特定风险、基本风险
导致项目风险的原因	自然风险、社会政治风险、经济风险、技术风险、其他风险
项目风险后果的承担者	项目业主风险、承包商风险、投资方风险、供应商风险、政府风险、保险公司风险
项目风险潜在损失形态	财产风险、人身风险、责任风险
项目风险损失产生原因	自然风险、人为风险

（五）项目风险管理

1. 项目风险管理的含义

项目风险管理是指项目管理组织对要面临的内外部影响项目利益的不确定性，而采取的规划、识别、估计、评价、应对和控制的过程。

项目风险管理是由风险规划、识别、分析、评价、应对、监控等环节组成的，通过计划、组织、协调、控制等过程，综合、合理地运用各种科学方法对风险进行识别、估计和评价，提出应对办法，随时监视项目进展，注视风险动态，妥善地处理风险事件造成的不利后果。

2. 工程项目风险管理的基本过程

风险管理的过程主要分成若干个环节，即风险识别（Identify）、风险分析（Analyze）、风险计划（Plan）、风险跟踪（Track）、风险控制（Control）和风险管理沟通（Communicate）。

（1）项目风险识别：项目风险识别是项目管理者识别风险来源、确定风险发生条件、描述风险特征并评价风险影响的过程。风险识别需要确定两个相互关联的因素：风险来源和风险事件。针对项目所涉及的各个方面和项目进行的全过程，将引起风险的事物分解为相对比较简单、容易被识别的基本单元和因素。找出各风险因素之间的联系，在众多的影响中抓住主要因素，并分析它们对项目目标的损益情况。风险识别是在风险发生之前，风险的正确识别是风险分析与管理的基础，只有风险因素被正确地识别出来，风险评价才能有保证。

（2）项目风险估计：项目风险估计是在风险识别之后，通过对项目所有不确定性和风险要素全面系统地分析风险发生的概率和对项目的影响程度。对风险进行概率估计往往根据大量历史数据，找出基准，由具备丰富经验的专家对事件的概率做出一个合理的估计。

（3）项目风险评价：项目风险评价是对项目风险进行综合分析，并依据风险对项目目标的影响程度进行项目风险分级排序的过程。具体讲，就是对项目诸风险进行比较和评价，确定它们的先后顺序；从项目整体出发，弄清各风险事件之间确切的因果关系；综合各阶段单个风险，确定项目整体风险水平；对比项目总体对风险的承受能力，评价项目风险是否在可接受的范围内。

（4）项目风险应对：风险应对是针对风险分析的结果，为提高实现项目目标的机会，降低风险的负面影响而制定的风险应对策略和应对措施的过程。项目应对策略包括：缓解风险、规避风险、转移风险和承担风险。

1）缓解风险指在损失发生前消除损失可能发生的根源并减少损失事件的频率，在风险事件发生后减少损失的程度。所以风险缓解的基本点在于消除风险因素和减少风险损失。风险缓解的措施主要包括：降低风险发生的可能性、控制风险损失、分散风险和采取一定的后备措施等。采取各种预防措施，以降低风险发生的可能性是风险缓解的重要途径。

2）规避风险是指考虑到风险事件的存在和发生的可能性，主动放弃或拒绝实施可能导致风险损失的方案。通过规避风险，可以在风险事件发生之前完全消除某一特定风险可能造成的损失。采取规避策略最好在项目活动尚未实施以前，放弃或者改变正在进行的项目，一般都要付出高昂的代价。但是，如果项目继续进行将会越陷越深时，必须终止，以免造成更大损失。规避风险具有简单易行、全面彻底的优点，能将风险的概率保持为零，从而保证项目的安全运行。

3）转移风险是指为避免承担风险损失，有意识地将损失合理对外进行转移。风险转移有控制型非保险转移、财务型非保险转移和加入保险三种形式。控制型非保险转移，转移的是损失的法律责任，它通过合同或协议消除或减少转让人对受让人的损失责任和对第三者的损失责任。财务型非保险转移是转让人通过合同或协议寻求外来资金补偿其损失。加入保险是通过专门的机构，根据有关法律，签订保险合同，当风险事故发生时，就可以获得保险公司的补偿，从而将风险转移给保险公司。风险转移只是将风险转嫁给另外的单位或个人去承担，而并没有消除或者降低风险，具有一定的局限性。

4）承担风险是一种由项目组织自己承担风险损失的措施，也就是风险自留。风险自留具有一定的财力为前提条件，使风险发生后的损失得到补偿。在一定程度下，风险自留可能使投资者面临更大的风险。采用风险自留的策略时，前提条件是必须充分掌握这一风险事件的信息。如果没有了解相关的风险信息，风险事件发生的概率和风险可能造成的损失无法估计，也就不能确定项目主体能否承受该风险事件的后果。风险自留这一策略更适合于应对风险损失后果不严重这类风险。

五、钢铁行业国际工程总承包项目风险识别

钢铁行业国际工程项目的特殊性，使得总承包商要面临的风险比较复杂，而风险也绝非千篇一律，不同的国家会有不同的风险。本文按其导致风险的原因进行分类，主要包括政治风险、经济风险、自然风险、社会/文化风险、技术风险、管理风险、其他风险七大类。

（一）政治风险

政治风险是指国际工程项目所在国所处的政治背景可能给承包商带来的风险，主要有以下几个方面：

（1）政局不稳。政局不稳主要表现在政权的更迭、政变或兵变、罢工和暴乱等。政局失稳可能使建设项目终止和毁约，或者建设项目直接遭到战争的毁坏，从而使工程参与各方都遭受损失。任何经营都离不开安定的局面和良好的社会秩序。因此，对于钢铁行业的国际工程总承包项目来说，因为其投资大、建设周期长，钢铁是一个国家的基础建设材料，钢铁生产是经济发展的重要因素，因此钢铁项目的建设所在国的政局是否稳定是十分重要的风险因素，政局不稳是一项重大的风险因素。

（2）国际关系紧张。一个国家的国际关系及与邻国的关系，是影响经营活动的重要因素之一。如果工程所在国的国际关系紧张，可能招致封锁、禁运和经济制裁；如果与邻国关系恶化，可能发生边境冲突，甚至发生大规模战争。钢铁项目的建设涉及大量工程人员的劳务输入，设备的进口、运输等，若工程所在国的国际关系紧张，势必影响工程的实施和人员的安全及设备、材料的运输，甚至会造成工程被迫中断，从而使国际工程总承包商蒙受巨大损失。

工程所在国与承包商所在国的关系是非常重要的因素。如果两国之间关系良好，在工程实施过程中将会得到各方面的支持和帮助，办事顺利；反之，在一些不友好的国家就会碰到一些预想不到的问题。例如在投标竞争过程中甚至会遇到政治性的干预，工程实施过程中也可能在人员出入境、货物运输、工程款支付以及合同争端的处理方面遇到难题，使承包公司的权益受到损害。

（3）税收歧视。当前国际上大多数国家都实行经济开放政策，对于在当地注册的外国公司以平等待遇，但也有些国家仍然排斥外国公司进入，对本国公司实行不平等竞争的"保护性法规"，对外国公司采取税收歧视性措施，尤其是钢铁作为一个国家的支柱性产业，往往国家有保护性政策。国外的总承包商往往会受到税收歧视。

（4）政策的连续性。由于钢铁行业国际工程往往金额很大，工期较长，因此，一个国家的政策如果变动频繁或变化无常，工程总承包商将无法进行准确的成本预测。钢铁企业在发展中国家一般为国有企业，有些国家在财力枯竭的情况下会拒付债务，对于政府的工程项目简单地废弃合同、拒付债务，使总承包商面临工程款难以收回的风险。

（5）权力机构腐败现象。如果工程所在国的权力机构存在腐败现象，对工程项目的管理营私舞弊，必将导致企业间公平竞争的原则被破坏，这样会导致承包国际工程总承包商要支付额外的腐败费用，正常工作受到干扰，从而蒙受损失。

（6）关税政策。项目所在国的关税政策以及关税政策的走向，对项目也有较大的影响，项目所需的许多物资需要通过海关，如果障碍太高，将增大项目的成本，对于一些非关税壁垒，就可能无法逾越，给项目的完成造成不可估量的损失。

政治风险对于工程企业来说，由于其不可控性，因此一旦发生，将很难避免受害，同时也很难得到补偿。

（二）经济风险

经济风险是指工程所在国的经济实力、经济形势可能给工程承包商带来的不利影响。主要有以下几方面：

（1）通货膨胀。通货膨胀是一个全球性问题，在某些发展中国家更为严重。通货膨胀可能使所在国的工资和物价水平大幅度上涨，超过投标时的合理预见水平。如果合同中没有调价条款，将会给项目带来经济损失。

（2）外汇风险。国际工程中支付的工程款通常为项目所在国货币，当出现外汇管制、外汇波动等情况而合同中没有规定采用调整条款时，项目将可能因此蒙受损失。

（3）财务风险。由于钢铁行业的国际工程周期较长、投资大，总承包商可能会因为资金困难而造成各个环节实施不畅，增加工程成本，直接关系到项目的盈利能力。如果财务风险较大，必要时承包商可能做出停工索赔的处理。

（三）自然风险

自然环境风险主要有水灾、火灾、地震、闪电、雷击、风暴、陨石、冰雪损害、火山爆发、山体滑坡、外界物体倒塌、空中运行物体坠落以及其他各种不可抗拒的原因所造成的损失，以及复杂的工程地质条件，恶劣的气候、环境对施工的影响等都是潜在的风险因素，这些风险一般都是难以控制和预测的。

（四）社会/文化风险

文化差异：钢铁行业国际工程的特点决定了工程项目的相关人员如工程技术人员、管理人员、工人之间以及企业与社会存在文化上的差异，例如在一些国家，宗教影响相当广泛，文化生活领域的差异比较明显，项目管理应重视文化差异对项目的影响。

语言差异：国际工程中往往需要使用多种语言、文字进行交流，尤其是书面文件如合同、设计说明等。

社会治安：良好的社会秩序是企业取得成功的重要保证。社会治安混乱、偷盗成风，企业主将不得不花费巨款以加强保卫力量，增加项目成本。

（五）技术风险

（1）采用新工艺、新技术：钢铁行业的新技术、新工艺不断出现，作为高污染、高能耗的产业，各国越来越重视能源和环保，落后的小高炉、小转炉等面临淘汰，生产项目单体容量的增大，不但要求设计水平的提高，对施工的要求也相应增大，总承包商必须适应当前钢铁行业技术的发展，掌握先进的技术和施工手段，才能降低成本，提高总承包的利润。

（2）多国规范标准：钢铁行业国际工程项目实施过程中的材料、设备、设计过程中的工艺往往涉及大量的国际标准或工程所在国家的规范、规程。如果不了解和熟悉国内和国外的相关规范，将会造成质量事故和成本失控问题，例如对地质的要求、对环境的要求、对电压等级的要求等。

（3）地理差异：对于国内工程，更多关注的是地质条件。而国际工程中，除了不确定的地质条件外，工程地理位置也需特别注意，需要在设计过程中充分了解掌握工程所在国的地理条件，如地质条件、风向、降水量等，如果忽略这些条件，工程设计往往会失败，造成高额的成本增加。

（4）工程变更：由于工程的一次性和特殊性，任何一个工程项目都会有工程变更。工程变更一般对进度的影响最大，同时也影响成本和质量目标。常见的工程变更风险包括：施工图纸缺陷，如设计漏项、材料不足、参数不准、计算失误等，这些因素会增加工作量，从而造成成本的增加。

（5）语言翻译：国际工程往往涉及多种国家语言的合同和文件，由于工程技术人员外语大多不够熟练，而翻译人员又不熟悉专业技术，对招标文件与合同文件中的一些关键词句可能因翻译不准确而产生误解，以致造成工程实施中技术难度增大、成本增加、工期拖延，甚至返工。

（6）施工人员、材料、机械风险：由于钢铁行业涉及人员、材料、机械施工设备多，受国际工程的环境限制，可能存在经验工人的短缺、材料设备供应不及时、采购的材料或设备质量低劣等风险，这都会对总承包商造成巨大的损失。特别是钢铁行业往往有许多的大型非标准设备，其制造周期长，这需要总承包商在设计阶段就要充分考虑，一旦确定采用，必须先设计、先定货，否则将造成施工的拖期，增加成本。

（7）报价风险：由于国际工程报标时要收集很多资料，而报标时间相对较短，因此存在招标文件理解不透、工程量计算失误等风险。例如，工程量清单计价中，招标文件如果规定提供的工程量误差在5%以内的不调整，这样的项目积少成多，也会造成成本超支，这就要求承包商必须注意核实工程量，把量差调整到单价中去。另外，因钢铁行业国际工程投资大、合同额大，报价包含设计、设备材料、施工三大部分，报价时往往会发生漏项或成本核算不准确等问题。

（六）管理风险

（1）项目组织结构不合理：钢铁行业国际总承包项目因其工艺复杂、施工需交叉进行，施工管理相对较难，若责任划分不清，容易造成管理混乱，传统的行政管理方式往往造成多头管理、决策不畅，影响项目顺利实施。

（2）施工管理技术缺乏：我国工程管理人员长期以来多倾向技术而疏于管理，若项目管理人员不了解管理需求、施工组织不得法，有时会造成工程项目的质量下降、成本增加和工期延长。

（3）合同管理不力：当发生非己方原因的工程变更和合同价格调整时，不注意收集证据，没有运用合同条款及时进行索赔，合理的风险转移措施未得到落实，造成经济损失；缺乏法律意识，不注意严格执行合同条款，导致履约不力，还有可能被业主反索赔。传统的合同管理方式已不适应国际工程总承包项目，国际上比较通用的 FIDIC 条款模式是一种较好的合同管理方式。

（七）其他风险

（1）延迟付款：当业主资金不足时，可能会以各种形式拖欠支付，总承包商不得不垫资施工，造成财务负担过重。

（2）分包商违约：钢铁行业国际工程因其规模大，总承包商很难独立完成，多数会部分分包，甚至分包给很多的分包商，通常还有业主指定分包商的情况，虽然这是转移风险的一种方式，但同时也可能发生分包商违约、不能按时完成分包工程而使整个工程进展受到影响的风险。

（3）保函项下恶意索赔：国际工程承包中，经常需要承包方出具投标保函、履约保函、预付款保函、质保期保函等，有时保函受益人会利用这些保函进行恶意索赔。

六、钢铁行业国际工程总承包项目风险应对

识别并评价了钢铁行业国际工程总承包项目的风险，如何应对更为务实？风险应对基本措施分四种：风险回避、风险转移、风险减轻、风险自留。

（一）风险回避

当总承包项目风险潜在威胁发生的可能性太大，不利后果也很严重，又无其他策略来减轻时，应主动放弃项目或改变项目目标与行动方案，从而消除风险或产生风险的条件，达到回避风险的目的。

在钢铁行业国际总承包项目选择阶段，对于已识别的政治风险、经济风险、社会风险，通过风险澄清、获取信息、加强沟通、听取专家意见的方式进行风险评价，如果发现项目的实施将面临巨大的威胁，项目管理团队又没有其他可用的措施控制风险，甚至保险公司亦有可能认为风险太大拒绝承保，这时就应当考虑放弃在风险极高的工程承包市场中投标，避免巨大的经济损失。

风险回避是风险管理技术中最简单的一种方法，但也是较为消极的一种，通过中断风险源，这种方法确实最彻底地回避了项目中存在的重大风险，但是彻底地放弃项目也就丢掉了各种机会。

采用回避措施来处理风险时必须考虑的因素：

（1）对钢铁行业国际总承包项目而言，某些风险也许不可能回避，如地震、水灾、人的疾病、死亡、世界性的经济危机、能源危机等基本风险绝对难以避免，需要采取回避措施。

（2）对某些风险即使可以回避，但从经济效益来衡量时也许不适当。在成本和效益的比较分析下，当回避风险所花的成本高于回避风险所产生的经济效益时，如果仍然采取回避风险的方法，在经济上得不偿失。

（3）回避某一风险有可能产生新的风险。例如，一个钢铁行业国际总承包工程需要使用的施工机械原计划通过海运从国内运送至工地，但由于当时海上气候反常，担心船舶失事，准备改在本地租赁，此时又会产生新的风险，如本地机械的质量是否满足工程需要、对租赁市场的不了解可能造成成本超支等。

两种不适合采用风险回避的情况：

（1）某种特定风险所致的损失概率和损失程度不大。

（2）应用其他风险处理技术的成本超过其产生的经济效益，采用风险回避措施可使项目受损失的可能性最小。

（二）风险转移

钢铁行业国际总承包工程风险转移是设法将某风险的结果连同对风险进行应对的权利转移给第三方。转移风险只是将管理风险的责任转移给另一方，它不能消除风险，也不能降低风险发生的概率和不利后果的大小。

钢铁行业国际工程总承包中，风险转移将工程项目本身面临的损失风险转移给其他个人或单位去承担，这是最为有效的风险应对方法。采用这种策略所付出的代价大小取决于风险发生的可能性和危害程度的大小。当项目的资源有限，不能实行减轻和预防策略，或风险发生的可能性较低，但一旦发生其损害很大时可采用此策略，如设备、材料运输风险。

钢铁行业国际工程总承包转移风险可以采用以下五种方式：出售、发包、免除责任合同、利用合同中的转移责任条款、保险与担保。

（1）出售：通过买卖契约将风险转移给其他单位。这种方法在出售项目所有权的同时也就把与之有关的风险转移给了其他单位。

（2）发包：发包就是通过从项目执行组织外部获取货物、工程或服务而把风险转移出去。例如，对于项目的建筑施工而言，高空作业的风险较大，利用分包合同能够将高空作业的任务交给专业的高空作业工程队，从而将高空作业的人身意外伤害风险和第三者责任风险转移出去；如果承包商还担心工程中电气项目的原材料和劳动力可能增加，可以雇用分包商承接电气项目。

（3）免除责任合同：在许多场合，可以通过签署免除责任条款来转移项目或活动的部分风险。这与风险回避有点类似，但区别在于风险有了新的承担者。例如在雨季一旦发生特大洪水，随时可能导致总承包项目的失败，在这种情况下签订免除责任合同就是一种解决问题的方法。

（4）合同中的转移责任条款，即索赔条款：在施工阶段，索赔是最常见的将损失责任转移给其他单位的有效手段。例如，对于工期较长的钢铁行业总承包项目，承包方可能会因设备、建筑材料价格上涨而导致损失，对此，承包方可以要求在合同条款中写明转移责任条款，规定若因发包方原因致使工期延长，合同价额需相应上调，从而将潜在的损失风险转移给发包方。

（5）保险与担保：保险是一种通过转移风险来应对风险的方法，也是转移纯粹风险非常重要的方法。在国际总承包工程中，项目业主不但自己对项目施工中的风险向保险公司投保，而且还要求承包商也向保险公司投保。担保是在工程项目管理中银行、保险公司或其他非银行金融机构为项目风险负间接责任的一种承诺。例如，项目施工承包商请银行、保险公司或其他非银行金融机构向项目业主承诺为承包商在投标、履行合同、归还预付款、工程维修中的债务、违约或失误负间接责任。

（三）风险减轻

设法将总承包项目中某一负面风险事件的发生概率或其后果降低到可以承受的限度。相对于风险回避而言，风险减轻措施是一种积极的风险处理手段。风险减轻的形式多种多样，它可以是执行一种减少问题的新的行动方案，例如，采用更简单的作业过程、多次技术试验等。当不可能减少风险发生的概率时，可以针对那些决定风险严重性的关联环节，采取措施减少风险对项目的影响，如多准备一些一般故障后影响施工进度的施工工程机械易损件、合理使用或采购项目驻在国生产的设备或部件等。

减轻风险措施执行时间，可以分为损失发生前、损失发生时和损失发生后三种不同阶段，应用在损失发生前的控制方法基本上相当于损失预防，而应用在损失发生时和损失发生后的控制实际上就是损失抑制。

（1）损失预防：我们可以在总承包项目损失发生前消除或减少可能引起损失的各项因素而采取相应的具体措施。例如，对于可能出现的项目团队冲突风险，可以采取双向沟通、消除矛盾的方法去解决问题。在损失预防时，最好将项目的每一个具体风险因素都识别出来，采取不同手段、措施对这些因素进行隔离，从而把风险减轻到可接受的水平。具体的风险减轻了，项目整体失败的概率就会减小，成功的概率就会增加。项目中有些风险是无法避免的，或者采取措施后风险并不能完全消除，因此存在残余风险，在风险处理中还需要其他一些风险处理计划，甚至更进一步的风险处理技术来减少损失的可能性。

（2）损失抑制：在总承包项目事故发生时或事故发生后，我们需要采取措施减少损失发生范围或损失程度。损失抑制措施包括事前措施和事后措施。在损失发生前所采取的损失抑制措施，有时也会减少损失发生的可能性，如在总承包工程高空作业中，采取严格的措施保证工人按规程操作，减少人员伤亡，既达到损失抑制的效果，又起到了损失预防的效果。损失发生后的抑制措施主要集中在紧急情况的处理即急救措施、恢复计划或合法的保护，以此来阻止损失范围的扩大。

（四）风险自留

这是一种消极的风险应对方法，这种手段意味着项目团队决定以不变的项目计划去应对某一风险，或项目团队不能找到其他合适的风险应对策略。

在个别情况下，项目管理者在识别和衡量风险的基础上，对各种可能的风险处理方式进行比较，权衡利弊，从而决定将风险留置内部，即由项目班子自己承担风险损失的全部或部分。由于在风险管理分析阶段已对一些风险有了准备，所以当风险事件发生时可以马上执行应急计划。这种主动的风险自留是一种有周密计划、有充分准备的风险处理方式，但因钢铁行业国际工程总承包工程的利润大部分来自设备采购，故设备供应的风险应采用自留方式，通过加强自身的管理尽可能减小其风险，从而获取最大的利润。

相反，项目管理者因为主观或客观原因，对于风险的存在性和严重性认识不足，没有对风险进行处理，而最终由项目班子自己承担风险损失，就属于被动风险自留。现实生活中，被动的风险自留大量存在，似乎不可避免。有时项目管理者虽然已经完全认识到了现存的风险，但由于低估了潜在损失的大小，也便产生了一种无计划的风险自留。例如，总承包项目管理者意识到项目关键技术人员流失，可能造成专有技术泄密，给项目带来巨大的经济风险，但却不采取任何旨在处理这一风险的行动。

七、钢铁行业国际工程总承包项目风险控制

风险控制贯穿整个钢铁行业国际工程总承包项目管理的动态过程，它跟踪已识别的风险，识别新的风险，随着项目的成长，风险会不断变化，可能会有新的风险出现，也可能预期的风险会消失。

钢铁行业国际工程总承包项目必须进行风险控制的目的在于：风险应对措施是否已经按计划得到实施；风险应对措施是否符合预期，是否需要制定新的应对方案；某一风险触发条件是否已经发生；先前未曾识别出的风险是否已经发生或出现。

　　钢铁行业国际工程总承包项目风险控制的内容主要包括：反复进行项目风险的识别与度量、监控项目潜在风险的发展、监测项目风险发生的征兆、采取各种风险防范措施减小风险发生的可能性、应对和处理发生的风险事件、减轻项目风险事件的后果、管理和使用项目的不可预见费、实施项目风险管理规划等。

　　八、钢铁行业国际工程总承包项目风险控制的手段

　　钢铁行业国际工程总承包风险监控的手段除了风险管理规划中预定的规避措施之外，还应有根据实际情况确定的应变措施。如果实际发生的风险事件事先未曾预料到，或其后果比预期的严重，风险管理规划中预定的规避措施也不足以解决时，必须重新制定风险规避措施。

　　（1）项目风险应对审计。风险审计在总承包项目整个生命周期内进行，风险审计员检查和记录规避、转移或缓解风险等风险应对措施的有效性。

　　（2）定期项目风险审核。钢铁行业总承包项目风险审核应有规律地定期进行，所有项目会议的会议议程中均应包括项目风险这一项，在项目生命期内，风险值和优先次序可能会发生变化。

　　（3）成本、进度分析。国际总承包工程项目的关键目标是质量、成本和进度。需要不定期分析项目已完成成本和工期与预期的偏差，当一个项目显著偏离于基准计划时，应重新进行风险识别和分析。

　　（4）及时调整风险应对计划。如果出现了一种计划外风险，或者风险对目标的影响比预期增大，原计划应对措施已不适应新情况，有必要及时调整应对计划。

　　九、钢铁行业国际工程总承包项目风险控制的成果运用

　　（1）措施计划调整。计划调整是为了应对新出现的、未曾识别或接受的风险而采取的计划外的应对行为，需要分析总结后固化并纳入现行计划和应对措施中进行补充。

　　（2）纠正措施。发生过无效应对情况下的措施需要及时纠正，举一反三，避免出现重复性错误。

　　（3）变更申请。频繁发生风险和应对措施后，具备一定代表性的需要在风险识别、评估、应对等风控措施上进行修订并提出变更申请。

　　（4）风险应对计划更新。风险可能发生，也可能不发生。确实发生的风险必须归档和评估。进行风险控制可能减少已识别风险的影响和概率。风险次序排列必须进行再评估，以使新的和重要的风险能得到适当的控制，而未发生的风险也应进行记录归档，并将其在项目风险计划中关闭。

　　（5）经典案例。及时总结归纳具有代表性的风险控制案例，有利于风险管理及相应人才的知识储备。

　　案例 208：关于钢铁行业的产能输出的思考❶。

　　自从 1998 年世界经济大萧条逐渐蔓延，除美国躺倒并收割全世界外，大部分国家都积极地采用各种方法实施自救，中国也不例外地以扩大内需的方式来提升自己的经济实力。随着基本建设投入扩大而带动对钢材的需求逐渐增加，中国国内的经济领域普遍看好钢铁行业的巨大利润空间和发展前景，在短短 5 年内，通过国家和地方政府的政策支持、

---

❶ 中国钢铁产能输出专家、冶金高级工程师吴占忠供稿。

银行资金支持以及家族集资，甚至砸锅卖铁筹来的资金，大规模地投入到钢铁行业的建设中来，短短几年使国内钢铁产能增加了200%以上，到2020年，中国的钢铁总产能超过了10亿吨/年，造成了钢铁产能的严重过剩。这种产能过剩的造成因素，除了国内需求过度饱和外，还有西方国家对中国钢铁产品的反倾销措施造成钢铁产品出口量的急剧下滑。在这种大环境下，中国不仅对铁矿石进口价格失去了话语权和控制权，导致每年有大量的外汇流失，而且造成环境污染所需的成本支出与预期利益的极端不对称，国家也开始限制在钢铁领域的资金投入，并加大了对钢铁企业环境治理的监督和治理力度。在这种情况下，有人提出了"钢铁剩余产能输出"的概念。

本人认为，"钢铁剩余产能输出"的概念是一个伪命题！本人在钢铁产业摸爬滚打40余年，早在2005年就早已认识到当时钢铁产能的严重过剩这一事实，并开始了从国内市场到国际市场的调研和摸索，也给国家有关部门和国内某大型国企提过一些积极的建议，希望一些有实力的企业到经济欠发达的国家和地区收购不景气的钢铁企业或在市场需求旺盛且铁矿和焦煤资源丰富的地区投资建设钢铁厂，没必要花高价大量进口国外的矿石，还把重度污染留给我们的美丽家园，为一些发达国家提供廉价的钢铁制品，反而被有的国家反倾销，我们还要再低三下四地求着别的国家买我们的产品。

之所以说"钢铁剩余产能输出"是伪命题，是当时大部分人认为把国内淘汰或闲置的钢铁厂的生产设备搬到国外或翻新后卖到国外就是把剩余产能输出了，这是一个错误的概念。

本人认为，钢铁产能包含了如下内容：庞大的专业设计人员队伍和技术储备、超过需求的专业设备制造能力、众多的专业基建施工队伍和专用施工设备、丰富的生产操作技术人员储备，最后才是淘汰的生产设备或闲置的生产设备。在这里，我想说的就是，最不可能"输出"的就是淘汰或闲置的设备，因为大部分国家都不允许二手设备进口再利用。除了这一条，其他的能容都可以用在其他国家的的钢铁厂建设中发挥其应有的作用，这也可以认为是"剩余产能输出"。

再有一条，我认为也可以列入"剩余产能"。在国内，许多民营企业在钢铁产能大爆发时分到了一杯羹，积累了大量金钱和财富，他们大部分都没有把赚来的财富投到其他有潜力的领域的认知和魄力，认为这些资金和财富只有用在钢铁产业才是"财尽其用"。事实证明，这一条才是后来中国钢铁企业（特别是民营钢铁企业）走出国门、大胆开发国外生产基地并赚得"锅满钵满"的有生力量。

其实，中国的"剩余钢铁产能输出"一直都在做。但牵涉的国际政治、地缘政治、知识产权和国家政策等因素，都是做的小心翼翼。早在20年前，中国的钢铁设计队伍和设备制造以及专业的生产技术都在输出，特别是在印度市场。那里的绝大多数烧结、球团、焦化和炼铁设备的设计、制造、供货都是来自中国，一些国内的公司和企业也从项目中赚到了大把的银子或得以维持生计，但基本上没有成功的投资建厂案例。但是我们观察发现，在印度的企业中，特别是在大型企业中，采用中国的较为现代化的轧钢设备的设计和设备成功案例很少。本人所在公司在2005年在中间商的努力下中了印度某大型钢铁企业高速线材生产线设计、设备供货和生产技术服务的标，商务合同和技术附件都已讨论完毕，就在合同和技术附件都打印出来准备举行签字盖章仪式时，该公司接到国家有关部门的通知，认为与中国公司合作该项目有可能妨碍国家安全和涉嫌侵犯别人的知识产权，必须终止签字仪式并停止合作，最终该钢铁公司以高出我公司报价 2000 多万美元的价格和多出 15 个月供货周期的交货时限与一家美国公司签订了合同。当时，中间商和这家钢铁公司与印度国家有关部门发生了争执，并在报纸和电视中展开了一场辩论，最终还是没能如这家钢铁企业所愿那样得以纠正。所以，在印度市场上，对中国企业的参与还是戒备心很强的。

　　早在十多年前，中国企业走出国门的机会还是很多的。在非洲，那时一个 30 万吨/年生产规模的钢铁厂每年的利润都要高于国内一个 200 万吨/年规模的钢铁厂。低廉的原材料成本和廉价的劳动力足以抵消人员劳动效率低下的不利因素。特别是在落后的津巴布韦，有一个国有 200 万吨/年规模的长流程钢铁厂，不仅有近 20 亿吨的 58%～67% 品位铁矿石储备以及自有的焦煤矿和优良的石灰石矿，而且从政府官员到车间工人都非常愿意与中国公司合作，并且送给中国公司 51% 的股份。当我把项目建议书送到某国内知名钢铁企业领导的办公桌上时，并没有了下文。后来了解到是因为怕该国家政权不稳定。但他们不知道的是，如果接收了该工厂，使其恢复生产所带来的政治影响不仅可以稳定一个政党的执政基础，甚至可以左右半个非洲的经济发展。当然，这不是一个企业该承担的国际政治责任，但我还是认为我们错过了一些让世界认识我们中国钢铁企业风范的机会。后来，每当我再次到访该钢铁厂看到非洲朋友奔走相告、兴高采烈的情景时，我都觉得我们有点愧对了非洲朋友对我们的信任。试想一下，如果当时中国就有一个"一带一路"的发展思路，中国的企业还会那么消极应对这样一个绝无仅有的项目吗？所以说，党的大政方针和国家的政策对国内的钢铁企业走出国门有绝对的影响力。

　　关于钢铁企业走出国门，除了政治和政策因素外，产品市场的因素也是必须考虑的。2006 年，本人所在公司与马来西亚一个富商筹建一个小型钢铁厂。当时国内某钢铁企业极力要参与这个项目。其参与的理由就是该钢铁公司的主要产品是板带，而西方国家对中国的板带产品采取了反倾销措施，使其海外市场萎缩严重，马来西亚的中厚板产品可以远销美国和欧洲而不受产品反倾销政策的影响，且该公司又有一套将要闲置的中厚板生产设备需要处理。所以，我公司与马来西亚合作方商议更改了产品方案，把炼钢连铸的连铸机由方坯连铸机改为了适应该套中厚板产品的板坯连铸机，转炉容量也相应加大以最大限度地适应板坯连铸机的连浇率的要求，同时本人所在公司在两大投资商面前也不得不退出项目投资者的行列，从而非常遗憾地以 EPC 总包者身份为该项目尽一些绵薄之力。该钢铁公司的思路是非常正确的，不仅可以转移该公司即将闲置的中厚板设备的生产能力，而且还可以将国内的相对应产品转港销往更广阔的地区。可是该钢铁公司在钢厂建成后没有经受住残酷的市场低谷的考验而将股份转给了国内某民营企业。该民营企业接手该钢铁厂后，虽然原产品并不符合该公司的市场思路，但迅速恢复的钢铁产品市场价格使该民营企业在首次走出国门就取得了巨大收益，并取得了将该钢铁厂发展壮大的底气。所以说，市场需求、机遇和决策人的胆识胆略也是一个企业能否走出国门并走向成功的不可忽略的重要影响因素

　　随着中国"一带一路"政策的稳步推进和中国民营钢铁企业完成的原始积累及国内钢铁产品市场的持续低迷，更多的钢铁企业有意向走出国门。但是，迈出这一步不仅需要资金和中国的政策支持，目前国内的产业政策和税务征收政策也是走出国门必须考虑的因素。由于马来西亚低廉的土地价格和 15 年免税的激励政策，又有一家中国以不锈钢生产

来完成原始积累的企业来到马来西亚沿海港口城市投资建厂。该企业投资的钢铁厂以普通线材为主导产品，在短短的 5 年内产能超过了 300 万吨/年。该企业在马来西亚的投资无疑在短期内是成功的，但由于马来西亚铁矿资源匮乏，不仅人口少且经济发展缓慢，造成该企业形成了"两头在外"的不利的生存环境，且在东盟其他国家（如印度尼西亚）钢铁产业蓬勃发展的条件下，在 15 年免税期过后的发展前景令人堪忧。

钢铁企业走出国门的理由除了上述几个因素外，丰富的矿产资源储备、庞大的潜在当地市场和钢铁产业不发达但人口红利丰厚的国家和地区也是国内钢铁企业觊觎的对象，且这些因素也是企业能够持续发展的巨大动力。印度尼西亚是东南亚的大国，人口众多，钢铁产业极不发达，生产技术储备极其薄弱，市场潜力非常之大。而且印尼的红土镍矿资源丰富，品质一般的铁矿储量也相当惊人，煤炭资源和淡水资源富裕。由于这些原因，中国有不少钢铁企业前往考察并有 4 家企业已经在短短 8 年时间里建成了年产能超过 800 万吨镍铁和普碳钢超级钢铁产业集群，超过了印尼近百年来形成的钢铁产业生产能力的总和，不仅掌控了世界镍业定价的话语权，而且充分展现了中国"钢铁侠"和"基建狂魔"的惊人风采。这些企业在东南亚的投入，不仅给投资者带来了巨大的经济效益和回报，更重要的是拉动了当地经济快速发展，增加了人口就业，满足了当地的钢铁需求，同时大大提高了当地普通民众的生活水平。

以上这些实例可以说是中国自改革开放以来，钢铁产能从内向外转移、输出的历程。有了这些成功企业的经验，我相信今后会有更多的钢铁企业甚至大的国企也会陆续走出国门，在世界钢铁舞台上充分展现中国在各行各业的实力，为世界经济的稳定发展和人类生存环境的持续改善作出更大的贡献。

以上是本人在国内国际钢铁行业多年摸爬滚打积累起来的浅薄认知，希望对有意向走出国门向外发展的钢铁企业有些启迪。

案例 209：孟加拉帕德玛项目❶。

2019 年 10 月，随着日供水能力 45 万吨的帕德玛水厂正式投入运营，清洁水流进达卡千家万户，惠及约 300 万当地居民的同时，也标志着新兴铸管横跨 5 年的球墨铸铁管道供货合同顺利结束。

孟加拉国号称"千河之国"，其首都达卡更是有超过 1500 万人口。然而作为刚刚摆脱"世界上最不发达国家"身份的发展中国家，孟加拉人口稠密，经济底子薄，发展起步晚。即便拥有丰富的水资源，却由于缺乏有效的净水基础设施，无法提供足够合格的清洁饮用水。腹泻、霍乱或伤寒，这些由水源污染引起的疾病在当地蔓延肆虐。为居民提供安全卫生的饮用水成为迫切需要解决的民生问题，帕德玛水厂项目也由此而生。

该水厂项目位于孟加拉首都达卡市郊，由中国政府援外优惠贷款支持，中工国际工程股份有限公司承建，是中孟两国在"一带一路"建设中民心相通工程的典范。在该项目中，新兴铸管承担着 33 km DN2000 大口径球墨铸铁管道的供货工作（见图 12-1）。

从项目筹备到正式启动，新兴铸管进行长达数年的项目跟踪，积极邀请项目业主前往中国工厂参观，宣传新兴品牌和产品。在加强相互了解的同时，新兴积极为项目建言献策，及时提供相关的技术指导和专业的售前咨询，为项目的推动和发展提供了强大的助力。

---

❶　新兴铸管相关报道，巩国平、闫登坤供稿。

图 12-1　项目堆场

在项目成功签约后，为了更好地服务项目，新兴铸管的业务经理和专业的技术人员奔赴前线，驻扎在项目工地，长期为客户提供全方位、全天候的售后服务。不论是国内港口装货，还是目的港卸船，不论是工地管道堆存维护，还是现场管线的安装打压，总能看到新兴人员忙碌的身影。"踏霜踩露出，披星戴月归"是他们的工作常态。奋斗在孟加拉这个艰苦的国度，面对陌生的环境、陌生的肤色，新兴人员不仅仅有着背井离乡的心酸，甚至还要随时面临疾病、动乱等危险。

然而，这一切的艰苦付出与煎熬，在该水厂项目竣工与通水的那一刻烟消云散，心中有的是为新兴铸管首次成功出口 DN2000 大口径铸管产品的满足，是为当地居民带来清洁饮水的喜悦，是为"一带一路"事业添砖加瓦的自豪。

案例 210：优秀出口案例——科威特 UAH 项目❶。

2019 年 8 月 17 日，伴随着来自科威特和中国两国有关人员欢快而热烈的掌声，新兴铸管股份有限公司同科威特 QTECH 公司通过视频连线云签约的方式（见图 12-2），正式签署了科威特 Umm Al Hayman Wastewater 项目（科威特 UAH 项目）20 万吨铸管及管件的供货合同，标志着科威特 UAH 项目正式拉开序幕。

科威特位于西亚地区阿拉伯半岛东北部、波斯湾西北部，该国石油和天然气资源储量丰富，已探明的石油储量 140 亿吨，居世界第七位。天然气储量 1.78 万亿立方米，居世界第十八位，科威特人口 443 万人。

科威特是一个严重缺乏淡水的国家，用水主要是依靠海水淡化，科威特 UAH 项目主要是收集处理全国雨污水，然后用于农业灌溉和工业区的使用，缓解科威特淡水资源严重缺乏的局面。

科威特铸管市场竞争激烈，属于铸管行业的高端市场，对产品的质量要求极为苛刻，而且由于历史原因，水司及工程商倾向于向欧美国家进行采购，我司经过多年的努力才进入科威特市场，并取得了大规格的市场准入。

❶　巩国平、闫登坤供稿。

图 12-2　中国签约现场

科威特 UAH 项目总投资约 18 亿美元，管线全长 440 km，是"一带一路"国家基建项目中的超大工程，也是科威特有史以来最大的水处理及管道项目。

从 2012 年项目规划开始，我司紧密跟踪该项目的进展情况，多次拜访科威特水司以及相关投标工程商，保持同各家的紧密沟通和联系，在设计上给予最大的技术支持。在 2017 年项目授标给德国公司后，在新兴际华集团和新兴铸管股份公司两级公司领导的大力支持下，并且在公司商务和技术部门的不懈努力下，成功邀请客户到我司各家生产基地实地考察，进行了多次交流和技术研讨（见图 12-3）。我司先进的生产技术、科学的管理体系和整洁的车间环境给客户留下了深刻的印象。

图 12-3　科威特客户到访新兴铸管

为了更好地了解客户的需求，新兴铸管商务和技术团队多次赴项目现场进行实地考察，科威特夏季当地白天室外气温基本在 50 ℃以上，新兴铸管团队顶着酷暑，多次与客户一同在沙漠里项目工地进行现场考察，并且逐一敲定技术方案的细节，为他们提供"一揽子"技术解决方案，我司专业的态度获得了客户的高度赞扬。

科威特属于铸管行业的高端市场，市场竞争尤为激烈，客户考察后对我司的技术实力表示认同，股份公司领导也多方面协调资源，新兴铸管的销售团队付出了艰苦卓绝的努力，与客户进行了几十场技术交流和商务谈判，同时团队长期在科威特驻扎，对于客户的要求进行第一时间的反馈和技术支持，各级领导多次赴科威特进行积极谈判和攻关（见图12-4），环保科技部、研究院和各个工业区准备了详细的技术方案，帮助客户解决技术难点，提供技术、产品、售后全流程的服务。最终，新兴铸管上下团结一心，在众多竞争对手中脱颖而出，成功取得了项目，此项目也成为新兴铸管有出口历史以来的最大海外订单。

图 12-4　新兴铸管团队到访科威特

在合同签订后，股份公司在京召开科威特 UAH 项目启动大会，会上股份公司领导强调要通过该项目的执行，引领公司在海内外水处理行业打造最高标准和项目标杆，为公司国际化布局奠定坚实基础。

为了项目的顺利执行，股份公司环保科技部与销售总公司主持召开了科威特 UAH 项目联动会（见图12-5），会上第三方商检公司、环保科技部、研究院、各个工业区生产和质量负责人、销售总公司、国际发展等就项目的相关技术条款进行了逐一、细致的核对和确认，敲定每一个生产技术环节和质量控制环节，制定科学合理的生产发运方案和质量管控方案。新兴铸管上下齐心协力，共同为 UAH 项目保驾护航。

图 12-5　科威特 UAH 项目联动会

在收到订单排产后，全体新兴人干劲十足，以昂扬的斗志、务实的作风，在股份公司领导"要将以本项目的执行，为股份公司在海内外水处理行业打造标杆项目"的指引下，各司其职做好相应保障工作：销售总公司综合各工业区生产情况，科学合理地进行产能分配；环保科技部多次组织各工业区召开技术交流会，进行经验总结和分享；河北工程积极改进和完善现有的生产工艺执行和流程；采购中心多方统筹，确保物料的充足供应；国际发展高效沟通确认相关技术条款；各工业区积极动员，严控质量，突破瓶颈抢抓生产；货运装卸时时监督，把好质量最后关口（见图12-6）。

图 12-6　相关部门生产现场及部分产品

2021 年新冠疫情在全球肆虐，科威特也因为疫情严峻关闭了国门，我司商务及技术人员无法出国在现场进行支持，国际发展积极通过微信、ZOOM 等视频会议形式与客户保持积极沟通（见图 12-7），及时解决项目上所遇到的困难，同时也在通过各种渠道想方设法赶往科威特，现场为客户提供商务和技术上的支持。

2021 年 11 月，正值科威特疫情严峻之际，为了力保科威特 UAH 项目顺利执行，在科威特放开国门的第一时间，国际发展商务和公司售后团队想尽千方百计，在国内没有直飞科威特航班的情况下，绕道沙特，历经当地隔离、核酸检测、接种指定的欧美疫苗后，经过不定期一个月的行程最终抵达科威特开展科威特 UAH 项目的商务服务。

商务和售后团队在抵达科威特解除隔离后，第一时间奔赴项目现场与客户进行了商务和技术上沟通（见图 12-8），在了解到客户紧急需求的产品规格和数量后，紧急与国内进行沟通对接，力保项目施工的顺利开展，并就我司的相关商务诉求和交货难点与客户进行了 20 多次的会谈沟通。

图 12-7　通过视频会议与客户沟通

图 12-8　商务和售后团队在项目现场

在全体新兴铸管人不懈的努力下，项目历时两年多的时间完成全部的供货任务，功夫不负有心人，风雨过后见彩虹。当地时间 2021 年 11 月 2 日，科威特国家电视台 1 台在黄金时段用长达 24 min 的时间，对新兴铸管股份有限公司 UAH 项目的进展情况进行了专题报道。2022 年 5 月 4 日国际青年节当天，央视频"中国新闻"频道以"现场互动+直播连线"的形式，对于共建"一带一路"沿线国家中资企业采访中，报道了科威特 UAH 项目执行奋斗历程中的难忘体验。

科威特 UAH 项目的顺利执行意义巨大，在执行过程中，在集团和股份公司的领导下，公司上下一心，攻坚克难，保证了项目生产以及发运等各个细节高质量执行，获得了水司以及业主的一致好评。同时该项目打破了欧美及日本产品长期在中东市场垄断地位，为我司在中东地区市场取得了良好的示范作用。

13　中国钢铁进出口情况

13.1　全球冶金产品的贸易情况

过去 30 年，中国钢铁产能大幅提升后，1996 年中国的钢产量为 10124 万吨，钢产量首次居于世界之首，之后一直稳居世界首位。2020 年、2022 年全球粗钢产量分别为 18.64 亿吨、18.785 亿吨，中国粗钢产量分别达到了 10.65 亿吨、10.13 亿吨，分别占全球粗钢总产量的 57.14%、53.93%。中国钢铁产能相对过剩，过剩的冶金产能业内人士估计已经超过 1 亿吨了，如何使我们这些富裕的冶金产能输出到海外去是我国钢铁同仁们的历史使命，也是本指南重要的研究课题。

钢铁生产需要大量的能源消耗，肯定会带来一定的空气污染，每年我们又要从国外进口大量的铁矿石，适当地减少我国钢铁产量，淘汰落后的钢铁产能是大势所趋。

过去若干年，欧盟和亚洲继续主导全球钢材进出口贸易，2012 年欧盟和亚洲两大地区钢材进口量为 2.70 亿吨，两地区的钢材出口量为 3.19 亿吨。中国 2015 年钢铁的出口量达到 11240 万吨，为中华人民共和国成立以来钢铁出口最多的一年，2015 年以后中国的钢铁出口量持续下滑，2020 年出口量为 5367 万吨，比 2019 年降低了 16.5%。

2012 年欧盟是全球最大的钢材进口地区，钢材进口量为 1.5 亿吨，总体上看，欧盟进口钢材主要来自乌克兰、俄罗斯和中国，从上述三个国家进口钢材量占欧盟钢材进口总量的 60% 以上。德国、意大利和法国是欧盟最大的三个钢材进口国，2012 年钢材进口量分别占欧盟钢材进口总量的 15.1%、9.2% 和 8.7%。

亚洲是全球第二大钢材进口地区，2012 年钢材进口量达到 1.2 亿吨。韩国、泰国和中国是进口钢材最多的三个国家，其中韩国进口钢材 2040 万吨，泰国进口钢材 1520 万吨，中国进口钢材 1420 万吨。

2012 年美国进口钢材 3150 万吨（出口钢材 1360 万吨），是全球最大的单一钢材净进口国，进口钢材主要来自韩国、中国、土耳其、日本和德国等。

尽管欧洲经济复苏迟缓、当地钢材市场信心低迷、钢材需求疲软，但在未来欧盟和亚洲仍将主导全球钢材进出口贸易。中国经济增速减弱，钢铁产能严重过剩，使更多的中国优质高端的钢材出口是我们努力的方向，出口的重点地区应该是亚洲国家和中国邻近地区。非洲、南美未来是有很大发展潜力的地区，这两个地区的国家和中国的关系普遍密切，对中国人十分友好，我们未来应该努力开发这两大地区，在开发这两个地区时大家要特别注意采用安全的付款方式，最好装船前 100% 收到货款，或者 20% 预付款加 80% 的保兑 L/C，同时注意数量的控制，量力而行，循序渐进，安全第一，风控第一。南美和非洲国家开出的一般信用证还会有一定的风险。对一些高风险的国家，在付款方式上钢铁出口企业也应该特别注意：一般信用证和装船后付款都有巨大的风险。

13.2 我国钢材的进出口情况

近期以来，受中国经济增速下行的影响，中国国内钢材需求增速减缓，国内钢铁产能相对过剩，迫使一些钢厂和钢铁产能要转向国际市场，寻求海外新的市场和新的发展空间。我国的进口钢材量在每年减少，而2015年以前出口钢材量持续增加，2015年以后我们的出口量持续下滑。我国近10年来钢材的进出口量见表13-1。

表 13-1 中国近 10 年来钢材进出口量

年 份	进口量/万吨	出口量/万吨
2011	1558	4888.1
2012	1362.1	5560.2
2013	1407.7	6234
2014	1443.21	9381
2015	1278	11240
2016	1321.42	10843
2017	1330	7541
2018	1317	6934
2019	1200	6429.3
2020	2023	5367
2021	1426.8	6689.5
2022	1056.6	6732.3
2023	764.5	9026.4

13.2.1 我国钢材进口流向

2012年，我国进口钢材1362.1万吨，进口的主要品种是薄板材、优钢、特殊钢等国内还不能满足需要的冶金品种。进口量最大的前三位国家或地区依次是日本、韩国和中国台湾，进口量分别为585.9万吨、403.4万吨和179.5万吨，共占中国大陆钢材进口总量的85.8%。

2012年以后中国的钢铁进口基本维持在1500万吨以内，国内大部分的钢铁需要基本都可以国内生产，一些优钢、特殊钢、冷卷、彩涂等还要进口一些。2020年由于国内钢铁价格攀高，进口钢坯、生铁、板坯的势头正在上升，全年钢材进口量为2023万吨，达到近10年最高水平，比上年增长64.4%，金额为1165亿元，比上年增长19.8%。

目前国家鼓励进口的冶金原材料有钢坯、板坯、生铁、铁合金、废钢、铁矿石等。对废钢的进口，目前海关的进口手续还是比较烦琐，需要国家的法定检验，办理的检验时间较长，影响废钢进口的积极性和便利性。

13.2.2　我国钢材出口情况

2012 年，我国出口各类钢材 5560.2 万吨，同比增长 14%，主要产品是以冷轧普薄板（卷）、镀锌（铝）板、涂层板为主的冷轧类板材，以合金棒线材、型材、热轧板（卷）为代表的添加微量合金的热轧类钢材，以及管材类产品等。出口钢材主要流向韩国和东南亚等国家或地区，其中出口韩国最多，为 989.7 万吨，占总出口量的 17.8%。出口东南亚 7 国（泰国、越南、新加坡、印度、菲律宾、印度尼西亚及马来西亚）1524.9 万吨，占总出口量 27.4%。需要指出的是，2012 年中国出口美国钢材为 198.2 万吨，占中国钢材出口总量的 3.6%，美国为中国第六大钢材出口国家或地区。

2015 年中国钢铁出口量达到峰值后开始下行，值得我们钢铁同仁们深入地反思和研究，如何随着中国钢产量的不断增加（2011 年以来我们的钢产量还是每年在增加），我们的出口量也应该不断地扩大才对。有的钢铁同仁提出我们的钢铁出口近期（1~5 年）如果实现了 1 亿吨的目标，每年出口钢铁产品和输出钢铁产能 1 亿吨以上，中长期（5~10 年）的奋斗目标是产品出口和产能输出 1 亿~1.5 亿吨以上，我们钢铁行业的日子就好过了。

2019 年我国钢材出口产品主要以板材、棒线材和管材为主，出口占比分别为 59.8%、14.9% 和 13.6%；出口区域涵盖五大洲，其中亚洲为主要出口地区，占比 70.0%。

分品种来看，2019 年棒材累计出口 959 万吨，角钢及型钢累计出口 325 万吨，板材累计出口 3848 万吨，线材累计出口 206 万吨，管配件累计出口 168 万吨，其他产品出口 923.3 万吨。

从我国钢材出口国家来看，主要以东南亚为主，从出口量看，最近几年，韩国是我国钢材出口第一大国，占比 13%。我国钢材出口量排名前 10 的国家，出口量从多到少依次是：韩国、越南、菲律宾、泰国、印度尼西亚、马来西亚、印度、沙特阿拉伯、新加坡和巴基斯坦。近三年来，除了印度和新加坡外，中国出口至其他 8 个国家的钢材量保持增长趋势，其中出口越南的钢材量增长迅速。越南作为我国钢材出口量第二大的国家，近年来因其基础设施和城市建设需求一直处于较高水平，钢铁需求量巨大，我国出口越南钢材量增速明显。

从出口目的地来看，目前我国前两大钢材出口地区是东南亚和韩国。2018 年东南亚、韩国、中东、南美是我国主要钢材出口地区，其中向东南亚、南美出口量增加，向韩国、中东出口量减少。根据海关总署数据，2018 年我国向韩国出口钢材 721 万吨，占比为 10.4%；向中东 9 国出口钢材 551 万吨，占比为 8.0%；向东南亚出口钢材 2337 万吨，占比达 33.7%；向南美 6 国出口钢材 506 万吨，占比为 7.3%。

13.2.3　我国钢材进出口政策

根据国家统计局和中国海关统计数据，2012 年我国粗钢产量达到 7.1654 亿吨，钢材出口量达到 5560.2 万吨，钢材出口量约占粗钢产量的 7.8%。同期，美国和日本的粗钢产量分别为 8860 万吨和 1.07 亿吨，两国的钢材出口量分别为 1360 万吨和 4150 万吨，钢材出口量占粗钢产量分别达到 15.3% 和 38.7%。由此可见，虽然我国出口绝对数量超过了美国和日本，但相对于巨大的粗钢产量来说，钢材出口量和出口比例仍属于偏低的水平。且根据业内一惯的观点，钢材出口量占到粗钢产量的 15%~20% 属于合理的水平，从这一点来看，我国钢材出口量应仍有很大的提升空间。但考虑到我国钢铁产能过剩严重、产品结构失衡以及国内节能减排、环境保护等方面的要求，加之国际钢材贸易摩擦和争端不断等问题，我国对钢材出口基本上采取中性政策。这主要体现在出口税收政策方面，具体而言，一是关税调整，二是出口退税调整。对初级和低端的钢材产品通过加征高额关税，限制其出口；对高端的钢材产品则通过减免关税、给予高的出口退税的政策，从而鼓励钢铁的出口创汇。对低端钢材品种征收高额关税，限制其进口；对高端钢材品种则执行低关税甚至零关税，允许其进口以补充国内高端制造的发展对高端钢材的需求。以前钢铁的出口政策波动较大，最近几年国家的钢铁出口政策趋于稳定合理，对我们钢铁的出口十分有利。当然汇率也是影响钢铁出口的重要因素，最近美元兑人民币的汇率到了 7.1 以上，对我们钢铁出口十分有利。

13.2.4　我国钢材出口关税的演进历程

1994 年中国开始实行新税制，至今对钢材的出口税率进行过多次调整，大体如下：

1994 年中国开始实行新税制，对出口货物实行了零税率，钢材出口按 17% 的税率退税；此后由于出口退税规模增长过快，1995 年和 1996 年连续两次调低出口退税率，1998 ~ 1999 年，为了摆脱 1998 年亚洲金融危机的负面影响，增强钢材产品的国际市场竞争力和外贸出口对经济增长的拉动作用，我国将钢材出口退税率由 9% 逐步上调至 15%。

从 2004 年开始至 2008 年，由于我国钢铁产能持续扩张，为减轻环境污染，优化产业结构，我国钢材出口退税政策进行过几次较大的调整，出口退税率均为向下调整。2004 年 1 月 1 日，国家将钢材产品退税由原来的 15% 统一下调到 13%。2005 年 5 月 1 日，国家再次下调板材、线棒材出口退税，由 13% 下调到 11%。2006 年 9 月 15 日，国家再次下调板材及线棒材出口退税，下调幅度为 5 ~ 10 个百分点（备注：2006 年 9 月 15 日进行的出口退税调整，只针对了钢材 142 个税号，而非所有板材和线棒材，且无缝管等管材仍保持 13% 的出口退税政策）。2007 年国家对钢材关税和出口退税进行过两次重大调整，其一为：从 2007 年 4 月 15 日起下调及取消部分钢材出口退税。将部分特种钢材及不锈钢板、冷轧产品等 76 个税号出口退税率降为 5%；而包括多种型号的热轧卷材、非卷材和热轧板材等另外 83 个税号的钢材则取消出口退税；其二为：自 6 月 1 日起加征 142 项产品的出口税率并下调 209 项进口商品的税率，此次加征 142 项商品中的重点是对 80 多种钢铁产品进一步加征 5% ~ 10% 的出口关税，这些产品主要包括普碳钢线材、板材、型材以及其他钢材产品。此举旨为进一步控制高能耗、高污染和资源性产品出口，增加能源、资源类产品、关键零部件的进口以促进贸易平衡。2008 年 1 月 1 日起，继续在 2007 年 6 月 1 日钢材出口税收调整的基础上，继续调高资源类和钢材初级产品的关税，加大对初级产品的出口限制力度，特别是钢坯、长材、焊管等高耗能、高污染、低附加值产品。而对板材等产品则基本维持上次调整的幅度，未作大的变化。

2009 年受 2008 年金融危机影响，全球钢材需求急剧萎缩，我国钢材出口面临巨大压力，钢材出口持续下滑。为了调动我国钢材出口企业积极性，提高钢材出口量，缓解国内市场供求矛盾，国家分别于 2009 年 3 月和 6 月，提高了部分钢铁产品的出口退税率，其中合金钢、异型材等钢材、钢铁结构体等钢铁制品的出口退税率提高到 9%（2009 年 6 月 1 日执行）。

2010 年至今，钢材出口政策调整相对平稳。2010 年国内开始收紧税收优惠，市场在 4、5 月份时曾流传过调整部分钢材品种（主要为部分特殊合金钢材产品）出口退税的传闻，但最终由于钢材出口增幅有限，政策调整压力并不大而不了了之。2011～2012 年，全球经济表现疲软，我国经济增速也出现下滑，钢材出口增量有限，税收调整的空间有限，我国钢材出口政策相对平稳。未来征收关税的可能性很小，有可能调整部分品种的出口退税率，而调整的品种可能集中在冷轧板、镀锌板和含硼钢上。

如上所述，我国钢材的出口政策经过了多次调整，现行税率基本如下：

钢材进口方面，目前我国钢铁生产的技术装备水平已经处于世界先进水平行列，钢铁品种类型也足够丰富，大中型企业的产品质量足够先进，有些也达到了世界一流水平，钢材除满足国内各项需求外，还存在严重的过剩。因此，国家严格限制钢材产品的进口，特别是中低端产品，针对具体的产品加征了不同水平的进口关税，而对于高端的产品，国内尚不能经济生产或者仍有供应缺口的产品，出于发展高端装备制造业的目的，支持进口，所以针对此类钢材产品，基本上没有关税，但要征收 17% 的增值税。

2019 年增值税已经从 17% 调整为 13%，钢材的出口退税也相应做了部分调整，很多钢铁产品出口退税为 13%，即全征全退，对我们的钢铁出口十分有利。

2021 年 4 月 28 日，财政部、税务总局联合发布《关于取消部分钢铁产品出口退税的公告》（财政部 税务总局公告 2021 年第 16 号），自 2021 年 5 月 1 日起，取消包括热轧、冷轧非卷材、不锈钢丝等在内的 146 类钢铁产品出口退税。在此次调整之前，享受出口退税待遇的钢铁类代码为 166 个，此次调整取消了 146 个代码，钢铁产品代码中 88% 的产品取消了出口退税。保留出口退税 13% 的品种只包括了冷轧合金钢板、冷轧普通中厚宽钢带、冷轧薄宽钢带、电镀锌板、热镀锌板、镀锡板、镀铝锌板、电工钢等 20 个产品代码。从政策公布到政策实施只给了两天时间，很多钢铁出口企业准备不足，不知所措，抢着在"五一"劳动节之前将钢材送到保税区的汽车排起了"巨龙"，汽车的运费"狂涨"，运输公司狂赚了一笔。

2021 年 1~3 月保留出口退税的钢材品种出口 429 万吨，占出口量的 24.3%，取消钢材出口退税的钢材出口 1337.8 万吨，占出口量的 75.7%。

2021 年 8 月 1 日，国家又基本取消了冷轧、镀锌等全部钢铁产品的出口退税。钢铁产品的出口政策已经一视同仁了。

我们是一个大国，出口政策的稳定性、连续性、长期性最为重要，经常变化政策对经济发展和国际贸易的良好秩序不利。我们 15 年前的政策不稳定到现在政策的基本稳定是一个巨大的进步。

这两年正规报关出口的企业很多，但是也出现了一些个别地区和企业"买单"出口的现象，"买单"目前有势头上升的趋势，值得我们研究。

13.2.5 中国钢铁出口行业现状分析

目前中国有 7 大类钢铁出口的群体：

（1）特大型（产能 2000 万吨以上）的钢铁企业，这类企业都自己直接进出口，海外市场营销都有自己的套路，都比较规范。特大型的钢铁企业一般都有自己的国贸公司，比如宝武钢铁、鞍钢、沙钢、首钢、河钢、山钢、建龙等。

（2）大型（产能 1000 万～2000 万吨）的钢铁企业，这类企业基本都自己直接进出口，海外市场营销也比较重视，也希望今后出口更多的自己的产品。

（3）中型（500 万吨以下）钢铁生产企业，基本都有自己的出口部，比如唐山鑫杭钢铁公司、唐山福海鑫钢铁集团、唐山正丰钢铁等。

（4）专业的外贸公司，如五矿、中钢、厦门建发、厦门国贸、苏美达、浙江物产、天津润飞钢铁、上海中物国际、大连美投、上海钢铁速易、武汉祥有世纪、铭成天华国际、北京庄雨五金、杭州热联等。

（5）有的钢厂组建了自己的出口团队，不光是出口自己生产的产品，如果有国外订单还可以采购其他钢厂的产品。可以出口的钢铁产品品种比较齐全，很多的中型民营钢厂都是如此，比如天津南翔板带、唐山东方宝德等。

（6）以前的钢贸（内贸）企业同时做出口的（既有内销又有外贸），比如北京百汇友邦科贸公司、北京瑞超兴隆商贸有限公司（以前是内贸企业，最近开始转型做外贸了）等。

（7）个人做钢铁外贸的，个人在出口商和海外客户之间牵线搭桥，出口业务完成之后拿一定的佣金，比如上海的吕长千先生。

在做钢铁出口的 7 类群体里，各有自己的特点，都有自己的明显优势和不足，我们分别研究分析如下：

（1）特大型和大型的钢铁生产企业在钢铁出口方面有十分明显的优势：成本低、出口价格可以随行就市（很多大钢厂出口的价格与国内价格完全脱钩，完全根据国际市场行情来定价）、交货时间能准确把控、在谈判中有话语权、合同履约率比较高、信誉比较好、有良好的品牌，目前大的钢厂占据中国钢铁出口的主导地位，占中国出口数量的 50% 以上。这类钢铁生产企业在出口方面的不足是：一般只能出口自己生产的产品，付款方式单一，营销模式固定，付款方式基本没有商量余地（一般只接受世界 500 强开的 L/C），对国外客户比较挑剔（客户一般为大型的国外采购商、大的国外商社、大的国外企业，小客户入围比较难等），佣金不能过高（一般为每吨 3 美元以下），支付佣金比较困难（一些大的钢厂基本不能支付佣金），订单的数量不能太小，订单不能太杂，不太适合中小客户，销售任务重于营销工作，有的钢厂地点远离大城市，服务内容和服务意识等有待于提高，钢厂外贸部的销售任务大于利润等。钢铁的生产企业目前有两大阵营：以宝武集团为代表的国有大型钢铁企业（如宝武、鞍钢、首钢、河钢、山钢、包钢、本钢、太钢等）和以沙钢为领军企业的私营钢铁企业（如沙钢、日照钢铁、建龙、德龙、津西、青山等）。

（2）专业的钢铁外贸企业有不断发展的巨大空间，钢铁出口的专业化是未来的发展方向。专业的钢铁出口企业目前国内出口量比较大的是厦门建发、苏美达、浙江物产、五矿、中钢等，它们基本上都是国企的背景，实力雄厚，资金充裕，信誉比较好。这些企业的年出口量均在 200 万吨以上。专业钢铁出口企业的优势有：各类国外客户都可以进行合作，付款方式灵活多样，可以出口的钢铁品种五花八门，品种齐全，海外市场的营销有非常明显的优势，与国外客户和海外市场非常贴近，出口工作已经非常规范，非常专业化、流程化。专业的钢铁出口企业目前正在快速发展，特别优秀的钢铁出口企业未来将是钢铁出口的主力军。这类企业的不足是：采购中还比较缺乏对大钢厂的话语权，交货期和产品质量有时不能严格地控制好（这样就会影响出口企业的合同履约率），出口价格一般比钢厂的报价要高一些，有的出口企业是用人民币从钢厂采购，出口报价没有明显的优势，对外贸人员的素质要求比较高，专业化、精细化、差异化等还有待于加强等。专业化的钢铁出口企业目前分为国有的钢铁外贸企业和私营的外贸公司两类，国有外贸企业从资金来源、政府政策的支持等来看具有明显的优势。私营的外贸企业有：中物国际、香港速易、武汉祥有、北京庄雨、天津润飞、无锡雷蒙德、北京铭成天华等。

目前私营钢铁外贸企业数量较大，但是规模特别大的还不多，基本都在 50 人以下，年出口量在 200 万吨的还基本没有，私营钢铁外贸企业未来还有很大的发展空间，关键在于提高企业自身的管理水平、加强团队建设、树立良好的企业品牌和形象。

专业钢铁外贸出口企业主要的工作重点应该是放在专业化、标准化、制度化、差异化、流程化等方向发展，应该研究在国家政策的支持下（比如开展保理业务、使用中信保等）能为海外客户有针对性地提供更多的优质服务，实现特色经营，差异化地发展，特别是要注意避开钢铁外贸企业与大钢厂的竞争，不要打价格战，树立亏损业务谁也不要做这个底线原则，这也是钢铁外贸企业高速发展的捷径，在出口业务中实现 2 个 100%（客户满意度和合同履约率），集中精力为海外的中小客户、中小订单、小品种、小市场、小需求提供最好的服务。

欧洲有一个特大的钢铁贸易企业，年销售量为 2000 万吨以上，给全世界的钢铁客户基本都是赊销，赊销风险都是由保险业务覆盖，年利润在 5 亿美元以上，每年的坏账只有 500 万美元以下，坏账都是由保险公司买单；给工厂基本都是每次 1 亿美元以上的预付款，其可以拿到最低价的钢铁产品，国外银行给的信用额度非常大，使用银行的利息也非常低（美元的年利息在 2% 以下）。

国内有的（少部分）钢铁外贸企业在管理上、经营理念上有一些问题和缺陷，如诚信、风控、管理、流程、团队建设、经营思路等，导致合同履约率不高，经常撕毁合同，对外报价有时很低，国内价格跌了就执行合同，国内价格涨了就撕毁合同，签的是高质量产品的合同，实际出口的是低级质量的产品（合同镀锌量为 80 g，实际为 40 g），这类外贸企业如果不加以改进早晚会被淘汰，但是对短期国内钢铁出口市场可能会引起一些混乱。

（3）钢厂的外贸部，如果出口自己生产的产品，质量和交货期都可以严格地控制好，但是外采的部分产品有一些不确定性（质量、交货期等），如果对外采的产品控制得不好，就会导致出口合同履约率不高，影响自己的信誉。这类出口企业最重要的是如何控制好外采产品的不确定性。中小钢铁企业对钢铁出口还缺乏整体的思路，属于摸着石头过河的阶段，又希望自己组建出口团队，多出口一些，同时出口的风险又不能很好地控制。

（4）以前是内贸钢铁企业现在又开始做外贸的钢贸企业，这类企业非常不容易，出口和内贸是两个不同的事情，如果把两件事情都研究透了同时都做完美了，确实非常困难，对企业一把手和企业管理者来说确实要求特别高。这类企业的明显优势是对货源把控的能力比较强，长期从钢厂拿货，采购能力比一般的企业要强很多，融资又有很大的优势，如果今后对外贸有透彻的了解了，也是非常好的事情。

（5）个人做钢铁外贸中间人的也有一批，他们一般只做中间人，在国外客户和钢铁出口企业之间穿针引线，双方当事人当业务结束后都可以支付一些佣金，他们的素质参差不齐，有的非常优秀，有的比较"垃圾"。他们一般是在海外工作过的、在外企工作过的、有留学的经历，他们有国外的朋友和客户，他们懂英文、懂外贸，个人做外贸对社会和国家、对我们的行业都比较有利，但是规模有一定的限度，个人做外贸占中国钢铁出口的主导地位比较难。和这些人打交道需注意的问题是他们只是介绍人，非担保者，出口企业不要轻信他们的口头担保，如果有什么损失他们不会承担什么责任，出口企业一定要对他们介绍的海外客户进行认真的了解、全面的考察和认证，不要只凭介绍人的口头介绍就信以为真，在合作中要逐渐了解介绍人的风格和海外客户的资信。当然作为中间人，也应该遵守职业操守，客观地实事求是地介绍双方真实的情况，不要大包大揽，介绍的情况不要偏离客观实际，有了问题不要偏袒一方，能促成双方的业务长期顺畅开展是多赢的结果。

中国出口钢铁的优势分析：党的"一带一路"为我们钢铁同仁们指明了前进的方向，国家对出口的鼓励政策也趋于稳定合理，国家的出口退税政策和汇率对钢铁产能输出、设备出口都十分有利，我们钢铁同仁们都达成了高度共识：今后出口更多的高附加值的钢铁产品、输出更多的钢铁产能，利国利民，对我们的钢铁行业也十分有利。改革开放后，中国培养了大批的钢铁外贸人才，这是我们钢铁行业最宝贵的财富。目前国内大量的钢铁出口团队、大批的专业钢铁出口企业已经形成，今后这些优秀的团队如果通过不断的学习和进步，必将能发展壮大起来。

出口不利的因素：国内钢铁生产和出口的各项成本不断地增加，与发展中国家相比我们的成本优势正在逐步失去。钢铁出口行业里的内战（价格战）不断激化，国外客户一个订单反复地到我们出口商中寻价，反复压价，最后很多出口商往往在没有利润的情况下接订单。我们的出口商拿到一个订单之前，往往先进行激烈的内战（中国出口商之间的价格竞争），国外还有一批骗子和信誉不良者，他们反复地坑骗中国的出口企业，中国的出口企业被坑骗了，也不好意思说出来，中国钢铁出口行业缺乏一个平台，如果有典型案例不能及时在行业内分享，一个诈骗事件钢铁同仁们谁也不知道。钢厂之间不能协同、钢铁出口商们不能很好地协同起来。目前我们还没有一个钢铁出口行业的组织、没有一个钢铁出口的信息平台，也没有指导我们钢铁出口行业良性发展的书籍或者手册。很多中小钢铁出口企业普遍缺乏卓越的管理系统、制度流程，风控 HR 建设各类资源管理等各方面都有待于提高和完善。还有一些企业过分注重销售额，不注重利润，不知道不会风险防控。2021年 5 月 1 日大部分钢铁产品的出口退税取消，势必影响了我们大部分钢铁产品的出口竞争力。

也有一些私营钢铁出口企业，即使亏损的价格，也先拿下来订单，收了客户的预付款和信用证后，等国内钢铁价格下来了再执行合同。如果价格下不来就不交货，或者逼着客户涨价。还有的钢铁出口企业交货时缺斤少两，实际重量比装箱单少 5% 以上，质量根本达不到合同的要求。合同重约定上锌量为 80 g，实际为 40 g。更有甚者一些出口企业收到了客户的预付款，一走了之。

13.2.6 中国钢铁出口的未来展望

中国的钢铁产能相对过剩，我们的钢产量已经占世界钢产量的 50% 以上，产品质量绝对可靠，工艺水平遥遥领先于世界各国，我们钢铁出口同仁们应该一起努力，使我们更多的钢铁高端产品、更多的产能输出到海外市场，我们的钢铁出口企业应该专业化、精细化、差异化，出口企业要把风控放在第一位，在安全第一、利润最大化的原则下开展出口业务，要有良好的心态，不要急于求成，出口企业要重利润，把出口规模放在其次。

出口企业要树立良好的品牌，组建优秀的专业化的团队，争取未来能够培育出一批杰出的有特色的钢铁出口企业，差异化地发展、避开竞争、特色经营是我们钢铁外贸企业长期顺畅发展的捷径。做好每个小产品、做好每个地区、做好每个国家的营销，把事情都做完美了，就会有奇迹出现。做长（10年以上）、做完美、做强（利润最大化）、做精、品牌做大最重要，不要把出口的规模盲目地做为企业的第一奋斗目标。

钢铁出口企业对每个市场、每个国家、每个客户都要有透彻和深入的了解和分析，每个国家的进口法规都不太一样、每个民族的文化习俗不同、对国际贸易的理解也与我们有差异，要了解、要包容、要理解、要尊重、要有相应的对策、要区别对待、要具体情况具体分析。比如阿拉伯人，说"明天"就是"未来"的意思，他们一般不太守时，他们签合同说1日付款，可能要10日才能付款，他们普遍缺乏严谨性，我们不能认为他们信誉不良和欺骗，其实这是他们的民族习惯和特点。有的国家的银行为了讨好进口商，一般是把单子先给进口商去提货，若干天后开证行才付款给议付行，这样的事情很多很多，很多发展中国家的中小银行都如此，我们钢铁出口企业应该知道如何正确地应对。有的客户签合同时约定签约后5个工作日之内开证，结果20天才开出来，这样的情况也很多很多，客户很多时候不是故意的、不是恶意的，出口商应该合情合理地对待和应对，我们应该坚持国际贸易的基本原则：安全第一，风控第一，和气生财，和为贵，严格遵守自己的承诺，有问题双方友好地协商，从小单子开始，出口合同越明确越好，注意全面地了解客户、培育客户，没有把握的事情别答应、亏损的业务不要做、不要打价格战，签了合同就要100%地履行，让客户100%地满意。

我们钢铁出口行业的同仁们，大家一起学习、一起分享、一起进步、一起成长，在安全第一的前提下，稳步地循序渐进地开展钢铁的出口业务，使我们更多的冶金产能、产品、生产线、技术和管理输出到海外，尽量减少低端产品（钢坯、板坯、生铁等）的出口，每年能出口一些高精尖的钢铁产品、输出1亿吨以上的产能是我们的努力方向，在这个过程中钢铁同仁们应该多协同、多分享、多交流，结成商业联盟，树立我们钢铁出口同仁是一家人的思想，出口的典型案例应该使我们的同仁们都及时地分享和了解。打造学习型的组织、组建优秀的团队、树立良好的钢铁出口企业品牌、制定卓越的管理制度、培育良好的企业文化、制定严谨的出口流程、培养更多德才兼备的外贸人才和外贸精英、培育一批非常专业化的钢铁出口的航空母舰，对我们的钢铁出口行业非常有利，现在钢厂可以提供很多的冶金产品，国外有大量的钢铁需求，钢铁的国际市场商机无限，我们钢铁的外贸同仁们可以大展宏图，未来无限美好，大家一起努力前行。

14 钢铁出口企业的管理研究与探讨

14.1 风险管理

任何企业都要努力实现利润最大化，要控制好风险，要预防风险的发生，要把风险降到最低，要尽量减少呆坏账，出口企业挣几百万很难，一个合同没执行好亏几千万元非常容易，企业的风险控制和管理极为重要，企业每个人都应该有极强的风控意识。

14.1.1 风险管理基本知识

14.1.1.1 风险的由来及定义

"风险"（risk）一词的由来，最普遍的一种说法是，远古时期以打鱼捕捞为生的渔民，每次出海前都要祈祷，祈求神灵保佑自己能够平安归来，其中主要的祈祷内容就是让神灵保佑自己在出海时能够风平浪静、满载而归；他们在长期捕捞实践中，深刻体会到"风"给他们带来的无法预测更无法确定的危险，"风"即意味着"险"，因此有了"风险"一词。

对企业经营而言，风险即未来的不确定性对企业实现其经营目标和盈利产生重要影响。制定了明确的长期战略经营目标和看好某领域某类商品的长期盈利计划后，冒短期或暂时的亏损或风险是可以容忍的，如前些年投资互联网和 IT 的风险投资公司和近些年投资智能制造的公司。而冒巨额亏损会导致企业资不抵债以致企业倒闭风险，企业只追求短期巨大利益的行为是不可取的。比如 20 世纪 90 年代某知名进出口贸易企业投资和主营业务毫不相关、不熟悉的海南房地产行业，结果以失败结束。企业风险可分为战略风险、市场风险、财务风险、经营风险、法律风险等，存在并贯穿于企业生产和流通的全过程之中，不同企业的风险类型不尽相同。风险还分为静态与动态、可预见与不可预见、可控与不可控。所以风险管理是一门系统管理，也是企业文化不可或缺的一部分。风险管理是一个识别、确定和度量风险，并制定、选择和实施风险处理方案的过程，企业风险管理能力的水平是判断企业软实力的体现。

风险是生产目的与劳动成果之间的不确定性，大致有两层含义：一种定义强调了风险表现为收益不确定性；而另一种定义则强调风险表现为成本或代价的不确定性。若风险表现为收益或者代价的不确定性，则说明风险产生的结果可能带来损失、获利或是无损也无利，属于广义风险。所有人行使所有权的活动，应被视为管理风险，金融风险即属于此类。而风险表现为损失的不确定性，说明风险只能表现出损失，没有从风险中获利的可能性，属于狭义风险。风险和收益成正比，所以一般积极进取的投资者偏向于高风险是为了获得更高的利润，而稳健型的投资者则着重于安全性的考虑。

风险的性质：风险具有客观性、普遍性、必然性、可识别性、可控性、损失性、不确定性和社会性。

14.1.1.2　风险的分类

按性质分类：

（1）纯粹风险。纯粹风险是指只有损失机会而无获利可能的风险。比如房屋所有者面临的火灾风险、汽车主人面临的碰撞风险等，当火灾、碰撞事故发生时，他们便会遭受经济利益上的损失。

（2）投机风险。投机风险是相对于纯粹风险而言的，是指既有损失机会又有获利可能的风险。投机风险的后果一般分没有损失、有损失和盈利三种。例如买卖股票，就存在赚、赔、不赔不赚三种后果，因而属于投机风险。

按标的分类：

（1）财产风险。财产风险是指导致一切有形财产的损毁、灭失或贬值的风险以及经济或金钱上损失的风险。如厂房、机器设备、成品、家具等会遭受火灾、地震、爆炸等风险；船舶在航行中，可能会遭受沉没、碰撞、搁浅等风险。财产损失通常包括财产的直接损失和间接损失两方面。

（2）人身风险。人身风险是指导致人的伤残、死亡、丧失劳动能力以及增加医疗费用支出的风险。如人会因生、老、病、死等生理规律和自然、政治、军事等原因而早逝、伤残、工作能力丧失或年老无依靠等。人身风险所致的损失一般有两种：一种是收入能力损失；另一种是额外费用损失。

（3）责任风险。责任风险是指由于个人或团体的疏忽或过失行为，造成他人财产损失或人身伤亡，依照法律、契约或道义应承担的民事法律责任的风险。

（4）信用风险。信用风险是指在经济交往中，权利人与义务人之间，由于一方违约或违法致使对方遭受经济损失的风险。如进出口贸易中，出口方（或进口方）会因进口方（或出口方）不履约而遭受经济损失。

信用风险分银行信用风险和商业信用风险，后者风险远大于前者的信用风险，但是最近也有例子说明银行信用也在发生崩塌（新浪财经新闻）。

原标题：东北千亿央企入坑！银行承兑汇票罕见逾期　一场大变局或来临——靠银行信用的银行承兑汇票也会打破刚性兑付。

8月1日晚间，辽宁鞍钢股份（3.400，-0.07，-2.02%）（000898）发布公告，公司在销售商品过程中，收取的部分货款为金融机构开出的银行承兑汇票。截至2019年7月31日，公司持有的银行承兑汇票人民币3.38亿元出现逾期未偿付情况。

资深银行业分析师直呼罕见，"因为一般来说银行承兑汇票是银行的信用，而且兼具开票行和转贴行的信用，极少出现到期未偿付。如果所持银承票据未被兑付的话，这很可能说明交易过程存在违规，或者票据本身存在违规现象。"

鞍钢紧急回应：事件一出，金融界《解密》便致电鞍钢股份董秘，不过对方表示，不方便透露哪家银行，而且鞍钢手中有多少该行持有的承兑汇票也不方便透露。《解密》还联系了鞍钢股份媒体对接部，回应以公告为准。

鞍钢在公告中写着，3.38亿元逾期未偿付的银承汇票仅占最近一期经审计净资产的

0.64%。未来可能被后手贴现方追索的银承汇票仍有 4.94 亿元，占最近一期经审计净资产的 0.94%。

对于鞍钢股份而言，2019 年 1 季度经营活动产生的现金净流入就高达 20.09 亿元，因此汇票逾期未获偿付并不会对公司现金流构成重大影响。目前已与相关方商讨了解决方案，相关方也正在陆续偿还逾期票据的兑付款。鞍钢还表示，未来将严格控制票据风险。

《解密》查询，鞍钢股份一直以来应收票据均高于应收账款，仅 2019 年 1 季度，应收票据就高达 50 亿元。

按行为分类：

（1）特定风险。特定风险是指与特定的人有因果关系的风险，即由特定的人所引起的，而且损失仅涉及特定个人的风险。如火灾、爆炸、盗窃以及对他人财产损失或人身伤害所负的法律责任均属此类。

（2）基本风险。基本风险是指其损害波及社会的风险。基本风险的起因及影响都不与特定的人有关，至少是个人所不能阻止的风险。与社会或政治有关的风险、与自然灾害有关的风险都属于基本风险。如地震、洪水、海啸、经济衰退等均属此类。

按产生环境分类：

（1）静态风险。静态风险是指在社会经济正常情况下，由自然力的不规则变化或人们的过失行为所致损失或损害的风险。如雷电、地震、霜害、暴风雨等自然原因所致的损失或损害；火灾、爆炸、意外伤害事故所致的损失或损害等。

（2）动态风险。动态风险是指由于社会经济、政治、技术以及组织等方面发生变动所致损失或损害的风险。如关税调整、许可证制度变更、对进口商品食品质量检测标准趋严、人口增长、资本增加、生产技术改进、消费者爱好的变化等。

按产生原因分类：

（1）自然风险。自然风险是指因自然力的不规则变化使社会生产和社会生活等遭受威胁的风险。如地震、风灾、火灾以及各种瘟疫等自然现象是经常的、大量发生的。在各类风险中，自然风险是保险人承保最多的风险。

自然风险的特征有：

1）自然风险形成的不可控性；

2）自然风险形成的周期性；

3）自然风险事故引起后果的共沾性，即自然风险事故一旦发生，其涉及的对象往往很广。

（2）社会风险。社会风险是指由于个人或团体的行为（包括过失行为、不当行为以及故意行为）或不行为使社会生产以及人们生活遭受损失的风险。如盗窃、抢劫、玩忽职守及故意破坏等行为将可能对他人财产造成损失或人身造成伤害。

（3）政治风险（国家风险）。政治风险是指在对外投资和贸易过程中，因政治原因或订立双方所不能控制的原因使债权人可能遭受损失的风险。如因进口国发生战争、内乱而中止货物进口，因进口国实施进口或外汇管制等。

（4）经济风险。经济风险是指在生产和销售等经营活动中由于受各种市场供求关系、经济贸易条件等因素变化的影响或经营者决策失误，对前景预期出现偏差等导致经营失败的风险。比如企业生产规模的增减、价格的涨落和经营的盈亏等。

（5）技术风险。技术风险是指伴随着科学技术的发展、生产方式的改变而产生的威胁人们生产与生活的风险。例如核辐射、空气污染和噪声等，电子商务的网上购物让门店零售无法经营，互联网信息的传播方式使纸质媒体消失殆尽，一个毫不相关的行业会把另一行业推向倒闭关门的境地。如果说智能手机让笔记本电脑艰难生存、快递让传统邮递业务痛苦万分是同一领域激烈竞争的结果的话，微信和支付宝线上支付则是互联网企业向银行业信用卡和现金支付宣战的一次伟大胜利。

我们钢铁出口企业，从合同洽谈开始就要考虑每个环节的风险和风险控制问题，只有把风控做好了，企业才可以良性发展。

14.1.2　降低风险的基本途径

（1）多样化选择。多样化指经营者在计划未来一段时间内的某项带有风险的经济活动时，可以采取多样化的行动，以降低风险。

（2）风险分散。投资者通过投资许多项目或者持有许多公司的股票而消除风险。这种以多种形式持有资产的方式，可以一定程度地避免持有单一资产而发生的风险，这样投资者的投资报酬就会更加确定。又比如：出口业务中可采取分合同分批装运第三方担保函或收货等办法。

（3）风险转移（保险）。在消费者面临风险的情况下，风险回避者会愿意放弃一部分收入去购买保险。如果保险的价格正好等于期望损失，风险规避者将会购买足够的保险，以使他们从任何可能遭受的损失中得到全额补偿，确定收入给他们带来的效用要高于存在无损失时高收入、有损失时低收入这种不稳定情况带来的效用。此外，消费者可以进行自保，一是采取资产多元化组合，如购买共同互助基金；二是向某些基金存放资金，以抵消未来损失或收入降低。例如，出口企业向中国信用保险公司投保业务、商票贴现、套期保值等。

14.1.3　如何构建企业风险管理体系

今后将把风险管理体系细化的制度和流程内容部分嵌入指南的各个章节之中，使之具有可执行和可操作性。

（1）围绕企业战略，评估和梳理出企业重大风险节点，根据风险偏好和承受度确定风险容忍度指标，搭建企业风险管理体系。

（2）围绕业务盈利模式，评估业务经营风险节点，搭建业务风险管理体系和线上或线下审批流程。线上审批是指建立以互联网为基础、对照企业经营风险管理逐级审批为流程的无纸化电子审批系统，优点是效率较高，缺点是线上软件开发费用和维护成本很高，适合大企业、多层级多部门、分公司办公地点在不同城不同国家的远程审批的需要；线下审批是指企业逐级进行纸面审批，优点是风险管理成本低，缺点是效率低、保密性差，适用于中小型企业的风险管理审批需求。

（3）搭建企业战略和业务风险管理体系：分层分级建立风险管理机构（部门层级应高于同层级业务和职能部门）。

（4）风险管理架构设置，如图 14-1 所示。

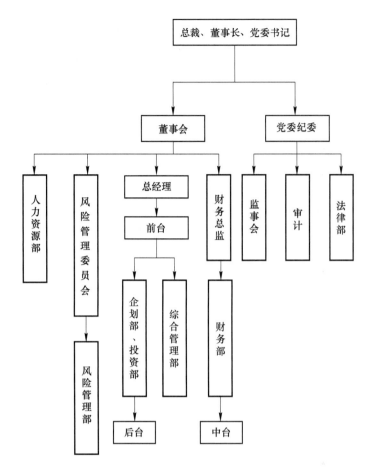

图 14-1　风险管理架构设置

（5）风险管理审批架构设置，如图 14-2 所示。

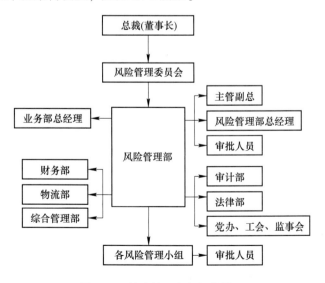

图 14-2　风险管理审批架构设置

（6）确定风险管理责任人和审批责任制度，由于各层级风险管理审批人员必须接触企业经营的核心内容，如战略投资、确定生产要素、掌握核心技术、知识产权、标准体系、重要供应商和客户名单、财务往来和资金额度等，所以风险管理人员的选择标准需满足以下几个条件：1）对企业忠诚度高、个人品德较好、实际业务能力强的员工；2）愿与企业签订保密协议；3）风险管理岗位属于关键岗位，其工资和奖惩级别标准要高于同级管理人员。确定组织职能、审批权限范围；制定风险管理制度和审批流程；设计风险管理签报审批层级和风险动态跟踪反馈路径；建立内控风险管理体系（职能、业务、财务、物流、审计、保密协议、压力测试、应急预案、风险奖惩）；要建立每年一次的上下同级全流程内部评价机制，以提高风险管理审批水平和审批效率。

风险管理流程：包括风险识别、风险评价、风险对策与决策、实施决策、检查五方面的内容，是事前、事中、事后的全程管理。在实际操作中针对不同的企业有前台、中台、后台风险管理组织和管理之分。例如：投资企业需将风险管理审批部门建立在"前台"，即在项目部和投资部报批投资项目之前，先将项目招投标计划书报风险管理部逐级审批，形成会签意见供董事会和企业一把手决策。项目进行中和项目结束前做不间断动态跟踪。

风险的识别一般从宏观和微观层面进行，也可以从外部和内部层面上识别。

外部风险：产品价格、法律法规、国际政治关系、汇率、竞争对手、利率、相关行业、灾害性、政策性、自然地理环境等风险；

内部风险：安全生产、不良资产管理、财务报告、财务核算、产权管理、存货管理、法律事务管理、公共关系管理、公司治理、供应商管理、沟通、合规、合同管理、合作理、环保、价格管理、客户关系管理、企业文化管理、渠道管理、人力资源管理、人员道德、融资、审计、市场研究、税务、诉讼、投资、无形资产管理、物流管理、现金流理、信息安全、信息披露、信息系统、信用管理、业绩管理、业务模式、业务整合、预算、战略规划、战略执行、资本运营、资金管理、组织结构等风险。

本指南所涵盖的风险管理涉及生产企业、物流企业和出口企业，不同的企业面临的风险不尽相同，所采取的风险管理体系和管理流程也各异。企业风险管理涉及企业的人力资源管理、生产和业务流程管理、财务管理、物流运输管理、销售（出口）管理，甚至贯穿在企业文化之中。本节则侧重描述出口企业的全流程信用风险管理。

信用是指依附于人与人、社会组织（法人）、企业之间生产和商品交往的彼此信任关系，是各方履行承诺的能力，也称诚信。所谓信用风险就是交易各方（采供销储运）相互间的信任程度。

14.1.4　出口企业信用风险评估与流程

交易前的评估为对所有单据流、资金流和物流的企业（交易对象）做风险评估。

（1）国内供应商和国外客户的评级与评估，评级机构和官方机构（展览会和贸促会），行内的各环节评价及口碑；对开证、保兑、交单议付银行的资信调查；对货物运输的车队、仓库、港口码头的资信调查；对出口国的港口、海关、商检等官方机构也要有必要的了解。

（2）风险应急预案及响应。

（3）成本核算及收益风险评估，做各环节的风险成本分析。

（4）出口企业向出口信用保险公司提出投保申请，在获得一定保额的基础上开展交易。

交易中要做审核：

（1）采销合同、物流协议、运输合同的审核，包括签约主体、签约文件及合同条款，货权保留和转移的时间与地点，交易对象（货物质量和数量）瑕疵的应对措施（检测方式、检测机构、取样方式、费用承担），违约的应对，争议的方式、机构选择和地点选择。

（2）付款方式（各类信用证，各类非信用证 T/T、D/P、D/A、O/A）及单据制作的审核，包括付款方式和信用证类别的选择方式、单据种类、数量选择和制单应注意的问题。

单据种类包括：出口配额或出口许可证、合同或协议、信用证副本、原产地证书、重量和数量证明、装港（动植物）检疫证书或熏蒸证明书、形式发票、发票、汇票、报关单据等其他文件或证书。

（3）货物运输、仓储及装船的监管及审核，包括运输方式（车、机、船或联运）的选择、短途运输、港口堆场与仓库的选择、装船的要点（装前包装、商品检验、装运条款、提单的要求）。要注意哪些单据是表明货权的单据和货权转移的凭证，前者一般有钢厂的提货单、铁路大票、海空运提单，货权的辅助凭证有产品出厂时厂方提供的钢厂合同、产品化学成分化验单、炉号、卷号、提货单放行条等。后者有钢厂提货出厂的出门条，汽车或铁路司机的名字（手机号、车牌号）和提货通知，仓库名称、地点、货物堆存标志，集装箱号和场地号标识，出入库的入库、出库单等。上车费单据和场地堆存及倒短费单据也是货权转移的辅助凭证。

（4）全套单据交单前的二次审核，包括与信用证的表面一致性，单据间的相关性，开证期、船期、交单期、付款期之间的关系。

交易后要做跟踪回顾：

（1）全流程中出现的问题。

（2）案件发生的原因分析，仲裁或法律诉讼的进展。

（3）对已有交易的供应商及客户做事后评价和信用档案。

14.1.5 出口企业风险管理制度

风险管理制度是出口企业管理根据实际需要而有针对性的制度制定，分为风险管理人员岗位设置和业务分级审批流程、合同管理制度（包括合同的制定审核程序、合同签订审批和签字、合同归档和印章管理）、供应商和客户的信用评估体系、出口信用保险、财务收付款审核和资金管理、内陆运输、仓储协议和租船合同审核和管理、远期结售汇和套期保值管理、理赔及仲裁或法律诉讼等。

为保障风险管理制度和流程的顺利执行，大型企业多运用线上多部门同时审批流程，审批效率高、无纸化程度高。但建立和维护线上审批的成本也很高。中小型企业可根据自身能力的现实需求建立线下纸面逐一部门审批流程，优点是建立和维护成本较低，缺点是审批效率较低，部门间协同慢，部分动态监控缺失，容易出现扯皮现象。

为确保上述制度的制定与执行建议设立风险管理部，在人员较少的出口企业可将风险管理的关键岗位由企业高级管理人员、财务人员和仓储员兼任，注意对风险管理部门和人员的不相关性选择。

（1）风险管理全流程动态监控：当今的时代是信息时代，对交易对象信息全方位获取、双方信息的对称与透明对双方了解和达成交易有很大帮助。而交易环境信息变化的获取也是降低风险的极好途径。具体说就是风险管理部门要及时准确地对单据流、资金流、物流三流的动态审核监控，对交易对象做信息积累的信用评价体系，建立风险管理预警体系和红黄蓝预警及黑白名单管理。

（2）风险发生后的处置：发生风险事件后，业务部门应第一时间书面向上级主管部门和风险管理部报告事件的情况，提出解决方案。协商无果时，在法律部门或律师协助下，对交易对象提起法律诉讼，财产保全、风险管理部门全程参与。

14.2　钢铁出口企业管理制度的研究

14.2.1　企业制度化建设的重要性

14.2.1.1　企业制度化建设的重要性

本节主要研究私营钢铁出口企业的制度化建设问题，国企有很多优势，国企的管理非常优秀，篇幅有限本节就不对国企进行专题研究了，我们的研究思路可以供国企分享和借鉴。目前绝大多数私企老板认为企业制度化建设不特别重要，企业一把手应该集中精力多抓订单、多抓客户、多抓业务、多跑关系、多和领导联络感情、多向政府要政策，很多人认为企业制度化建设应该不太重要，大学的企业管理系和 MBA 教育也没有企业制度化建设这门课。一些老板说我的企业没有制度只靠我个人管理，发展得也很不错，一年也能挣不少钱。企业领导人往往忽视企业制度化建设，这是一个非常普遍的问题，导致了很多中小企业发展极不稳定，总也发展不大，发展大一点就总出问题，中国的私营企业成立没几年就纷纷倒闭，坚持长久的其实少之又少，中国的私营中小企业平均寿命不到 3 年。私营企业出的问题，大部分原因是企业的制度化建设有缺陷所致，如果希望我们的钢铁出口企业能够长盛不衰，一把手应该特别重视学习分享企业的制度化建设这个十分重要的课题。

钢铁出口的业务环节多、战线长，各种情况比较复杂，合同的执行期很久，一个合同的执行往往同时受很多因素的影响，收益比内贸大一些，风险也比较大，是老板一个人去控制还是用卓越的企业制度去控制？我们认为出口企业应该要用制度、用流程、用规范去保障公司的顺畅发展、保障业务的顺利执行、保证货款的安全、保证企业所有的业务都处于较低的风险之中，企业的制度化建设对出口型企业来说更是极为重要的。

企业在一些极特殊情况、在特殊的时期，企业制度可能还不太重要，比如说企业特别小的时候、企业员工都特别优秀、企业的人员都特别杰出（德才兼备）、员工都能够严格自律、企业全体员工都是亲属关系时等，在这种特殊的情况下、特殊时期企业的制度化建设可能就显得不那么重要。我们见过一些国外的钢铁家族企业根本没有企业的管理制度也非常优秀，这些企业没有管理制度发展也比较顺利，企业的全体成员基本都是家里人。

企业发展到了一定的规模，不重视企业的制度化建设，企业很难长期稳定地良性发展，企业从小到大的稳步发展应该靠制度化建设做强有力的保障，"人治"在特殊时期可以使用，当企业发展比较大、员工比较多（20 人以上时）的时候，人治就好像"失灵"了。

世界知名的大企业对企业的制度化建设都十分重视，大型跨国企业里一般都有几个或者几十人的研究机构来研究自己企业制度化建设中的问题。多数人都会对我们的国有企业持各种异议，都说国有企业没什么机会了，如果在完全市场竞争的领域里国有企业难度是很大的。但是全盘否定国企也是不正确的，国企其实也有诸多优点值得私营企业学习和借鉴，大型国企里一般都有政策研究室或者经济研究所（室），这个部门的设置其工作内容相当一部分就是研究企业内部的制度化建设的问题，这是非常值得私营企业学习的方面。

很多中小私企普遍都没有非常重视对自己企业制度方面的研究，这是美中不足，私营企业发展壮大了，应该建立这个机构、安排若干（一两个）人，主要是研究企业内部制度化建设这个问题、研究自己企业的制度是否合理？自己企业的制度里有什么不足？企业的制度是否有阻碍企业发展的问题。设想一下企业的制度方面如果有问题、有缺陷，企业如何能够长期高速稳定地发展？我们应该十分重视企业的制度化建设，在企业的制度化建设处理好后，企业的长期良性发展应该不成问题。企业长期顺畅发展最重要的和决定的因素在企业内部，而非企业外部因素和市场环境。

企业小的时候，容易发生争执的往往是分钱的问题，企业发展成熟后往往权力、决策、投资、采购等会出问题，如何从制度上防止企业内部腐败现象的发生、企业高管营私舞弊、管理者的以权谋私、采购的腐败、销售中的腐败、防止企业的不公平不公正的事情发生等，同时企业还要注重风险的预防与控制，对所有的问题都应该从制度上加以明确的规定和有效的管理，企业长期高速发展应该特别重视企业的制度化建设，当然也应该同时十分重视企业的文化建设。

14.2.1.2　企业制度化建设和企业文化建设

企业长期可持续地高速发展一般是依靠企业制度和企业文化这两部分，相辅相成，优秀的企业制度化建设和卓越的企业文化建设共同确保了企业长期可持续地高速发展。现在我国的企业管理界对企业的文化建设都十分重视，企业文化建设方面有大量的教材，我们的大学管理专业里企业文化方面的课程都很多，本节不做重点研究了。企业的制度化建设和文化建设都十分重要，从笔者多年的企业管理经验来看，现阶段私营的出口企业制度化建设是一个薄弱环节，应该加强。

可以先分析企业的制度化建设和企业的文化建设各自的特点。

企业制定了优秀的制度，实行重奖重罚就可以快速地改变一个人，通过企业制度可以强制性地规范和改变一个人的行为，但是彻底地改变一个人只靠企业制度还有一定的难度，这就需要企业文化，企业文化可以彻底地从思想、思维模式、习惯上根本地改变一个人，企业文化一般是通过长期的和风细雨的宣传、沟通、说理、娱乐、文体活动、集体活动、感召、影响等多种形式来实现。但是这往往需要一个非常漫长的时间，需要10年或者几十年的时间，山河易改本性难移，说的就是改变人的艰巨性，改变一个人难，改变一个集体、改变一个团队更难、难上难。春秋时期的秦国，采用了商鞅变法，施行重奖重罚，取得了惊人的奇迹，通过奖罚分明，秦国就从一个中国西部的小国，成为七雄之首，最后实现了统一中国的霸业。

培养一个百万富翁一般需要10年时间，培养一个有文化有知识的人一般需要20年的时间，培养一个有修养有教养的绅士一般需要3代人，十年育树百年育人，培养一个人、改变一个人往往需要非常漫长的时间。企业应该从制度上、从文化上双管齐下培养员工，把每位员工都培养成为杰出的优秀的人才。

笔者曾经做过实验，员工一般上班迟到企业很难解决，员工如果迟到会找出很多的合理原因和借口，让领导都很难去处理。后来我们制定了一个制度，很有效，大家也认可，基本消灭了迟到现象，企业管理的成本也没有大的上涨。那时候员工的平均工资为3000元，把员工工资降到2000元，又制定全勤奖为1500元，当月不能有任何迟到早退现象，迟到早退也不扣工资就是1500元奖金全部没了，结果消除了迟到早退的现象，多数员工怕迟到都会提前半个小时到。以前经常迟到的人，也能够全勤上班。

14.2.1.3　一把手应该做好的三件事情

企业的一把手应该首先集中精力抓好3件大事：

（1）决策：制定好企业的发展战略、决定企业的重大事情。

（2）用人：任用好企业的高管和管理者。

（3）立法：制定好企业的管理制度。

这3件事情对企业来说是十分重要的，这3件事情都做好了，企业就会可持续地长期顺畅地发展。关于决策和用人目前有很多教材，大部分老板基本都知道如何处理，唯独钢铁出口企业的制度化建设目前还基本没有什么非常好的教材，很多人不知道应该抓、如何处理、如何制定。这里把我们多年的企业管理经验和大家一起分享，以期引起大家的重视，分享给大家一些基本的思路。

结论：出口企业的制度化建设是十分重要的事情，企业和企业的一把手应该十分重视企业的制度化建设，企业的制度化建设是企业高速发展强有力的保障。

14.2.2　企业宪法

14.2.2.1　企业宪法的名称

钢铁出口企业可以把企业的管理文件定名为企业宪法。

首先应该为企业制度化建设的文件起个名字，有很多名字可以叫，如企业管理制度、公司章程、企业章程、公司宪章、公司基本法、公司宪法等。

企业管理制度这个名字我们国内的国有企业基本都在使用，但是这个名字用在私营企业的制度化建设上好像不太合适。企业的管理制度根据我们国家的惯例一般是企业主要管理下面的基层员工的，它一般管理不了企业的重大问题、管理不了企业的高管们，比如说管理好企业的股东会、管理一把手、管理董事长、管理总经理、管理企业的高管、管理企业的发展战略，企业的重大问题管理制度就担当不了这样的重任了，企业管理制度只能管点小事情、管理企业的基层人员。

公司（企业）章程在工商局注册时已经使用，企业不宜再使用公司章程对企业进行管理。企业起名字应该有个原则：一件事情最好一个名字，名字最好专用。两件事情尽量不要使用一个名字，如果两件事情使用一个名字沟通的效率往往很低，也容易造成混乱。特别是企业的重要事情最好不要有重名，在一个企业里一件重要的事情应该起一个名字，这是一个基本的原则，比如：企业不应该有两个董事长、不应该有两个总裁等。

一个单位最好不要有人同名，否则很麻烦。笔者以前工作的单位有2个女同事都叫Liu Hong，岁数还差不多，都是女的，一来电话找Liu Hong我们就要问半天，到底找哪个

Liu Hong，效率很低，很不方便，给 Liu Hong 来的信2人经常搞混拆错了互相看，有时男朋友来信拆错了隐私也被暴露了。

企业的职务设计应科学化，一看职务就知道他在企业的位置，比如企业高管可以为董事长、副董事长、总裁、常务副总裁、执行董事等，中层管理者可以为部门经理、部门副经理等，管理者和高管之间可以再设总监、总裁助理、董事长助理等职务。部门和总监之间可以再设事业部的编制，企业根据人员的规模来定，一个部门最好不要超过10个人，一个人最好不要直接指挥8人以上。

部队职务名字起得非常好，班长、排长、连长、营长、团长、旅长、师长、军长、兵团司令、总司令等，一级一级的职务都不会叫混了，一叫职务就知道什么级别，我们应该好好地向部队学习。

我见过一家民营企业，是两个发小一起创办企业，股份各占50%，对外名片都是董事长，我们问他们谁是一把手？他们两人说：他们都是董事长、都是一把手。我说这今后肯定会有问题，他们当时不信，觉得一个企业两个董事长也没有什么问题，两人从小一起长大、亲密无间、无话不说，企业头几年大家齐心协力，发展得还不错，几年后因为两人在企业的发展方向上出现了大的分歧，谁也说服不了谁了，最后只能一分为二了，实力各下降了50%，特别大的企业变成了中等规模的企业，市场竞争力大大降低，很可惜呀。

企业里重要事情的名称最好能够长期地固定下来，不要经常改变，名称经常变化这样成本太高，大家刚习惯又变了不太好。我建议使用企业宪法做为我们私营企业制度化建设的管理文件，对企业各项工作（从上到下、从重要到一般）进行全面管理。当然除了企业宪法名称方面还可以有其他选择，如企业的基本法、企业宪章等都可以，本质上都一样。企业宪法是对企业所有事情、所有人、所有工作的全面管理，企业宪法重点是首先管理好企业的重大事情（战略、决策、用人、权利等），重点是管理好管理者以上的人，企业管理的重点不能只盯住一线员工。

笔者和我们公司的股东曾经说过笔者的观点：我们制定企业制度，出发点是我们的制度能否持久一点，最好能够使用10年以上，10年内不要轻易地经常地改变制度，企业不要每年都大幅度地修改自己企业的管理制度，制度的长期稳定性对企业发展是十分有利的。企业如果经常地、频繁地修改企业制度，企业的成本肯定会增加，很可能造成企业内部的混乱和纠纷。就和老百姓期望国家政策不要轻易地改变一样，制定企业制度的出发点应该是长期稳定。

14.2.2.2 企业宪法内容安排

企业的领导人首先要努力把企业的重大问题都研究透、考虑周全、有明确的思路，再用企业宪法的形式把企业的重大问题都尽量安排好、都尽量做出十分明确的规定，才可以确保企业有条不紊地健康长期稳定地发展。我们有很多企业的一把手都是业务出身或者是技术出身，对企业管理方面不十分的清楚和擅长，导致企业发展过程中走了很多弯路，很多企业其实未来应该是非常美好的，但是由于管理上出了问题中途夭折或者发展不起来，企业的一把手应该不断地学习研究管理知识，提高管理水平，一把手只懂技术、只擅长经营还是不行的，企业的一把手要重点全面地学习管理知识。

企业宪法应该对企业的所有问题特别是重大的事情进行明确的、合法的、合理的、科学的规定和安排。企业的重大问题一般包括：合理的股权结构设计、组建一个优秀的企业股东会、选出优秀的董事会和监事会、明确董事会和监事会的职责、董事长和总裁人选、企业的发展战略、制定企业管理制度的一般原则、培育出卓越的企业文化、聘任优秀的企业高管的原则、企业的利润分配问题、企业的管理制度、企业的投资制度、企业的决策制度、财务制度等。企业宪法做出明确的规定，然后企业里所有的人都去严格地遵守它，企业制度里明确的事情越多，规定得越详细、越全面、越合理，企业的发展就会越顺畅、越快，成本会越低，效率会更高。很多私营企业的制度，最重要的事情基本上都没有规定，这样的企业长期高速发展是一件非常困难的事情。

以前在一家外企，企业几千人很少开会，所有工作管理制度里都有明确的规定，一年里只有极特殊的情况下才开会，平常基本没有会，没有扯皮现象，办事效率极高，大家配合得很默契，这非常值得我们私企学习和借鉴。我们有的企业大会、中会、小会天天有、天天开，有时开到很晚、开到深夜，什么问题也解决不了，开会就是大家在一起互相扯皮、议而不决、决而不断、断而不动。有的人说不想解决问题那我们就开会吧，很多事情都要互相扯、互相踢皮球，办事效率低下、成本很高。如果企业里所有问题都有明确的规定，大家工作起来多顺畅、效率多高呀，因此企业应该尽最大努力对所有问题、所有的细节都努力用制度做出明确的规定，大家都严格地按照制度去做。

14.2.2.3　制定企业宪法的基本原则

（1）合法性：企业宪法不得违背当地国家的法律和法规，企业不能从事法律禁止的商业活动，不得与企业所在地的国家法律相抵触和违背，要 100% 地遵守所在国的法律，这是制定企业管理制度的最基本原则。

优秀的企业还应该知道如何在法律框架内实现更多的利润，企业要学会利用法律挣大钱。这一点我们北方的企业应该向南方的企业好好学习，北方的企业是做事情前先看国家是如何规定的，基本思路是严格地按照国家的规定去做；南方的企业做事情前先研究国家禁止了什么？国家没有明文禁止的事情企业都可以做，南方人胆子都很大，赚了很多大钱，其实就是南方人的思维方式比北方人更合理一些、更科学。

在中国还要特别注意国家政策的变化，政策变了你不变你就要出问题，我们见过一些企业把法律研究得很透，完全在法律框架内赚大钱的案例，别的企业对法律没研究透，只吃透 50%，你研究透，你吃透 100%，你就可以比其他企业赚更多的钱了，你的发展速度就比其他的企业更快一些。同时还要注意会正确地应对政府政策的变化，你会正确地应对了，你就是赢家。

美国法律几乎无懈可击，基本没有任何法律空子可钻，其实也未必。美国一家企业进口真皮手套，美国真皮手套进口关税高达 800%，这家企业先进口 1 万只左手真皮手套，进口商不去海关申报办理进口手续，美国海关法的规定，在规定的时间内没人清关，海关自动拍卖处理，当然这种情况，只有这家知情的企业低价买走，然后这家企业又从其他口岸进口另外的 1 万只右手手套，依然是海关拍卖，还是低价买到，合法地避免了 800% 的关税，合法地低价进口，不违背法律。

（2）合理性：企业宪法的规定要在情理之中，要讲道理、讲公理。"企业制度"不要违背"公理"。比如企业如果制定缺勤一天扣 200 元，迟到一次扣 500 元，这样规定就不合理了。你想想员工会如何应对？这对企业是没有好处的，企业制度的不合理会阻碍企业的发展。

以前我们的交通法规出了这样的笑话：驾驶执照每年要在规定的时间内年检，超过年检时间驾照就终生作废了。可是有的非常严重的违章只暂扣驾照6个月；忘了年检超过了一天就终身作废，确实不合理，有关部门发现了这个问题后即修改了这个条款。交通管理部门以前也出过笑话，黄灯罚款，驾驶员绿灯正常行驶突然遇见了黄灯，来不及停下来，就要罚款，于情于理都说不过去，最后黄灯罚款也就此废止了。

企业的管理制度要遵循公理，制度不符合公理说明制度有问题，就应该及时地修改制度。要注意的问题是要避免小错大罚、大错小罚、小功大奖、大功小奖、有功受罚、有错却奖的不合理的奖惩规则，要注意制度各项条款的协调性。有功则奖、有过则罚、大功重奖、小功小奖、大过重罚、小过小罚、好的加强、不称职的削弱，优秀的人才及时委以重用，不称职的要及时地精心培训。企业的一个规定要认真地反复地从各方面角度看看是否合理、是否公正？

做一件事情有功有过，如何处理？比如：员工在上班的路上救助了一个素不相识的危重病人去医院，导致上班迟到了，企业按照规定迟到了不管什么原因都要扣工资，不应该有例外，迟到了只能扣，同时企业又要奖励这个员工，因为他做了好事，一件事情同时有功又有过，企业就要同时有奖有罚，这种情况可以先罚后奖，应该鼓励的事情奖大于罚即可。

奖励和惩罚要对事不对人，让员工心服口服。奖励要向为公司创造利润及贡献大的一线员工倾斜，不能向高管倾斜。以前我们选劳模，选的很多是各级领导、县委书记、市委书记，后来中央发现了这个问题，就控制了领导干部在劳模中的比例。企业要重点奖励一线员工，通过重点奖励普通员工体现企业的公平公正的效果，达到鼓舞和激励全体员工的作用。

惩罚应该从一把手、从高管开始，从而达到杀一儆百的震慑作用。企业内部奖罚分明，达到有令必行、有禁则止的效果。企业管理不要总盯着一线员工，员工们一般都看着上面的高管呢，企业高管们总营私舞弊、带头违反制度，你希望全体员工都无私奉献那是在做美梦。管理好企业最重要的是首先要管理好企业的高管和管理者，治国的关键和重点在治吏。

如果企业的某人总是违反企业的制度、总有失误也不能改正、总是二流的，就应该考虑解聘的事情了，这在企业宪法里要明确地规定下来。

企业管理重点是管理好管理者，治国重在"治吏"，一个企业中高层管理者都身先士卒、都严格地遵守企业的制度，一般员工就会心服口服，企业会顺畅地发展。

（3）现实性：企业应该尊重客观现实，要与当地的民族文化、风俗习惯、风土人情相一致，要入乡随俗，特别是要尊重宗教和民族习惯，企业要与周围的环境保持和谐一致。如企业的作息时间、节假日等安排要尊重当地的风俗习惯，要本土化，不要与周围环境相逆反。

伊斯兰人忌讳猪，企业里如果有信伊斯兰教的员工就尽量不要有猪的标志。基督教忌讳13，企业如果有基督教员工就要尽量避开13这个数字，信佛教的人就要避开喝酒、吃肉、杀生等。

华人尽量避开"250""二""特二"等。如果职工工资等级有250元这级，一位同事工资为250元，每月他拿工资时就会开玩笑地说："250的人制定了250的工资标准"，不知道谁是 250？

北京以前有个医院的名称是"514"医院，结果很少有病人去看病，只有胆子比较大的人去看病，谁也不愿意"514 是我要死的谐音"，后来医院不得不改名字了。"二"在北京也是不太好的数字，"二"在北京话里有比较傻、比较愚、比较混、比较愣的意思，有的城市有"特二路"公交车，结果乘客宁可多换几次车也不愿意坐特二公交车。

南方有的城市的宾馆没有"4""8""13""18"等层，我们对其中的 8 和 18 不理解，问了当地人，才知道原因是：7 上 8 下、18 层地狱，所以大家都不喜欢这些数字。

（4）可行性：企业宪法的制定应该与企业的实际情况相符合，不要超越企业现在的客观条件，特别是产品技术参数和工艺的要求，所有的指标应该有现实性和可行性。

做不到的事情企业不要规定和要求，有的企业制定的制度非常苛刻、不可行，员工看了觉得非常可笑，企业领导人还不知道。比如员工严禁迟到，这可行吗？北京等大城市堵车严重，交通一直是最头疼的问题，交通瘫痪时有发生，哪天万一地铁发生了故障、万一路面严重堵车，员工迟到了，这是可能会发生的事情，你制度中非要禁止，肯定行不通。你制定制度的时候就应该想想是否可行？是否有可行性？员工能够严格地遵守吗？有可行性你才制定。有的企业还把废品率为零、定尺率为 100% 等写进制度，员工只能将不合格品混进合格品中去以次充好。注意不可行的事情如果做出了规定，企业制度等于废纸一张，会让员工笑谈。

（5）权威性：股东会制定的企业宪法和各项管理制度是企业的最高制度安排，企业的一把手、董事会、董事长颁布的其他决议和规定都必须服从企业宪法和管理制度，任何人、任何部门都不得与企业宪法相违背。笔者和所在公司的员工说过一句话要他们牢牢记住："企业宪法里只要有明确规定，任何人都不要向我请示，任何人都必须严格地遵守和执行。"下面的人看你一把手确实是重视企业制度了，也都会认真自觉地遵守了。一把手和企业高管们如果都不把制度当回事，那制度就是废纸一张。

（6）强制性：制度面前人人平等，企业宪法在企业里必须强制性地执行，企业里任何人都必须严格遵守和执行企业宪法的各项规定，任何人都没有逾越制度的特权，任何事情、任何人都要接受第三方的监督和检查，违反制度者不管级别高低都将立即严肃处理，严重者清除出企业，企业必须有这样的制度，才可以真正地把企业制度执行好。企业里的各级领导人特别是企业的一把手、高管和各级管理者都应该带头严格地遵守企业宪法和企业的管理制度，企业领导人要成为员工的表率，如果一把手因工作需要确有例外处理，制度中应该有明确的规定。

（7）稳定性：企业宪法不能经常随意改变，我们建议企业制度一经颁布最好坚持 10 年以上，长期稳定下来，稳定是企业长期高速发展的前提和重要的保障。企业宪法一个财务年度微调一次即可，不合理、不完美、不周全、不细致的制度可以调整、修改、充实、完善，以前未考虑的可以补充，企业宪法尽量长期稳定，这对企业是十分有利的。制定制度时就应该考虑做出这样的规定能否长期地执行下去，不能长期坚持下去的就不要做出规定，企业制度不能朝令夕改、经常变动，这样对企业不利。

（8）明确性：企业里的重大问题都应该有十分明确的规定，规定的内容和意思应该十分明确、十分清晰，尽量简单通俗，表达的意思不能含糊不清，理解上不能有歧义。制度的文字应该能让普通员工（非专业人士）一看就明白，不能像有的国家的法律那样让一般人怎么看也看不懂、看也看不明白、看了之后一头雾水，一段文字让别人研究半天可以得到好几种理解。

（9）唯一性：一个规定应该只有一种明确的字面意思和理解，不能3个人看有3种理解，一件事情应该只有一个条款来管理。企业的很多事情都应该坚持"一"的原则。

企业管理中一定要把握好"一"的原则：一个股东会、一个董事会、一个决策中心、一个指挥中心、一个利润中心、一个团队、一个奋斗目标、一个企业文化、一个制度、企业只做一件事情、一个发展战略、一件事情一个人负责、一类事情一个条款去管理、一句话一个意思等。

制度中应该尽量避免出现这样的表述：遇有特殊情况、特殊情况除外、可以由有关管理者酌情处理、可以参照公司的其他制度、根据本人态度由管理者酌情处理、无故迟到早退酌情扣本人10~100元等，应该避免制度中的弹性空间，如果企业制度里有很多的弹性空间，企业的高管腐败问题就会出现，员工就会不服。

（10）原则性和灵活性：企业宪法制定得再细再具体再明确，也是对某一类事情进行原则性的规定，不可能对企业可能出现的所有问题都进行明确的非常详尽的规定。企业制度没有明确规定的极特殊情况如果发生了、出现了，制度中应该十分明确地规定由谁来负责处理，以及处理特殊性事情的一般性原则。特殊情况处理之后的结果最好要求公示出来，这样就变成了今后处理这类事情的规则了。制度中应该十分明确地规定特殊情况的处理权限是由董事长或者总经理来处理还是由部门经理来处理，以及处理的一般性原则：公平性、公正性、公开性等。

（11）经济性：制定企业宪法时应该坚持管理的成本最小化、效率最高、流程最短的原则，企业管理的流程要尽量最短，企业加强管理是对的，但是管理不要超过一定的度，不要为了加强管理而无限地增加企业的成本，不要为了加强企业管理而大大地降低了办事的效率。比如企业支出10元以下只要一个人审批即可，很小的支出不要多人层层审批。有的私营企业花1元钱也要层层审批，最后由董事长审批，这样办事效率太低，成本太高，企业应该实行分级管理、分级授权、分级审批，日常工作一个人负责制。应该相信基层管理者，应该给他们一定的权限，比如部门经理给他100元以内的权限，副总1000元以下，总经理若干元的权限，这样规定比较合理。笔者见过国外有个非常大的企业，董事长办公室门外每天几十人排队等老板亲自解决问题，下面人员一点权力都没有，这就是制度中的授权和分级管理出了问题。

（12）公开性：企业宪法和企业的管理制度应该事前在企业内部公示出来，让企业里的所有员工事前都知道。阳光下腐败现象一般很难发生，有可能发生腐败的事情都应该公开，一般人就不敢搞腐败了，职场中没脸没皮的人其实是很少的，企业里的所有重大事情都应该在规定的范围内公示出来。

企业特别需要公开的主要内容有：采购竞标情况、企业高管的费用报销、容易出现回扣的业务（如海运、空运、路运、采购等）、国外佣金的支付、各部门业绩等。注意最好把经办人和审批人分离，这样灰色业务就会少很多。

出差等尽量使用包干方法，如出差每天补助的包干标准多少钱，这样就可以避免员工的诚信问题。有的企业总发生员工的品德问题，其实这不应该怪这些员工，这是企业的制度有问题，当然目前我们的税法还不太有利于企业的差旅宴请等包干制度，白条即使发生了目前国内的企业也进不了成本，企业应该研究其相应的解决办法和对策。有的企业差旅报销是这样规定的：去上海每 24 小时补助 500 元（含住宿、餐饮、交通等），凭正式发票报销，不足的部分 50%奖励给员工，超出部分自理。当然出差前应该有上级的批示：去哪里出差、出差几天、办什么事情等。

国外的企业很省事，出差基本都是包干制，每天补助多少钱，宴请也是包干制，每年总经理有多少宴请费，省下来全部归自己，所以外国人都很"抠"，你去他的企业带你去吃肯德基、麦当劳，或者一些小餐馆，基本没有大手大脚的现象。这和中国人不一样，中国人宴请很大方，国企领导更大方，一般客人来都是去五星级酒店狂吃，这主要是因为花钱与自己没关系，都是花企业的钱。

（13）公正性：企业宪法和管理制度不应该对少部分或者一部分员工有任何歧视，制度也不应该偏爱和祖护任何一方。偏爱和歧视其实是一回事。对性别、年龄、民族、籍贯、毕业学校、文化程度、特殊关系、特殊专长和爱好，不应该有特殊的关照和歧视，国家法律规定的除外（如少数民族、妇女、残疾人等的照顾除外）。企业要制定明确的用人制度，使任何人努力工作都有希望、有奔头，只要努力工作、忠诚于企业、德才兼备都可以晋升上去。要制定公正公平的招聘制度、用人制度、选拔制度、晋升制度、薪酬制度等。

某单位领导酷爱桥牌，结果中高层管理者都是爱打桥牌的，新的员工进入企业，一看企业这种情况，会打桥牌的肯定提拔得快，结果很多年轻人都拿出大部分精力和时间来学习研究桥牌，企业里每天下班后各部门基本都在打桥牌，企业里学习桥牌的空气特别浓，这极大地推动了企业的桥牌水平，但是这与企业利润最大化关系并不大，结果企业不久就倒闭了。

企业一把手不应该向下级过分地展示自己的偏好，特别是不能随意重用迎合自己偏好的下级，企业应该从制度确保做任何事情的公正和公平性。

（14）时效性：企业宪法和管理制度自颁布之日起开始生效，制度应该明确规定制度从颁布之日起只约束管理和规范制度颁布以后的行为，对制度颁布以前的行为没有追溯力，新法管未来、旧法管过去。企业还应该明确地规定旧法和新法的管辖时间段，如果旧法和新法的管辖时间段有交叉，应该明确原则：奖取重者，罚取轻者，取对员工有利的一方面，这样大家没有什么意见。

一个合同要 3 年执行完，制度每年要修改一次，奖罚制度之间差别很大，应该取对员工有利的。当然企业的制度应该尽量相对地稳定，修改制度有时候会有一些意想不到的事情发生，经常改变企业制度，企业和员工之间往往会有争议，对企业不太有利。

（15）保密性：企业宪法、管理制度、企业战略、营销模式、客户资源等重要内容属于一个企业的核心机密，应该对外严格保密，特别是对竞争对手要严格保密，企业要注意做好保密工作，要让全体员工都知道泄露企业的核心秘密会严重地影响企业的发展速度。企业可以设立绝密、机密、保密等几个保密级别。股东名录应该只限于股东会知道，保密范围有：股东、高管、管理者、员工。企业打法律擦边球的事情应该只有一人知道，不应该公开。

（16）制度外授权：制度中应该明确由第一大股东，在股东会闭会期间临时处理企业的紧急重大事宜，事后可以向股东会汇报。紧急情况下各级管理者有紧急处置突发事件的权力，但是事后应该 24 小时内向上级汇报。

14.2.2.4 关于企业的财务年度问题

企业的财务年度不一定非要 1 月 1 日～12 月 31 日为企业的一个财务年度。一般企业都规定每年的 1 月 1 日～12 月 31 日一个自然年为企业的一个财务年度，大家知道这样规定合理吗？有没有更好的选择？多数人认为应该是这样，别的企业都这样，好像企业的财务年度应该和自然年完全重合。目前国家法律对企业的财务年度还没有明确的规定，国家没有明确规定说一个自然年必须为企业的一个财务年度，所以企业可以根据自己的情况和特点自己决定企业的财务年度，那么我们探讨一下还有没有更好的选择？

在高速发展的企业，12 个月企业会发生重大变化，一年的时间对现在来说太漫长了，所谓财务年度，就是说每个财务年度末企业要清算一次、分红一次、调整一次、总结一次、奖金发放一次、改进一次，为什么非要一年 12 个月才做一次？6 个月可不可以？8 个月或者 10 个月不行吗？

另外一般年底年初企业的事情太多，企业最好避开年底年初，有的企业规定 10 个月为公司的一个财务年度，股东每 10 个月能分一次红，员工每 10 个月就能分一次奖金大家都感觉不错。当然企业的财务年度也不宜太短，半年以上为好。

14.2.3 企业股东会

14.2.3.1 股东会是企业最重要的组织

股东会是企业的最核心组织，股东会是企业之父，每个企业都应该有一个股东会，股东会是企业的最高权力机构，企业应该首先把自己的股东会建设好，组建一个优秀的股东会是企业最重要的事情。

很多的私营企业都有这样的理念：企业要努力打造和培育一个优秀的团队，最重要的是员工要优秀，其实这还不太正确。企业要先建设好股东会，其次才是员工的团队建设。企业由于股东会没有建设好早晚会夭折倒闭，员工的团队建设不好企业发展得只是缓慢一些而已。

有个朋友海外留学，在国外办了个企业，有一天笔者和他聊天，他介绍他的企业有 50 多个外国人，做风险投资的，手里有几百亿资金，他和这 50 多人都是合伙人关系，他的企业没有股东会，我说企业没有股东会怎么可以？那企业是谁的呢？企业如果没有股东会今后企业盈利给谁？亏损谁承担？笔者当时以为他毕业于美国一所著名大学，在国外学习的 MBA，笔者在清华大学经管学院学习的是中国的 MBA，他可能有什么特别的高招吧，结果几年后他企业在管理上出了一些问题，一个企业没有股东会、不重视股东会的建设都是不太正确的。

企业的全体股东是企业的所有者，各国相关法律为此都有明确的规定，企业初创时股东会首先就应该明确下来，股东会不明确、企业的所有者不清楚早晚要出问题。目前我国很多私营企业的股东会不是非常清楚的。这有很多种历史情况和原因，比如：丈夫创立企业，工商局注册时需要两个人，他就把妻子拉上，工商注册法律的文件上股东是夫妻俩，妻子也帮助搞搞公关、参与一些企业的经营活动、帮助企业做一些事情，法律上妻子也是股东，但是企业真实的股东到底是谁？夫妻俩各占多少股份？谁是第一大股东、谁是企业真正的一把手？这就不清楚，夫妻俩谁也不知道。还有的企业是兄弟3人共同创办，3人在企业里股份各占多少，事先都不好意思说清楚，大家一起干，反正企业是3个人的，注册时各占三分之一，但实际各占多少比例谁也不知道，等企业发展壮大了再想搞清楚就麻烦了，大家都有意见，都认为自己的贡献大，都认为自己的股份应该多一些，企业的日常经营活动谁是第一大股东、谁是最高指挥者、谁是企业的真正一把手、谁是做最后决策的？不清楚，哥仨都可以向下面同时发号施令，下面的员工无所适从，等企业发展大了，结果企业只能一分为三了。企业创立时股东会一定要十分清楚、十分明确，股东会不可以含糊不清。谁是企业真正的股东、大家每个人各占多少股份、对股东有没有什么要求、每位股东出资多少、出资方式是什么、出资货币是什么、出资的时间有何约定都应该十分清楚地在企业宪法里予以明确的规定。

国外的家族企业有的股权结构也不十分清楚，一家菲律宾的钢铁家族企业，领导人1960年创业，晚辈几十人都在企业里工作，大家各占多少股份谁也不知道，关于大家的股份老爷子可能大致有个想法，但也不明确出来。大家都拿工资和奖金，企业股东从不分红，平常也没有什么矛盾，老爷子在世时大家也还没有什么意见，大家有意见时老爷子对大家讲的经典的话就是：企业是我们大家的。等老爷子一走，老大镇不住了，企业内部就出现了麻烦和法律诉讼，最后分成了几个小企业。

企业最好尽早把股份都说清楚，早说清楚是上策，早说清楚就可以避免争议和诉讼的发生，早清楚比晚清楚要好很多。世界上十分清楚的事情是不会有纠纷和诉讼，不清楚的事情才会出现争议和诉讼。企业一般不太怕外部的困扰，企业最致命的伤害是内部股东之间的争斗和诉讼，股东之间如果有争议有诉讼法院律师受益，法院很难判决。

股东会是企业最重要的最核心的组织，应该首先建设好，股权事前一定要先明确下来。

笔者有一个远房的亲戚，他非常优秀，快60岁时开始创业，做建筑类的企业，经过20多年的艰苦创业，快80岁时有了几十亿元资产，规模很大，家里有四个孩子。他身体特别棒，从小在农村干农活，从来没有得过什么病，他觉得自己可以活到100岁。他70岁时笔者就劝他一定要尽早培养接班人，早点把企业内部的事情说清楚，都明确下来，他说急什么，结果快80岁时，老爷子突然故去了，企业很快分裂了。

企业是先有股东会，之后才有监事会、董事会、职工代表大会、董事长、总经理等，董事会是日常决策机构，受股东会委派、对股东会负责。企业宪法最好由股东会制定并颁布。

14.2.3.2　股权结构设计

企业的股权应该合理、符合规范，举一些股权结构不合理的例子。

A银行股权结构为：A银行20%；财政部40%；招商局20%；某投资公司15%；A银行高管5%。

这种股权结构是不合理的，A企业的股东不能是A企业自己，企业的股东不能笼统地是企业自身，企业的股东一定要是企业外部第三方做投资人，当然单位或者个人作为股东均可以，A银行高管如果做自己银行的股东也应该十分明确具体到有哪些自然人，只笼统地说高管是股东，这样也不太合理，容易引起争议。争议解决不了，就容易引起诉讼。

　　3个股东以上的企业一般可以设股东会，股东特别多的企业还可以设董事局，企业可以规定股份多少以上的可以进董事局。

　　企业应该安排合理的股东人数，企业股东人数的建议为：

　　企业只有一个股东不太好。企业只有一个股东好不好？世界各国的法律现在基本都允许一个人投资开办企业，一个人投资创立企业从法律上讲是可以的。企业只有一个股东其实企业就是他一个人的，企业里他一个人说了算，他决策时无需和别人商量，一个人决策就可以了，这样决策效率很高，决策过程也很简单，他拍拍脑袋就决策了。他一个人创办了企业，也说明他魄力是很大的，很值得敬佩。在我国的工商局注册时以前需要两个人，一般他让夫人或者父母之一出面在工商局注册股东，那是形式，真正的股东只有他一个人。现在我们国内注册也可以一个股东了。

　　企业只有一个股东如果他决策能保证100%的正确当然是一件很好的事情，决策的成本很低、效率很高，但是万一他头脑发热、万一哪天他喝多了，头脑一发热拍板错了怎么办？企业损失会巨大，怎么防止这种情况发生？就应该引进更多的股东去平衡制约他，他的意见正确时就听他的，他如果错了企业就应该有人及时有效地出来纠正他，他的建议应该有人去替他完善、应该有人替他把问题考虑得更周全、更完美。

　　企业创立时可以是一个股东，企业发展壮大的过程中首先是股东人数、股东权益不断地增加的一个过程。企业长期是一个股东、永远是一个股东不太好，对企业不是特别有利。有的企业创始人很希望其他人能成为企业的股东，也希望股东人数不断地增加，但是不知道如何处理。股东人数从一变二、从二变三、从三变更多，企业的一把手很多都不知道应该如何处理。下面会讲解一些方法解决股东人数不断增加的问题。

　　企业只有两个股东也不太好。企业只有两个股东好不好？一个企业只有两个股东也不太好，为什么？首先"二"在现实中很多情况下是贬义，现实中经常说："这个人很正派，人品绝对没有问题，就是有点二"。三、五、七、九等单数在古代汉语里表示多和吉祥的意思。两个股东万一意见不一致时、两人万一打架时企业就会有大的问题，有时会倒闭。两个股东各占50%的股份时股权结构更不合理，在这种情况下企业没有第一大股东，企业的一把手、做最后拍板权的人不知道是谁？两个人都是一把手，这种企业也不合理，长远看是肯定不行、肯定会出问题的。

　　企业股东3人以上比较合理。3人以上的股权结构就比较稳定了。但是3个股东各占33%也不合理，企业没有第一大股东、没有一把手了。

　　我国的《公司法》（2006年1月1日实施）规定：有限责任公司股东人数在50人以下，股份有限公司股东人数在200人以下。企业一般不要从法律上突破这个人数的限制，当然如果确实股东人数多于《公司法》的规定，企业也应该想办法予以合法的处理。笔者提倡企业应该严格地遵守当地国的法律，但是如果法律不在情理之中、法律不讲道理时，企业也应该研究出在不违法的前提下把事情办好了的方法。

　　如果企业是有限责任公司，企业有1000名员工，企业全员持股，大家都是股东、都是企业的主人，股东的人数就会超出法律规定的50人的限制，如何办？企业可以这样处理：可以每30人选一个代表去工商局登记注册，这样工商局注册的股东人数不超过50人即可。当然企业内部事前应该有个书面的协议，或者是书面的委托函，注明其在工商局注册的股东只是形式而已。

在公司管理上一般51%以上的股权就可以绝对地控制一个企业或者说就可以主宰这个企业，这要在企业宪法中予以明确，这是合法合理的。在制定企业宪法时无须全体股东一致通过，当然第一大股东应该通过说理的方式说服49%的股权接受51%的意见，小股东服从大股东是办企业十分重要的原则，当然大股东也应多听、认真地分析小股东们的意见，在制定企业宪法时充分地沟通、耐心地说理，通过讲道理最后达成共识。

企业应该优先募集鼓励内部管理者和员工入股，其次是利益相关者（如企业的客户、代理、重要的供应商等），最后才是外部的战略投资者入股。股东里有更多的管理者、更多的员工持股，对企业的发展极为有利。

还有几种不好的股权结构，企业应该注意尽量避免：

10个股东，每个股东都占企业10%的股份，或者5个股东，每个股东都占20%，这种股东结构不合理，企业没有第一大股东，企业实际上没人着急，企业没人真正负责了，都指着别人。企业里应该有第一大股东，他的股份应该多一些，企业盈利了他应该多分一些，如果亏损他也应该多承担一些，他是企业的一把手，这种情况在几个同学、几个战友、几个兄弟共同创业时经常会出现。

一个企业中某一个人的股份超过了51%，这种情况也不太好，他可以主宰着这个企业，万一他做出了错误的决策，企业从法律上无法阻止他、纠正他，在企业的发展过程中第一大股东的股份应该从51%以上逐渐地降到50%以下，第一大股东的股份低于50%是比较合理的，这样当第一大股东出现错误时，其他股东可以联合起来纠正他。

第一大股东所占股份低于5%是否合理？也不太合理，在这种情况下，谁也不真正地为企业着急，谁也不替企业做长期的打算，如果形势不好谁都可以随时跑（撤股），一看企业不好就抛售自己的股票，这样的企业怎么能长久可持续地做好？有些上市企业没有人真正地负责任、没人替企业真正着急、没人为企业做长远的安排、没有人希望长期地为企业奋斗，这样的企业能不能长期良性健康地发展始终是一个未知数。

企业的第一大股东一般是企业的董事长，其他股东如果都是战略投资者，企业高管和管理者员工都不是股东，这也不太好。股权稀释的过程应该是先内后外，依次从高管、管理者、核心成员、一般员工、利益关联者开始，最后才是吸引战略投资者。企业内部无人入股、企业的高管不入股、企业的管理团队也不入股，不利于企业的发展。

企业的股东会、股东结构不明确也不好。很多家族企业的股东是谁？大家都不知道、不明确，兄弟5人一起创立企业，开始时可能是借了点钱，大家都没有投资，大家都不好意思说清楚股份问题，借款还了，企业的净资产是谁的？谁也说不清楚。企业一旦发展起来，公司净资产几十亿元，股权问题更不好明确，如果非要明确就可能有法律纠纷，或者企业一分为五。一个大企业和5个中等的企业是完全不同的级别，企业拆分、从大变小竞争力会大大地下降，这种情况主要是由于股权问题没有事前安排好所致。企业小的时候最好什么事情都要明确下来，等到企业特别大后再去明确股权比较困难，钱太多了再分容易产生纠纷。

办好企业还应该注意企业股权的结构设计问题。企业要有明确的股东，股东人数要合理，股东人数最好是单数，如3、5、7、9等，有更多的员工持股或全员持股是好事情，最好股东对大的问题想法基本一致，对股权有非常明确的约定，股东之间一定要避免争议和诉讼，如果有不同的意见，应该在起草和制定企业宪法时通过讨论和沟通达成共识，大家每个财务年度初对一个财务年度的安排都形成一致的意见，股东会相对稳定并稳步增加对企业的发展比较有利，股东成员和股东权益不宜大规模频繁增减变化。

14.2.3.3 股东会的权利

股东会负责制定企业宪法、企业发展战略、选举董事会和监事会、董事长人选，第一大股东可以兼任董事长，也可以另选他人，如果董事长不是第一大股东，一般董事长是由第一大股东或者股东会任命。

股东会选举了董事会和监事会的人选，董事会和监事会对股东会负责，董事会负责日常事情的决策，董事会闭会期间由董事长行使董事会职权，监事会负责对企业所有人和所有事情的监督和检查。

只有两个股东的企业可以设执行董事，一般第一大股东是执行董事，执行董事行使企业一把手的权力，企业不设董事会，另一个股东可以聘任为监事。

企业的第一大股东从法律上讲应该是企业的一把手。第一大股东如果其股份占企业总股份的51%以上，他就可以绝对地控制这个企业了，如果企业股东人数较多，第一大股东只占企业股份的50%以下，只能说他可以相对控股，其他股东可以联合起来否决他的决定。股东会行使表决权是按照出资的比例，而非根据股东人数进行表决，这要十分明确地在企业制度里做出规定。

股东会是企业的最高权力机构，可以说股东会决定和主宰着企业的一切，因此办好企业首先应该把企业的股东会建设好，股东会建设得不好，企业早晚会有大的问题；企业倒闭很多是由于股东会不合理、股东之间打架所致，曾经是2007年央视标王的爱多VCD的两个股东一打架，很好的企业马上就over。因此企业应该首先特别注意股东会的建设，股东会应该比较合理，股东之间把所有的事情都应该谈得比较清楚，股东对未来的看法比较一致，并且用书面的形式达成共识、签署协议，应该保证企业股东之间不能打架，股东之间最好没有争议和诉讼。

股东会是按照股权的多少（比例）进行表决（同意或者否决）、分红和承担亏损。

14.2.3.4 对股东的基本要求

什么人可以成为企业理想的合格的股东呢？我们说的是中小企业的股东，上市企业的股东一般不会直接参与企业的管理和制度化建设，我们这里不做研究。企业的股东最好是具有法律行为能力、有明确的稳定思路的自然人等做企业的投资方入股，股东应该思想稳定、有明确的独立的见解，当然股东最好有比较好的文化素质、了解法律、了解企业管理的一般常识、比较理性、比较讲道理、比较看好自己的企业。股东里最好有一两个高人、对企业管理有独特的精辟的见解的人、对企业比较了解，这样会给企业管理上提出很多的好主意、好建议，这会有助于企业的长期稳步发展。企业宪法作为企业的根本制度应该由股东会制定，如果全体股东除第一大股东外都是文盲、100%的法盲、不讲道理的人对企业也不利。

最好避免有法律麻烦的人、有官司和法律诉讼的人成为股东，如果有这样的人你的股权会很不稳定，万一有个别股东有法律纠纷他在企业的股权就可以随时被冻结、被查封，你企业的正常经营活动就会受到严重的影响。

企业尽量避免单位法人股投资。有个朋友，当时缺钱一时着急便找了个单位投资，单位作为法人股投资，占他企业股权的51%，对他的企业有绝对控制力，法人股单位有书记、董事长、总经理，3个人都可以代表投资单位表态，这3个人的意见经常不一样，但都可以指挥他，都可以对他发号施令，书记一会儿说：要在他的企业里成立党支部，党的文件和精神也应该传达下去；董事长一会儿说为了增加投资方的业绩规模不要太考虑利润，要千方百计地提高销售额，把流水搞上去；总经理指示：企业应该利润第一，利润是最重要的事情，不要太考虑销售额，亏了我要承担责任，绝对不能亏损。3个人都发号施令，闹得这个企业实在没有办法，不知道听谁的，最终不欢而散，企业损失很大。

我们钢铁行业还有一个不错的企业，与美国的企业合资，美方占股51%，绝对控股，美方要求无条件扩大经营规模，不考虑利润，结果5年内年年巨亏，最后基本亏得快倒闭了，美方要市场、要规模、钱有的是，中方可受不了，最后中方的投资基本都亏没有了。合作之前双方的想法、对未来的认识应该好好地沟通，对未来达成一致了再合作。

14.2.3.5　企业宪法的制定和颁布

企业宪法应该做出明确的规定：股东会应该按股权多少进行表决，51%以上的股权就可以通过企业宪法和股东会决议，股东会选举董事会和监事会，企业宪法和股东会决议应该以股东们正式书面签字的方式通过，第一大股东在股东会书面通过企业宪法后24小时之内予以公布。股东会制定的企业宪法应该是企业的最高制度安排，企业里任何人都应该认真严格地遵守，企业一把手和企业高管都应该以身作则、带头遵守和执行企业的各项制度，企业一把手和高管都应该知道：如果一把手和高管不遵守企业的制度，企业制度将成为废纸一张。

如果有个别股东不同意多数（51%以上股权）股东的意见企业应该如何处理？一般应该由第一大股东出面通过耐心地摆事实讲道理、通过沟通说服个别不同意者，通过和风细雨的沟通，最后大家达成了高度一致是上策，第一大股东也应该认真地听取其他（小）股东的意见，如果其他股东的意见中有正确的部分就应该及时地采纳，如果少数股东的意见比较合理，第一大股东也应该说服多数人接受其合理的建议，如果企业宪法的内容比较合理就应该有信心说服其他的股东接受，如果个别股东确实说服不通了，多数股权不同意少数股权的意见、个别股东的意见是不合理、不能采纳的，只能劝其撤资撤股，这是最佳的方案，道不同不相为谋。要知道如果少数人不同意多数人的意见，从企业的制度化建设上来说没有任何意义，少数人只能服从多数人的意见，51%以上的股权就可以形成股东会决议了。当然股东之间在开股东会时应该在平等的基础上，经过充分的民主、耐心的沟通、集思广益、通过讲道理达成一致。当意见基本一致时再形成决议，这样结果比较好，大家心情舒畅。企业宪法的制定过程应该是充分民主、反复沟通、反复协商最后达成高度共识的一个过程，第一大股东应该认真地充分地听取大家的意见，认真分析各方面意见中的合理部分，集中大家的智慧制定好企业宪法。

股东会闭会期间遇有紧急特殊情况，由第一大股东行使股东会职权，但是第一大股东的任何决定原则上都不得违背股东会已经制定的企业宪法，注意企业宪法颁布之日起，只负责管理企业宪法颁布之后企业的一切经营活动，对颁布之前的事情没有追溯力，企业宪法应该规定：股东会闭会期间由第一大股东行使股东会权力。

14.2.4 股权问题

企业股权的投入货币资金应该有明确的规定，一般是以企业所在国的货币为唯一货币单位，当然这个货币最好是可以自由兑换的，在我们国家以人民币为唯一股权货币单位是非常可行的，股权最少单位可以规定为最少1万元，如果定1元一股大家会在实践中发现太麻烦了。以实际股权资金到位的时间计算，入股资金到位后24小时之内由第一大股东签发股权证书，并登记股东名录，股东名录应该在股东会内部予以公示。

企业宪法最好明确规定：不接受其他货币资金，如美元、港币、英镑、日元等，如果企业股权可以使用多币种，很容易导致股东纠纷，企业在管理上的原则是越简单越好，重要的事情尽量符合"唯一性"的原则。

企业宪法中应该明确不接受以实物资产入股，有的员工表示非常希望以自己的实物入股，比如自有的房屋、土地、汽车等，但这样操作太麻烦，有时会有争议，有时会有失公允，对其他的股东不公平。

不接受技术、知识、知识产权、关系等作为无形资产入干股，干股在法律上无明确的规定，有干股了对资金入股的股东来说是不公平的，干股基本都是行贿官员用的，企业宪法中应该明确予以规定：不允许干股。

股东们一视同仁，都使用一种货币资金，中国的企业最好都使用人民币投入，同股同酬，入股时间上可以有不同，分红股息的计算上考虑入股时间段即可。

14.2.5 股权流动问题

优秀的企业股权应该是明确的、稳定的、合理的，股权也应该和水一样能够流动起来，不能流动就是死水一潭，不能流动的股权是有问题的，股权如果只能进不能出，谁还投资？这样的股权是有问题的。

上市企业的股票是可以自由地买卖交易的，我们这里研究的是非上市企业的股权流动问题，如何使非上市企业的股权流动起来？几十年来股权流动问题一直是企业管理界研究的课题，股权应该能够自由地流动起来，企业如果需要资金，投资方可以随时投资进来，股东需要撤回资金可以随时自由地抽出来，股权可以自由地流动才是好的企业。

企业要想使股权能够自由地流动起来，应该首先设计好企业的股权结构，股权结构应该合理，股权结构合理是股权流动的前提和条件。

我们看一下A企业的股权结构。

A企业股权结构：甲100万元，占10%；乙200万元，占20%；丙200万元，占20%；丁500万元，占50%；总计1000万元，占100%。

这种股权结构表面看没什么大的问题，好像很合理，但是在这种股权结构下，股权很难自由地流动，新的股东进入不经全体股东一致同意将无法进入，其中一个股东要撤资，其他三个股权的比例要及时改变，如果其不同意改变则很难撤资。如果一个企业的股东人数很多，这样的股权结构其实是锁死的状态，股权很难自由地流动起来。因此这种既锁定出资金额又锁定所占比例的股权结构是不合理的，在这种股权结构下，新的股东进不来，老的股东出去很麻烦，我们不建议使用这种股权结构。

我们再看一下B企业的股权结构。

　　B 企业的股权结构：甲 400 万元，2011 年 1 月 1 日入股；乙 300 万元，2011 年 1 月 1 日入股；丙 300 万元，2011 年 6 月 1 日入股；丁 500 万元，2011 年 8 月 1 日入股；总计 1500 万元。

　　这种股权结构就为企业的股权自由地流动起来创造了条件，某股东撤资无需其他股东同意，一个股东撤资对其他股东也无任何影响，新的股东进入也不会对其他股东带来什么影响。当然股东撤资的条件应该明确规定，比如说最好在企业宪法中明确规定股东可以随时撤资，中途撤资时不支付股息，这样无需计算其撤资时股东权益的增值部分。有的人会担心如果股东们都可以自由地撤资，企业岂不倒闭？其实无需担心，如果大家都看好这个企业，每年股东的回报很不错的话，中途撤资的股东不会太多，如果企业每年都在高速地增长，股权每年回报能够在 20% 或者 30% 以上，中途撤资不给股息，股东如果不是遇到了紧急情况一般是不会中途撤资的，只要几个大股东稳定，企业的股权是会相对稳定的，就不会出现股权突然急剧下降而影响企业正常运行的情况。如果股东预期回报在 20% 以上，企业制度合理，股东随时可以进出，企业的股东权益肯定会不断地增加，这时候应该适当地限制股权的快速增长。企业发展大了，企业资金如果能够从银行贷款解决，贷款利息能够控制在 6% 以内，企业就无需更多地使用股权融资，企业不需要更多资金时对新股东的进入应该做一些限制，或者规定在不需要资金的时间段不扩充新的股权，企业高速发展的时候、股东回报非常好的时候，股权融资相对于银行贷款来说成本一般要高很多很多，股权其实也是融资的方式之一，应该和银行贷款的成本相比较并择低者优先使用，企业应该选择对企业最为有利的融资方案。股权融资的成本有时比银行贷款高很多，但是无需在规定的时间内还款，这比银行贷款压力小一些，正常情况股权每个财务年度末只考虑分红即可，股权融资和银行贷款保持一定的比例为好。

　　企业的股权要想能够流动起来应该首先允许股东在特殊情况下随时可以撤出投资，允许股东随时可以撤资非常重要，这样别人才愿意投进来。他一看不能自由地撤资，肯定就会特别小心地投进来，或者就不愿意投进来了。

　　为了保持企业净资产的相对稳定性，或者说第一大股东对股权的稳定性没有太大把握时，可以对股东撤出的比例做一些规定，比如规定一个财务年度中间股东可以撤出的最大比例为 50%，撤资的部分按照年息 0% 计算股息，一个财务年度末，股东可以全部撤资。

　　如果企业的股权比较分散、股东人数很多，随时可以自由撤资、中途撤资股息为零比较好。

　　只要企业的大股东们保持稳定，大股东不轻易全部撤资，就不要担心小股东部分撤资对企业的影响，目前我国的工商部门对企业股东撤资和股东转让的手续还十分不方便，最近有的城市还要求股东撤资（转让）时要出示税务局的纳税证明等，阻碍了股东办理撤资的手续。

　　如果企业的股东权益增减很多，企业应该注意及时地变化注册资金。注册资金应该大致和股东权益（企业净资产）相匹配为好。《公司法》里的注册资金是什么？注册资金是股东权益还是企业总资产？好像十分清楚的人不多，《公司法》起草的人也未必十分清楚。

　　如果有的投资方中途投资，成为新的股东，新股东和其他股东一样按照天数计算股息即可，这在企业宪法中应该有明确的规定，所有股东都书面同意，股东们同股应该同酬是企业一个重要的原则。

14.2.6 董事会、监事会、企业高管、管理者的任用

企业宪法应该明确规定：股东会选举董事会、监事会、总裁、总经理、企业高管，他们都对股东会负责、对全体股东负责、对企业高度负责。

关于企业的董事会：董事会应该由股东会选举产生，董事会成员一般应为单数，不宜超过5人，董事会对股东会负责，董事会在遵守股东会制定的企业宪法和股东会的各项决议的框架下负责公司日常业务的决策和重大事情的决定。股东会应该授予董事会明确的权力、对董事会的权力做明确的规定，董事会表决时实行一人一票制。一般第一大股东出任企业的董事长，董事会休会期间由董事长行使董事会权力，董事会会议由董事长牵头召开，董事会决议应该由董事长签发。董事会人数不宜过多，10人以上开会的成本太高了，有的企业董事会成员为19人，开会很不方便，董事会是日常决策机构，董事会人员少而精是原则。董事会成员应该由杰出的善于做决策的人组成，董事会成员最好是股东，也可以有个别的例外，外部人员参加董事会可以设独立（外部）董事，例外的人数应该极少，1~2个为佳。

选举和确定董事会成员的原则是：董事会成员最好能够站在企业角度思考问题、对企业真正长远负责、有一定的管理知识和独特见解、对自己的企业十分了解的人。糊里糊涂的人不要成为董事会成员，不能站在企业角度考虑问题的人也不要使其进入董事会。某企业以前选过一个董事会成员很失败，他只能站在员工层面考虑问题，他曾经给公司出个建议：外销人员一签订外销合同，企业就应该当时兑现奖励，比如说，员工签利润大约1亿元的合同，他的建议是签合同之后就应该马上给这个员工1000万元的奖励，这样的建议就非常不合适了，他的建议董事会肯定没有通过，但是如果当时董事会通过了，企业肯定就会倒闭，这样不靠谱的人最好不要进董事会。

对董事会人选的资质要求也可以做一定的规定，股东也可以、员工也可以、外部的独立董事也可以，当然股东人数应该在董事会中占多数，应该占60%以上，优秀的员工代表和外部独立董事人数应该明确地限定，应该占少数，不高于30%为佳，有一定的代表性即可。

监事会一般也在股东中选举产生，监事会与董事会在企业里是平行机构，监事会人员和董事会成员不应该交叉兼任，监事会负责对企业内部所有的人、所有的事情进行监督，特别应该注意对企业所有高管进行监督，监事会成员一般应该列席董事会会议和企业的重要工作会议。

监事会成员不应该参与企业的经营活动，不应该干预企业的建议活动，可以对企业的人和事情进行监督。

什么人可以出任企业的高管？企业宪法中应该予以十分明确的规定：董事长（董事局主席）、总裁、监事长、总经理、总监等都可以是企业的高管，建议企业高管最好不要设副手和副职，可以设助理一职。你是董事长，如果你设了副董事长，如果他不自觉、不知道自己几斤几两、总对下面发号施令、对下面也经常做指令、他发的指令还与你一把手有矛盾，下面如何处理？企业岂不乱套？企业可以这样规定：董事长休假期间由董事长指定临时负责人行使董事长职权，总裁休假期间由总裁指定临时负责人行使总裁职权。

董事长（董事局主席）一般由第一大股东出任，总裁是董事会聘任，对董事会负责，

董事会是股东会选举产生，董事会应该对股东会负责，总裁最好从正式股东中产生，企业的中层以上管理者最好也都是企业的正式股东，这样对企业的长远发展比较有利。企业里的所有人做任何事情都首先应该考虑如何使自己手里的股票高速增值，企业如何实现利润最大化，这样企业才会高速发展。企业高管如果都有雇佣思想、临时工的意识、做任何事情都先算自己的"小九九"，不把企业利润最大化放在首位，企业将无法长期高速发展。

企业高管、企业管理者上岗前一把手应该进行认真的培训，培训合格后再聘任，聘任前要认真地考察其人品、品德，否则千万不要随意任用，企业高管和各级管理者都应该德才兼备、忠诚于企业，企业高管、管理者对企业的发展至关重要，企业的管理团队聘任错了，会严重地影响企业的发展。

企业的高管、管理者首先在品行上、德的方面都应该没有问题。具体表现在：没有太多的私心、不谋取个人私利、不搞小宗派、五湖四海、实事求是、对事不对人、能够公平公正地办事情、阳光心态、能够团结企业里的所有人和自己一起工作、相信和忠诚于自己的企业、服从上级、服从制度、服从企业的长远利益、言而有信、不说假话、光明磊落、善良正直、宽容包容等。管理者如果品德上有问题，将会给企业带来灾难性的后果。其次才是管理者的能力、才能和水平。管理好企业最重要的是聘用优秀的德才兼备的人才做管理者。这件事情做好了，企业最重要的事情基本就完成了。

14.2.7　制定好企业的发展战略

企业应该首先制定好自己的发展战略：制定好企业未来10~20年企业的发展战略，并坚定不移地长期坚持下去，这对企业特别重要。

我们先根据企业的规模来划分企业的大小：企业净资产在1000万元（销售额在1亿元）人民币以下的为小型私营企业，企业净资产在1000万~1亿元（销售额在1亿~10亿元）人民币的为中型企业，企业净资产在1亿~10亿元（销售额在10亿~100亿元）人民币的为大型企业，企业净资产在10亿元（销售额在100亿元）人民币以上的为特大型企业。

企业未来要到哪里去？企业未来的发展方向是什么？企业的发展战略是什么？做什么产品？做哪些市场？企业的客户群体是哪些？营销模式是什么？资金从哪里来？使用什么品牌？企业的特色是什么？等等，什么做？什么坚决不做？企业应该十分明确，并且长期地（10年或者20年）坚定不移地执行下去，这样企业才可以比较顺利地成功。企业发展战略制定之后，中途不要轻易地改变，不要受各种诱惑！发展战略的问题越明确、越清楚，设计得越具体、越细致越好，执行中越坚决越好。企业把未来想清楚、想明白、长期地坚持下去，企业就会长期顺畅稳定地发展，就会成功，有恒必有成。

私营企业的定位应该十分明确，定位越明确越好、越窄越好、越精越好、越专越好，而不是相反。企业的发展过程一般来说是一个有增有减的过程，更多的应该是做减法，不断清晰、不断明确、不断地聚焦、不断地专业化、不断地精细化的一个过程，在一个点上做好、做精、做专、做强、做大，企业什么都做的时代早已经过去了，什么都做的企业应该没什么希望了。

改革开放的20世纪80年代，当时是全民经商，成立了很多贸易公司，叫什么大发贸易公司、环球贸易公司，企业基本上什么都做，基本上都没有明确的定位，这样的企业95%以上都已经被淘汰了，只有专业化的企业才坚持了下来，比如格力空调、格兰仕微波炉等。国外非常优秀的企业，比如奔驰、可口可乐、肯德基、麦当劳、微软、空客等，发展战略都非常明确清晰，企业的定位非常清晰。

制定企业的发展战略时，应该考虑以下几个方面的内容：

（1）私营企业首先应该给自己起一个好的名字，尽量起一个非常专业的名称，比如说你决定做某个产品了，你的企业就起某个产品的品名，如×××镀锌钢管制造有限公司、×××无缝管有限公司、×××钢板制造有限公司等。应该让别人一看你的名称就知道你是做什么的，从名字上看你是非常专业的企业。

你叫大发外贸公司、宇宙外贸公司、振华集团、大华股份公司、大发集团等都不太好，看了你企业的名字别人不知道你是做什么的，会认为你的企业没什么定位。

企业的名称也不要经常变换，最好长期不变，从企业创立到企业终结都使用一个名字为好，企业名字长期稳定对企业最为有利。我们钢铁圈有的企业做得非常有特色，就是经常换名字，问企业的一把手为什么？他说股东一换，工商注册企业换股东就非常麻烦，所以只好重新注册一个新的企业，名字就要换。企业经常换名字对企业的发展不太有利，国外客户有时会有一些担心，感觉好像企业不太稳定，或者感觉企业有什么问题。

（2）企业的产品定位：私营企业应该只精选出几种产品来经营，产品选择不宜过繁、过泛、过宽。产品一旦选择就不应该轻易经常地改变，把你精选的几种产品做好了、做专了、做精了，未来就属于你的。比如你可以精选 1~2 类钢铁产品经营，如无缝管、H 型钢、方矩管、镀锌卷、彩涂卷、螺纹钢、线材等。钢铁产品有很多，如果产品定位太宽、什么产品都去做，那就很难做好、做精、做专。

如果某种产品范围太宽，也可以在某种产品中再精选一下，钢管有无缝管、焊管、镀锌管、方矩管等，你可以选其中的一两个品种去经营，请记住：一件事情、一个点做好、做专、做精了，企业都会有美好的未来。

（3）品牌定位：企业在自己的目标市场应该培育和树立起自己良好的企业品牌和企业形象来。企业的首要任务应该是在自己的目标市场树立其企业良好的品牌，利润位居其次，如果涉及出口还要注意英文的品名是什么？品牌的英文内容是什么？比如 ZY 、Bridge、Forever、Diamond、ABC、BBC 等，但是最好缩写不要叫 USA Pipe、WC Steel 等，否则有歧义、有贬义。

都说国有企业这也不好那也不好，我不这样认为，国企也有优点，20 世纪五六十年代，天津五矿公司注册了永久牌电焊条、上海五矿注册了钻石牌镀锌丝在海外市场树立了良好的品牌，国外客户一提到电焊条马上想到了永久牌、一提镀锌丝马上想到了钻石牌，海外市场做得很成功。

14.2.8 企业一把手

企业的第一大股东是企业真正的一把手，可以没有头衔，也可以叫董事局主席、董事长等。企业的一把手要最好是"通才"、最好懂财务、情商要特别高、了解自己的行业、精通管理、懂技术、会识人会用人、善于集思广益、善于决策、有预见性、身边有一批优秀的得力助手。

企业创立之后企业的一把手对这个企业的兴衰成败起着决定性的作用，可以说企业创立之初企业一把手决定一切。企业的一把手应该负责什么事情？企业的一把手要做好 3 件事情：定战略（决策）、用人和立法（制定和建立企业制度），这3件事情做好了，企业就会顺利地发展。这3件事情企业的一把手都应亲自抓，不应该放任不管，如果委托他人不会太好。

企业的一把手如何做好决策？如何在自己不十分懂的情况下仍然能够做出正确的决策来？一把手最好应该研究制定出一个正确的决策流程，通过这个决策流程来保证企业的决策是基本正确的，从而避免企业决策时犯大的错误，一个决策失误可能导致企业倒闭。

比如说企业可以先成立一个企业决策委员会或者董事会，把一个需要决策的事情交给决策委员会或者董事会来研究，决策委员会可以组织相关的人员讨论研究，可以开几次论证会，多听取大家的意见，特别重大的事情可以让全体员工讨论，然后决策委员会根据大家的意见制定一个方案提交给企业的一把手来决策。一把手在认真地反复地研究了决策委员会意见的基础上，再做最后的决定，这样的决策一般不会有太大的失误。

有两种情况一把手要特别地小心：一是100%一致通过的情况，这种情况可能隐患巨大；二是100%反对的情况，这两种情况都应该特别注意。我们的看法是：100%同意的事情不见得是100%正确的，100%反对的事情不见得是100%错误的事情，要实事求是地认真研究，一把手要认真地充分地考虑为什么同意？为什么反对？同意的原因是什么？反对的原因是什么？然后再慎重地做出最后决定。少数服从多数是一般的原则，但是在一些情况下并不是最佳的选择，有时候真理在少数人手里，一把手追求的应该是在众多的选择中做出最佳的决策，一把手不应该100%地服从多数人，应该独立思考、独立决策、三思而后做出比较正确的决策来。

重大问题决策之前，一把手可以先把问题提出来、把问题解释清楚，要大家充分地发表自己的意见，讨论和决定之前一把手最好不要先表态，应该装作什么都不知道，你装做完全不懂。如果事前一把手把自己的意见都说出来了，下面还敢说什么呢？等下面的意见都说出来了，你再反复认真地研究思考、沟通，决策前一定要多听听少数人的意见、多听听反对的意见，要经过反复多次的研究、讨论、沟通和比较。重大的问题一般都不是特别着急的事情，应该有充分的时间认真地研究讨论思考和决定。

企业小事情的拍板、急事情的决定，基本上就靠一把手的基本素质、感觉和直觉做决策，重大问题的决策应该依靠优秀的决策委员会，一把手身边有一批好的谋士对企业的决策最为有利，刘邦身边有张良、陈平，刘备身边有诸葛亮，曹操身边有众多的谋士，朱元璋身边有刘伯温，你要想成就一番事业，你身边要有若干个好谋士和好参谋，这十分重要。当然这些谋士要能够站在企业的角度替你思考、为你出主意，如果谋士只会谋取私利了，你就要及时放弃与之合作。一把手更多的是应该认真地研究决策委员会的意见和建议，在此基础上做一些改进，然后做出决策。重要的事情、重大的决策要缓一点、慢一点，要多思考一段时间。

一把手应该把企业大事情都考虑成熟、都提前安排好，没有把握的事情要让决策委员会提前认真地研究，把企业未来可能出现的问题都考虑周全，这样企业才会顺畅地发展，一把手的大部分精力应该用在对未来重大事情的决策上。

下级请示你工作，你不知道应该如何答复怎么办？记住一把手什么事情都不应该着急表态，不知道的事情你应该缓一下，一把手可以这样答复："我研究一下"，然后你安排决策委员会马上去研究，充分地民主论证，集中大家的智慧提出决策方案来。疑难问题一把手马上答复、立即表态很多情况是有瑕疵的或者是不完美的。还有一种方法是让下级提初步解决方案，然后在认真地研究了下级意见的基础上和下级一起讨论交流，最后再做出比较合理的决策。

一把手和一般员工应该使用相反的方向处理思考问题，员工急你就要缓，员工缓你就要急，员工说没问题了你就要说还有问题，员工没信心了、气馁了，你是一把手，你就要表示出对未来充满必胜的信心。

企业的一把手都应该有自己的"通路"，当你有困惑的时候、感到事情无解的时候、事情的难度已经超出了你的能力时，你应该寻找局外的智者、高人，帮助你出主意，局外人有时看问题可能会更客观、更清楚一些，正所谓当局者迷、旁观者清。

关于企业的用人问题：决策做好了，企业的高管、管理者等都安排好，一把手的工作基本上就完成大部分了。正确地用人对企业来说是十分重要的。我们研究的是如何使用好每个人，特别是如何任用好企业的中高层管理者。

任用管理者的原则是：知人善任、用人之长避其短，管理者品德是第一位的，企业应该在长期的实践中考察了解一个人，德才兼备才是理想的管理者，任用管理者不能只听其说，要赛马不要相马，不要因言举人，也不要因人废言。

一把手要学会识人、育人、用人。对员工来说把工作做好了是第一位的事情，而对一把手来说正确地用人是第一位的事情，优秀的一把手应该以人为本，善用人者可无敌于天下。得人才者兴，失人才者衰。选拔、任用、培养出优秀的管理者，合理地使用人才是一把手的首要职责，企业要做到人尽其才、物尽其用，知人善任。

正确用人的前提是要全面正确地了解人，了解其长处和短处，了解其过去和现在，了解与其交往的人，了解其思想和品德，了解其家人，了解其成长背景等；看其是否对企业忠诚，是否能够团结同志，行为光明正大，不搞宗派，不谋私利，服从大局，听从指挥，品德高尚。然后看其才：看其领导能力领导水平、管理能力和协调各方面关系的能力。了解一个人最难的是了解其思想，考察一个人最重要的是看其业绩。要真正地了解一个人往往需要很长的时间，短期内是不会真正地了解一个人的。"试玉要烧三日满，辨才须待七年期"。考察管理者不能只听其言、只看其表、只看短期行为，要看其长期的工作业绩，要在长期的工作实践中考察一个人。每个人只要有优秀的思想品德都有培养的潜力。关键是一把手在工作中要多注意培养自己的下属、培养优秀的年轻人作为接班人，培养他们的思想品德及爱业敬业的精神，培养他们正确的工作方法和工作思路，培养他们的主动性和创造性，在日常工作中要大胆地使用、精心地培养，对下级的精心培养是一把手的首要职责。

要鼓励企业的全体员工积极地向企业推荐优秀的管理人才，要内举不避亲、外举不避仇。如果一把手不了解自己单位的优秀人才，或者知道是优秀人才而又不能合理地使用，使用优秀的人才而又不信任、不放手、不给予相应的权力，优秀的人才必定会离去。

管理者应该是德才兼备的优秀的杰出人才，对管理者来说德是第一位的。企业的发展肯定会需要大批优秀的管理者，因此对管理者的选拔、任用、培养至关重要。作为管理者应该一心为公、一心为企业、先公后私、大公无私，办事情处理问题要出于公心，管理者的一举一动、一言一行都要作群众的表率，管理者应该把事业放在第一位；要心胸宽广，善于团结周围的同志；要搞五湖四海，不拉山头搞宗派；要光明正大；要善于站在全局和企业的角度看问题、处理问题和思考问题。只会站在局部利益考虑问题的管理者不是一个称职的管理者，同时管理者应该有充沛的体力和精力；有丰富的理论基础和良好的组织能力；有平衡协调各方面关系的能力；领导者是否合格、是否称职关键看其业绩、看其能力。

管理者最好是逐级提拔，尽量不要越级提拔使用，管理者任用之前要精心培养，在培养中使用，在使用中培养，一级一级地提拔，这样避免失误。日本的企业提拔员工是非常缓慢的，一般是工作 5 年才开始慢慢地提拔，但是基本没什么失误。特别优秀的人才，可以提拔得快一些，使用管理者不要论资排辈，要不拘一格降人才。

关于企业立法：建立科学合理的企业制度也是一把手应该亲自抓的事情，制定一部优秀的企业宪法、加强企业的制度化建设等应该是根据企业的现实情况予以考虑，脱离了企业的现实情况，管理制度再科学再合理也未必好，因为它可能不适合你的企业现状，可能会水土不服。就好像美国的三权分立似乎很好，但是拿到一些发展中国家未必适用。

企业的一把手应该对建立企业制度的问题有比较清楚全面的了解，这样企业的制度制定之后才能够促进企业的发展，适合和促进企业发展的就是好的企业制度。作为一把手还应该学会掌握以下几种工作方法并且能够在工作中灵活地加以运用：

（1）要学会搞调查研究。一把手要想正确地开展工作实施领导，其首要的前提是：要全面地正确地了解和掌握客观情况。俗话说：没有调查就没有发言权，对情况不了解说什么都是错的，做什么指示都不会对。一些人成功，一些人失败，那么，成功与失败的根源是什么？成功与失败的根源是：人的主观世界是否与客观的物质世界相一致。当人的主观世界符合客观物质世界时，人必定会取得成功；反之必定失败。那么，如何才能使人的主观世界符合客观世界呢？唯一的方法就是搞好长期深入的调查研究。对客观情况缺乏全面的正确的了解自然会犯错误，在工作中只能是乱作指示、乱表态、乱发言。一把手在工作中应该拿出一半以上的时间和精力来搞长期深入的调查研究，并尽可能多地掌握第一手资料，领导者切忌道听途说、切忌浮在事物的表面、切忌走马观花，要知道眼见为实、兼听则明、偏听则暗。领导者应该通过长期深入的调查研究占有大量的第一手资料，并对其进行分析归纳和加工整理，从而能够透过事物的现象把握事物的本质，通过研究事物的变化掌握事物变化的规律，发现和找出事物外部联系和内部矛盾运动的规律性，把握事物发生、发展和终结的条件和规律。在调查研究中切忌把事物的局部现象当作全局问题，把事物的现象当作了事物的本质，把支流问题当作了主流问题，只看到事物的变化而没有找到事物变化的规律，从而得出错误的片面的结论。一把手在调查研究中应该坚持辩证唯物主义的观点，不能凭主观意识，先戴上变色镜；先有了结论，先定了调子，再按这个主观的结论去开展调查，这样开展的调查只会得出不符合客观实际的错误结论来。因此一把手应该摒弃一切主观的干扰，坚持实事求是的原则，尊重客观实际，这样开展调查研究才能得出正确的结论来。大量地占有资料、全面深入地开展调查研究是正确地开展工作的前提，分析归纳、加工和整理是得出正确结论、避免工作失误的有效方法。

（2）要学会善于抓重点工作、抓中心工作、抓主要矛盾的工作方法，学会抓两头带中间和十个指头弹琴的统筹全局的工作方法，即一般性布置与重点安排相结合的工作方法。有的一把手工作很卖力，费了不少劲，作了不少工作，但效果不好，问题就出在这上面了。企业每个阶段每个时期往往会有很多问题要解决，往往会有很多矛盾，在这些矛盾中必有一个是主要矛盾，这个主要矛盾规定制约着其他的矛盾，这个矛盾解决了其他的矛盾就会迎刃而解。领导者要善于发现善于找出这个主要矛盾，要紧紧地抓住这个主要矛盾不放，集中精力首先解决这个主要矛盾。当然不同的时期不同的阶段主要矛盾也会发生变化，主要矛盾不会是一成不变。一把手只会泛泛地布置工作，工作中没有重点，抓不住主要矛盾不是好的工作方法。做人的工作也是这样，应该首先做好重点人物，即有影响有代表性人物的工作，就是要首先抓好企业高管和管理者。他们的工作做好了，群众的工作就容易做。但只抓重点工作不顾及一般也不是好的工作方法，要把抓重点工作和一般性安排相结合。出口企业有的时候缺订单是主要问题，有的时候资金是主要困难，有的时候缺优秀的人才，有的时候优质的资源不足是瓶颈。

（3）在日常工作中要学会集权和放权、集中与分散、授权与控制相结合。什么事情都由一把手做主、领导决定、领导拍板、领导亲自办是不善于领导的表现。要学会大权独揽小权分散，小权要坚决地授予下级负责，让下级办理。所谓大权是指制度、用人、财权、大的决策等重大问题和事情要集权要集中管理，领导要亲自抓、亲自过问。小事情具体业务要坚决地下放，要授予下级一定的权力，但授权应慎重、要明确，特别是要明确授权的内容，应该逐步地一点一点地放权。在放权过程中要多观察下级是否有能力合理地用权，能否用好所授予的权力，并要经常对下级加以指导，不能放而不问放而不管，放权后还应该能够控制，一经发现下级不能使用好手中的权力要及时地收回。领导者把大量的日常工作交给下级办理、下级完成，就可以使领导者能够腾出更多的时间和精力来考虑大事、管好大事，将小事下放是一把手最好的分身术。

（4）一把手要能够最广泛地团结同事，特别是要团结反对过自己的人和有各种缺点毛病的人，一把手要有宰相肚里能撑船的容人海量。金无足赤人无完人，人总是有这样或那样缺点错误的，只要不是品德上的问题、只要主流是好的，都要最大限度地加以团结和使用。作为企业一把手决不能搞小宗派、不能搞派系、不能搞任人唯亲，要搞五湖四海，在用人问题上要坚持任人唯贤的原则。用其长、避其短，知人善任，不求全责备。

（5）办任何事情都要相信群众、依靠群众，要走群众路线，要坚持从群众中来到群众中去的工作方法和工作作风。做任何事情只要能够赢得全体员工的理解、拥护和支持就没有克服不了的困难。一把手的能力大小、水平高低关键是能否把下属充分地发动起来和组织起来，群众中往往蕴藏着巨大的能量。众人拾柴火焰高，人心齐泰山移。群众的积极性一旦发挥出来就会形成排山倒海之势。重大问题应该尽可能事前和群众商量、多征求群众的意见，多听取他们的建议。但日常工作、小事情应该实行各级管理者负责制。不管大事小事都等和群众商量、等群众都同意后再做决定是行不通的，这往往是管理者不负责任的表现。小事情管理者应根据当时的实际情况根据国家的有关法律和企业制度，出于公心，大胆拍板、勇于负责，这才是管理者负责任的表现。

用人的失误是企业最大的失误，以前笔者的企业在用人上也出现过一些失误：我们任用的个别管理者喜欢搞小宗派、谋取个人私利、两面三刀、阳奉阴违、指挥不起来、不能够团结全体员工一起工作等。用人不当都会给企业带来损失。

14.2.9　企业思想工作

善于做思想工作的企业将无敌于天下。HR建设是企业第一位的事情，企业要想高速发展团队建设是最重要的事情。企业的各级管理者都应该十分重视企业的思想工作，管理者都应该成为合格的思想工作者，要学会做好员工的思想工作，也就是要学会做人的工作。在工作中要善于把企业正确的思想向群众进行宣传解释和鼓动。正确的思想一旦被群众所掌握，群众的思想一旦统一于正确的思想之下，一切问题都会迎刃而解。要反对在工作中采取简单命令的工作方法，应该用平等的民主的和风细雨的方法来开展思想工作，要学会用思想交流和平等沟通的方法来开展思想工作。做任何事情都要坚持思想工作领先的原则，一件事情要先让群众明白了其中的道理，明白"为什么？"，并在思想上使全体成员达成了高度的共识，这项工作就等于完成了 90%。

作为一名优秀的企业管理者在做思想工作时要注意 3 种错误的倾向：一是当群众的尾巴，群众怎么说领导就怎么办，不管群众的意见是否正确，对群众中不正确、不合理、不全面的思想不加以说服、纠正和引导，只会附和。二是脱离群众，只会照本宣科地照搬上级的指示，不会把上级的指示与本单位的具体情况相结合，工作中无的放矢。这样的领导往往是高高在上、脱离实际、脱离群众。三是群众中正确的意见和建议不认真地考虑研究，对员工的建议无动于衷，也不积极地推动上级采纳。

管理者在做思想工作时一定要先要有做群众小学生的态度，这样思想工作才可以做好。管理者的正确意见从哪里来？管理者正确的思想只能是从群众中来，只能从企业的实践中来。脱离群众和脱离实践都不能得到正确的认识。当然群众中的意见总会有正确的和错误的，把这些意见集中起来，加以提炼归纳和整理，剔除其中不正确、不合理的部分，归纳出正确的认识，然后用正确的思想来指导实际工作，这就是群众路线。宣传工作就是要用从群众中总结出来的正确的思想反过来对群众进行正面宣传教育的一种思想工作方式。

企业的思想工作做得好，企业的员工工作热情、工作的积极性就会高，大家就可以心情舒畅地在一起工作，企业发展得就会快。企业应该建立恳谈制度、民主生活会、谈心制度，大家都交心，这样大家就会团结一心、企业就会有奇迹发生。

新的情况、重大问题的决策之前尽量充分、精心、和风细雨地和大家进行沟通，尽量充分全面地听取大家的意见，做到集思广益，让大家把真实想法说出来，最后形成比较正确的结论。

14.2.10　企业团队建设

企业最重要的是建立学习型的组织、打造一流的团队，这是企业长盛不衰的保障。企业有人财物 3 个要素，在 3 个要素里人是第一位的事情，把团队建设好了、把人的工作都做好了，企业就可以长期顺畅地发展。团队建设一般分为招聘、入职后的培养、定期培训、企业的文化建设、员工管理和激励、员工的使用、员工的培养与晋升、管理者和高管的聘任等。一个企业的 HR 工作者应该是杰出的人才，全面了解企业、特别认同企业、十分精通 HR 工作、有亲和力、善于与人打交道等。

14.2.10.1　招聘工作

企业应该努力在众多的应聘者中公平公正地招聘到适合企业需要的优秀人才。招聘工作十分重要，企业招聘到了合适的优秀的人才、及时地满足了企业的需要，会有助于企业的顺畅发展。

人才招聘的注意事项有：

（1）忠诚度要高，能够稳定地长期工作的应聘者。通常来说，一个企业成立初期是很难招聘到特别优秀的人才，因此，这个阶段招聘人员，在能力达标的前提下，应该侧重于忠诚度。而实践证明，当前的员工不论情商还是智商都是比较高的，关键在于能否在一个企业里、在一个行业中踏踏实实地扎下根来的人。

（2）人品要好，人品好是第一位的事情。可以在招聘过程中设计一些相关的问题，包括对前企业、前领导、过往经历的一些冲突事件等方面进行展开式的交流了解。要正能量、阳光心态、说实话、善良诚实等。应聘者不诚实、品德有问题，早晚会出问题。

（3）应聘者应该特别热爱钢铁出口行业、热爱钢铁出口企业、非常看好招聘的企业，这最为重要。

（4）如果企业对应聘者基本看好，但是不是100%地满意，可以先招聘进来，之后再精心地培养，只要我们用心去培养员工，新员工只要努力，基本都可以培养出来。

（5）招聘时要注意各种比例的搭配：钢铁、外贸、管理、市场营销等不同专业的搭配；男女比例的搭配；不同学校不同年龄的比例；刚毕业的和有工作经验的比例等。招聘切记：不要招聘一个专业、一个学校、一个年龄段等，这样企业的战斗力会非常弱，混杂型的团队战斗力才最强。

（6）招聘的人不会100%地留下来，这些人经过试用期的培训可能还要"优胜劣汰"，优秀的企业一定要有后备力量。

（7）有工作经验者应聘，一定要到其前两个工作单位做背景调查，全面了解其工作情况和人品。应聘者拒绝做背景调查的就要放弃。在调查中如果有虚假成分一定不能使用，如果原单位对他的品行有异议、如果其与原单位无理打官司的建议就不要录用了。

招聘工作要避免如下的失误：

没有全面了解的应聘者不要招聘进来。应聘者的过去现在要了解清楚，其对未来的期望企业要全面深入细致地了解，其文化程度、教育经历、家庭、生长环境、爱好、特长、短处、工作经历等，企业要全面地了解。对应聘者提供的材料要注意甄别，对虚假的部分要及时发现，否则会给企业带来损害。

有一些应聘者出口商应该慎重招聘。5年内换3次以上工作的，换的工作都不是一个行业的，以前的工作单位对其人品有异议的，拒绝做背景调查的，前两个单位的背景调查和其应聘时说的对不上的，太注重待遇的，有很多负能量的，应聘材料中有虚假的，面试和复试过程中表现不好，专业不对口的，经历有一年以上时间是空白说不清楚的，无理和原公司打官司的等。

以前我们公司招聘了一个留学澳大利亚的大学生，这个学生填表其父亲是国家级的某大出版社的总编，级别非常高，招聘人当时也没有认真地做背景调查，入职后发现其父亲是给出版社搞印刷的私营企业的小老板，这个留学生为了炫耀他自己，谎填了表格，这违反了做人的基本原则，后来证明其品行有严重的问题，给公司造成了很大的损失。

还有一个应聘者，带着东北某大学的毕业证书和学位证书，他大学是学习机械制造专业，还有研究生毕业证书，证书都是原件好像没什么问题，但是我们对他的年龄有点疑惑，他上大学时的年龄是14岁，我们就对他上大学的学习课程进行了了解，他回答说大学学习的专业课程是钳工、铆工、电焊工等，根本对不上，漏洞百出。我们就放弃了。

还要注意应聘者时间上有什么空白期，比如应聘者有一年或者两年的时间没什么说法，是空白，比如说考研复习了两年，怎么办？以前我们遇见过，他说自己创业了两年，后来失败了，或者是大学生毕业后一年无工作，他说考研去了。这种情况我们也要格外注意，一般都要有书面证明（考研成绩单、创业的痕迹等），没有书面证明的，我们就认为说不清楚了，我们就基本不录用。我们不需要他过去清白，但是要清楚。

以前我们也招聘过一个北京的大学生，有两年的空白期，他说毕业后先在日本一家大公司工作了三年，后来自己创业两年，创业后来失败，我们也没有核实。他的家庭还是可以的，父亲是大学博导教授，母亲是大学图书馆的工作人员。他上班后，问题就来了，每天晚上都酗酒，酗酒后见人就骂，白天也不能正常地工作，一上班就和别人借钱，我们只能除名处理。

应聘者对企业不是特别的认同就不要招聘进来。我们招聘过一个"211"的研究生，27岁了，人的能力还可以，工作也基本没什么错，就是与企业老是离心离德的，工作了两年，天天看考公务员的书，与公司同事没有任何的连接，对企业也没有信心，一干点事情就要涨工资，自己的定位也不清楚，结果只能劝退。

做背景调查时也要注意：如果应聘者只提供了原单位某个人的手机号，我们一定要多问问情况，如果是假的我们应该及时发现。我们以前也遇见过，他与原单位打官司，怕我们知道，就找了个他的朋友，冒充原单位的同事，我们没注意，招聘进来后没工作两年就和我们无理打官司，坑害了我们企业。

招聘的原则是宁缺毋滥，千万不要将就，双方不是特别认同的就不要招聘进来。

14.2.10.2　员工的培养和培训

员工的培养和培训是一项特别重要的工作，从员工一入职就应该开始精心地培养了。对员工的培训培养重点更应该放在情商、核心价值观、职场规则、做人上，如果只注意智商知识技能方面的培养，企业无疑将是失败的。企业可以在工作实践中培养、及时地指导、精心地观察，发现问题及时纠正。目前一些新毕业的大学生连基本的说话、为人处事、如何与别人和谐相处都不会，企业应该从基础知识、从基本的做人规则的培训开始。

14.2.10.3　员工的使用

人尽其才、物尽其用、用其长、避其短、知人善任是使用员工的原则，在工作中培养，在培养中使用，工作本身不是目的，通过工作把员工都培养出来了，使每个人都优秀起来了才是目的。在长期工作中考察、了解一个人、培养一个人，真正了解一个人需要5年以上的时间，把一个人培养出来是一个漫长的过程，不可一蹴而就。

企业用人的5个原则是：德才兼备的原则、实践唯上原则、不拘一格原则、知人善任原则、扬长避短原则。

14.2.10.4　员工的晋升

企业的管理者、高管特别重要，正确地选拔任用管理者，企业一把手的工作就完成了60%以上。选拔任用管理者的原则是：德才兼备、有管理才能、忠诚于企业、为人正派、品行端正、企业满意、员工满意、经过长期实践检验证明有管理和领导才能的，企业才可以选拔任用和重用。提拔管理者不要搞论资排辈、不要只凭学历，要看能力、看人品、看品行、看忠诚度。提拔管理者重点看其行，看其品德，看其思想，不要只听其说。

任用管理者要注意几点：爱财如命、爱搞小宗派、与企业不能保持一致的、品行不端的、鼠目寸光的人企业绝不能重用。

14.2.11　分配制度是企业的根本制度

企业的优劣关键是看企业的分配制度。企业利润分配制度是企业的根本制度、是企业制度优越性的核心体现。企业机制好不好，关键看企业的分配制度是否合理。如何评价一个企业分配制度的优劣：首先看一个企业的分配制度是否明确？分配制度不应该含糊不清。其次是看利润分配是否合理？是否能够通过利润分配的形式来激励全体员工努力工作？

以前在一个大型国企，大多数员工拿几十元的工资，但是当时企业承诺如果企业利润实现了既定的目标每位员工都可以拿100元的奖金，大家工作就很卖力。当拿到100元奖金时大家都很开心。利润是全体员工创造的，当利润与全体员工挂钩的时候，会极大地调动大家的积极性。

我们说的利润是指税后利润，企业税后有了利润，如何合理地分配这些利润？

某企业利润分配模式为：全体员工10%；全体股东60%；用于企业发展基金20%；用于员工福利5%；用于捐赠公益事业5%。

企业做的很大、很成功，有几十亿资产、几千名员工。大家分析一下该企业的利润分配制度是否合理。表面看好像非常合理，实际上是不合理的，为什么？5%用于员工福利和5%用于捐赠公益事业都可以进入成本，不应该从税后利润中再次支付了，我们说的利润分配是指企业税后的纯利润分配。利润的20%用于企业发展概念又错了，这是国有企业的概念，税后利润一定是给谁，一定是涉及人，笔者私下对该企业一把手说：您的分配方案还是非常吸引人的，好像很科学，但是从管理科学角度来说是不合理的。

什么是企业的纯利润？利润就是企业一年下来一共净赚了多少钱，要扣除成本、费用、折旧、税金等。企业的利润与财务制度有关系，财务制度改变，企业盈利可以变成亏损，亏损可能变成盈利。企业的财务制度不要由财务人员制定，应该首先由董事会或者股东会制定出一个合理、稳定、明确、稳健、基本符合实际情况的财务制度，财务制度应该长期稳定，企业不可以随意地经常改变自己的财务制度。

企业税后利润分配只应该考虑两个利益分配主体：全体股东和全体员工。

全体股东：企业有利润了应该优先确保股东的分红（当然企业全员持股比较好，企业有了利润全体员工也都可以参与分红）。

全体员工：在公司工作的所有人，应该是也包括企业高管、一把手等。

有的人会问：企业的利润是员工创造的，为什么股东要优先分配利润？以前我们公司有的员工也提出过这样的问题，能否利润都分给员工？这是一个伦理的问题，股东是企业之父，没有股东会就没有企业，股东投资创造了企业，承担了巨大的风险，做儿女的就应该首先赡养父母，让父母安度晚年，所以企业的利润应该先用于股东分配。这个伦理问题要事前和全体员工讲清楚。

建议员工分配比例：20%以上的纯利润。利润分配要事前用书面的方式规定下来，要清楚明确，在企业宪法里全体股东签字，企业制度全体员工阅读后也要签字，股东、员工都要十分清楚和明确，大家都要事前认可的，年底分钱的时候大家就没有什么意见了。一个财务年度中间分配制度不能随意改变，要长期地坚持下去。有的老板年初时口头承诺利润的20%做奖金分给员工，等到年底，利润太多，感觉给员工的太多了，又改为10%，结果员工感觉受到了欺骗，纷纷离职，这样不好。企业的重大事情一把手不要随意地口头表态，表态了就要严格地遵守自己的承诺，一把手最好都以书面形式、用制度的形式做承诺。

如果个别股东不同意企业的分配制度可以不投资和撤股，员工如果不满意、不认同企业的分配制度，可以离开企业、可以到别的企业去工作。大家干之前先说好、先明确下来如果实现了利润如何分配，股东员工大家事前都同意都认可，这样员工会努力工作，上下同欲者胜。干之前说好了如何分钱，以后挣了钱，分钱时大家就没有争议了，分钱时大家都会比较爽，因为这是事前大家都同意、认可和满意的事情。企业最难过的关是分钱关，企业分钱时大家都非常开心都非常高兴才是最好的局面。

把企业的利润分配问题解决好，使企业长期高速发展其实是一件很容易的事情，企业最头痛、最难处理的事情就是年底的利润分配问题。其实企业亏损的时候，老板的日子最好过。

20%以上的利润如何合理有效地分配给员工？如何分配能更好地长期激励员工？最好是一部分现金做奖金分配给员工，还有一部分期权给员工。

企业宪法可以做出规定：期权就是未来（可以规定为两个财务年度）可以转换成现金的有价证券，中途如果员工离开企业自动作废，也可以和正式股权一起增长、每个财务年度末参与分红等。

14.2.12　企业财务制度

企业的财务制度应该由董事会或者股东会制定和颁布，财务人员负责严格地执行财务制度、按照财务制度办事，企业的财务制度不能由财务人员制定。如果企业的财务问题都由财务人员来处理，处理之后结果差别会很大，财务人员会总是拿有利于财务人员的方法去处理。

建议企业的一把手都要学习和了解财务基本知识。目前企业老板很少是学习财务专业的，有的懂技术、有学习市场营销，很多企业的一把手都不太懂财务知识，3个财务报表只看个大概，看不太明白。财务知识其实基本不太难，真正优秀的企业一把手应该抽空学习一下财务的基础知识，懂一些财务的基本常识，这样才会提高企业的整体管理水平。

财务知识其实不难，如果一把手财务知识一点都不懂企业管理是无法正常开展的，企业经营管理的所有数据都会在财务报表上体现出来，你不懂财务、看不懂财务报表，企业经营的好坏你就不会知道，一把手可以不懂具体怎么做账、做凭证、走哪个科目，那是会计出纳的事情，但是财务的基本原理和财务的一般常识一把手应该知道，财务报表应该可以看懂，这样一把手可以和财务在一个平台上沟通。

企业应该首先由股东会或者董事会制定出财务制度，财务人员根据财务制度记账，这是一个正确的流程，企业的财务人员是执行机构，要知道企业不应该随意地经常改变财务制度，如果改变了财务制度和一些财务假设，企业的经营结果可能完全不一样。

这里简单介绍一下企业管理所需要的一些财务基本知识。

制定企业财务制度的 5 个基本原则是：稳健性原则、真实性原则、可持续性原则、成本最小化原则、稳定性原则。

稳健性原则就是企业只能预计亏损，不能预计利润，未来可能发生的亏损一定要及时地记下来，未来可能有的利润不能体现出来，利润只有实现了才可以在报表中真实地反映出来。企业应该做出这样的规定：根据销售合同应收款逾期没有收回当月（期）就要做坏账处理，一旦坏账收回后再按收入记账。这样就比较稳健、比较真实了。

稳定性原则就是财务制度不要随意改变，应该长期相对稳定，起码应该在一个财务年度里不能改变，笔者的意见是财务制度应该长期不变，最好 10 年以上保持不变，可以针对企业的新情况、新的营销模式、新的业务产品增加新的规定，但是财务制度的 5 个基本原则不应该改变。

真实性原则就是企业的财务报表（内部的对股东的报表）要实事求是地反映企业的真实情况，要真实地反映企业的生产和经营情况，不要受人的主观因素的影响，企业财务处理时可以做一些尽量符合实际情况的合理假设。可以采取现金收付制和权责发生制中符合实际情况的记账方式，符合真实性的假设。

固定资产的房地产部分的价值计算：可以按比市值低一些（10%）或者按成本计算，建议这个数据每个财务年度末由一把手审定，尽量不要由财务人员确定，固定资产的设备部分应该使用加速折旧法，适当地快速提取折旧。

递延费用，如新企业的开办费等，递延多少年还是一次性进入成本？尽量一次性摊销。无形资产没有成交不得计算，还有的钢铁出口企业营销上如果有新的创意的，比如销售返利（订单到一定量的时候返给进口商一定的红利）、价格折让、特殊佣金奖励等，财务制度最好都作出明确的规定。财务制度也应该与时俱进，结合企业的不断的发展不断地明确财务人员记账的规则。

库存的原材料、半成品、产成品价值计算：是按成本计算还是按照当期的市场价格计算？如果企业按照真实性原则就可以按照成本计算，如果按照稳健性原则就可以选市场价格和成本之间的较低者记账，这两种方法都是对的，企业的财务制度应该明确地规定。

可持续性原则是指假设企业是可持续地生产和经营的，不断地采购原材料、不断地销售自己生产的产品。

成本最小化原则就是企业财务人员记账和管理时要考虑管理成本最小化的问题，不要搞得太复杂手续太烦琐，比如原材料和库存产品的记账问题。

笔者建议库存的原材料、半成品、产成品的价值最好按照成本计算，这样比较省事简单，财务人员计算的成本最小、工作量小、效率高、也最真实，按照先进先出方法计算，当价格波动较大时可能有失真，产成品价值按照成本或者当期市场平均价格的低者计算比较合理。

企业在经营过程中记账不要受人为主观因素的干扰，先进先出可以是一个基本的记账原则，适合于真实地反映原料采购、半成品、产成品的生产经营活动。

14.2.13　供应链管理

供应链管理水平高低决定了企业的优劣，供应链的优劣决定了企业的成败，企业要特别重视供应链管理工作。企业应该对供应商有一个公正严谨科学的认证评级系统，将劣质的供应商剔除出去，选择优秀的供应商，企业的评级系统是公正公平公开的，建议评级系统的人员尽量不要参与具体的采购工作，不要受感情的困扰。

我们把供应商分为 7 级，一级一星，7 星级最高最好，每级一般要经过 12 笔以上的业务合作，合作十分顺利，实践证明特别特别满意的，才可以不断地晋级。

与供应商合作之前应该对供应商进行认真的认证，要安排专人负责，最好要全面地了解供应商：成立的时间、一把手的情况、企业文化、经营作风、企业的核心价值观、团队情况、生产工艺、产品质量、管理水平、资金情况、产品的检验、售后服务如何等，企业应该给自己的每个供应商一个"度"的控制，采购业务不要超过规定的数量"度"。

以前在供应链上游也有一些失误值得大家借鉴：

一个唐山的天 M 钢铁企业，我们从其处采购了几百吨钢材，到港口后发现不合格，我们就联系这家钢厂要求退货，可是这家钢厂根本不搭理我们，我们只好到法院起诉他。

还有一家唐山新 G 的钢厂，其对一线工人实行计件考核，根据产量发奖金。工人为多拿奖金就把次品打包后当做正品出口，结果国外客户提出质量异议和索赔。

以前从聊城采购无缝管出口几百吨，当地供应商把 20% 以上的焊管混在里面，外面根本就看不出来，结果国外客户提出质量异议和索赔。

从唐山华 DU 贸易商采购钢材，打了 20 万元的定金，结果钢厂涨价，这家企业拖一年也不交货，后来打官司他也不赔，唐山法院也不执行，这家企业的老板逍遥法外。

做事情签约之前的调查研究最重要，对供应商没有认真全面的了解、没有把握就不要与其签订采购合同。

对供应商认证评级的最后审批权力要在公司高管层级，不要放在一线采购人员。

企业的利润来源 50% 都应该从采购中来，采购业务要建立发标、竞标、评标、中标的工作流程，采购工作要在阳光下操作，避免腐败的发生，最大限度地降低采购成本。

14.2.14　合同管理

优秀的钢铁出口企业应该特别重视对外签约，每个合同的所有条款每个字都要严格地认真审核，签约之前企业内部要有严格的审核流程，确实没有风险、可以 100% 地履行了再签订合同。签约了企业就要 100% 地履行，讲诚信、严格地遵守自己的承诺出口商才会有美好的未来。对外签约的权力应该十分明确，签约的流程应该明确，签约前应该有人认真地复核审核。

每个合同对企业都十分重要，不要轻易、随意、不负责任、不严谨地对外签约。一个合同没签好，企业就可能倒闭。企业不应该拿协议合同做儿戏，随意地签约、随意地撕毁合同，这样的企业未来应该是没有任何机会，肯定会被淘汰。

签合同之前需要特别注意的是：对对方的全面了解，对方信誉如何？对方能否履行合同？合同的条款是否严谨、明确？自己能 100% 地履约吗？合同的所有条款是否对未来可能发生的事情都做出了十分明确的约定？

合同的所有条款都应该认真严格地审核和复核。应该一个人制合同，一个人审核，不能一个人制合同无人审核就对外签约。

合同的对外签约权应该明确，企业内部不能所有的人都有签约权。

企业对外签订了合同，企业就应该严格地遵守合同的各项约定，做不到的事情就不要签，签了就要严格地遵守，除了不可抗力之外（什么是不可抗力在合同中也应该有明确的约定）。

什么是不可抗力？应该在合同中予以明确，人力不可抗拒主要是指签约方不能控制的客观情况发生了，导致合同不能履行的情况，如战争、罢工、罢市、山洪、政府法律和政策的突然变化、瘟疫、疫情、动乱、地震、台风、霍乱、火灾、骚乱、游行示威、戒烟、宵禁、钢厂的重大事故等。不可抗力的原因导致合同不能正常履行，对签约的双方是免责，无需承担任何责任、无需赔偿。但是任何事情都要实事求是，有的不可抗力其实不影响你的合同的执行，这种情况你就努力把合同执行好。如果不可抗力的原因确实导致合同不能履行，你就要和客户实事求是地解释，一般客户也会理解，发生了不可抗力的事件，双方再协商是继续延期执行合同还是取消合同。

钢铁产品出口退税的取消是否算不可抗力？如果算，发生了后如何处理？合同中最好有十分明确的约定。是买方100%承担？还是卖方100%承担？还是各承担50%？还是协商解决，协商未果可以终止合同？

另一种情况是：你是出口贸易商，你已经安排了工厂生产，但是工厂高炉坏了或者工厂的轧机出现故障，导致合同不能履行或者要推迟交货，这算不算人力不可抗拒？这要看合同中是如何约定的。如果这种情况发生了，出口方应该及时采取补救措施，努力从其他的工厂再订购。如果国外客户指定必须是这个工厂生产，或者只有这个工厂可以提供合同约定的产品，这就应该算是不可抗力，这种情况发生只能和客户协商是取消合同、延迟交货还是另换其他工厂等。

出口商任何时候都应该实事求是、平等、温馨地和客户沟通，要站在客户的角度思考问题。

我们曾遇见过这样的情况：从唐山附近某钢厂采购型钢，签订了1000 t的采购合同，合同约定2个月内交货，到了2个月末，钢厂说主电机烧了，要推迟一段时间，主电机烧了是否算不可抗力？其实有点争议，如果算不可抗力就无需任何赔付，如果不算不可抗力延迟交货，就应该赔付采购商的损失。到了4个月这个钢厂还交不出来货，去钢厂看其正在正常生产，只是其订单接的太多生产安排的不好，也有可能先安排生产自己出口的合同了。当然在经营中不实事求是、合同履约率低对企业自身不利。

不可抗力应该实事求是，如果借不可抗力的借口欺骗客户属于道德的问题，这样的企业早晚有问题，出口商签了合同之后就努力100%地遵守它执行它。如果出现了不可抗力的情况买卖双方可以再协商解决。如果出现了不可抗力导致合同不能履行，出口商是免责的。

企业能够100%做到的事情再去签订合同，有风险、没有把握、可能有问题的就不要对外签合同，合同的数量尽量小一些，尽量不签数量特别大、交货期特别长的合同，出口有很多因素出口企业很难很好地控制，比如汇率、价格的波动、国家政策、经济环境等，出口合同数量少一点对双方都比较有利。出口商要把握好"度"。

签了合同双方就应该认真地履行，如果某一方由于种种原因不能履行合同了，就应该按照合同的约定赔付违约金，一般我们的合同规定为合同金额的1.5%或者2%。

14. 2. 15　标准化建设

企业要高速发展，企业要努力在企业内部使尽可能多的工作内容实现标准化、制度化、流程化、规范化，这样可以大大地提高工作效率、减少差错的发生。

标准化的内容是：外销合同、采购合同、代理协议、资源的管理和认证、发标竞标评标、产品检验、产品的包装、租船、制单、装船前的检验、招聘、新员工的入职培训、人员培训等。

比如说产品的包装，我们早期做角钢出口的时候，就发现生产一线的工人都是 3 班倒，每班工人的包装方式不同，每包角钢的根数不一样，这样在制装箱单时就非常麻烦，后来我和工厂的质检科商量后下达了统一的包装规范，这样只要是一个规格，包装的支数就完全一样，工作效率就高了很多，也不容易出错。包装的内容也应该标准化，比如 6 m 长的打几道要子？在哪里（部位）打？使用多粗的钢丝等？标准化的内容越细、越清楚越好。钢铁出口工作的标准化会有助于我们钢铁出口工作的顺利进行。

14. 2. 16　投资管理

对企业最大的最后的考验是投资关，很多企业都能赚钱，但是很多优秀的企业最后都败在和倒在了投资的路上，多数企业前期都非常成功，赚了很多钱，经营得也非常好，但钱多了却不知道怎么处理，钱多了花不出去最着急，胡乱投资，最后倒闭了。挣钱和投资是两个不同的业务阶段，需要有不同的处理思路。

投资的几个基本原则：

一般是先做可行性分析报告（可以委托第三方），特别是把投资的风险要全面地了解清楚，利和弊都分析得十分清楚十分透彻，然后再决定是否投资。投资不能意气用事，光看到收益没看到风险是绝对不能投资的，投资之前应该进行认真的调查研究和可行性分析。

要从小开始投资，在摸索中前进，万一投资不顺利对企业影响不大，不要上来就搞很大的项目，把自己的全部家当都投出去。

如果投资效益好、有满意的回报，可以每年追加投资，投资不能是一次性的，而是持续不断的业务。

应该坚持自己的钢铁主业，钢铁出口商只能在钢铁领域投资和发展，尽量不要到其他行业投资和发展。

对一个优秀的企业股权投资是上策，项目投资是中策，没有可行性分析拍拍脑袋到其他行业的投资是下策。

投资一定要使用自有的长期富余资金，不能使用银行贷款进行投资。

要考虑投资不顺利是否可以顺利地撤资？不能顺利地撤资就不要投。

投资环境也应该特别关注。环境恶劣的千万不要去投资。当地社会稳定、政府讲信誉、法制健全等才适合投资。

企业要想管理好投资，就应该首先制定一个科学严谨的投资制度和流程，用投资制度管理企业的投资业务。

我们遇见过一个非常不错的企业，盲目地投资了 1.5 亿元，新建一个建材企业，结果每年亏损 5000 万元，连续亏了几年就血本无归了。

某企业在某地投资一个企业，企业要交土地出让金 5000 万元，钱交后才可以拿到企业的营业执照，结果当地政府缺钱，把企业交的 5000 万元土地出让金挪作他用，企业的执照 5 年了迟迟办不下来，你和政府打官司也没有用，拖了 10 年也解决不了。

有个企业到某地投资几亿元，当地政府的官员非常欢迎，县长出来宴请，老板头脑一热就草率地投资，结果投资后被"关门打狗"，最后血本无归。还有个地方投资环境非常差，最后连老板都要进去了。

有些不稳定的国家，如果你有投资，突然来了战争、有的动乱、政权突然被推翻、内战爆发、政策的重大变化、社会不稳定等，你的投资肯定泡汤。

下列情况是肯定不能投资的：一顿酒之后就要投资、拍拍脑袋就决定的、刚认识就投资、投资的国家地区法律秩序不好的、社会不稳定的国家、有可能发生战争和社会动乱的、不是自己熟悉的行业、被投资的企业是刚成立的企业、没有把握的新项目、被投资的企业老板素质比较低、当地政府言而无信的、只看见收益丰厚、没看到任何风险的项目。

笔者曾经在中东某国工作过，当地的西方大企业的办事处很多，但是基本没有西方企业在当地投资，据了解当地是封建的社会制度，酋长（相当于皇帝）在法律之上，社会的法律秩序非常不稳定，酋长一句话就可以改变法律，虽然经济上还是比较开放的，做生意可以，投资绝对不行。西方企业很少在这样的国家投资。

14.2.17 风险控制管理

外贸业务的环节很多、战线很长，外贸业务的每个环节都需要高度、严格、精细地控制好风险，外贸企业才会顺畅地发展。外贸企业每个人都一定要有极高的风险意识，一定要努力把风险降到最低点，努力降为零，企业才会顺畅地发展。现在企业赚钱非常不容易，如果有失误，大的货款回不来，有大的呆坏账，企业的一切努力都会付诸东流。

很多情况下外贸企业的风险不只是在海外市场和客户，而在业务中间各环节的风险控制上，比如采购、储运、海运、银行、担保、借款、互保等。我们都说国有企业有诸多的不是，但是很多大的国有企业一般都有风控部，对所有的业务都有严格的风险控制，这说明国有企业对风险控制是高度重视的，这一点私营企业应该很好地向国有企业学习。外贸企业的所有业务环节都实现了零风险，企业才会真正实现顺畅地发展。

所谓的风险控制其实就是在一些方面需要注意：

一是开展调查研究，全面、系统、深入、细致地了解情况，合作之前、在开展业务之前对所有问题所有环节的全面了解，合作方对所有的情况都要进行全面的调查研究，要全面地了解合作方，不光是了解其规模实力，更要了解其信誉、诚信问题。有的企业双方一见面，酒都喝好了，也不认真地调查了解，就大规模地合作起来，肯定会有风险的。

二是要控制好"度"，没有把握的事情要坚持从小做起的原则，在做生意的过程中详细地了解对方。即使是信誉非常好的合作伙伴也要掌握好"度"。有的大企业硬性规定合同最大的标的是多大。这就是考虑万一有不测的意外事情发生企业也可以承受，不至于一笔大合同的不顺利导致企业倒闭。

我们的企业以前规模不大，就规定每次装船钢材的最大数量为 5 千吨，合同的每笔数量最大为 3 千吨。

三是对各种不利的情况要做充分的准备，有备无患。什么事情都可能发生，有天灾有人祸，有人力不可抗拒各种因素发生的可能。

14.3　出口企业融资管理

出口企业融资与其他企业融资既有相同之处，又有一些是紧跟业务流程的专有融资模式。大的方面说融资包含股权融资和债权融资，债权融资又包含商业融资和银行融资，银行融资又包括固定资产融资和流动资金融资。我们本次仅就流动资金融资中紧跟出口业务流程的专有融资模式进行总结。具体包含打包贷款、订单融资、出口押汇、出口票据融资、出口商业发票融资、出口信用保险项下融资。

企业融资在企业不同发展阶段的融资策略是：

（1）企业成立初期，公司业绩、经营能力还没能显现，很难获得银行融资，要与银行进行接触，建立信任关系，为以后融资做铺垫。

（2）企业度过生存期，进入快速发展期，业务发展快，资金需求旺盛，盈利能力较高，可采取超资金需求融资，既是保证流动性的需求，也是业务发展的需要。

（3）企业经过快速成长进入平稳期，业务基本稳定，再次突破遇到瓶颈，可采用偏紧的融资策略，减少资金占用，加快资金周转，保持盈利能力。

（4）企业进入后整理期，与银行更应紧密联系，取得银行信任，根据对企业发展的判断，对银行贷款做妥善安排，尽最大努力保全股东利益。

与银行交流注意事项如下：

（1）展示公司现状及发展前景，数据准确，同时注意展示管理团队重合同、守信用的良好形象。

（2）与银行人员交流的数据与财务数据大体一致，银行会通过多方信息印证数据的可信性。

（3）实事求是地提出企业资金需求，业务上出现影响银行收款风险事项，及时与银行沟通，说明非企业恶意行为，征得银行理解，积极协商化解风险的办法。

14.4　钢铁外贸企业团队建设的思考

钢铁外贸企业团队建设相比于其他行业的企业有一定的特殊性，大连美投钢铁 MESCO Steel 董事长兼总经理王铁亮凭借多年的钢铁外贸工作经验整理出一些钢铁外贸企业团队建设的研究与思考，供同行们分享与借鉴。

第一部分：人才选拔任用和培养。

一个人可以走得很快，但是一群人可以走得更远、走得更好、走得更稳！这是一句在网商群里中十分流传的话。不论我们选择怎样的模式去创业、去经营和发展我们的企业，一个企业要想在当前立于不败之地，就必须要特别注重团队建设，要打造学习型的组织，要选拔任用和培养大批的优秀人才，特别要注重外贸营销团队的建设，这样才能使我们的钢铁外贸企业长盛不衰、基业长青。笔者认为：对我们钢铁外贸行业的企业来说，优秀的人才是企业最宝贵的财富，一个优秀的人才每年可以给一个企业带来几十万元、几百万元，甚至上千万元的效益；相反，一个平庸的人、二流人才会阻碍企业的发展，对于企业来说，团队建设是最重要的事情，团队建设居一切工作之首，不可以忽视或者轻视，企业的一把手应该亲自抓。

钢铁外贸企业创业初期阶段（一般企业成立 5 年以内）：每年的人员招聘规模应该在 5~10 人，同时企业还应该做好淘汰一些不合格、不称职、不优秀员工的准备，企业初创淘汰率在 40% 以下都是正常的事情，新员工经过试用期、经过培训后，可能还有一些新员工不那么称职，企业就应该把不称职的新人坚决地淘汰掉。同时企业就应该启动第二批招聘，企业的招聘工作是一个持续不断的事情，不断地招聘、优化自己的团队，企业要不断地发展，就应该不断地招聘各类优秀的杰出的人才。创业初期招聘工作应该注意以下几点：

（1）要优先考虑应聘者的忠诚度，招聘的新人应该具有较强的追随感、认同感、使命感、主人翁精神等。一个企业成立初期，规模不大，实力有限，工资给不了太多，平台非常有限、平台还不够大，资金不充足，马上招聘到特别优秀的人才有一定的困难，这个阶段招聘人员，在能力达标的前提下，应该侧重于忠诚度、品德、情商、人品。招聘的新员工情商和智商都比较高最好，情商高于智商最佳，同时关键在于新员工能否在一个企业里长期工作，在钢铁外贸行业里能踏踏实实地扎下根来，只有第一批员工稳定了，你才能够顺利地去更好地规划自己的企业，招聘更多的优秀人才。

（2）人品要好，通常第一批员工都是企业未来发展的中流砥柱，企业的管理者优先从第一批员工中选拔培养任用。员工人品好是最重要的：说实话、说真话、实事求是、热爱学习、工作兢兢业业、忠诚于企业、与任何人都能建立良好的人际关系、办事公平公正、阳光心态、正能量、知道感恩、不搞小宗派、不谋取个人的私利、不占小便宜、服从领导、服从企业、听从指挥、严格遵守企业制度、不太计较个人的得失。

（3）企业初创，招聘的门槛太高不太现实。我们通常都说招聘工作应该宁缺毋滥，但是特别优秀的人去企业初创或几个人的小企业有难度。所以小企业、创业之初的企业一定要客观认识到自己平台的局限性，对前期招聘的员工适当降低点门槛，只要我们一把手用心去做企业、用心去培养新入职的员工、用真诚去感召每位员工，就一定会把企业做好，员工的忠诚最好大于能力。

（4）企业初创招聘人员的年龄可以年轻一些，尽可能多招聘 30 岁以下的年轻人，可以多招聘新毕业的大学生和研究生，这些新人今后都是第一梯队，他们有理想、有抱负、有事业心、有冲劲、有拼劲、思维模式没有限制。当前的时代日新月异，每年都有巨大的变化，招聘年轻人，不仅仅能够跟上时代的步伐，也能够满足企业在未来发展中的需要。而更重要的是这群年轻人会让企业充满活力。从管理角度来说，这个年龄的人对于创业初期的企业来说比较容易培养管理和激励。如果一把手是学习（冶金）技术的，没有太多的外贸经验，那你就一定要聘用一个或者若干个经验丰富的外贸人来帮你做好团队建设和企业的管理工作。

（5）要注意男女比例搭配的问题，道理很简单：男女搭配汗流浃背。此外就是绝大多数国外的钢铁买家都是男士，因此外贸一线有一些年轻的女士更加适合，有时候聊天就能聊出来生意，同时适当地配置几个男士会让这个团队有一种安全性和稳定性。

（6）一个优秀的团队，要尽量配备不同专业的优秀人才，懂外贸的、懂钢铁专业的、懂管理的、精通英文的等，如果出口企业只配备清一色专业的，不利于企业的长期发展，企业的战斗力就比较差。同时还要注意招聘不同学校、不同专业、不同籍贯的，有年轻的（30岁以下的）、有中年的（30~40岁）、有一两个钢铁外贸经验丰富的年长者，混杂性的团队战斗力才强。

（7）钢铁外贸企业办公室可以小一点（100 m² 以下），位置不要太偏僻，办公室的内部环境要好一点、温馨一些、要有点文化氛围。钢铁外贸团队基本都是大专以上文化的，企业的文化氛围特别重要，否则招聘会遇到很大阻力。办公地点的选择比较重要，最好在大城市，尽量在市里，不要在偏远的农村乡下。要充分考虑周边是否有商业氛围，合适的外贸人才是否愿意来？外商来访是否便利？是否有助于提高企业形象等。

（8）比较合理的招聘是第一批5个人左右，筛选留住3个优秀的人才，然后再进行第二批5个人左右的招聘，再筛选剩下3个人，合计6个人左右，从管理学上来讲，这是一个比较优化的管理单元，最好是4位女性、2位男性。

作为钢铁外贸团队的创始人，我认为企业有人不断地应聘、有人不断地加盟才是有希望的企业。优秀的钢铁外贸企业尽量不要高薪去挖墙脚，高薪挖到的人通常在能力、心态、魄力、忠诚度等方面上存在一定的问题，否则他没必要离开之前的团队，而且这样的人要求的薪资待遇通常较高，今后一有机会又遇见更高薪的企业抛出橄榄枝就会自动离职。如果我们遇到主动来投简历的同行者，非常有经验的人，30岁以上、有5年以上工作经历，一定要问清楚换工作的原因，如果主要是为了涨薪酬（对原来的企业不满意、与老板的关系不好、嫌自己的待遇低）一定要小心谨慎。

团队建设需要注意的问题是：

（1）初期团队建设：在人员稳定以后，一把手每天需要花费一些时间和团队成员在一起互动，情感投入要多一些，包括工作上、生活上等。同时要注意培养若干个企业未来的骨干和栋梁，这些人今后有可能成为企业的管理者和中坚力量。

（2）要重点培养几个销售能手，尽量不要只培养一个，帮助他们快速提高，让他们赚到钱。做企业，宁愿一把手自己少赚一点，也一定要让自己的四梁八柱赚到大钱，这是正确的有利于企业长期发展的思维模式，能够让团队中为企业的发展做出了重大贡献的人赚到更多的钱，就是让其他人看到希望，充满信心！不要怕员工赚的多了，怕的是员工待遇上不去，优秀人才的不断离去。企业里没有几个销售能人，注定不会快速发展。员工的激励要努力制度化，企业内部要施行多劳多得，要公平公正，奖励不要受人情的干扰、要看业绩。企业要不断地培养更多的业务能手、业务高手，把优秀人才的待遇提上去。

（3）观察每个人的优点，尽可能发挥他们的长处，避开他们的短处。人无完人，在企业的发展过程中，要建立优秀的企业制度，避免一把手的主观误判、避免企业决策的随意化，作为企业的领袖人物，要纵观全员，统筹全局，决策的正确性、科学性、合理性最为重要。企业的决策要慎重，决策和决定尽量保持稳定，要建立优秀的决策机制，企业决策不要朝令夕变。

（4）企业要注意培养员工，员工在工作中学习，在学习中工作，工作就是学习。企业应该提供更多的机会让大家去分享、去总结，鼓励大家一起研究问题、一起发现问题、一起解决问题。有些时候，还需要根据性格特点去培养和使用，做一些职业性格测试（MBTI性格测试）。这个时代，我们必须借助一切可以借助的手段去发掘人、识别人、培养人。

（5）企业可以不定期地带着初创团队消遣、娱乐、进行拓展训练等，增强情感建设、培养团队意识。这是团队文化形成的初期阶段，企业形成一种无形的力量、文化、精神在凝聚着团队中的每一个人，员工之间经常聚在一起，拉近彼此心灵的距离，大家都成为兄弟姐妹，互帮互助互敬互爱，企业员工之间的团结和谐会使企业奇迹般地发展。

（6）企业初创管理制度要从无到有、从少到多、从粗到细，从一把手个人的人格魅力管理升华到用企业制度去管理，实现企业管理上的飞跃。企业应该牢固地树立企业制度面前人人平等的规则，这样更多的优秀人才才会源源不断地加盟进来。

（7）企业初创可能还没有明确的分配制度，一把手宁愿自己少赚一点钱，也要让员工多赚一点。一把手的这种奉献精神是完全必要的，企业没有明确的制度，就说明企业管理还不太健全，最大责任人就是一把手去感召下属，有了负责任的一把手，才有了以后能够承担责任的员工，才有了一个企业承担责任的文化，脉脉相传。

（8）钢铁外贸企业重点要放在外销工作上，尽可能不要增加绩效考核内容，尽量不要使用底薪加提成的管理模式，因为这个时期很多工作都是在摸索阶段，客户也在积累阶段，这个时候企业的人员不多，增加考核内容很容易增加管理成本，增加内耗，容易导致同心同德后来变成了离心离德。这个期间，要拿更多的订单、积累更多的客户，使大家都有信心。同时还要注意供应商的质量、储运工作的质量、产品质量、合同的履约率、及时退税、风险控制等。

（9）企业初创要做扁平化管理，尽量不要任用不称职、不太了解、不合格、不优秀、不是德才兼备的人当管理者。优秀的员工在团队中会不知不觉地走在前面，成为大家追随的楷模、学习的榜样，过早地凭一把手的主观意识设立管理岗位、聘任管理者，会影响初期团队其他人的动力，也可能导致聘任的人选不合格。

第二部分：企业中期阶段的团队建设（一般企业创立5年以后）。

这一阶段，企业基本稳定了，基本顺畅了，团队10人左右，外贸一线人员达到6个人以上，能否为企业后期发展培养更多的优秀人才，直接决定了企业未来的发展空间，这一阶段表现出培养人才的重要性，同时也要注意招聘新人的质量。这一阶段会较长（5~10年），是一个企业自我调整、自我完善、自我超越、自我否定的一个过程，需要注意以下问题：

（1）时刻关注员工的思想动态，尤其是核心成员的培养。这个期间，企业人数会逐渐增加，遇到的新问题也越来越多，员工之间、部门之间的摩擦和矛盾都会出现，因此要高度关注核心力量的思想动态，这些人承上启下，他们的言行和思想都直接影响了基层人员工作状态和价值观，所以要定期地加强核心力量的沟通和引导。

（2）不断增添新人，为企业不断地提供新鲜血液、不断地注入新的活力。一个企业就像一个机器，运行久了必然会出现老化的部件，应该注意及时淘汰、吐故纳新，更新才能让这个机器稳定高效良好地运行。一个没有危机感的企业一定不会成为一个优秀的企业；一个没有新鲜血液注入的企业，也一定不会有生机。

（3）注重对核心力量的培养，包括业务技能以及思想、格局、思维模式等。

（4）优化和加强后勤力量的建设，HR、采购、储运、财务、管理等工作都十分重要，要做好分工，尽量专业化地使用和培养人才，后方人员的待遇也不能太低。避免外贸销售人员将签约后的所有工作实行"一条龙"服务，这样容易出现如果一线人员流动，客户损失殆尽的可能。团队成员之间要有十分明确的分工：海外市场拓展、外销、售后服务、采购、储运（海运单据）、资源管理和认证、财务、HR等要分工明确，既有分工又有合作、相互促进、竞（赛）合（作）。

（5）加大企业内训，完善考核机制，用制度淘汰人、选拔人、任用人。从人员的招聘，到人员的培养、使用和重用，再到人员的淘汰，就好比一个自来水库一样。考核机制就像一个过滤系统，它必须能够将不符合企业发展的人淘汰出局或者发出警示。没有这样的优胜劣汰的科学合理的机制，就是对优秀人才的不尊重、不公平，企业无疑必将衰败，无法顺畅地发展。

（6）考虑内部创业或者分组分部门、建立相对独立的核算机制，每个部门的责任、权利、义务都比较明确。

（7）企业要注重科学管理、制度化管理，建立卓越的企业制度，培育优秀的企业文化，可以鼓励核心员工持股、倡导全员持股等，注重对员工的长效激励。通过制定优秀的企业制度来确保企业长期稳健地发展。企业发展到一定的时期，还要注意决策问题、投资问题、与资本市场的对接等，运筹帷幄之中，未雨绸缪，提前做好准备。重大问题前期的充分民主，努力用卓越的企业制度去引领企业的各项工作。

14.5　电商管理

14.5.1　电商获客渠道

14.5.1.1　ALIBABA 电商平台

A　阿里巴巴国际站介绍

阿里巴巴国际站是帮助中小企业拓展国际贸易的出口营销推广服务平台，它基于全球领先的企业间电子商务网站，通过向海外买家展示、推广供应商的企业和产品，进而获得贸易商机和订单，是出口企业拓展国际贸易的首选网络平台之一，Alexa 排名为 178。

B　普通会员和金品卖家

据 2019 年 7 月阿里巴巴国际站官方报价，普通会员服务费为 29800 元/年，金品卖家服务费为 80000 元/年，优质资源会向金品卖家大幅倾斜。与此同时，阿里巴巴国际站准入门槛提高，在商家入驻前会综合考量商家的出口总额及企业信用等数据。

C　阿里巴巴黄金法则

（1）客户当先：必须站在客户的角度考虑问题，做营销策划，无论销售什么样的产品，无论使用哪一种营销工具，前提都是要站在客户的角度考虑问题，瞄准客户需求，针对客户的缺乏感并结合自身优势来选择产品，最后通过降低客户的金钱成本、形象成本、行动成本、学习成本、健康成本、决策成本等方式为客户赋能，从而获得机会。

（2）产品为本：任何营销的基础都是为客户提供好的产品，大量的营销投入可以将产品吹得天花乱坠，但是最终却不能长久地取得效果。要知道，买家不是电脑，而是电脑后面的人，在阿里巴巴国际站的购买过程中，买家看不到实际的产品，看到的是产品的内容和对网店的体验，合理的设计及优质的内容可以吸引买家的注意力，为买家提供优质的浏览体验。

（3）思维制胜：必须用全局战略资源排兵布阵，将阿里巴巴国际站提供的有限资源利用到极致，通过大量的前期准备工作将产品上架，之后对浏览量低、转化率低、成交数少的产品多加关注，定期下架优化并重新上架，优化关键词，及时申报活动，及时管理并回复询盘。并且学会杠杆借力，巧妙利用其他流量资源，利用 Google、Facebook、LinkedIn、YouTube、Twitter 等平台为网店引流。

14.5.1.2 其他 B2B 平台

A B2B 平台介绍

B2B 平台是电子商务的一种模式，是英文 Business-to-Business 的缩写，即商业对商业，或者说是企业间的电子商务，即企业与企业之间通过互联网进行产品、服务及信息的交换。它将企业内部网，通过 B2B 网站与客户紧密结合起来，通过网络的快速反应，为客户提供更好的服务，从而促进企业的业务发展。

B 源自中国的 B2B 平台

（1）阿里巴巴：全球最大的 B2B 在线市场，供应商主要是贸易公司 & 制造商，且不仅限于中国，Alexa 排名 178。

（2）中国制造：Made-in-China.com，产品都是在中国大陆或中国台湾制造，Alexa 排名 718。

（3）环球资源：Global sources，1970 年成立，具备制造商质量管控系统，Alexa 排名 1692。

C 来自世界的 B2B 平台

（1）Worldtrade：美国年轻 B2B 平台，免费提供销售线索，Alexa 排名 2260。

（2）Indiamart：印度最大的在线市场，Alexa 排名 28137。

（3）Ecplaza：1996 年创建的韩国平台，国际贸易网上批发商场，Alexa 排名 105503。

D B 类贸易趋势

（1）移动化：移动设备端买家逐年提升。

（2）年轻化：创业及新网商人群涌现。

（3）小单化：小单快采模式快速增长。

E B2B 平台优势

（1）微型创业新网商：快采快消，0 库存，开发产品，确定市场。

（2）零售商 & 批发商：发展产品线，优化产品组合，供应稳定，建立口碑。

（3）中大型买家：开拓新市场，新品类，经营战略合作供应商。

F　B2B 平台盈利模式

（1）会员费；

（2）竞价排名费用；

（3）广告费；

（4）增值服务费。

14.5.1.3　SNS 社交媒体营销

A　SNS 和 SMM

SNS，专指社交网络服务，包括了社交软件和社交网站；也指社交现有已成熟普及的信息载体，如短信 SMS 服务。SNS 的另一种常用解释：全称 Social Networking Services，即"社交网站"或"社交网"。SNS 也指 Social Network Software，社交网络软件，是一个采用分布式技术，通俗地说是采用 P2P（Peer to Peer）技术，构建的下一代基于个人的网络基础软件。

SMM 是 Social Media Marketing（社会媒体营销）的简称，就是利用社会媒体进行网络营销，SMM 成为搜索引擎营销后的另一新崛起的网络营销方式。国外主流的社会化媒体包括 Facebook、Twitter、Youtube、LinkedIn 等，国内主流的社会化媒体包括以新浪微博为首的微博群、微信、优酷土豆、人人网、开心网、QQ 空间等。

B　Facebook Ads 对定位精准客户有所帮助

Facebook Ads（脸书广告）是对外贸易中比较有代表性的 SMM 营销工具，其功能主要是通过用户信息定位用户群体，从而向相关用户推送广告等。我们可以通过 Facebook Ads 锁定客户的兴趣点（如材料、机械、气焊瓶等）、客户所处的行业（如贸易、建筑等）及其他特征来精准锁定用户群体，通过"类朋友圈"广告的方式引导客户登录我们的网站或公司主页。

C　LinkedIn 在外贸 B2B 领域的优势

（1）创建公司主页，提升品牌影响力。LinkedIn 除了拥有个人主页外，还可以创建公司主页，LinkedIn 的公司主页操作简单，它能够：

1）针对产品和服务创建单独页面；

2）创建图片幻灯片，并添加公司网址的链接；

3）嵌入 YouTube 视频，视听说全方位地介绍产品；

4）刊登工作信息（付费服务），招聘到有价值的企业员工；

5）查看并分析关注过公司主页的访客，访客可以在查看公司主页时，通过点击公司列表旁的图标，跳转到公司网站。

（2）建立属于自己的客户圈子。注册 LinkedIn 时，LinkedIn 会自动检索邮箱联系人是否注册过 LinkedIn，借这个机会把他们都加入关系网（将 Email 的联系人导出为 csv 格式并将其导入至 LinkedIn），建立属于自己的客户圈子。

你还可以加入行业群，在群里挖掘出潜在客户；还可以通过关键词搜索找到潜在客户。尝试把他们都加入自己的客户圈子。

（3）从客户那里获得更好的建议。LinkedIn 的最新产品 LinkedIn Answers 就是为了在网上实现这一目的而设计的。应用这一工具，可以将有关商业的问题同时发布到人际网络和 LinkedIn 的大网络。这样会得到更好的效果，因为相比一些开放的论坛，能够从人际网络中得到更多的有价值的回复。这将有助于更好地提升事业和拓展业务，客户给的建议才是最好的建议。

D　Facebook Ads/LinkedIn Ads

社交媒体广告，主要有两种投放形式：

（1）消息广告，可以将自己编辑的广告内容投放到潜在客户的 LinkedIn 收件箱；

（2）单图/轮播/视频广告，可以将自己编辑的广告信息发送到潜在客户的动态汇中。

LinkedIn 和 Facebook 在广告投放形式上是相似的，而 LinkedIn 的优势则是相较于 Facebook 的大杂烩，能够更好地定位目标企业或个人。

14.5.1.4　谷歌官网营销/谷歌 SEM 及 SEO

A　营销型网站的标准

（1）服务器：1）打开速度；2）稳定性；3）排名权重；4）美国服务器，推荐阿里云。

（2）网页设计：1）欧美宽屏风格；2）版面简洁明了；3）图片清晰美观；4）页面动态效果。

（3）响应式：1）响应式设计；2）台式机、手机、平板完美适配；3）提升 Google 排名；4）获取移动端客户。

（4）多语言：1）开拓多语言蓝海市场；2）提升 Google 收录量、提升排名；3）增强本地客户体验。

（5）优质的程序代码：1）功能强大、漏洞少、通用性强；2）具备站内 SEO 功能；3）后台操作简便；4）可升级、可拓展；5）可以安装第三方代码。

（6）便捷的沟通方式：1）产品询盘车；2）在线客服聊天；3）产品手册下载；4）产品视频展示。

（7）突出工厂优势：1）工厂直供，品控一流；2）研发能力强，生产工艺高；3）厂房设备全，生产能力强。

（8）突出贸易优势：1）服务能力强；2）交货能力强；3）能一站式满足客户需求；4）减轻客户在贸易中的负担。

（9）突出产品优势：1）产品质量如何过硬；2）对比同行有何优势；3）产品图片清晰；4）文字描述专业；5）应用场景展示。

（10）突出方案能力：1）我们能做什么样的方案？2）我们的方案有何优势？3）我们的方案是怎么做的？4）专业的文字描述+场景展示。

B　谷歌 SEM

a　谷歌 SEM 与 SEO 的关系

（1）SEM 和 SEO 都是基于 Google 平台的广告行为，核心都是基于精准的关键词，有相似的游戏规则，SEM 和 SEO 是相辅相成、互帮互助的关系。

（2）做好 SEO 就有了高质量的网页内容、良好的移动端体验、高速的网站加载、高相关性的网页，就为做好 SEM 打下了良好基础。

（3）做好 SEM 就会获得有效关键词库，这就为 SEO 的词表构成提供了数据支持，SEM 带来的真实流量也对 SEO 排名提升有帮助。

（4）不同点是 SEM 强调花钱买流量，SEO 强调让流量找上门，从效果来讲，应该是两者配合一起操作，效果达到更好状态。

（5）SEM 可以帮助企业拓展有效关键词，做到精准匹配。

（6）公司产品从未做过谷歌推广，先从 SEO 做起再到两者结合推广，可以起到事半功倍效果。

（7）SEO 短时间投入，持久性收益；SEM 持久性投入，不投就没收益。

（8）从企业投资回报看，SEO 性价比更高；从企业投资时间看，SEM 更快速。

b　PPC 获盘成本逐渐降低

PPC 是英文 Pay Per Click 的缩写，其中文意思就是点击付费广告。点击付费广告是大公司最常用的网络广告形式。提供点击付费的网站非常多，主要有各大门户网站（如搜狐、新浪）、搜索引擎（Google 和百度），以及其他浏览量较大的网站。

付费广告的结果是难以预计的，既存在花费大量的人力物力投放几条广告，其中一两条却一直表现不好，也存在随便投放十几条广告，其中一两条表现得非常好的情况，所以在真正投放广告之前任何人都无法保证实际效果如何，而专业的营销人员需要做的是，在广告投放的整体进程中搜集、整理并分析数据，从而得出更优选择，以及根据实际市场制定广告创意，以获得更高的转化率。

在单广告推广周期初始一周内，部分关键词尚未获得有效排名，部分小众关键词点击成本极高，综合导致初期的广告投入往往是没有询盘的；而在推广中期，广告获得了有利的排名，因此有效点击率显著上升，询盘成本基本稳定；在推广后期，由于进行了广告优化，将效果不好的广告砍去，留下效果好的广告，并且优化关键词和广告投放模式等，询盘成本显著降低，除此以外初中期积累下来的有效客户（收藏联系方式但暂无购买需求）也陆续发来询盘，起到降低询盘成本的作用。总的来看，一支表现好的广告，投入时间越长越稳定，后续的平均成本就会越低，效果就会越好。

钢铁外贸 PPC 获盘成本参考曲线如图 14-3 所示。

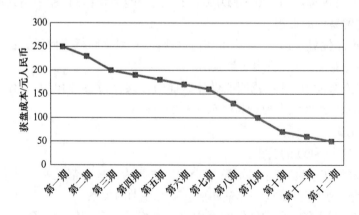

图 14-3　钢铁外贸 PPC 获盘成本参考曲线

　　c　广泛词汇和精准词汇并行的推广方式

　　关键词收费模式是综合性的，既考虑到关键词热度也考虑到网站本身的质量评级。以一般钢贸公司企业官网为例，官网一般在 URL 和内容上都会频繁用到"steel"这个词，所以 Google 的关键词抓取工具"蜘蛛"就会抓取到"steel"这个词并在"steel"的搜索结果中给予网站较高自然排名。在这样的前提下，我们做基于关键词"steel"的相应词组的 SEM 竞价中只需要较低的成本就可以获得醒目的排名。

　　谷歌广告投放方案的设计上，建议使用广泛词汇和精准词汇并行的模式，一般认为精准词汇推广是最高效的方式，但是结合谷歌广告的收费模式，在广泛词汇和精准词汇的收益率对比上两者各有优劣，尽管广泛词汇转化率较低，但最终核算成本时广泛词汇与精准词汇基本持平。考虑到广泛词汇可以扩大品牌知名度及投放市场影响力的优势，以及可能存在的通过广泛词汇而收藏我们联系方式的潜在客户，建议以广泛词汇促进整体广告质量和网站自然排名，以精准词汇进行主打产品的推广。

　　C　Google AdWords 实操心得

　　(1) 选词尽量选最精准的广告词。比如我们是做钢材批发的，那我们直接使用这个词打广告精准吗？显然不精准，因为略微一分析我们就会发现，直接搜这个词的客户几乎都是想零碎买几吨甚至几根或几片的，根本不考虑大批量购买。所以，如果我们要投 AdWords 广告，选择的精准关键词肯定是 steel suppliers、steel manufacturers 等这种词。

　　当然，除了这种做批发但是产品词偏零售的，其他比如机械行业我也倾向找最精准的关键词，比如做冶金设备的，我会推荐选择关键词+for sale/buy 这类属性词，至于为什么，很简单：

　　1) 更精准，转化率高，尤其是做词组匹配的时候，会最大限度地降低无效点击，节省资金；

　　2) 这类关键词数量同样非常多，搜索量完全可以撑起一个广告组来；

　　3) 针对这些词写广告更简单直接。

　　(2) 使用词组匹配。谷歌 AdWords 关键词匹配方式分为广泛匹配、词组匹配、完全匹配。广泛匹配是你随便投个关键词，只要别人在谷歌搜索一个随便跟这个词有点关系的，你的广告都有可能出现，然后钱都有可能被扣掉；完全匹配是只有别人搜索的那个词跟你投广告的词完全一样，你的广告才会出现，然后别人点了才会扣钱；至于词组匹配，只有别人搜索的关键词完全包含你的广告词的时候广告才会出现。

　　这里给大家举个例子，比如我给 LPG cylinder 这个词投了广告，如果是广泛匹配，那别人搜 LPG gas、gas cylinder 等这种词，只要跟 LPG cylinder 稍微有点关系，广告都会出现；如果是完全匹配，别人只有搜 LPG cylinder 这个词的时候，广告才会出现；如果是词组匹配，搜 LPG cylinder for sale、best LPG cylinder 等只要包含了 LPG cylinder 的词，广告都会出现。

　　所以词组匹配存在一定优势，广泛匹配精准性过低，会导致大量无效点击，造成资源浪费，精准匹配范围太窄，如果我们选的词本身就很精准了，再用这种方式就很难获得流量了，反而词组匹配，既精准又能增加展现和点击。

　　(3) 广告组做精细。很多时候投 AdWords 广告，都不怎么在乎广告组，通常是随便搞一个顶多两三个组就把所有关键词都放进去，然后统一写写广告语就完事了，这种做法简单粗暴，但显然会拉低展示、点击率和转化，并且钱肯定也会造成不少浪费。

正确的做法应该是，针对产品主词和所有产品分类，制作相应的广告组。还是拿 steel 产品来举例，这类网站主词一般是 steel traders、steel suppliers 这种，分类词有 H-Beam steel、steel coil、steel material、electrical steel 等，我们要做的就是，针对主词和所有分类分别创建对应的广告组，然后根据每个广告组对应的产品选择相应的关键词，创作相应的广告语，设置更有针对性的达到页面，这样做出来的广告才更有针对性，展示和点击率自然也会高的多，转化也会有一定的提升。

（4）广告语尽量写的专一且有针对性。什么叫专一且有针对性？简单来说就是，如果你的产品主打价格便宜，那写广告标题和描述的时候就只突出便宜就行了，质量提都不要提。同样的道理，如果你的产品主打质量，那 cheap price 也是连讲都不要讲，着重突出质量优势，这样可以最大限度地避免无效点击

有时我们会认为：我的广告主要写价格便宜，然后写一句质量好，这样客户看到，点击率不是会更高吗？确实，价格低质量又好，点击确实会高一些，但是客户了解完产品之后，发现价格确实低，但是质量完全不达标，他是不是马上就关闭网站了？这样不是浪费钱吗，至于说点击量，这个根本不用担心，大不了我们多设置些广告词就可以了。

（5）附加信息必须要加。如果仅仅是广告描述的话，内容是非常短的，顶多也就写 10 来个词，再多是不可能的，所以，如果仅靠广告描述我们想表述的信息无论如何也表达不全的，这个时候附加信息就显得非常重要了。

也不用所有的附加信息全都放上，这里比较建议 B2B 网站添加：附加链接、附加宣传信息、附加结构化摘要信息、附加电话信息。

（6）及时否定无效关键词。即使选关键词时选的是最精准的词，并且使用的也是相对精准的词组匹配，但是广告仍然可能会在用户搜索不相关内容时被展示出来，并被点击，比如焊瓶钢的广告，选择了 LPG cylinder 这个词，用的词组匹配，结果有人搜 LPG cylinder gas，广告出现了，并被点击，因为只做 LPG cylinder 产品，不做 gas 气体产品，所以这次点击的花费是完全浪费的。因此，时常浏览"概览"中"搜索内容"这一项，找到不相关的广告词，及时否定。

（7）广告词选择价格从低到高选择。大部分传统贸易商投 AdWords 前期花费不会很高，一个月在 1000~3000 元，这样的花费，必然要控制好点击价格，不然点个几次余额就耗尽了。所以，我选择关键词都是按价格从低到高选择（因为我选择的都是最精准的关键词，所以不考虑价格低、转化低这些词，精准词转化一般不会低），当然，选择的时候我都是使用 kwfinder，因为我感觉它给的词比 GKP 相关性还要高一些，更精准一些。当然，大家选择的时候也可以用 GKP，关键词出价高位区间由低到高选择即可。

剩下的设置地区和时区就不用说了，标记好主要市场和排除最讨厌的地区，选择好广告展示时间即可。

D　谷歌 SEO

（1）什么是 SEO？SEO 并不等同于关键词排名，其实关键词排名仅仅是 SEO 的一部分，而且是比较初级的部分。真正的、全面的 SEO 所包含的内容比关键词排名要广泛得多。SEO 的目的是做强做大网站，不是把 50 分的网站伪装成看似 90 分，而是把 50 分的网站补强为确实能得 90 分。

（2）内容为王，链接为后。搜索引擎给予原创内容和外部链接很高的排名权重，同时这两者也是 SEO 最大的难点。网站结构、内部链接、页面优化、关键词分析、流量分析，这些重要的 SEO 步骤大体都在 SEO 人员控制范围之内，一般可以相对顺利地完成。但是高质量的内容和外部链接，往往超出 SEO 的控制，经常是可遇而不可求的。

（3）了解黑帽，做好白帽。在搜索引擎优化行业，一些不符合搜索引擎质量规范的优化手法，也就是作弊的 SEO 手法被称为黑帽，英文为 Blackhat。而正规的符合搜索引擎网站质量规范的就称为白帽，Whitehat。由于搜索引擎公布的质量规范和准则比较笼统，常常有各种解释的空间，那些不能被明确归入黑帽或白帽，介于两者之间的优化手法就被称为灰帽 SEO（Greyhat）。

对一个正常的商业网站和大部分个人网站来说，做好内容，正常优化，关注用户体验，才是通往成功之路。做好白帽也必须了解黑帽都包括哪些手法，避免无意中就使用了黑帽手法。黑帽手法常常见效快，实施成本低，问题在于被发现和被惩罚的概率很高，而且会越来越高。一旦被惩罚，整个网站就不得不放弃了，一切要重新开始。做白帽就要花更多的时间和精力，而且并不能百分之百保证一定能做出一个成功的网站。但相对来说白帽更安全，一旦成功，网站就可以维持排名和流量，成为一份高质量的资产。

主要作弊方法包括：隐藏文字、隐藏链接、垃圾链接、买卖链接、链接农场、链接向坏邻居、隐藏页面、PR 劫持、桥页、跳转、诱饵替换、关键词堆积、大规模站群、利用高权重网站等。

E　Google 排名因素调查

（1）总体算法：

1）链接依然被认为是算法最重要的部分；

2）页面上关键词使用依然是基础，是除了链接之外最重要的因素；

3）社交因素相关度很高。

（2）域名级别品牌指标：

1）品牌+关键词的搜索量越来越重要，策略上应该专注于人们在谈论你的主要产品和服务时同时提到你的品牌；

2）仍需要继续专注于包括传统 PR 和品牌推广在内的老式信号，成长期的社会化媒体信号也需要重视。

（3）域名级别关键词无关指标：这些指标与整个域名有关，但并不直接描述链接或关键词相关元素，而是与域名字符长度之类的有关。其中新鲜度和页面打开时间是最稳定的因素，并且应该好好优化移动搜索。

（4）域名级别关键词使用：这些指标包括根域名或子域名怎样使用关键词，对搜索排名有多少影响。子域名里有关键词的好处是十分巨大的，最好能够完全匹配域名，并且以品牌而不是关键词为基础。

（5）域名级别权威度指标：这些是描述页面所在域名链接的指标。如果你的品牌是全球性的，链接也应该是一样的。

（6）页面级别关键词无关指标：这些是与页面关键词实用无关、与链接无关的指标，如页面长度、打开速度等。很多内容是相互交织的，需要根据实际情况，观察最终的综合结果，比如在页面中加入视频可以帮助页面提高排名。

（7）页面级别关键词使用：页面 html 代码特定的地方使用关键词或词组（课题标签、H1、图片标签等）。良好的页面优化依然重要，它帮助 Google 理解页面在讲什么。但是品牌的重要性往往使有行业权威度的页面比使用了更多信息、关键词更相关的页面排名好。

（8）页面级别社交网络指标：与第三方社会化媒体（Facebook、Twitter、Google+等）有关的页面指标。随着社交网络用户增长并成为更可靠的重要相关性数据来源，社交网络指标在算法中会越来越起到重要作用。

（9）页面级别链接指标：链接向排名页面的链接指标（如链接数量、MozRank 等）。链接页面和域名的主题相关性一直是最强有力的信号。

F　外贸企业在谷歌优化上需要的思维转变

诸多外贸企业，不管是大企业还是小企业，也不管是 soho 还是工厂，真正有潜质做好优化的并不多，原因不是因为没钱或者没精力，而是因为思维！没有"我要为用户提供有价值内容"的思维。

目前绝大多数做外贸的人，做网站做优化的时候，想的仅仅是"赶紧建个网站，然后找家靠谱的公司推广一下，然后来点高质量询盘。"很多人可能觉得这种想法没错啊，但是只有这种想法，做好优化是很难的，即使做出来了效果也很有限，并且不长久。

反之，如果你建站和优化之前，想的就是"这个网站我要精益求精，一开始就要把最高质量的内容呈现给用户，并且持续更新对客户有帮助有价值的内容"，那么三五年之后，可能仅仅是因为这一个小小的网站，一家小公司就可能成为这个领域中用户非常认可的一个知名品牌。

再窄的行业你都能找到好的话题，因为最好的话题就是客户可能会遇见的问题，而我们只要能帮客户解决这些问题，并把解决的思路和方法写出来、写明白，这就足够了。而你需要的，仅仅是思考客户会遇见什么问题，想要了解哪些方面而已。

最高级的市场营销只有两个字："口碑"。口碑是最好的品牌，为什么会形成口碑，本质上是客户心理层面对某个品牌的深度认可，如何达到这种深度认可？简单：远离营销，实际帮助。所以，很多时候我们做真正的品牌，就是要放低针对性和目的性，尽可能地和营销划清界限，并提供真正有价值的内容。

至于同行或者竞争对手学了我的技术怎么办，我考虑的只是，如果他们看完什么都学不到，那我们还有什么写的必要呢？这就是思维的转变。其实本质只有一句话："想做高端优化，最重要的一点——转变思维，真正从心底里想，我要为用户提供高质量内容。"

14.5.2　线下外贸获客渠道

14.5.2.1　参加展会

A　展会的作用

（1）建立客户关系；

（2）产品和服务市场调查；

（3）扩大企业影响，提高品牌知名度。

B　展会前的准备

（1）展位设置；

（2）展品准备及陈列；

（3）准备展会物品及宣传资料；

（4）人员准备及相关培训；

（5）展会前邀约宣传工作。

C 展会中的应对

（1）热情友好的态度；

（2）专业度；

（3）主动出击；

（4）商业谈判技巧；

（5）跟进客户足够快；

（6）做好记录、客户分类、关键信息备注；

（7）意向客户合影留念。

D 展会后的跟进

a 客户资料整理分类

（1）展会现场签单的客户；

（2）有希望成交的客户或潜在大客户；

（3）索取资料，表明简单兴趣的客户；

（4）随便看看、随便问问的客户。

b 跟进客户

发函致谢、安排拜访、兑现承诺、详谈细节、邮寄资料。

（1）在展会进行中就应该与客户时时保持联系，展会后确认订单细节，提醒付定金；

（2）将客户在展会现场询问的所有资料以及所涉及的问题仔细回复，寄送样品等；

（3）发邮件对其表示感谢，按照客户的要求尽可能详细地将产品资料发给客户，并表明希望有机会合作的想法；

（4）浏览客户网站，了解对方经营范围，发送对应的产品资料，寻求合作可能。

14.5.2.2 客户拜访

A 拜访客户的目的

（1）建立客情，建立客情的要求是让客户喜欢我、不讨厌我、记得我、相信我；

（2）收集客户信息，了解越详细对以后客户需求的把握或挖掘会起到决定性的作用；

（3）指导客户；

（4）销售产品，这是我们拜访客户的主要任务，也是我们拜访客户挑战最大的部分；

（5）市场维护。

B 拜访前的准备要点

（1）提前与客户约好拜访时间。一般来说，上午9点到9点半、下午2点到3点之间是非常适合拜访客户的时间。在这个时间段拜访客户，一方面客户正好处于上班时期，双方精力都很充沛，精神状态也非常不错；另一方面，双方都有充足的时间来进行深入的沟通和交流，如果谈到兴浓时，双方还可以约好一起吃午餐或晚餐，继续深入沟通。

（2）提前了解客户的相关信息。客户的姓名、性别、职位、大致年龄、话语权、专业知识、熟练程度、地址/行车路线、座机/手机、兴趣爱好等相关兴趣，拜访者必须提前了解。这些信息有助于拜访者在正式拜访客户时恰到好处地与客户进行沟通、交流，促成商业合作的达成。

（3）提前准备好拜访资料。拜访者必须提前准备好相关的拜访资料，包括公司宣传资料、个人名片、笔记本电脑、笔记本等；必要时还要带上公司的合同文本、产品报价单等，其中包括公司提供的产品类型、单价、总价、优惠价、付款方式、合作细则、服务约定、特殊要求等。

（4）未雨绸缪，提前准备好打击竞品的措辞。优秀的拜访者，在进行拜访前已经做了大量准备工作，并且比较容易获悉主要竞争对手是谁。客户在做出最终决定前往往是"货比三家"，拜访者必须针对这些主要竞争对手提前准备好措辞，主要包括：我们与主要竞争对手的区别在哪里？我们的优势在哪里？竞争对手的优势和弱势在哪里？相比竞争对手，我们的比较优势是哪些？这些措辞的提前准备，非常有助于拜访者在拜访过程中直接"攻克"客户的内心。

（5）提前确定拜访人数。对不同的客户，在不同的时间段内，根据客户不同的需求，拜访者的人数是不一样的。如果是一般性质的拜访，或者是不需要太多技术含量的拜访，拜访者一人即可。如果是非常正式的、重要的拜访，尤其是那些技术含量要求比较高的拜访，拜访者的人数至少要求是 2~3 人。比较科学的是 3 人拜访团队，即"营销+技术+协调"团队形式，术业有专攻，而且彰显公司实力，体现出对客户的尊重和重视。

C　拜访注意事项

（1）自信；

（2）提前到达拜访地点；

（3）遵守客户公司的规章制度；

（4）拜访过程中注意形象；

（5）先找到客户感兴趣的话题；

（6）5WHY 方法，了解客户的真实需求，正确引导客户需求；

（7）与真正的购买决策者会谈。

14.5.2.3　转介绍

A　转介绍的定义

转介绍，也就是说当你为你的客户或准客户提供了一系列的服务后，可以要求客户帮你介绍他的朋友、亲戚等，由于是客户介绍的客户，双方的信任度和你的签单成功率会高很多。转介绍是非常重要的客户来源手段。

B　转介绍的必备条件

（1）客户认同你的服务；

（2）客户相信你的人品；

（3）客户能从中获得利益。

C　三招教你搞定老客户转介绍

第一招（起手招式）：好服务。好服务是客户转介绍的基础，只有客户认同和满意我们的服务，转介绍才会成为可能。首先，我们要真诚待客，在每一次与客户接触和交流时都让客户感受到你发自内心的真诚；其次，要针对不同的客户，给予客户超期待的服务。

第二招（进攻招式）：常联系。与客户保持联系，目的是让客户不忘记你，让"好服务"感受持续下去。筛选客户并建立转介绍客户名单。认同公司产品和服务；为人好、乐于助人；志同道合；人缘广，业内有地位；互利。与转介绍客户名单经常保持联系。平时送问候、节日送祝福、适时送礼品。

第三招（绝杀招式）：求介绍。首先在转介绍客户名单的基础上，发现可以主动"求介绍"的客户，然后分析其利益需求，投其所好，最后通过利益交换，实现开拓新客户的目的。

客户类型主要有：喜欢荣誉型（黄金客户）、喜欢金钱型、需要交换型、朋友义气型。

14.5.2.4 海关数据

A 什么是海关数据

海关数据是指从世界各国海关的"关单、提单、商检"中提取的真实的单证记录。企业通过海关数据，可以开拓市场、制订生产计划、寻找国外买家、了解竞争对手、监控客户动态。海关数据可以说是外贸企业必不可少的贸易协助工具。

B 海关数据优劣势

（1）海关数据劣势：1）回复率低，客户质量低；2）客户资料信息不全，数据质量低；3）国家少，提供数据的国家不是自己的目标市场。

（2）海关数据优势：1）全球市场分析；2）合理市场定价；3）锁定目标市场；4）掌握行业趋势。

（3）新老客户分析：1）客户采购行为分析；2）筛选高质量买家；3）促进买家稳定合作。

（4）竞争对手监测：1）对手贸易行为分析；2）产品竞争差异分析；3）提升自身竞争力。

C 如何通过海关数据找客户

（1）从产品角度查找：1）直接输入产品关键词；2）此产品相对应的关联产品。

（2）从供应商角度查找：产品集中地+产品关键词。

（3）从采购商的角度查找：1）Trading + 产品关键词；2）Import/Importing/Manufacturing/Industries（从采购商搜索栏分别输入）+产品关键词。

（4）供应商和采购商的信息相结合查找：比如你知道一家同行供应商，那你可以用该供应商的名称去找潜在的采购商，反之，如果你知道一家采购商，也可以去对比一下他采购的是什么东西，都可以找到潜在的买家。

14.5.3 电商运营

14.5.3.1 找关键词的方法与规则

A 找关键词的10种方法

找关键词的10种方法分别是：我的词、词来源、常用搜索词、行业视角、Alibaba搜索栏、产品详情页、关键词工具、蓝海词、热门搜索词、RFQ商机。

B　Google 关键词规则

（1）关键词简短、关键词越泛，客户需求越模糊，比如"steel"。

（2）关键词越长尾，客户需求越精准，比如"hot rolling steel supplier SG295"。

C　关键词表建立方法

（1）国际站首页搜索框：阿里巴巴国际站首页搜索框中输入主关键词后，系统推出的相关热门搜索词。

（2）发布产品关键词下拉框：在阿里巴巴国际站发布产品并填写关键词时，系统给出热门搜索词推荐和蓝海词推荐。

（3）数据管家之热门搜索词：阿里巴巴数据管家提供的通过查询主关键词获得卖家竞争度、橱窗数、搜索热度、过去 12 个月内搜索热度曲线的参考数据。

（4）数据管家之行业视角：阿里巴巴数据管家中提供的相关行业热搜词参考数据。

（5）数据管家之我的产品–词来源：阿里巴巴数据管家中查询客户通过什么关键词搜索到产品并对产品进行点击的工具。

（6）数据管家之我的词：我们自己正在使用的关键词在使用后会产生相应的数据，包括曝光量、点击量、点击率、实时排名等，这是我们重要的参考数据。

（7）RFQ：这里的 RFQ 就和询盘一样，可以利用起来，积累关键词，还是比较有用的。

（8）询盘词及访客详情：每次收到来自客户的询盘，都要做笔记记下关键词，这是最符合客户使用习惯的宝贵资源。

（9）P4P 系统推荐词：P4P 系统会根据产品主关键词进行关键词匹配，并推荐相应的关键词，我们可以选择性地使用。

（10）同行使用关键词：浏览同行的页面，并使用浏览器的源代码查看功能，参考其他行业内龙头老大的关键词使用，并根据其客户国家进行区分，得到符合自己客户国家搜索习惯的关键词。

（11）Related Searches：利用搜索引擎或 B2B 网站的相关搜索功能，查找热度较高的关键词。

（12）谷歌 Keyword Tool：Google AdWords 系统提供免费的关键词数据查询工具，输入主关键词后，可以查询所有相关词汇的搜索量、趋势、点击费用、竞争力等数据，可以成为相关词汇热度的有效参考数据。

14.5.3.2　产品标题的组成方法

标题的重要性：产品标题是买家搜索产品的第一匹配要素，决定了买家是否能搜到我们的产品。

产品标题的结构：通用属性词+专业属性词+核心关键词（+介词 with/for）。

例子：2018 hot selling 1 mm thick color coated coil for construction.

通用属性词、专业属性词、核心关键词用途。

注意事项：

（1）产品字符数 < 50 个；

（2）拼写错误，影响买家对产品的判断和产品的信息质量；

（3）标点符号尽量不用，如"／""–""（）"等；

（4）关键词堆砌；

（5）关于介词 with/for，系统默认介词前面的词为关键词，不要颠倒顺序；

（6）核心关键词缺失。

14.5.3.3 P4P 的概念和意义

P4P 的概念：P4P 是 Pay for performance 的简写，是阿里巴巴国际站推广资源位，免费展示产品信息，并通过大量曝光产品来吸引潜在买家，按照点击付费的全新网络推广方式。

P4P 的特点：（1）曝光免费；（2）排名靠前；（3）点击付费；（4）花费可控。

P4P 的意义：（1）锁定排名；（2）提高点击率；（3）打造爆款。

14.5.3.4 P4P 调价及扣费

（1）为什么要调价？因为出价会随着关键词的活跃程度和不同时段发生变化。

（2）什么样的关键词有出价资格？推广评分在三星及以上的关键词才有资格出价，对三星以下的词要进行优化或重新发布满足星级要求的产品。

（3）调价的方法：1）出价越靠前曝光机会越多；2）根据推广的限额调价；3）出价靠前一名近一点；4）推广评分和出价成反比；5）根据目标市场的活跃时间进行调价。

（4）P4P 的扣费算法：1）曝光就扣费吗？2）是不是出价多少钱就扣多少钱？计算公式为：

我们的扣费 =（下一名客户的出价 × 下一名客户的推广评分）÷ 我们的推广评分 + 0.1 元

14.5.4 旺铺装修的逻辑

14.5.4.1 产品视频制作

A 顶级展位视频

视频封面和视频不支持本地上传，需要从图片银行和视频银行中选择已经审核过的图片和视频。而图片银行和视频银行审核本身需要 1 个工作日左右时间，建议制作创意前提早上传，以确保您的物料已经准备好。

B 详情页视频

卖家不仅可以选择在产品主图展示视频，同时也可以根据产品展示特点需求上传详情视频，功能特点如下。

（1）详情视频在上传步骤：在视频银行上传详情视频，产品发布后台选用详情视频。

（2）详情视频在哪里展示：通过审核的详情视频，将会展示在产品详情描述的上方。

（3）详情视频有哪些要求：单个详情视频时长不超过 10 min，大小不超过 500 M。

14.5.4.2 产品详情页制作

目的：提升转化率。

需要避免的误区：一个产品，如果详情页太过于注重对产品的描述，反而使页面看起来更像是产品说明书。

功能：引起注意，点燃欲望，文案与图片视觉相互配合，增强买家购买动力。

产品详情页框架见表 14-1。

表 14-1　产品详情页框架

详情页框架	用户购买逻辑
第1页：首图	我为什么需要？
第2页：外观图	对我有什么价值？
第3页：功能概述图	有什么功能？
第4页：多种外观展示图	外观长什么样子？
第5页：细节描述图	里面有什么？
第6页：同类产品对比图	为什么要选择你？
第7页：产品工艺流程	怎么做出来的？
第8页：产地证明或质量证明文件	怎么证明质量？
第9页：限时限量优惠信息图	为什么要现在买？
第10页：客户见证，买家秀展示与好评截图	看看别人怎么说？

14.5.4.3　主图标准和修图技巧

主图是买家看到我们的第一印象，所以需要通过 PS 进行修饰，以使主图更加清晰明了，提高买家的购买体验。

（1）拍摄，最好在摄影棚里进行并使用单反相机。

（2）单张不超过 5 M，图片大于 640×640，主题鲜明，图片清晰。

（3）PS 操作，背景最好用纯白色，以更好地和产品区分并裁剪成正方形。

（4）分辨率在 72 以上，并在保存前验证图片大小是否符合要求。

（5）检查产品质量分。

14.5.4.4　五星产品模板

A　质量得分

产品描述的质量分越高，相关性越强，那么排名一定会越靠前，主要决定因素有产品标题、产品属性、产品类目。

相关性的含义是：用户输入的关键词和搜索返回的产品搜索结果的匹配程度，举个例子，当用户输入一个关键词，如"连衣裙"的时候，返回的产品中会包含"连衣裙"这个关键词，这就是相关性的原始含义。相关性在排序中是最重要的也是最基础的因素，相关性好，排名才有可能靠前，相关性不好，一定不会排名靠前。而且用户看到的一定是用户关键词所对应行业的产品信息，不相关行业的产品信息不会展现出来。

B　产品标题

产品标题是衡量该产品与用户所搜关键词是否相关最重要的内容之一，标题的填写尽量规范化，不要堆砌多个产品词，即不要在标题里面填写不相关的内容。建议一个产品标题只包含一至两个相关的产品名称。当然也可在标题里面加入一些促销内容，吸引用户眼球。

C 产品类目

产品类目是指你发布的产品信息要归类准确，这个非常重要，如果类目填写错误，或者类目故意乱填，则会导致相关性低，排名靠后。因此，强烈建议为每条产品信息选择合适的类目。

D 产品属性

目前，产品属性在产品信息的相关性上也有很重要的作用，建议产品属性如实填写，并尽可能地填写完整。不要乱填，如果被系统识别有问题，也会降低产品的相关性。

14.5.5 阿里电商平台

14.5.5.1 阿里巴巴后台详述

A 定位

Alibaba 提供给用户的一站式外贸工作台，涵盖用户外贸链路各个节点中的功能和服务，助力中小企业出口。

B 核心应用场景

管理者使用主账号，全视角业务管理，拥有最高权限，如商机 & 订单管理、数据关键、外贸直通车。

业务员使用子账号，产品发布和管理、采购直达、数据管家、商机 & 订单管理。

C "用户视角"的一站式高效外贸工作台

（1）卖家：出口一条龙服务。包括产品建站、商机洽谈、客户管理、订单管理、供应链服务、精准营销。

（2）买家：采购一站式管理。包括采购需求管理、商机洽谈、供应商管理、订单管理、供应链服务。

14.5.5.2 信用保障服务

A 信用保障服务定义

信用保障服务是由阿里巴巴根据用户真实贸易数据为使用者评估一个信用保障额度，帮助买卖双方解决交易过程中的信任问题，为买卖双方提供贸易安全保障及服务。

信用保障服务是全球第一个跨境 B2B 中立的第三方交易担保服务平台。

B 信用保障服务的价值

（1）担保交易促进成交。信用保障服务为卖家提供阿里背书，担保交易安全，促进买卖双方的快速成交。

（2）沉淀信用彰显实力。信用保障订单帮助卖家积累交易数据，向买家彰显信用名片，促进买家下单，帮助卖家实现：数据＝信用＝财富。

（3）保障履约更放心。使用信用保障订单中的验货服务，可使买家享受具有竞争力的验货费用，降低因产品质量产生的纠纷风险，让交易更放心。

14.5.5.3 询盘/RFQ/TM/访客营销

A 询盘

（1）客户通过阿里平台向供应商了解产品详情（规格、价格、交易方式）的一个过程。

（2）查看路径：MA—商机管理中心—询盘。

B　RFQ

（1）RFQ（Request for Quotation），又叫采购直达。

（2）买家在公开的市场中（阿里平台）发布采购需求，多个供应商对其进行报价。

系统推荐 RFQ：平台根据供应商产品信息，为其推荐对应的 RFQ。

手动搜索 RFQ：供应商根据自己的产品去搜索客户，进行报价。

（3）进入途径：MA—商机 & 客户中心—采购直达—RFQ 市场。

C　TM

（1）Trade Manager 简称 TM，阿里旺旺，主要功能如下：

供应商和买家通过平台进行沟通；

供应商还可以通过 Trade Manager 直接登录到 My Alibaba 操作系统。

（2）一个确切的定位——"聊天工具"。

D　访客营销

（1）访客营销是供应商对感兴趣的访客发送营销邮件，是一种主动找寻客户的方式。

（2）营销途径：

询盘里推荐买家：My Alibaba—商机管理中心—询盘—常用功能—推荐买家；

数据管家里推荐买家：My Alibaba—数据管家—访客详情—推荐买家。

14.5.5.4　询盘及 TM 回复技巧

A　及时性

a　及时回复率（Response Rate）

含义：询盘及时回复以及 Trade Manager 及时回复的整体比例，体现卖家的服务态度与意愿。

计算公式：

$$及时回复率 = \frac{询盘 24\,h 内回复数 + Trade\ Manager 在 1\,h 内回复数}{卖家过去 30 天收到的买家数总和 + 30 天内收到的所有 Trade\ Manager 咨询数}$$

b　及时性回复技巧

询盘：

（1）正常买家询盘咨询：请务必 24\,h 内回复。手机也可回复，下载阿里卖家登录回复。

（2）注册地/登录地为 CN 的询盘：不回复不影响回复率。

（3）垃圾、广告等咨询：24\,h 内将询盘添加垃圾询盘，添加后不回复不影响回复率。

（4）重复询盘：同一个买家 24\,h 内发的询盘只需要回复其中 1 个即可。

TM 回复：

（1）回复时效：1\,h 内回复（自动回复不统计回复率），下载阿里卖家 App，手机快速回复。

（2）垃圾消息：收到货代、广告等骚扰信息，可以不用回复，1\,h 内直接添加黑名单，不影响回复率。

（3）登录 IP：TM 回复率不统计 CN 的 IP，只有非 CN 的信息要求 1 h 内处理：回复或者添加黑名单。

（4）添加好友：若已经把买家添加为好友关系，好友间的 TM 沟通，不计算 TM 回复率。

B　专业性

a　可将询盘分为三类

（1）客户根据阿里巴巴系统模板发送询盘，只是简单说对我们的产品感兴趣。

（2）客户提供了部分产品信息，比如产品规格。

（3）客户的询盘中产品信息和数量信息都比较详细，客户比较专业。

b　回复技巧

客户根据阿里巴巴系统模板发送询盘，只是简单说对我们的产品感兴趣：

（1）切记不要长篇大论，简单介绍自己。

（2）推荐自己公司最有优势的规格给客户。

（3）向客户提问题或者留有悬念。

客户提供了部分产品信息，比如产品规格：

（1）第一封询盘回复切勿报价。

（2）认可客户的产品信息，跟客户建立共同语言。

（3）从数量、贸易方式、交期等设置问题。

客户的询盘中产品信息和数量信息都比较详细，客户比较专业：

（1）首先还是认可客户的产品信息。

（2）表明我们的优势，比如客户国家经验丰富。

（3）主动出击，主动问客户是否需要样品、看场等。

附　录

附录 1　联合国国际货物销售合同公约
（The UN Convention on the Contracts for the International Sale of Goods，CISG）
（1980 年 4 月 11 日订于维也纳）

通过日期：联合国大会 1980 年 4 月 11 日第 33/93 号决议通过并开放给各国签字、批准和加入。生效日期：按照第九十九条（1）规定，于 1988 年 1 月 1 日生效，批准情况查看签署及保留声明，原始文本查看联合国大会第 33/93 号决议或贸易法委员会网站或联合国条约科认证副本。

序　　言

本公约各缔约国，铭记联合国大会第六届特别会议通过的关于建立新的国际经济秩序的各项决议的广泛目标，考虑到在平等互利基础上发展国际贸易是促进各国间友好关系的一个重要因素，认为采用照顾到不同的社会、经济和法律制度的国际货物销售合同统一规则，将有助于减少国际贸易的法律障碍，促进国际贸易的发展，兹协议如下。

第一部分　适用范围和总则
第一章　适用范围

第一条

（1）本公约适用于营业地在不同国家的当事人之间所订立的货物销售合同：

（a）如果这些国家是缔约国；或

（b）如果国际私法规则导致适用某一缔约国的法律。

（2）当事人营业地在不同国家的事实，如果从合同或从订立合同前任何时候或订立合同时，当事人之间的任何交易或当事人透露的情报均看不出，应不予考虑。

（3）在确定本公约的适用时，当事人的国籍和当事人或合同的民事或商业性质，应不予考虑。

第二条　本公约不适用于以下的销售：

（a）购供私人、家人或家庭使用的货物的销售，除非卖方在订立合同前任何时候或订立合同时不知道而且没有理由知道这些货物是购供任何这种使用；

（b）经由拍卖的销售；

（c）根据法律执行令状或其他令状的销售；

（d）公债、股票、投资证券、流通票据或货币的销售；

（e）船舶、船只、气垫船或飞机的销售；

(f) 电力的销售。

第三条

(1) 供应尚待制造或生产的货物的合同应视为销售合同，除非订购货物的当事人保证供应这种制造或生产所需的大部分重要材料。

(2) 本公约不适用于供应货物一方的绝大部分义务在于供应劳力或其他服务的合同。

第四条

本公约只适用于销售合同的订立和卖方和买方因此种合同而产生的权利和义务。特别是，本公约除非另有明文规定，与以下事项无关：

(a) 合同的效力，或其任何条款的效力，或任何惯例的效力；

(b) 合同对所售货物所有权可能产生的影响。

第五条 本公约不适用于卖方对于货物对任何人所造成的死亡或伤害的责任。

第六条 双方当事人可以不适用本公约，或在第十二条的条件下，减损本公约的任何规定或改变其效力。

第二章 总 则

第七条

(1) 在解释本公约时，应考虑到本公约的国际性质和促进其适用的统一以及在国际贸易上遵守诚信的需要。

(2) 凡本公约未明确解决的属于本公约范围的问题，应按照本公约所依据的一般原则来解决，在没有一般原则的情况下，则应按照国际私法规定适用的法律来解决。

第八条

(1) 为本公约的目的，一方当事人所作的声明和其他行为，应依照他的意旨解释，如果另一方当事人已知道或者不可能不知道此一意旨。

(2) 如果上一款的规定不适用，当事人所作的声明和其他行为，应按照一个与另一方当事人同等资格、通情达理的人处于相同情况中，应有的理解来解释。

(3) 在确定一方当事人的意旨或一个通情达理的人应有的理解时，应适当地考虑到与事实有关的一切情况，包括谈判情形、当事人之间确立的任何习惯作法、惯例和当事人其后的任何行为。

第九条

(1) 双方当事人业已同意的任何惯例和他们之间确立的任何习惯做法，对双方当事人均有约束力。

(2) 除非另有协议，双方当事人应视为已默示地同意对他们的合同或合同的订立适用双方当事人已知道或理应知道的惯例，而这种惯例，在国际贸易上，已为有关特定贸易所涉同类合同的当事人所广泛知道并为他们所经常遵守。

第十条 为本公约的目的：

(a) 如果当事人有一个以上的营业地，则以与合同及合同的履行关系最密切的营业地为其营业地，但要考虑到双方当事人在订立合同前任何时候或订立合同时所知道或所设想的情况；

(b) 如果当事人没有营业地，则以其惯常居住地为准。

第十一条 销售合同无须以书面订立或书面证明，在形式方面也不受任何其他条件的限制。销售合同可以用包括人证在内的任何方法证明。

第十二条　本公约第十一条、第二十九条或第二部分准许销售合同或其更改或根据协议终止，或者任何发价、接受或其他意旨表示得以书面以外任何形式做出的任何规定不适用，如果任何一方当事人的营业地是在已按照本公约第九十六条做出了声明的一个缔约国内，各当事人不得减损本条或改变其效力。

第十三条　为本公约的目的，"书面"包括电报和电传。

第二部分　合同的订立

第十四条

（1）向一个或一个以上特定的人提出的订立合同的建议，如果十分确定并且表明发价人在得到接受时承受约束的意旨，即构成发价。一个建议如果写明货物并且明示或暗示地规定数量和价格或规定如何确定数量和价格，即为十分确定。

（2）非向一个或一个以上特定的人提出的建议，仅应视为邀请做出发价，除非提出建议的人明确地表示相反的意向。

第十五条

（1）发价于送达被发价人时生效。

（2）一项发价，即使是不可撤销的，得予撤回，如果撤回通知于发价送达被发价人之前或同时，送达被发价人。

第十六条

（1）在未订立合同之前，发价得予撤销，如果撤销通知于被发价人发出接受通知之前送达被发价人。

（2）但在下列情况下，发价不得撤销：

（a）发价写明接受发价的期限或以其他方式表示发价是不可撤销的；或

（b）被发价人有理由信赖该项发价是不可撤销的，而且被发价人已本着对该项发价的信赖行事。

第十七条　一项发价，即使是不可撤销的，于拒绝通知送达发价人时终止。

第十八条

（1）被发价人声明或做出其他行为表示同意一项发价，即是接受，缄默或不行动本身不等于接受。

（2）接受发价于表示同意的通知送达发价人时生效。如果表示同意的通知在发价人所规定的时间内，如未规定时间，在一段合理的时间内，未曾送达发价人，接受就成为无效，但须适当地考虑到交易的情况，包括发价人所使用的通讯方法的迅速程度。对口头发价必须立即接受，但情况有别者不在此限。

（3）但是，如果根据该项发价或依照当事人之间确立的习惯做法和惯例，被发价人可以做出某种行为，例如与发运货物或支付价款有关的行为，来表示同意，而无须向发价人发出通知，则接受于该项行为做出时生效，但该项行为必须在上一款所规定的期间内做出。

第十九条

（1）对发价表示接受但载有添加、限制或其他更改的答复，即为拒绝该项发价，并构成还价。

（2）但是，对发价表示接受但载有添加或不同条件的答复，如所载的添加或不同条件在实质上并不变更该项发价的条件，除发价人在不过分迟延的期间内以口头或书面通知反对其间的差异外，仍构成接受。如果发价人不做出这种反对，合同的条件就以该项发价的条件以及接受通知内所载的更改为准。

（3）有关货物价格、付款、货物质量和数量、交货地点和时间、一方当事人对另一方当事人的赔偿责任范围或解决争端等的添加或不同条件，均视为在实质上变更发价的条件。

第二十条

（1）发价人在电报或信件内规定的接受期间，从电报交发时刻或信上载明的发信日期起算，如信上未载明发信日期，则从信封上所载日期起算。发价人以电话、电传或其他快速通信方法规定的接受期间，从发价送达被发价人时起算。

（2）在计算接受期间时，接受期间内的正式假日或非营业日应计算在内。但是，如果接受通知在接受期间的最后一天未能送到发价人地址，因为那天在发价人营业地是正式假日或非营业日，则接受期间应顺延至下一个营业日。

第二十一条

（1）逾期接受仍有接受的效力，如果发价人毫不迟延地用口头或书面将此种意见通知被发价人。

（2）如果载有逾期接受的信件或其他书面文件表明，它是在传递正常、能及时送达发价人的情况下寄发的，则该项逾期接受具有接受的效力，除非发价人毫不迟延地用口头或书面通知被发价人：他认为他的发价已经失效。

第二十二条　接受得予撤回，如果撤回通知于接受原应生效之前或同时，送达发价人。

第二十三条　合同于按照本公约规定对发价的接受生效时订立。

第二十四条　为公约本部分的目的，发价、接受声明或任何其他意旨表示"送达"对方，系指用口头通知对方或通过任何其他方法送交对方本人，或其营业地或通信地址，如无营业地或通信地址，则送交对方惯常居住地。

第三部分　货物销售

第一章　总　则

第二十五条　一方当事人违反合同的结果，如使另一方当事人蒙受损害，以至于实际上剥夺了他根据合同规定有权期待得到的东西，即为根本违反合同，除非违反合同一方并不预知而且一个同等资格、通情达理的人处于相同情况中也没有理由预知会发生这种结果。

第二十六条　宣告合同无效的声明，必须向另一方当事人发出通知，方始有效。

第二十七条　除非公约本部分另有明文规定，当事人按照本部分的规定，以适合情况的方法发出任何通知、要求或其他通知后，这种通知如在传递上发生耽搁或错误，或者未能到达，并不使该当事人丧失依靠该项通知的权利。

第二十八条　如果按照本公约的规定，一方当事人有权要求另一方当事人履行某一义务，法院没有义务做出判决，要求具体履行此一义务，除非法院依照其本身的法律对不属本公约范围的类似销售合同愿意这样做。

第二十九条

（1）合同只需双方当事人协议，就可更改或终止。

（2）规定任何更改或根据协议终止必须以书面做出的书面合同，不得以任何其他方式更改或根据协议终止。但是，一方当事人的行为，如经另一方当事人寄以信赖，就不得坚持此项规定。

第二章　卖方的义务

第三十条　卖方必须按照合同和本公约的规定，交付货物，移交一切与货物有关的单据并转移货物所有权。

第一节　交付货物和移交单据

第三十一条　如果卖方没有义务要在任何其他特定地点交付货物，他的交货义务如下：

（a）如果销售合同涉及货物的运输，卖方应把货物移交给第一承运人，以运交给买方；

（b）在不属于上一款规定的情况下，如果合同指的是特定货物或从特定存货中提取的或尚待制造或生产的未经特定化的货物，而双方当事人在订立合同时已知道这些货物是在某一特定地点，或将在某一特定地点制造或生产，卖方应在该地点把货物交给买方处置；

（c）在其他情况下，卖方应在他于订立合同时的营业地把货物交给买方处置。

第三十二条

（1）如果卖方按照合同或本公约的规定将货物交付给承运人，但货物没有以货物上加标记、或以装运单据或其他方式清楚地注明有关合同，卖方必须向买方发出列明货物的发货通知。

（2）如果卖方有义务安排货物的运输，他必须订立必要的合同，以按照通常运输条件，用适合情况的运输工具，把货物运到指定地点。

（3）如果卖方没有义务对货物的运输办理保险，他必须在买方提出要求时，向买方提供一切现有的必要资料，使他能够办理这种保险。

第三十三条　卖方必须按以下规定的日期交付货物：

（a）如果合同规定有日期，或从合同可以确定日期，应在该日期交货；

（b）如果合同规定有一段时间，或从合同可以确定一段时间，除非情况表明应由买方选定一个日期外，应在该段时间内任何时候交货；或者

（c）在其他情况下，应在订立合同后一段合理时间内交货。

第三十四条　如果卖方有义务移交与货物有关的单据，他必须按照合同所规定的时间、地点和方式移交这些单据。如果卖方在那个时间以前已移交这些单据，他可以在那个时间到达前纠正单据中任何不符合同规定的情形，但是，此一权利的行使不得使买方遭受不合理的不便或承担不合理的开支。但是，买方保留本公约所规定的要求损害赔偿的任何权利。

第二节　货物相符与第三方要求

第三十五条

（1）卖方交付的货物必须与合同所规定的数量、质量和规格相符，并须按照合同所规

定的方式装箱或包装。

（2）除双方当事人业已另有协议外，货物除非符合以下规定，否则即为与合同不符：

（a）货物适用于同一规格货物通常使用的目的；

（b）货物适用于订立合同时曾明示或默示地通知卖方的任何特定目的，除非情况表明买方并不依赖卖方的技能和判断力，或者这种依赖对他是不合理的；

（c）货物的质量与卖方向买方提供的货物样品或样式相同；

（d）货物按照同类货物通用的方式装箱或包装，如果没有此种通用方式，则按照足以保全和保护货物的方式装箱或包装。

（3）如果买方在订立合同时知道或者不可能不知道货物不符合同，卖方就无须按上一款（a）项至（d）项负有此种不符合同的责任。

第三十六条

（1）卖方应按照合同和本公约的规定，对风险移转到买方时所存在的任何不符合同情形，负有责任，即使这种不符合同情形在该时间后方始明显。

（2）卖方对在上一款所述时间后发生的任何不符合同情形，也应负有责任，如果这种不符合同情形是由于卖方违反他的某项义务所致，包括违反关于在一段时间内货物将继续适用于其通常使用的目的或某种特定目的，或将保持某种特定质量或性质的任何保证。

第三十七条　如果卖方在交货日期前交付货物，他可以在那个日期到达前，交付任何缺漏部分或补足所交付货物的不足数量，或交付用以替换所交付不符合同规定的货物，或对所交付货物中任何不符合同规定的情形做出补救，但是，此一权利的行使不得使买方遭受不合理的不便或承担不合理的开支。但是，买方保留本公约所规定的要求损害赔偿的任何权利。

第三十八条

（1）买方必须在按情况实际可行的最短时间内检验货物或由他人检验货物。

（2）如果合同涉及货物的运输，检验可推迟到货物到达目的地后进行。

（3）如果货物在运输途中改运或买方须再发运货物，没有合理机会加以检验，而卖方在订立合同时已知道或理应知道这种改运或再发运的可能性，检验可推迟到货物到达新目的地后进行。

第三十九条

（1）买方对货物不符合同，必须在发现或理应发现不符情形后一段合理时间内通知卖方，说明不符合同情形的性质，否则就丧失声称货物不符合同的权利。

（2）无论如何，如果买方不在实际收到货物之日起两年内将货物不符合同情形通知卖方，他就丧失声称货物不符合同的权利，除非这一时限与合同规定的保证期限不符。

第四十条　如果货物不符合同规定指的是卖方已知道或不可能不知道而又没有告知买方的一些事实，则卖方无权援引第三十八条和第三十九条的规定。

第四十一条　卖方所交付的货物，必须是第三方不能提出任何权利或要求的货物，除非买方同意在这种权利或要求的条件下，收取货物。但是，如果这种权利或要求是以工业产权或其他知识产权为基础的，卖方的义务应依照第四十二条的规定。

第四十二条

（1）卖方所交付的货物，必须是第三方不能根据工业产权或其他知识产权主张任何权利或要求的货物，但以卖方在订立合同时已知道或不可能不知道的权利或要求为限，而且这种权利或要求根据以下国家的法律规定是以工业产权或其他知识产权为基础的：

（a）如果双方当事人在订立合同时预期货物将在某一国境内转售或做其他使用，则根据货物将在其境内转售或做其他使用的国家的法律；或者

（b）在任何其他情况下，根据买方营业地所在国家的法律。

（2）卖方在上一款中的义务不适用于以下情况：

（a）买方在订立合同时已知道或不可能不知道此项权利或要求；或者

（b）此项权利或要求的发生，是由于卖方要遵照买方所提供的技术图样、图案、程式或其他规格。

第四十三条

（1）买方如果不在已知道或理应知道第三方的权利或要求后一段合理时间内，将此一权利或要求的性质通知卖方，就丧失援引第四十一条或第四十二条规定的权利。

（2）卖方如果知道第三方的权利或要求以及此一权利或要求的性质，就无权援引上一款的规定。

第四十四条　尽管有第三十九条第（1）款和第四十三条第（1）款的规定，买方如果对他未发出所需的通知具备合理的理由，仍可按照第五十条规定降低价格，或要求利润损失以外的损害赔偿。

第三节　卖方违反合同的补救办法

第四十五条

（1）如果卖方不履行他在合同和本公约中的任何义务，买方可以：

（a）行使第四十六条至第五十二条所规定的权利；

（b）按照第七十四条至第七十七条的规定，要求损害赔偿。

（2）买方可能享有的要求损害赔偿的任何权利，不因他行使采取其他补救办法的权利而丧失。

（3）如果买方对违反合同采取某种补救办法，法院或仲裁庭不得给予卖方宽限期。

第四十六条

（1）买方可以要求卖方履行义务，除非买方已采取与此一要求相抵触的某种补救办法。

（2）如果货物不符合同，买方只有在此种不符合同情形构成根本违反合同时，才可以要求交付替代货物，而且关于替代货物的要求，必须与依照第三十九条发出的通知同时提出，或者在该项通知发出后一段合理时间内提出。

（3）如果货物不符合同，买方可以要求卖方通过修理对不符合同之处做出补救，除非他考虑了所有情况之后，认为这样做是不合理的。修理的要求必须与依照第三十九条发出的通知同时提出，或者在该项通知发出后一段合理时间内提出。

第四十七条

（1）买方可以规定一段合理时限的额外时间，让卖方履行其义务。

（2）除非买方收到卖方的通知，声称他将不在所规定的时间内履行义务，买方在这段时间内不得对违反合同采取任何补救办法。但是，买方并不因此丧失他对迟延履行义务可能享有的要求损害赔偿的任何权利。

第四十八条

（1）在第四十九条的条件下，卖方即使在交货日期之后，仍可自付费用，对任何不履行义务做出补救，但这种补救不得造成不合理的迟延，也不得使买方遭受不合理的不便，或无法确定卖方是否将偿付买方预付的费用。但是，买方保留本公约所规定的要求损害赔偿的任何权利。

（2）如果卖方要求买方表明他是否接受卖方履行义务，而买方不在一段合理时间内对此一要求做出答复，则卖方可以按其要求中所指明的时间履行义务。买方不得在该段时间内采取与卖方履行义务相抵触的任何补救办法。

（3）卖方表明他将在某一特定时间内履行义务的通知，应视为包括根据上一款规定要买方表明决定的要求在内。

（4）卖方按照本条第（2）款和第（3）款做出的要求或通知，必须在买方收到后，始生效力。

第四十九条

（1）买方在以下情况下可以宣告合同无效：

（a）卖方不履行其在合同或本公约中的任何义务，等于根本违反合同；或

（b）如果发生不交货的情况，卖方不在买方按照第四十七条第（1）款规定的额外时间内交付货物，或卖方声明他将不在所规定的时间内交付货物。

（2）但是，如果卖方已交付货物，买方就丧失宣告合同无效的权利，除非：

（a）对于迟延交货，他在知道交货后一段合理时间内这样做；

（b）对于迟延交货以外的任何违反合同事情：

（一）他在已知道或理应知道这种违反合同后一段合理时间内这样做；或

（二）他在买方按照第四十七条第（1）款规定的任何额外时间满期后，或在卖方声明他将不在这一额外时间履行义务后一段合理时间内这样做；或

（三）他在卖方按照第四十八条第（2）款指明的任何额外时间满期后，或在买方声明他将不接受卖方履行义务后一段合理时间内这样做。

第五十条　如果货物不符合同，不论价款是否已付，买方都可以降低价格，减价按实际交付的货物在交货时的价值与符合合同的货物在当时的价值两者之间的比例计算。但是，如果卖方按照第三十七条或第四十八条的规定对任何不履行义务做出补救，或者买方拒绝接受卖方按照该两条规定履行义务，则买方不得降低价格。

第五十一条

（1）如果卖方只交付一部分货物，或者交付的货物中只有一部分符合合同规定，第四十六条至第五十条的规定适用于缺漏部分及不符合合同规定部分的货物。

（2）买方只有在完全不交付货物或不按照合同规定交付货物等于根本违反合同时，才可以宣告整个合同无效。

第五十二条

（1）如果卖方在规定的日期前交付货物，买方可以收取货物，也可以拒绝收取货物。

（2）如果卖方交付的货物数量大于合同规定的数量，买方可以收取也可以拒绝收取多交部分的货物。如果买方收取多交部分货物的全部或一部分，他必须按合同价格付款。

第三章　买方的义务

第五十三条　买方必须按照合同和本公约规定支付货物价款和收取货物。

第一节　支付价款

第五十四条　买方支付价款的义务包括根据合同或任何有关法律和规章规定的步骤和手续，以便支付价款。

第五十五条　如果合同已有效地订立，但没有明示或暗示地规定价格或规定如何确定价格，在没有任何相反表示的情况下，双方当事人应视为已默示地引用订立合同时此种货物在有关贸易的类似情况下销售的通常价格。

第五十六条　如果价格是按货物的重量规定的，如有疑问，应按净重确定。

第五十七条

（1）如果买方没有义务在任何其他特定地点支付价款，他必须在以下地点向卖方支付价款：

（a）卖方的营业地；或者

（b）如凭移交货物或单据支付价款，则为移交货物或单据的地点。

（2）卖方必须承担因其营业地在订立合同后发生变动而增加的支付方面的有关费用。

第五十八条

（1）如果买方没有义务在任何其他特定时间内支付价款，他必须于卖方按照合同和本公约规定将货物或控制货物处置权的单据交给买方处置时支付价款。卖方可以支付价款作为移交货物或单据的条件。

（2）如果合同涉及货物的运输，卖方可以在支付价款后方可把货物或控制货物处置权的单据移交给买方作为发运货物的条件。

（3）买方在未有机会检验货物前，无义务支付价款，除非这种机会与双方当事人议定的交货或支付程序相抵触。

第五十九条　买方必须按合同和本公约规定的日期或从合同和本公约可以确定的日期支付价款，而无需卖方提出任何要求或办理任何手续。

第二节　收取货物

第六十条　买方收取货物的义务如下：

（a）采取一切理应采取的行动，以期卖方能交付货物；和

（b）接收货物。

第三节　买方违反合同的补救办法

第六十一条

（1）如果买方不履行他在合同和本公约中的任何义务，卖方可以：

（a）行使第六十二条至第六十五条所规定的权利；

（b）按照第七十四条至第七十七条的规定，要求损害赔偿。

（2）卖方可能享有的要求损害赔偿的任何权利，不因他行使采取其他补救办法的权利而丧失。

（3）如果卖方对违反合同采取某种补救办法，法院或仲裁庭不得给予买方宽限期。

第六十二条　卖方可以要求买方支付价款、收取货物或履行他的其他义务，除非卖方已采取与此一要求相抵触的某种补救办法。

第六十三条

(1) 卖方可以规定一段合理时限的额外时间,让买方履行义务。

(2) 除非卖方收到买方的通知,声称他将不在所规定的时间内履行义务,卖方不得在这段时间内对违反合同采取任何补救办法。但是,卖方并不因此丧失他对迟延履行义务可能享有的要求损害赔偿的任何权利。

第六十四条

(1) 卖方在以下情况下可以宣告合同无效:

(a) 买方不履行其在合同或本公约中的任何义务,等于根本违反合同;或

(b) 买方不在卖方按照第六十三条第 (1) 款规定的额外时间内履行支付价款的义务或收取货物,或买方声明他将不在所规定的时间内这样做。

(2) 但是,如果买方已支付价款,卖方就丧失宣告合同无效的权利,除非:

(a) 对于买方迟延履行义务,他在知道买方履行义务前这样做;或者

(b) 对于买方迟延履行义务以外的任何违反合同事情:

(一) 他在已知道或理应知道这种违反合同后一段合理时间内这样做;或

(二) 他在卖方按照第六十三条第 (1) 款规定的任何额外时间满期后或在买方声明他将不在这一额外时间内履行义务后一段合理时间内这样做。

第六十五条

(1) 如果买方应根据合同规定订明货物的形状、大小或其他特征,而他在议定的日期或在收到卖方的要求后一段合理时间内没有订明这些规格,则卖方在不损害其可能享有的任何其他权利的情况下,可以依照他所知的买方的要求,自己订明规格。

(2) 如果卖方自己订明规格,他必须把订明规格的细节通知买方,而且必须规定一段合理时间,让买方可以在该段时间内订出不同的规格。如果买方在收到这种通知后没有在该段时间内这样做,卖方所订的规格就具有约束力。

第四章 风险移转

第六十六条 货物在风险移转到买方承担后遗失或损坏,买方支付价款的义务并不因此解除,除非这种遗失或损坏是由于卖方的行为或不行为所造成。

第六十七条

(1) 如果销售合同涉及货物的运输,但卖方没有义务在某一特定地点交付货物,自货物按照销售合同交付给第一承运人以转交给买方时起,风险就移转到买方承担。如果卖方有义务在某一特定地点把货物交付给承运人,在货物于该地点交付给承运人以前,风险不移转到买方承担。卖方受权保留控制货物处置权的单据,并不影响风险的移转。

(2) 但是,在货物以货物上加标记、或以装运单据、或向买方发出通知或其他方式清楚地注明有关合同以前,风险不移转到买方承担。

第六十八条 对于在运输途中销售的货物,从订立合同时起,风险就移转到买方承担。但是,如果情况表明有此需要,从货物交付给签发载有运输合同单据的承运人时起,风险就由买方承担。尽管如此,如果卖方在订立合同时已知道或理应知道货物已经遗失或损坏,而他又不将这一事实告知买方,则这种遗失或损坏应由卖方负责。

第六十九条

(1) 在不属于第六十七条和第六十八条规定的情况下,从买方接收货物时起,或如果

买方不在适当时间内这样做，则从货物交给他处置但他不收取货物从而违反合同时起，风险移转到买方承担。

（2）但是，如果买方有义务在卖方营业地以外的某一地点接收货物，当交货时间已到而买方知道货物已在该地点交给他处置时，风险方始移转。

（3）如果合同指的是当时未加识别的货物，则这些货物在未清楚注明有关合同以前，不得视为已交给买方处置。

第七十条　如果卖方已根本违反合同，第六十七条、第六十八条和第六十九条的规定，不损害买方因此种违反合同而可以采取的各种补救办法。

第五章　卖方和买方义务的一般规定

第一节　预期违反合同和分批交货合同

第七十一条

（1）如果订立合同后，另一方当事人由于下列原因显然将不履行其大部分重要义务，一方当事人可以中止履行义务：

（a）他履行义务的能力或他的信用有严重缺陷；或

（b）他在准备履行合同或履行合同中的行为。

（2）如果卖方在上一款所述的理由明显化以前已将货物发运，他可以阻止将货物交付给买方，即使买方持有其有权获得货物的单据。本款规定只与买方和卖方间对货物的权利有关。

（3）中止履行义务的一方当事人不论是在货物发运前还是发运后，都必须立即通知另一方当事人，如经另一方当事人对履行义务提供充分保证，则他必须继续履行义务。

第七十二条

（1）如果在履行合同日期之前，明显看出一方当事人将根本违反合同，另一方当事人可以宣告合同无效。

（2）如果时间许可，打算宣告合同无效的一方当事人必须向另一方当事人发出合理的通知，使他可以对履行义务提供充分保证。

（3）如果另一方当事人已声明他将不履行其义务，则上一款的规定不适用。

第七十三条

（1）对于分批交付货物的合同，如果一方当事人不履行对任何一批货物的义务，便对该批货物构成根本违反合同，则另一方当事人可以宣告合同对该批货物无效。

（2）如果一方当事人不履行对任何一批货物的义务，使另一方当事人有充分理由断定对今后各批货物将会发生根本违反合同，该另一方当事人可以在一段合理时间内宣告合同今后无效。

（3）买方宣告合同对任何一批货物的交付为无效时，可以同时宣告合同对已交付的或今后交付的各批货物均为无效，如果各批货物是互相依存的，不能单独用于双方当事人在订立合同时所设想的目的。

第二节　损害赔偿

第七十四条　一方当事人违反合同应负的损害赔偿额，应与另一方当事人因他违反合同而遭受的包括利润在内的损失额相等。这种损害赔偿不得超过违反合同一方在订立合同时，依照他当时已知道或理应知道的事实和情况，对违反合同预料到或理应预料到的可能损失。

第七十五条　如果合同被宣告无效，而在宣告无效后一段合理时间内，买方已以合理方式购买替代货物，或者卖方已以合理方式把货物转卖，则要求损害赔偿的一方可以取得合同价格和替代货物交易价格之间的差额以及按照第七十四条规定可以取得的任何其他损害赔偿。

第七十六条

（1）如果合同被宣告无效，而货物又有时价，要求损害赔偿的一方，如果没有根据第七十五条规定进行购买或转卖，则可以取得合同规定的价格和宣告合同无效时的时价之间的差额以及按照第七十四条规定可以取得的任何其他损害赔偿。但是，如果要求损害赔偿的一方在接收货物之后宣告合同无效，则应适用接收货物时的时价，而不适用宣告合同无效时的时价。

（2）为上一款的目的，时价指原应交付货物地点的现行价格，如果该地点没有时价，则指另一合理替代地点的价格，但应适当地考虑货物运费的差额。

第七十七条　声称另一方违反合同的一方，必须按情况采取合理措施，减轻由于该另一方违反合同而引起的损失，包括利润方面的损失。如果他不采取这种措施，违反合同一方可以要求从损害赔偿中扣除原可以减轻的损失数额。

第三节　利息

第七十八条　如果一方当事人没有支付价款或任何其他拖欠金额，另一方当事人有权对这些款额收取利息，但不妨碍要求按照第七十四条规定可以取得的损害赔偿。

第四节　免责

第七十九条

（1）当事人对不履行义务不负责任，如果他能证明此种不履行义务，是由于某种非他所能控制的障碍，而且对于这种障碍，没有理由预期他在订立合同时能考虑到或能避免或克服它或它的后果。

（2）如果当事人不履行义务是由于他所雇用履行合同的全部或一部分规定的第三方不履行义务所致，该当事人只有在以下情况下才能免除责任：

（a）他按照上一款的规定应免除责任，和

（b）假如该款的规定也适用于他所雇用的人，这个人也同样会免除责任。

（3）本条所规定的免责对障碍存在的期间有效。

（4）不履行义务的一方必须将障碍及其对他履行义务能力的影响通知另一方。如果该项通知在不履行义务的一方已知道或理应知道此一障碍后一段合理时间内仍未为另一方收到，则他对由于另一方未收到通知而造成的损害应负赔偿责任。

（5）本条规定不妨碍任一方行使本公约规定的要求损害赔偿以外的任何权利。

第八十条　一方当事人因其行为或不行为而使得另一方当事人不履行义务时，不得声称该另一方当事人不履行义务。

第五节　宣告合同无效的效果

第八十一条

（1）宣告合同无效解除了双方在合同中的义务，但应负责的任何损害赔偿仍应负责。宣告合同无效不影响合同中关于解决争端的任何规定，也不影响合同中关于双方在宣告合同无效后权利和义务的任何其他规定。

（2）已全部或局部履行合同的一方，可以要求另一方归还他按照合同供应的货物或支付的价款，如果双方都须归还，他们必须同时这样做。

第八十二条

（1）买方如果不可能按实际收到货物的原状归还货物，他就丧失宣告合同无效或要求卖方交付替代货物的权利。

（2）上一款的规定不适用于以下情况：

（a）如果不可能归还货物或不可能按实际收到货物的原状归还货物，并非由于买方的行为或不行为所造成；或者

（b）如果货物或其中一部分的毁灭或变坏，是由于按照第三十八条规定进行检验所致；或者

（c）如果货物或其中一部分，在买方发现或理应发现与合同不符以前，已为买方在正常营业过程中售出，或在正常使用过程中消费或改变。

第八十三条　买方虽然依第八十二条规定丧失宣告合同无效或要求卖方交付替代货物的权利，但是根据合同和本公约规定，他仍保有采取一切其他补救办法的权利。

第八十四条

（1）如果卖方有义务归还价款，他必须同时从支付价款之日起支付价款利息。

（2）在以下情况下，买方必须向卖方说明他从货物或其中一部分得到的一切利益：

（a）如果他必须归还货物或其中一部分；或者

（b）如果他不可能归还全部或一部分货物，或不可能按实际收到货物的原状归还全部或一部分货物，但他已宣告合同无效或已要求卖方支付替代货物。

第六节　保全货物

第八十五条　如果买方推迟收取货物，或在支付价款和交付货物应同时履行时，买方没有支付价款，而卖方仍拥有这些货物或仍能控制这些货物的处置权，卖方必须按情况采取合理措施，以保全货物。他有权保有这些货物，直至买方把他所付的合理费用偿还给他为止。

第八十六条

（1）如果买方已收到货物，但打算行使合同或本公约规定的任何权利，把货物退回，他必须按情况采取合理措施，以保全货物。他有权保有这些货物，直至卖方把他所付的合理费用偿还给他为止。

（2）如果发运给买方的货物已到达目的地，并交给买方处置，而买方行使退货权利，则买方必须代表卖方收取货物，除非他这样做需要支付价款而且会使他遭受不合理的不便或需承担不合理的费用。如果卖方或受权代表他掌管货物的人也在目的地，则此一规定不适用。如果买方根据本款规定收取货物，他的权利和义务与上一款所规定的相同。

第八十七条　有义务采取措施以保全货物的一方当事人，可以把货物寄放在第三方的仓库，由另一方当事人担负费用，但该项费用必须合理。

第八十八条

（1）如果另一方当事人在收取货物或收回货物或支付价款或保全货物费用方面有不合理的迟延，按照第八十五条或第八十六条规定有义务保全货物的一方当事人，可以采取任

何适当办法，把货物出售，但必须事前向另一方当事人发出合理的意向通知。

（2）如果货物易于迅速变坏，或者货物的保全牵涉到不合理的费用，则按照第八十五条或第八十六条规定有义务保全货物的一方当事人，必须采取合理措施，把货物出售，在可能的范围内，他必须把出售货物的打算通知另一方当事人。

（3）出售货物的一方当事人，有权从销售所得收入中扣回为保全货物和销售货物而付的合理费用。他必须向另一方当事人说明所余款项。

第四部分 最后条款

第八十九条 兹指定联合国秘书长为本公约保管人。

第九十条 本公约不优于业已缔结或可能缔结并载有与属于本公约范围内事项有关的条款的任何国际协定，但以双方当事人的营业地均在这种协定的缔约国内为限。

第九十一条

（1）本公约在联合国国际货物销售合同会议闭幕会议上开放签字，并在纽约联合国总部继续开放签字，直至1981年9月30日为止。

（2）本公约须经签字国批准、接受或核准。

（3）本公约从开放签字之日起开放给所有非签字国加入。

（4）批准书、接受书、核准书和加入书应送交联合国秘书长存放。

第九十二条

（1）缔约国可在签字、批准、接受、核准或加入时声明它不受本公约第二部分的约束或不受本公约第三部分的约束。

（2）按照上一款规定就本公约第二部分或第三部分做出声明的缔约国，在该声明适用的部分所规定事项上，不得视为本公约第一条第（1）款范围内的缔约国。

第九十三条

（1）如果缔约国具有两个或两个以上的领土单位，而依照该国宪法规定，各领土单位对本公约所规定的事项适用不同的法律制度，则该国需在签字、批准、接受、核准或加入时声明本公约适用于该国全部领土单位或仅适用于其中的一个或数个领土单位，并且可以随时提出另一声明来修改其所做的声明。

（2）此种声明应通知保管人，并且明确地说明适用本公约的领土单位。

（3）如果根据按本条做出的声明，本公约适用于缔约国的一个或数个但不是全部领土单位，而且一方当事人的营业地位于该缔约国内，则为本公约的目的地，该营业地除非位于本公约适用的领土单位内，否则视为不在缔约国内。

（4）如果缔约国没有按照本条第（1）款做出声明，则本公约适用于该国所有领土单位。

第九十四条

（1）对属于本公约范围的事项具有相同或非常近似的法律规则的两个或两个以上的缔约国，可随时声明本公约不适用于营业地在这些缔约国内的当事人之间的销售合同，也不适用于这些合同的订立。此种声明可联合做出，也可以相互单方面声明的方式做出。

（2）对属于本公约范围的事项具有与一个或一个以上非缔约国相同或非常近似的法律规则的缔约国，可随时声明本公约不适用于营业地在这些非缔约国内的当事人之间的销售合同，也不适用于这些合同的订立。

（3）作为根据上一款所做声明对象的国家如果后来成为缔约国，这项声明从本公约对该新缔约国生效之日起，具有根据第（1）款所做声明的效力，但以该新缔约国加入这项声明，或做出相互单方面声明为限。

第九十五条　任何国家在交存其批准书、接受书、核准书或加入书时，可声明它不受本公约第一条第（1）款（b）项的约束。

第九十六条

本国法律规定销售合同必须以书面订立或书面证明的缔约国，可以随时按照第十二条的规定，声明本公约第十一条、第二十九条或第二部分准许销售合同或其更改或根据协议终止，或者任何发价、接受或其他意旨表示得以书面以外任何形式做出的任何规定不适用，如果任何一方当事人的营业地是在该缔约国内。

第九十七条

（1）根据本公约规定在签字时做出的声明，须在批准、接受或核准时加以确认。

（2）声明和声明的确认，应以书面提出，并应正式通知保管人。

（3）声明在本公约对有关国家开始生效时同时生效。但是，保管人于此种生效后收到正式通知的声明，应于保管人收到声明之日起6个月后的第一个月第一天生效。根据第九十四条规定做出的相互单方面声明，应于保管人收到最后一份声明之日起6个月后的第一个月第一天生效。

（4）根据本公约规定做出声明的任何国家可以随时用书面正式通知保管人撤回该项声明。此种撤回于保管人收到通知之日起6个月后的第一个月第一天生效。

（5）撤回根据第九十四条做出的声明，自撤回生效之日起，就会使另一个国家根据该条所做的任何相互声明失效。

第九十八条　除本公约明文许可的保留外，不得作任何保留。

第九十九条

（1）在本条第（6）款规定的条件下，本公约在第十件批准书、接受书、核准书或加入书、包括载有根据第九十二条规定做出的声明的文书交存之日起12个月后的第一个月第一天生效。

（2）在本条第（6）款规定的条件下，对于在第十件批准书、接受书、核准书或加入书交存后才批准、接受、核准或加入本公约的国家，本公约在该国交存其批准书、接受书、核准书或加入书之日起12个月后的第一个月第一天对该国生效，但不适用的部分除外。

（3）批准、接受、核准或加入本公约的国家，如果是1964年7月1日在海牙签订的《关于国际货物销售合同的订立统一法公约》和1964年7月1日在海牙签订的《关于国际货物销售统一法的公约》中一项或两项公约的缔约国，应按情况同时通知荷兰政府声明退出《1964年海牙货物销售公约》或《1964年海牙订立合同公约》或退出该两公约。

（4）凡为《1964年海牙货物销售公约》缔约国并批准、接受、核准或加入本公约和根据第九十二条规定声明或业已声明不受本公约第二部分约束的国家，应于批准、接受、核准或加入时通知荷兰政府声明退出《1964年海牙货物销售公约》。

（5）凡为《1964年海牙订立合同公约》缔约国并批准、接受、核准或加入本公约和根据第九十二条规定声明或业已声明不受本公约第三部分约束的国家，应于批准、接受、核准或加入时通知荷兰政府声明退出《1964 年海牙订立合同公约》。

（6）为本条的目的，《1964 年海牙订立合同公约》或《1964 年海牙货物销售公约》的缔约国的批准、接受、核准或加入本公约，应在这些国家按照规定退出该两公约生效后方始生效。本公约保管人应与 1964 年两公约的保管人荷兰政府进行协商，以确保在这方面进行必要的协调。

第一百条

（1）本公约适用于合同的订立，只要订立该合同的建议是在本公约对第一条第（1）款（a）项所指缔约国或第一条第（1）款（b）项所指缔约国生效之日或其后作出的。

（2）本公约只适用于在它对第一条第（1）款（a）项所指缔约国或第一条第（1）款（b）项所指缔约国生效之日或其后订立的合同。

第一百零一条

（1）缔约国可以用书面正式通知保管人声明退出本公约，或本公约第二部分或第三部分。

（2）退出于保管人收到通知 12 个月后的第一个月第一天起生效。凡通知内订明一段退出生效的更长时间，则退出于保管人收到通知后该段更长时间期满时起生效。

1980 年 4 月 11 日订于维也纳，正本一份，其阿拉伯文本、中文本、英文本、法文本、俄文本和西班牙文本都具有同等效力。

附录 2　UCP600

Foreword

This revision of the Uniform Customs and Practice for Documentary Credits（commonly called "UCP"）is the sixth revision of the rules since they were first promulgated in 1933. It is the fruit of more than three years of work by the International Chamber of Commerce's（ICC）Commission on Banking Technique and Practice.

ICC, which was established in 1919, had as its primary objective facilitating the flow of international trade at a time when nationalism and protectionism posed serious threats to the world trading system. It was in that spirit that the UCP were first introduced—to alleviate the confusion caused by individual countries' promoting their own national rules on letter of credit practice. The objective, since attained, was to create a set of contractual rules that would establish uniformity in that practice, so that practitioners would not have to cope with a plethora of often conflicting national regulations. The universal acceptance of the UCP by practitioners in countries with widely divergent economic and judicial systems is a testament to the rules' success.

It is important to recall that the UCP represent the work of a private international organization, not a governmental body. Since its inception, ICC has insisted on the central role of self-regulation in business practice. These rules, formulated entirely by experts in the private sector, have validated that approach. The UCP remain the most successful set of private rules for trade ever developed.

A range of individuals and groups contributed to the current revision, which is entitled UCP 600. These include the UCP Drafting Group, which sifted through more than 5000 individual comments before arriving at this consensus text; the UCP Consulting Group, consisting of members from more than 25 countries, which served as the advisory body reacting to and proposing changes to the various drafts; the more than 400 members of the ICC Commission on Banking Technique and Practice who madepertinent suggestions for changes in the text; and ICC national committees worldwide which took an active role in consolidating comments from their members. ICC also expresses its gratitude to practitioners in the transport and Insurance industries, whose perceptive suggestions honed the final draft.

Guy Sebban

Secretary General

International Chamber of Commerce

Introduction

In May 2003, the International Chamber of Commerce authorized the ICC Commission on Banking Technique and Practice (Banking Commission) to begin a revision of the Uniform Customs and Practice for Documentary Credits, ICC Publication 500.

As with other revisions, the general objective was to address developments in the banking, transport and insurance industries. Additionally, there was a need to look at the language and style used in the UCP to remove wording that could lead to inconsistent application and interpretation.

When work on the revision started, a number of global surveys indicated that, because of discrepancies, approximately 70% of documents presented under letters of credit were being rejected on first presentation. This obviously had, and continues to have, a negative effect on the letter of credit being seen as a means of payment and, if unchecked, could have serious implications for maintaining or increasing its market share as a recognized means of settlement in international trade. The introduction by banks of a discrepancy fee has highlighted the importance of this issue, especially when the underlying discrepancies have been found to be dubious or unsound. Whilst the number of cases involving litigation has not grown during the lifetime of UCP 500, the introduction of the ICC's Documentary Credit Dispute Resolution Expertise Rules (DOCDEX) in October 1997 (subsequently revised in March 2002) has resulted in more than 60 cases being decided.

To address these and other concerns, the Banking Commission established a Drafting Group to revise UCP 500. It was also decided to create a second group, known as the Consulting Group, to review and advise on early drafts submitted by the Drafting Group. The Consulting Group, made up of over 40 individuals from 26 countries, consisted of banking and transport industry experts. Ably co – chaired by John Turnbull, Deputy General Manager, Sumitomo Mitsui Banking Corporation Europe Ltd, London and Carlo Di Ninni, Adviser, Italian Bankers Association, Rome, the Consulting Group provided valuable input to the Drafting Group prior to release of draft texts to ICC national committees. The Drafting Group began the review process by analyzing the content of the official Opinions issued by the Banking Commission under UCP 500. Some 500 Opinions were reviewed to assess whether the issues involved warranted a change in, an addition to or a deletion of any UCP article. In addition, consideration was given to the content of the four Position Papers issued by the Commission in September 1994, the two Decisions issued by the Commission (concerning the introduction of the euro and the determination of what constituted an original document under UCP 500 sub–article 20 (b) and the decisions issued in DOCDEX cases. During the revision process, notice was taken of the considerable work that had been completed in creating the *International Standard Banking Practice for the Examination of Documents under Documentary Credits* (ISBP), ICC Publication 645. This publication has evolved into a necessary companion to the UCP for determining compliance of documents with the terms of letters of credit. It is the expectation of the Drafting Group and the Banking Commission that the application of the principles contained in the ISBP, including subsequent revisions thereof, will continue during the time UCP 600 is in force. At the time UCP 600 is implemented, there will be an updated version of the ISBP to bring its contents in line with the substance and style of the new rules. The four Position Papers issued in September 1994 were issued subject to their application under UCP 500; therefore, they will not be applicable under UCP 600. The essence of the Decision covering the determination of an original document has been incorporated into the text of UCP 600. The outcome of the DOCDEX cases were invariably based on existing ICC Banking Commission Opinions and therefore contained no specific issues that required addressing in these rules. One of the structural changes to the UCP is the introduction of articles covering definitions (article 2) and interpretations (article 3). In providing definitions of roles played by banks and the meaning of specific terms and events, UCP 600 avoids the necessity of repetitive text to explain their interpretation and application. Similarly, the article covering interpretations aims to take the ambiguity out of vague or unclear language that appears in letters of credit and to provide a definitive elucidation of other characteristics of the UCP or the credit. During the course of the last three years, ICC national committees were canvassed on a range of issues to determine their preferences on alternative texts submitted by the Drafting Group. The results of this exercise and the considerable input from national committees on individual items in the text is reflected in the content of UCP 600. The Drafting Group considered, not only the current practice relative to the documentary credit, but also tried to envisage the future evolution of that practice. This revision of the UCP represents the culmination of over three years of extensive analysis, review, debate and compromise amongst the various members of the Drafting Group, the members of the Banking Commission and the respective ICC national committees. Valuable comment has also been received from the ICC Commission on Transport and Logistics, the Commission on Commercial Law and Practice and the Committee on Insurance. It is not appropriate for this publication to provide an explanation as to why an article has been worded in such a way or what is intended by its incorporation into the rules. For those interested in understanding the rationale and interpretation of the articles of UCP 600, this information will be found in the Commentary to the rules, ICC Publication 601, which represents the Drafting Group's views. On behalf of the Drafting Group I would like to extend our deep appreciation to the members of the Consulting Group, ICC national committees and members of the Banking Commission for their professional comments and their constructive participation in this process. Special thanks are due to the members of the Drafting Group and their institutions, who are listed below in alphabetical order. Nicole Keller—Vice President, Service International Products, Dresdner Bank AG, Frankfurt, Germany; Representative to the ICC Commission on Banking Technique and Practice; Laurence Kooy— Legal Adviser, BNP Paribas, Paris, France; Representative to the ICC Commission on Banking Technique and Practice. Katja Lehr—Business Manager, Trade Services Standards, SWIFT, La Hulpe, Belgium, then Vice President, Membership Representation, International Financial Services Association, New Jersey, USA; Representative to the ICC Commission on Banking Technique and Practice; Ole Malmqvist—Vice President, Danske Bank, Copenhagen, Denmark; Representative to the ICC Commission on Banking Technique and Practice; Paul Miserez—Head of Trade Finance Standards, SWIFT, La Hulpe, Belgium; Representative to the ICC Commission on Banking Technique and Practice; René Mueller—Director, Credit Suisse, Zurich, Switzerland; Representative to the ICC Commission on Banking Technique and Practice; Chee Seng Soh—Consultant, Association of Banks in Singapore, Singapore; Representative to the ICC Commission on Banking Technique and Practice; Dan Taylor—President and CEO, International Financial Services Association. , New Jersey USA; Vice Chairman, ICC Commission on Banking Technique and Practice; Alexander Zelenov—Director, Vnesheconombank, Moscow, Russia; Vice Chairman, ICC Commission on Banking Technique and Practice; Ron Katz—Policy Manager, ICC Commission on Banking Technique and Practice, International Chamber of Commerce, Paris, France. The undersigned had the pleasure of chairing the Drafting Group. It was through the generous giving of their knowledge, time and energy that this revision was accomplished so successfully. As Chair of the Drafting Group, I would like to extend to them and to their institutions my gratitude for their contribution, for a job well done and for their friendship. I would also like to extend my sincere thanks to the management of ABN AMRO Bank N. V. , for their understanding, patience and support during the course of this revision process. Gary Collyer Corporate Director, ABN AMRO Bank N. V. , London, England and Technical Adviser to the ICC Commission on Banking Technique and Practice November 2006.

Article 1　Application of UCP

The Uniform Customs and Practice for Documentary Credits, 2007 Revision, ICC Publication no. 600 ("UCP") are rules that apply to any documentary credit ("credit") (including, to the extent to which they may be applicable, any standby letter of credit) when the text of the credit expressly indicates that it is subject to these rules. They are binding on all parties thereto unless expressly modified or excluded by the credit.

Article 2　Definitions

For the purpose of these rules:

Advising bank means the bank that advises the credit at the request of the issuing bank.

Applicant means the party on whose request the credit is issued.

Banking day means a day on which a bank is regularly open at the place at which an act subject to these rules is to be performed.

Beneficiary means the party in whose favour a credit is issued.

Complying presentation means a presentation that is in accordance with the terms and conditions of the credit, the applicable provisions of these rules and international standard banking practice.

Confirmation means a definite undertaking of the confirming bank, in addition to that of the issuing bank, to honour or negotiate a complying presentation.

Confirming bank means the bank that adds its confirmation to a credit upon the issuing bank's authorization or request.

Credit means any arrangement, however named or described, that is irrevocable and thereby constitutes a definite undertaking of the issuing bank to honour a complying presentation.

Honour means:

a. to pay at sight if the credit is available by sight payment.

b. to incur a deferred payment undertaking and pay at maturity if the credit is available by deferred payment.

c. to accept a bill of exchange ("draft") drawn by the beneficiary and pay at maturity if the credit is available by acceptance.

Issuing bank means the bank that issues a credit at the request of an applicant or on its own behalf.

Negotiation means the purchase by the nominated bank of drafts (drawn on a bank other than the nominated bank) and/or documents under a complying presentation, by advancing or agreeing to advance funds to the beneficiary on or before the banking day on which reimbursement is due to the nominated bank.

Nominated bank means the bank with which the credit is available or any bank in the case of a credit available with any bank.

Presentation means either the delivery of documents under a credit to the issuing bank or nominated bank or the documents so delivered.

Presenter means a beneficiary, bank or other party that makes a presentation.

Article 3　Interpretations

For the purpose of these rules:

Where applicable, words in the singular include the plural and in the plural include the singular.

A credit is irrevocable even if there is no indication to that effect.

A document may be signed by handwriting, facsimile signature, perforated signature, stamp, symbol or any other mechanical or electronic method of authentication.

A requirement for a document to be legalized, visaed, certified or similar will be satisfied by any signature, mark, stamp or label on the document which appears to satisfy that requirement.

Branches of a bank in different countries are considered to be separate banks.

Terms such as "first class", "well known", "qualified", "independent", "official", "competent" or "local" used to describe the issuer of a document allow any issuer except the beneficiary to issue that document.

Unless required to be used in a document, words such as "prompt", "immediately" or "as soon as possible" will be disregarded.

The expression "on or about" or similar will be interpreted as a stipulation that an event is to occur during a period of five calendar days before until five calendar days after the specified date, both start and end dates included.

The words "to", "until", "till", "from" and "between" when used to determine a period of shipment include the date or dates mentioned, and the words "before" and "after" exclude the date mentioned.

The words "from" and "after" when used to determine a maturity date exclude the date mentioned.

The terms "first half" and "second half" of a month shall be construed respectively as the 1st to the 15th and the 16th to the last day of the month, all dates inclusive.

The terms "beginning", "middle" and "end" of a month shall be construed respectively as the 1st to the 10th, the 11th to the 20th and the 21st to the last day of the month, all dates inclusive.

Article 4　Credits v. Contracts

a. A credit by its nature is a separate transaction from the sale or other contract on which it may be based. Banks are in no way concerned with or bound by such contract, even if any reference whatsoever to it is included in the credit. Consequently, the undertaking of a bank to honour, to negotiate or to fulfil any other obligation under the credit is not subject to claims or defences by the applicant resulting from its relationships with the issuing bank or the beneficiary. A beneficiary can in no case avail itself of the contractual relationships existing between banks or between the applicant and the issuing bank.

b. An issuing bank should discourage any attempt by the applicant to include, as an integral part of the credit, copies of the underlying contract, proforma invoice and the like.

Article 5　Documents v. Goods, Services or Performance

Banks deal with documents and not with goods, services or performance to which the documents may relate.

Article 6　Availability, Expiry Date and Place for Presentation

a. A credit must state the bank with which it is available or whether it is available with any bank. A credit available with a nominated bank is also available with the issuing bank.

b. A credit must state whether it is available by sight payment, deferred payment, acceptance or negotiation.

c. A credit must not be issued available by a draft drawn on the applicant.

d. i . A credit must state an expiry date for presentation. An expiry date stated for honour or negotiation will be deemed to be an expiry date for presentation.

ii . The place of the bank with which the credit is available is the place for presentation. The place for presentation under a credit available with any bank is that of any bank. A place for presentation other than that of the issuing bank is in addition to the place of the issuing bank.

e. Except as provided in sub-article 29 a, a presentation by or on behalf of the beneficiary must be made on or before the expiry date.

Article 7　Issuing Bank Undertaking

a. Provided that the stipulated documents are presented to the nominated bank or to the issuing bank and that they constitute a complying presentation, the issuing bank must honour if the credit is available by:

ⅰ. sight payment, deferred payment or acceptance with the issuing bank;

ⅱ. sight payment with a nominated bank and that nominated bank does not pay;

ⅲ. deferred payment with a nominated bank and that nominated bank does not incur its deferred payment undertaking or, having incurred its deferred payment undertaking, does not pay at maturity;

ⅳ. acceptance with a nominated bank and that nominated bank does not accept a draft drawn on it or, having accepted a draft drawn on it, does not pay at maturity;

Ⅴ. negotiation with a nominated bank and that nominated bank does not negotiate.

b. An issuing bank is irrevocably bound to honour as of the time it issues the credit.

c. An issuing bank undertakes to reimburse a nominated bank that has honoured or negotiated a complying presentation and forwarded the documents to the issuing bank. Reimbursement for the amount of a complying presentation under a credit available by acceptance or deferred payment is due at maturity, whether or not the nominated bank prepaid or purchased before maturity. An issuing bank's undertaking to reimburse a nominated bank is independent of the issuing bank's undertaking to the beneficiary.

Article 8　Confirming Bank Undertaking

a. Provided that the stipulated documents are presented to the confirming bank or to any other nominated bank and that they constitute a complying presentation, the confirming bank must:

ⅰ. honour, if the credit is available by

a) sight payment, deferred payment or acceptance with the confirming bank;

b) sight payment with another nominated bank and that nominated bank does not pay;

c) deferred payment with another nominated bank and that nominated bank does not incur its deferred payment undertaking or, having incurred its deferred payment undertaking, does not pay at maturity;

d) acceptance with another nominated bank and that nominated bank does not accept a draft drawn on it or, having accepted a draft drawn on it, does not pay at maturity;

e) negotiation with another nominated bank and that nominated bank does not negotiate.

ⅱ. negotiate, without recourse, if the credit is available by negotiation with the confirming bank.

b. A confirming bank is irrevocably bound to honour or negotiate as of the time it adds its confirmation to the credit.

c. A confirming bank undertakes to reimburse another nominated bank that has honoured or negotiated a complying presentation and forwarded the documents to the confirming bank. Reimbursement for the amount of a complying presentation under a credit available by acceptance or deferred payment is due at maturity, whether or not another nominated bank prepaid or purchased before maturity. A confirming bank's undertaking to reimburse another nominated bank is independent of the confirming bank's Undertaking to the beneficiary.

d. If a bank is authorized or requested by the issuing bank to confirm a credit but is not prepared to do so, it must inform the issuing bank without delay and may advise the credit without confirmation.

Article 9　Advising of Credits and Amendments

a. A credit and any amendment may be advised to a beneficiary through an advising bank. An advising bank that is not a confirming bank advises the credit and any amendment without any undertaking to honour or negotiate.

b. By advising the credit or amendment, the advising bank signifies that it has satisfied itself as to the apparent authenticity of the credit or amendment and that the advice accurately reflects the terms and conditions of the credit or amendment received.

c. An advising bank may utilize the services of another bank ("second advising bank") to advise the credit and any amendment to the beneficiary. By advising the credit or amendment, the second advising bank signifies that it has satisfied itself as to the apparent authenticity of the advice it has received and that the advice accurately reflects the terms and conditions of the credit or amendment received.

d. A bank utilizing the services of an advising bank or second advising bank to advise a credit must use the same bank to advise any amendment thereto.

e. If a bank is requested to advise a credit or amendment but elects not to do so, it must so inform, without delay, the bank from which the credit, amendment or advice has been received.

f. If a bank is requested to advise a credit or amendment but cannot satisfy itself as to the apparent authenticity of the credit, the amendment or the advice, it must so inform, without delay, the bank from which the instructions appear to have been received. If the advising bank or second advising bank elects nonetheless to advise the credit or amendment, it must inform the beneficiary or second advising bank that it has not been able to satisfy itself as to the apparent authenticity of the credit, the amendment or the advice.

Article 10　Amendments

a. Except as otherwise provided by article 38, a credit can neither be amended nor cancelled without the agreement of the issuing bank, the confirming bank, if any, and the beneficiary.

b. An issuing bank is irrevocably bound by an amendment as of the time it issues the amendment. A confirming bank may extend its confirmation to an amendment and will be irrevocably bound as of the time it advises the amendment. A confirming bank may, however, choose to advise an amendment without extending its confirmation and, if so, it must inform the issuing bank without delay and inform the beneficiary in its advice.

c. The terms and conditions of the original credit (or a credit incorporating previously accepted amendments) will remain in force for the beneficiary until the beneficiary communicates its acceptance of the amendment to the bank that advised such amendment. The beneficiary should give notification of acceptance or rejection of an amendment. If the beneficiary fails to give such notification, a presentation that complies with the credit and to any not yet accepted amendment will be deemed to be notification of acceptance by the beneficiary of such amendment. As of that moment the credit will be amended.

d. A bank that advises an amendment should inform the bank from which it received the amendment of any notification of acceptance or rejection.

e. Partial acceptance of an amendment is not allowed and will be deemed to be notification of rejection of the amendment.

f. A provision in an amendment to the effect that the amendment shall enter into force unless rejected by the beneficiary within a certain time shall be disregarded.

Article 11　Teletransmitted and Pre-advised Credits and Amendments

a. An authenticated teletransmission of a credit or amendment will be deemed to be the operative credit or amendment, and any subsequent mail confirmation shall be disregarded. If a teletransmission states "full details to follow" (or words of similar effect) , or states that the mail confirmation is to be the operative credit or amendment, then the teletransmission will not be deemed to be the operative credit or amendment. The issuing bank must then issue the operative credit or amendment without elay in terms not inconsistent with the teletransmission.

b. A preliminary advice of the issuance of a credit or amendment ("pre-advice") Shall only be sent if the issuing bank is prepared to issue the operative credit or amendment. An issuing bank that sends a pre-advice is irrevocably committed to issue the operative credit or amendment, without delay, in terms not inconsistent with the pre-advice.

Article 12　Nomination

a. Unless a nominated bank is the confirming bank, an authorization to honour or negotiate does not impose any obligation on that nominated bank to honour or negotiate, except when expressly agreed to by that nominated bank and so communicated to the beneficiary.

b. By nominating a bank to accept a draft or incur a deferred payment undertaking, an issuing bank authorizes that nominated bank to prepay or purchase a draft accepted or a deferred payment undertaking incurred by that nominated bank.

c. Receipt or examination and forwarding of documents by a nominated bank that is not a confirming bank does not make that nominated bank liable to honour or negotiate, nor does it constitute honour or negotiation.

Article 13　Bank-to-Bank Reimbursement Arrangements

a. If a credit states that reimbursement is to be obtained by a nominated bank ("claiming bank") claiming on another party ("reimbursing bank") , the credit must state if the reimbursement is subject to the ICC rules for bank-to-bank reimbursements in effect on the date of issuance of the credit.

b. If a credit does not state that reimbursement is subject to the ICC rules for bank to bank reimbursements, the following apply:

ⅰ. An issuing bank must provide a reimbursing bank with a reimbursement authorization that conforms with the availability stated in the credit. The reimbursement authorization should not be subject to an expiry date.

ⅱ. A claiming bank shall not be required to supply a reimbursing bank with a certificate of compliance with the terms and conditions of the credit.

ⅲ. An issuing bank will be responsible for any loss of interest, together with any expenses incurred, if reimbursement is not provided on first demand by a reimbursing bank in accordance with the terms and conditions of the credit.

ⅳ. A reimbursing bank's charges are for the account of the issuing bank. However, if the charges are for the account of the beneficiary, it is the responsibility of an issuing bank to so indicate in the credit and in the reimbursement authorization. If a reimbursing bank's harges are for the account of the beneficiary, they shall be deducted from the amount due to a claiming bank when reimbursement is made. If no reimbursement is made, the reimbursing bank's charges remain the obligation of the issuing bank.

c. An issuing bank is not relieved of any of its obligations to provide reimbursement if reimbursement is not made by a reimbursing bank on first demand.

Article 14　Standard for Examination of Documents

a. A nominated bank acting on its nomination, a confirming bank, if any, and the issuing bank must examine a presentation to determine, on the basis of the documents alone, whether or not the documents appear on their face to constitute a complying presentation.

b. A nominated bank acting on its nomination, a confirming bank, if any, and the issuing bank shall each have a maximum of five banking days following the day of presentation to determine if a presentation is complying. This period is not curtailed or otherwise affected by the occurrence on or after the date of presentation of any expiry date or last day for presentation.

c. A presentation including one or more original transport documents subject to articles 19, 20, 21, 22, 23, 24 or 25 must be made by or on behalf of the beneficiary not later than 21 calendar days after the date of shipment as described in these rules, but in any event not later than the expiry date of the credit.

d. Data in a document, when read in context with the credit, the document itself and international standard banking practice, need not be identical to, but must not conflict with, data in that document, any other stipulated document or the credit.

e. In documents other than the commercial invoice, the description of the goods, services or performance, if stated, may be in general terms not conflicting with their description in the credit.

f. If a credit requires presentation of a document other than a transport document, insurance document or commercial invoice, without stipulating by whom the document is to be issued or its data content, banks will accept the document as presented if its content appears to fulfil the function of the required document and otherwise complies with sub-article 14 d.

g. A document presented but not required by the credit will be disregarded and may be returned to the presenter.

h. If a credit contains a condition without stipulating the document to indicate compliance with the condition, banks will deem such condition as not stated and will disregard it.

i. A document may be dated prior to the issuance date of the credit, but must not be dated later than its date of presentation.

j. When the addresses of the beneficiary and the applicant appear in any stipulated document, they need not be the same as those stated in the credit or in any other stipulated document, but must be within the same country as the respective addresses mentioned in the credit. Contact details (telefax, telephone, email and the like) stated as part of the beneficiary's and the applicant's address will be disregarded. However, when the address and contact details of the applicant appear as part of the consignee or notify party details on a transport document subject to articles 19, 20, 21, 22, 23, 24 or 25, they must be as stated in the credit.

k. The shipper or consignor of the goods indicated on any document need not be the beneficiary of the credit.

l. A transport document may be issued by any party other than a carrier, owner, master or charterer provided that the transport document meets the requirements of articles 19, 20, 21, 22, 23 or 24 of these rules.

Article 15　Complying Presentation

a. When an issuing bank determines that a presentation is complying, it must honour.

b. When a confirming bank determines that a presentation is complying, it must honour or negotiate and forward the documents to the issuing bank.

c. When a nominated bank determines that a presentation is complying and honours or negotiates, it must forward the documents to the confirming bank or issuing bank.

Article 16　Discrepant Documents, Waiver and Notice

a. When a nominated bank acting on its nomination, a confirming bank, if any, or the issuing bank determines that a presentation does not comply, it may refuse to honour or negotiate.

b. When an issuing bank determines that a presentation does not comply, it may in its sole judgement approach the applicant for a waiver of the discrepancies. This does not, however, extend the period mentioned in sub-article 14 b.

c. When a nominated bank acting on its nomination, a confirming bank, if any, or the issuing bank decides to refuse to honour or negotiate, it must give a single notice to that effect to the presenter.

The notice must state:

ⅰ. that the bank is refusing to honour or negotiate; and

ⅱ. each discrepancy in respect of which the bank refuses to honour or negotiate; and

ⅲ. a) that the bank is holding the documents pending further instructions from the presenter; or

b) that the issuing bank is holding the documents until it receives a waiver from the applicant and agrees to accept it, or receives further instructions from the presenter prior to agreeing to accept a waiver; or

c) that the bank is returning the documents; or

d) that the bank is acting in accordance with instructions previously received from the presenter.

d. The notice required in sub-article 16 c must be given by telecommunication or, if that is not possible, by other expeditious means no later than the close of the fifth banking day following the day of presentation.

e. A nominated bank acting on its nomination, a confirming bank, if any, or the issuing bank may, after providing notice required by sub-article 16 c (iii) a) or b), return the documents to the presenter at any time.

f. If an issuing bank or a confirming bank fails to act in accordance with the provisions of this article, it shall be precluded from claiming that the documents do not constitute a complying presentation.

g. When an issuing bank refuses to honour or a confirming bank refuses to honour or negotiate and has given notice to that effect in accordance with this article, it shall then be entitled to claim a refund, with interest, of any reimbursement made.

Article 17　Original Documents and Copies

a. At least one original of each document stipulated in the credit must be presented.

b. A bank shall treat as an original any document bearing an apparently original signature, mark, stamp, or label of the issuer of the document, unless the document itself indicates that it is not an original.

c. Unless a document indicates otherwise, a bank will also accept a document as original if it:

i . appears to be written, typed, perforated or stamped by the document issuer's hand; or

ii . appears to be on the document issuer's original stationery; or

iii. states that it is original, unless the statement appears not to apply to the document presented.

d. If a credit requires presentation of copies of documents, presentation of either originals or copies is permitted.

e. If a credit requires presentation of multiple documents by using terms such as " in duplicate", "in two fold" or "in two copies", this will be satisfied by the presentation of at least one original and the remaining number in copies, except when the document itself indicates otherwise.

Article 18　Commercial Invoice

a. A commercial invoice:

i . must appear to have been issued by the beneficiary (except as provided in article 38);

ii . must be made out in the name of the applicant (except as provided in subarticle 38 g);

iii. must be made out in the same currency as the credit; and

iv. need not be signed.

b. A nominated bank acting on its nomination, a confirming bank, if any, or the issuing bank may accept a commercial invoice issued for an amount in excess of the amount permitted by the credit, and its decision will be binding upon all parties, provided the bank in question has not honoured or negotiated for an amount in excess of that permitted by the credit.

c. The description of the goods, services or performance in a commercial invoice must correspond with that appearing in the credit.

Article 19　Transport Document Covering at Least Two Different Modes of Transport

a. A transport document covering at least two different modes of transport (multimodal or combined transport document), however named, must appear to:

ⅰ. indicate the name of the carrier and be signed by: the carrier or a named agent for or on behalf of the carrier, or the master or a named agent for or on behalf of the master.

Any signature by the carrier, master or agent must be identified as that of the carrier, master or agent.

Any signature by an agent must indicate whether the agent has signed for or on behalf of the carrier or for or on behalf of the master.

ⅱ. indicate that the goods have been dispatched, taken in charge or shipped on board at the place stated in the credit, by: pre-printed wording, or a stamp or notation indicating the date on which the goods have been dispatched, taken in charge or shipped on board.

The date of issuance of the transport document will be deemed to be the date of dispatch, taking in charge or shipped on board, and the date of shipment. However, if the transport document indicates, by stamp ornotation, a date of dispatch, taking in charge or shipped on board, this date will be deemed to be the date of shipment.

ⅲ. indicate the place of dispatch, taking in charge or shipment and the place of final destination stated in the credit, even if:

a) the transport document states, in addition, a different place of dispatch, taking in charge or shipment or place of final destination, or

b) the transport document contains the indication "intended" or similar qualification in relation to the vessel, port of loading or port of discharge.

ⅳ. be the sole original transport document or, if issued in more than one original, be the full set as indicated on the transport document.

ⅴ. contain terms and conditions of carriage or make reference to another source containing the terms and conditions of carriage (short form or blank back transport document). Contents of terms and conditions of carriage will not be examined.

ⅵ. contain no indication that it is subject to a charter party.

b. For the purpose of this article, transshipment means unloading from one means of conveyance and reloading to another means of conveyance (whether or not in different modes of transport) during the carriage from the place of dispatch, taking in charge or shipment to the place of final destination stated in the credit.

c. ⅰ. A transport document may indicate that the goods will or may be transshipped provided that the entire carriage is covered by one and the same transport document.

ⅱ. A transport document indicating that transshipment will or may take place is acceptable, even if the credit prohibits transshipment.

Article 20　Bill of Lading

a. A bill of lading, however named, must appear to:

ⅰ. indicate the name of the carrier and be signed by:

a) the carrier or a named agent for or on behalf of the carrier, or

b) the master or a named agent for or on behalf of the master.

Any signature by the carrier, master or agent must be identified as that of the carrier, master or agent.

Any signature by an agent must indicate whether the agent has signed for or on behalf of the carrier or for or on behalf of the master.

ⅱ. indicate that the goods have been shipped on board a named vessel at the port of loading stated in the credit by: pre-printed wording, or an on board notation indicating the date on which the goods have been shipped on board.

The date of issuance of the bill of lading will be deemed to be the date of shipment unless the bill of lading contains an on board notation indicating the date of shipment, in which case the date stated in the on board notation will be deemed to be the date of shipment. If the bill of lading contains the indication "intended vessel" or similar qualification in relation to the name of the vessel, an on board notation indicating the date of shipment and the name of the actual vessel is required.

ⅲ. indicate shipment from the port of loading to the port of discharge stated in the credit.

If the bill of lading does not indicate the port of loading stated in the credit as the port of loading, or if it contains the indication "intended" or similar qualification in relation to the port of loading, an on board notation indicating the port of loading as stated in the credit, the date of shipment and the name of the vessel is required. This provision applies even when loading on board or shipment on a named vessel is indicated by preprinted wording on the bill of lading.

ⅳ. be the sole original bill of lading or, if issued in more than one original, be the full set as indicated on the bill of lading.

ⅴ. contain terms and conditions of carriage or make reference to another source containing the terms and conditions of carriage (short form or blank back bill of lading). Contents of terms and conditions of carriage will not be examined.

ⅵ. contain no indication that it is subject to a charter party.

b. For the purpose of this article, transshipment means unloading from one vessel and reloading to another vessel during the carriage from the port of loading to the port of discharge stated in the credit.

c. ⅰ. A bill of lading may indicate that the goods will or may be transshipped provided that the entire carriage is covered by one and the same bill of lading.

ⅱ. A bill of lading indicating that transshipment will or may take place is acceptable, even if the credit prohibits transshipment, if the goods have been shipped in a container, trailer or LASH barge as evidenced by the bill of lading.

d. Clauses in a bill of lading stating that the carrier reserves the right to transship will be disregarded.

Article 21   Non-Negotiable Sea Waybill

a. A non-negotiable sea waybill, however named, must appear to:

ⅰ. indicate the name of the carrier and be signed by:

a) the carrier or a named agent for or on behalf of the carrier, or

b) the master or a named agent for or on behalf of the master.

Any signature by the carrier, master or agent must be identified as that of the carrier, master or agent. Any signature by an agent must indicate whether the agent has signed for or on behalf of the carrier or for or on behalf of the master.

ⅱ. indicate that the goods have been shipped on board a named vessel at the port of loading stated in the credit by: pre-printed wording, or an on board notation indicating the date on which the goods have been shipped on board.

The date of issuance of the non-negotiable sea waybill will be deemed to be the date of shipment unless the non-negotiable sea waybill contains an on board notation indicating the date of shipment, in which case the date stated in the on board notation will be deemed to be the date of shipment.

If the non-negotiable sea waybill contains the indication "intended vessel" or similar qualification in relation to the name of the vessel, an on board notation indicating the date of shipment and the name of the actual vessel is required.

ⅲ. indicate shipment from the port of loading to the port of discharge stated in the credit.

If the non-negotiable sea waybill does not indicate the port of loading stated in the credit as the port of loading, or if it contains the indication "intended" or similar qualification in relation to the port of loading, an on board notation indicating the port of loading as stated in the credit, the date of shipment and the name of the vessel is required. This provision applies even when loading on board or shipment on a named vessel is indicated by pre-printed wording on the non-negotiable sea waybill.

ⅳ. be the sole original non-negotiable sea waybill or, if issued in more than one original, be the full set as indicated on the non-negotiable sea waybill.

ⅴ. contain terms and conditions of carriage or make reference to another source containing the terms and conditions of carriage (short form or blank back non-negotiable sea waybill). Contents of terms and conditions of carriage will not be examined.

ⅵ. contain no indication that it is subject to a charter party.

b. For the purpose of this article, transshipment means unloading from one vessel and reloading to another vessel during the carriage from the port of loading to the port of discharge stated in the credit.

c. ⅰ. A non-negotiable sea waybill may indicate that the goods will or may be transshipped provided that the entire carriage is covered by one and the same non-negotiable sea waybill.

ⅱ. A non-negotiable sea waybill indicating that transhipment will or may take place is acceptable, even if the credit prohibits transhipment, if the goods have been shipped in a container, trailer or LASH barge as evidenced by The non-negotiable sea waybill.

d. Clauses in a non-negotiable sea waybill stating that the carrier reserves the right to tranship will be disregarded.

Article 22　Charter Party Bill of Lading

a. A bill of lading, however named, containing an indication that it is subject to a charter party (charter party bill of lading), must appear to:

ⅰ. be signed by: the master or a named agent for or on behalf of the master, or the owner or a named agent for or on behalf of the owner, or the chatterer or a named agent for or on behalf of the charterer.

Any signature by the master, owner, charterer or agent must be identified as that of the master, owner, charterer or agent.

Any signature by an agent must indicate whether the agent has signed for or on behalf of the master, owner or charterer. An agent signing for or on behalf of the owner or charterer must indicate the name of the owner or charterer.

ⅱ. indicate that the goods have been shipped on board a named vessel at the port of loading stated in the credit by: pre-printed wording, or an on board notation indicating the date on which the goods have been shipped on board.

The date of issuance of the charter party bill of lading will be deemed to be the date of shipment unless the charter party bill of lading contains an on board notation indicating the date of shipment, in which case the date stated in the on board notation will be deemed to be the date of shipment.

ⅲ. indicate shipment from the port of loading to the port of discharge stated in the credit. The port of discharge may also be shown as a range of ports or a geographical area, as stated in the credit.

ⅳ. be the sole original charter party bill of lading or, if issued in more than one original, be the full set as indicated on the charter party bill of lading.

b. A bank will not examine charter party contracts, even if they are required to be presented by the terms of the credit.

Article 23　Air Transport Document

a. An air transport document, however named, must appear to:

ⅰ. indicate the name of the carrier and be signed by: the carrier, or a named agent for or on behalf of the carrier.

Any signature by the carrier or agent must be identified as that of the carrier or agent.

Any signature by an agent must indicate that the agent has signed for or on behalf of the carrier.

ⅱ. indicate that the goods have been accepted for carriage.

ⅲ. indicate the date of issuance. This date will be deemed to be the date of shipment unless the air transport document contains a specific notation of the actual date of shipment, in which case the date stated in the notation will be deemed to be the date of shipment.

Any other information appearing on the air transport document relative to the flight number and date will not be considered in determining the date of shipment.

ⅳ. indicate the airport of departure and the airport of destination stated in the credit.

ⅴ. be the original for consignor or shipper, even if the credit stipulates a full set of originals.

ⅵ. contain terms and conditions of carriage or make reference to another source containing the terms and conditions of carriage. Contents of terms and conditions of carriage will not be examined.

b. For the purpose of this article, transshipment means unloading from one aircraft and reloading to another aircraft during the carriage from the airport of departure to the airport of destination stated in the credit.

c. ⅰ. An air transport document may indicate that the goods will or may be transshipped, provided that the entire carriage is covered by one and the same air transport document.

ⅱ. An air transport document indicating that transshipment will or may take place is acceptable, even if the credit prohibits transhipment.

Article 24　Road, Rail or Inland Waterway Transport Documents

a. A road, rail or inland waterway transport document, however named, must appear to:

ⅰ. indicate the name of the carrier and: be signed by the carrier or a named agent for or on behalf of the carrier, or indicate receipt of the goods by signature, stamp or notation by the carrier or a named agent for or on behalf of the carrier.

Any signature, stamp or notation of receipt of the goods by the carrier or agent must be identified as that of the carrier or agent.

Any signature, stamp or notation of receipt of the goods by the agent must indicate that the agent has signed or acted for or on behalf of the carrier.

If a rail transport document does not identify the carrier, any signature or stamp of the railway company will be accepted as evidence of the document being signed by the carrier.

ⅱ. indicate the date of shipment or the date the goods have been received for shipment, dispatch or carriage at the place stated in the credit. Unless the transport document contains a dated reception stamp, an indication of the date of receipt or a date of shipment, the date of issuance of the transport document will be deemed to be the date of shipment.

ⅲ. indicate the place of shipment and the place of destination stated in the credit.

b. ⅰ. A road transport document must appear to be the original for consignor or shipper or bear no marking indicating for whom the document has been prepared.

ⅱ. A rail transport document marked "duplicate" will be accepted as an original.

ⅲ. A rail or inland waterway transport document will be accepted as an original whether marked as an original or not.

c. In the absence of an indication on the transport document as to the number of originals issued, the number presented will be deemed to constitute a full set.

d. For the purpose of this article, transhipment means unloading from one means of conveyance and reloading to another means of conveyance, within the same mode of transport, during the carriage from the place of shipment, dispatch or carriage to the place of destination stated in the credit.

e. ⅰ. A road, rail or inland waterway transport document may indicate that the goods will or may be transshipped provided that the entire carriage is covered by one and the same transport document.

ⅱ. A road, rail or inland waterway transport document indicating that transshipment will or may take place is acceptable, even if the credit prohibits transshipment.

Article 25　Courier Receipt, Post Receipt or Certificate of Posting

a. A courier receipt, however named, evidencing receipt of goods for transport, must appear to:

ⅰ. indicate the name of the courier service and be stamped or signed by the named courier service at the place from which the credit states the goods are to be shipped; and

ⅱ. indicate a date of pick-up or of receipt or wording to this effect. This date will be deemed to be the date of shipment.

b. A requirement that courier charges are to be paid or prepaid may be satisfied by a transport document issued by a courier service evidencing that courier charges are for the account of a party other than the consignee.

c. A post receipt or certificate of posting, however named, evidencing receipt of goods for transport, must appear to be stamped or signed and dated at the place from which the credit states the goods are to be shipped. This date will be deemed to be the date of shipment.

Article 26　"On Deck", "Shipper's Load and Count", "Said by Shipper to Contain" and Charges Additional to Freight

a. A transport document must not indicate that the goods are or will be loaded on deck. A clause on a transport document stating that the goods may be loaded on deck is acceptable.

b. A transport document bearing a clause such as "shipper's load and count" and "said by shipper to contain" is acceptable.

c. A transport document may bear a reference, by stamp or otherwise, to charges additional to the freight.

Article 27　Clean Transport Document

A bank will only accept a clean transport document. A clean transport document is one bearing no clause or notation expressly declaring a defective condition of the goods or their packaging. The word "clean" need not appear on a transport document, even if a credit has a requirement for that transport document to be "clean on board".

Article 28　Insurance Document and Coverage

a. An insurance document, such as an insurance policy, an insurance certificate or a declaration under an open cover, must appear to be issued and signed by an insurance company, an underwriter or their agents or their proxies.

Any signature by an agent or proxy must indicate whether the agent or proxy has signed for or on behalf of the insurance company or underwriter.

b. When the insurance document indicates that it has been issued in more than one original, all originals must be presented.

c. Cover notes will not be accepted.

d. An insurance policy is acceptable in lieu of an insurance certificate or a declaration under an open cover.

e. The date of the insurance document must be no later than the date of shipment, unless it appears from the insurance document that the cover is effective from a date not later than the date of shipment.

f. i. The insurance document must indicate the amount of insurance coverage and be in the same currency as the credit.

ii. A requirement in the credit for insurance coverage to be for a percentage of the value of the goods, of the invoice value or similar is deemed to be the minimum amount of coverage required.

If there is no indication in the credit of the insurance coverage required, the amount of insurance coverage must be at least 110% of the CIF or CIP value of the goods. When the CIF or CIP value cannot be determined from the documents, the amount of insurance coverage must be calculated on the basis of the amount for which honour or negotiation is requested or the gross value of the goods as shown on the invoice, whichever is greater.

iii. The insurance document must indicate that risks are covered at least between the place of taking in charge or shipment and the place of discharge or final destination as stated in the credit.

g. A credit should state the type of insurance required and, if any, the additional risks to be covered. An insurance document will be accepted without regard to any risks that are not covered if the credit uses imprecise terms such as "usual risks" or "customary risks".

h. When a credit requires insurance against "all risks" and an insurance document is presented containing any "all risks" notation or clause, whether or not bearing the heading "all risks", the insurance document will be accepted without regard to any risks stated to be excluded.

i. An insurance document may contain reference to any exclusion clause.

j. An insurance document may indicate that the cover is subject to a franchise or excess (deductible).

Article 29　Extension of Expiry Date or Last Day for Presentation

a. If the expiry date of a credit or the last day for presentation falls on a day when the bank to which presentation is to be made is closed for reasons other than those referred to in article 36, the expiry date or the last day for presentation, as the case may be, will be extended to the first following banking day.

b. If presentation is made on the first following banking day, a nominated bank must provide the issuing bank or confirming bank with a statement on its covering schedule that the presentation was made within the time limits extended in accordance with sub-article 29 a.

c. The latest date for shipment will not be extended as a result of sub-article 29 a.

Article 30　Tolerance in Credit Amount, Quantity and Unit Prices

a. The words "about" or "approximately" used in connection with the amount of the credit or the quantity or the unit price stated in the credit are to be construed as allowing a tolerance not to exceed 10% more or 10% less than the amount, the quantity or the unit price to which they refer.

b. A tolerance not to exceed 5% more or 5% less than the quantity of the goods is allowed, provided the credit does not state the quantity in terms of a stipulated number of packing units or individual items and the total amount of the drawings does not exceed the amount of the credit.

c. Even when partial shipments are not allowed, a tolerance not to exceed 5% less than the amount of the credit is allowed, provided that the quantity of the goods, if stated in the credit, is shipped in full and a unit price, if stated in the credit, is not reduced or that sub-article 30 b is not applicable. This tolerance does not apply when the credit stipulates a specific tolerance or uses the expressions referred to in sub-article 30 a.

Article 31　Partial Drawings or Shipments

a. Partial drawings or shipments are allowed.

b. A presentation consisting of more than one set of transport documents evidencing shipment commencing on the same means of conveyance and for the same journey, provided they indicate the same destination, will not be regarded as covering a partial shipment, even if they indicate different dates of shipment or different ports of loading, places of taking in charge or dispatch. If the presentation consists of more than one set of transport documents, the latest date of shipment as evidenced on any of the sets of transport documents will be regarded as the date of shipment.

A presentation consisting of one or more sets of transport documents evidencing shipment on more than one means of conveyance within the same mode of transport will be regarded as covering a partial shipment, evenif the means of conveyance leave on the same day for the same destination.

c. A presentation consisting of more than one courier receipt, post receipt or certificate of posting will not be regarded as a partial shipment if the courier receipts, post receipts or certificates of posting appear to have been stamped or signed by the same courier or postal service at the same place and date and for the same destination.

Article 32　Instalment Drawings or Shipments

If a drawing or shipment by instalments within given periods is stipulated in the credit and any instalment is not drawn or shipped within the period allowed for that instalment, the credit ceases to be available for that and any subsequent instalment.

Article 33　Hours of Presentation

A bank has no obligation to accept a presentation outside of its banking hours.

Article 34　Disclaimer on Effectiveness of Documents

A bank assumes no liability or responsibility for the form, sufficiency, accuracy, genuineness, falsification or legal effect of any document, or for the general or particular conditions stipulated in a document or superimposed thereon; nor does it assume any liability or responsibility for the description, quantity, weight, quality, condition, packing, delivery, value or existence of the goods, services or other performance represented by any document, or for the good faith or acts or omissions, solvency, performance or standing of the consignor, the carrier, the forwarder, the consignee or the insurer of the goods or any other person.

Article 35　Disclaimer on Transmission and Translation

A bank assumes no liability or responsibility for the consequences arising out of delay, loss in transit, mutilation or other errors arising in the transmission of any messages or delivery of letters or documents, when such messages, letters or documents are transmitted or sent according to the requirements stated in the credit, or when the bank may have taken the initiative in the choice of the delivery service in the absence of such instructions in the credit.

If anominated bank determines that a presentation is complying and forwards the documents to the issuing bank or confirming bank, whether or not the nominated bank has honoured or negotiated, an issuing bank or confirming bank must honour or negotiate, or reimburse that nominated bank, even when the documents have been lost in transit between the nominated bank and the issuing bank or confirming bank, or between the confirming bank and the issuing bank.

A bank assumes no liability or responsibility for errors in translation or interpretation of technical terms and may transmit credit terms without translating them.

Article 36　Force Majeure

A bank assumes no liability or responsibility for the consequences arising out of the interruption of its business by Acts of God, riots, civil commotions, insurrections, wars, acts of terrorism, or by any strikes or lockouts or any other causes beyond its control.

A bank will not, upon resumption of its business, honour or negotiate under a credit that expired during such interruption of its business.

Article 37　Disclaimer for Acts of an Instructed Party

a. A bank utilizing the services of another bank for the purpose of giving effect to the instructions of the applicant does so for the account and at the risk of the applicant.

b. An issuing bank or advising bank assumes no liability or responsibility should the instructions it transmits to another bank not be carried out, even if it has taken the initiative in the choice of that other bank.

c. A bank instructing another bank to perform services is liable for any commissions, fees, costs or expenses ("charges") incurred by that bank in connection with its instructions.

If a credit states that charges are for the account of the beneficiary and charges cannot be collected or deducted from proceeds, the issuing bank remains liable for payment of charges.

A credit or amendment should not stipulate that the advising to a beneficiary is conditional upon the receipt by the advising bank or second advising bank of its charges.

d. The applicant shall be bound by and liable to indemnify a bank against all obligations and responsibilities imposed by foreign laws and usages.

Article 38　Transferable Credits

a. A bank is under no obligation to transfer a credit except to the extent and in the manner expressly consented to by that bank.

b. For the purpose of this article:

Transferable credit means a credit that specifically states it is "transferable". A transferable credit may be made available in whole or in part to another beneficiary ("second beneficiary") at the request of the beneficiary ("first beneficiary").

Transferring bank means a nominated bank that transfers the credit or, in a credit available with any bank, a bank that is specifically authorized by the issuing bank to transfer and that transfers the credit. An issuing bank may be a transferring bank. Transferred credit means a credit that has been made available by the transferring bank to a second beneficiary.

c. Unless otherwise agreed at the time of transfer, all charges (such as commissions, fees, costs or expenses) incurred in respect of a transfer must be paid by the first beneficiary.

d. A credit may be transferred in part to more than one second beneficiary provided partial drawings or shipments are allowed.

A transferred credit cannot be transferred at the request of a second beneficiary to any subsequent beneficiary. The first beneficiary is not considered to be a subsequent beneficiary.

e. Any request for transfer must indicate if and under what conditions amendments may be advised to the second beneficiary. The transferred credit must clearly indicate those conditions.

f. If a credit is transferred to more than one second beneficiary, rejection of an amendment by one or more second beneficiary does not invalidate the acceptance by any other second beneficiary, with respect to which the transferred credit will be amended accordingly. For any second beneficiary that rejected the amendment, the transferred credit will remain unamended.

g. The transferred credit must accurately reflect the terms and conditions of the credit, including confirmation, if any, with the exception of:

i . the amount of the credit,

ii . any unit price stated therein,

iii . the expiry date,

iv . the period for presentation, or

v . the latest shipment date or given period for shipment, any or all of which may be reduced or curtailed.

The percentage for which insurance cover must be effected may be increased to provide the amount of cover stipulated in the credit or these articles.

The name of the first beneficiary may be substituted for that of the applicant in the credit.

If the name of the applicant is specifically required by the credit to appear in any document other than the invoice, such requirement must be reflected in the transferred credit.

h. The first beneficiary has the right to substitute its own invoice and draft, if any, for those of a second beneficiary for an amount not in excess of that stipulated in the credit, and upon such substitution the first beneficiary can draw under the credit for the difference, if any, between its invoice and the invoice of a second beneficiary.

i. If the first beneficiary is to present its own invoice and draft, if any, but fails to do so on first demand, or if the invoices presented by the first beneficiary create discrepancies that did not exist in the presentation made by the second beneficiary and the first beneficiary fails to correct them on first demand, the transferring bank has the right to present the documents as received from the second beneficiary to the issuing bank, without further responsibility to the first beneficiary.

j. The first beneficiary may, in its request for transfer, indicate that honour or negotiation is to be effected to a second beneficiary at the place to which the credit has been transferred, up to and including the expiry date of the credit. This is without prejudice to the right of the first beneficiary in accordance with subarticle 38 h.

k. Presentation of documents by or on behalf of a second beneficiary must be made to the transferring bank.

Article 39　Assignment of Proceeds

The fact that a credit is not stated to be transferable shall not affect the right of the beneficiary to assign any proceeds to which it may be or may become entitled under the credit, in accordance with the provisions of applicable law. This article relates only to the assignment of proceeds and not to the assignment of the right to perform under the credit.

《跟单信用证统一惯例——2007 年修订本，国际商会第 600 号出版物》

第一条　UCP 的适用范围

《跟单信用证统一惯例——2007 年修订本，国际商会第 600 号出版物》（简称"UCP"）乃一套规则，适用于所有的其文本中明确表明受本惯例约束的跟单信用证（下称信用证）（在其可适用的范围内，包括备用信用证）。除非信用证明确修改或排除，本惯例各条文对信用证所有当事人均具有约束力。

第二条　定义

就本惯例而言：

通知行：指应开证行的要求通知信用证的银行。

申请人：指要求开立信用证的一方。

银行工作日：指银行在其履行受本惯例约束的行为的地点通常开业的一天。

受益人：指接受信用证并享受其利益的一方。

相符交单：指与信用证条款、本惯例的相关适用条款以及国际标准银行实务一致的交单。

保兑：指保兑行在开证行承诺之外做出的承付或议付相符交单的确定承诺。

保兑行：指根据开证行的授权或要求对信用证加具保兑的银行。

信用证：指一项不可撤销的安排，无论其名称或描述如何，该项安排构成开证行对相符交单予以交付的确定承诺。

承付指：

a. 如果信用证为即期付款信用证，则即期付款；

b. 如果信用证为延期付款信用证，则承诺延期付款并在承诺到期日付款；

c. 如果信用证为承兑信用证，则承兑受益人开出的汇票并在汇票到期日付款。

开证行：指应申请人要求或者代表自己开出信用证的银行。

议付：指指定银行在相符交单下，在其应获偿付的银行工作日当天或之前向受益人预付或者同意预付款项，从而购买汇票（其付款人为指定银行以外的其他银行）及/或单据的行为。

指定银行：指信用证可在其处兑用的银行，如信用证可在任一银行兑用，则任何银行均为指定银行。

交单：指向开证行或指定银行提交信用证项下单据的行为，或指按此方式提交的单据。

交单人：指实施交单行为的受益人、银行或其他人。

第三条　解释

就本惯例而言：

如情形适用，单数词形包含复数含义，复数词形包含单数含义。

信用证是不可撤销的，即使未如此表明。

单据签字可用手签、摹样签字、穿孔签字、印戳、符合或任何其他机械或电子的证实方法为之。

诸如单据须履行法定手续、签证、证明等类似要求，可由单据上任何看似满足该要求的签字、标记、戳或标签来满足。

一家银行在不同国家的分支机构被视为不同的银行。

用诸如"第一流的""著名的""合格的""独立的""正式的""有资格的"或"本地的"等词语描述单据的出单人时，允许除受益人之外的任何人出具该单据。

除非要求在单据中使用，否则诸如"迅速地""立刻地"或"尽快地"等词语将被不予理会。

"在或大概在（on or about）"或类似用语将被视为规定事件发生在指定日期的前后五个日历日之间，起讫日期计算在内。"至（to）""直至（until、till）""从……开始（from）"及"在……之间（between）"等词用于确定发运日期时包含提及的日期，使用"在……之前（before）"及"在……之后（after）"时则不包含提及的日期。

"从……开始（from）"及"在……之后（after）"等词用于确定到期日期时不包含提及的日期。

"前半月"及"后半月"分别指一个月的第一日到第十五日及第十六日到该月的最后一日，起讫日期计算在内。

一个月的"开始（beginning）""中间（middle）"及"末尾（end）"分别指第一到第十日、第十一日到第二十日及第二十一日到该月的最后一日，起讫日期计算在内。

第四条　信用证与合同

a. 就其性质而言，信用证与可能作为其开立基础的销售合同或其他合同是相互独立的交易，即使信用证中含有对此类合同的任何援引，银行也与该合同无关，且不受其约束。

因此，银行关于承付、议付或履行信用证项下其他义务的承诺，不受申请人基于与开证行或与受益人之间的关系而产生的任何请求或抗辩的影响。

受益人在任何情况下不得利用银行之间或申请人与开证行之间的合同关系。

b. 开证行应劝阻申请人试图将基础合同、形式发票等文件作为信用证组成部分的做法。

第五条　单据与货物、服务或履约行为

银行处理的是单据，而不是单据可能涉及的货物、服务或履约行为。

第六条　兑用方式、截止日和交单地点

a. 信用证必须规定可在其处兑用的银行，或是否可在任一银行兑用。规定在指定银行兑用的信用证同时也可以在开证行兑用。

b. 信用证必须规定其是以即付款、延期付款，承兑还是议付的方式兑用。

c. 信用证不得开成凭以申请人为付款人的汇票兑用。

d. ⅰ. 信用证必须定一个交单的截止日。规定的承付或议付的截止日将被视为交单的截止日。

ⅱ. 可在其处兑用信用证的银行所在地即为交单地点。可在任一银行兑用的信用证其交单地点为任一银行所在地。除规定的交单地点外，开证行所在地也是交单地点。

e. 除非如第二十九条 a 款规定的情形，否则受益人或者代表受益人的交单应在截止日当天或之前完成。

第七条　开证行责任

a. 只要规定的单据提交给指定银行或开证方，并且构成相符交单，则开证行必须承付，如果信用证为以下情形之一：

ⅰ. 信用证规定由开证行即期付款，延期付款或承兑；

ⅱ. 信用证规定由指定银行即期付款但其未付款；

ⅲ. 信用证规定由指定银行延期付款但其未承诺延期付款，或虽已承诺延期付款，但未在到期日付款；

ⅳ. 信用证规定由指定银行承兑，但其未承兑以其为付款人的汇票，或虽然承兑了汇票，但未在到期日付款；

ⅴ. 信用证规定由指定银行议付但其未议付。

b. 开证行自开立信用证之时起即不可撤销地承担承付责任。

c. 指定银行承付或议付相符交单并将单据转给开证行之后，开证行即承担偿付该指定银行的责任。对承兑或延期付款信用证下相符合单金额的偿付应在到期日办理，无论指定银行是否在到期日之前预付或购买了单据，开证行偿付指定银行的责任独立于开证行对受益人的责任。

第八条　保兑行责任

a. 只要规定的单据提交给保兑行，或提交给其他任何指定银行，并且构成相符交单，保兑行必须：

ⅰ. 承付，如果信用证为以下情形之一：

a）信用证规定由保兑行即期付款、延期付款或承兑；

b）信用证规定由另一指定银行延期付款，但其未付款；

　　c）信用证规定由另一指定银行延期付款，但其未承诺延期付款，或虽已承诺延期付款但未在到期日付款；

　　d）信用证规定由另一指定银行承兑，但其未承兑以其为付款人的汇票，或虽已承兑汇票未在到期日付款；

　　e）信用证规定由另一指定银行议付，但其未议付。

　　ⅱ．无追索权地议付，如果信用证规定由保兑行议付。

　　b．保兑行自对信用证加具保兑之时起即不可撤销地承担承付或议付的责任。

　　c．其他指定银行承付或议付相符交单并将单据转往保兑行之后，保兑行即承担偿付该指定银行的责任。对承兑或延期付款信用证下相符交单金额的偿付应在到期日办理，无论指定银行是否在到期日之前预付或购买了单据。保兑行偿付指定银行的责任独立于保兑行对受益人的责任。

　　d．如果开证行授权或要求一银行对信用证加具保兑，而其并不准备照办，则其必须毫不延误地通知开证行，并可通知此信用证而不加保兑。

　　第九条　信用证及其修改的通知

　　a．信用证及其任何修改可以经由通知行通知给受益人。非保兑行的通知行通知信用证及修改时不承担承付或议付的责任。

　　b．通知行通知信用证或修改的行为表示其已确信信用证或修改的表面真实性，而且其通知准确地反映了其收到的信用证或修改的条款。

　　c．通知行可以通过另一银行（"第二通知行"）向受益人通知信用证及修改。第二通知行通知信用证或修改的行为表明其已确信收到的通知的表面真实性，并且其通知准确地反映了收到的信用证或修改的条款。

　　d．经由通知行或第二通知行通知信用证的银行必须经由同一银行通知其后的任何修改。

　　e．如一银行被要求通知信用证或修改但其决定不予通知，则应毫不延误地告知自其处收到信用证、修改或通知的银行。

　　f．如一银行被要求通知信用证或修改但其不能确信信用证、修改或通知的表面真实性，则应毫不延误地通知看似从其处收到指示的银行。如果通知行或第二通知行决定仍然通知信用证或修改，则应告知受益人或第二通知行其不能确信信用证、修改或通知的表面真实性。

　　第十条　修改

　　a．除第三十八条另有规定者外，未经开证行、保兑行（如有的话）及受益人同意，信用证既不得修改，也不得撤销。

　　b．开证行自发出修改之时起，即不可撤销地受其约束。保兑行可将其保兑扩展至修改，并自通知该修改时，即不可撤销地受其约束。但是，保兑行可以选择将修改通知受益人而不对其加具保兑。若然如此，其必须毫不延误地将此告知开证行，并在其给受益人的通知中告知受益人。

　　c．在受益人告知通知修改的银行其接受该修改之前，原信用证（或含有先前被接受的修改的信用证）的条款对受益人仍然有效。受益人应提供接受或拒绝修改的通知。如果受益人未能给予通知，当交单与信用证以及尚未表示接受的修改的要求一致时，即视为受益人已作出接受修改的通知，并且从此时起，该信用证被修改。

d. 通知修改的银行应将任何接受或拒绝的通知转告发出修改的银行。

e. 对同一修改的内容不允许部分接受，部分接受将被视为拒绝修改的通知。

f. 修改中关于除非受益人在某一时间内拒绝修改否则修改生效的规定应被不予理会。

第十一条　电讯传输的和预先通知的信用证和修改

a. 已经证实的电讯方式发出的信用证或信用证修改即被视为有效的信用证或修改文据，任何后续的邮寄确认书应被不予理会。

如电讯声明"详情后告"（或类似用语）或声明以邮寄确认书为有效信用证或修改，则该电讯不被视为有效信用证或修改。开证行必须随即不迟延地开立有效信用证或修改，其条款不得与该电讯矛盾。

b. 开证行只有在准备开立有效信用证或作出有效修改时，才可以发出关于开立或修改信用证的初步通知（预先通知）。开证行作出该预先通知，即不可撤销地保证不迟延地开立或修改信用证，且其条款不能与预先通知相矛盾。

第十二条　指定

a. 除非指定银行为保兑行，对于承付或议付的授权并不赋予指定银行承付或议付的义务，除非该指定银行明确表示同意并且告知受益人。

b. 开证行指定一银行承兑汇票或做出延期付款承诺，即为授权该指定银行预付或购买其已承兑的汇票或已做出的延期付款承诺。

c. 非保兑行的指定银行收到或审核并转递单据的行为并不使其承担承付或议付的责任，也不构成其承付或议付的行为。

第十三条　银行之间的偿付安排

a. 如果信用证规定指定银行（"索偿行"）向另一方（"偿付行"）获取偿付时，必须同时规定该偿付是否按信用证开立时有效的 ICC 银行间偿付规则进行。

b. 如果信用证没有规定偿付遵守 ICC 银行间偿付规则，则按照以下规定：

ⅰ．开证行必须给予偿付行有关偿付的援权，授权应符合信用证关于兑用方式的规定，且不应设定截止日。

ⅱ．开证行不应要求索偿行向偿付行提供与信用证条款相符的证明。

ⅲ．如果偿付行未按信用证条款见索即偿，开证行将承担利息损失以及产生的任何其他费用。

ⅳ．偿付行的费用应由开证行承担。然而，如果此项费用由受益人承担，开证行有责任在信用证及偿付授权中注明。如果偿付行的费用由受益人承担，该费用应在偿付时从付给索偿行的金额中扣取。如果偿付未发生，偿付行的费用仍由开证行负担。

c. 如果偿付行未能见索即偿，开证行不能免除偿付责任。

第十四条　单据审核标准

a. 按指定行事的指定银行、保兑行（如果有的话）及开证行须审核交单，并仅基于单据本身确定其是否在表面上构成相符交单。

b. 按指定行事的指定银行、保兑行（如有的话）及开证行各有从交单次日起至多五个银行工作日用以确定交单是否相符。这一期限不因在交单日当天或之后信用证截止日或最迟交单日届至而受到缩减或影响。

c. 如果单据中包含一份或多份受第十九、二十、二十一、二十二、二十三、二十四或十二五条规制的正本运输单据，则须由受益人或其代表在不迟于本惯例所指的发运日之后的二十一个日历日内交单，但是在任何情况下都不得迟于信用证的截止日。

d. 单据中的数据，在与信用证、单据本身以及国际标准银行实务参照解读时，无须与该单据本身中的数据、其他要求的单据或信用证中的数据等同一致，但不得矛盾。

e. 除商业发票外，其他单据中的货物、服务或履约行为的描述，如果有的话，可使用与信用证中的描述不矛盾的概括性用语。

f. 如果信用证要求提交运输单据、保险单据或者商业发票之外的单据，却未规定出单人或其数据内容，则只要提交的单据内容看似满足所要求单据的功能，且其他方面符合第十四条 d 款，银行将接受该单据。

g. 提交的非信用证所要求的单据将被不予理会，并可被退还给交单人。

h. 如果信用证含有一项条件，但未规定用以表明该条件得到满足的单据，银行将视为未作规定并不予理会。

i. 单据日期可以早于信用证的开立日期，但不得晚于交单日期。

j. 当受益人和申请人的地址出现在任何规定的单据中时，无须与信用证或其他规定单据中所载相同，但必须与信用证中规定的相应地址同在一国。联络细节（传真、电话、电子邮件及类似细节）作为受益人和申请人地址的一部分时将被不予理会。然而，如果申请人的地址和联络细节为第十九、二十、二十一、二十二、二十三、二十四或二十五条规定的运输单据上的收货人或通知方细节的一部分时，应与信用证规定的相同。

k. 在任何单据中注明的托运人或发货人无须为信用证的受益人。

l. 运输单据可以由任何人出具，无须为承运人、船东、船长或租船人，只要其符合第十九、二十、二十一、二十二、二十三或二十四条的要求。

第十五条　相符交单

a. 当开证行确定交单相符时，必须承付。

b. 当保兑行确定交单相符时，必须承付或者议付并将单据转递给开证行。

c. 当指定银行确定交单相符并承付或议付时，必须将单据转递给保兑行或开证行。

第十六条　不符单据、放弃及通知

a. 当按照指定行事的指定银行、保兑行（如有的话）或者开证行确定交单不符时，可以拒绝承付或议付。

b. 当开证行确定交单不符时，可以自行决定联系申请人放弃不符点。然而这并不能延长第十四条 b 款所指的期限。

c. 当按照指定行事的指定银行、保兑行（如有的话）或开证行决定拒绝承付或议付时，必须给予交单人一份单独的拒付通知。

该通知必须声明：

ⅰ. 银行拒绝承付或议付；及

ⅱ. 银行拒绝承付或者议付所依据的每一个不符点；及

ⅲ.a）银行留存单据听候交单人的进一步指示；或者

b）开证行留存单据直到其从申请人处接到放弃不符点的通知并同意接受该放弃，或者其同意接受对不符点的放弃之前从交单人处收到其进一步指示；或者

c）银行将退回单据；或者

d）银行将按之前从交单人处获得的指示处理。

d. 第十六条 c 款要求的通知必须以电讯方式，如不可能，则以其他快捷方式，在不迟于自交单之翌日起第五个银行工作日结束前发出。

e. 按照指定行事的指定银行、保兑行（如有的话）或开证行在按照第十六条 c 款 iii 项 a）发出了通知后，可以在任何时候单据退还交单人。

f. 如果开证行或保兑行未能按照本条行事，则无权宣称交单不符。

g. 当开证行拒绝承付或保兑行拒绝承付或者议付，并且按照本条发出了拒付通知后，有权要求返还已偿付的款项及利息。

第十七条　正本单据及副本

a. 信用证规定的每一种单据须至少提交一份正本。

b. 银行应将任何带有看似出单人的原始签名、标记、印戳或标签的单据视为正本单据，除非单据本身表明其非正本。

c. 除非单据本身另有说明，在以下情况下，银行也将其视为正本单据：

ⅰ. 单据看似由出单人手写、打字、穿孔或盖章；或者

ⅱ. 单据看似使用出单人的原始信纸出具；或者

ⅲ. 单据声明其为正本单据，除非该声明看似不适用于提交的单据。

d. 如果信用证使用诸如"一式两份（in duplicate）""两份（in two fold）""两套（in two copies）"等用语要求提交多份单据，则提交至少一份正本，其余使用副本即可满足要求，除非单据本身另有说明。

第十八条　商业发票

a. 商业发票：

ⅰ. 必须看似由受益人出具（第三十八条规定的情形除外）；

ⅱ. 必须出具成以申请人为抬头（第三十八条 g 款规定的情形除外）；

ⅲ. 必须与信用证的货币相同；且

ⅳ. 无须签名。

b. 按指定行事的指定银行、保兑行（如有的话）或开证行可以接受金额大于信用证允许金额的商业发票，其决定对有关各方均有约束力，只要该银行对超过信用证允许金额的部分未作承付或者议付。

c. 商业发票上的货物、服务或履约行为的描述应该与信用证中的描述一致。

第十九条　涵盖至少两种不同运输方式的运输单据

a. 涵盖至少两种不同运输方式的运输单据（多式或联合运输单据），无论名称如何，必须看似：

ⅰ. 表明承运人名称并由以下人员签署：

a）承运人或其具名代理人，或

b）船长或其具名代理人。

承运人、船长或代理人的任何签字，必须标明其承运人、船长或代理人的身份。

代理人签字必须表明其系代表承运人还是船长签字。

ⅱ. 通过以下方式表明货运站物已经在信用证规定的地点发送，接管或已装船。

a）事先印就的文字，或者

b）表明货物已经被发送、接管或装船日期的印戳或批注。

运输单据的出具日期将被视为发送、接管或装船的日期，也即发运的日期。然而如单据以印戳或批注的方式表明了发送、接管或装船日期，该日期将被视为发运日期。

ⅲ. 表明信用证规定的发送、接管或发运地点，以及最终目的地，即使：

a）该运输单据另外还载明了一个不同的发送、接管或发运地点或最终目的地，或者，

b）该运输单据载有"预期的"或类似的关于船只、装货港或卸货港的限定语。

ⅳ. 为唯一的正本运输单据，或者，如果出具为多份正本，则为运输单据中表明的全套单据。

ⅴ. 载有承运条款和条件，或提示承运条款和条件参见别处（简式/背面空白的运输单据）。银行将不审核承运条款和条件的内容。

ⅵ. 未表明受租船合同约束。

b. 就本条而言，转运指在从信用证规定的发送、接管或者发运地点最终目的地的运输过程中从某一运输工具上卸下货物并装上另一运输工具的行为（无论其是否为不同的运输方式）。

c. ⅰ. 运输单据可以表明货物将要或可能被转运，只要全程运输由同一运输单据涵盖。

ⅱ. 即使信用证禁止转运，注明将要或者可能发生转运的运输单据仍可接受。

第二十条　提单

a. 提单，无论名称如何，必须看似：

ⅰ. 表明承运人名称，并由下列人员签署：

a）承运人或其具名代理人，或者

b）船长或其具名代理人。

承运人、船长或代理人的任何签字必须标明其承运人、船长或代理人的身份。

代理人的任何签字心须标明其系代表承运人还是船长签字。

ⅱ. 通过以下方式表明货物已在信用证规定的装货港装上具名船只：

a）预先印就的文字，或

b）已装船批注注明货物的装运日期。

提单的出具日期将被视为发运日期，除非提单载有表明发运日期的已装船批注，此时已装船批注中显示的日期将被视为发运日期。

如果提单载有"预期船只"或类似的关于船名的限定语，则需以已装船批注明确发运日期以及实际船名。

ⅲ. 表明货物从信用证规定的装货港发运至卸货港。

如果提单没有表明信用证规定的装货港为装货港，或者其载有"预期的"或类似的关于装货港的限定语，则需以已装船批注表明信用证规定的装货港、发运日期以及实际船名。即使提单以事先印就的文字表明了货物已装载或装运于具名船只，本规定仍适用。

ⅳ. 为唯一的正本提单，或如果以多份正本出具，为提单中表明的全套正本。

ⅴ. 载有承运条款和条件，或提示承运条款和条件参见其他资料（简式/背面空白的提单）。银行将不审核承运条款和条件的内容。

ⅵ. 未表明受租船合同约束。

b. 就本条而言，转运系指在信用证规定的装货港到卸货港之间的运输过程中，将货物从一船卸下并再装上另一船的行为。

c. i . 提单可以表明货物将要或可能被转运，只要全程运输由同一提单涵盖。

ii . 即使信用证禁止转运，注明将要或可能发生转运的提单仍可接受，只要其表明货物由集装箱、拖车或子船运输。

d. 提单中声明承运人保留转运权利的条款将被不予理会。

第二十一条　不可转让的海运单

a. 不可转让的海运单，无论名称如何，必须看似：

i . 表明承运人名称并由下列人员签署：

a）承运人或其具名代理人，或者

b）船长或其具名代理人。

承运人、船长或代理人的任何签字必须标明其承运人、船长或代理人的身份。

代理签字必须标明其系代表承运人还是船长签字。

ii . 通过以下方式表明货物已在信用证规定的装货港装上具名船只：

a）预先印就的文字，或者

b）已装船批注表明货物的装运日期。

不可转让海运单的出具日期将被视为发运日期，除非其上带有已装船批注注明发运日期，此时已装船批注注明的日期将被视为发运日期。

如果不可转让海运单载有"预期船只"或类似的关于船名的限定语，则需要以已装船批注表明发运日期和实际船只。

iii . 表明货物从信用证规定的装货港发运至卸货港。

如果不可转让海运单未以信用证规定的装货港为装货港，或者如果其载有"预期的"或类似的关于装货港的限定语，则需要以已装船批注表明信用证规定的装货港、发运日期和船只。即使不可转让海运单以预先印就的文字表明货物已由具名船只装载或装运，本规定也适用。

iv . 为唯一的正本不可转让海运单，或如果以多份正本出具，为海运单上注明的全套正本。

v . 载有承运条款和条件，或提示承运条款和条件参见别处（简式/背面空白的海运单）。银行将不审核承运条款和条件的内容。

vi . 未注明受租船合同约束。

b. 就本条而言，转运系指在信用证规定的装货港到卸货港之间的运输过程中，将货物从一船卸下并装上另一船的行为。

c. i . 不可转让海运单可以注明货物将要或可能被转运，只要全程运输由同一海运单涵盖。

ii . 即使信用证禁止转运，注明转运将要或可能发生的不可转让的海运单仍可接受，只要其表明货物装于集装箱、拖船或子船中运输。

d. 不可转让的海运单中声明承运人保留转运权利条款将被不予理会。

第二十二条　租船合同提单

a. 表明其受租船合同约束的提单（租船合同提单），无论名称如何，必须看似：

ⅰ. 由以下员签署：

a）船长或其具名代理人，或

b）船东或其具名代理人，或

c）租船人或其具名代理人。

船长、船东、租船人或代理人的任何签字必须标明其船长、船东、租船人或代理人的身份。

代理人签字必须表明其系代表船长、船东还是租船人签字。

代理人代表船东或租船人签字时必须注明船东或租船人的名称。

ⅱ. 通过以下方式表明货物已在信用证规定的装货港装上具名船只：

a）预先印就的文字，或者

b）已装船批注注明货物的装运日期。

租船合同提单的出具日期将被视为发运日期，除非租船合同提单载有已装船批注注明发运日期，此时已装船批注上注明的日期将被视为发运日期。

ⅲ. 表明货物从信用证规定的装货港发运至卸货港。卸货港也可显示为信用证规定的港口范围或地理区域。

ⅳ. 为唯一的正本租船合同提单，或如以多份正本出具，为租船合同提单注明的全套正本。

b. 银行将不审核租船合同，即使信用证要求提交租船合同。

第二十三条　空运单据

a. 空运单据，无论名称如何，必须看似：

ⅰ. 表明承运人名称，并由以下人员签署：

a）承运人，或

b）承运人的具名代理人。

承运人或其代理人的任何签字必须标明其承运人或代理人的身份。

代理人签字必须表明其系代表承运人签字。

ⅱ. 表明货物已被收妥待运。

ⅲ. 表明出具日期。该日期将被视为发运日期，除非空运单据载有专门批注注明实际发运日期，此时批注中的日期将被视为发运日期。

空运单据中其他与航班号和航班日期相关的信息将不被用来确定发运日期。

ⅳ. 表明信用证规定的起飞机场和目的地机场。

ⅴ. 为开给发货人或托运人正本，即使信用证规定提交全套正本。

ⅵ. 载有承运条款和条件，或提示条款和条件参见别处。银行将不审核承运条款和条件的内容。

b. 就本条而言，转运是指在信用证规定的起飞机场到目的地机场的运输过程中，将货物从一飞机卸下再装上另一飞机的行为。

c. ⅰ. 空运单据可以注明货物将要或可能转运，只要全程运输由同一空运单据涵盖。

ⅱ. 即使信用证禁止转运，注明将要或可能发生转运的空运单据仍可接受。

第二十四条　公路、铁路或内陆水运单据

a. 公路、铁路或内陆水运单据，无论名称如何，必须看似：

ⅰ. 表明承运人名称，并且

a）由承运人或其具名代理人签署，或者

b）由承运人或其具名代理人以签字、印戳或批注表明货物收讫。

承运人或其具名代理人的收货签字、印戳或批注必须标明其承运人或代理人的身份。

代理人的收货签字、印戳或批注必须标明代理人系代理承运人签字或行事。

如果铁路运输单据没有指明承运人，可以接受铁路运输公司的任何签字或印戳作为承运人签署单据的证据。

ⅱ. 表明货物的信用证规定地点的发运日期，或者收讫待运或待发送的日期。运输单据的出具日期将被视为发运日期，除非运输单据上盖有带日期的收货印戳，或注明了收货日期或发运日期。

ⅲ. 表明信用证规定的发运地及目的地。

b. ⅰ. 公路运输单据必须看似为开给发货人或托运人的正本，或没有任何标记表明单据开给何人。

ⅱ. 注明"第二联"的铁路运输单据将被作为正本接受。

ⅲ. 无论是否注明正本字样，铁路或内陆水运单据都被作为正本接受。

c. 如运输单据上未注明出具的正本数量，提交的份数即视为全套正本。

d. 就本条而言，转运是指在信用证规定的发运、发送或运送的地点到目的地之间的运输过程中，在同一运输方式中从一运输工具卸下再装上另一运输工具的行为。

e. ⅰ. 只要全程运输由同一运输单据涵盖，公路、铁路或内陆水运单据可以注明货物将要或可能被转运。

ⅱ. 即使信用证禁止转运，注明将要或可能发生转运的公路、铁路或内陆水运单据仍可接受。

第二十五条 快递收据、邮政收据或投邮证明

a. 证明货物收讫待运的快递收据，无论名称如何，必须看似：

ⅰ. 表明快递机构的名称，并在信用证规定的货物发运地点由该具名快递机构盖章或签字；并且

ⅱ. 表明取件或收件的日期或类似词语，该日期将被视为发运日期。

b. 如果要求显示快递费用付讫或预付，快递机构出具的表明快递费由收货人以外的一方支付的运输单据可以满足该项要求。

c. 证明货物收讫待运的邮政收据或投邮证明，无论名称如何，必须看似在信用证规定的货物发运地点盖章或签署并注明日期。该日期将被视为发运日期。

第二十六条 "货装舱面""托运人装载和计数""内容据托运人报称"及运费之外的费用

a. 运输单据不得表明货物装于或者将装于舱面。声明货物可能装于舱面的运输单据条款可以接受。

b. 载有诸如"托运人装载和计数"或"内容据托运人报称"条款的运输单据可以接受。

c. 运输单据上可以以印戳或其他方法提及运费之外的费用。

第二十七条　清洁运输单据

银行只接受清洁运输单据，清洁运输单据指未载有明确宣称货物或包装有缺陷的条款或批注的运输单据。"清洁"一词并不需要在运输单据上出现，即使信用证要求运输单据为"清洁已装船"的。

第二十八条　保险单据及保险范围

a. 保险单据，例如保险单或预约保险项下的保险证明书或者声明书，必须看似由保险公司或承保人或其代理人或代表出具并签署。

b. 如果保险单据表明其以多份正本出具，所有正本均须提交。

c. 暂保单将不被接受。

d. 可以接受保险单代预约保险项下的保险证明书或声明书。

e. 保险单据日期不得晚于发运日期，除非保险单据表明保险责任不迟于发运日生效。

f. i . 保险单据必须表明投保金额并以与信用证相同的货币表示。

ⅱ. 信用证对于投保金额为货物价值、发票金额或类似金额的某一比例的要求，将被视为对最低保额的要求。

如果信用证对投保金额未做规定，投保金额须至少为货物的 CIF 或 CIP 价格的110%。

如果从单据中不能确定 CIF 或者 CIP 价格，投保金额必须基于要求承付或议付的金额，或者基于发票上显示的货物总值来计算，两者之中取金额较高者。

ⅲ. 保险单据须表明承保的风险区间至少涵盖从信用证规定的货物接管地或发运地开始到卸货地或最终目的地为止。

g. 信用证应规定所需投保的险别及附加险（如有的话）。如果信用证使用诸如"通常风险"或"惯常风险"等含义不确切的用语，则无论是否有漏保之风险，保险单据将被照样接受。

h. 当信用证规定投保"一切险"时，如保险单据载有任何"一切险"批注或条款，无论是否有"一切险"标题，均将被接受，即使其声明任何风险除外。

i. 保险单据可以援引任何除外条款。

j. 保险单据可以注明受免赔率或免赔额（减除额）约束。

第二十九条　截止日或最迟交单日的顺延

a. 如果信用证的截止日或最迟交单日适逢接受交单的银行非因第三十六条所述原因而歇业，则截止日或最迟交单日，视何者适用，将顺延至其重新开业的第一个银行工作日。

b. 如果在顺延后的第一个银行工作日交单，指定银行必须在其致开证行或保兑行的面函中声明交单是在根据第二十九条 a 款顺延的期限内提交的。

c. 最迟发运日不因第二十九条 a 款规定的原因而顺延。

第三十条　信用证金额、数量与单价的伸缩度

a. "约"或"大约"用于信用证金额或信用证规定的数量或单价时，应解释为允许有关金额或数量或单价有不超过10%的增减幅度。

b. 在信用证未以包装单位件数或货物自身件数的方式规定货物数量时，货物数量允许有5%的增减幅度，只要总支取金额不超过信用证金额。

c. 如果信用证规定了货物数量，而该数量已全部发运，及如果信用证规定了单价，而该单价又未降低，或当第三十条 b 款不适用时，则即使不允许部分装运，也允许支取的金额有 5%的减幅。若信用证规定有特定的增减幅度或使用第三十条 a 款提到的用语限定数量，则该减幅不适用。

第三十一条　部分支款或部分发运

a. 允许部分支款或部分发运。

b. 表明使用同一运输工具并经由同次航程运输的数套运输单据在同一次提交时，只要显示相同目的地，将不视为部分发运，即使运输单据上表明的发运日期不同或装货港、接管地或发运地点不同。如果交单由数套运输单据构成，其中最晚的一个发运日将被视为发运日。

含有一套或数套运输单据的交单，如果表明在同一种运输方式下经由数件运输工具运输，即使运输工具在同一天出发运往同一目的地，仍将被视为部分发运。

c. 含有一份以上快递收据、邮政收据或投邮证明的交单，如果单据看似由同一快递或邮政机构在同一地点和日期加盖印戳或签字并且表明同一目的地，将不视为部分发运。

第三十二条　分期支款或分期发运

如信用证规定在指定的时间段内分期支款或分期发运，任何一期未按信用证规定期限支取或发运时，信用证对该期及以后各期均告失效。

第三十三条　交单时间

银行在其营业时间外无接受交单的义务。

第三十四条　关于单据有效性的免责

银行对任何单据的形式、充分性、准确性、内容真实性、虚假性或法律效力，或对单据中规定或添加的一般或特殊条件，概不负责；银行对任何单据所代表的货物、服务或其他履约行为的描述、数量、重量、品质、状况、包装、交付、价值或其存在与否、或对发货人、承运人、货运代理人、收货人、货物的保险人或其他任何人的诚信与否、作为或不作为、清偿能力、履约或资信状况，也概不负责。

第三十五条　关于信息传递和翻译的免责

当报文、信件或单据按照信用证的要求传输或发送时，或当信用证未作指示，银行自行选择传送服务时，银行对报文传输或信件或单据的递送过程中发生的延误、中途遗失、残缺或其他错误产生的后量，概不负责。

如果指定银行确定交单相符并将单据发往开证行或保兑行，无论指定银行是否已经承付或议付，开证行或保兑行必须承付或议付，或偿付指定银行，即使单据在指定银行送往开证行或保兑行的途中，或保兑行送往开证行的途中丢失。

银行对技术术语的翻译或解释上的错误，不负责任，并可不加翻译地传送信用证条款。

第三十六条　不可抗力

银行对由于天灾、暴动、骚乱、叛乱、战争、恐怖主义行为或任何罢工、停工或其无法控制的任何其他原因导致的营业中断的后果，概不负责。

银行恢复营业时，对于在营业中断期间已逾期的信用证，不再进行承付或议付。

第三十七条　关于被指示方行为的免责

a. 为了执行申请人的指示，银行利用其他银行的服务，其费用和风险由申请人承担。

b. 即使银行自行选择了其他银行，如果发出的指示未被执行，开证行或通知行对此亦不负责。

　　c. 指示另一银行提供服务的银行有责任负担被指示方因执行指示而发生的任何佣金、手续费、成本或开支（"费用"）。

　　如果信用证规定费用由受益人负担，而该费用未能收取或从信用证款项中扣除，开证行依然承担支付此费用的责任。

　　信用证或其修改不应规定向受益人的通知以通知行或第二通知行收到其费用为条件。

　　d. 外国法律和惯例加诸于银行的一切义务和责任，申请人应受其约束，并就此对银行负补偿之责。

　　第三十八条　可转让信用证

　　a. 银行无办理信用证转让的义务，除非其明确同意。

　　b. 就本条而言：

　　可转让信用证系指特别注明"可转让（transferable）"字样的信用证。可转让信用证可应受益人（第一受益人）的要求转为全部或部分由另一受益人（第二受益人）兑用。

　　转让行系指办理信用证转让的指定银行，或当信用证规定可在任何银行兑用时，指开证行特别如此授权并实际办理转让的银行。开证行也可担任转让行。

　　已转让信用证指已由转让行转为可由第二受益人兑用的信用证。

　　c. 除非转让时另有约定，有关转让的所有费用（诸如佣金、手续费、成本或开支）须由第一受益人支付。

　　d. 只要信用证允许部分支款或部分发运，信用证可以分部分转让给数名第二受益人。

　　已转让信用证不得应第二受益人的要求转让给任何其后受益人。第一受益人不视为其后受益人。

　　e. 任何转让要求须说明是否允许及在何条件下允许将修改通知第二受益人。已转让信用证须明确说明该项条件。

　　f. 如果信用证转让给数名第二受益人，其中一名或多名第二受益人对信用证修改的拒绝并不影响其他第二受益人接受修改。对接受者而言该已转让信用证即被相应修改，而对拒绝修改的第二受益人而言，该信用证未被修改。

　　g. 已转让信用证须准确转载原证条款，包括保兑（如果有的话），但下列项目除外：

　　ⅰ. 信用证金额，

　　ⅱ. 规定的任何单价，

　　ⅲ. 截止日，

　　ⅳ. 交单期限，或

　　ⅴ. 最迟发运日或发运期间。

　　以上任何一项或全部均可减少或缩短。

　　必须投保的保险比例可以增加，以达到原信用证或本惯例规定的保险金额。

　　可用第一受益人的名称替换原证中的开证申请人名称。

　　如果原证特别要求开证申请人名称应在除发票以外的任何单据出现时，已转让信用证必须反映该项要求。

　　h. 第一受益人有权以自己的发票和汇票（如有的话）替换第二受益人的发票的汇票，其金额不得超过原信用证的金额。经过替换后，第一受益人可在原信用证项下支取自己发票与第二受益人发票间的差价（如有的话）。

i. 如果第一受益人应提交其自己的发票和汇票（如有的话），但未能在第一次要求时照办，或第一受益人提交的发票导致了第二受益人的交单中本不存在的不符点，而其未能在第一次要求时修正，转让行有权将从第二受益人处收到的单据照交开证行，并不再对第一受益人承担责任。

j. 在要求转让时，第一受益人可以要求在信用证转让后的兑用地点，在原信用证的截止日之前（包括截止日），对第二受益人承付或议付。该规定并不得损害第一受益人在第三十八条 h 款下的权利。

k. 第二受益人或代表第二受益人的交单必须交给转让行。

第三十九条　款项让渡

信用证未注明可转让，并不影响受益人根据所适用的法律规定，将该信用证项下其可能有权或可能将成为有权获得的款项让渡给他人的权利。本条只涉及款项的让渡，而不涉及在信用证项下进行履行行为的权利让渡。

附录 3　UCP600 和 UCP500 比较分析

（2007 年 5 月 31 日《UCP600 专题讲座》要点整理）

UCP600 从 2007 年 7 月 1 日开始实行。

部分条款分析。

第一条：

（1）UCP600 规定其适用范围包括备用信用证，但要注意，这与一些国家的相关法律规定相抵触。

（2）信用证一定要用 SWIFT MT700 报文格式。

（3）客户要求依据 UCP500 可以吗？可以，旧版没有作废，但是最好用最新版本 600。

（4）由于旧版没有废除，信用证最好明示受 UCP600 约束。

（5）开证时可以明确遵循或者遵守 UCP600 中的条款。

（6）注意审核开证遵循的 UCP 版本。

第二条：新增条款，明确了各方责任。

（1）通知行可以有第二、第三通知行。

（2）申请人可以有多个。

（3）相符交单的三个基本条件：单据与信用证相符、单据与 UCP 相符、单据与国际标准银行实务相符。

（4）保兑必须经开证行授权，保兑应明确表示：保兑不可撤销、保兑之后没有追索权。

（5）所有的信用证均是不可撤销的。

（6）增加了一个全新的概念：honour，即承付。

（7）非银行开证是否可以接受？可以，但不受 UCP 保护。

（8）关于议付的定义。明确了 NEGOTIATION 的概念，扩大了指定银行对受益人的融资范围，议付行对受益人的融资受 UCP 保护。

议付规定了两个概念：预付和承诺预付（advancing or agreeing to advance）。出口商一定要核实银行的真实意思。

例如：如果议付行只是承诺预付（agreeing to advance），他们可以在收到开证行的偿付表示之前半个工作日才做议付的动作，这样的议付对出口商就没有意义了。

（9）交单人：除受益人之外，其他人也可以是交单人。

第三条：新增条款。一家银行在不同国家的分支机构被视为不同银行：用 a separate bank 代替了 another bank。

第七条：开证行的责任。A 款列举了五种需要开证行 honour 的情况。

第八条：保兑行的责任。唯独保兑行的议付是没有追索权的。

第九、十条：信用证修改。加入了修改书的内容。修改不能部分接受。明确规定："沉默即同意"的无效性。

第十一条：电讯传输的和预先通知的信用证和修改。新增了 a 款，已经证实的电讯方式发出的信用证或信用证修改即被视为有效的信用证或修改文据，任何后续的邮寄确认书均不予理会。

第十二条：对"指定"的定义。

第十三条：银行间的偿付安排。明确规定了偿付费用的承担方：开证行。

第十四条：单据审核标准（重点）：

（1）银行处理单据的最长期限改为 5 天（UCP500 规定的是 7 天）。

（2）明确指出，单据之间的不符是指其数据、货物、服务、履约等行为的描述是否有冲突，而非单指其内容（如拼写错误），用 not conflicting with 代替了 not inconsistent with，强调了实质相符的原则。

（3）提交的非信用证所要求的单据将不予以理会，并可被退还给交单人。

（4）运输单据可以由任何人出具，无须为承运人、船东、船长或租船人。

第十五条：相符交单，新增的条款。

第十六条：不符单据、放弃及通知（重点）。拒付，必须给交单人一份单独的拒付通知，该通知必须申明：

（1）银行拒绝承付或议付；及

（2）银行拒绝承付或议付所依据的每一个不符点；及

（3）a）银行留存单据听候交单人的进一步指示；或者

b）开证行留存单据直至其从申请人处接到放弃不符点的通知并接受该放弃，或者其同意接受对不符点的放弃之前从交单人处接到其进一步指示；或者

c）银行将退回单据；或者

d）银行将按之前从交单人处获得的指示处理。

开证行拒付，并按照本条发出了拒付通知后，有权要求返还已偿付的款项及利息。

第十七条：正本单据及副本。每一种单据至少提交一份正本。

第十八条：商业发票。增加了对发票货币币种的限制，即必须与信用证中的币种相同。

第十九~二十五条：运输单据。租船合同提单增加了签发人：charter，无须注明船长的名字。卸货港口可以是 LC 规定的港口的大致地理范围以内的港口。海运提单应注明份数。运输单据上可以以印戳或其他方式提及运费以外的费用。

第二十八条：保险单据及保险范围。注意：保险单据可以援引任何除外条款。

第三十五条：信息传递和翻译的免责。如果单据在邮寄过程中丢失，只要单据的寄送方式是按照信用证指定的寄送方式邮寄的，开证行不能免责，必须偿付指定行。相反，开证行不负责任。

第三十六条：不可抗力。银行概不负责，所以贸易商，特别是与战争国家做生意时，应时刻关注时事。

变动总结：

从原来的 49 条变成了现在的 39 条，更简洁明确。

（1）第二、三条：14 条定义+12 项解释。

（2）第七、八条：开证行、保兑行的责任。

（3）第十二条 b 款：开证行对承兑行和延期付款行的融资进行授权。

（4）第十四条 b 款：银行审单由 7 个工作日变成了 5 个工作日。d 款：审单核心标准" 不矛盾"。

（5）第十六条 c 款ⅲ项：增加两种拒付方式。

（6）第二十二条：租船提单可由租船人或代理人签发。

（7）第二十八条 a 款：保险单可由 proxy 签发；i 款：银行接受保险单据援引任何除外条款。

（8）第三十五条：即使单据遗失，但只要单证相符，开证行必须偿付指定行。

（9）第三十八条 b 款：开证行可以是转让行。i 款：特定情况下，转让行有权将第二受益人单据直接寄给开证行，并不再对第一受益人承担责任。k 款：第二受益人交单必须交给转让行。

附录 4　UCP600 对进出口企业的影响

一、关于 UCP600 的实施

实施日期：2007 年 7 月 1 日。

通过日期：2006 年 10 月 25 日。

国际商会（ICC）巴黎秋季例会。

投票情况：94：0 全票通过。

二、中国银行与 UCP 修订

第一：国际商会银行技术与惯例委员会副主席、中国银行张燕玲副行长第一个举手投下了代表中国金融界、企业界神圣的一票。

唯一：中国银行代表团是 2006 年 ICC 秋季例会上唯一的参会中国代表团。UCP600 由 ICC CHINA 负责翻译，我国银行界唯一参与此项工作的是中国银行原河北分行杨士华行长，由他对中译本进行了最终审定。

最多：中国银行代表团是参加此次 ICC 秋季例会规模最为庞大的代表团。该行共派出 12 位国际结算理论研究精深、实务经验丰富的专家，参会人数在国际同业中最多。

最多与最高：本次修订中各国累计向 ICC 提出 5000 多条意见。中国银行向 ICC China 提供的 UCP 修订反馈意见最多且质量最高（该行共向 ICC China 提供了 500 多条意见，得到他们高度重视，在其答复中采纳最多。UCP600 中不少条款可以看到中行反馈意见的踪影）。

三、UCP600 修订背景介绍

UCP500 已使用十余年，有些条款已难以满足银行、运输、保险等行业发展需要。ICC 于 2002 年萌发修订 UCP500 的动议。

自 UCP500 生效以来，向 ICC 提出的专家意见中超过 58% 集中在 UCP500 七个条款上。另有 17 条现行条款从未引起意见或只有一两条意见。

第九条：开证行与保兑行的责任（共 26 次）。

第十三条：审核单据的标准（共 43 次）。

第十四条：不符点单据与通知（共 60 次）。

第二十一条：对单据出单人或单据内容未作规定（共 29 次）。

第二十三条：海运提单（共 47 次）。

第三十七条：商业发票（共 26 次）。

第四十八条：可转让信用证（共 31 次）。

开始时间：ICC 银行委员会于 2003 年 5 月的会议上正式批准修订 UCP 组织机构。修订小组：9 位成员，顾问小组：来自 26 个国家的 41 位专家。

修改参考文件：ICC 历年主要意见、决定和 DOCDEX 仲裁结果（注：DOCDEX——ICC's Documentary Credit Dispute Resolution Expertise Rules 国际商会解决跟单信用证争议专家意见规则）；各国法院判例（对 UCP 的正反面影响）；国际商会出版的其他相关规则，包括 ISBP（ICC 出版物 645 号）关于审核跟单信用证项下单据的国际标准银行实务、URR 525 跟单信用证项下银行间偿付统一规则、ISP 98 国际备用证惯例、e-UCP 关于电子交单的附则。

四、UCP600 与 UCP500 比较总览

语言：简洁明晰。

条款数目减少：39 条 vs. 49 条。

结构变化：新增第二条和第三条，条文主要按业务环节的先后进行归纳和编排。

删除条款：第六条（部分）可撤销；第八条撤销；第十二条不完整或不清楚的指示；第三十八条其他单据；第二、五、六、九、十、二十、二十一、二十二、三十、三十一、三十三、三十五、三十六、四十六、四十七条或合并或以其他方式表述。

新增条款：第二条定义；第三条解释；第九条信用证及其修改的通知；第十二条指定；第十五条相符交单；第十七条正本单据及副本。

五、UCP600 对进出口商的影响

（1）信用证开立与修改；

（2）交单；

（3）审单及拒付；

（4）信用证融资；

（5）信用证转让。

（一）信用证开立与修改

第一条：UCP 的适用范围。信用证中应明示：受 UCP600 约束。

061118 升级的 SWIFT MT700（信用证的开立）等报文格式，新增了 40E 场必选项，说明信用证遵循的惯例。可修改或排除 UCP600 中相关条款。

对进口商的影响：合同条款的订立，开证申请书的填写；

对出口商的影响：注意审核来证遵循的 UCP 版本。

第二条：定义 14 个名词。

第三条：解释 12 项。

第四条：信用证与合同。不应将基础合同、形式发票等文件作为信用证的一部分。

对进口商的影响：不应要求开证行在信用证中加列基础合同、形式发票等文件；

对出口商的影响：收到来证时注意审核，如不接受应联系修改。

第六条：兑用方式、截止日和交单地点。必须规定可在其处兑用的银行，或是否可在任一银行兑用。规定在指定银行兑用的信用证同时也可以在开证行兑用。必须规定交单的截止日，规定的承付或议付的截止日将被视为交单的截止日。

UCP500：除自由议付信用证外，所有信用证必须规定到期日以及交单地点。

对进口商的影响：开证时选择兑用方式，规定交单截止日；

对出口商的影响：收到来证时注意审核，如不接受应联系修改。

第七、八条：开证行、保兑行的责任。开证行、保兑行承付责任（honour）；开证行、保兑行责任承担的起始点。

对指定行在付款到期前融资行为的保护：对于承兑或延期付款信用证项下的相符交单，不论被指定银行是否已在到期日前预付或赎单，开证行/保兑行均应在到期日进行偿付。

开证行/保兑行偿付被指定银行责任独立于其对受益人的责任。

保兑行的议付：无追索权，且议付信用证指定保兑行为议付行。

第九条：信用证通知及修改。如通知行不是保兑行，则其不承担任何承付或议付责任。"通知"行为表示通知行已确信信用证或修改的表面真实性。LC 通知必须准确地反映信用证及修改内容。"第二通知行"的概念及其承担的责任。出口商应知：通知行对信用证的完整性或混乱不清、暂不生效等，并无提示责任。

第十条：修改。(d)：通知修改的银行应该将接受或拒绝接受修改的通知转告发出修改的银行；(e)：不允许部分接受修改，并且部分接受修改将被视为拒绝接受修改的通知；(f)：在修改中规定"除非受益人在一定时间内拒绝接受修改，否则修改将生效"的条款将不予理会。

进口商开证时注意事项：填写开证申请书时不应加入该条款。

第十三条：银行间的偿付规则。如规定偿付行，必须注明是否遵循 ICC 银行间偿付规则；否则，将遵循 UCP600 规定的偿付规则。

对出口商的影响：加速收汇、争取主动的有效措施；

对进口商的影响：加列电索条款的含义，开证行先付款、后见单等。

第三十七条：被指示方免责行为。信用证或其修改不应规定向受益人的通知以通知行或第二通知行收到其费用为条件。开证行或通知行对其发出的指示未被执行不予负责。

对进口商的影响：进口商开证时需要有负担所有银行费用/支付款项可能性的心理准备及成本考虑。

（二）交单

相关定义：

银行工作日（Banking day）：指银行在其履行受本惯例约束行为的地点通常开业的一天。

交单（Presentation）：指向开证行或指定银行提交信用证项下单据的行为，或按此方式提交的单据。

交单人（Presenter）：指实施交单行为的受益人、银行或其他人。

指定银行（Nominated bank）：指信用证可在其处兑用的银行，如信用证可在任一银行兑用，则任何银行均为指定银行。

第六条：截止日和交单地点。除非 UCP600 第二十九条 a 款（遇节假日顺延）规定的情况，否则受益人或受益人的交单应在截止日当天或之前完成。规定承付或议付截止日将被视为交单的截止日。

可在其处兑用信用证的银行所在地即为交单地点。可在任一银行兑用的信用证其交单地点为任一银行所在地。除规定的交单地点外，开证行所在地也是交单地点。

当单据中包含正本运输单据：

第十四条：审单标准。如果单据中包含一份或多份正本运输单据，则须在不迟于发运日后的 21 个日历日内交单，且不得迟于信用证的截止日。

出口商交单注意事项：何时交单？向谁交单？向指定银行交单的重要性。

交单截止日的顺延：

第二十九条：截止日或最迟交单日的顺延。如交单银行非因不可抗力原因而歇业，则截止日或最迟交单日，将顺延至其随后第一个银行工作日。遇上述情况，指定银行必须在其致开证行或保兑行的面函中予以声明。

第三十三条：交单时间。银行在其营业时间外无接受交单的义务（与 UCP500 相同）。

传递免责：

第三十五条：当报文、信件或单据按照信用证的要求传输或发送时，或当信用证未作指示，银行自行选择传送服务时，银行对报文传输或信件或单据的递送过程中发生的延误、中途遗失、残缺或其他错误产生的后果，概不负责。

如果被指定银行确认单据相符并将单据寄送开证行或保兑行，即使单据在从被指定银行寄送到开证行或保兑行的途中遗失或从保兑行寄送到开证行的途中遗失，不论被指定银行是否承付或议付，开证行或保兑行必须承付或议付，或偿付被指定银行。

第三十六条：不可抗力：恐怖主义行为。

对进出口商的影响：

出口商交单注意事项：不向指定银行交单的风险等。

进口商应知：相符单据交指定银行时，一旦发生遗失，开证行有责任付款，从而进口商须承担最终付款责任；如未在信用证中规定报文、信件或单据的传送方式时，银行有权自行选择，应要求使用更为安全、快捷的方式传递单据。

（三）审单及拒付

第三条：定义。相符交单：指与用证条款、UCP600 的相关适用条款及国际标准银行实务一致的交单。

第五条：单据与货物、服务或履约行为。银行处理的是单据，而不是单据可能涉及的货物、服务或履约行为。

对进口商的影响：不能以货物、服务或履约行为作为理由要求银行拒付。

第十四条：审单标准。银行审单的时间：按指定行事的指定银行、保兑行（如有）及开证行各自从交单次日起的至多五个银行工作日。审单时间不因过效期或最迟交单期而缩短或受其他影响。21 天交单期的规定适用于正本运输单据。单据审核的核心标准数据不得矛盾。单据内容应符合其功能。

运输单据可以由承运人、船东、船长或租船人（charterer）之外的任何一方（any party）出具。

联络细节（传真、电话、电子邮件及类似细节）作为受益人和申请人地址的一部分时将不予理会。然而，如果申请人的地址和联络细节为 UCP600 中规定的运输单据上的收货人或通知方细节的一部分时，应与信用证规定的相同。

关于打印和拼写错误的总结：

（1）单词中的拼写或打字错误不构成另一个单词，从而不构成歧义的，一般不视为不符点。

（2）拼写或打字错误有可能导致歧义或产生实质性影响的视为不符点。

第十五条：相符交单——新增条款。当开证行确定交单相符时，必须承付。当保兑行确定交单相符时，必须承付或者议付并将单据转递给开证行。当指定银行确定交单相符并承付或议付时，必须将单据转递给保兑行或开证行。

对进口商的影响：WHEN 的含义：开证行付款的时间为其确定单据相符时点。

第十六条：不符单据、放弃及通知。发出拒付通知的时间：按指定行事的指定银行、保兑行（如有）及开证行在不迟于自交单之翌日起的第五个银行工作日。退单时间（新增）：拒付单据处理方式中选择"持单候示"和"洽申请人放弃不符点"两种处理方式，可在任何时间退单。

拒付通知中增加了两种单据处理方式：

b. 开证行留存单据直到其从申请人处接到放弃不符点的通知并同意接受该放弃，或者其同意接受对不符点的放弃之前从交单人处收到其进一步指示。

d. 银行将按之前从交单人处获得的指示处理。

UCP500 对拒付后单据的处理方式（两种）：

（1）留存单据听候处理；

（2）退单给交单人。

对出口商的影响：充分利用 UCP600 本条中关于交单指示的规定。

出口商遭拒付后如何处理：

（1）及时回复处理意见；

（2）审核拒付理由是否成立。

对进口商的影响：

（1）拒付时只能以单据为依据；

（2）应及时答复开证行是否接受不符点。

对进口商的建议：纠纷未解决前指示退单应慎重，应考虑其后因法律诉讼带来的各种风险。

第十七条：正本及副本单据。正本单据份数的要求，正本单据的判断标准，LC 要求副本单据时可接受正本或副本。

对进口商的影响：开证时应明确正副本份数，以及是否只接受正本或副本。

第十八条：商业发票。必须与信用证的币种相同，货物描述需与信用证描述相对应。

第十九条：涵盖至少两种不同运输方式的运输单据。签发人：删除 MTO（多式联运营运人）；代理人代船长签发时：无需注明船长名字；转运（不论是否使用不同的运输方式）。

第二十条：提单。签发人：代理人代船长签发，无需注明船长名字；装船批注及装运日期的判断；提单注明货物"在信用证规定的装运港"装运到具名船上；提单未注明信用证规定的装运港及含有"预期"装运港等类似字样时，装船批注必须另外注明实际装运港口；删除风帆作为动力条款。

第二十二条：租船提单。签发人及签发方式：增加签发人：charterer，代理人代船长master 签发时无需注明船长名字；

装运日期的判断：预先印就装船批注的租船提单，如另外有装船批注，则后加注的装船批注日期应视为装运日期；

装运港及卸货港的规定：卸货港可以是在 LC 规定的港口的大致地理范围内；删除风帆作为动力条款。

第二十三条：空运单据。装运日期的判断：要求注明签发日期并将其视为装运日期；实际发运日（与现行 ISBP151 相反）：AWB 上其他与航班号码及日期相关的信息都将不被用来确定装运日期。

第二十四条：公路、铁路或内河运输单据。签发人及签发方式：indicate receipt of the goods by signature, stamp or notation by the carrier or a named agent for or on behalf of the carrier；如果铁路运输单据未注明承运人，任何铁路公司的签字或盖章将被接受为单据是由承运人签署的证据；装运日期的判断：必须注明在信用证规定地点的装运日期或货物被收妥待装运、发运或运输的日期；否则，签发日期将被视为装运日期。

公路运单的正本：original for the shipper or consignor；铁路运单 duplicate 可作为正本；转运：在同一运输方式内。

第二十五条：快邮收据、邮政收据或投邮证明。投邮证明（certificate of posting）；快邮收据必须：indicate the name of the courier service and be stamped or signed by the named courier service at the place from which the credit states the goods are to be shipped；邮政收据或投邮证明名称可以是"however named"。

第二十八条：保险单据及投保险别。增加签发人：proxies；投保比例：信用证中要求投保的比例将被视为要求投保的最少的比例；险别：保单可含任何除外条款批注。

（四）信用证融资

1. 定义（第二条）

从议付定义看要素：议付信用证/指定行/相符交单/银行；资金（同意）垫付/垫付时

点；联系第七/八条开证行、保兑行对指定行融资的偿付责任。

对进口商的影响：在议付信用证下，开证行应支付善意议付单据的指定议付行；在承兑或延期付款信用证项下出现指定银行时允许其预先融资行为，并且进口商应偿还开证行在到期日所支付的款项。

对出口商的影响：融资便利性；向指定银行交单的重要性。

慎重选择具有丰富国际结算业务经验的交单银行（在签订合同时即应约定信用证中兑用方式及规定兑用的银行）。

2. 关于欺诈

第八条：凡有下列情形之一的，应当认定存在信用证欺诈：

（1）受益人伪造单据或者提交记载内容虚假的单据；

（2）受益人恶意不交付货物或者交付的货物无价值；

（3）受益人和开证申请人或者其他第三方串通提交假单据，而没有真实的基础交易；

（4）其他进行信用证欺诈的情形。

信用证欺诈例外豁免原则：

第十条：人民法院认定存在信用证欺诈的，应当裁定中止支付或者判决终止支付信用证项下款项，但有下列情形之一的除外：

（1）开证行的指定人、授权人已按照开证行的指定善意地进行了付款；

（2）开证行或其指定人、授权人已对信用证项下票据善意地作出了承兑；

（3）保兑行善意地履行了付款义务；

（4）议付行善意地进行了议付。

受欺诈例外豁免原则保护的第三方：

（1）保兑行：保兑行如果仅仅作为保兑行，那么在其履行完独立于开证行的保兑责任，即付后将享有豁免权。

（2）被指定付款/议付/延期付款/承兑行：被指定行必须在开证行的授权范围内行事，同时必须善意地支付对价，这样才能受到豁免权的保护。

对开证申请人的影响：

（1）如果信用证交易中未出现善意第三方，开证申请人可申请当地法院向开证行下达止付令。但开证申请人必须向法院提交存在欺诈的证据并满足其他规定的条件（见《规定》第 11 条）。

（2）如果信用证交易中已存在善意第三方，依据"欺诈例外豁免"原则，开证申请人不应要求开证行对外止付，也不应申请法院向开证行签发止付令。从各国司法实践看，法院在这种情况下签发止付令往往难以阻止开证行的付款行为，因为善意第三方往往可以通过直接起诉开证行或其分支机构而获得偿付，由此产生的费用最终也要由开证申请人承担。

（五）信用证转让

第三十八条：转让信用证。定义：转让银行（开证行亦可）已转让的信用证。LC 修改处置的指示：转让申请可明示条件。

转让过的信用证必须准确反映信用证条款及条件，包括保兑。如果第一受益人提交其自己的发票和汇票（如有的话），但未能在第一次要求时照办，或第一受益人提交的发票导致了第二受益人的交单中本不存在的不符点，而其未能在第一次要求时修正，转让行有权将其从第二受益人处收到的单据照交开证行，并不再对第一受益人承担责任。由或代第二受益人提交的单据必须提交给转让银行。

对进口商的影响：仅仅收到第二受益人单据的可能性，如何判断第二受益人单据相符；第二受益人情况不明的风险。

对出口商的影响：

（1）第一受益人不应在第三十八条 g 款和 j 款外，再行要求变动其他条款。银行将来有可能由于第一受益人不作为或作为不当，直接将第二受益人单据径交开证行；接受第一受益人变动其他条款的要求带来的风险已无法承受。迅速回应转让行第一次换单要求。

（2）第二受益人交单注意：单交转让行，第二受益人在转让信用证项下如何增强收款安全保障。

六、变动总结

Art. 2/3：14 条定义+12 项解释，honour，complying presentation，议付的变化。

Art. 7/8：开证行、保兑行责任清晰。

Art. 12b：开证行对承兑行和延期付款行融资授权。

Art. 14b："5 个工作日"代替"合理时间、7 个工作日"；d：审单"不矛盾"的核心标准。

Art. 16ciii：增加两种拒付方式。

Art. 22：租船提单可由租船人或其代理签发。

Art. 28a：保险单可由 proxy 签发；i：银行接受保险单据援引任何除外条款。

Art. 35：即使单据遗失但只要单证相符，开证行必须偿付指定行。

Art. 38b：开证行可以是转让行；i：特定条件下转让行有权将第二受益人单据径寄开证行；k：第二受益人交单必须交给转让行。

49 条变为 39 条；表达直接准确简洁，如不使用 unless the credit expressly stipulates；删除：Freight forwarders 运输单据、风帆动力、可撤销、LC 完整明确要求、合理谨慎/合理时间等。

附录5　2010 年国际贸易术语解释通则（Incoterms 2010）

1. 引言

适用于任何单一运输方式或多种运输方式的术语：

EXW（EX Works）工厂交货；

FCA（Free Carrier）货交承运人；

CPT（Carriage Paid to）运费付至；

CIP（Carriage and Insurance Paid to）运费、保险费付至；

DAT（Delivered at Terminal）运输终端交货；

DAP（Delivered at Place）目的地交货；

DDP（Delivered Duty Paid）完税后交货。

适用于海运和内河水运的术语：

FAS（Free along Side）船边交货；

FOB（Free on Board）船上交货；

CFR（Cost and Freight）成本加运费；

CIF（Cost，Insurance and Freight）成本、保险加运费。

2. EXW（EX Works）工厂交货

该术语可适用于任何运输方式，也可适用于多种运输方式。它适合国内贸易，而 FCA 一般则更适合国际贸易。

"工厂交货"是指当卖方在其所在地或其他指定地点（如工厂、车间或仓库等）将货物交由买方处置时，即完成交货。卖方不需将货物装上任何前来接收货物的运输工具，需要清关时，卖方也无需办理出口清关手续。

特别建议双方在指定交货地范围内尽可能明确具体交货地点，因为在货物到达交货地点之前的所有费用和风险都由卖方承担。买方则需承担自此指定交货地的约定地点（如有的话）收取货物所产生的全部费用和风险。

EXW（工厂交货）术语代表卖方最低义务，使用时需注意以下问题：

a）卖方对买方没有装货的义务，即使实际上卖方也许更方便这样做。如果卖方装货，也是由买方承担相关风险和费用。当卖方更方便装货物时，FCA 一般更合适，因为该术语要求卖方承担装货义务，以及与此相关的风险和费用。

b）以 EXW 为基础购买出口产品的买方需要注意，卖方只有在买方要求时，才有义务协助办理出口，即卖方无义务安排出口通关。因此，在买方不能直接或间接地办理出口清关手续时，不建议使用该术语。

c）买方仅有限度地承担向卖方提供货物出口相关信息的责任。但是，卖方则可能出于缴税或申报等目的，需要这方面的信息。

买卖双方义务

A 卖方义务	B 买方义务
A1 卖方一般义务	B1 买方一般义务
卖方必须提供符合买卖合同约定的货物和商业发票，以及合同可能要求的其他与合同相符的证据。A1～A10 中所指的任何单证在双方约定或符合惯例的情况下，可以是同等作用的电子记录或程序	B1 买方必须按照买卖合同约定支付价款。B1～B10 中所指的任何单证在双方约定或符合惯例的情况下，可以是同等作用的电子记录或程序
A2 许可证、授权、安检通关和其他手续	B2 许可证、授权、安检通关和其他手续
如适用时，经买方要求，并承担风险和费用，卖方必须协助买方取得出口许可或出口相关货物所需的其他官方授权。如适用时，经买方要求，并承担风险和费用，卖方必须提供其所掌握的该项货物安检通关所需的任何信息	如适用时，应由买方自负风险和费用，取得进出口许可或其他官方授权，办理相关货物的海关手续
A3 运输合同与保险合同	B3 运输合同与保险合同

A 卖方义务	B 买方义务
a）卖方对买方无订立运输合同的义务。 b）卖方对买方无订立保险合同的义务。但应买方要求并由其承担风险和费用（如有的话），卖方必须向买方提供后者取得保险所需的信息	a）买方对卖方无订立运输合同的义务。 b）买方对卖方无订立保险合同的义务
A4 交货	B4 收取货物
卖方必须在指定的交付地点或该地点内的约定点（如有的话），以将未置于任何接收货物的运输工具上的货物交由买方处置的方式交货。若在指定交货地没有约定点，且有几个点可供使用时，卖方可选择最适合于其目的的点。卖方必须在约定日期或期限内交货	当卖方行为与 A4、A7 相符时，买方必须收取货物
A5 风险转移	B5 风险转移
除按照 B5 的灭失或损坏情况外，卖方承担按照 A4 完成交货前货物灭失或损坏的一切风险	买方承担按照 A4 交货时起货物灭失或损坏的一切风险。如果买方未能按照 B7 给予卖方通知，则买方必须从约定的交货日期或交货期限届满之日起，承担货物灭失或损坏的一切风险，但以该项货物已清楚地确定为合同项下之货物者为限
A6 费用划分	B6 费用划分
卖方必须支付按照 A4 完成交货前与货物相关的一切分页，但按照 B6 应由买方支付的费用除外	买方必须支付： a）自按照 A4 交货时起与货物相关的一切费用； b）由于其未收取已处于可由其处置状态货物或未按照 B7 发出相关通知而产生的额外费用，但以该项货物已清楚地确定为合同项下之货物者为限； c）如使用时，货物出口应缴纳的一切关税、税款和其他费用及办理海关手续的费用；及 d）对卖方按照 A2 提供协助时产生的一切花销和费用的补偿
A7 通知买方	B7 通知卖方
卖方必须给予买方其收取货物所需的任何通知	当有权决定在约定期限内的时间和/或在指定地点内的接收点时，买方必须向卖方发出充分的通知
A8 交货凭证	B8 交货证据
卖方对买方无义务	买方必须向卖方提供其已收取货物的相关凭证
A9 查对—包装—标记	B9 货物检验

续表

A 卖方义务	B 买方义务
卖方必须支付为了按照 A4 进行交货所需要进行的查对费用（如查对质量、丈量、过磅、点数的费用）。除非在特定贸易中，某类货物的销售通常不需包装，卖方必须自付费用包装货物。除非买方在签订合同前已通知卖方特殊包装要求，卖方可以适合该货物运输的方式对货物进行包装。包装应作适当标记	买方必须支付任何强制性装船前检验费用，包括出口国有关机构强制进行的检验费用
A10 协助提供信息及相关费用	B10 协助提供信息及相关费用
如适用时，应买方要求并由其承担风险和费用，卖方必须及时向买方提供或协助其取得相关货物出口和/或进口、和/或将货物运输到最终目的地所需要的任何文件和信息，包括相关安全信息	买方必须及时告知卖方任何安全信息要求，以便卖方遵守 A10 的规定。 买方必须偿付卖方按照 A10 向买方提供或协助其取得文件和信息时所发生的所有花销和费用

3. FCA（Free Carrier）货交承运人

该术语可适用于任何运输方式，也可适用于多种运输方式。

"货交承运人"是指卖方在卖方所在地或其他指定地点将货物交给买方指定的承运人或其他人。由于风险在交货地点转移至买方，特别建议双方尽可能清楚地写明指定交货地内的交付点。

如果双方希望在卖方所在地交货，则应当将卖方所在地址明确为指定交货地。如果双方希望在其他地点交货，则必须确定不同的特定交货地点。

如适用时，FCA 要求卖方办理货物出口清关手续。但卖方无义务办理进口清关，支付任何进口税或办理任何进口海关手续。

买卖双方义务

A 卖方义务	B 买方义务
A1 卖方一般义务	B1 买方一般义务
卖方必须提供符合买卖合同约定的货物和商业发票，以及合同可能要求的其他与合同相符的证据。A1～A10 中所指的任何单证在双方约定或符合惯例的情况下，可以是同等作用的电子记录或程序	买方必须按照买卖合同约定支付价款。B1～B10 中所指的任何单证在双方约定或符合惯例的情况下，可以是同等作用的电子记录或程序
A2 许可证、授权、安检通关和其他手续	B2 许可证、授权、安检通关和其他手续
如适用时，卖方必须自负风险和费用，取得所有的出口许可或其他官方授权，办理货物出口所需的一切海关手续	如适用时，应由买方自负风险和费用，取得所有进口许可或其他官方授权，办理货物进口和从他国过境运输所需的一切海关手续

A 卖方义务	B 买方义务
A3 运输合同与保险合同	B3 运输合同与保险合同
a) 卖方对买方无订立运输合同的义务。但若买方要求，或依商业实践，且买方未适时做出相反指示，卖方可以按照通常条件签订运输合同，由买方负担风险和费用。在以上两种情形下，卖方都可以拒绝签订运输合同，如予拒绝，卖方应立即通知买方。b) 卖方对买方无订立保险合同的义务。但应买方要求并由其承担风险和费用（如有的话），卖方必须向买方提供后者取得保险所需信息	a) 除了卖方按照 A3a) 订立了运输合同情形外，买方必须自付费用订立自指定的交货地点起运货物的运输合同。b) 买方对卖方无订立保险合同的义务
A4 交货	B4 收取货物
卖方必须在约定的交货日期或期限内，在指定地点或指定地点的约定点（如有约定），将货物交付给买方指定的承运人或其他人。以下情况，完成交货：a) 若指定的地点是卖方所在地，则当货物被装上买方提供的运输工具时；b) 在任何其他情况下，则当货物虽然处于卖方的运输工具上，但已准备好卸载，并已交由承运人或买方指定的其他人处置时。如果买方未按照 B7d) 明确指定交货地点内特定的交付点，且有数个交付点可供使用时，卖方则有权选择最合适其目的的交货点。除非买方另行通知，卖方可采取符合货物数量和/或性质需要的方式将货物交付运输	当货物按照 A4 交付时，买方必须收取
A5 风险转移	B5 风险转移
除按照 B5 灭失或损坏情况外，卖方承担按照 A4 完成交货前货物灭失或损坏的一切风险	买方承担自按照 A4 交货时起货物灭失或损坏的一切风险。如果 a) 买方未按照 B7 规定通知 A4 项下的指定承运人或其他人，或发出通知；或 b) 按照 A4 指定的承运人或其他人未在约定的时间接管货物，则买方承担货物灭失或损坏的一切风险：（1）自约定日期起，若无约定日期的，则（2）自卖方在约定期限内按照 A7 通知的日期起；或若没有通知日期的，则（3）自任何约定交货期限届满之日起。但以该项货物以清楚地确定为合同项下之货物者为限

续表

A 卖方义务	B 买方义务
A6 费用划分	B6 费用划分
a）按照 A4 完成交货前与货物相关的一切费用，但按照 B6 应由买方支付的费用除外；及 b）如适用时，货物出口所需海关手续费用，出口应缴纳的一切关税、税款和其他费用	买方必须支付 a）自按照 A4 规定交货时起与货物有关的一切费用，如适用时，A6b）中出口所需的海关手续费用，及出口应缴纳的一切关税、税款和其他费用除外；b）由于以下原因之一发生的任何额外的费用：（1）买方未能指定 A4 项下承运人或其他人，或（2）买方指定的 A4 项下承运人或其他人未接管货物，或（3）买方未能按照 B7 给予卖方相应的通知，但以该项货物已清楚地确定为合同项下之货物者为限；及 c）如适用时，货物进口应缴纳的一切关税、税款和其他费用，及办理进口海关手续的费用和从他国过境运输的费用
A7 通知买方	B7 通知卖方
由买方承担风险和费用，卖方必须就其已经按照 A4 交货或买方指定的承运人或其他人未在约定时间内收取货物的情况给予买方充分的通知	买方必须通知卖方以下内容：a）按照 A4 所指定的承运人或其他人的姓名，以便卖方有足够时间按照该条款交货；b）如适用时，在约定的交付期限内所选择的由指定的承运人或其他人收取货物的时间；c）指定人使用的运输方式；及 d）指定地点内的交货点
A8 交货凭证	B8 交货凭证
卖方必须自付费用向买方提供已按照 A4 交货的通常单据。应买方要求并由其承担风险和费用，卖方必须协助买方取得运输凭证	买方必须接受按照 A8 提供的交货凭证
A9 查对—包装—标记	B9 货物检验
卖方必须支付为了按照 A4 进行交货所需进行的查对费用（如查对货物质量、丈量、过磅、点数的费用），以及出口国有关机构强制进行的装运前检验所产生的费用。除非在特定的贸易中，某类货物的销售通常不需包装，卖方必须自付费用包装货物。除非买方在签订合同前已通知卖方特殊包装要求，卖方可以适合给货物运输的方式对货物进行包装。包装应做适当标记	买方必须支付任何强制性装运前检验费用，但出口国有关机构强制进行的检验除外

A 卖方义务	B 买方义务
A10 协助提供信息及相关费用	B10 协助提供信息及相关费用
如适用时，应买方要求并由其承担风险和费用，卖方必须及时向买方提供或协助其取得相关货物进口和/或将货物运输到最终目的地所需要的任何文件和信息，包括相关安全信息。卖方必须偿付买方按照 B10 提供或协助取得文件和信息时所发生的所有花销和费用	买方必须及时告知卖方任何安全信息要求，以便卖方遵守 A10 的规定。买方必须偿付卖方按照 A10 向买方提供或协助其取得文件和信息时所发生的所有花销和费用。如适用时，应卖方要求并由其承担风险和费用，买方必须及时向卖方提供或协助其取得货物运输和出口及从他国过境运输所需要的任何文件和信息，包括相关安全信息

4. CPT（Carriage Paid to）运费付至

该术语可适用于任何运输方式，也可适用于多种运输方式。

"运费付至"是指卖方将货物在双方约定地点（如果双方已经约定了地点）交给卖方指定的承运人或其他人。卖方必须签订运输合同并支付将货物运至指定目的地所需费用。

在使用 CPT、CIP、CFR 或 CIF 术语时，当卖方将货物交付给承运人时，而不是当货物到达目的地时，即完成交货。

由于风险转移和费用转移的地点不同，该术语有两个关键点。特别建议双方尽可能确切地在合同中明确交货地点（风险在这里转移至买方），以及指定的目的地（卖方必须签订运输合同运到该目的地）。如果运输到约定目的地涉及多个承运人，且双方不能就交货点达成一致时，可以推定：当卖方在某个完全由其选择且买方不能控制的点将货物交付给第一承运人时，风险转移至买方。如双方希望风险晚些转移的话（例如在某海港或机场转移），则需要在其买卖合同中订明。

由于卖方需承担将货物运至目的地具体地点的费用，特别建议双方尽可能确切地在指定目的地内明确该点。建议卖方取得完全符合该选择的运输合同。如果卖方按照运输合同在指定的目的地卸货发生了费用，除非双方另有约定，卖方无权向买方要求偿付。

如适用时，CPT 要求卖方办理货物的出口清关手续。但是卖方无义务办理进口清关，支付任何进口税或办理与进口相关的任何海关手续。

买卖方双方义务

A 卖方义务	B 买方义务
A1 卖方一般义务	B1 买方一般义务
卖方必须提供符合买卖合同约定的货物和商业发票，以及合同可能要求的其他与合同相符的证据。A1 ~ A10 中所指的任何单证在双方约定或符合惯例的情况下，可以是同等作用的电子记录或程序	B1~B10 中所指的任何单证在双方约定或符合惯例的情况下，可以是同等作用的电子记录或程序

A 卖方义务	B 买方义务
A2 许可证、授权、安检通关和其他手续费	B2 许可证、授权、安检通关和其他手续费
如适用时，卖方必须自负风险和费用，取得所有的出口许可或其他官方授权，办理货物出口和交货前从他国过境运输所需的一切海关手续	如适用时，应由买方自负风险和费用，取得所有的进口许可或其他官方授权，办理货物进口和从他国过境运输所需要的一切海关手续
A3 运输合同与保险合同	B3 运输合同与保险合同
a）卖方必须签订或取得运输合同，将货物自交货地内的约定交货点（如有的话）运送至指定目的地或该目的地的交付点（如有约定）。必须按照通常条件订立合同，由卖方支付费用，经由通常航线和习惯方式运送货物。如果双方没有约定特别的点或该点不能由惯例确定，卖方则可选择最适合其目的的交货点和指定目的地内的交货点。b）卖方对买方无订立保险合同的义务。但应买方要求并由其承担风险和费用（如有的话），卖方必须向买方提供后者取得保险所需的信息	a）买方对卖方无订立运输合同的义务。b）买方对卖方无订立保险合同的义务。但应卖方要求，买方必须向卖方提供其取得保险所需信息
A4 交货	B4 收取货物
卖方必须在约定日期或期限内，以将货物交给按照 A3 签订的合同承运人方式交货	当货物按照 A4 交付时，买方必须收取，并在指定目的地自承运人收取货物
A5 风险转移	B5 风险转移
除按照 B5 的灭失或损坏情况外，卖方承担按照 A4 完成交货前货物灭失或损坏的一切风险	买方承担按照 A4 交付时起货物灭失或损坏的一切风险。如买方未能按照 B7 规定给予卖方通知，则买方必须从约定的交货日期或交货期限届满之日起，承担货物灭失或损坏的一切风险，但以该货物已清楚地确定为合同项下之货物者为限
A6 费用划分	B6 费用划分
卖方必须支付 a）按照 A4 完成交货前与货物相关的一切费用，但按照 B6 应由买方支付的费用除外；b）按照 A3a）所发生的运费和其他一切费用，包括根据运输合同规定应由卖方支付的装货费和在目的地的卸货费用；及 c）如适用时，货物出口所需海关手续费用，出口应缴纳的一切关税、税款和其他费用，以及按照运输合同规定，由卖方支付的货物从他国过境运输的费用	在不与 A3a）冲突的情况下，买方必须支付 a）自按照 A4 交货时起，与货物相关的一切费用，如适用时，按照 A6c）为出口所需的海关手续费用，及出口应缴纳的一切关税、税款和其他费用除外；b）货物在运输途中直到达约定目的地位置的一切费用，按照运输合同该费用应由卖方支付的除外；c）卸货费，除非根据运输合同该项费用应由卖方支付；d）如买方未按照 B7 发出通知，则自约定发货之日或约定发货期限届满之日起，所发生的一切额外费用，但以该货物已清楚地确定为合同项下之货物者为限；及 e）如适用时，货物进口应缴纳的一切关税、税款和其他费用，及办理进口海关手续的费用和从他国过境运输费用，除非该费用已包括在运输合同中

续表

A 卖方义务	B 买方义务
A7 通知买方	B7 通知卖方
卖方必须向买方发出已按照 A4 交货的通知。卖方必须向买方发出任何所需通知，以便买方采取收取货物通常所需要的措施	当有权决定发送时间和/或指定目的地或目的地内收取货物的点时，买方必须向卖方发出充分的通知
A8 交货凭证	B8 交货凭证
依惯例或应买方要求，卖方必须承担费用，向买方提供其按照 A3 订立的运输合同通常的运输凭证。此项运输凭证必须载明合同中的货物，且其签发日期应在约定运输期限内。如已约定或依惯例，此项凭证也必须能使买方在指定目的地向承运人索取货物，并能使买方在货物运输途中以向下家买方转让或通知承运人方式出售货物。当此类运输凭证以可转让形式签发且有数份正本时，则必须将整套正本凭证提交给买方	如果凭证与合同相符的话，买方则必须接受按照 A8 提供的运输凭证
A9 查对—包装—标记	B9 货物检验
卖方必须支付了为了按照 A4 进行交货所需要进行的查对费用（如查对质量、丈量、过磅、点数的费用），以及出口国有关机构强制进行的装运前检验所发生的费用。除非在特定贸易中，某类货物的销售通常不需要包装，卖方必须自付费用包装货物。除非买方在签订合同前已通知卖方特殊包装要求，卖方可以适合该货物运输的方式对货物进行包装。包装应做适当标记	买方必须支付任何强制性装运前检验费用，但出口国有关机构强制进行的检验除外
A10 协助提供信息及相关费用	B10 协助提供信息及相关费用
如适用时，应买方要求并由其承担风险和费用，卖方必须及时向买方提供或协助其取得相关货物进口和/或将货物运输到最终目的地所需要的任何文件和信息，包括相关安全信息。卖方必须偿付买方按照 B10 提供或协助取得文件和信息是所发生的所有花销和费用	买方必须及时告知卖方任何安全信息要求，以便卖方遵守 A10 的规定。如适用时，应卖方要求并由其承担风险和费用，买方必须及时向卖方提供或协助其取得货物运输和出口及从他国过境运输所需要的任何文件和信息，包括相关安全信息

5. CIP（Carriage and Insurance Paid to）运费、保险费付至

该术语可适用于各种运输方式，也可适用于多种运输方式。

"运费和保险费付至"是指卖方将货物在双方约定地点（如双方已经约定了地点）交给其指定的承运人或其他人。卖方必须签订运输合同并支付将货物运至指定目的地的所需费用。

卖方还必须为买方在运输途中货物的灭失或损坏风险签订保险合同。买方应注意到，CIP 只要求卖方投保最低险别。如果买方需要更多保险保护的话，则需与卖方明确就此达成协议，或者自行做出额外的保险安排。

在使用 CPT、CIP、CFR 或 CIF 术语时，当卖方将货物交付给承运人时，而不是当货物到达目的地时，即完成交货。

由于风险转移和费用转移的地点不同，该术语有两个关键点。特别建议双方尽可能确切地在合同中明确交货地点（风险在这里转移至买方），以及指定目的地（卖方必须签订

运输合同运到该目的地）。如果运输到约定目的地涉及多个承运人，且双方不能就特定的交货地点达成一致，可以推定：当卖方在某个完全由其选择且买方不能控制的点将货物交付给第一承运人时，风险转移至买方。如双方希望风险晚些转移的话（例如在某海港或机场转移），则需要在其买卖合同中订明。

由于卖方需承担将货物运至目的地具体地点的费用，特别建议双方尽可能确切地在指定目的地内明确该点。建议卖方取得完全符合该选择的运输合同。如果卖方按照运输合同在指定的目的地内卸货发生了费用，除非双方另有约定，卖方无权向买方要求偿付。

如适用时，CIP要求卖方办理货物的出口清关手续。但是卖方无义务办理进口清关，支付任何进口税或办理与进口相关的任何海关手续。

买卖双方义务

A 卖方义务	B 买方义务
A1 卖方一般义务	B1 买方一般义务
卖方必须提供符合买卖合同约定的货物和商业发票，以及合同可能要求的其他与合同相符的证据。A1～A10中所指的任何单证在双方约定或符合惯例的情况下，可以是同等作用的电子记录或程序	买方必须按照买卖合同约定支付价款。B1～B10中所指的任何单证在双方约定或符合惯例的情况下，可以是同等作用的电子记录或程序
A2 许可证、授权、安检通关和其他手续	B2 许可证、授权、安检通关和其他手续
如适用时，卖方必须自负风险和费用，取得所有的出口许可或其他官方授权，办理货物出口和交货前从他国过境运输所需的一切海关手续	如适用时，应由买方自负风险和费用，取得所有的进口许可或其他官方授权，办理货物进口和从他国过境运输所需的一切海关手续
A3 运输合同和保险合同	B3 运输合同和保险合同
a）卖方必须签订或取得运输合同，将货物自交货地内的约定交货点（如有的话）运送至指定目的地或该目的地的交付点（如有约定）。必须按照通常条件订立合同，由卖方支付费用，经由通常航线和习惯方式运送货物。如果双方没有约定特别的点或该点不能由惯例确定，卖方则可选择最适合其目的的交货点和指定目的地内的交货点。b）卖方必须自付费用取得货物保险。该保险需至少符合《协会货物保险条款》（Institute Cargo Clauses, LMA/IUA）"条款（C）（Clauses C）或类似条款的最低险别。保险合同应与信誉良好的承保人或保险公司订立。应使买方或其他对货物有可保利益者有权直接向保险公司索赔。当买方要求且能够提供卖方所需的信息时，卖方应办理任何附加险别，由买方承担费用，如果能够办理，诸如办理《协会货物保险条款》（Institute Cargo Clauses, LMA/IUA）"条款（A）或（B）"（Clauses A or B）或类似条款的险别，也可同时或单独办理《协会战争险条款》（Institute War Clauses）和/或《协会罢工险条款》（Institute Strikes Clauses，LMA/IUA）或其他类似条款的险别。保险最低金额是合同规定价格另加10%（即110%），并采用合同货币。保险期间为货物自A4和A5规定的交货点起，至少到指定目的地止。卖方应向买方提供保单或其他保险证据。此外，应买方要求并由买方承担风险和费用（如有的话），卖方必须向买方提供后者取得附加险所需信息	a）买方对卖方无订立运输合同的义务。b）买方对卖方无订立保险合同的义务。但应卖方要求，买方必须向卖方提供后者按照A3b）要求购买附加险所需信息

A 卖方义务	B 买方义务
A4 交货	**B4 收取货物**
卖方必须在约定日期或期限内，以将货物交给按照 A3 签订的合同承运人方式交货	当货物按照 A4 交付时，买方必须收取，并在指定目的地自承运人收取货物
A5 风险转移	**B5 风险转移**
除按照 B5 的灭失或损坏情况外，卖方承担按照 A4 完成交货前货物灭失或损坏的一切风险	买方必须承担按照 A4 交货时起货物灭失或损坏的一切风险。如买方未按照 B7 通知卖方，则自约定的交货日期或交货期限届满之日起，买方承担货物灭失或损坏的一切风险，但以该货物已经清楚地确定为合同项下之货物者为限
A6 费用划分	**B6 费用划分**
卖方必须支付 a）按照 A4 完成交货前与货物相关的一切费用，但按照 B6 应由买方支付的费用除外；b）按照 A3a）所发生的运费和其他一切费用，包括根据运输合同规定由卖方支付的装货费和在目的地的卸货费；c）根据 A3b）发生的保险费用；及 d）如适用时，货物出口所需海关手续费，出口应缴纳的一切关税、税款和其他费用，以及按照运输合同规定，由卖方支付的货物从他国过境运输的费用	在不与 A3a）冲突的情况下，买方必须支付 a）自按照 A4 交货时起，与货物相关的一切费用，如使用时，按照 A6d）为出口所需的海关手续费用，及出口应缴纳的一切关税、税款和其他费用除外；b）货物在运输途中直至到达约定目的地为止的一切费用，按照运输合同该费用应由卖方支付的除外；c）卸货费，除非根据运输合同该项费用应由卖方支付；d）如买方为按照 B7 发出通知，则自约定发货之日或约定发货期限届满之日起，所发生的一切额外费用，但以该货物已清楚地确定为合同项下之货物者为限；e）如适用时，货物进口应缴纳的一切关税、税款和其他费用，及办理进口海关手续对策费用和从他国过境运输费用，除非该项费用已包括在运输合同中；及 f）应买方要求，按照 A3 和 B3 取得附加险别所发生的费用
A7 通知买方	**B7 通知卖方**
卖方必须向买方发出已按照 A4 交货通知。卖方必须向买方发出所需通知，以便买方采取收取货物通常所需要的措施	当有权决定发货时间和/或指定目的地或目的地内收取货物的点时，买方必须向卖方发出充分通知
A8 交货凭证	**B8 交货凭证、运输单据或有同等作用的电子信息**
依惯例或应买方要求，卖方必须承担费用，向买方提供按照 A3 订立的运输合同通常的运输凭证。此项运输凭证必须载明合同中的货物，且其签发日期应在约定运输期限内。如已约定或依惯例，此项凭证也必须能使买方在指定目的地内向承运人索取货物，并能使买方在货物运输途中以向下家买方转让或通知承运人方式出售货物。当此类运输凭证以可转让形式签发且有数份正本时，则必须将整套正本凭证提交给买方	如果凭证和合同相符的话，买方必须接受按照 A8 提供的运输凭证

续表

A 卖方义务	B 买方义务
A9 查对—包装—标记	B9 货物检验
卖方必须支付为按照 A4 规定交货所需进行的查对费用（如核对货物品质、丈量、过磅、点数的费用）以及出口国有关机关的装运前的强制检验费用。卖方必须自付费用，包装货物，除非按照相关行业惯例此类买卖货物无需包装发运。卖方可以以适合运输的方式包装货物，除非买方在销售合同签订前通知卖方具体的包装要求。包装应作适当标记	买方必须支付任何强制性装运前检验费用，但出口国有关当局强制进行的检验除外
A10 协助提供信息及相关费用	B10 协助提供信息及相关费用
如有需要，应买方的要求并由其负担风险与费用，卖方必须以适时的方法，提供或协助买方取得任何单据或信息，包括与货物出口安全或/和货物运送至最终目的地所需有关的信息。卖方必须补偿买方依 B10 的情况因提供或给予协助取得所需之单据或信息的所有费用	买方必须及时通知卖方任何安全信息要求，以使卖方遵守 A10 的规定。买方必须偿付卖方因给予协助和获取 A10 所述单据和信息所发生的一切费用。当需要时，应卖方要求并由其承担风险和费用，买方必须及时向卖方提供或协助卖方获得任何单据和信息，包括卖方为了货物的运输和出口和从他国过境所需要的与安全相关的信息

6. DAT（Delivered at Terminal）运输终端交货

此规则可用于选择的各种运输方式，也适用于选择的一个以上的运输方式。

"运输终端交货"是指，卖方在指定的目的港或目的地的指定的终点站卸货后将货物交给买方处置即完成交货。"终点站"包括任何地方，无论约定或者不约定，包括码头、仓库、集装箱堆场或公路、铁路或空运货站。卖方应承担将货物运至指定的目的地和卸货所产生的一切风险和费用。

建议当事人尽量明确地指定终点站，如果可能，（指定）在约定的目的港或目的地的终点站内的一个特定地点，因为（货物）到达这一地点的风险是由卖方承担，建议卖方签订一份与这样一种选择准确契合的运输合同。

此外，若当事人希望卖方承担从终点站到另一地点的运输及管理货物所产生的风险和费用，那么此时 DAP（目的地交货）或 DDP（完税后交货）规则应该被适用。

在必要的情况下，DAT 规则要求卖方办理货物出口清关手续。但是，卖方没有义务办理货物进口清关手续并支付任何进口税或办理任何进口报关手续。

买卖双方义务

A 卖方义务	B 买方义务
A1 卖方的一般义务	B1 买方的一般义务
卖方必须提供符合销售合同规定的货物和商业发票以及合同可能要求的、证明货物符合合同规定的其他凭证。如果在当事人约定或者依据商业惯例的情况下，A1~A10 条款中提及的任何单据都可以是具有同等效力的电子记录或者手续	买方必须根据买卖合同中规定的货物价格履行交付义务。如果买卖双方有约定或者有商业惯例的情况下，B1~B10 中提到的任何单据都可以是具有同等效力的电子记录或者手续

A 卖方义务	B 买方义务
A2 许可证、批准、安全通关及其他手续	B2 许可证、批准、安全通关及其他手续
在必要的情况下，卖方必须自担风险和费用，在交货前取得任何出口许可证或其他官方许可，并且在需要办理海关手续时办理货物出口和从他国过境所需的一切海关手续	在必要的情况下，买方必须自担风险和费用，取得所需的进口许可证或其他官方许可证，并办理货物进口所需的一切海关手续
A3 运输合同与保险合同	B3 运输合同和保险合同
a）卖方必须自付费用订立运输合同，将货物运至指定目的港或目的地的指定终点站。如未约定或按照交易习惯也无法确定具体交货点，卖方可在目的港或目的地选择最符合其交易目的的终点站（交货）。b）卖方没有为买方签订保险合同的义务。但是，卖方在买方的要求下，必须向买方提供买方借以获得保险服务的信息，其中如果存在风险和费用，一概由买方承担	a）买方没有为卖方签订运输合同的义务。b）买方没有为卖方签订保险合同的义务。但是如果卖方要求，买方则必须向卖方提供必要的关于获得保险的必要信息
A4 交货	B4 受领货物（接收货物）
卖方必须在约定的日期或期限内，在目的港或目的地中按 A3 条 a）款所指定的终点站，将货物从交货的运输工具上卸下，并交给买方处置完成交货	货物已按 A4 的规定交付时，买受人必须受领货物
A5 风险转移	B5 风险转移
除了 B5 条所描述的（货物）灭失或损坏的情形外，卖方必须承担货物灭失或损坏的一切风险，直至货物已经按照 A4 条的规定交付为止	自货物已按 A4 条的规定交付时起，买方必须承担货物灭失或损坏的一切风险。如果买方未按 B2 条的规定履行义务，买方承担由此产生的货物灭失或损坏的一切风险。如果买方未按 B7 条的规定给予通知，自约定的交付货物的日期或期间届满之日起，买方承担货物灭失或损坏的一切风险，但以该项货物已经被清楚地确定为合同货物为限
A6 费用划分	B6 费用划分
卖方必须支付 a）除了按 B6 条规定的由买方支付的费用外，包括因 A3 条 a）款产生的费用，以及直至货物已按 A4 条的规定交付为止而产生的一切与货物有关的费用；以及 b）在必要的情况下，在按照 A4 条规定的交货之前，货物出口需要办理的海关手续费用及货物出口时应缴纳的一切关税、税款和其他费用，以及货物经由他国过境运输的费用	买方必须支付 a）自货物已按 A4 条的规定交付时起，与货物有关的一切费用；b）任何因买方未按 B2 条规定履行义务或未按 B7 条给予通知而使卖方额外支付的费用，但以该项货物已经被清楚地确定为合同货物为限；以及 c）在必要的情况下，货物进口需要办理的海关手续费用及货物进口时应缴纳的一切关税、税款和其他费用
A7 通知买方	B7 通知卖方
卖方必须提供买方需要的任何通知，以便买方能够为受领货物而采取通常必要的措施	一旦买方有权决定于约定期限内受领货物的时间点和/或于指定的目的地受领货物的具体位置，买方必须就此给予卖方充分通知

续表

A 卖方义务	B 买方义务
A8 交货凭证	B8 提货证据
卖方必须自付费用向买方提供提货单据，使买方能够如同 A4 或 B4 条的规定提取货物	买方必须接受卖方提供的符合 A8 条款规定的交货单据
A9 检查、包装、标志	B9 货物检验
买方必须支付按 A4 条规定为交付货物目的所需的检查（如质检、度量、称重、计数）费用。同时，卖方也必须支付出口国当局强制进行的任何装船前检查所产生的费用。卖方必须支出费用以包装货物，除非在特定贸易中所售货物通常以不包装的形式运输。卖方应该以适合运输的方式包装货物，除非买方在买卖合同成立之前指定了具体的包装要求。包装应该被合理地标记	买受人必须支付装船前强制检验的费用，但出口国当局强制装船前检验的除外
A10 信息帮助和相关费用	B10 信息帮助和相关费用
卖方必须在必要的情况下根据买方的要求及时向买方提供或者协助买方获得其所需的进口货物和/或将货物运输至目的地的任何单据和信息，包括与安全相关的信息，其中如果存在风险和费用，一概由买方承担。卖方必须偿还按 B10 条规定的买方因（向卖方）提供或协助（卖方）获得文件和信息所花费的一切费用	买方必须及时告知卖方任何与货物安全信息要求相关的建议，以便于卖方可以遵守 A10 条的相关规定。买方必须偿还卖方依照 A10 条规定（向买方）提供或协助（买方）获得单据和信息的过程中所花费的一切成本和费用。买方必须在必要的情况下，依照卖方的要求及时（向卖方）提供或者协助（卖方）获得其所需的运输和出口货物及经由他国过境运输的任何单据和信息，包括与安全相关的信息，其中如果存在风险和费用，一概由卖方承担

7. DAP（Delivered at Place）目的地交货

DAP 是《国际贸易术语解释通则 2010》新添加的术语，取代了的 DAF 边境交货（见注释〔2〕）、DES 目的港船上交货（见注释〔3〕）和 DDU 未完税交货（见注释〔4〕）三个术语。

该规则的适用不考虑所选用的运输方式的种类，同时在选用的运输方式不止一种的情形下也能适用。

目的地交货的意思是：卖方在指定的交货地点，将仍处于交货的运输工具上尚未卸下的货物交给买方处置即完成交货。卖方须承担货物运至指定目的地的一切风险。

尽管卖方承担货物到达目的地前的风险，该规则仍建议双方将合意交货目的地指定尽量明确。建议卖方签订恰好匹配该种选择的运输合同。如果卖方按照运输合同承受了货物在目的地的卸货费用，那么除非双方达成一致，卖方无权向买方追讨该笔费用。

在需要办理海关手续时（在必要时/适当时），DAP 规则要求应有卖方办理货物的出口清关手续，但卖方没有义务办理货物的进口清关手续，支付任何进口税或者办理任何进口海关手续，如果当事人希望卖方办理货物的进口清关手续，支付任何进口税和办理任何进口海关手续，则应适用 DDP 规则。

买卖双方义务

A 卖方义务	B 买方义务
A1 卖方的一般义务	B1 买方的一般义务
卖方必须提供符合销售合同规定的货物和商业发票以及该合同可能要求的其他凭证。如果依当事人的协议或按照惯例，在 A1~A10 条款中涉及的任何单据均可以是具有同等效力的电子记录或程序	买方必须按照销售合同支付货物的价款。如果依当事人的协议或按照惯例，在 B1~B10 条款中涉及的任何单据均可以是具有同等效力的电子记录和程序
A2 许可证、批准、安全通关及其他手续	B2 许可证、批准、安全通关及其他手续
在需要办理海关手续时，卖方必须自担风险和费用取得任何出口许可证或其他官方许可，并且办理出口货物和交付前运输通过某国所必须的一切海关手续	在需要办理海关手续时，买方必须自担风险和费用，取得任何进口许可证或其他官方许可，并且办理货物进口的一切海关手续
A3 运输合同与保险合同	B3 运输合同和保险合同
.a) 卖方必须自付费用订立运输合同，将货物运至指定的交货地点。如未约定或按照惯例也无法确定指定的交货地点，则卖方可在指定的交货地点选择最适合其目的的交货点。b) 卖方对买方没有义务订立保险合同。但是如果买方提出需要保险合同的要求，并且自己承担风险和费用，那么卖方应该提供订立保险合同需要的全部信息	a) 买方对卖方没有义务订立运输合同。b) 买方对卖方没有义务订立保险合同。但是如果买方想获得保险，就必须向卖方提出自己需要保险的要求，并且向卖方提供必要的信息
A4 交货	B4 受领货物（接收货物）
卖方必须在约定日期或期限内，在指定的交货地点，将仍处于约定地点的交货运输工具上尚未卸下的货物交给买方处置	买方必须在卖方按照 A4 规定交货时受领货物
A5 风险转移	B5 风险转移
除 B5 规定者外，卖方必须承担货物灭失或损坏的一切风险，直至已经按照 A4 规定交货为止	买方必须承担按照 A4 规定交货之时起货物灭失或损坏的一切风险。如果 a) 买方没有履行 B2 中规定的义务，则买方承担所有货物灭失或者毁损的风险；或者 b) 买方没有按照 B7 中的规定履行其告知义务，则必须从约定的交货日期或交货期限届满之日起，承担货物灭失或损坏的一切风险。但是必须确认上面所讲的货物是合同中所指的货物

续表

A 卖方义务	B 买方义务
A6 费用划分	**B6 费用划分**
卖方必须支付 a) 除依 B6 规定由买方支付费用以外的，按照 A3a) 规定发生的费用及按照 A4 规定在目的地交货前与货物有关的一切费用；b) 根据运输合同约定，在目的地发生应由卖方支付的任何卸货费用；及 c) 在需要办理海关手续时，货物出口要办理的海关手续费用及货物出口时应缴纳的一切关税、税款和其他费用，以及按照 A4 规定交货前从他国过境的费用	买方必须支付 a) 自按照 A4 的规定交货时起与货物有关的一切费用；b) 在指定目的地将货物从交货运输工具上卸下以受领货物的一切卸货费，除非这些费用按照运输合同是由卖方承担；c) 在这项货物已清楚地确定为合同项下货物的条件下，若买方未能按照 B2 规定履行义务或未按照 B7 规定给予卖方通知，卖方因此而产生的一切费用；及 d) 在需要办理海关手续时，办理海关手续的费用及货物进口时应缴纳的一切关税、税款和其他费用
A7 通知买方	**B7 通知卖方**
卖方必须给予买方必要的通知，以便买方能够为受领货物而采取通常必要的措施	一旦买方有权决定在约定期限内的时间和/或在指定的受领货物的地点，买方必须就此给予卖方充分通知
A8 交货凭证	**B8 提货证据**
卖方必须自付费用，按照 A4/B4 的规定，向买方提供买方可以据以提取货物的凭证	买方必须接受卖方按照 A8 规定提供交货单据
A9 检查、包装、标志	**B9 货物检验**
卖方必须支付为按照 A4 规定交货所需进行的查对费用（如核对货物品质、丈量、过磅、点数的费用）以及出口国有关当局强制进行的检验的费用。卖方必须自己负担货物包装费用，除非是在特定交易中通常无需包装货物的情况。卖方需要以适合于运输的方式包装货物，除非买方在买卖合同缔结之前告知卖方具体的包装方式。包装应作适当标记	买方必须支付任何强制的装船前检验的费用，但出口国有关当局强制进行的检验除外
A10 信息帮助和相关费用	**B10 信息帮助和相关费用**
在需要办理海关手续时，应买方要求并由其承担风险和费用，卖方必须及时为买方提供其在货物进口或货物运输过程中所需的各类文本及信息协助，包括相关安全信息。在获取单据或信息时，卖方必须偿付买方按照 B10 规定提供或给予协助的所有费用	买方必须及时告知卖方所有的安全信息需求以便卖方能够遵守 A10 的规定。在获取单据或信息时，买方必须偿付卖方按照 A10 规定提供或给予协助的所有费用。应卖方要求并由其承担风险和费用，买方必须及时为卖方提供其在货物进口或货物运输过程中所需的各类单据及信息协助，包括相关安全信息

8. DDP（Delivered Duty Paid）完税后交货

这条规则可以适用于任何一种运输方式，也可以适用于同时采用多种运输方式的情况。

"完税后交货"是指卖方在指定的目的地，将货物交给买方处置，并办理进口清关手续，准备好将在交货运输工具上的货物卸下交与买方，完成交货。卖方承担将货物运至指定的目的地的一切风险和费用，并有义务办理出口清关手续与进口清关手续，对进出口活动负责，以及办理一切海关手续。

DDP 术语下卖方承担最大责任。

因为到达指定地点过程中的费用和风险都由卖方承担，建议当事人尽可能明确地指定目的地。建议卖方在签订的运输合同中也正好符合上述选择的地点。如果卖方致使在目的地卸载货物的成本低于运输合同的约定，则卖方无权收回成本，当事人之间另有约定的除外。

如果卖方不能直接或间接地取得进口许可，不建议当事人使用 DDP 术语。

如果当事方希望买方承担进口的所有风险和费用，应使用 DAP 术语。

任何增值税或其他进口时需要支付的税项由卖方承担，合同另有约定的除外。

买卖双方义务

A 卖方义务	B 买方义务
A1 卖方的一般义务	B1 买方的一般义务
卖方必须提供符合销售合同规定的货物和商业发票以及合同可能要求的，证明货物符合合同规定的其他凭证。其他凭证指在 A1~A10 中双方达成共识的或习惯的具有同种作用的电子信息和程序	买方必须按照销售合同的规定支付商品的价款。在双方协商同意或遵循惯例的情况下，B1~B10 中所提到的任何文件可能是一种有同等作用的电子记录或程序
A2 许可证、批准、安全通关及其他手续	B2 许可证、批准、安全通关及其他手续
需要办理海关手续时，卖方须自担风险费用，取得所有进出口许可证或其他官方许可，并办理进出口货物，在他国运输的一切必要海关手续	在合适的情况下，应卖方的请求买方必须向卖方提供援助，买方自担风险和费用，并且帮助卖方取得取得口货物的许可证并办理官方的手续
A3 运输合同与保险合同	B3 运输合同和保险合同
卖方必须自付费用订立运输合同，将货物运至指定目的地或者指定地点，若可以的话，到指定目的地。如未约定或按照惯例也无法确定具体交货点，则卖方可在的目的地选择最适合其目的的交货点。卖方没有义务与买方订立保险合同。但是，在买方的要求下、卖方承担风险或者费用（如果有的话）的情形下，卖方必须告知买方需要取得保险	a）买方没有义务订立运输合同；b）相对于卖方买方没有义务订立保险合同，但是应卖方请求，买方应提供关于保险的必要信息
A4 交货	B4 受领货物（接收货物）
卖方必须在约定的日期或者期限内，在位于指定目的地的约定地点（如果有约定），将运输工具上准备卸下来的货物交与买方处置	买方必须在卖方按照 A4 规定交货时，受领货物

续表

A 卖方义务	B 买方义务
A5 风险转移	**B5 风险转移**
除了 B5 所规定的情形以外，由卖方承担货物损毁或者灭失的所有风险，一直到货物已经按照 A4 的规定交货为止	按照 A4 的规定受领货物之后，买方必须承担货物灭失或损坏的一切风险：如果 a) 买方没有履行按照 B2 之规定的义务，那么他必须承担由此导致的货物灭失或者损坏的风险；或者 b) 买方没有尽到 B7 所规定的通知义务，那么他必须承担自约定的交货日期或者自交货期限届满之日起的货物灭失或损坏的风险。前提是，货物必须已经证明是合同中规定的货物
A6 费用划分	**B6 费用划分**
卖方必须支付的费用包括：a) 除了由 A3a) 之外所产生的费用以外，直到货品按照 A4 的规定交货之前，所有相关的一切费用，不包括那些 B6 所提到的由买方支付的费用；b) 根据运输合同的规定，在交货地的任何卸货费用都有卖方承担；c) 在适用的情况下，出口和进口所必需的报关费用以及一切关税、税款和其他在出口和进口货品时应支付的费用，以及货品在交付之前，按照 A4 的规定运输途中因通过其他国家所产生的费用	买方必须支付 a) 从货物被交付之日起与货物相关的全部费用，正如 A4 所设想的；b) 在指定目的地卸载必需品的所有费用，包括从运输方式到接收货物整个过程的所有费用，除非按照运输合同，这些费用是由卖方支付；c) 在货物已被确定为合同项下货物的前提下，如果没有按照 B2 履行其义务或没有按照 B7 发出通知所造成的额外的费用
A7 通知买方	**B7 通知卖方**
卖方必须给予买方任何需要通知，以便买方能够为受领货物而采取通常必要的措施	一旦买方有权确定在约定的期限内受领货物的具体时间和地点时，卖方必须就此给予买方充分的通知
A8 交货凭证	**B8 提货证据**
卖方必须自付费用向买方提供，带着单据使授予权利的买方为受领货物作为设想在 A4/B4。买方必须接受按照 A8 中规定提供的交货凭证	
A9 检查、包装、标志	**B9 货物检验**
卖方必须支付为按照 A4 规定交货所需进行的查对费用（如核对货物品质、丈量、过磅、点数的费用）以及任何由出口国当局强制进行的装运前检验费用。卖方必须自付包装货物的费用，除非按照相关行业惯例，运送此类货物无需包装即可销售。卖方可以按习惯适合运输的方式来包装货物，除非买方在买卖合同签订之前告知了卖方特殊的包装要求。包装应作适当标记	买方无义务对卖方支付由进出口国家相关部门所规定的运前强制性检验货物的相关规定所引起的任何费用
A10 信息帮助和相关费用	**B10 信息帮助和相关费用**
由买方提出要求并同时承担风险和费用，卖方必须及时给予买方协助，以帮助其获取任何所需的单据及信息，包括买方在货物从目的地约定区域至最终目的地的运输中需要办理海关手续时的相关投保信息。卖方必须支付买方在为卖方获取 B10 所规定的单据及信息而提供的协作中发生的一切费用	买方应当及时把一切安全信息要求通知卖方以便卖方按照 A10 条款履行义务。买方必须支付卖方为获取 A10 所述单据或信息提供协助时所发生的费用。应卖方要求并由其承担风险和费用，买方必须在合适的地点及时对卖方提供协助，以帮助其取得货物进出口以及在任何国家运输过程中所需的一切单据和包括安全相关信息在内的所有信息

9. FAS（Free along Side）船边交货

这项规则仅适用于海运和内河运输 "船边交货" 是指卖方在指定装运港将货物交到买方指定的船边（例如码头上或驳船上），即完成交货。

从那时起，货物灭失或损坏的风险发生转移，并且由买方承担所有费用。

当事方应当尽可能明确地指定装运港及装货地点，这是因为到这一地点的费用与风险由卖方承担，并且根据港口交付惯例这些费用及相关的手续费可能会发生变化。

卖方在船边交付货物或者获得已经交付装运的货物。这里所谓的 "获得" 迎合了链式销售，在商品贸易中十分普遍。

当货物通过集装箱运输时，卖方通常在终点站将货物交给承运人，而不是在船边。在这种情况下，船边交货规则不适用，而应当适用货交承运人规则。

船边交货规则要求卖方在需要时办理货物出口清关手续。但是，卖方没有任何义务办理货物进口清关、支付任何进口税或者办理任何进口海关手续。

买卖双方义务

A 卖方义务	B 买方义务
A1 卖方的一般义务	B1 买方的一般义务
卖方必须提供符合销售合同规定的货物和商业发票以及合同可能要求的、证明货物符合合同规定的其他任何凭证。如果双方达成协议或者是有惯例可循，A1～A10 条款中所述的单据可能是有同等效力的电子记录或手续	买方必须按照销售合同规定支付货物的价款。如果双方达成协议或者是有惯例可循，B1～B2 条款中所述的单据可能是有同等效力的电子记录或手续
A2 许可证、批准、安全通关及其他手续	B2 许可证、批准、安全通关及其他手续
在需要办理海关手续时，卖方必须自担风险和费用，取得任何出口许可证或其他官方许可，办理货物出口所需的一切海关手续	在需要办理海关手续时，买方必须自担风险和费用，由买方取得任何进口许可证或其他官方许可，并办理货物进口和从他国过境所需的一切海关手续
A3 运输合同与保险合同	B3 运输合同和保险合同
a）卖方没有订立运输合同的义务。但若买方要求，或者如果是商业惯例而买方未适时给予卖方相反指示，则卖方可按照通常条件订立运输合同，费用和风险由买方承当。在以上任何一种情况下，卖方都可以拒绝订立此合同；如果拒绝，则应立即通知买方。b）卖方没有订立保险合同的义务。但是应买方要求并由其承担风险和费用（如果有费用产生），卖方必须提供给买方订立保险时所需的信息	a）买方必须自行承担运费，订立自指定装运港运输货物的合同。卖方按照 A3a）订立了运输合同时除外。b）买方没有订立保险合同的义务

A 卖方义务	B 买方义务
A4 交货	B4 受领货物（接收货物）
卖方必须在买方指定的装运港、装货地点（如果有指定的装货地点）将货物交至买方指定的船边，或者取得已经交付的货物。不论用哪种方式，卖方必须在约定的日期或者期限内，按照该港的习惯方式交付货物。如果买方没有指定特别的装货地点，卖方可以在指定的装运港内选择最符合其目的的地点。如果双方约定在一定时期内交付货物，则买方可以在约定时期内选择交货日期	买方必须在卖方依照 A4 的规定交货时受领货物
A5 风险转移	B5 风险转移
除 B5 规定的情况外，卖方必须承担货物灭失或损坏的一切风险，直至已按照 A4 规定交货为止	自依照 A4 的规定交货时起，买方承担货物灭失或损坏的一切风险。如果买方没有按照 B7 的规定通知卖方；或者买方指定的船只未按时到达，或未接收货物，或较 B7 通知的时间提早停止装货；那么自约定的交货日期或期限届满起，如果明确确定该项货物为合同项下之货物，买方承担货物灭失或损坏的一切风险
A6 费用划分	B6 费用划分
卖方必须支付：a）直至已经按照 A4 规定交货为止的与货物有关的一切费用，除了按照 B6 规定的应由卖方支付的；及 b）在需要时，货物出口时办理的海关手续费用，及应缴纳的一切关税、税款和其他费用	买方必须支付：a）自按照 A4 的规定交货时起的与货物有关的一切费用，除了 A6 中 b 项规定的在需要办理海关手续时，货物出口需要办理的海关手续费用，及货物出口时应缴纳的一切关税、税款和其他费用。b）因发生下列情况产生的一切额外费用：（ⅰ）买方未按照 B7 规定及时通知卖方，及（ⅱ）在已经明确确定该项货物为合同项下之货物的情况下，买方指定的货船没有及时到达，无法装载货物，或早于 B7 规定的时间停止装货产生的费用。c）在需要时，货物进口时办理海关手续的费用及应缴纳的一切关税、税款和其他费用，以及从他国运输过境的费用
A7 通知买方	B7 通知卖方
由买方承担风险和费用，卖方必须给予买方关于货物已按 A4 规定交付或者船舶未能在约定的时间内接收货物的充分通知	买方必须给卖方关于船舶的名称、装船地点以及，如有必要，在约定期限内选定的交付时间的充分通知

A 卖方义务	B 买方义务
A8 交货凭证	B8 提货证据
卖方承担费用并向买方提供关于货物已按 A4 规定交付的通常证明。除非上述证明是运输单据，应买方请求并由买方承担风险和费用，卖方必须协助买方取得运输单据	买方必须接受按照 A8 规定所提供的交付证明
A9 检查、包装、标志	B9 货物检验
卖方必须支付为了按照 A4 规定交货所必须进行的核对费用（如核对货物品质、丈量、过磅、点数的费用），还包括出口国有关当局强制进行的任何装运前的检验费用。卖方必须自付货物包装费用，除非按照相关行业惯例，该种货物无需包装发运。卖方可以提供符合其安排的运输所要求的包装，除非买方在销售合同成交前已通知卖方具体的包装要求。包装应作适当标记	买方必须支付任何装运前检验的费用，但出口国有关当局强制进行的检验除外
A10 信息帮助和相关费用	B10 信息帮助和相关费用
有需要时，应买方要求并由其承担风险和费用，卖方必须及时的提供或给予买方协助，以帮助买方取得任何文件和信息，包括买方为了货物进口和/或运送到最终目的地所需要的与安全有关的信息。卖方必须偿还买方所有因买方在提供或给予 B10 中规定的取得文件和信息方面的帮助时引起的花费和支出	买方必须以及时的方式向卖方提出任何安全信息要求，这样卖方才可能遵守 A10。买方必须偿还卖方所有因其在提供或给予 A10 中规定的取得文件和信息方面的帮助时引起的花费和支出。应卖方要求并由其承担风险和费用，买方必须在适当的时候以及时的方式提供或给予卖方协助，以帮助卖方取得任何文件和信息，包括卖方为了货物运输和出口以及运经任何国家所需要的与安全有关的信息

10. FOB（Free on Board）船上交货

本规则只适用于海运或内河运输。

"船上交货"是指卖方在指定的装运港，将货物交至买方指定的船只上，或者指（中间销售商）设法获取这样交付的货物。一旦装船，买方将承担货物灭失或损坏造成的所有风险。

卖方被要求将货物交至船只上或者获得已经这样交付装运的货物。这里所谓的"获得"迎合了链式销售，在商品贸易中十分普遍。

FOB 不适用于货物在装船前移交给承运人的情形。比如，货物通过集装箱运输，并通常在目的地交付。在这些情形下，适用 FCA 的规则。

在适用 FOB 时，销售商负责办理货物出口清关手续。但销售商无义务办理货物进口清关手续、缴纳进口关税或是办理任何进口报关手续。

买卖双方义务

A 卖方义务	B 买方义务
A1 卖方的一般义务	B1 买方的一般义务
卖方必须提供符合销售合同规定的货物和商业发票，以及合同可能要求的、证明货物符合合同规定的其他任何凭证。根据双方合意或交易习惯任何 A1～A10 条提及的单据都可以作为同等效力的电子凭证或手续	买方必须按照销售合同规定支付价款。根据双方合意或交易习惯任何 B1～B10 条提及的单据都可以作为同等效力的电子凭证或手续
A2 许可证、批准、安全通关及其他手续	B2 许可证、批准、安全通关及其他手续
在条约适用的情况下，卖方必须自担风险和费用，取得任何出口许可证或其他官方许可，并办理货物出口所需的一切海关手续	如果适用，买方在自担风险和费用的情况下，自行决定是否取得任何进口许可证或其他官方许可，或办理货物进口和在必要时从他国过境时所需的一切海关手续
A3 运输合同与保险合同	B3 运输合同和保险合同
a）卖方没有义务为买方订立运输合同。但如果是根据买方要求或交易习惯且买方没有及时提出相反要求，由买方承担风险和费用的情况下，卖方可以按一般条款为买方订立运输合同。在上述任一种情况下，卖方有权拒绝为买方订立运输合同，如果卖方订立运输合同，应及时通知买方。b）卖方没有义务向买方提供保险合同。但是当买方要求的时候，卖方必须向买方提供买方获得保险时所需要的信息，此时一切风险和费用（如果有的话）由买方承担（修改：秦若曦）（2000 版只说卖方无义务，2010 版附加了卖方在无义务的情况下必须向买方提供一些信息的说明）	a）FOB 的规定制定了运输合同。b）买方没有义务向卖方提供保险合同
A4 交货	B4 受领货物（接收货物）
卖方必须将货物运到买方所指定的船只上，若有的话，就送到买方的指定装运港或由中间商获取这样的货物。在这两种情况下，卖方必须按约定的日期或期限内按照该港习惯方式运输到港口。如果买方没有明确装运地，卖方可以在指定的装运港中选择最合目的的装运点	买方必须在卖方 A4 中规定交货时受领货物

A 卖方义务	B 买方义务
A5 风险转移	B5 风险转移
卖方要承担货物灭失或者损坏的全部风险，直至已经按照 A4 中的规定交付货物为止；但 B5 中规定的货物灭失或者损坏的情况除外	自货物按照 A4 规定交付之时起，买方要承担货物灭失或损失的全部风险。若：a）买方没有按照 B7 规定通知船只的指定；或 b）买方指定的船只没有按期到达，以致卖方无法履行 A4 规定；或（指定船只）没有接管货物；或者（指定船只）较按照 B7 通知的时间提早停止装货。那么，自以下所述之日起买方承担货物灭失或损失的全部风险）：（ⅰ）自协议规定的日期起，若没有协议约定的日期，（ⅱ）则自卖方按照 A7 规定的协议期限内的通知之日起，或者，若没有约定通知日期时，（ⅲ）则自任一约定的交付期限届满之日起，但前提是，该货物已经被准确无疑地确定是合同规定之货物
A6 费用划分	B6 费用划分
卖方必须支付：a）除由 B6 规定的理应由买方支付的以外，卖方必须支付货物有关的一切费用，直到已经按照 A4 规定交货为止；及 b）需要办理海关手续时，货物出口需要办理的海关手续费用及出口时应缴纳的一切关税、税款和其他费用	买方必须支付：a）自按照 A4 规定交货之时起与货物有关的一切费用，除了需要办理海关手续时，货物出口需要办理的海关手续费用及出口时应缴纳的一切关税、税款和在 A6b）种提到的其他费用；及 b）以下两种情形之一将导致额外费用：（ⅰ）由于买方未能按照 B7 规定给予卖方相应的通知，（ⅱ）买方指定的船只未按时到达，或未接收上述货物，或较按照 B7 通知的时间提早停止装货除非该项货物已正式划归合同项下；及需要办理海关手续时，货物进口应缴纳的一切关税、税款和其他费用，及货物进口时办理海关手续的费用，以及货物从他国过境的费用
A7 通知买方	B7 通知卖方
在由买方承担风险和费用，卖方必须给予买方说明货物已按照 A4 规定交货或者船只未能在约定的时间内接收上述货物的充分通知	买方必须给予卖方有关船名、装船点、以及需要时在约定期限内所选择的交货时间的充分通知
A8 交货凭证	B8 提货证据
卖方必须自付费用向买方提供证明货物已按照 A4 规定交货的通常单据。除非前项所述单据是运输单据，否则应买方要求并由其承担风险和费用，卖方必须给予买方协助，以取得运输单据	买方必须接受按照 A8 规定提供的交货凭证

续表

A 卖方义务	B 买方义务
A9 检查、包装、标志	B9 货物检验
卖方必须支付为按照 A4 规定交货所需进行的查对费用（如核对货物品质、丈量、过磅、点数的费用），以及出口国有关当局强制进行的装运前检验的费用。卖方必须自付费用，包装货物，除非按照相关行业惯例，运输的货物无需包装销售。卖方必须以适合运输的形式包装货物，除非买方在订立销售合同前已经告知卖方特定的包装要求。包装应作适当标记。卖方必须自费包装货物，除非所运送的货物按照交易习惯属于无需包装的种类。卖方可以以适合运输该货物的方式包装它们，除非在销售合同签订之前买方通知了卖方的具体包装要求。包装必须做上适当的标记	买方必须支付任何装运前检验的费用，但出口国有关当局强制进行的检验除外
A10 信息帮助和相关费用	B10 信息帮助和相关费用
在适用的情况下，应买方要求并由其承担风险和费用，卖方必须及时地给予买方一切协助，以帮助其取得他们所需要的货物进口和/或运送到最终目的地的一切单据及信息。（包含与安全因素相关的信息）卖方必须向买方支付所有买方因提供或帮助卖方得到 B10 中规定的单据或信息而产生的费用	买方必须及时告诉卖方其对任何与安全有关的信息的要求，以使卖方可以遵循 A10。买方必须支付全部费用以及在 A10 中规定的卖方提供和给予协助使买方获取单据和信息所发生的一切费用。在适用的情况下，应卖方要求并由其承担风险和费用，买方必须及时地提供或给予买方一切协助，以帮助其取得他们所需要的货物的运送和出口以及过境运输的一切单据及信息（包含与安全因素相关的信息）

11. CFR（Cost and Freight）成本加运费

本规定只适用于海路及内陆水运。

"成本加运费"是指卖方交付货物于船舶之上或采购已如此交付的货物，而货物损毁或灭失之风险从货物转移至船舶之上起转移，卖方应当承担并支付必要的成本加运费以使货物运送至目的港。

当使用 CPT、CIP、CFR 或 CIF 术语时，卖方在将货物交至已选定运输方式的运送者时，其义务即已履行，而非货物抵达目的地时方才履行。

本规则有两个关键点，因为风险转移地和运输成本的转移地是不同的。尽管合同中通常会确认一个目的港，而不一定确认却未必指定装运港，即风险转移给买方的地方。如果买方对装运港关乎买方的特殊利益（特别感兴趣），建议双方就此在合同中尽可能精确地加以确认。

建议双方对于目的港的问题尽可能准确确认，因为以此产生的成本加运费由卖方承担。订立与此项选择（目的港选择）精确相符的运输合同。如果因买方原因致使运输合同与卸货点基于目的港发生关系，那么除非双方达成一致，否则卖方无权从买方处收回这些费用。

成本加运费对于货物在装到船舶之上前即已交给（原为交付）承运人的情形可能不适用，例如通常在终点站（即抵达港、卸货点，区别于 port of destination）交付的集装箱货物。在这种情况下，宜使用 CPT 规则（如当事各方无意越过船舷交货）。

若合适的话，成本加运费原则要求卖方办理出口清关手续。但是，卖方无义务为货物办理进口清关、支付进口关税或者完成任何进口地海关的报关手续。

买卖双方义务

A 卖方义务	B 买方义务
A1 卖方的一般义务	B1 买方的一般义务
卖方应当提供符合销售合同规定的货物和商业发票，以及其他任何合同可能要求的证明货物符合合同要求的凭证。如果买卖双方达成一致或者依照惯例，任何 A1~A10 中所要求的单据都可以具有同等作用的电子讯息（记录或手续）出现	买方应当依销售合同支付商品价款。如果买卖双方达成一致或者依照惯例，任何 B1~B10 中所要求的单据都可以具有同等作用的电子讯息（记录或手续）出现
A2 许可证、批准、安全通关及其他手续	B2 许可证、批准、安全通关及其他手续
若可能的话，卖方应当自担风险和费用，取得任何出口许可证或者其他官方授权，并办妥一切货物出口所必需的海关手续	若可能的话，买方有义务在自担风险与费用的情况下获得任何进口许可或其他的官方授权并为货物进口以及其在国内的运输办妥一切海关报关手续
A3 运输合同与保险合同	B3 运输合同和保险合同
a）卖方应当在运输合同中约定一个协商一致的交付地点，若有的话如在目的地的指定港口，或者，经双方同意在港口的任意地点。卖方应当自付费用，按照通常条件订立运输合同，经由惯常航线，将货物用通常用于供运输这类货物的船舶加以运输。b）卖方并无义务为买受人订立一份保险合同。但是，卖方应当按照买方的要求，在买方承担风险和费用（如果有的话）的前提下为其提供投保所需的信息	a）买方无义务为卖方订立运输合同；b）买方无义务为卖方订立保险合同。但是根据卖方请求，买方须提供投保所需要的必要信息（双方均无义务为对方订立保险合同，但若对方要求，则均有义务提供必要信息）
A4 交货	B4 受领货物（接收货物）
卖方应当通过将货物装至船舶之上或促使货物以此种方式交付进行交付。在任何一种情形下，卖方应当在约定的日期或期间内依惯例（新增部分）交付	买方必须在卖方按照 A4 规定交货时受领货物，并在指定目的港从承运人处收受货物
A5 风险转移	B5 风险转移
除 B5 中描述的毁损灭失的情形之外，在货物按照 A4 的规定交付之前（越过船舷前），卖方承担一切货物毁损灭失的风险	买方必须承担货物按照 A4 规定交付后毁损灭失的一切风险。如果买方未按照 B7 规定给予卖方通知，买方必须从约定的装运日期或装运期限届满之日起，承担货物灭失或损坏的一切风险，假如货物已被清楚地确定为合同中的货物（即特定物）

续表

A 卖方义务	B 买方义务
A6 费用划分	B6 费用划分
卖方必须支付以下费用：a）所有在货物按照 A4 交付完成之前所产生的与之相关的费用，B6 中规定应由买方承担的可支付的部分除外；b）货物运输费用及由 A3a）之规定（即运输合同）而产生的一切其他费用，包括装载货物的费用，以及按照运输合同约定由卖方支付的在约定卸货港口卸货产生的费用；c）在适当的情况下，因海关手续产生的一切费用，以及出口货物所需缴纳的一切关税，税赋（注意两者之间区别）及其他应缴纳之费用，以及根据运输合同应由卖方承担的因穿过任何国家所产生的过境费用	除 A3 条款第一项的规定费用之外，买方必须支付：a）从货物以在 A4 中规定的方式交付起与之有关的一切费用，除了出口所必要的清关费用，以及在 A6 第三款中所涉及的所需的一切关税、赋税及其他各项应付出口费用；b）货物在运输途中直至到达目的港为止的一切费用，除非这些费用根据运输合同应由卖方支付（无变化）；c）卸货费用，包括驳船费和码头费，除非该成本和费用在运输合同是由卖方支付的（无变化）；d）任何额外的费用，如果（进一步规定）没有在既定日期或运送货物的既定期间的到期日前按照 B7 中的规定发出通知，但是（假如、倘若）货物已被清楚地确定为合同中的货物（即特定物，这里和 B5 是类似的）；及 e）在需要办理海关手续时，货物进口应缴纳的一切关税、税款和其他费用，及办理海关手续的费用，以及需要时从他国过境的费用，除非这些费用已包括在运输合同中（无变化）
A7 通知买方	B7 通知卖方
卖方应当给予买方所有/任何（后者更恰切，与 2000 年形成对比）其需要的通知，以便买方能够采取通常必要的提货措施	每当能够在指定的目的港之内确定装运货物的时间或者接收货物的具体地点时，买方必须充分给予卖方通知
A8 交货凭证	B8 提货证据
卖方应当自负费用的情况下，毫不迟疑（延误）地向买方提供表明载往约定目的港的通常运输单据。这一运输单据须载明（包含）合同货物，其日期应在约定的装运期内，使买方得以在目的港向承运人提取货物（主张权利），并且除非另有约定，应使买方得以通过转让单据（提单）或通过通知承运人，向其后手买方（下家）出售在途货物。如此运输单据为可以流通、可以议付形式（银行根据信用证付钱）或有数个正本，则应向买方提供全套正本	买方必须接受按照 A8 规定提供的运输单据，如果该单据符合合同规定的话（无变化）
A9 检查、包装、标志	B9 货物检验
卖方应当支付为遵循 A4 条款运输货物所需的进行核对的费用（比如核对货物质量、尺寸、重量、点数），同时还需支付国家出口机关规定的进行装船检查的费用。卖方必须自付费用提供货物的包装，除非在此行业中这种货物无包装发送、销售是普遍的现象。卖方应当用适于运输的方式包装货物，除非买方在交易合同生效前对卖方提出了特殊的包装要求。包装应当适当（恰当更合适）标记（直译容易出现歧义，适当标记也可以理解为可标可不标）	买方必须支付任何装运前检验的费用，但出口国有关当局强制进行的检验除外（无差异）

续表

A 卖方义务	B 买方义务
A10 信息帮助和相关费用	B10 信息帮助和相关费用
卖方必须在可能的情况下及时应买方的要求，在卖方承担风险与费用的前提下，向买方提供帮助，以使买方能够获得任何单据与信息，包括买方进口货物或者为保证货物到达目的地所需的安全信息。买方必须在合适的时候告知卖方任何安全保障要求，以便卖方做到与第十项条款规定相符。买方必须支付给卖方所有由卖方为获得与第十项条款相符的相关单据和信息所产生的费用和花费。卖方应当偿付所有买方基于 B10 的义务提供单据或信息的帮助所产生的一切费用（买方与卖方互相为对方为自己的帮助买单）	买方必须在合适的时候告知卖方任何安全保障要求，以便卖方做到与第十项条款规定相符。买方必须支付给卖方所有由卖方为获得与第十项条款相符的相关单据和信息所产生的费用和花费。买方必须在合适的情况下，及时地提供给卖方帮助，以便根据卖方的要求，由卖方承担风险，费用条件下，获得任何单据和信息，包括与安全有关的信息，卖方运输和出口货物以及通过任何国境的信息（新增）

12. CIF（Cost, Insurance and Freight）成本、保险加运费

该术语仅适用于海运和内河运输。

"成本、保险费加运费"指卖方将货物装上船或指（中间销售商）设法获取这样交付的商品。货物灭失或损坏的风险在货物于装运港装船时转移向买方。卖方须自行订立运输合同，支付将货物装运至指定目的港所需的运费和费用。

卖方须订立货物在运输途中由买方承担的货物灭失或损坏风险的保险合同。买方须知晓在 CIF 规则下卖方有义务投保的险别仅是最低保险险别。如买方希望得到更为充分的保险保障，则需与卖方明确地达成协议或者自行做出额外的保险安排。

当 CPT、CIP、CFR 或者 CIF 术语被适用时，卖方须在向承运方移交货物之时而非在货物抵达目的地时，履行已选择的术语相应规范的运输义务。

此规则因风险和费用分别于不同地点转移而具有以下两个关键点。合同惯常会指定相应的目的港，但可能不会进一步详细指明装运港，即风险向买方转移的地点；如买方对装运港尤为关注，那么合同双方最好在合同中尽可能精确地确定装运港。

当事人最好尽可能确定在约定的目的港内的交货地点，卖方承担至交货地点的费用。当事人应当在约定的目的地港口尽可能精准地检验，而由卖方承担检验费用。

如果卖方发生了运输合同之下的于指定目的港卸货费用，则卖方无需为买方支付该费用，除非当事人之间约定。

卖方必须将货物送至船上或者（由中间销售商）承接已经交付的货物并运送到目的地。除此之外，卖方必须签订一个运输合同或者提供这类的协议。这里的"提供"是为一系列的多项贸易过程（"连锁贸易"）服务，尤其在商品贸易中很普遍。

CIF 术语并不适用于货物在装上船以前就转交给承运人的情况，例如通常运到终点站交货的集装箱货物。在这样的情况下，应当适用 CIP 术语。

"成本、保险费加运费"术语要求卖方在适用的情况下办理货物出口清关手续。然而，卖方没有义务办理货物进口清关手续，缴纳任何进口关税或办理进口海关手续。

买卖双方义务

A 卖方义务	B 买方义务
A1 卖方的一般义务	**B1 买方的一般义务**
卖方必须提供符合销售合同的货物和商业发票，以及买卖合同可能要求的、证明货物符合合同规定的其他任何凭证。在 A1~A10 中的任何单据都可能是在双方合意或习惯性用法中的同等作用的电子记录或程序	买方必须按照买卖合同规定支付价款。在 B1~B10 中任何有关的文件都可能是在各部分或习惯性用法中使用的同等的电子记录或程序
A2 许可证、批准、安全通关及其他手续	**B2 许可证、批准、安全通关及其他手续**
一些重要货物或国家间的运输办理海关手续。在适用的时候，卖方须自负风险和费用，取得一切出口许可和其他官方许可，并办理货物出口所需的一切海关手续	在适当的时候，买方需要在自负风险和费用的前提下获得出口执照或其他政府许可并且办理所有出口货物的海关手续
A3 运输合同与保险合同	**B3 运输合同和保险合同**
a）卖家必须自行订立或者参照格式条款订立一个关于运输的合同，将货物从约定交付地（如果有）运输到目的地的指定港口（如果有约定）。运输合同需按照通常条件订立，由卖方支付费用，并规定货物由通常可供运输合同所指货物类型的船只、经由惯常航线运输。b）卖家须自付费用，按照至少符合《协会货物保险条款》（LMA/IUA）C 款或其他类似条款中规定的最低保险险别投保。这个保险应与信誉良好的保险人或保险公司订立，并保证买方或其他对货物具有保险利益的人有权直接向保险人索赔	a）买方无订立运输合同的义务。b）买方无订立保险合同的义务。但是，如果买方想附加同 A3b）中所描述的保险，就须根据卖方要求，提供给卖方任何附加该保险所需的信息。应买方要求，并由买方负担费用且提供一切卖方需要的信息，则卖方应提供额外的保险，如果能投保的话，例如《协会货物保险条款》（LMA/IUA）中的条款（A）或条款（B）或任何类似的条款中提供的保险和（或）与《协会战争险条款》和（或）《协会罢工险条款》（LMA/IUA）或其他类似条款符合的保险。最低保险金额应当包括合同中所规定的价款另加 10%（即 110%），并应用合同货币。保险应当承保从规定于 A4 和 A5 条款中的发货点发出至少到指定的目的港的货物。卖方必须提供给买方保险单或其他保险承保的证据。此外，应买方的要求，并由买方自负风险及费用（如有）的情况下，卖方必须提供买方所需要的任何获取额外保险的信息
A4 交货	**B4 受领货物（接收货物）**
卖方必须将货物放装船运送或者（由承运人）获取已经运送的货物，在上述任一情况下，卖方必须在合意日期或者在达成合意的期限内依港口的习惯进行交付	买方在货物已经以 A4 规定的方式送达时受领货物，并必须在指定的目的港受领货物
A5 风险转移	**B5 风险转移**
卖方直到货物以 A4 规定的方式送达之前都要承担货物灭失或者损坏的风险，除非货物是在 B5 描述的情况下灭失或者损坏	买方自货物按 A4 规定的方式送达后承担所有货物灭失或者损坏的风险。如果买方未按照 B7 规定给予卖方通知，那买方就要从递送的合意日期或者递送合意期限届满之日起承担货物灭失或者损坏的风险，前提是货物必须被清楚地标明在合同项下货物

A 卖方义务	B 买方义务
A6 费用划分	B6 费用划分
卖方必须支付 a）除在 B6 中规定的应由买方支付的费用外的与货物有关的一切费用，直至按 A4 规定交货为止；b）按照 A3a）规定的所有其他费用，包括在港口装载货物的费用以及根据运输合同由卖方支付的在约定卸货港的卸货费；c）A3b）规定所发生的保险费用；d）要办理海关手续时，货物出口需要办理的海关手续费以及出口应缴纳的一切关税、税款和其他费用，以及根据运输合同规定的由卖方支付的货物从他国过境的费用	除 A3a）规定外，买方必须支付 a）按照 A4 规定交货之时起与货物有关的一切费用，但不包括 A6d）中规定的在需要办理海关手续时，货物出口需要办理的海关手续费以及出口应缴纳的一切关税、税款和其他费用；b）输至到达目的地港口过程中与货物有关的一切费用，运输合同中规定由卖方承担的除外；c）运费和码头搬运费在内的卸货费用，运输合同中规定由卖方承担的除外；d）按照 B7 规定在约定日期或运送的协议期限到期时给予卖方相应通知而发生的任何额外费用，但以该项货物已正式划归合同项下为限；e）要办理海关手续时，货物进口应缴纳的一切关税、税款和其他费用，货物进口需要办理的海关手续费，以及从他国过境的费用，已包含在运输合同所规定的费用中的除外；及 f）根据 A3b）和 B3b），任何因买方要求而产生的附加保险费用
A7 通知买方	B7 通知卖方
卖方必须给予买方一切必要的通知，以便买方采取必要的措施来确保领受货物	当买方有权决定装运货物的时间和/或在目的港内接收货物的地点，买方必须给予卖方充分的通知
A8 交货凭证	B8 提货证据
卖方必须自付费用，毫不迟延地向买方提供表明载往约定目的港的通常运输单据。此单据必须载明合同货物，其日期应在约定的装运期内，使买方得以在目的港向承运人提取货物，并且，除非另有约定，应使买方得以通过转让单据或通过通知承运人，向其后手买方出售在途货物。如此运输单据有不同形式且有数份正本，则应向买方提供全套正本	买方必须接受按照 A8 规定提供的运输单据，如果该单据符合合同规定的话
A9 检查、包装、标志	B9 货物检验
卖方必须支付为了使运输货物符合 A4 的要求而产生的所有核对费用（例如核对货物品质、丈量、过磅、点数），以及出口国当局强制要求的运前检验。卖方必须自负费用，包装货物，但所运输货物通常无须包装即可销售的除外。卖方应当采用使货物适宜运输的包装方式，除非买方在买卖合同签订前告知卖方以特定方式包装。包装应当适当标记	买方必须支付所有强制性运前检验的费用，但出口国当局强制要求的检验除外

续表

A 卖方义务	B 买方义务
A10 信息帮助和相关费用	B10 信息帮助和相关费用
当适用的时候，应买方要求，并由其承担风险和费用，卖方必须及时地提供或给予协助以帮助买方取得他们货物进口和/或运输至最终目的地所需要的，包括相关安全信息在内的一切单据和讯息。对于买方由于提供或是协助卖方获取 B10 所规定的所有相关单据和信息而支出的所有的费用，卖方必须予以偿付	买方必须及时地告知卖方获取相关安全信息的要求，以便卖方能够遵守 A10 中的规定。卖方由于履行 A10 所述的规定，提供和协助买方获得相关信息所支出的费用，买方必须予以偿付。应卖方要求，并由其承担风险和费用，买方必须及时地提供或给予协助以使卖方获取其运输和货物出口通过任何国家所需要的，包括相关安全信息在内的一切单据和信息

注释：

［1］卖方只要将货物在指定的地点交给买方指定的承运人，并办理了出口清关手续，即完成交货。

［2］DAF 边境交货是指当卖方在边境的指定的地点和具体交货点，在毗邻国家海关边界前，将仍处于交货的运输工具上尚未卸下的货物交给买方处置，办妥货物出口清关手续但尚未办理进口清关手续时，即完成交货。"边境"一词可用于任何边境，包括出口国边境。因此，用指定地点和具体交货点准确界定所指边境，这是极为重要的。

［3］DES 目的港船上交货是指在指定的目的港，货物在船上交给买方处置，但不办理货物进口清关手续，卖方即完成交货。卖方必须承担货物运至指定的目的港卸货前的一切风险和费用。如果当事各方希望卖方负担卸货的风险和费用，则应使用 DEQ 术语。

［4］DDU 未完税交货是指卖方在指定的目的地将货物交给买方处置，不办理进口手续，也不从交货的运输工具上将货物卸下，即完成交货。卖方应承担将货物运至指定的目的地的一切风险和费用，不包括在需要办理海关手续时在目的地国进口应缴纳的任何"税费"（包括办理海关手续的责任和风险，以及缴纳手续费、关税、税款和其他费用）。买方必须承担此项"税费"和因其未能及时输货物进口清关手续而引起的费用和风险。

附录6 国际标准银行实务（ISBP681）中英文对照

一、引言（Introduction）

自从 ICC 银行委员会于 2002 年批准《国际标准银行实务》（ISBP）以来，ICC 第 645 号出版物就成为全球银行、企业、物流运营商及保险公司的得力助手。ICC 研讨会和研习班的参与者表示，由于 ISBP 中列明的 200 条惯例的应用，拒付率有所下降。

Since the approval of International Standard Banking Practice（ISBP）by the ICC Banking Commission in 2002, ICC Publication 645 has become an invaluable aid to banks, corporates, logistics specialists and insurance companies alike, on a global basis. Participants in ICC seminars and workshops have indicated that rejection rates have dropped due to the application of the 200 practices that are detailed in ISBP.

　　然而，也有评论认为，虽然 ISBP645 经银行委员会批准，但是它的应用与 UCP500 并无清晰的联系。随着 UCP600 于 2006 年 10 月的通过，更新 ISBP 就变得有必要了。需要强调的是，这是一个对 ICC645 号出版物的更新版本而非修订本。在 645 号出版物中被认为是恰当的段落被以基本相同的措辞纳入 UCP600 的正文中，从而不再包含在新版 ISBP 中。

　　However, there have also been comments that although the ISBP Publication 645 was approved by the Banking Commission its application had no relationship with UCP 500. With the approval of UCP 600 in October 2006, it has become necessary to provide an updated version of the ISBP. It is emphasized that this is an updated version as opposed to a revision of ICC Publication 645. Where it was felt appropriate, paragraphs that appeared in Publication 645 and that have now been covered in effectively the same text in UCP 600 have been removed from this updated version of ISBP.

　　作为在 UCP 和 ISBP 间建立联系的一种方式，UCP600 在引言中写道："在修订过程中，我们注意到在制定 ISBP（ICC645 号出版物）过程中所完成的大量工作。ISBP 已经发展成为判定单据与信用证是否相符时 UCP 的必备配套规则。起草小组和银行委员会期望 ISBP 及其后续修订版本中包含的原则能够在 UCP600 有效期间继续得到应用。当 UCP600 正式执行时，将有一个与其主旨和风格保持一致的更新版的 ISBP。"

　　As a means of creating a relationship between the UCP and ISBP, the introduction to UCP 600, states: "During the revision process, notice was taken of the considerable work that had been completed in creating the International Standard Banking Practice for the Examination of Documents under Documentary Credits (ISBP), ICC Publication 645. This publication has evolved into a necessary companion to the UCP for determining compliance of documents with the terms of letters of credit. It is the expectation of the Drafting Group and the Banking Commission that the application of the principles contained in the ISBP, including subsequent revisions thereof, will continue during the time UCP 600 is in force. At the time UCP 600 is implemented, there will be an updated version of the ISBP to bring its contents in line with the substance and style of the new rules."

　　本出版物中体现的国际标准银行实务与 UCP600 及 ICC 银行委员会发布的意见和决定是一致的。本文件并没有修改 UCP600，而是解释 UCP600 中表述的实务惯例如何为从业者所应用。本出版物与 UCP600 作为整体使用，不应孤立地解读。当然还须认识到某些国家可能会做出不同于本惯例的强制性规定。

　　The international standard banking practices documented in this publication are consistent with UCP 600 and the Opinions and Decisions of the ICC Banking Commission. This document does not amend UCP 600. It explains how the practices articulated in UCP 600 are applied by documentary practitioners. This publication and the UCP should be read in their entirety and not in isolation. It is, of course, recognized that the law in some countries may compel a different practice than those stated here.

　　没有哪个出版物能够预见跟单信用证项下可能使用的所有条款或单据，或者根据

UCP600 及其中反映的标准实务对这些条款或单据的解释。然而，指定 645 号出版物的特别小组努力将跟单信用证日常业务中的常见条款及常见单据涵盖其中。起草小组审核并更新了出版物以使其与 UCP600 保持一致。

No single publication can anticipate all the terms or the documents that may be used in connection with documentary credits or their interpretation under UCP 600 and the standard practice it reflects. However, the Task Force that prepared Publication 645 endeavoured to cover terms commonly seen on a day – to – day basis and the documents most often presented under documentary credits. The Drafting Group have reviewed and updated this publication to conform with UCP 600.

应当指出，跟单信用证中任何修改或排除 UCP 某一规定的适用性可条款可能也会对国际标准银行实务的适用产生影响。因此，在考虑本出版物所描述的惯例时，当事人必须考虑到跟单信用证中任何明确修改或排除 UCP600 规则的条款。这一原则暗含并贯穿于整部 ISBP 中。本实务中的举例仅为就事论事的说明，而不是全面详尽的阐述。

It should be noted that any term in a documentary credit which modifies or excludes the applicability of a provision of UCP 600 may also have an impact on international standard banking practice. Therefore, in considering the practices described in this publication, parties must take into account any term in a documentary credit that expressly modifies or excludes a rule contained in UCP 600. This principle is implicit throughout this publication. Where examples are given, these are solely for the purpose of illustration and are not exhaustive.

本实务中所反映的国际标准银行实务针对跟单信用证的所有当事方。由于开证申请人的义务、权利和救济取决于其与开证行之间的承诺、基础交易的履行情况以及可适用的法律和惯例下有关异议失效方面的规定，申请人不应认为其可以本实务为依据免除其偿付开证行的义务。将本实务纳入跟单信用证的条款实无必要，因为 UCP600 已包含了国际标准银行实务，而本实务所描述的惯例均被包括其中。

This publication reflects international standard banking practice for all parties to a documentary credit. Since applicants obligations, rights and remedies depend upon their undertaking with the issuing bank, the performance of the underlying transaction and the timeliness of any objection under applicable law and practice, applicants should not assume that they may rely on these provisions in order to excuse their obligations to reimburse the issuing bank. The incorporation of this publication into the terms of a documentary credit should be discouraged, as UCP600 incorporates international standard banking practice, which includes the practices described in this publication.

二、先期问题（Preliminary considerations）

信用证的申请和开立（The application and issuance of the credit）

1. 信用证条款独立于基础交易，即使信用证明确提及了该基础交易。但是，为避免在审单时发生不必要的费用、延误和争议，开证申请人和受益人应当仔细考虑要求何种单据、单据由谁出具和提交单据的期限。

The terms of a credit are independent of the underlying transaction even if a credit expressly refers to that transaction. To avoid unnecessary costs, delays, and disputes in the examination of documents, however, the applicant and beneficiary should carefully consider which documents should be required, by whom they should be produced and the time frame for presentation.

2. 开证申请人承担其有关开立或修改信用证的指示不明确所导致的风险。除非另有明确规定，开立或修改信用证的申请即意味着授权开证行以必要或适当的方式补充或细化信用证的条款，以使信用证得以使用。

The applicant bears the risk of any ambiguity in its instructions to issue or amend a credit. Unless expressly stated otherwise, a request to issue or amend a credit authorizes an issuing bank to supplement or develop the terms in a manner necessary or desirable to permit the use of the credit.

3. 开证申请人应当注意，UCP600 的许多条文，诸如第 3 条、第 14 条、第 19 条、第 20 条、第 21 条、第 23 条、第 24 条、第 28 条 i 款、第 30 条和第 31 条，其对术语的界定可能导致出乎意料的结果，除非开证申请人对这些条款充分了解。例如，在多数情况下，要求提交提单而且禁止转运的信用证必须排除 UCP600 第 20 条 c 款的适用，才能使禁止装运发生效力。

The applicant should be aware that UCP 600 contains articles such as 3, 14, 19, 20, 21, 23, 24, 28 (i), 30 and 31 that define terms in a manner that may produce unexpected results unless the applicant fully acquaints itself with these provisions. For example, a credit requiring presentation of a bill of lading and containing a prohibition against transshipment will, in most cases, have to exclude UCP 600 sub-article 20 (c) to make the prohibition against transshipment effective.

4. 信用证不应规定提交由开证申请人出具或副签的单据。如果信用证含有此类条款，则受益人必须要求修改信用证，或者遵守该条款并承担无法满足这一要求的风险。

A credit should not require presentation of documents that are to be issued or countersigned by the applicant. If a credit is issued including such terms, the beneficiary must either seek amendment or comply with them and bear the risk of failure to do so.

5. 如果对基础交易、开证申请和信用证开立的上述细节多加注意，在审单过程中出现的许多问题都能得以避免或解决。

Many of the problems that arise at the examination stage could be avoided or resolved by careful attention to detail in the underlying transaction, the credit application, and issuance of the credit as discussed.

三、一般原则（General principles）

（一）缩略语（Abbreviations）

6. 适用普通认可的缩略语不导致单据不符，例如，用 "Ltd." 代替 "Limited"（有限），用 "Int'l" 代替 "International"（国际），用 "Co." 代替 "Company"（公司），用 "kgs" 或 "kos." 代替 "kilos"（千克），用 "Ind" 代替 "Industry"（工业），用 "mfr" 代替 "manufacturer"（制造商），用 "mt" 代替 "metric tons"（公吨）。反之，用全称代替缩略语也不导致单据不符。

The use of generally accepted abbreviations, for example "Ltd." instead of "Limited", "Int'l" instead of "Interational", "Co." instead of "Company", "kgs" or "kos" instead of "kilos", "Ind" instead of "Industry", "mfr" instead of "manufacture", "mt" instead of "metric tons"。Vice versa, does not make a document discrepant.

7. 斜线（"/"）可能有不同的含义，不应用来替代词语，除非在上下文中可以明了其含义。

Virgules（slash marks "/"）may have different meanings, and unless apparent in the context used, should not be used as a substitute for a word.

（二）证明和声明（Certificate and declarations）

8. 证明、声明或类似文据既可以是单独的单据，也可以包含在信用证要求的其他单据内。如果证明或声明载于另一份有签字并注明日期的单据里，只要该证明或声明表面看来系由出具和签署该单据的同一人作出，则该证明或声明无须另行签字或加注日期。

A certification, declaration or the like may either be a separate document or contained within another document as required by the credit. If the certification or declaration appears in another document which is signed and dated, any certification or declaration appearing on that document does not require a separate signature or date if the certification or declaration appears to have been given by thesame entity that issued and signed the document.

（三）单据的修正和变更（Corrections and alterations）

9. 除了由受益人制作的单据外，对单据内容的修正和变更必须在表面上看来经单据出具人或其授权人证实。对履行过法定手续或载有签证、证明之类的单据的修正和变更必须在表面上看来经该法定手续实施人、签证人或证明人证实。证实必须表明该证实由谁作出，并包括证实人的签字或小签。如果证实从表面看来并非由单据出具人所为，则该证实必须清楚地表明证实人以何身份证实单据的修正和变更。

Corrections and alterations of information or data in documents, other than documents created by the beneficiary, must appear to be authenticated by the party who issued the document or by a party authorized by the issuer to do so. Corrections and alterations in documents which have been legalized, visaed, certified or similar, must appear to be authenticated by the party who legalized, visaed, certified etc., the document. The authentication must show by whom the authentication has been made and include the signature or initials of that party. If the authentication appears to have been made by a party other than the issuer of the document, the authentication must clearly show in which capacity that party has authenticated the correction or alteration.

10. 对未经履行法定手续、签证或证明之类的由受益人自己出具的单据（汇票除外）的修正和变更无需证实。参见"汇票和到期日的计算"。

Corrections and alterations in documents issued by the beneficiary itself, except drafts, which have not been legalized, visaed, certified or similar, need not be authenticated. See also "Drafts and calculation of maturity date".

11. 同一份单据内使用多种字体、字号或手写，其本身并不意味着修正或变更。

The use of multiple type styles or font sizes or handwriting in the same document does not, by itself, signify a correction or alteration.

12. 当一份单据包含不止一处修改或变更时，必须对每一处修正作出单独证实，或者以一种恰当的方式使一项证实与所有修正相关联。例如，如果一份单据显示出有标为1、2、3的三处修正，则使用类似"上述编号为1、2、3的修正经XXX授权"的声明即满足证实的要求。

Where a document contains more than one correction or alteration, either each correction must be authenticated separately or one authentication must be linked to all corrections in an appropriate way. For example, if the document shows three corrections numbered 1, 2 and 3, one statement such as "Correction numbers 1, 2 and 3 above authorized by XXX" or similar, willsatisfy the requirement for authentication.

（四）　日　期　（Dates）

13. 即使信用证没有明确要求，汇票、运输单据和保险单据也必须注明日期。如果信用证要求上述单据以外的单据注明日期，只要该单据援引了同时提交的其他单据的日期，即满足信用证的要求（例如，装运证明可使用"日期参见XXX号提单"或类似用语）。虽然要求的证明或声明在作为单独单据时宜注明日期，但其是否符合信用证要求取决于所要求的证明或声明的种类、所要求的措辞以及证明或声明中的实际措辞。至于其他单据是否要求注明日期则取决于单据的内容和性质。

Drafts, transport documents and insurance documents must be dated even if a credit does not expressly so require. A requirement that a document, other than those mentioned above, be dated, may be satisfied by reference in the document to the date of another document forming part of the same presentation (e. g., where a shipping certificate is issued which states "date as per bill of lading number XXX" or similar terms). Although it is expected that a required certificate or declaration in a separate document be dated, its compliance will depend on the type of certification or declaration that has been requested, its required wording and the wording that appears within it. Whether other documents require dating will depend on the nature and content of the document in question.

14. 任何单据，包括分析证明、检验证明和装运前检验证明注明的日期都可以晚于装运日期。但是，如果信用证要求一份单据证明装运前发生的事件（例如装运前检验证明），则该单据必须通过标题或内容来表明该事件（例如检验）发生在装运日之前或装运日当天。要求提交"检验证明"并不表明要求证明一件装运前发生的事件。任何单据都不得显示晚于交单日的出具日期。

Any document, including a certificate of analysis, inspection certificate and pre-shipment inspection certificate, may be dated after the date of shipment. However, if a credit requires a document evidencing a pre-shipment event (e. g., pre-shipment inspection certificate), the document must, either by its title or content, indicate that the event (e. g., inspection) took place prior to or on the date of shipment. A requirement for an "inspection certificate" does not constitute a requirement to evidence a pre-shipment event. Documents must not indicate that they were issued after the date they are presented.

15. 载明单据准备日期和随后的签署日期的单据应视为在签署之日出具。

A document indicating a date of preparation and a later date of signing is deemed to be issued on the date of signing.

16. 经常用来表示在某日期或事件之前或之后时间的用语：

"在后的 2 日内"表明从事件发生之日起至事件发生后两日的这一段时间。

"不迟于之后 2 日"表明的不是一段时间，而是最迟日期。如果通知日期不能早于某个特定日期，则信用证必须明确就此作出规定。

"至少在之前 2 日"表明某一事项不得晚于某一事件两日发生。该事项最早何时可以发生则没有限制。

"在的 2 日内"表明某一事件发生之前的两日至发生之后的两日之间的一段时间。

Phrases often used to signify time on either side of a date or event：

"within 2 days after" indicates a period from the date of the event until 2 days after the event.

"not later than 2 days after" does not indicate a period, only a latest date. If an advice must not be dated prior to a specific date, the must so state.

"at least 2 days before" indicates that something must take place not later than 2 days before an event. There is no limit as to how early it may take place.

"within 2 days of" indicates a period 2 days prior to the event until 2 days after the event.

17. 当"在之内"与日期连用时，在计算期间时该日期不包括在内。

The term "within" when used in connection with a date excludes that date in the calculation of the period.

18. 日期可以用不同的格式表示，例如 2007 年 11 月 12 日可以表示为 12 Nov 07、12Nov07、12.11.2007、12.11.07、2007.11.12、11.12.07、121107 等。只要试图表明的日期能够从该单据或提交的其他单据中确定，上述任何格式均可接受。为避免混淆，建议使用月份的名称而不要使用数字。

Dates may be expressed in different formats, e. g., the 12th of November 2007 could be expressed as 12 Nov 07, 12Nov07, 12.11.2007, 12.11.07, 2007.11.12, 11.12.07, 121107, etc. Provided that the date intended can be determined from the document or from other documents included in the presentation, any of these formats are acceptable. To avoid confusion it is recommended that the name of the month should be used instead of the number.

（五）UCP600 运输条款不适用的单据（Documents for which the UCP600 transport articles do not apply）

19. 与货物运输有关的一些常见单据，例如交货单、货运代理收据证明、货运代理装运证明、货运代理运输证明、货运代理货物收据和大副收据均不反映运输合同，不是 UCP600 第 19 条到第 25 条规定的运输单据。因此 UCP600 第 14 条 c 款不适用于这些单据，而应以审核 UCP600 未作规定的其他单据的相同方式审核这些单据，也即适用 UCP600 第 14 条 f 款。在任何情况下，单据不得迟于信用证规定的截止日提交。

Some documents commonly used in relation to the transportation of goods, e. g., Delivery Order, Forwarder's Certificate of Rec Forwarder's Certificate of Shipment, Forwarder's Certificate of Transport, Forwarder's Cargo Receipt and Mate's Receipt do not reflect a contract of carriage and are not transport documents as defined in UCP 600 articles 19-25. As such, UCP 600 sub-article 14 c would not apply to these documents. Therefore, these documents will be examined in the same manner as other documents for which there are no specific provisions in UCP 600, i. e. , under sub-article 14 f. In any event, documentsmust be presented not later than the expiry date for presentation as stated in the credit.

20. 运输单据的副本并不是 UCP600 第 19 条至第 25 条及第 14 条 c 款所指的运输单据。UCP600 关于运输单据的条款仅适用于有正本运输单据提交时。如果信用证允许提交副本而不是正本运输单据，则信用证必须明确规定应当显示的细节。当提交副本（不可转让的）单据时，无须显示签字、日期等。

Copies of transport documents are not transport documents for the purpose of UCP 600 articles 19-25 and sub-article 14 c. The UCP 600 transport articles apply where there are original transport documents presented. Where a credit allows for the presentation of a copy transport document rather than an original, the credit must explicitly state the details to be shown. Where copies (non-negotiable) are presented, they need not evidence signature, dates, etc.

（六）UCP600 未定义的用语（Expressions not defined in UCP600）

21. 由于 UCP600 对诸如"装运单据""过期单据可接受""第三方单据可接受"及"出口国"等用语未作定义，因此，不应使用此类用语。如果信用证使用了此类用语，则应明确其含义。否则，根据国际标准银行实务，其含义如下：

"装运单据"（shipping documents）指信用证要求的除汇票以外的所有单据（不限于运输单据）。

"过期单据可接受"指晚于装运日后 21 个日历日提交的单据可以接受，只要其不迟于信用证规定的交单截止日。

"第三方单据可接受"指所有单据，包括发票，但不包括汇票，均可由受益人之外的一方出具。如果开证行意在表示运输单据或其他单据可显示受益人之外的人为托运人，则无须这一条款，因为 UCP600 第 14 条 k 款已经对此予以认可。

"出口国"指受益人所在国，或货物原产地国，或承运人接收货物地所在国，或装运地或发货地所在国。

Expressions such as "shipping documents" "stale documents acceptable" "third party documents acceptable", a should not be used as they are not defined in UCP 600. If used in a credit, their meaning should be made apparent. If not, they have the following meaning under international standard banking practice：

"shipping documents" all documents (not only transport documents), except drafts, required by the credit.

"stale documents acceptable" documents presented later than 21 calendar days after the date of shipment are acceptable as long as they are presented no later than the expiry date for presentation as stated in the credit.

"third party documents acceptable" all documents, excluding drafts but including invoices, may be issued by a party other than the beneficiary. If it is the intention of the issuing bank that the transport or other documents may show a shipper other than the beneficiary, the clause is not necessary because it is already permitted by sub-article 14 k.

"exporting country" the country where the beneficiary is domiciled, or the country of origin of the goods, or the country of receipt by the carrier or the country from which shipment or dispatch is made.

（七）单据的出具人（Issuer of documents）

22. 如果信用证要求单据由某具名个人或实体出具，只要单据从表面看来是由该具名个人或实体出具，即符合信用证要求。单据使用该具名个人或实体的信笺抬头，或如果未使用其信笺抬头，但表面看来是由该具名个人或实体或其代理人完成或签署，即为表面看来由该具名个人或实体出具。

If a credit indicates that a document is to be issued by a named person or entity, this condition is satisfied if the document appears to be issued by the named person or entity. It may appear to be issued by a named person or entity by use of its letterhead, or, if there is no letterhead, the document appears to have been completed or signed by, or on behalf of, the named person or entity.

（八）语言（Language）

23. 在国际标准银行实务下，受益人出具的单据应使用信用证所使用的语言。如果信用证规定可以接受使用两种或两种以上语言的单据，指定银行在通知该信用证时，可限制单据使用语种的数量，作为对该信用证承担责任的条件。

Under international standard banking practice, it is expected that documents issued by the beneficiary will be in the language of the credit. When a credit states that documents in two or more languages are acceptable, a nominated bank may, in its advice of the credit, limit the number of acceptable languages as a condition of its engagement in the credit.

（九）数学计算（Mathematical calculations）

24. 银行不检查单据中的数学计算细节，而只负责将总量与信用证及其他要求的单据相核对。

Detailed mathematical calculations in documents will not be checked by banks. Banks are only obliged to check total values against the credit and other required documents.

（十）拼写或打字错误（Misspellings or typing errors）

25. 如果拼写或打字错误并不影响单词或其所在句子的含义，则不构成单据不符。例如，在货物描述中用"machine"表示"machine"（机器），用"fountain pen"表示"fountain pen"（钢笔），或用"model"表示"model"（型号）均不导致单据不符。但是，将"model 321"（型号 321）写成"model 123"（型号 123）则不被视为打字错误，而是构成不符点。

A misspelling or typing error that does not affect the meaning of a word or the sentence in which it occurs, does not make a document discrepant. For example, a description of the merchandise as "mashine" instead of "machine", "fountain pen" instead of "fount model" instead of "model" would not make the document discrepant. However, a description as "model

123" instead of not be regarded as a typing error and would constitute a discrepancy.

（十一）多页单据和附件或附文（Multiple pages and attachments or riders）

26. 除非信用证或单据另有规定，否则被装订在一起、按序编号或内部交叉援引的多页单据，无论其名称或标题如何，都应被作为一份单据来审核，即使有些页张被视为附件。当一份单据包括不止一页时，必须能够确定这些不同页张同属一份单据。

Unless the credit or a document provides otherwise, pages which are physically bound together, sequentially numbered or contain internal cross references, however named or entitled, are to be examined as one document, even if some of the pages are regarded as an attachment. Where a document consists of more than one page, it must be possible to determine that the pages are part of the same document.

27. 如果要求一份多页的单据载有签字或背书，签字通常在单据的第一页或最后一页，但是除非信用证或单据自身规定签字或背书应在何处，签字或背书可以出现在单据的任何位置。

If a signature or endorsement is required to be on a document consisting of more than one page, the signature is normally placed on the first or last page of the document, but unless the credit or the document itself indicates where a signature or endorsement is to appear, the signature or endorsement may appear anywhere on the document.

（十二）正本和副本（Original and copies）

28. 单据的多份正本可标注为"正本""第二联""第三联""第一正本""第二正本"。上述任一标注均不使其丧失正本地位。

Documents issued in more than one original may be marked "Original""Duplicate""Triplicate" "First original""Second original". None of these markings will disqualify a document as an original.

29. 提交单据的正本数量必须至少为信用证或 UCP600 要求的数量，或当单据自身表明了已出具的正本数量时，至少为该单据表明的数量。

The number of originals to be presented must be at least the number required by the credit, the UCP 600, or, where the document itself states how many originals have been issued, the number stated on the document.

30. 有时从信用证的措辞难以确定信用证要求提交正本单据还是副本单据，以及确定该要求是以正本还是副本予以满足。例如，当信用证要求：

a）"发票""一份发票"或"发票一份"，应被理解为一份正本发票。

b）"发票四份"，则提交至少一份正本发票，其余用副本发票即满足要求。

c）"发票的一份"，则提交一份副本发票或一份正本发票均符合要求。

It can sometimes be difficult to determine from the wording of a credit whether it requires an original or a copy, and to determine whether that requirement is satisfied by an original or a copy. For example, where the credit requires:

a）"Invoice""One invoice" or "Invoice in 1 copy", it will be understood to be a requirement for an original invoice.

b）"Invoice in 4 copies", it will be satisfied by the presentation of at least one original and the remaining number as copies of an invoice.

c）"One copy of invoice", it will be satisfied by presentation of either a copy or an original of an invoice.

31. 当不接受正本代替副本时，信用证必须规定禁止提交正本，例如，应标明"发票复印件——不接受用正本代替复印件"，或类似措辞。

当信用证要求提交运输单据副本并且表明对正本的处理指示时，提交正本运输单据将不被接受。

Where an original would not be accepted in lieu of a copy, the credit must prohibit an original, e. g., "original photocopy of document not acceptable in lieu of photocopy", or the like. Where a credit calls for a copy of a transport documents and indicates the disposal instructions for the original of that transport document, an original transport document will not be acceptable.

32. 单据副本无须签字。

Copies of documents need not be signed.

33. 除 UCP600 第 17 条外，ICC 银行委员会政策声明 [文件 470/871（修订）]，即"在 UCP500 第 20 条 b 款项下如何确定正本单据"，可对正本和副本问题提供进一步指引，并在 UCP600 下仍然有效。该政策声明的内容作为本出版物的附录，以供参考。

In addition to UCP 600 article 17, the ICC Banking Commission Policy Statement, document 470/871（Rev）, titled ion of "The determination—Original document in the context of UCP 500 sub-article 20b" is recommended for further guidance on originals and copies and remains valid under UCP 600. The content of the Policy Statement appears in the Appendix of this publication, for reference purposes.

（十三）唛头（Shipping marks）

34. 使用唛头的目的在于能够识别箱、袋或包装。如果信用证对唛头的细节作了规定，则载有唛头的单据必须显示这些细节，但额外的信息可以接受，只要其与信用证的条款不矛盾。

The purpose of a shipping mark is to enable identification of a box, bag or package. If a credit specifies the details of a shipping mark, the documents mentioning the marks must show these details, but additional information is acceptable provided it is not in conflict with the credit terms.

35. 某些单据中唛头所包含的信息常常超出通常意义上的唛头所包含的内容，可能包括诸如货物种类、易碎货物的警告、货物净重及/或毛重等。在一些单据里显示了此类额外信息而其他单据没有显示，不构成不符点。

Shipping marks contained in some documents often include information in excess o f what would normally be considered "shipping marks", and could include information such as the type of goods, warnings as to the handling of fragile goods, net and/or gross weight of the goods, etc. The fact that some documents show such additional information, while others do not, is not a discrepancy.

36. 集装箱货物的运输单据有时在"唛头"栏中仅仅显示集装箱号，其他单据则显示详细唛头，如此并不视为矛盾。

Transport documents covering containerized goods will sometimes only show a container number under the heading "shipping marks". Other documents that show a detailed marking will not be considered to be in conflict for that reason.

（十四）　签字（Signatures）

37. 即使信用证未作规定，汇票、证明和声明就其性质而言应有签字。运输单据和保险单据必须按照 UCP600 的规定予以签署。

Even if not stated in the credit, drafts, certificates and declarations by their nature require a signature. Transport documents and insurance documents must be signed in accordance with the provisions of UCP 600.

38. 单据上留有专供签字的方框或空格并不必然意味着该方框或空格处必须有签字。例如，在运输单据如航空运单或公路运输单据中经常会标明"托运人或其代理人签字"或类似用语的区域，但银行并不要求在该处有签字。如果单据内容表明须经签字才能生效（例如，"单据非经签署无效"，或类似用语），则必须签字。

The fact that a document has a box or space for a signature does not necessarily mean that such box or space must be completed with a signature. For example, banks do not require a signature in the area titled "Signature of shipper" or their agent phrases, commonly found on transport documents such as air waybills or road transport documents. If the content of a document indicates that it requires a or signature to establish its validity (e. g. , "This document is not valid unless signed" or similar terms), it must be signed.

39. 签字不必一定手写。使用摹样签字、打孔签字、印章、符号（例如戳记）或任何用以证实身份的任何电子或机械方法均可。但是，已签单据的复印件不能视为已签正本单据，通过传真发送的已签单据如果不另外加具原始签字的话，也不视为已签正本。如果要求单据"签字并盖章"或类似要求，则单据只要载有签字及签字人的名称，无论该名称是打印、盖章或手写，均满足该项要求。

A signature need not be handwritten. Facsimile signatures, perforated signatures, stamps, symbols (such as chops) or any electronic or mechanical means of authentication are sufficient. However, a photocopy of a signed document does not qualify as a signed original document, nor does a signed document transmitted through a fax machine, absent an original signature. A requirement for a document to be "signed and stamped" a similar requirement, is also fulfilled by a signature and the name of the party typed, or stamped, or handwritten, etc.

40. 除非另有规定，在带有公司抬头的信笺上的签字将被视为该公司的签字。无须在签字旁重复公司的名称。

A signature on a company letterhead paper will be taken to be the signature of that company, unless otherwise stated. The company name need not be repeated next to the signature.

（十五）　单据名称及联合单据（Title of documents and combined documents）

41. 单据可以使用信用证要求的名称或相似名称，或无名称。例如，信用证要求"装箱单"，无论该单据名称为"装箱记录"还是"装箱和重量单"还是无名称，只要单据包含了装箱细节，即为满足信用证要求。单据内容在表面看来必须符合所要求单据的功能。

Documents may be titled as called for in the credit, bear a similar title, or be untitled. For example, a credit requirement for a "Packing List" may also be satisfied by a document containing packing details whether titled "Packing Note" "Packing and Weight List", etc., or on untitled document. The content of a document must appear to fulfil the function of the required document.

42. 信用证列明的单据应作为单独单据提交。如果信用证要求装箱单和重量单，可以提交两份独立的单据，或提交两份正本的装箱单和重量单联合单据，只要该联合单据同时表明装箱和重量细节，即视为符合信用证要求。

Documents listed in a credit should be presented as separate documents. If a credit requires a packing list and a weight list, such requirement will be satisfied by presentation of two separate documents, or by presentation of two original copies of a combined packing and weight list, provided such document states both packing and weight details.

四、汇票和到期日的计算（Drafts and calculation of maturity date）

（一）票期（Tenor）

43. 票期必须与信用证条款一致。

如果汇票不是见票即付或见票后定期付款，则必须能够从汇票本身内容确定到期日。

以下是通过汇票内容确定汇票到期日的示例。如果信用证要求汇票的票期为提单日后 60 天，而提单日为 2007 年 7 月 12 日，则汇票票期可用下列任一方式表明：

a)"提单日 2007 年 7 月 12 日后 60 日"；或，

b)"2007 年 7 月 12 日后 60 日"；或

c)"提单日后 60 日"，并且汇票表面的其他地方表明"提单日 2007 年 7 月 12 日"；

d) 或在出票日期与提单日期相同的汇票上标注"出票日后 60 日"；

e) 或"2007 年 9 月 10 日"，即提单日后 60 日。

如果用提单日后 XXX 天表示票期，则以装船日为提单日，即使装船日早于或晚于提单签发日。

根据 UCP600 第三条的指引，当使用"从……起"（from）和"在之后"（after）来确定汇票到期日时，到期日的计算从单据日期、装运日期或其他事件的次日起起算，也就是说，从 3 月 1 日起 10 日或 3 月 1 日后 10 日均为 3 月 11 日。

如果信用证要求汇票票期为提单日后 60 日或从提单日起 60 日，而提单上有多个装船批注，且所有装船批注均显示货物从信用证允许的地理区域或地区的港口装运，则使用最早的装船批注日期计算汇票到期日。例如，信用证要求从欧洲港口装运，提单显示货物于 8 月 16 日在都柏林装上 A 船，于 8 月 18 日在鹿特丹装上 B 船，则汇票到期日应为在欧洲港口的最早装船日，即 8 月 16 日起的 60 天。

如果信用证要求汇票票期为提单日后 60 日或提单日起 60 日，而一张汇票项下提交了多套提单，则最晚的提单日将被用来计算汇票的到期日。

The tenor must be in accordance with the terms of the credit.

If a draft is drawn at a tenor other than sight, or other than a certain period after sight, it must be possible to establish the maturity date from the data in the draft itself.

As an example of where it is possible to establish a maturity date from the data in the draft, if a credit calls for drafts at atenor 60 days after the billof lading date, where the date of the bill of lading is 12 July 2007, the tenor could be indicated on the draft in one of the following ways:

a) "60 days after bill of lading date 12 July 2007", or

b) "60 days after 12 July 2007", or

c) "60 days after bill of lading date" and elsewhere on the face of the draft state "bill of lading date 12 July 2007", or

d) "60 days date" on a draft dated the same day as the date of the bill of lading, or

e) "10 September 2007", i. e. 60 daystahfetebrill of lading date.

If the tenor refers to XXX days after the bill of lading date, the on board date is deemed to be the bill of lading date even if the on board date is prior to or later than the date of issuance of the bill of lading.

UCP 600 article 3 provides guidance that where the words "from" and "after" are used to determine maturity dates of drafts, the calculation of the maturity commences the day following the date of the document, shipment, or other event, i. e., 10 days after or from March 1 is March 11.

If a bill of lading showing more than one on board notation is presented under a credit which requires drafts to be drawn, for example, at 60 days after or from bill of lading date, and the goods according to both or all on board notations were shipped from ports within a permitted geographical area or region, the earliest of these on board dates will be used for calculation of the maturity date. Example: the credit requires shipment from European port, and the bill of lading evidences on board vessel "A" from Dublin August 16 and on board vessel "B" from Rotterdam August 18. The draft should reflect 60 days from the earliest on board date in a European port, i. e., August 16.

If a credit requires drafts to be drawn, for example, at 60 days after or from bill of lading date, and more than one set of bills of lading is presented under one draft, the date of the last bill of lading will be used for the calculation of the maturity date.

44. 上述例子中提及的尽管是提单日，但相同原则适用于所有运输单据。

While the examples refer to bill of lading dates, the same principles apply to all transport documents.

（二）到期日（Maturity date）

45. 如果汇票使用实际日期表示到期日，则该日期必须按信用证的要求计算。

If a draft states a maturity date by using an actual date, the date must have been calculated in accordance with the requirements of the credit.

46. 如果汇票是"见票 XXX 日后"付款，则到期日按如下方法确定：

a) 对于相符单据，或虽不相符但付款银行未曾发出拒付通知的单据，到期日为付款银行收到单据后的第 XXX 日。

b) 对于付款银行已发出拒付通知但随后又同意接受的不符单据，到期日最迟为付款银行承兑汇票的第 XXX 日。汇票承兑日不得晚于开证行接受申请人对不符点的放弃的日期。

For drafts drawn "at XXX days sight", the maturity date is established as follows:

a）in the case of complying documents, or in the case of non-complying documents where the drawee bank has not provided a notice of refusal, the maturity date will be XXX days after the date of receipt of documents by the drawee bank.

b）in the case of non-complying documents where the drawee bank has provided a notice of refusal and subsequent approval, at the latest XXX days after the date of acceptance of the draft by the drawee bank. The date of acceptance of the draft must be no later than the date the issuing bank accepts the waiver of the applicant.

47. 在所有情况下付款银行均须向交单人通知汇票到期日。上述票期和到期日的计算也适用于延期付款信用证，即也适用于不要求收益人提交汇票的情形。

In all cases the drawee bank must advise the maturity date to the presenter. The calculation of tenor and maturity dates, as shown above, would also apply to credits designated as being available by deferred payment, i. e., where there is no requirement for a draft to be presented by the beneficiary.

（三）银行工作日、宽限期、汇款迟延（Banking days, grace day, delays in remittance）

48. 付款应于到期日在汇票或单据的付款地以立即能够使用的资金支付，只要到期日是付款地的银行工作日。如果到期日不是银行工作日，则付款日为到期日后的第一个银行工作日。汇款迟延，例如宽限期、汇款过程需要时间等不能在汇票或单据所载明或约定的到期日之外。

Payment must be available in immediately available funds on the due date at the place where the draft or documents are payable, provided such due date is a banking day in that place. If the due date is a non-banking day, payment will be due on the first banking day following the due date. Delays in the remittance of funds, such as grace days, the time it takes to remit funds, etc., must not be in addition to the stated or agreed due date as defined by the draft or documents.

（四）背书（Endorsement）

49. 如果必要，汇票必须背书。

The draft must be endorsed, if necessary.

（五）金额（Amounts）

50. 如果同时有大写和小写金额，则大写金额必须准确反映小写表示的金额，同时显示信用证规定的币种。

The amount in words must accurately reflect the amount in figures if both are shown, and indicate the currency, as stated in the credit.

51. 金额必须与发票一致，除非出现 UCP600 第 18 条 b 款规定的情况。

The amount must agree with that of the invoice, unless as a result of UCP 600 sub-article 18 b.

（六）出票（How the draft is drawn）

52. 汇票必须以信用证规定的人为付款人。

The draft must be drawn on the party stated in the credit.

53. 汇票必须由受益人出票。

The draft must be drawn by the beneficiary.

（七）以申请人为付款人的汇票（Drafts on the applicant）

54. 信用证可以要求提交以开证申请人为付款人的汇票作为所需单据之一，但是不得开立成凭以开证申请人为付款人的汇票兑用。

A credit may be issued requiring a draft drawn on the applicant as one of the required documents, but must not be issued available by drafts drawn on the applicant.

（八）修正和变更（Corrections and alterations）

55. 汇票如有修正或变更，必须在表面看来经出票人证实。

Corrections and alterations on a draft, if any, must appear to have been authenticated by the drawer.

56. 有些国家不接受带有修正或变更的汇票，即使有出票人的证实。此类国家的开证行应在信用证中声明汇票中不得出现修改或变更。

In some countries a draft showing corrections or alterations will not be acceptable even with the drawer suing banks'ins authentic such countries should make a statement in the credit to the effect that no correction or alteration must appear in the draft.

五、发票（Invoices）

（一）发票的界定（Definition of invoice）

57. 如信用证要求"发票"而未做进一步界定，则提交任何形式的发票均可（如商业发票、海关发票、税务发票、最终发票、领事发票等）。但是，"临时发票""预开发票"或类似发票则不可接受。当信用证要求提交商业发票时，标为"发票"的单据可以接受。

A credit requiring an "invoice" without further definition will be satisfied by any type of invoice presented (commercial invoice, customs invoice, tax invoice, final invoice, consular invoice, etc.). However, invoices identified as "provisional" "pro-formal" or the like are not acceptable. When a credit requires presentation of a commercial invoice, a document titled "invoice" will be acceptable.

（二）货物、服务或履约行为的描述及其他有关发票的一般事项（Description of the goods, services or performance and other general issue related to invoice）

58. 发票中的货物、服务或履约行为的描述必须与信用证中的一致，但并不要求如镜像般一致。例如，货物细节可以在发票中的若干处表示，当并在一起时与信用证中的一致即可。

The description of the goods, services or performance in the invoice must correspond with the description in the credit. There is no requirement for a mirror image. For example, details of the goods may be stated in a number of areas within the invoice which, when collated together, represents a description of the goods corresponding to that in the credit.

59. 发票中的货物、服务或履约行为的描述必须反映实际装运或提供的货物、服务或履约行为。例如，信用证中的货物描述显示两种货物，如 10 辆卡车和 5 辆拖拉机，如果信用证不禁止分批装运，则发票只显示装运 4 辆卡车是可以接受的。列明信用证规定的全部货物描述，然后注明实际装运货物的发票也可接受。

The description of goods, services or performance in an invoice must reflect what has actually been shipped or provided. For example, where there are two types of goods shown in the credit, such as 10 trucks and 5 tractors, an invoice that reflects only shipment of 4 trucks would be acceptable provided the credit does not prohibit partial shipment. An invoice showing the entire goods description as stated in the credit, then stating what has actually been shipped is also acceptable.

60. 发票必须表明装运货物或提供的服务或履约行为的价值。发票中显示的单价（如有的话）和币种必须与信用证中的一致。发票必须显示信用证要求的折扣或扣减。发票还可显示信用证未规定的预付款或折扣等的扣减额。

An invoice must evidence the value of the goods shipped or services or performance provided. Unit price (s), if any, and currency shown in the invoice must agree with that shown in the credit. The invoice must show any discounts or deductions required in the credit. The invoice may also show a deduction covering advance payment, discount, etc., not stated in the credit.

61. 如果某贸易术语是信用证中货物描述的一部分，或与金额联系在一起表示，则发票必须显示信用证指明的贸易术语，而且如果货物描述提供了贸易术语的出处，则发票必须表明相同的出处（如信用证条款规定"CIF 新加坡 Incoterms 2000"，则"CIF 新加坡 Incoterms"就不符合信用证的要求）。费用和成本必须包括在信用证和发票中标明的贸易术语所显示的金额内，不允许任何超出该金额的费用和成本。

If a trade term is part of the goods description in the credit, or stated in connection with the amount, the invoice must state the trade term specified, and if the description provides the source of the trade term, the same source must be identified (e. g., a credit term Singapore "CIF Incoterms 2000" would not be satisfied by "CIF Singapore Incoterms"). Charges and costs must be included within the value shown against the stated trade term in the credit and invoice. Any charges and costs shown beyond this value are not allowed.

62. 除非信用证要求，发票无须签字或注明日期。

Unless required by the credit, an invoice need not be signed or dated.

63. 发票显示的货物数量、重量和尺寸不得与其他单据显示的相应数值相矛盾。

The quantity of merchandise, weights and measurements shown on the invoice must not conflict with the same quantities appearing on other documents.

64. 发票不得表明：溢状（UCP600 第 30 条 b 款规定的除外），或信用证未要求的货物（包括样品、广告材料等），及时注明免费。

An invoice must not show: over-shipment (except as provided in UCP 600 sub-article 30 b), or merchandise not called for in the credit (including samples, advertising materials, etc.) even if stated to be free of charge.

65. 信用证要求的货物数量可以有 5% 的溢短装幅度。但如果信用证规定货物数量不得超量或减少，或信用证规定的货物数量是以包装单位或商品件数计算时，此规定不适用。货物数量在 5% 幅度内的溢装并不意味着允许支取的金额超过信用证金额。

The quantity of the goods required in the credit may vary within a tolerance of +/−5%. This does not apply if a credit states that the quantity must not be exceeded or reduced, or if a credit states the quantity in terms of a stipulated number of packing units or individual items. A variance of up to +5% in the goods quantity does not allow the amount of the drawing to exceed the amount of the credit.

66. 即使信用证禁止分批装运，当货物数量全部装运，且单价（如信用证有规定的话）没有降低时，支取金额有 5% 的减幅也可以接受。如果信用证未规定货物数量，发票的货物数量即可视为全部货物数量。

Even when partial shipments are prohibited, a tolerance of 5% less in the credit amount is acceptable, provided that the quantity is shipped in full and that any unit price, if stated in the credit, has not been reduced. If no quantity is stated in the credit, the invoice will be considered to cover the full quantity.

67. 如果信用证要求分期装运，则每期装运必须与分期装运计划一致。

If a credit calls for instalment shipments, each shipment must be in accordance with the instalment schedule.

六、涵盖至少两种不同运输方式的运输单据（Transport documents covering at least two different modes of transport）

（一）UCP600 第 19 条的适用（Application of UCP600 article 19）

68. 如果信用证要求提交涵盖至少两种运输方式的运输单据（多式联运单据或联合运输单据），并且运输单据明确表明其覆盖自信用证规定的货物接管地或装运港、装货机场或装货地点至最终目的地的运输，则适用 UCP600 第 19 条之规定。在此情况下，运输单据不能表明运输仅由一种运输方式完成，但就采用何种运输方式可不予说明。

If a credit requires presentation of a transport document covering transportation utilizing at least two modes of transport (multimodal or combined transport document), and if the transport document clearly shows that it covers a shipment from the place of taking in charge or port, airport or place of loading to the place of final destination mentioned in the credit, UCP 600 article 19 is applicable. In such circumstances, the transport document must not indicate that shipment or dispatch has been effected by only one mode of transport, but it may be silent regarding the modes of transport utilized.

69. 本文件中使用的"多式联运单据"一词也包括联合运输单据。单据不一定非使用"多式联运单据"或"联合运输单据"的名称才符合 UCP600 第 19 条的要求，即使信用证使用了上述名称。

In all places where the term "multimodal transport document" is used within this document, it also includes the term combined transport document. A document need not be titled

"Multimodal transport document" or "Combined transport document" 600 article 19, even if such expressions are used in the credit.

（二）全套正本（Full set of originals）

70. 适用 UCP600 第 19 条的运输单据必须注明说出具的正本份数。注明"第一正本""第二正本""第三正本""正本""第二联""第三联"等类似字样的运输单据均为正本。信用证项下多式联运单据不必非要注明"正本"字样才可被接受。除 UCP600 第 17 条外，ICC 银行委员会政策声明［文件 470/871（修订）］，即"在 UCP500 第 20 条 b 款项下如何确定正本单据"，可对正本和副本问题提供进一步指引，并在 UCP600 下仍然有效。该政策声明的内容作为本出版物的附录，以供参考。

A UCP 600 article 19 transport document must indicate the number of originals that have been issued. Transport documents marked "First Original" "Second Original" "Third Original" "Original" "Duplicate" "Triplicate" etc. , or similar expressions are all originals.

Multimodal transport documents need not be marked "original" to be acceptable under a credit. In addition to UCP 600 article 17, the ICC Banking Commission Policy Statement, document 470/871 (Rev), titled "The determination of an Original document in the context of UCP 500 sub-Article 20 b" is recommended for further guidance on originals and copies and remains valid under UCP 600. The content of the Policy Statement appears in the Appendix of this publication, for reference purposes.

（三）多式联运单据的签署（Signing of multimodal transport documents）

71. 正本多式联运单据必须按 UCP600 第 19 条 a 款 i 项规定的方式签署，并表明承运的名称及其承运人身份。

a）如果由代理人代表承运人签署多式联运单据，则必须表明其代理人身份，并且必须表明所代理的承运人，除非多式联运单据的其他地方已经表明了承运人。

b）如果由船长签署多式联运单据，则船长的签字必须表明"船长"身份。在此情况下不必注明船长姓名。

c）如果由代理人代表船长签署多式联运单据，则必须表明其代理人身份。在此情况下不必注明船长姓名。

Original multimodal transport documents must be signed in the form described in UCP 600 sub-article 19 a i and indicate the name of the carrier, identified as the carrier.

a）If an agent signs a multimodal transport document on behalf of the carrier, the agent must be identified as agent, and must identify on whose behalf it is signing, unless the carrier has been identified elsewhere on the multimodal transport document.

b）If the master (captain) signs the multimodal transport document, the signature of the master (captain) must be identified as "master" ("captain"). In this event, the namteheofmaster (captain) need not be stated.

c）If an agent signs the multimodal transport document on behalf of the master (captain), the agent must be identified as agent. In this event, the name of the master (captain) need not be stated.

72. 如果信用证规定"货运代理多式联运单据可接受"或使用了类似用语，则多式联运单据可由货运代理人以货运代理人的身份签署，而无须表明其为承运人或具名承运人的代理人。在此情况下，不必显示承运人名称。

If a credit states "Freight Forwarder's multimodal transport document is acceptable" or uses a similar phrase, then the multimodal transport document may be signed by a freight forwarder in the capacity of a freight forwarder, without the need to identify itself as carrier or agent for the named carrier. In this event, it is not necessary to show the name of the carrier.

（四）已装船批注（On board notation）

73. 多式联运单据的出具日期应视为发运、接管或装船的日期，除非单据上另有单独的注明日期的批注，表明货物已在信用证规定的地点发运、接管或装船，在此情况下，该批注日期即被视为装运日期，而不论该日期是早于还是迟于单据的出具日期。

The issuance date of a multimodal transport document will be deemed to be the date of dispatch, taking in charge or shipped on board unless it bears a separate dated notation evidencing dispatch, taking in charge or shipped on board from the location required by the credit, in which event the date of the notation will be deemed to be the date of shipment whether or not the date is before or after the issuance date of the document.

74. "已装运且表面状况良好""已载于船""清洁已装船"或其他包含"已装运"或"已装船"之类字样的用语与"已装运上船"具有同样效力。

"Shipped in apparent good order" "Laden on board" "clean on board" or other phrases incorporating words such as "board" have the same effect as "Shipped on board".

（五）接管地、发运地、装货地和目的地（Place of taking in charge, dispatch, loading on board and destination）

75. 如果信用证规定了接管地、发运地、装货地和目的地的地理范围（如"任一欧洲港口"），则多式联运单据必须注明实际的接管地、发运地、装货地和目的地，且该地点必须位于信用证规定的地理区域或范围内。

If a credit gives a geographical range for the place of taking in charge, dispatch, loading on board and destination (e.g., "Any European Port") the multimodal transport document must indicate the actual place of taking in charge, dispatch, shipped on board and destination, which must be within the geographical area or range stated in the credit.

（六）收货人、指示方、托运人和背书、被通知人（Consignee, order party, shipper and endorsement, notify party）

76. 如果信用证要求多式联运单据显示货物以某具名人为收货人，如"收货人为 X 银行"（即记名式抬头），而不是"凭指示"或"凭 X 银行的指示"，则多式联运单据不得在该具名人的名称前出现"凭指示"或"凭指示"的字样，不论该字样是打印的还是预先印就的。同样，如果信用证要求多式联运单据抬头为"凭指示"或"凭某具名人指示"，则多式联运单据不得做成以该具名人为收货人的记名式抬头。

If a credit requires a multimodal transport document to show that the goods are consigned to a named party, e.g. "consigned to Bank X" (a "straight" consignment), rather than "to order" or "to order of Bank X", the multimodal transport document must not containwords such as " to order" or "to order of" that precede the name of that named party, whether typed or pre-printed. Likewise, if a credit requires the goods to be consigned "to order" or "to order of" a named party, the multimodal transport document must not show that the goods are consigned straight to the named party.

77. 如果多式联运单据做成凭指示式抬头或做成凭托运人指示式抬头，则该单据必须经托运人背书。表明代表托运人所做的背书可以接受。

If a multimodal transport document is issued to order or to order of the shipper, it must be endorsed by the shipper. An endorsement indicating that it is made for or on behalf of the shipper is acceptable.

78. 如果信用证未规定到货被通知人，则多式联运单据上的相关栏位可以空白，或以任何方式填写。

If a credit does not stipulate a notify party, the respective field on the multimodal transport document may be left blank or completed in any manner.

（七）转运和分批装运（Transshipment and partial shipment）

79. 在多式联运方式下，将会发生转运，自信用证规定的发货地、接管地或装运地至最终目的地之间的运输过程中，将货物从一种运输工具上卸下，再装上另一种运输工具（不论是否为不同的运输方式）。

In a multimodal transport, transshipment will occur, i. e. , unloading from one means of conveyance and reloading to another means of conveyance (whether or not in different modes of transport) during the carriage from the place of dispatch, taking in charge or shipment to the place of final destination stated in the credit.

80. 如果信用证禁止分批装运，而提交的正本多式联运单据不止一套，覆盖从一个或多个始发地点（信用证特别允许的地点或在信用证规定的地理区域或范围内）的装运、发运或接管，只要单据覆盖的货物运输是由同一运输工具经同一运程前往同一目的地的运输，则此类单据可以接受。如果提交了多套多式联运单据，而单据包含不同的装运、发运或接管日期，则以最迟者计算任何交单期，且该日期不得晚于信用证规定的最迟装运、发运或接管的日期。

If a credit prohibits partial shipments and more than one set of original multimodal transport documents are presented covering shipment, dispatch or taking in charge from one or more points of origin (as specifically allowed, or within the geographical area or range stated in the credit), such documents are acceptable, provided that they cover the movement of goods on the same means of conveyance and same journey and are destined for the same destination. In the event that more than one set of multimodal transport documents are presented and if they incorporate different dates of shipment, dispatch or taking in charge, the latest of these dates will be taken for the calculation of any presentation period and such date must fall on or before any latest date of shipment, dispatch or taking in charge specified in the credit.

81. 由多件运输工具（多辆卡车、多艘轮船、多架飞机等）进行的运输即为分批装运，即使这些运输工具在同日出发并前往同一目的地。

Shipment on more than one means of conveyance (more than one truck (lorry), vessel, aircraft, etc.) is a partial shipment, even if such means of conveyance leave on the same day for the same destination.

（八）清洁多式联运单据（Clean multimodal transport documents）

82. 载有明确声明货物或包装状况有缺陷的条款或批注的多式联运单据不可接受。未明确声明货物或包装状况有缺陷的条款或批注（如"包装状况可能无法满足运程"）不构成不符点。声明包装"无法满足运程"的条款则不可接受。

Clauses or notations on multimodal transport documents that expressly declare a defective condition of the goods or packaging are not acceptable. Clauses or notations that do not expressly declare a defective condition of the goods or packaging (e. g. , "packaging may not be sufficient for the journey") do not constitute a discrepancy. A statement that the packaging "is not sufficient for the journey" would not be acceptable.

83. 如果多式联运单据上显示有"清洁"字样，但又被删除，并不视为有不清洁条款或不清洁，除非其上载有明确声明货物或包装有缺陷的条款或批注。

If the word "clean" appears on a multimodal transport document and has been deleted, the multimodal transport document will not be deemed to be claused or unclean unless it specifically bears a clause or notation declaring that the goods or packaging are defective.

（九）货物描述（Goods description）

84. 多式联运单据上的货物描述可以使用与信用证所载不矛盾的货物统称。

A goods description in the multimodal transport document may be shown in general terms not in conflict with that stated in the credit.

（十）修正和变更（Corrections and alterations）

85. 多式联运单据上的修正和变更必须经过证实。证实从表明看必须是由承运人或船长或其任一代理人所为。该代理人可以与出具或签署多式联运单据的代理人不同，只要表明其作为承运人或船长的代理人身份。

Corrections and alterations on a multimodal transport document must be authenticated. Such authentication must appear to have been made by the carrier or master (captain) or any one of their agents who may be different from the agent that may have issued or signed it, provided they are identified as an agent of the carrier or master (captain).

86. 对于正本多式联运单据上可能作过的任何变更或修正，其不可转让的副本无须加具任何签字或证实。

Non-negotiable copies of multimodal transport documents do not need to include any signature on, or authentication of, any alterations or corrections that may have been made on the original.

（十一）运费和额外费用（Freight and additional costs）

87. 如果信用证要求多式联运单据注明运费已付或到目的地支付，则多式联运单据必须有相应标注。

If a credit requires that a multimodal transport document show that freight has been paid or is payable at destination, the multimodal transport document must be marked accordingly.

88. 开证申请人和开证行应明确要求单据是注明运费预付还是到付。

Applicants and issuing banks should be specific in stating the requirements of documents to show whether freight is to be prepaid or collected.

89. 如果信用证规定运费之外的额外费用不可接受，则多式联运单据不得表示运费之外的其他费用已产生或将要产生。此类表示可以通过明确提及额外费用或使用提及货物装卸费用的装运术语表示，例如"船方不负担装货费用""船方不负担卸货费用""船方不负担装卸费用"及"船方不负担装卸及积载费用"。运输单据上提到由于延迟卸货或卸货后的延误可能产生的费用，如迟还集装箱的费用，不属于此处所指的额外费用。

If a credit states that costs additional to freight are not acceptable, a multimodal transport document must not indicate that costs additional to the freight have been or will be incurred. Such indication may be by express reference to additional costs or by the use of shipment terms which refer to costs associated with the loading or unloading of goods, such as Free In (FI), Free Out (FO), Free In and Out (FIO) and Free In and Out Stowed (FIOS). A reference in the transport document to costs which may be levied as a result of a delay in unloading the goods or after the goods have been unloaded e. g. , costs covering the late return of containers, is not considered to be an indication of additional costs in this context.

（十二）由多套多式联运单据涵盖的货物（Goods covered by more than one multimodal transport document）

90. 如果多式联运单据声明某一集装箱内的货物由该运输单据和另外一套或多套多式联运单据一起涵盖，并声明所有多式联运单据均须提交，或有类似表述，则意味着该集装箱有关的所有多式联运单据必须一并提交后才能领取该集装箱的货物。此类多式联运单据不可接受，除非同一信用证项下的所有此类多式联运单据在同一交单时一并提交。

If a multimodal transport document states that the goods in a container are covered by that multimodal transport document plus one or more other multimodal transport documents, and the document states that all multimodal transport documents must be surrendered or words of similar effect, this means that all multimodal transport documents related to that container must be presented in order for the container to be released. Such a multimodal transport document is not acceptable unless all the multimodal transport documents form part of the same presentation under the same credit.

七、提单（Bill of lading）

（一）UCP600 第 20 条的适用（Application of UCP600 Article 20）

91. 如果信用证要求提交只覆盖海洋运输的提单（"海洋"或"港至港"之类表示），则使用 UCP600 第 29 条。

If a credit requires presentation of a bill of lading（"marine""to-ocean port"or similar）covering sea shipment only, UCP 600—port article 20 is applicable.

92. 要符合 UCP600 第 20 条的要求，提单在表面看来必须覆盖港至港运输，但不一定要使用"海洋提单""港至港提单"之类的名称。

To comply with UCP 600 article 20, a bill of lading must appear to cover a port-to-port shipment but need not be titled "marine bill of lading", "ocean bill of lading-to-port bill of lading port" or similar.

（二）全套正本（Full set of originals）

93. 适用 UCP600 第 20 条的运输单据必须注明所出具的正本份数。注明 "第一正本" "第二正本" "第三正本" "正本" "第二联" "第三联" 等字样的运输单据均为正本。提单不一定非要注明 "正本" 字样才可能被接受为正本。除 UCP600 第 17 条外，ICC 银行委员会政策声明 ［文件 470/871（修订）］，即 "在 UCP500 第 20 条 b 款项下如何确定正本单据"，可对正本和副本问题提供进一步指引，并在 UCP600 下仍然有效。该政策声明的内容作为本出版物的附录，以供参考。

A UCP 600 article 20 transport document must indicate the number of originals that have been issued. Transport documents marked "First Original" "Second Original" "Third Original" "Original" "Duplicate" "Triplicate", etc., or similar expressions are all originals. Bills of lading need not be marked "original to" be acceptable as an original bill of lading. In addition to UCP 600 article 17, the ICC Banking Commission Policy Statement, document 470/871 (Rev), titled "The determination of an Original document in the context of UCP 500 sub-article 20 b" is recommended for further guidance on originals and copies and remains valid under UCP 600. The content of the Policy Statement appears in the Appendix of this publication, for reference purposes.

（三）提单的签署（Signing of bills of lading）

94. 正本提单必须按 UCP600 第 20 条 a 款 i 项规定的方式签署，并表面承运人的名称及其承运人的身份。

如果由代理人代表承运人签署提单，则必须表明其代理人身份，并且必须表明所代理的承运人，除非提单的其他地方已经表明了承运人。

如果由船长签署提单，则船长的签字必须表明 "船长" 身份。在此情况下，不必注明船长姓名。

如果由代理人代表船长签署提单，则必须表明其代理人身份。在此情况下，不必注明船长姓名。

Original bills of lading must be signed in the form described in UCP 600 sub-article 20 a i and indicate the name of the carrier, identified as the carrier.

If an agent signs a bill of lading on behalf of the carrier, the agent must be identified as agent and must identify on whose behalf it is signing, unless the carrier has been identified elsewhere on the bill of lading.

If the master (captain) signs the bill of lading, the signature of the master (captain) must be identified as "master" ("captain"). In this event, the name of the master (captain) need not be stated.

If an agent signs the bill of lading on behalf of the master (captain), the agent must be identified as agent. In this event, the name of the master (captain) need not be stated.

95. 如果信用证规定"货运代理提单可接受"或使用了类似用语，则提单可由货运代理人以货运代理人的身份签署，而无须表面其为承运人或具名承运人的代理。在此情况下，不必显示承运人名称。

If a credit states "Freight Forwarder's Bill of Lading is acceptable" or uses a similar phrase, then the bill of lading may be freight forwarder in the capacity of a freight forwarder, without the need to identify itself as carrier or agent for the named carrier. In this event, it is not necessary to show the name of the carrier.

（四）已装船批注（On board notations）

96. 如果提交的是预先印就"已装运上船"字样的提单，提单的出具日期即视为装运日期，除非提单上另有单独的注明日期的已装船批注，在此情况下，该已装船批注的日期即被视为装运日期，而不论该已装船批注日期是早于还是迟于提单出具日期。

If a pre-printed "Shipped on board" bill of lading is presented, its issuance date will be deemed to be the date of shipment unless it bears a separate dated on board notation, in which event the date of the on board notation will be deemed to be the date of shipment whether or not the on board date is before or after the issuance date of the bill of lading.

97. "已装运且表面状况良好""已载于船""清洁已装船"或其他包含"已装运"或"已装船"之类字样的用语与"已装运上船"具有同样效力。

"Shipped in apparent good order" "Laden on board" "clean on board" or other phrases incorporating words such as "shipped" or "on board" have the same effect as "Shipped on board".

（五）装货港和卸货港（Ports of loading and ports of discharge）

98. 信用证要求的指名装货港应显示在提单的装货港栏位。如果单据清楚地表明货物是由船只从收货地运输，且有已装船批注表明货物在"收货地"或类似栏位显示的港口装上该船只，则也可显示在"收货地"或类似栏位。

While the named port of loading, as required by the credit, should appear in the port of loading field within the bill of lading, it may instead be stated in the field headed "Place of receipt" or the like, if it is clear that the goods were transported from that place of receipt by vessel, and provided there is an on board notation evidencing that the goods were loaded on that vessel at the port stated under "Place of receipt" or like term.

99. 信用证要求的指名卸货港应显示在提单的卸货港栏位。如果单据清楚地表明货物将由船只运送到最终目的地，且有批注表明卸货港就是"最终目的地"或类似栏位显示的港口，则也可显示在"最终目的地"或类似栏位。

While the named port of discharge, as required by the credit, should appear in the port of discharge field within the bill of lading, it may be stated in the field headed "Place of final destination" or the like if it is clear that the goods were to be transported to that place of destination by vessel, and provided there is a notation evidencing that the port of discharge is that stated under "Place of final destination" or like term.

100. 如果信用证规定了装货港或卸货港的地理区域或范围（如"任一欧洲港口"），

则提单必须注明实际的装货港或卸货港，且该港口必须位于信用证规定的地理区域或范围内。

If a credit gives a geographical area or range of ports of loading or discharge (e. g. , "Any European Porting must indicate"), the bi the actual port of loading or discharge, which must be within the geographical area or range stated in the credit.

（六）收货人、指示方、托运人和背书、被通知人（Consignee, order party, shipper and endorsement, notify party）

101. 如果信用证要求提单显示货物以某具名人为收货人，如"收货人为 X 银行"（即记名式抬头），而不是"凭指示"或"凭 X 银行指示"，则提单不得在该具名人的名称前出现"凭指示"的字样，无论该字样是打印的还是预先印就的。同样，如果信用证要求提单抬头为"凭指示"或"凭某具名人指示"，则提单不得做成以该具名人为收货人的记名式抬头。

If a credit requires a bill of lading to show that the goods are consigned to a named party, e. g. , "consigned to Bank X" of lading, rather than "to order" or "to order of Bank X", the bill of lading must not contain words such as to precede the name of that named party, whether typed or pre-printed. Likewise, if a credit requires the goods to be consigned "to order of a named party", the bill of lading must not show that the goods are consigned straight to the named party.

102. 如果提单做成凭指示式抬头或做成凭托运人指示式抬头，则该提单必须经托运人背书。表明代表托运人所做的背书可以接受。

If a bill of lading is issued to order or to order of the shipper, it must be endorsed by the shipper. An endorsement indicating that it is made for or on behalf of the shipper is acceptable.

103. 如果信用证未规定到货被通知人，则提单上的相关栏位可以空白，或以任何方式填写。

If a credit does not state a notify party, the respective field on the bill of lading may be left blank or completed in any manner.

（七）转运和分批装运（Transshipment and partial shipment）

104. 转运是指信用证规定的装货港和卸货港之间的运输过程中，将货物从一船卸下再装上另一船的行为。如果卸货和再装船不是发生在装货港和卸货港之间，则不视为转运。

Transshipment is the unloading from one vessel and reloading to another vessel during the carriage from the port of loading to the port of discharge stated in the credit. If it does not occur between these two ports, unloading and reloading is not considered to be transshipment.

105. 如果信用证禁止分批装运，而提交的正本提单不止一套，覆盖从一个或多个装货港（信用证特别允许的地点或在信用证规定的地理区域或范围内）的装运，只要单据覆盖的货物运输是由同一船只经同一航程前往同一卸货港的运输，则此类提单可以接受。如果提交了多套提单，而提单包含不同的装运日期，则以最迟者计算任何交单期，且该日期不得晚于信用证规定的最迟装运日期。以多艘船只进行的运输即为分批装运，即使这些船只在同日出发并驶向同一目的地。

If a credit prohibits partial shipments and more than one set of original bills of lading are presented covering shipment from one or more ports of loading (as specifically allowed, or within the geographical area or range stated in the credit), such documents are acceptable provided that they cover the shipment of goods on the same vessel and same journey and are destined for the same port of discharge. In the event that more than one set of bills of lading are presented and incorporate different dates of shipment, the latest of these dates of shipment will be taken for the calculation of any presentation period and must fall on or before the latest shipment date specified in the credit. Shipment on more than one vessel is a partial shipment, even if the vessels leave on the same day for the same destination.

（八）清洁提单（Clean bill of lading）

106. 载有明确声明货物或包装状况有缺陷的条款或批注的提单不可接受。未明确声明货物或包装状况有缺陷的条款或批注（如"包装状况可能无法满足海运航程"）不构成不符点。声明包装"无法满足海运航程"的条款则不可接受。

Clauses or notations on bills of lading which expressly declare a defective condition of the goods or packaging are not acceptable. Clauses or notations which do not expressly declarea defective condition of the goods or packaging (e. g., "packaging may not be su for the sea journey") do not constitute a discrepancy. A statement that the packaging "is not sufficient for the sea journey" would not be acceptable.

107. 如果提单上显示有"清洁"字样，但又被删除，并不视为有不清洁条款或不清洁，除非提单载有明确声明货物或包装有缺陷的条款或批注。

If the word "clean" appears on a bill of lading and has been deleted, the bill of lading will not be deemed to be clauusnecdleoarn unless it specifically bears a clause or notation declaring that the goods or packaging are defective.

（九）货物描述（Goods description）

108. 提单上的货物描述可以使用与信用证所载不矛盾的货物统称。

A goods description in the bill of lading may be shown in general terms not in conflict with that stated in the credit.

（十）修正和变更（Corrections and alterations）

109. 提单上的修正和变更必须经过证实。证实从表明看必须是由承运人、船长，或其任一代理人所为（该代理人可以与出具或签署提单的代理人不同），只要表明其作为承运人或船长的代理人身份。

Corrections and alterations on a bill of lading must be authenticated. Such authentication must appear to have been made by the carrier, master (captain) or any of their agents (who may be different from the agent that may have issued or signed it), provided they are identified as an agent of the carrier or the master (captain).

110. 对于正本提单上可能作过的任何变更或修正，其不可转让的副本无须加具任何签字或证实。

Non - negotiable copies of bills of lading do not need to include any signature on, or authentication of, any alterations or corrections that may have been made on the original.

（十一）运费和额外费用（Freight and additional costs）

111. 如果信用证要求提单注明运费已付或到目的地支付，则提单必须有相应标注。

If a credit requires that a bill of lading show that freight has been paid or is payable at destination, the bill of lading must be marked accordingly.

112. 开证申请人和开证行应明确要求单据是注明运费预付还是到付。

Applicants and issuing banks should be specific in stating the requirements of documents to show whether freight is to be prepaid or collected.

113. 如果信用证规定运费以外的额外费用不可接受，则提单不得表示运费之外的其他费用已产生或将要产生。此类表示可以通过明确提及额外费用或使用提及货物装卸费用的装运术语表示，例如"船方不负担装货费用""船方不负担卸货费用""船方不负担装卸费用"及"船方不负担装卸及积载费用"。运输单据上提到由于延迟卸货或卸货后的延误可能产生的费用，如迟还集装箱的费用，不属于此处所指的额外费用。

If a credit states that costs additional to freight are not acceptable, a bill of lading must not indicate that costs additional to the freight have been or will be incurred. Such indication may be by express reference to additional costs or by the use of shipment terms which refer to costs associated with the loading or unloading of goods, such as Free In (FI), Free Out (FO), Free In and Out (FIO) and Free In and Out Stowed (FIOS). A reference in the transport document to costs which may be levied as a result of a delay in unloading the goods or after the goods have been unloaded, e. g., costs covering the late return of containers, is not considered to be an indication of additional costs in this context.

（十二）由多套提单涵盖的货物（Goods covered by more than one bill of lading）

114. 如果提单声明某一集装箱内的货物由该提单和另外一套或多套提单一起涵盖，并声明所有提单均须提交，或有类似表述，则意味着该集装箱有关的所有提单必须一并提交后才能领取该集装箱的货物。此类提单不可接受，除非同一信用证项下的所有此类提单在同一交单时一并提交。

If a bill of lading states that the goods in a container are covered by that bill of lading plus one or more other bills of lading, and the bill of lading states that all bills of lading must be surrendered, or words of similar effect, this means that all bills of lading related to that container must be presented in order for the container to be released. Such a bill of lading is not acceptable unless all the bills of lading form part of the same presentation under the same credit.

八、租船合同提单（Charter party bill of lading）

（一）UCP600 第 22 条的适用（Application of UCP600 Article 22）

115. 如果信用证要求提交租船合同提单，或者允许提交租船合同提单且实际也提交了租船合同提单，则适用 UCP600 第 22 条。

If a credit requires presentation of a charter party bill of lading or if a credit allows presentation of a charter party bill of lading and a charter party bill of lading is presented UCP 600 article 22 is applicable.

116. 含有受租船合同约束的任何表示的运输单据即为 UCP600 第 22 条所指的租船合同提单。

A transport document containing any indication that it is subject to a charter party is a charter party bill of lading under UCP 600 article 22.

（二）全套正本（Full set of originals）

117. 适用 UCP600 第 22 条的运输单据必须注明所出具的正本份数。注明"第一正本""第二正本""第三正本""正本""第二联""第三联"等字样的运输单据均为正本。信用证项下，租船合同提单不一定非要注明"正本"字样才可被接受。除 UCP600 第 17 条外，ICC 银行委员会政策声明［文件 470/871（修订）］，即"在 UCP500 第 20 条 b 款项下如何确定正本单据"，可对正本和副本问题提供进一步指引，并在 UCP600 下仍然有效。该政策声明的内容作为本出版物的附录，以供参考。

A UCP 600 article 22 transport document must indicate the number of originals that have been issued. Transport documents marked "First Original" "Second Original" "Third Original" "Original" "Duplicate" "Triplicate" etc., or similar expressions are all originals.

Charter party bills of lading need not be marked "original to" be acceptable under a credit. In addition to UCP 600 article 17, the ICC Banking Comm ission Policy Statement, document 470/871 (Rev), titled "The determination of an Original'document in the 500 sub-article 20 b" is recommended for further guidance on originals and copies and remains valid under UCP 600. The content of the Policy Statement appears in the Appendix of this publication, for reference purposes.

（三）租船合同提单的签署（Signing of charter party bills of lading）

118. 正本租船合同提单必须按 UCP600 第 22 条 a 款 i 项规定的方式签署。

a）如果由船长、租船人或船东签署租船合同提单，则船长、租船人或船东的签字必须表明"船长""租船人"或"船东"的身份。

b）如果由代理人代表船长、租船人或船东签署租船合同提单，则必须表明其作为船长、租船人或船东的代理人身份。在此情况下，无须注明船长姓名，但必须显示租船人或船东的名称。

Original charter party bills of lading must be signed in the form described in UCP 600 sub-article 22 a i .

a) If the master (captain), charterer or owner signs the charter party bill of lading, the signature of the master (captain), charterer or owner must be identified as "master" ("captain"), charterer or "owner".

b) If an agent signs the charter party bill of lading on behalf of the master (captain), charterer or owner, the agent must be identified as agent of the master (captain), charterer or owner. In this event, the name of the master (captain) need not be stated, but the name of the charterer or owner must appear.

（四）已装船批注（On board notations）

119. 如果提交的是预先印就"已装运上船"字样的租船合同提单，其出具日期即视为装运日期，除非其上另有已装船批注，在此情况下，该已装船批注的日期即被视为已装运日期，而不论该已装船批注日期是早于还是迟于提单出具日期。

If a pre-printed "Shipped on board" charter party bill of lading is presented, its issuance date will be deemed to be the date of shipment unless it bears an on board notation, in which event the date of the on board notation will be deemed to be the date of shipment whether or not the on board date is before or after the issuance date of the document.

120. "已装运且表面状况良好" "已载于船" "清洁已装船" 或其他包含 "已装运" 或 "已装船" 之类字样的用语与 "已装运上船" 具有同样效力。

"Shipped in apparent good order" "Laden on board" "clean on board" or other phrases incorporating words such as "board" have the same effect as "shipped on board".

（五）装货港和卸货港（Ports of loading and ports of discharge）

121. 如果信用证规定了装货港或卸货港的地理区域或范围（如 "任一欧洲港口"），则租船合同提单必须注明实际的装货港且该装货港必须位于信用证规定的地理区域或范围内，但可用地理区域或范围表示卸货港。

If a credit gives a geographical area or range of ports of loading or discharge (e.g., "Any European Port bill of lading"), the charter part must indicate the actual port or ports of loading, which must be within the geographical area or range stated in the credit but may show the geographical area or range of ports as the port of discharge.

（六）收货人、指示方、托运人和背书、被通知人（Consignee, order party, shipper and endorsement, notify party）

122. 如果信用证要求租船合同提单显示货物以某具名人为收货人，如 "收货人为 X 银行"（即记名式抬头），而不是 "凭指示" 或 "凭 X 银行指示"，则租船合同提单不得在该具名人的名称前出现 "凭指示" 或 "凭指示" 的字样，无论该字样是打印的还是预先印就的。同样，如果信用证要求租船合同提单抬头为 "凭指示" 或 "凭某具名人指示"，则租船合同提单不得做成以该具名人为收货人的记名式抬头。

If a credit requires a charter party bill of lading to show that the goods are consigned to a named party, e.g., the straight bill of lading, rather than "to order" or "to order of Bank X", the charter party bill of lading must not contain "to order" or "to order of" that precede the name of that named party, whether typed or pre-printed. Likewise, if a credit requires the goods to be consigned "to order" or "to order of" a named party, the charter party bill of lading must not show that the goods are consigned straight to the named party.

123. 如果租船合同提单做成凭指示式抬头或做成凭托运人指示式抬头，则该提单必须经托运人背书。表明代表托运人所做的背书可以接受。

If a charter party bill of lading is issued to order or to order of the shipper, it must be endorsed by the shipper. An endorsement indicating that it is made for or on behalf of the shipper is acceptable.

124. 如果信用证未规定到货通知人，则租船合同提单上的相关栏位可以空白，或以任何方式填写。

If a credit does not state a notify party, the respective field on the charter party bill of lading may be left blank or completed in any manner.

（七）分批装运（Partial shipment）

125. 如果信用证禁止分批装运，而提交的正本租船合同提单不止一套，覆盖从一个或多个装货港（信用证特别允许的地点或在信用证规定的地理区域或范围内）的装运，只要单据覆盖的货物运输是由同一船只经同一航程前往同一卸货港、同一港口范围或地理区域的运输，则此类提单可以接受。如果提交了多套租船合同提单，而提单包含不同的装运日期，则以最迟者计算任何交单期，且该日期不得晚于信用证规定的最迟装运日期。以多艘船只进行的运输即为分批装运，即使这些船只在同日出发并驶向同一目的地。

If a credit prohibits partial shipments, and more than one set of original charter party bills of lading are presented covering shipment from one or more ports of loading (as specifically allowed, or within the geographical area or range stated in the credit), such documents are acceptable, provided that they cover the shipment of goods on the same vessel and same journey and are destined for the same port of discharge, range of ports or geographical area. In the event that more than one set of charter party bills of lading are presented and incorporate different dates of shipment, the latest of these dates of shipment will be taken for the calculation of any presentation period and must fall on or before the latest shipment date specified in the credit. Shipment on more than one vessel is a partial shipment, even if the vessels leave on the same day for the same destination.

（八）清洁租船合同提单（Clean charter party bill of lading）

126. 载有明确声明货物或包装状况有缺陷的条款或批注的租船合同提单不可接受。未明确声明货物或包装状况有缺陷的条款或批注（如"包装状况可能无法满足海运航程"）不构成不符点。声明包装"无法满足海运航程"的条款则不可接受。

Clauses or notations on charter party bills of lading which expressly declare a defective condition of the goods or packaging are not acceptable. Clauses or notations that do not expressly declare a defective condition of the goods or packaging (e. g., "packaging may not be sufficient for the sea journey") do not constitute a discrepancy. A statement that the packaging "is not sufficient for the sea journey" would not be acceptable.

127. 如果租船合同提单上显示有"清洁"字样，但又被删除，并不视为有不清洁条款或不清洁，除非提单载有明确声明货物或包装有缺陷的条款或批注。

If the word "clean" appears on a charter party bill of lading and has been deleted, the charter party bill of lading will not be deemed to be claused or unclean unless it specifically bears a clause or notation declaring that the goods or packaging are defective.

（九）货物描述（Goods description）

128. 租船合同提单上的货物描述可以使用与信用证规定所载不矛盾的货物统称。

A goods description in charter party bills of lading may be shown in general terms not in conflict with that stated in the credit.

（十）修正和变更（Corrections and alterations）

129. 租船合同提单上的修正和变更必须经过证实。证实从表明看必须由船东、租船人、船长，或其任一代理人所为（该代理人可以与出具或签署租船合同提单的代理人不同），只要表明其作为船东、租船人或船长的代理人身份。

Corrections and alterations on charter party bills of lading must be authenticated. Such authentication must appear to have been made by the owner, charterer, master (captain) or any of their agents (who may be different from the agent that may have issued or signed it), provided they are identified as an agent of the owner, charterer or the master (captain).

130. 对于正本租船合同提单上可能作过的任何变更或修正，其不可转让的副本无须加具任何签字或证实。

Non-negotiable copies of charter party bills of lading do not need to include any signature on, or authentication of, any alterations or corrections that may have been made on the original.

（十一）运费和额外费用（Freight and additional costs）

131. 如果信用证要求租船合同提单注明运费已付或到目的地支付，则租船合同提单必须有相应标注。

If a credit requires that a charter party bill of lading show that freight has been paid or is payable at destination, the charter party bill of lading must be marked accordingly.

132. 开证申请人和开证行应明确要求单据是注明运费预付还是到付。

Applicants and issuing banks should be specific in stating the requirements of documents to show whether freight is to be prepaid or collected.

133. 如果信用证规定运费以外的额外费用不可接受，则租船合同提单不得表示运费之外的其他费用已产生或将要产生。此类表示可以通过明确提及额外费用或使用提及货物装卸费用的装运术语表示，例如"船方不负担装货费用""船方不负担卸货费用""船方不负担装卸费用"及"船方不负担装卸及积载费用"。运输单据上提到由于延迟卸货或卸货后的延误可能产生的费用不属于此处所指的额外费用。

If a credit states that costs additional to freight are not acceptable, a charter party bill of lading must not indicate that costs additional to the freight have been or will be incurred. Such indication may be by express reference to additional costs or by the use of shipment terms which refer to costs associated with the loading or unloading of goods, such as Free In (FI), Free Out (FO), Free In and Out (FIO) and Free In and Out Stowed (FIOS). A reference in the transport document to costs which may be levied as a result of a delay in unloading the goods, or after the goods have been unloaded, is not considered to be an indication of additional costs in this context.

九、空运单据（Air transport document）

（一）UCP600 第 23 条的适用（Application of UCP600 article 23）

134. 如果信用证要求提交覆盖机场到机场运输的空运单据，则适用 UCP600 第 23 条。

If a credit requires presentation of an air transport document covering an airport-to-airport shipment, UCP 600 article 23 is applicable.

135. 如果信用证要求提交"航空运单"或"航空托运单"等类似单据，则适用

UCP600 第 23 条。要符合 UCP600 第 23 条的要求，空运单据在表面看来必须覆盖机场到机场的运输，但不一定要使用"航空运单""航空托运单"之类的名称。

If a credit requires presentation of an "air waybill" "air consignment note" or similar, UCP 600 article 23, an air transport document must appear to cover an airport‐to‐airport shipment but need not be titled "airway bill" "air consignment note" or similar.

（二）正本空运单据（Original air transport documents）

136. 空运单据在表面看来必须是签发给发货人或托运人的正本。如果要求提交全套正本单据，提交注明为签发给发货人或托运人的正本的单据即可满足要求。

The air transport document must appear to be the original for consignor or shipper. A requirement for a full set of originals is satisfied by the presentation of a document indicating that it is the original for consignor or shipper.

（三）空运单据的签署（Signing of air transport documents）

137. 正本空运单据必须按 UCP600 第 23 条 a 款 i 项规定的方式签署，并表明承运人的名称及其承运人身份。如果由代理人代表承运人签署空运单据，则必须表明其代理人身份，并且必须表明所代理的承运人，除非空运单据的其他地方已经表明了承运人。

An original air transport document must be signed in the form described in UCP 600 sub‐article 23 a i and indicate the name of the carrier, identified as carrier. If an agent signs an air transport document on behalf of a carrier, the agent must be identified as agent and must identify on whose behalf it is signing, unless the carrier has been identified elsewhere on the air transport document.

138. 如果信用证规定"航空分运单可接受"或"货运代理航空运单可接受"或使用了类似用语，则空运单据可由货运代理人以货运代理人的身份签署，而无须表面其为承运人或具名承运人的代理人。在此情况下，不必显示承运人名称。

If a credit states "House air waybill is acceptable" or "Freight Forwarder's air waybill is acceptable" or uses transport document may be signed by a freight forwarder in the capacity of a freight forwarder without the need to identify itself as a carrier or agent for a named carrier. In this event, it is not necessary to show the name of the carrier.

（四）货物收妥待运、装运日期与对实际发运日期的要求（Goods accepted for carriage, date of shipment, and requirement for an actual date of dispatch）

139. 空运单据必须表明货物已收妥待运。

An air transport document must indicate that the goods have been accepted for carriage.

140. 空运单据的出具日期即视为装运日期，除非单据上显示了关于航班日期的单独批注，在此种情况下，该批注日期即被视为装运日期。空运单据上显示的其他任何有关航班号和日期的信息不被用以确定装运日期。

The date of issuance of an air transport document is deemed to be the date of shipment unless the document shows a separate notation of the flight date, in which case this will be deemed to be the date of shipment. Any other information appearing on the air transport document relative to the flight number and date will not be considered in determining the date of shipment.

（五）出发地机场和目的地机场（Airports of departure and destination）

141. 空运单据必须标明信用证规定的出发地机场和目的地机场。用 IATA 代码而非机场全称表明机场名称（例如用 LHR 来代替伦敦希思罗机场）不构成不符点。

An air transport document must indicate the airport of departure and airport of destination as stated in the credit. The identification of airports by the use of IATA codes instead of writing out the name in full（e. g. , LHR instead of London Heathrow）is not a discrepancy.

142. 如果信用证规定了出发地机场或目的地机场的地理区域或范围（如"任一欧洲机场"），则空运单据必须注明实际的出发地机场或目的地机场，且该机场必须位于信用证规定的地理区域或范围内。

If a credit gives a geographical area or range of airports of departure or destination（e. g. , "Any European Airport"）document must indicate the actual airport of departure or destination, which must be within the geographical area or range stated in the credit.

（六）收货人、指示方和被通知人（Consignee, order party and notify party）

143. 空运单据不是物权凭证，因此不应做成"凭指示"式或"凭某具名人指示"式抬头。即使信用证要求空运单据做成"凭指示"式或"凭某具名人指示"式抬头，如果提交的单据显示以该具名人为收货人，则即使该单据没有"凭指示"或"凭指示可以"的字样，也可接受。

An air transport document should not be issued "to order" or "to order of" see it is not a document of title. Even if a named party, because credit calls for an air transport document made out "to order" or "to order of" a named party, a document presented showing goods consigned to that party, without mention of "to order" or "to order of able" is accept.

144. 如果信用证未规定到货被通知人，则空运单据上的相关栏位可以空白，或以任何方式填写。

If a credit does not state a notify party, the respective field on the air transport document may be left blank or completed in any manner.

（七）转运和分批装运（Transshipment and partial shipment）

145. 转运是指在信用证规定的出发地机场到目的地机场之间的运输过程中，将货物从一架飞机上卸下再装上另一架飞机的行为。如果卸货和再装货不是发生在出发地机场和目的地机场之间，则不视为转运。

Transshipment is the unloading from one aircraft and reloading to another aircraft during the carriage from the airport of departure to the airport of destination stated in the credit. If it does not occur between these two airports, unloading and reloading is not considered to be transshipment.

146. 如果信用证禁止分批装运，而提交的空运单据不止一套，覆盖从一个货多个出发地机场（信用证特别允许的地点或信用证规定的地理区域或范围内）的发运，只要单据覆盖的货物运输是由同一飞机经同一航程前往同一目的地机场的运输，则此类单据可以接受。如果提交了多套空运单据，而单据包含不同的装运日期，则以最迟者计算任何交单期，且该日期不得晚于信用证规定的最迟装运日期。

If a credit prohibits partial shipments and more than one air transport document is presented covering dispatch from one or more airports of departure (as specifically allowed, or within the geographical area or range stated in the credit), such documents are acceptable, provided that they cover the dispatch of goods on the same aircraft and same flight and are destined for the same airport of destination. In the event that more than one air transport document is presented incorporating different dates of shipment, the latest of these dates of shipment will be taken for the calculation of any presentation period and must fall on or before the latest shipment date specified in the credit.

147. 以多架飞机进行的运输即为分批装运，即使这些飞机在同日出发飞往同一目的地。

Shipment on more than one aircraft is a partial shipment, even if the aircraft leave on the same day for the same destination.

（八）清洁空运单据（Clean air transport documents）

148. 载有明确声明货物或包装状况有缺陷的条款或批注的空运单据不可接受。未明确声明货物或包装状况有缺陷的条款或批注（如"包装状况可能无法满足空运航程"）不构成不符点。声明包装"无法满足空运航程"的条款则不可接受。

Clauses or notations on an air transport document which expressly declare a defective condition of the goods or packaging are not acceptable. Clauses or notations on the air transport document which do not expressly declare a defective condition of the goods or packaging (e. g. , "packaging may not be sufficient for the air journey") do not constitute a discrepancy. A statement that the packaging "is not sufficient for the air journey" would not be acceptable.

149. 如果空运单据上显示有"清洁"字样，但又被删除，并不视为有不清洁条款或不清洁，除非其上载有明确声明货物或包装有缺陷的条款或批注。

If the word "clean" appears on an air transport document and has been deleted, the air transport document will not be deemed to be claused or unclean unless it specifically bears a clause or notation declaring that the goods or packaging are defective.

（九）货物描述（Goods description）

150. 空运单据上的货物描述可以使用与信用证所载不矛盾的货物统称。

A goods description in an air transport document may be shown in general terms not in conflict with that stated in the credit.

（十）修正和变更（Corrections and alterations）

151. 空运单据上的修正和变更必须经过证实。证实从表面看必须是由承运人或其任一代理人所为（该代理人可以与出具或签署空运单据的代理人不同），只要表明其作为承运人的代理人身份。

Corrections and alterations on air transport documents must be authenticated. Such authentication must appear to have been made by the carrier or any of its agents (who may be different from the agent that may have issued or signed it), provided it is identified as an agent of the carrier.

152. 空运单据的副本无须承运人或代理人的签字（或托运人的签字，即使信用证要求正本空运单据上有其签字），也不要求带有对正本单据上可能作过的任何变更或修正的任何证实。

Copies of air transport documents do not need to include any signature of the carrier or agent (or shipper, even if required by the credit to appear on the original air transport document), nor any authentication of any alterations or corrections that may have been made on the original.

（十一）运费和额外费用（Freight and additional costs）

153. 如果信用证要求空运单据注明运费已付或到目的地支付，则空运单据必须由相应标注。

If a credit requires that an air transport document show that freight has been paid or is payable at destination, the air transport document must be marked accordingly.

154. 开证申请人和开证行应明确要求单据时注明运费预付还是到付。

Applicants and issuing banks should be specific in stating the requirements of documents to show whether freight is to be prepaid or collected.

155. 如果信用证规定运费以外的额外费用不可接受，则空运单据不得表示运费之外的其他费用已产生或将要产生。此类表示可以通过明确提及额外费用或使用提及货物装卸费用的装运术语表示。运输单据上提到由于延迟卸货或卸货后的延误可能产生的费用不属于此处所指的额外费用。

If a credit states that costs additional to freight are not acceptable, an air transport document must not indicate that costs additional to the freight have been or will be incurred. Such indication may be by express reference to additional costs or by the use of shipment terms that refer to costs associated with the loading or unloading of goods. A reference in the transport document to costs which may be levied as a result of a delay in unloading the goods or after the goods have been unloaded is not considered an indication of additional costs in this context.

156. 空运单据常常有单独的栏位，以印就的标题分别标明"预付"运费和"到付"运费。如果信用证要求空运单据表明运费已预付，则在标明"运费预付"或类似表述的栏位内填具运输费用即符合信用证要求。如果信用证要求空运单据表明运费到付，则在标明"到收运费"或类似表述的栏位内填具运输费用即符合信用证要求。

Air transport documents often have separate boxes which, by their pre-printed headings, indicate that they are for freight "charges prepaid" and for freight charges "to collect", respectively. A requirement in a credit for an air transport document to show that freight has been prepaid will be fulfilled by a statement of the freight charges under the heading "Freight Prepaid ion or indication," or a similar express and exp and a requirement that an air transport document show that freight has to be collected will be fulfilled by a statement of the freight charges under the heading "Freight to Collect" or a similar expression or indication.

十、公路、铁路或内河运输单据（Road, rail or inland waterway transport documents）

（一）UCP600 第 24 条的适用（Application of UCP600 article 24）

157. 如果信用证要求提交覆盖公路、铁路或内河运输的运输单据，则适用 UCP600 第

24 条。

If a credit requires presentation of a transport document covering movement by road, rail or inland waterway, UCP 600 article 24 is applicable.

（二）公路、铁路或内河运输单据的正本和第二联（Original and duplicate of road, rail or inland waterway transport documents）

158. 如果信用证要求铁路或内河运输单据，则不论提交的运输单据是否注明为正本，都将作为正本接受。公路运输单据在表面看来必须为签发给发货人或托运人的正本，或者对其签发对象不做任何标注。对铁路运单而言，许多铁路运输公司的做法是仅向托运人或发货人提供加盖铁路公司印章的第二联（常常是复写本）。此联将作为正本接受。

If a credit requires a rail or inland waterway transport document, the transport document presented will be accepted as an original whether or not it is marked as an original. A road transport document must appear to be the original for consignor or shipper or bear no marking indicating for whom the document has been prepared. With respect to rail waybills, the practice of many railway companies is to provide the shipper or consignor with only a duplicate (often a carbon copy) duly authenticated by the railway company's stamp. Such a duplicate will be accepted as an original.

（三）公路、铁路或内河运输单据的承运人及其签署（Carrier and signing of road, rail or inland waterway transport documents）

159. 如果运输单据表面已经以其他方式表明承运人的"承运人"身份，则签字处无须加注"承运人"字样，只要运输单据在表面看来是由承运人或其代理人签署。国际标准银行实务做法接受带有铁路公司或铁路发运站日期章的铁路运输单据，无须注明承运人名称或代表承运人签署的具名代理人的名称。

The term "carrier" need not appear at the signature line provided the transport document appears to be signed by the carrier or an agent on behalf of the carrier, if the carrier is otherwise identified as the "carrier" on the transport document. International standard banking practice is to accept a railway bill evidencing date stamp by the railway company or railway station of departure without showing thename of the carrier or a named agent signing for or on behalf of the carrier.

160. UCP600 第 24 条使用的"承运人"一词包括运输单据中的"制单承运人""实际承运人""后续承运人"及"订约承运人"等用语。

The term "carrier" used in UCP 600 article 24 includes terms in transport documents such as "issuing carrier" "actual carrier" "succeeding carrier" and "contracting carrier".

161. 运输单据上的任何收货签字、印戳或批注在表面看来必须是由下列人员之一加具：

a）承运人，并表明其承运人身份，或

b）代表承运人行事或签字的具名代理人，并注明其所代表的承运人名称和身份。

Any signature, stamp or notation of receipt on the transport document must appear to be made either by：

a）the carrier, identified as the carrier, or

b）a named agent acting or signing for or on behalf of the carrier and indicating the name and capacity of the carrier on whose behalf that agent is acting or signing.

（四）指示方和被通知人（Order party and notify party）

162. 不是物权凭证的运输单据不应做成"凭指示"式或"凭某具名人指示"式抬头。即使信用证要求将不是物权凭证的运输单据做成"凭指示"式或"凭某具名人指示"式抬头，如果提交的单据显示以该具名人为收货人，则即使该单据没有"凭指示"或"凭某具名人指示"字样，也可接受。

Transport documents which are not documents of title should not be issued "to order" or "to order of a credit" a named party. Even if calls for a transport document which is not a document of title to be made out "to order" or "to order of" a named party, such a document, showing goods consigned to that party, without mention of "to order" or "to order of", is acceptable.

163. 如果信用证未规定到货被通知人，则运输单据上的相关栏位可以空白，或以任何方式填写。

If a credit does not stipulate a notify party, the respective field on the transport document may be left blank or completed in any manner.

（五）分批装运（Partial shipment）

164. 有多件运输工具（多辆卡车、多列火车、多艘轮船等）进行的运输即为分批装运，即使这些运输工具在同日出发并驶向同一目的地。

Shipment on more than one means of conveyance (more than one truck (lorry), train, vessel, etc.) is a partial shipment, even if such means of conveyance leave on the same day for the same destination.

（六）货物描述（Goods description）

165. 运输单据上的货物描述可以使用与信用证所载不矛盾的货物统称。

A goods description in the transport document may be shown in general terms not in conflict with that stated in the credit.

（七）修正和变更（Corrections and alterations）

166. UCP600第24条所规定的运输单据上的修正和变更必须经过证实。证实从表面看必须是由承运人或其任一具名代理人所为。该代理人可以与出具或签署运输单据的代理人不同，只要表明其作为承运人的代理人身份。

Corrections and alterations on a UCP 600 article 24 transport document must be authenticated. Such authentication must appear to have been made by the carrier or any one of their named agents, who may be different from the agent that may have issued or signed it, provided they are identified as an agent of the carrier.

167. 对于UCP600第24条所规定的正本运输单据上可能作过的任何变更或修正，其副本无须加具任何签字或证实。

Copies of UCP 600 article 24 transport documents do not need to include any signature on, or authentication of, any alterations or corrections that may have been made on the original.

（八）运费和额外费用（Freight and additional costs）

168. 如果信用证要求UCP600第24条所规定的运输单据注明运费已付或到目的地支

付，则运输单据必须有相应标注。

If a credit requires that a UCP 600 article 24 transport document show that freight has been paid or is payable at destination, the transport document must be marked accordingly.

169. 开证申请人和开证行应明确要求单据是注明运费预付还是到付。

Applicants and issuing banks should be specific in stating the requirements of documents to show whether freightis to be prepaid or collected.

十一、保险单据和范围（Insurance document and coverage）

（一）UCP600 第 28 条的适用（Application of UCP600 article 28）

170. 如果信用证要求提交保险单据，如保险单或预约保险下的保险证明书或声明书，则适用 UCP600 第 28 条。

If a credit requires presentation of an insurance document such as an insurance policy, insurance certificate or declaration under an open cover, UCP 600 article 28 is applicable.

（二）保险单据的出具人（Issuers of insurance documents）

171. 保险单据在表面看来必须是由保险公司或承保人或其代理人或代表出具并签署。如保险单据或信用证条款要求，所有正本从表面看必须有签字。

Insurance documents must appear to have been issued and signed by insurance companies or underwriters or their agents or proxies. If required by the insurance document or in accordance with the credit terms, all originals must appear to have been countersigned.

172. 如果保险单据在保险经纪人的信笺上出具，只要该保险单据是由保险公司或其代理人或代表，或由承保人或其代理人或代表签署，该保险单据可以接受。保险经纪人可以作为具名保险公司或具名承保人的代理人进行签署。

An insurance document is acceptable if issued on an insurance broker's stationery, provided the insurance document has been signed by an insurance company or its agent or proxy, or by an underwriter or its agent or proxy. A broker may sign as agent for the named insurance company or named underwriter.

（三）投保风险（Risks to be covered）

173. 保险单据必须投保信用证规定的风险。即使信用证明确列明应投保的风险，保险单据中也可援引除外条款。如果信用证要求投保"一切险"，则提交载有任何"一切险"条款或批注的保险单据即符合信用证要求，即使该单据声明某些风险除外。如果保险单据标明投保（伦敦保险）协会货物保险条款（A），也符合信用证关于"一切险"条款或批注的要求。

An insurance document must cover the risks defined in the credit. Even though a credit may be explicit with regard to all risks to be covered, there may be reference to exclusion clauses in the document. If a credit requires "all risks" the presentation of an coverage, this is satisfied by insurance document evidencing any "all risks" clause or notation, even if it is stated that certain risks are excluded. An insurance document indicating that it covers Institute Cargo Clauses (A) satisfies a condition in a credit calling for an "all risks" clause or notation.

174. 对同一运输的同一风险的保险必须由同一保险单据涵盖，除非每一份涵盖部分保险的保险单据以百分比或其他方式明确反映每一保险人的保险价值，并且每一保险人将各自承担自己的责任份额，不受其他保险人可能已承保的该次运输的保险责任的影响。

Insurance covering the same risk for the same shipment must be covered under one document unless the insurance documents for partial cover each clearly reflect, by percentage or otherwise, the value of each insurer's cover and that each insurer will bear its share of the liability severally and without pre-conditions relating to any other insurance cover that may have been effected for that shipment.

（四）　日期（Dates）

175. 载有有效期的保险单据必须清楚地表明该有效期是指货物装船、发运或接管（视情形适用）的最迟日期，而不是保险单据项下提出索赔的期限。

An insurance document that incorporates an expiry date must clearly indicate that such expiry date relates to the latest date that loading on board or dispatch or taking in charge of the goods (as applicable) is to occur, as opposed to an expiry date for the presentation of any claims thereunder.

（五）　比例和金额（Percentage and amount）

176. 保险单据必须以信用证的币种，并至少按信用证要求的金额出具。UCP 未规定任何投保的最高比例。

An insurance document must be issued in the currency of and, as a minimum, for the amount required by the credit. The UCP does not provide for any maximum percentage of insurance coverage.

177. 如果信用证要求保险责任不计比例，则保险单据不得含有表明保险责任受免赔率或免赔额约束的条款。

If a credit requires the insurance cover to be irrespective of percentage, the insurance document must not contain a clause stating that the insurance cover is subject to a franchise or an excess deductible.

178. 如果从信用证或单据可以得知最后的发票金额仅仅是货物总价值的一部分（例如由于折扣、预付货类似情况，或由于货物的部分价款将晚些支付），也必须以货物的总价值为基础来计算保险金额。

If it is apparent from the credit or from the documents that the final invoice amount only represents a certain part of the gross value of the goods (e.g., due to discounts, pre-payments or the like, or because part of the value of the goods is to be paid at a later date), the calculation of insurance cover must be based on the full gross value of the goods.

（六）　被保险人和背书（Insured party and endorsement）

179. 保险单据必须按信用证要求的形式出具，并且在必要时经赔付指示人背书。如果信用证要求空白背书式的保险单据，则保险单据也可开立成开放式，反之亦然。

An insurance document must be in the form as required by the credit and, where necessary, be endorsed by the party to whose order claims are payable. A document issued to bearer is acceptable where the credit requires an insurance document endorsed in blank and vice versa.

180. 如果信用证对被保险人未做规定，则表明按托运人或受益人指示赔付的保险单据不可接受，除非经过背书。保险单据应出具或背书成使保险单据项下的获赔权利在放单之时或之前得以转让。

If a credit is silent as to the insured party, an insurance document evidencing that claims are payable to the order of the shipper or beneficiary would not be acceptable unless endorsed. An insurance document should be issued or endorsed so that the right to receive payment under it passes upon, or prior to, the release of the documents.

十二、原产地证明（Certificates of origin）

（一）基本要求（Basic requirement）

181. 如果信用证要求原产地证明，则提交经过签署，注明日期的证明货物原产地的单据即满足要求。

A requirement for a certificate of origin will be satisfied by the presentation of a signed, dated document that certifies to the origin of the goods.

（二）原产地证明的出具人（Issuers of certificates of origin）

182. 原产地证明必须由信用证规定的人出具。但是，如果信用证要求原产地证明由受益人、出口商或制造商出具，则由商会出具的单据可以接受，只要该单据根据不同情形相应地注明受益人、出口商或制造商。如果信用证没有规定由何人出具原产地证明，则由任何人包括受益人出具的单据均可接受。

A certificate of origin must be issued by the party stated in the credit. However, if a credit requires a certificate of origin to be issued by the beneficiary, the exporter or the manufacturer, a document issued by a chamber of commerce will be deemed acceptable, provided it clearly identifies the beneficiary, the exporter or the manufacturer as the case may be. If a credit does not state who is to issue the certificate, then a document issued by any party, including the beneficiary, is acceptable.

（三）原产地证明的内容（Contents of certificates of origin）

183. 原产地证明从表面看必须与发票所指货物相关联。原产地证明中的货物描述可以使用与信用证所载不相矛盾的货物统称，或通过其他援引表明其与要求的单据中的货物相关联。

The certificate of origin must appear to relate to the invoiced goods. The goods description in the certificate of origin may be shown in general terms not in conflict with that stated in the credit or by any other reference indicating a relation to the goods in a required document.

184. 如果显示有收货人的信息，则不得与运输单据中的收货人信息相矛盾。但是，如果信用证要求运输单据做成"凭指示""凭托运人指示""凭开证行指示"或"以开证行为收货人"式抬头，则原产地证明可以显示信用证的申请人或信用证中指名的另外一人作为收货人。如果信用证已经转让，则以第一受益人作为收货人也可接受。

Consignee information, if shown, must not be in conflict with the consignee information in the transport document. However, if a credit requires a transport document to be issued "to order" "to the order of shipper" "to order of the issuing bank" or "consigned to the issuing bank", the certificate of origin may show the applicant of the credit, or another party named therein, as consignee. If a credit has been transferred, the name of the first beneficiary as consignee would also be acceptable.

185. 原产地证明可显示信用证受益人或运输单据上的托运人之外的另外一人为发货人或出口方。

The certificate of origin may show the consignor or exporter as a party other than the beneficiary of the credit or the shipper on the transport document.

附录7　中国1949~2023年钢产量统计

附表　中国1949~2023年钢产量统计　　　　　　　　　　（万吨）

1949 年	15	1970 年	1779	1991 年	7100	2012 年	71654
1950 年	61	1971 年	2132	1992 年	8094	2013 年	77904
1951 年	90	1972 年	2338	1993 年	8956	2014 年	82270
1952 年	135	1973 年	2522	1994 年	9261	2015 年	82000
1953 年	177	1974 年	2112	1995 年	9536	2016 年	80837
1954 年	223	1975 年	2390	1996 年	10124	2017 年	83172.8
1955 年	285	1976 年	2046	1997 年	10894	2018 年	92830
1956 年	447	1977 年	2374	1998 年	11559	2019 年	99630
1957 年	535	1978 年	3178	1999 年	12426	2020 年	106500
1958 年	800	1979 年	3448	2000 年	12850	2021 年	103279
1959 年	1122	1980 年	3712	2001 年	15163	2022 年	101300
1960 年	1351	1981 年	3560	2002 年	18237	2023 年	101908
1961 年	870	1982 年	3716	2003 年	22234		
1962 年	667	1983 年	4002	2004 年	28291		
1963 年	762	1984 年	4347	2005 年	35310		
1964 年	964	1985 年	4679	2006 年	42266		
1965 年	1223	1986 年	5220	2007 年	48966		
1966 年	1532	1987 年	5628	2008 年	50091		
1967 年	1029	1988 年	5943	2009 年	56803		
1968 年	904	1989 年	6159	2010 年	62665.4		
1969 年	1333	1990 年	6635	2011 年	69550		

注：1996 年中国的钢产量突破了 1 亿吨，首次成为世界钢产量第一。

附录 8 国际商事合同通则
(Principles of International Commercial Contracts，PICC)

第一章 总 则

第 1.1 条 （本通则的目的及范围）

本通则规定国际商事合同的一般规则。

第 1.2 条 （本通则的适用）

（1）双方当事人约定其合同由本通则管辖时，应当适用本通则。

（2）以下情况可以适用本通则：

（a）双方当事人约定其合同由"法律的一般原则""商人法"（"lexmercatoria"）或类似法律管辖；或

（b）双方当事人未选择任何法律管辖其合同。

（3）当适用法对发生的问题不能提供解决问题的有关规则时，本通则可以提供解决问题的方法。

（4）本通则可用于解释或补充国际统一法的文件。

第 1.3 条 （缔约自由）

双方当事人自由订立合同及确定合同内容。

第 1.4 条 （合同的约束性）

有效订立的合同对双方当事人有约束力。当事人仅能根据合同条款或通过协议或本通则另有规定修改或终止合同。

第 1.5 条 （强制性规则）

本通则的任何规定不得限制依据国际私法的有关规则适用的强制性规则的适用，不论这种强制性规则是国内的、国际的或是超国家的。

第 1.6 条 （当事人排除或修改本通则）

除本通则另有规定外，双方当事人可以排除适用本通则，或部分排除或修改本通则任何条款的效力。

第 1.7 条 （本通则的解释及补充）

（1）在解释本通则时，应考虑其国际特性及其目的，包括促进其统一适用的需要。

（2）凡属本通则范围内但通则未明确规定的问题，尽可能根据本通则依据的思想来解决。

第 1.8 条 （诚信和公平交易）

（1）任何一方当事人应当根据国际贸易中的善意和公平交易原则行事。

（2）双方当事人不得排除或限制该义务。

第 1.9 条 （惯例和习惯做法）

（1）双方当事人已同意的任何惯例及双方之间确立的任何习惯做法对双方当事人均有约束力。

（2）在国际贸易中为有关特定贸易的当事人广泛知悉并为其惯常遵守的惯例对双方当

事人有约束力，除非该惯例的适用不合理。

第1.10条　（通知）

（1）凡需要通知时，通知可以适合于该情况的任何方式发出。

（2）通知于到达被通知人时生效。

（3）如第（2）款的目的，通知于口头发给被通知人或寄给被通知人的营业地或通信地址时，"到达"被通知人。

（4）为本条的目的，"通知"包括声明、要求、请求或任何其他意图的告知。

第1.11条　（定义）

在本通则中，

"法院"包括仲裁庭；

"营业地"：在当事人有一个以上的营业地时，营业地是指与合同及其履行有最密切联系的营业地，（在确定该营业地时）应考虑合同订立之前或订立时双方当事人知道或考虑到的情况。

第二章　合同的订立

第2.1条　（要约的定义）

订立合同的建议如果十分确定并且表明要约人在得到承诺时承受约束的意旨，即构成要约。

第2.2条　（要约的撤回）

（1）要约于送达受约人时生效。

（2）一项要约，即使是不可撤销的，得予撤回，如果撤回通知于要约送达受约人之前或同时送达受约人。

第2.3条　（要约的撤销）

（1）在未订立合同之前，要约得予撤销，如果撤销通知于受约人发出接受通知之前送达受约人。

（2）但在下列情况下，要约不得撤销。

（a）要约写明接受要约的期限或以其他方式表明要约是不可撤销的；或

（b）受约人有理由信赖该项要约是不可撤销的，而且受约人已本着对该项要约的信赖行事。

第2.4条　（要约的拒绝）

一项要约，于拒绝通知送达要约人时终止。

第2.5条　（承诺的方式）

（1）受约人声明或以其他行为表示同意一项要约，即是承诺。缄默或不行为本身不等于承诺。

（2）接受要约于表示同意的通知送达要约人时生效。

（3）但是，如果根据要约或者依照当事人之间确立的习惯做法或惯例，受约人可做出某种行为来表示同意，而无须向要约人发出通知，则承诺于该项行为做出时生效。

第2.6条　（承诺的时间）

对要约必须在要约人规定的时间内承诺；如果未规定时间，在一段合理时间内，应适当考虑到交易的情况，包括要约人所使用的通讯方法的迅速程度。对口头要约必须立即承诺，但情况有别者不在此限。

第 2.7 条　（在规定的时间内承诺）

（1）要约人在电报或信件内规定的承诺期间，从电报交发时刻或信上载明的发信日期起算，如信上未载明发信日期，则从信封上所载日期起算。要约人以快速通信方法规定的承诺期间，从要约送达受约人时起算。

（2）在计算承诺期间时，承诺期间内的正式假日或非营业日应计算在内。但是，如果承诺通知在承诺期间的最后一天未能送到要约人地址，因为该日在要约人营业地是正式假日或非营业日，则承诺期间应顺延至下一个营业日。

第 2.8 条　（逾期承诺、传递迟延）

（1）逾期承诺仍有承诺的效力，如果要约人毫不迟延地口头或书面将此种意见通知受约人。

（2）如果载有逾期承诺的信件或其他书面文件表明，它是在传递正常时能及时送达要约人的情况下寄发的，则该逾期承诺具有承诺的效力，除非要约人毫不迟延地口头或书面通知受约人：他认为其要约已经失效。

第 2.9 条　（承诺的撤回）

承诺得予撤回，如果撤回通知于承诺原应生效之前或同时，送达要约人。

第 2.10 条　（更改要约的承诺）

（1）对要约表示承诺但载有添加、限制或其他更改的答复，即为拒绝该要约，并构成反要约。

（2）但是，对要约表示承诺但载有添加或不同条件的答复，如所载的添加或不同条件在实质上并不变更该项要约的条件，除要约人在没有不当迟延的期间内以口头或书面通知对有出入之处表示异议外，仍构成承诺。如果要约人不做出这种异议，合同的条件就以该项要约的条件以及承诺通知内所载的更改为准。

第 2.11 条　（书面确认）

如在订立合同后的一段合理时间内发出的确认合同的书面文件载有添加或不同条件，除非所载的添加或不同条件在实质上更改了合同，或者收受人在没有不当迟延的期间内，以口头或书面通知对有出入之处表示异议外，构成合同的部分。

第 2.12 条　（合同的订立须根据特定事项或特定形式达成的协议）

在谈判过程中，凡一方当事人坚持须根据特定事项或特定的形式达成的协议订立合同，则在该事项或该形式达成协议前，合同没有订立。

第 2.13 条　（条款待定的合同）

（1）如果双方当事人意欲订立合同，而特意将一项条件留待进一步谈判商定或由第三人确定，不妨碍合同的成立。

（2）合同的成立并不受下列情况的影响：

（a）双方当事人未就该条件达成协议，或

（b）第三人未确定该条件，但另有替代方式可提供在所有情况下均为合理的确切条件，包括双方当事人的任何意图，不在此限。

第 2.14 条　（以非诚信进行谈判）

（1）当事人谈判自由，达不成协议不承担责任。

（2）但是，以非诚信进行谈判或以非诚信突然中断谈判的一方当事人应对给另一方当事人造成的损失承担责任。

（3）如一方当事人不打算同另一方当事人达成协议而仍开始或继续谈判的，即为以非诚信进行谈判。

第2.15条　（保密的义务）

在谈判过程中，一方当事人提供了应保密的信息，另一方当事人有义务不泄露或不得为自己的目的不适当地使用该信息，不论其后合同是否订立。如果适当，违反本条的救济可包括根据另一方当事人所获利益来给予赔偿。

第2.16条　（合同的形式）

（1）本通则不要求合同须以书面订立或以书面证明。合同可以包括人证在内的任何形式证明。

（2）书面合同如有条款表明其文字已完全包含了当事人所同意的条件，不得以先前的声明或协议来与之冲突或对之进行补充。但此声明或协议可用来解释合同文字。

（3）书面合同如有条款规定双方必须以书面形式协议修改或终止合同，不得以其他方式协议修改或终止合同。但是，一方当事人的行为，如已使另一方当事人寄以信赖，该当事人不得坚持此项规定。

第2.17条　（根据标准条款订立合同）

（1）凡一方或双方当事人使用标准条款订立合同，依本章第18条至第20条的规定，适用订立合同的一般规则。

（2）标准条款指事先订立的为一方当事人通常、重复使用的条款，并且该条款无须同另一方当事人谈判而实际使用。

第2.18条　（合同形式的争议）

如果双方当事人均使用标准条款，并就标准条款以外事项达成协议，合同应根据商定的条款和实质上共同的标准条款订立，除非一方当事人事先明确表示或事后没有不当迟延地通知另一方当事人，他不愿受此合同的约束。

第2.19条　（意外条款）

若标准条款的内容、语言或表述具有另一方当事人不能合理预见的特点，则不具有效力，除非另一方当事人明示地表示接受。

第2.20条　（标准条款和非标准条款的冲突）

如果标准条款和非标准条款发生冲突，以非标准条款为准。

第三章　合同的效力

第3.1条　（协议的效力）

如无任何进一步要求，合同可仅由双方的协议订立、修改或终止。

第3.2条　（错误的定义）

对有关合同订立时已存在的事实或法律的不正确假设即为错误。

第3.3条　（相关错误）

（1）一方当事人可宣布合同因错误无效，如果订立合同时错误如此重大，一个处于相同情况下的通情达理的人若了解事实真相后只会就实质不同的条款订立合同或根本不会订立合同，并且：

（a）另一方当事人制造此错误或导致此错误，或知道或理应知道该错误，而使误解方一直处于错误状态是有悖于公平交易的合理商业标准。或

（b）另一方当事人在宣告合同无效时没有本着对合同的信赖行事。

（2）但是，一方当事人不可宣告合同无效，如果

（c）该当事人由于重大疏忽而犯此错误，或

（d）错误与某事实相联，而关于该事实发生错误的风险已被设想到，或考虑到所有相关情况，应由误解方承担。

第3.4条 （表述或转达错误）

在表述或转达声明时发生的错误视为发出声明人的错误。

第3.5条 （对不履行的救济）

若一方当事人所依赖行事的情况为不履行合同提供或已能提供救济措施，该当事人无权宣告合同因错误无效。

第3.6条 （欺诈）

一方当事人可宣布合同无效，若他订立合同是由于另一方当事人的欺诈性陈述导致，包括语言、做法或对依据公平交易的合理商业标准他应予披露的事项的欺诈性隐瞒。

第3.7条 （胁迫）

一方当事人可宣布合同无效，若其订立合同是因另一方当事人不正当的胁迫，且在适当考虑到各种情况后，胁迫已急迫、严重到足以使其无其他合理选择。特别地，如使承诺人受到威胁的行为或不作为本身是非法的，或以此来获取承诺是非法的，则为不正当的胁迫。

第3.8条 （重大悬殊）

（1）如在订立合同时合同或个别条款不合理地使另一方当事人过分有利，一方当事人可宣告该合同或个别条款无效。在此，其中应考虑到：

（a）另一方当事人不公平地利用了宣告合同无效一方当事人的依赖、经济困境或迫切需要，或缺乏远见、无知、无经验或缺乏谈判技巧的事实，以及

（b）合同的商业环境和合同的目的。

（2）经有权宣告合同无效一方当事人的请求，法院可修改该合同或条款以使其符合公平交易的合理商业标准。

（3）经收到宣告合同无效通知的一方当事人的请求，法院也可以如前款所述修改合同或条款，条件是该方当事人在收到通知后，依赖该通知行事以前及时告知发送通知一方当事人。本章第12条（2）款的规定相应适用。

第3.9条 （自始不能）

（1）仅是合同订立之时不可能履行所承担义务的事实并不影响合同的效力。

（2）仅是合同订立之时一方当事人无权处置与合同有关的财产的事实并不影响合同的效力。

第3.10条 （第三人）

（1）如欺诈、胁迫、重大悬殊或一方当事人错误归因于第三人，或为第三人知道或理应知道，而第三人的行为由另一方当事人负责，则可宣告合同无效，其条件与由另一方当事人本身签订的合同宣告无效的条件相同。

（2）如欺诈、胁迫或重大悬殊归因于第三人，而其行为不由另一方当事人负责，如果另一方当事人知道或理应知道此欺诈、胁迫或重大悬殊，或者在合同宣告无效时还未本着对合同的信赖行事，可以宣告合同无效。

第3.11条　（确认）

如有权宣告合同无效的一方当事人在可宣告合同无效的期间开始后明示或默示地确认合同，不得再宣告合同无效。

第3.12条　（合同的修改）

（1）如一方当事人有权宣告合同因错误而无效，但另一方当事人声明愿意或已按有权宣告合同无效的一方当事人的理解履行合同，则合同视为按后者的理解订立。另一方当事人的此种声明或履行，必须在其得知此种理解之后，在有权宣告合同无效一方当事人本着对宣告合同无效的通知行事以前迅速作出。

（2）作出此种声明或履行后，宣告合同无效的权利即行丧失，任何以前宣告合同无效的通知均丧失效力。

第3.13条　（宣告合同无效的通知）

必须以通知宣告合同无效且该通知须送达另一方当事人。

第3.14条　（期限）

（1）适当考虑到各种情况，宣告合同无效的通知必须在宣告合同无效一方当事人已知或不可能不知道有关事实而得以不受约束地行事之后的合理时间内作出。

（2）如据本章第8条可宣告合同中的个别条款无效，则宣告期限自另一方当事人坚持该条款之刻始。

第3.15条　（部分无效）

如宣告无效的依据只影响合同的个别条款，则无效的效力仅限于这些条款，只要适当考虑到相关的所有情况后有理由维持合同的剩余部分。

第3.16条　（宣告合同无效的追溯力）

（1）无效宣告具有追溯力。

（2）宣告合同无效后，任何一方当事人可要求返还其据已宣告无效的合同或合同部分所提供的一切，条件是双方当事人同时返还根据已宣布无效的合同或合同部分所接受的一切，或如一方当事人不能返还实物，应对所收之物给予补偿。

第3.17条　（损害赔偿）

无论是否宣告合同无效，已知或理应知道无效理由的一方当事人应承担损害赔偿的责任，以使另一方当事人处于如同其未订立合同的地位。

第3.18条　（规定的强制性）

本章规定具有强制性，除了在其涉及或适用于错误和初始不能的范围之外。

第3.19条　（未涉及的问题）

本通则不处理产生于以下事项的无效：

（a）缺乏能力，

（b）缺乏授权，或

（c）不道德行为或非法行为。

第3.20条　（单方面声明）

除非本通则另有规定，本章规定可类推适用于一方当事人给另一方当事人的声明。

第四章　合同的解释

第4.1条　（当事人意图）

（1）合同应根据当事人的共同意图来解释，只要该种意图能够确立。

（2）如该种意图不能确立，合同应根据与当事人相当的、通情达理的人处于相同处境时应有的意图来解释。

第4.2条　（陈述和其他行为的解释）

（1）一方当事人的陈述和其他行为应根据该当事人的意图来解释，如果另一方当事人已知或不可能不知道此意图。

（2）如前款不适用，上述陈述和其他行为应根据与另一方当事人相同的、通情达理的人处于相同处境时应有的理解来解释。

第4.3条　（相关情况）

适用本章第1条、第2条时，应适当考虑到所有相关情况，包括：

（a）当事人之间的任何预备性谈判；

（b）当事人之间确立的任何习惯做法；

（c）合同订立后当事人的任何行为；

（d）合同的商业环境和合同的意图；

（e）所涉贸易的条款和表述被普遍赋予的含义；和

（f）任何惯例。

第4.4条　（含义不清的合同条款的解释）

如果合同条款含义不清，对其的解释应使用所有的条款有效而不是使其部分失效。

第4.5条　（反条款提议人规则）

如是一方当事人所提议的合同条款含义不清，则优先作出对其不利的解释。

第4.6条　（从总体上参照合同）

对合同条款和表述应按其所在的整个合同或陈述来解释。

第4.7条　（填补空白条款）

（1）凡合同双方当事人未能约定一项对确定双方权利和义务均为重要的合同条款，可以填补一项适合该情况的条款。

（2）在确定何条款为适当条款时，应考虑以下因素：

（a）双方当事人在合同语言中所表达的意图；

（b）合同的目的；以及

（c）诚信与合理性。

第4.8条　（语言差异）

如果合同是以两种或两种以上具有相同效力的文字起草的，若文本间存在差异，则优先根据合同最初起草的文字来解释。

第五章　合同的履行

第一节　一般履行

第5.1.1条　（明示和默示的义务）

当事人的合同义务可明示也可默示。

第 5.1.2 条　（默示的义务）

默示的义务源于：

（a）合同的性质和目的；

（b）双方当事人之间确立的习惯做法和惯例；

（c）诚信和合理性。

第 5.1.3 条　（当事人之间的合作）

如为履行一方当事人的义务，有理由期望另一方当事人的合作，则当事人应当合作。

第 5.1.4 条　（取得特定结果的义务，尽最大努力的义务）

（1）如一方当事人的义务涉及取得特定结果的义务，该当事人有义务取得特定结果。

（2）如一方当事人的义务涉及在进行一项活动中尽最大努力的义务，该当事人有义务尽同等资格、通情达理的人处于类似情况下所尽的义务。

第 5.1.5 条　（所涉及义务种类的确定）

确定一方当事人的义务多大程度上涉及的是在进行一项活动中尽最大努力的义务还是取得特定结果的义务，其中应考虑到以下情况：

（a）合同明示地规定义务的方式；

（b）合同价格和其他条款；

（c）在取得预期结果的过程中正常所涉风险的程度；

（d）另一方当事人影响义务履行的能力。

第 5.1.6 条　（履行质量的确定）

如果合同未规定或根据合同不能确定履行质量，则一方当事人有义务使履行质量合理并不得低于此情况下的平均水平。

第 5.1.7 条　（履行的时间）

一方当事人必须在下列时间履行其义务：

（a）如时间由合同确定或可根据合同确定，则在此时间。

（b）如一段时间由合同确定或可根据合同确定，则在此段时间内的任何时候，除非情况表明另一方当事人将选择一个时间，或

（c）在任何其他情况下，订立合同后的合理时间内。

第 5.1.8 条　（未定期限的合同）

未定期限的合同可以根据一方当事人发出的合理期限的通知而终止。

第 5.1.9 条　（一次或分期履行）

如果在本章第 5.1.7 条的（b）款或（c）款条件下，能一次履约，且并未表明有其他情况，则当事人必须一次履行完其义务。

第 5.1.10 条　（部分履行）

（1）到期应履行合同时，债权人可拒绝部分履行合同的提议，不论是否附有对履行合同剩余部分的担保，除非他这样做没有合法的理由。

（2）因部分履行给债权人增加的额外费用，应由债务人承担，但不得损害任何其他救济措施。

第 5.1.11 条　（履行顺序）

（1）如双方当事人能够同时履行，则当事人有义务同时履行，除非表明有其他情况。

（2）如仅一方当事人需要一段时间履行，则该当事人有义务首先开始履行，除非表明有其他情况。

第5.1.12条　（提前履行）

（1）债权人可拒绝接受提前履行，除非他这样做没有合法的利益。

（2）一方当事人接受提前履行并不影响他履行自己义务的时间，如果该时间已定，而不管另一方当事人义务的履行。

（3）由于提前履行而给另一方当事人增加的额外费用，应由提前履行当事人承担，但不得损害任何其他救济措施。

第5.1.13条　（履行地）

（1）如果合同中未规定或根据合同无法确定履行地，一方当事人应：

（a）在债权人的营业地履行金钱债务；

（b）在自己的营业地履行任何其他义务。

（2）一方当事人必须承担合同订立后，因其营业地改变给履行增加的费用。

第5.1.14条　（价格的确定）

（1）如果合同未定价或没有确定价格的条款，在无任何相反表示的情况下，应视为当事人参考了订立合同时有关交易的可比较情况中为此类履行所普遍采用的价格，如无此种价格，视为参考了合理价格。

（2）凡价格由一方当事人确定而此定价明显不合理，则不管任何相反规定，应代之以合理价格。

（3）凡价格由第三人确定，而他不能或不愿定价，则应采用合理价格。

（4）凡决定价格需要参照的因素不存在或已不再存在或已不可获得，则取最近似的因素来代替。

第5.1.15条　（以支票或其他票据支付）

（1）可在付款地以正常商业程序中所使用的任何形式进行支付。

（2）但是，侵权人无论根据前款或出于自愿接受支票、其他付款命令或付款承诺的，被假定为只是在其能得到支付或承付时才如此做的。

第5.1.16条　（转账支付）

（1）除非债权人已指定特定账户，支付可通过将款项转至债权人已告知其设立账户的任何金融机构进行。

（2）在转账支付情况下，债务人的义务在款项有效转至债权人的金融机构时解除。

第5.1.17条　（支付货币）

（1）如金钱债务是以非付款地货币表示的，债务人可以以付款地货币支付，除非：

（a）该货币不能自由兑换；或

（b）双方当事人的约定应仅以表示金钱债务的货币进行支付。

（2）如债务人无法以金钱债务表示的货币支付，则债权人可要求以支付地的币种支付，甚至在第（1）款（b）项规定的情形下亦可如此要求。

（3）如以付款地货币支付，应根据到期应付款时付款地适用的通行汇率支付。

（4）但是，债务人到期应付款而未付时，债权人可要求债务人根据到期应付款时或实际付款时适用的通行汇率进行支付。

第 5.1.18 条　（未规定货币）

如合同未表明到期以何种货币履行付款义务，应以有关贸易中可比情况下为此种履行当事人所通常同意的应付款地的货币支付。

第 5.1.19 条　（履行的费用）

各方当事人应承担为履行其义务所产生的费用。

第 5.1.20 条　（付款的指向）

（1）对同一债权人负有多项付款义务的债务人，可在付款时指明该款项所付的债务。但是，该款项应首先支付任何费用，其次是应付利息，最后为本金。

（2）如债务人未作此指定，债权人可在支付后的合理时间内向债务人声明款项所付的债务，只要该债务是到期的且毫无争议的。

（3）如根据第（1）款或第（2）款未能确定付款指向，款项则支付符合以下顺序列出的标准之一的债务。

（a）已到期或将首先到期的债务；

（b）债权人最没把握获得履行的债务；

（c）对债务人而言负担最沉重的债务；

（d）最先发生的债务。

如前述标准均不适用，付款应按比例指向所有债务。

第 5.1.21 条　（非金钱债务的指向）

作适当修改后，本节第 18 条适用于非金钱债务的履行的指向。

第 5.1.22 条　（申请政府许可）

凡一国的法律要求取得影响合同效力或使其履行不可能的政府许可，且该法律或各种情况并无其他表示，

（a）如只有一方当事人的营业地在该国，该当事人应采取必要的措施以获得许可；并且

（b）在任何其他情况下，其履约需要许可的一方当事人应采取必要措施。

第 5.1.23 条　（申请许可的程序）

（1）按要求应采取必要措施以获许可的当事人应依此行事，不得不当迟延。他应承担由此产生的任何费用。

（2）在没有不当迟延的情况下，该方当事人应在任何适当的时候通知另一方当事人准予或拒绝给予许可的情况。

第 5.1.24 条　（既未准予又未拒绝给予许可）

（1）如尽管责任方当事人采取了所有必要的措施，而在约定期间或无此约定期间时，在合同订立后的合理期间内，既未准予又未拒绝给予许可，任何一方当事人有权终止合同。

（2）凡许可只影响某些条款，则第（1）款不适用，只要在适当地考虑了所有有关情况后，即使被拒绝给予许可，有理由继续维持合同

第 5.1.25 条　（拒绝给予许可）

（1）拒绝给予影响合同效力的许可时，合同无效。如拒绝只影响某些条款的效力，仅该部分条款无效，只要适当地考虑所有相关情况后，有理由继续维持合同的其他部分。

（2）凡拒绝给予许可使合同的履行全部或部分不可能时，适用不履行规则。

第二节　艰难条款

第5.2.1条　（合同必须信守）

如果履约使一方当事人变得负担加重，他仍有义务依下列艰难条款履行其义务。

第5.2.2条　（艰难的定义）

不论因为一方当事人履约费用增加或一方当事人所获履约价值减少，凡发生从根本上改变合同双方均势的事件，就出现艰难的情况，并且

（a）事件在订立合同后发生或为不利一方当事人所知；

（b）在订立合同时，不利一方当事人没有理由考虑到该事件；

（c）事件非受不利一方当事人所能控制，且

（d）事件的风险不由不利一方当事人承担。

第5.2.3条　（艰难的效果）

（1）在出现艰难情况下，不利一方当事人有权要求重新谈判，应没有不当延迟地提出该要求并应说明依据的理由。

（2）重新谈判的要求本身并不能使不利一方当事人有权拒绝履约。

（3）如在合理时间内不能达成协议，任何一方当事人都可以诉诸法院。

（4）法院作出艰难裁决后，如果合理，可以

（a）在确定的日期根据确定的条件终止合同，或

（b）为恢复合同双方的均势而修改合同。

第六章　不履行

第一节　总　则

第6.1.1条　（定义）

本通则中"不履行"系指一方当事人未能根据合同履行其任何义务，包括有缺陷履行和迟延履行。

第6.1.2条　（另一方当事人的干预）

一方当事人不得依赖另一方当事人的不履行，如果该不履行是由前者的行为或不行为或由其承担风险的其他事件所致。

第6.1.3条　（拒绝履行）

（1）凡双方当事人应同时履行，则任何一方当事人得在另一方当事人给予履行前拒绝履行。

（2）凡双方当事人应相继履行，则应迟履行一方当事人可在应先履行一方当事人完成履行以前不予履行。

第6.1.4条　（履行的额外期限）

（1）在任何不履行的情况下，受损方当事人可以通知另一方当事人，给予一段额外的履行时间。

（2）在此额外期间，受损方当事人可不予履行其相应的义务并要求损害赔偿，但不得采取任何其他救济措施。如他收到另一方当事人的通知，获知后者在该期间内将不履行，或者如在该期间界满时仍未按约履行，则受损方当事人可采取本章规定的任何救济措施。

（3）如在未根本性迟延履约时受损方当事人已发出给予一段合理的额外期间的通知，

他可在该期间界满时终止合同。如给予的额外期间长度不合理，则应将其合理延长。受损方当事人可在其通知里规定若另一方当事人不能在通知规定的额外期间履行，合同应自动终止。

（4）当未履行的义务只是违约当事人合同义务的一小部分时，第（3）款不适用。

第6.1.5条　（不可抗力）

（1）当事人对不履行可以免责，只要他证明此不履行是由于非他所能控制的障碍，而且对于这种障碍，没有理由预期在订立合同时能考虑到或能避免或克服它或它的后果。

（2）如障碍只是暂时的，在考虑到这种障碍对合同的影响来说是合理的一段期间内可以免责。

（3）未能履行义务的一方必须将障碍及其对其履行义务能力的影响通知另一方。如果该项通知在不履行义务的一方已知道或理应知道此一障碍后一段合理时间内仍未为另一方收到，则他对由于另一方未收到通知而造成的损害应负赔偿责任。

（4）本条规定不妨碍当事人行使终止合同或不予履行的权利。

第二节　履行合同的权利

第6.2.1条　（履行金钱债务）

如一方当事人有义务付款而未付款，另一方当事人可要求付款。

第6.2.2条　（履行非金钱债务）

若一方当事人负有一个非付款义务而未履行，另一方当事人可要求履行，除非：

（a）法律上或事实上不可能履行；

（b）履行或有关的执行带来不合理的负担或费用；

（c）应获得履行的一方当事人有理由从其他渠道获得履行；

（d）履行具有排他的个人的特性；

（e）应获得履行的一方当事人在他已知或应当知道不履行之后的合理时间内不要求履行。

第6.2.3条　（对有缺陷履行的修补和替代）

履行合同的权利包括在适当情况下要求对有缺陷履行予以修补、替代或其他救济的权利。第6.2.1条和第6.2.2条的规定相应适用。

第6.2.4条　（法院判决的罚金）

（1）凡法院判定违约方当事人履行，如该当事人不执行判决，法院还可令其支付罚金。

（2）罚金应付给受损方当事人，除非法院地法律另有强制规定。支付受损方当事人罚金并不排除任何损害赔偿的请求。

第6.2.5条　（救济的改变）

（1）受损方当事人已要求履行非金钱债务但在规定的期间或在一段合理的时间内没有获得履行，可对不履行采取其他任何救济措施。

（2）如法院对于履行非金钱债务的判决不能得到执行，受损方当事人可以采取任何其他的救济措施。

第三节　终　止

第6.3.1条　（终止合同的权利）

（1）一方当事人可终止合同，只要另一方当事人未能履行合同义务而构成了根本不履行。

（2）确定未履约是否构成根本不履行时，应注意到以下重要情况：

（a）不履行是否实质上剥夺了受损方当事人根据合同有权期待的利益，除非另一方当事人并未预见也不能合理预见该结果；

（b）对尚未履行的义务的严格遵守是否是合同项下的基本要素；

（c）不履行是否是有意的或疏忽大意；

（d）不履行是否让受损方当事人有理由相信他不能依赖另一方当事人未来的履行；

（e）如合同终止，违约方当事人是否将由于准备履行或履行而蒙受不相称的损失。

（3）在迟延的情况下，受损方当事人也可终止合同，只要另一方当事人在据第6.1.4条给予的额外期界满时仍未履行。

第6.3.2条 （终止合同的通知）

（1）一方当事人终止合同的权利通过通知另一方当事人来行使。

（2）如履行有迟延或与合同不符，受损方当事人将丧失终止合同的权利，除非他在已知或理应知道此履行迟延或与合同不符合的一段合理时间内，通知另一方当事人。

第6.3.3条 （预期不履行）

凡在一方当事人履行之日前，很明显他将根本不履行，另一方当事人可终止合同。

第6.3.4条 （如约履行的充分保证）

有理由认为另一方当事人将根本不履行的一方当事人可要求对如约履行提供充分保证并同时拒绝履行自己的义务，若在合理时间里不能提供这种保证，提出要求的一方当事人可以终止合同。

第6.3.5条 （终止合同的一般效果）

（1）终止合同解除双方当事人实现和获得未来的履行的义务。

（2）终止合同不妨碍对不履行请求损害赔偿。

（3）终止合同不影响合同中关于解决争端的任何规定，或者甚至在合同终止后仍将执行的其他合同条款。

第6.3.6条 （返还）

（1）终止合同时，任何一方当事人可要求返还他所提供的一切，只要他同时返还他所收到的一切。如以实物返还不可能或不适当，合理时可以金钱补偿。

（2）但是，如合同的履行已延续一段时期且合同是可分割的，只能对合同终止生效后的那段时间的履行请求此类返还。

第四节 损害赔偿和免责条款

第6.4.1条 （损害赔偿的请求权）

任何不履行均使受损方当事人获得无论是单一的还是与其他救济并行的请求损害赔偿的权利，除非不履行根据第6.1.4条可以免责。

第6.4.2条 （完全补偿）

（1）受损方当事人对于由于不履行遭受的损害有权得到完全补偿。这种损害包括他遭受的任何损失和被剥夺的任何收益，应考虑到受损方当事人由于避免发生的费用或损失而产生的任何收益。

（2）该损失可以是非金钱性质的，例如包括肉体痛苦或精神痛苦。

第6.4.3条　（损害的肯定性）

（1）只对以合理程度的肯定性确立的损害，包括未来的损害，进行补偿。

（2）对可能出现的机会的损失可根据可能性的程度进行补偿。

（3）凡不能以足够程度的肯定性确定赔偿金额，法院对于确定赔偿金额具有裁量权。

第6.4.4条　（损害的可预见性）

违约方当事人仅对合同订立时他预见或有理由预见到的很可能因其不履行造成的损失承担责任。

第6.4.5条　（存在替代交易时损害的证明）

凡受损方当事人终止合同并在合理时间内以合理方式进行了替代交易，可对合同价格与替代交易价格之间的差价以及任何更多的损害要求补偿。

第6.4.6条　（由时价产生的损害的证明）

（1）凡受损方当事人终止合同且未进行替代交易时，但对于约定的履行存在时价，可对合同价格与合同终止时的时价以及任何更多的损害要求补偿。

（2）时价是指合同应当履行地在类似情况上对交付货物和提供服务通常收费的价格，如果该地无时价，时价为可合理参照的另一地的时价。

第6.4.7条　（不履行部分归咎于受损方当事人）

如损害部分归咎于受损方当事人的行为或不行为或其应承担风险的其他事件，损害赔偿的金额应扣除上述因素导致的损害部分，应考虑到双方当事人各自的行为。

第6.4.8条　（赔偿责任）

（1）违约方当事人对于受损方当事人本可采取合理措施减少的损害不承担损害赔偿责任。

（2）受损方当事人有权对试图减少损害而合理发生的任何费用要求补偿。

第6.4.9条　（损害赔偿的利息）

除非定有约定，对非金钱债务的不履行的损害赔偿的利息自不履行之时。

第6.4.10条　（未付金钱债务的损害赔偿）

（1）如果一方当事人未支付一笔到期的金钱债务，受损方当事人可以要求支付该笔债务自到期时起至支付时止的利息。

（2）利率应为付款地的支付货币的银行对于最佳借款人的平均短期贷款利率，或者，凡该地在此利率，则为支付货币的发行国的此利率。上述两地均无此利率时，应为支付货币的发行国的法律规定的适当利率。

（3）受损方当事人有权对不付款给他造成的更大损害要求额外的损害赔偿。

第6.4.11条　（金钱补偿的方式）

（1）损害赔偿应一次付清。但是，当损害的性质使分期付款适当时，可以分期付清。

（2）可以指明分期付清损害赔偿。

第6.4.12条　（估算损害赔偿的货币）

以金钱债务所表示的货币或以遭受损害的货币两者中最为适当的货币估算损害赔偿。

第6.4.13条　（免责条款）

一项条款，限制或排除一方当事人不履行合同义务的责任或允许一方当事人的履行实质上有别于另一方当事人合理期望的履行，如果考虑到合同的目的，援引该条款是极为不公正的，则不得援引该条款。

第 6.4.14 条　（对不履行的约定的支付）

（1）凡合同规定不履约一方当事人应支付受损方当事人一笔特定金额，受损方当事人有权获得该笔金额，而不管其实际损害如何。

（2）但是，凡特定金额大大超过了因不履行和其他情况造成的损害，则可减少该特定金额，而不管任何与此相悖的协议。

附录9　中国优秀钢铁出口企业案例分析介绍

（按照投稿时间先后排序）

1. 北京庄雨五金有限责任公司（庄雨离岸企业：香港德恩全球金属有限公司）

北京庄雨五金有限责任公司（以下简称公司）成立于 1997 年 11 月 13 日，是一家股份合作制企业，是从事金属材料出口的专业公司，出口业务占公司业务总量的 95% 以上。注册资金 2000 万元，注册地址是北京市西城区阜成门外万明园 3 号楼 308 室。

公司经过 20 多年的创业，已经形成覆盖亚洲、南美、非洲等海外市场体系和型材、管材、板材、冶金设备和设备备件、海外工程项目等产品服务体系，公司产品和服务初步得到了国外客户的基本认可。公司以专业化的团队、精细的企业定位、科学的管理、卓越的企业文化打造我国钢铁进出口领域国际知名品牌（ZHUANGYU METAL），公司秉承"自强不息，厚德载物"的企业文化，为提升中国钢铁产业的国际竞争力而奋斗。

公司的奋斗目标是：用未来 20 年的时间在世界范围内建设一个以中国为基地的钢铁、五金、冶金类机械设备等产品的营销网络。

公司网站 www.zhyumetal.com.cn，邮箱：zy@zhyumetal.com.cn，联系人：耿波 13661135045（手机号和微信号）。欢迎各界朋友和同仁前来洽谈联系，一握庄雨手永远是朋友！

公司两个办公室：

A. 北京市朝阳区胜古北路金基业大厦 501 室。

B. 北京市亦庄经济开发区荣华国际大厦 5 号楼 1203 室。

2. 临清市鸿基集团有限公司

临清市鸿基集团有限公司成立于 2005 年，地处鲁西边陲的千年古镇临清，与河北隔运河相望，地理位置优越、交通便利，是一家集工业制造、建筑、房地产开发于一体的集团化公司。公司占地 340 余亩，现有注册资本金 28088 万元人民币，员工 3000 余人，是鲁西大地上新崛起的、临清最具发展潜力的民营企业。

鸿基集团是临清市重点民营企业，曾荣获"聊城市明星民营企业"称号；2016 年被国家工商总局评定为"守合同重信用企业"称号，"鸿基"牌热镀铝锌硅钢板从 2007 年至今连续被评为"山东省名牌产品"；"鸿基牌"商标于 2013 年被山东省工商行政管理局评为"山东省著名商标"，公司连续 5 年获得临清市人民政府频发的"纳税大户"光荣称号。

临清市鸿基集团有限公司彩涂薄板项目总投资 10 亿元，目前建成并投入生产的有 7

条生产线，其中酸洗钢板生产线 1 条、冷轧钢板生产线 2 条、热镀铝锌硅钢板生产线 1 条、热镀锌钢板生产线 1 条、彩涂钢板生产线 2 条；3 号冷轧钢板生产线目前正在建设当中。公司主要产品有冷轧钢板、镀铝锌硅钢板、镀锌钢板、彩涂钢板、耐指纹钢板等，产品规格齐全、表面光洁、耐氧化、耐腐蚀，自投产以来，产品销往山东、山西、河南、河北等十几个省市，并出口到韩国、东南亚、中东、非洲等国家和地区。

产品名称：无花镀锌板、55%镀铝锌板，彩涂板（普通聚酯、氟碳、高耐候、净化板、网格、绒面、阿克苏油漆、贝科油漆、立邦油漆、KCC 油漆、雅立油漆、温特油漆）。

镀铝锌厚度：0.15~0.8 mm，宽度：900~1250 mm。

镀锌厚度：0.2~1.2 mm，宽度：900~1250 mm。

表面处理：光整毛化、普通钝化、无铬钝化、透明耐指纹、彩色耐指纹、涂油覆膜。

镀铝锌层：30~150 g。

企业使命：创建品牌　回报鸿基　满足顾客　造福社会。

企业定位：创建国际一流的板材精品基地，核心价值观：团结进取开拓创新。

企业精神：责任　创新　敬业　团结，服务理念：专业创造价值　服务成就客户。

企业发展：团结拼搏　文明发展　争创一流。

公司地址：山东省临清市工业园区。

销售经理：徐炳辉。

联系电话：13563517333（微信同号），QQ：2444862694（邮箱同号），传真：0635-2532789。

参 考 文 献

［1］翟步习. 信用证英语［M］. 北京：对外经济贸易大学出版社，2008.

［2］李一平，徐珺. 信用证审单有问有答 280 例［M］. 北京：中国海关出版社，2010.

［3］林建煌. 品读 ISBP 745［M］. 厦门：厦门大学出版社，2013.

［4］林建煌. 品读 UCP600［M］. 厦门：厦门大学出版社，2017.

［5］余世明. 国际贸易实务与案件分析［M］. 广州：暨南大学出版社，2010.

［6］王新华，陈丹凤. 50 种出口风险防范［M］. 北京：中国海关出版社，2009.